Teubner Skripten zur
Mathematischen Stochastik

Gerold Alsmeyer
Erneuerungstheorie

Teubner Skripten zur Mathematischen Stochastik

Herausgegeben von
Prof. Dr. rer. nat. Jürgen Lehn, Technische Hochschule Darmstadt
Prof. Dr. rer. nat. Norbert Schmitz, Universität Münster
Prof. Dr. phil. nat. Wolfgang Weil, Universität Karlsruhe

Die Texte dieser Reihe wenden sich an fortgeschrittene Studenten, junge Wissenschaftler und Dozenten der Mathematischen Stochastik. Sie dienen einerseits der Orientierung über neue Teilgebiete und ermöglichen die rasche Einarbeitung in neuartige Methoden und Denkweisen; insbesondere werden Überblicke über Gebiete gegeben, für die umfassende Lehrbücher noch ausstehen. Andererseits werden auch klassische Themen unter speziellen Gesichtspunkten behandelt. Ihr Charakter als Skripten, die nicht auf Vollständigkeit bedacht sein müssen, erlaubt es, bei der Stoffauswahl und Darstellung die Lebendigkeit und Originalität von Vorlesungen und Seminaren beizubehalten und so weitergehende Studien anzuregen und zu erleichtern.

Erneuerungstheorie

Analyse stochastischer Regenerationsschemata

Von Priv.-Doz. Dr. rer. nat. Gerold Alsmeyer
Universität Kiel

Springer Fachmedien Wiesbaden GmbH 1991

Privat-Dozent Dr. Gerold Alsmeyer

Geboren 1957 in Burgsteinfurt. Von 1977 bis 1982 Studium der Mathematik und Betriebs-
wirtschaft und 1984 Promotion an der Westfälischen Wilhelms-Universität Münster. 1989
Habilitation an der Christian-Albrechts-Universität Kiel. Seit 1985 Hochschulassistent in
Kiel. 1989/90 einjähriger Gastaufenthalt am Statistik-Department der Stanford Universität, USA, als Stipendiat der Max-Kade-Stiftung.

Die Deutsche Bibliothek – CIP-Einheitsaufnahme

Alsmeyer, Gerold:
Erneuerungstheorie : Analyse stochastischer
Regenerationsschemata / von Gerold Alsmeyer.

(Teubner-Skripten zur mathematischen Stochastik)
ISBN 978-3-519-02730-0   ISBN 978-3-663-09977-2 (eBook)
DOI 10.1007/978-3-663-09977-2

Herstellung: Druckhaus Beltz, Hemsbach/Bergstraße
Einband: P.P.K,S-Konzepte, Tabea Koch, Ostfildern/Stuttgart

Meiner Frau Sylviane gewidmet

Vorwort

Der vorliegende Text basiert in seinen Grundzügen auf dem Manuskript zu einer Vorlesung über Erneuerungstheorie, die ich im Wintersemester 1986/87 und im Sommersemester 1987 zunächst zwei- und dann vierstündig an der Universität Kiel abgehalten habe. Als ich im Sommer 1986 damit begann, die ersten Kapitel niederzuschreiben, schwebte mir eine Monographie geringeren Umfangs vor, die im wesentlichen die Hauptsätze der Erneuerungstheorie einschließlich vollständiger Beweise sowie eine Anzahl interessanter und zugleich typischer Anwendungen umfassen sollte. Von besonderer Bedeutung erschien mir die Darstellung des seit der Wiederentdeckung der Koppelungsmethode in den siebziger Jahren möglichen rein probabilistischen Zugangs, der bis dahin, zumindest im Hinblick auf den Hauptsatz der Erneuerungstheorie, d.h. das Blackwellsche Erneuerungstheorem, nicht existierte. Zusätzlichen Ansporn bot die Tatsache, daß dieser Zugang offenbar noch keine Aufnahme in einschlägigen Lehrbüchern gefunden hatte, wie überhaupt eine Monographie größeren Umfangs über Erneuerungstheorie überraschenderweise nicht verfügbar war. Letzteres brachte mich schließlich zu dem Entschluß, meine ursprüngliche Planung zu ändern und ein Buch zu schreiben, das sowohl eine Einführung in die klassischen Resultate unter Einschluß des bereits erwähnten probabilistischen Zugangs gibt als auch jüngere Entwicklungen berücksichtigt, wobei ich hier vor allem an die Theorie Harris-rekurrenter Markov-Ketten und die Markov-Erneuerungstheorie denke. Nachdem diese Entscheidung gefallen war, erschien zum Ende meiner Vorlesung Mitte 1987 Sören Asmussens exzellentes Werk *"Applied Probability and Queues"*, das mich zu einem erneuten Überdenken des begonnenen Projektes bewog, indem es wichtige Teile des zuvor von mir avisierten und bisher in Lehrbuchform nicht verfügbaren Materials enthielt. Für eine Reihe von Abschnitten hatte ich nun doch eine Vorlage jüngsten Erscheinungsdatums, der auch deshalb besondere Erwähnung gebührt, weil sie einen kritischen Vergleich mit der eigenen Darstellung ermöglichte oder auch eine Orientierungshilfe bot, wo andernfalls nur der Rückgriff auf Originalarbeiten geblieben wäre. Trotz mancher Gemeinsamkeiten unterscheiden sich beide Texte jedoch schon in der Anlage erheblich. Während Asmussens Buch theoretische Ergebnisse und ihre Anwendung vor allem in der Warteschlangentheorie etwa gleichgewichtig behandelt, steht im vorliegenden Text die Theorie eindeutig im Vordergrund, was mancher Leser vielleicht als Nachteil empfinden wird. Ich wollte aber gerade dort ausführlicher sein, wo sich die Mehrzahl von Lehrbüchern über angewandte Wahrscheinlichkeitstheorie bewußt beschränkt.

Nach einer Einführung (§0) mit fünf der Motivation dienenden Problemstellungen und einer Zusammenstellung der wichtigsten allgemeinen Fakten über Markov-Prozesse, Random Walks (Summenprozesse mit unabhängigen, identisch verteilten Zuwächsen), Stopzeiten sowie die starke Markov-Eigenschaft in §1 folgen die wichtigsten Ergebnisse der klassischen Erneuerungstheorie in §2 und §3. Das Blackwellsche Erneuerungstheorem und sein probabilistischer Beweis unter Verwendung der Koppelungsmethode bilden Hauptinhalt von §2. Darüberhinaus werden dort auch das äquivalente 2. Erneuerungstheorem – in der englischsprachigen Literatur meistens *Key Renewal Theorem* genannt – und die Stonesche Zerlegung eines Erneuerungsmaßes vorgestellt. §3 behandelt die Erneuerungsgleichung, ihre Lösung sowie eine Reihe von Anwendungen, insbesondere eine Approximation 2. Ordnung für die Erneuerungsfunktion und das asymptotische Verhalten von Erneuerungsdichten.

Erstaustrittszeiten über krumme Ränder für Random Walks mit positiver Drift sind aufgrund ihres Auftretens in der sequentiellen Statistik seit den siebziger Jahren eingehend untersucht worden, wobei Erneuerungstheorie ein fundamentales Werkzeug bildete. Die grundlegende Idee dieser Untersuchungen, die heute zumeist unter der von Lai und Siegmund(1977, 1979) stammenden Bezeichnung *"Nichtlineare Erneuerungstheorie"* subsumiert werden, besteht in der lokalen Approximation von Erstaustrittszeiten über krumme Ränder durch solche über konstante Niveaus, deren enge Verbindung zur Erneuerungstheorie seit langem bekannt ist. Nicht zuletzt aufgrund der somit bestehenden Relevanz in der Sequentialanalyse widmet sich §4 ausführlich der Klasse von Erstaustrittszeiten über konstante Niveaus, ohne allerdings auf die angedeuteten statistischen Aspekte einzugehen. Für diese sei der interessierte Leser auf die ausgezeichneten Monographien von Woodroofe(1982) oder Siegmund(1986) verwiesen.

Erneuerungstheorie würde viel von ihrer Bedeutung einbüßen, wäre nicht die explizite Bestimmung des Erneuerungsmaßes eines Random Walks die Ausnahme von der Regel. Trotzdem sind solche Ausnahmen selbstverständlich von Interesse und §5 stellt einige davon zusammen.

Der *"Analyse stochastischer Regenerationsschemata"*, wie der Untertitel dieses Textes lautet, sind die §§6-11 gewidmet. Ziel dieser Analyse bilden sogenannte Ergodensätze, die das asymptotische Verhalten stochastischer Prozesse mit immanentem Regenerationsschema beschreiben. Deren einfachste Vertreter, die diskreten Markov-Ketten, werden in §6 untersucht, gefolgt von ihren Pendants in stetiger Zeit, den Markov-Sprungprozessen, in §7. Sogenannte Harris-Ketten, d.h. Markov-Ketten mit beliebigem Zustandsraum, die eine von T.E. Harris eingeführte und nach ihm benannte Rekurrenzeigenschaft besitzen, behandelt §8. Dabei wird insbesondere eine von Athreya und Ney(1978a) stammende Regenerationstechnik vorgestellt. Dieselbe Technik, wenn auch in komplizierterer Form, bildet die Basis zum Beweis des Hauptresultats von §9 über Markov-Erneuerungstheorie. Dieses Resultat ist ein Erneuerungstheorem vom Blackwellschen Typ für Summenprozesse, deren Zuwachsverteilungen von den sukzessiv angenommenen Zuständen einer Markov-Kette abhängen, und wird als Markov-Erneuerungstheorem bezeichnet. §10 behandelt regenerative Prozesse und schließlich §11 das G/G/1-Bedienungssystem.

Die letzten drei Paragraphen des Textes sind vornehmlich analytischer Natur. Nach einer Einführung in die Fourier-Analyse in §12 folgen in §13 ein fourieranalytischer Beweis des Blackwellschen Erneuerungstheorems sowie Konvergenzratenresultate. Den Abschluß bildet die Herleitung der Spitzer-Baxter-Formeln, der Wiener-Hopf-Faktorisierung und einige ihrer interessantesten Konsequenzen in §14. Obgleich dieser Paragraph nicht unmittelbar der Erneuerungstheorie zuzurechnen ist, kommt ihm gerade in Verbindung mit dieser große Bedeutung zu.

Wann immer es mir angebracht erschien, habe ich am Ende eines Abschnitts oder auch eines Paragraphen Literaturhinweise ergänzt, die dem Leser einen historischen Überblick vermitteln oder als weiterführende Lektüre dienen sollen. Listen der wichtigsten während des ganzen Textes verwendeten Abkürzungen und Symbole folgen im Anschluß an das Vorwort. Um den Text weitestgehend ohne das zusätzliche Studium weiterer Quellen lesen zu können, befindet sich ferner am Ende ein Anhang mit einigem zusätzlich benötigten, jedoch nicht unmittelbar zum Stoff gehörenden Material. Unabhängig davon sollte der Leser gute Kenntnisse in Maß- und Integrationstheorie sowie den Grundlagen der Wahrscheinlichkeitstheorie besitzen. Darüberhinaus sind Grundkenntnisse über stochastische Prozesse, insbesondere Markov-Prozesse, zwar nicht unbedingt erforderlich, aber doch ratsam.

Ganz herzlich danken möchte ich Prof. Dr. N. Schmitz für manche nützliche Anregung und Unterstützung während der letzten Jahre. Meinem Lehrer Prof. Dr. A. Irle danke ich sowohl für die kritische Durchsicht großer Teile der endgültigen Version dieses Textes als auch für mannigfaltige Hinweise. Dipl. Math. V. Paulsen gebührt Dank für das Korrekturlesen von Teilen des Textes. Danken möchte ich auch allen Mitarbeitern des Statistik-Departments der Stanford Universität für die freundliche und stimulierende Atmosphäre während meines Gastaufenthaltes von September 1989 bis August 1990. Dort entstand der größte Teil der vorliegenden Endfassung, die mit dem Textverarbeitungssystem TEX angefertigt wurde. Bei auftretenden Problemen erwiesen sich Frau J. Davis und Frau J. Zimmerman stets als kompetente und hilfsbereite Ratgeber, und ihnen gilt deshalb mein besonderer Dank. Schließlich danke ich der Max-Kade-Stiftung für die finanzielle Unterstützung, ohne die mein Aufenthalt an der Stanford Universität nicht möglich gewesen wäre.

Kiel, im April 1991   Gerold Alsmeyer

Abkürzungsverzeichnis

ch.F.	charakteristische Funktion
DMK	diskrete Markov-Kette
d.R.i.	direkt Riemann-integrierbar
EP	Erneuerungsprozeß
f.s.	fast sicher
F.T.	Fourier-Transformierte
f.ü.	fast überall
g.i.	gleichgradig integrierbar
HK	Harris-Kette
LH	Leiterhöhe
LI	Leiterindex
MK	Markov-Kette
MRW	Markov-Random-Walk
MSP	Markov-Sprungprozeß
RW	Random Walk
SEP	Standard-Erneuerungsprozeß
SMP	Semi-Markov-Prozeß
SRW	Standard-Random-Walk
SSV	Standard-Schadensverlauf
SÜMF	Standard-Übergangsmatrixfunktion
ÜMF	Übergangsmatrixfunktion
u.i.v.	stochastisch unabhängig und identisch verteilt
u.o.	unendlich oft
VEP	verschobener Erneuerungsprozeß
VRW	verschobener Random Walk

Symbolverzeichnis

$(\Omega, \mathcal{A}, P)$	zugrundeliegender Wahrscheinlichkeitsraum
$Q_1 \otimes Q_2$	Produktmaß von Q_1 und Q_2
$Q_1 * Q_2$	Faltung von Q_1 und Q_2
Q^+, Q^-	Einschränkungen von Q auf $[0, \infty), (-\infty, 0]$ $(= Q(\cdot \cap [0, \infty)), Q(\cdot \cap (-\infty, 0]))$
Q^n	n-faches Produktmaß von Q $(= Q \otimes ... \otimes Q$ $(n$-mal$))$
$Q^{*(n)}$	n-fache Faltung von Q
$\mu(Q)$	Erwartungswert unter Q $= \int_{I\!R} x \, Q(dx)$
$Q(t)$	Verteilungsfunktion von Q $= Q((-\infty, t])$
$Q(f)$	funktionale Schreibweise für $\int_{I\!R} f(x) \, Q(dx)$
$\|Q\|$	Totalvariation von Q
δ_x	Dirac-Maß in $x \in I\!R$
U	Erneuerungsmaß eines Random Walks $(S_n)_{n \geq 0}$
l_0, l_0^+	Lebesgue-Maß auf $I\!R$, $[0, \infty)$
l_d, l_d^+	d-mal Zählmaß auf $d\mathbb{Z}$, $d I\!N_0$ $(d > 0)$
$X \sim Q$	X besitzt Verteilung Q
$X \sim Y$	X besitzt dieselbe Verteilung wie Y
$|A|$	Mächtigkeit einer Menge A
$\mathbf{1}(A)(x)$	Indikatorfunktion einer Menge A
$\mathbf{1}_{ij}$	Kronecker-Symbol von i und j
$\mathcal{B}, \mathcal{B}^+, \mathcal{B}^n$	Borelsche σ-Algebra auf $I\!R, [0, \infty), I\!R^n$
$\mathcal{B}^n$	Borelsche σ-Algebra auf $I\!R^n$
$\mathcal{P}(A)$	Potenzmenge der Menge A
$\mathbb{C}$	komplexe Zahlen
$I\!N$	natürliche Zahlen 1,2,...
$I\!N_0$	natürliche Zahlen 0,1,2,...
$I\!R$	reelle Zahlen
$\mathbb{Z}$	ganze Zahlen $0, \pm 1, \pm 2, ...$
L_p, $p \in [1, \infty)$	Raum der Funktionen $f : (I\!R, \mathcal{B}) \to (I\!R, \mathcal{B})$ mit $\|f\|_p = (\int |f|^p \, dl_0)^{1/p} < \infty$
L_∞	Raum der l_0-f.ü. beschränkten Funktionen $f : (I\!R, \mathcal{B}) \to (I\!R, \mathcal{B})$
$\mathcal{C}_b$	Raum der stetigen, beschränkten Funktionen $f : I\!R \to \mathbb{C}$
$\mathcal{C}_0$	Raum der steigen Funktionen $f : I\!R \to \mathbb{C}$ mit kompaktem Träger $\overline{\{x : f(x) \neq 0\}}$
$b\mathcal{S}$	Raum der beschränkten Funktionen $f : (S, \mathcal{S}) \to (I\!R, \mathcal{B})$
$\|f\|_p$, $p \in [1, \infty)$	L_p-Norm von f, s.o. unter L_p
$\|f\|_\infty$	auf L_∞: essentielles Supremum von f $(= \inf_{N \in \mathcal{B}, l_0(N)=0} \sup_{x \in I\!R - N} |f(x)|)$ auf $b\mathcal{S}$: Supremum von f
$\to_D$	Konvergenz in Verteilung

$\to_P$	Konvergenz in Wahrscheinlichkeit
$\to_{TV}$	Konvergenz in Totalvariation
$\to_V$	vage Konvergenz
$\to_W$	schwache Konvergenz
$\to_{L_p}$	Konvergenz im p-ten Mittel (in L_p)
$\lfloor t \rfloor$	größte ganze Zahl $\leq t$
$a_n \simeq b_n$	$\lim_{n \to \infty} a_n / b_n = 1$
$B(n,p)$	Binomialverteilung mit Parametern $n \in I\!N$ und $p \in (0,1)$
$Exp(\lambda)$	Exponentialverteilung mit Parameter $\lambda > 0$
$\Gamma(\alpha,\beta)$	Gammaverteilung mit Parametern $\alpha, \beta > 0$
$N(\mu,\nu^2)$	Normalverteilung mit Mittelwert μ und Varianz ν^2
$NB(n,p)$	negative Binomialverteilung mit Parametern $n \in I\!N$ und $p \in (0,1)$
$Poisson(\lambda)$	Poissonverteilung mit Parameter $\lambda > 0$
$R(a,b)$	Rechteckverteilung auf (a,b)

Inhaltsverzeichnis

§0 Einführung

Ausgangspunkt der Erneuerungstheorie bildet die Beobachtung, daß vielen stochastischen Prozessen $(W_t)_{t\in T}$, $T = \mathbb{N}_0$ oder $[0,\infty)$, ein *Regenerations-* oder *Erneuerungsschema* innewohnt, welches wie folgt beschrieben werden kann: Für eine aufsteigende, gegen unendlich strebende Folge $\nu_1, \nu_2, \ldots$ von möglicherweise zufälligen Zeiten sind entweder $(W_t)_{\nu_k \leq t < \nu_{k+1}}$, $k \geq 1$ (Typ I) oder $(W_t - W_{\nu_k})_{\nu_k \leq t < \nu_{k+1}}$, $k \geq 1$ (Typ II) stochastisch unabhängige, identisch verteilte (u.i.v.) Zufallsvariablen, die wir als *Zyklen* bezeichnen wollen. Die anschauliche Interpretation ist offensichtlich, daß solche Prozesse, gegebenenfalls nach einer Rückverschiebung in den Nullpunkt (Typ II), zu den Zeitpunkten $\nu_1, \nu_2, \ldots$ neu gestartet werden, oder, um der obigen Namensgebung Rechnung zu tragen, sich dort regenerieren. Bezeichnet W_t beispielsweise die Anzahl der vor einem Bedienungsschalter wartenden Kunden zum Zeitpunkt $t \in [0,\infty)$, so erhält man (unter geeigneten Modellannahmen) ein Regenerationsschema vom Typ I mit Hilfe der sukzessiven Zeitpunkte, zu denen Kunden das Bedienungssystem betreten und einen leeren Schalter vorfinden. Beschreibt $(W_n)_{n\geq 0}$ die Irrfahrt eines Teilchens, welches, in irgendeinem Punkt $z \in \mathbb{Z}$ startend, zu jedem Zeitpunkt $n \in \mathbb{N}$ mit Wahrscheinlichkeit $\frac{1}{2}$ um 1 nach rechts oder links springt, so kann man zeigen (siehe Beispiel 6.1.3), daß dieses Teilchen jeden Punkt $x \in \mathbb{Z}$ unendlich oft durchläuft, so daß z.B. das sukzessive Erreichen des Zustands 0 den jeweiligen Beginn eines neuen Zyklus' definiert, wobei wiederum ein Regenerationsschema vom Typ I vorliegt. Sei schließlich $(W_t)_{t\geq 0}$ eine Brownsche Bewegung auf $\mathbb{R}$ mit positiver Drift θ, d.h. $(W_t)_{t\geq 0}$ ist ein Markov-Prozeß mit stationären, unabhängigen und normalverteilten Zuwächsen, stetigen Pfaden, $W_0 = 0$, $EW_t = \theta t$ sowie $\operatorname{Var} W_t = \rho^2 t$ für ein $\rho > 0$. In diesem Fall erhält man ein Regenerationschema vom Typ II mit Hilfe der sukzessiven Zeiten, zu denen der Prozeß die Gerade θt schneidet.

Da viele stochastische Prozesse eine finite Analyse im Sinne explizit berechenbarer Kenngrößen bei endlichem Beobachtungszeitraum nur in Ausnahmefällen zulassen, ist man nicht zuletzt daran interessiert, ihre intrinsischen Eigenschaften mit Hilfe von Grenzwertsätzen zu beschreiben. Für Prozesse mit innewohnendem Regenerationsschema bildet Erneuerungstheorie hierzu ein wichtiges Werkzeug, und dies aufzuzeigen ist neben Darstellung der notwendigen Techniken und Resulate das Hauptanliegen des vorliegenden Textes.

Will man die Klasse der Prozesse, die, in welcher Form auch immer, ein Regenerationsschema besitzen, näher umreißen, so gelangt man sehr schnell zu Markov-Prozessen und solchen mit Markov-ähnlicher Struktur wie z.B. Semi-Markov-Prozesse oder regenerative Prozesse. Insbesondere gehören natürlich Summenprozesse mit u.i.v. Zuwächsen, die in diesem Text als *Random Walks* bezeichnet werden, zu dieser Klasse und bilden deren einfachste Vertreter. Erneuerungstheorie beschäftigt sich vornehmlich mit bestimmten asymptotischen (langfristigen) Eigenschaften von Random Walks und vor allem solcher mit nichtnegativen Zuwächsen, die hier *Erneuerungsprozesse* genannt werden. Sie ist insofern "nur" ein Teilgebiet innerhalb der Theorie über Summen u.i.v. Zufallsgrößen. Weitreichendere Bedeutung gewinnt sie durch den Umstand, daß die Analyse eines allgemeineren Prozesses mit innewohnendem Regenerationsschema zurückführt auf einen oder mehrere eingebettete Random Walks, und daß unter Benutzung erneuerungstheoretischer Resultate für diese Random Walks auch das asymptotische Verhalten des Prozesses selbst beschrieben werden kann. Ein schlagendes Beispiel hierfür bilden Markov-Ketten mit stationären Übergangswahrscheinlichkeiten, wie wir in §6 ausführlich darstellen werden.

Zur weiteren Motivation der im Anschluß entwickelten Theorie geben wir zunächst eine Reihe von Beispielen, die die zu untersuchenden Probleme deutlich machen. Wann immer es notwendig erscheint, aufgeworfene Fragen nach Bereitstellung der notwendigen Theorie noch einmal aufzugreifen, werden wir dies an geeigneter Stelle tun. $(\Omega, \mathcal{A}, P)$ bezeichnet im weiteren Verlauf dieses Textes stets, ohne daß dies immer wieder explizit erwähnt wird, den zugrundeliegenden Wahrscheinlichkeitsraum, auf dem alle auftretenden Zufallsvariablen definiert sind. Seine explizite Gestalt ist i.a. ohne Bedeutung.

0.1 Das Erneuerungsproblem

Vor dem Hintergrund einer relativ konkreten Ausgangssituation wollen wir im folgenden das grundlegende Erneuerungsproblem beschreiben. Wir betrachten dazu ein technisches System, bestehend aus einer oder mehreren Komponenten, deren Lebensdauern natürlicherweise zufallsabhängig sind. Fällt eine Komponente aus, wird diese sofort durch eine neue gleichartige ersetzt, wobei die Installationszeit als vernachlässigbar angesehen werden darf. Greifen wir nun eine bestimmte, soeben installierte Komponente heraus und registrieren deren Lebensdauer sowie die aller seiner Nachfolger, so können wir diese Daten als Realisierung einer Folge u.i.v. positiver Zufallsgrößen $X_1, X_2, \ldots$ ansehen. Der zugehörige Summenprozeß

$$S_0 = 0 \quad , \quad S_n = X_1 + \ldots + X_n \, , \, n \geq 1$$

gibt dann offensichtlich die sukzessiven Zeitpunkte der *Erneuerungen* an, und dies ist der Hintergrund für die gewählte Bezeichnung *Erneuerungsprozeß*.

Aus der Sicht des Betreibers des Systems ist natürlich die Frage nach der erwarteten Anzahl notwendiger Erneuerungen in einem vorgegeben Zeitraum von vitalem wirtschaftlichen Interesse, falls ein Austausch der betrachteten Komponente hohe Kosten verursacht. Um zu einer mathematischen Formulierung des Problems zu gelangen, definieren wir für beliebige meßbare Teilmengen A von $[0, \infty)$ die Zufallsgrößen

$$(0.1.1) \qquad\qquad N(A) \;=\; \sum_{n \geq 0} \mathbf{1}(S_n \in A)$$

mit Werten in $I\!N_0 \cup \{\infty\}$, wobei $\mathbf{1}(B)$ die Indikatorfunktion einer Menge B bezeichne. Die erwartete Anzahl von Erneuerungen in A ist dann gegeben durch

$$(0.1.2) \qquad\qquad U(A) \;=\; EN(A) \;=\; \sum_{n \geq 0} P(S_n \in A),$$

und das Erneuerungsproblem besteht in der Berechnung von $U(A)$.

Den Betreiber, wenn nicht zufällig leidenschaftlicher Mathematiker, interessieren sicherlich nicht beliebige meßbare Teilmengen A des Zeitbereichs, sondern vielmehr Zeitintervalle. Eine derartige Einschränkung ist für die mathematische Behandlung des Problems jedoch nicht sinnvoll. Man sieht sofort, daß sowohl N als auch U als Mengenfunktionen σ-additiv sind auf der Borelschen σ-Algebra $\mathcal{B}^+$ von $[0, \infty)$, d.h.

$$N(\sum_{j \geq 1} A_j) \;=\; \sum_{j \geq 1} N(A_j) \quad \text{und} \quad U(\sum_{j \geq 1} A_j) \;=\; \sum_{j \geq 1} U(A_j)$$

für alle parrweise disjunkten $A_1, A_2, \ldots \in \mathcal{B}^+$, wobei $\sum_j A_j$ natürlich die disjunkte Vereinigung bedeutet. Insbesondere definiert U ein unendliches Maß auf $\mathcal{B}^+$, das als *Erneuerungsmaß* von $(S_n)_{n \geq 0}$ bezeichnet wird. Da $\mu = EX_1 > 0$, folgt $S_n \to \infty$ P-fast sicher (P-f.s.) aus dem starken Gesetz der großen Zahlen und deshalb $N(A) < \infty$ P-f.s. für alle beschränkten $A \subset [0, \infty)$. Die sich natürlich anschließende Frage lautet:

> *Ist auch $U(A) < \infty$ für alle beschränkten $A \in \mathcal{B}^+$, d.h. ist die mittlere Anzahl von Erneuerungen in einem endlichen Zeitbereich endlich?*

Eine positive Antwort auf diese Frage erhalten wir bereits im übernächsten Abschnitt, interessanterweise vor dem Hintergrund einer scheinbar völlig anderen Problemstellung. Da die Lebensdauern der sukzessiv installierten Komponenten unabhängig und identisch verteilt sind, kann man vermuten, daß die mittlere Anzahl von Erneuerungen in Intervallen gleicher Länge stets dieselbe ist. Mathematisch präzisiert lautet also die zweite Frage:

> *Ist $U((a, b]) = g(b - a)$ für alle $0 < a < b < \infty$ und eine geeignete Funktion g?*

Wegen der Additivität und Nichtnegativität von U sowie $U(\emptyset) = 0$ ist g dann von der Form $g(x) = cx$ für ein $c > 0$. Leider muß diese Frage allerdings mit "nein" oder besser gesagt mit "nur asymptotisch" beantwortet werden. Das Hauptresultat der Erneuerungstheorie, das sogenannte *Blackwellsche Erneuerungstheorem*, das wir in 2.4 beweisen werden, besagt nämlich

$$(0.1.3) \qquad \lim_{t \to \infty} U([t, t + a]) \;=\; \frac{a}{\mu}$$

für den Fall, daß die Verteilung der $X_1, X_2, \ldots$ nicht auf ein Gitter $d\mathbb{Z}$ konzentriert ist. Für unseren Betreiber hat dies folgende sehr anschauliche Interpretation:

> *Die langfristig im Mittel notwendige Anzahl von Erneuerungen in einem Zeitraum der Länge a ist umgekehrt proportional zur mittleren Lebensdauer der einzelnen Komponenten.*

Was nun das Erneuerungsproblem betrifft, so können wir schon an dieser Stelle verkünden, daß es nur für einige wenige Spezialfälle vollständig lösbar ist, d.h. für eine nur kleine Klasse von Lebensdauerverteilungen. Den wichtigsten solchen Spezialfall behandeln wir im nächsten Abschnitt. Einige weitere stellen wir in §5 vor. In Unkenntnis der expliziten Gestalt des Erneuerungsmaßes rücken natürlicherweise asymptotische Resultate wie (0.1.3) in den Blickpunkt des Interesses. Im Fall einer hohen Konvergenzrate kann man diese dann auch für finite

Rechnungen als gute Approximationen verwenden, was eine gängige Praxis von Anwendern darstellt. Im Kontext eines vorgegebenen stochastischen Systems, etwa eines Bedienungssystems in der Warteschlangentheorie, beschrieben durch einen oder mehrere stochastische Prozesse, werden solche Rechnungen oft unter der Annahme gemacht, daß sich das System *im Gleichgewicht* befindet, was in der Sprache des Stochastikers bedeutet, daß die systembeschreibenden Prozesse stationär sind. Die Rechtfertigung für eine derartige Annahme liefern asymptotische Resultate, die besagen, daß auch bei Nichtvorliegen des Gleichgewichtszustandes zu Beobachtungsbeginn dieser langfristig angestrebt wird. Ein erstes Beispiel in dieser Hinsicht bildet 0.5.

In Abänderung der zuvor betrachteten Situation nehmen wir im folgenden an, daß das System aus nur einer Komponente besteht, daß aber die Austauschzeit bei Ausfall nicht länger vernachlässigbar ist, sondern eine positive, zufallsabhängige Größe. Neben der Folge $X_1, X_2, \ldots$ der Lebensdauern der sukzessiv installierten Komponenten ist somit die Folge $Y_1, Y_2, \ldots$ der sukzessiven Austauschzeiten gegeben, und es seien $(X_1, Y_2), (X_2, Y_2), \ldots$ u.i.v., was durchaus eine realistische Annahme darstellt. Eine interessante Frage für den Betreiber ist dann die nach dem langfristigen Anteil der kumulierten Austauschzeiten an der Gesamtlaufzeit, gegeben durch

$$\lim_{t \to \infty} \frac{\text{kumulierte Austauschzeiten bis zum Zeitpunkt } t}{t}.$$

Bezeichnet $\nu = EY_1$ die mittlere Austauschzeit pro Ausfall und μ weiterhin die mittlere Lebensdauer der einzelnen, sukzessiv in Betrieb genommenen Komponenten, so lautet die naheliegende und richtige Vermutung $\frac{\nu}{\mu + \nu}$. Wir können dies zwar hier noch nicht beweisen, wollen aber kurz aufzeigen, daß dies wiederum mit dem Erneuerungsproblem in Verbindung steht. Sei $(W_n)_{n \geq 0}$ der zu $X_1 + Y_1, X_2 + Y_2, \ldots$ gehörende Erneuerungsprozeß, U_W dessen Erneuerungsmaß und $Z(t)$ die kumulierte Austauschzeit bis zum Zeitpunkt t. Offensichtlich gilt dann

$$(0.1.4) \qquad Z(t) \;=\; \sum_{n \geq 0} \big(Y_{n+1}\, \mathbf{1}(W_{n+1} \leq t) \;+\; (t - W_n - X_{n+1})^+\, \mathbf{1}(W_n \leq t < W_{n+1})\big),$$

wobei $x^+ = \max\{x, 0\}$. Zu bestimmen ist $\lim_{t \to \infty} \frac{EZ(t)}{t}$. Es folgt unter den zuvor gemachten Annahmen

$$EZ(t) \;=\; \sum_{n \geq 0} \int E\big(Y_{n+1}\mathbf{1}(W_{n+1} \leq t) + (t - W_n - X_{n+1})^+\mathbf{1}(W_n \leq t < W_{n+1})|W_n\big)\, dP$$

$$=\; \int_{[0,t]} E\big(Y_1\mathbf{1}(W_1 \leq t - w) + (t - w + X_1)^+\mathbf{1}(W_1 > t - w)\big)\, U_W(dw)$$

und damit

$$(0.1.5) \qquad EZ(t) \;=\; \int_{[0,t]} g(t - w)\, U_W(dw) \;\stackrel{\text{def}}{=}\; g * U_W(t), \quad \text{wobei}$$

$$g(t) \;=\; E\big(Y_1\mathbf{1}(W_1 \leq t) + (t - X_1)^+\mathbf{1}(W_1 > t)\big)$$

Die Beantwortung der obigen Frage erfordert also die Bestimmung des asymptotischen Verhaltens der Funktion $g * U_W(t)$, falls $t \to \infty$, die als *Faltung von g mit U_W* bezeichnet wird.

Derartige Faltungen treten, wie wir noch sehen werden, in zahlreichen Anwendungen auf, und ihr asymptotisches Verhalten hängt wiederum ab von dem des auftretenden Erneuerungsmaßes. Zur Verdeutlichung notieren wir abschließend, daß

$$(0.1.6) \qquad g * U_W(t) \;=\; \int_{[0,t]} g(w) \, U_W(t - dw) \quad \text{für alle } t \geq 0,$$

wobei $V_t = U_W(t - \cdot)$ natürlich durch $V_t(A) = U(t - A)$ für alle $A \in \mathcal{B}^+$ definiert ist.

0.2 Das Erneuerungsproblem in einem Spezialfall (Der Poisson-Prozeß)

In diesem Abschnitt wollen wir einen besonders schönen Spezialfall betrachten, in dem das Erneuerungsproblem lösbar ist. Wir kehren zurück zu der in 0.1 eingangs beschriebenen Situation und nehmen zusätzlich an, daß $X_1, X_2, \ldots$ exponentialverteilt sind mit Parameter $\theta > 0$, im weiteren Verlauf dieses Textes kürzer durch ''$X_1 \sim Exp(\theta)$'' ausgedrückt. Dann genügt S_n einer Gammaverteilung mit Parametern n und θ - $S_n \sim \Gamma(n,\theta)$ - für alle $n \geq 1$, d.h. S_n besitzt die Lebesgue-Dichte

$$f_{n,\theta}(x) \;=\; \frac{\theta^n}{(n-1)!} x^{n-1} e^{-\theta x} \mathbf{1}([0,\infty))(x).$$

Sei δ_0 das Dirac-Maß in 0 und l_0 das Lebesgue-Maß auf $\mathbb{R}$. Dann gilt für alle $A \in \mathcal{B}^+$

$$\begin{aligned}
U(A) \;&=\; \sum_{n \geq 0} P(S_n \in A) \\
&=\; \delta_0(A) \;+\; \sum_{n \geq 1} \int_A \frac{\theta^n}{(n-1)!} x^{n-1} e^{-\theta x} \, l_0(dx) \\
&=\; \delta_0(A) \;+\; \int_A \theta e^{-\theta x} \sum_{n \geq 1} \frac{(\theta x)^{n-1}}{(n-1)!} \, l_0(dx) \\
&=\; \delta_0(A) \;+\; \int_A \theta e^{-\theta x} e^{\theta x} \, l_0(dx) \;=\; \delta_0(A) \;+\; \theta l_0(A).
\end{aligned}$$

Die Vertauschung von Summation und Integration ist hier erlaubt nach dem Satz von Fubini, da alle Summanden nichtnegativ sind. Wir haben also gezeigt, daß

$$(0.2.1) \qquad U \;=\; \delta_0 \;+\; \theta l_0 \quad \text{auf } \mathcal{B}^+.$$

Insbesondere gilt damit

$$U([t, t + a]) \;=\; \theta a \;=\; \frac{a}{EX_1}$$

für alle $t, a > 0$, d.h. die mittlere Anzahl notwendiger Erneuerungen in Intervallen gleicher Länge ist hier tatsächlich konstant.

Nach Lösung des Erneuerungsproblems, d.h. nach expliziter Berechnung von $EN(A)$ für alle $A \in \mathcal{B}^+$ stellt sich natürlich die Frage, ob man nicht sogar die Verteilung der $N(A)$ bestimmen kann. Die positive Antwort für Intervalle A gibt der anschließende Satz. Seien dazu $N(t) = N((0,t])$ und $N(s,t) = N((s,t]) = N(t) - N(s)$ die Zahl der Erneuerungen in $(0,t]$ bzw. $(s,t]$, $0 \leq s \leq t < \infty$. Zur einfacheren Darstellung des nun Folgenden haben wir dabei die Erneuerung zum Zeitpunkt 0 nicht mitgezählt, so daß $N(0) = 0$. $(N(t))_{t \geq 0}$ ist offensichtlich ein stochastischer Prozeß mit rechtsseitig stetigen, monoton wachsenden Pfaden, die ferner stückweise konstant sind mit lauter Sprüngen der Höhe 1. Ferner gilt

$$(0.2.2) \qquad N(t) = \sup\{n \geq 1 : S_n \leq t\}$$

für alle $t \geq 0$, wobei $\sup \emptyset \overset{\text{def}}{=} 0$. Da $N(t)$ die Erneuerungen bis zum Zeitpunkt t zählt, wird dieser Prozeß als *Erneuerungszählprozeß* bezeichnet. Im hier vorliegenden Spezialfall exponentialverteilter Lebensdauern entpuppt er sich als der wohlbekannte *Poisson-Prozeß*.

0.2.1 Satz *Für $Exp(\theta)$-verteilte $X_1, X_2, \ldots$ besitzt der zugehörige Erneuerungszählprozeß $(N(t))_{t \geq 0}$ folgende Eigenschaften:*

(a) $N(s_1, t_1), \ldots, N(s_k, t_k)$ sind stochastisch unabhängig für alle $k \in I\!N$ und $0 \leq s_1 < t_1 \leq s_2 < \ldots < t_{k-1} < \infty$.

(b) $N(s,t)$ ist poissonverteilt mit Parameter $\theta(t-s)$ - $N(s,t) \sim Poisson(\theta(t-s))$ - für alle $0 \leq s < t < \infty$.

$(N(t))_{t \geq 0}$ besitzt also stationäre, unabhängige Zuwächse und wird als (homogener) Poisson-Prozeß mit Intensität θ bezeichnet.

Während wir i.a. nicht einmal die mittlere Anzahl von Erneuerungen in einem beliebigen Zeitintervall explizit berechnen können, erhalten wir also im Fall exponentialverteilter Lebensdauern sogar die Verteilung dieser Zahl von Erneuerungen.

Beweis: Wir zeigen zunächst (b) für $s = 0$. Für alle $n \in I\!N$ gilt

$$\frac{d}{dt}\left(\frac{(\theta t)^n}{n!} e^{-\theta t}\right) = f_{n,\theta}(t) - f_{n+1,\theta}(t) \quad \text{auf } (0, \infty).$$

Ferner folgt aufgrund der Monotonie von S_n in n offensichtlich

$$\{N(t) = n\} = \{S_n \leq t, S_{n+1} > t\} = \{S_n \leq t\} - \{S_{n+1} \leq t\},$$

für alle $n \in I\!N$ und $t \geq 0$, so daß

$$P(N(t) = n) = \int_0^t \left(f_{n,\theta}(x) - f_{n+1,\theta}(x)\right) dx = \frac{(\theta t)^n}{n!} e^{-\theta t}$$

für $n \geq 1$ und

$$P(N(t) = 0) = P(X_1 > t) = e^{-\theta t}$$

das Gewünschte liefern.

Zum Nachweis von (a) benötigen wir folgende Konsequenz der *Gedächtnislosigkeit* der Exponentialverteilung:

$$
(0.2.3) \quad
\begin{aligned}
&P(S_{m+1} - s > t_1, X_{m+j} > t_j, 2 \leq j \leq k | S_m = x, S_{m+1} > s) \\
&= P(X_j > t_j, 1 \leq j \leq k) = e^{-\theta(t_1 + \ldots + t_k)} \quad P\text{-}f.s.
\end{aligned}
$$

für alle $m \geq 0, k \geq 1, (t_1, ..., t_k) \in (0, \infty)^k$ und $x \in (0, s]$, d.h., gegeben $S_m = x \in (0, s]$ und $S_{m+1} > s$, besitzt $(S_{m+1} - s, (X_{m+n})_{n \geq 2})$ dieselbe Verteilung wie $(X_n)_{n \geq 1}$. Dies gilt, weil für beliebige meßbare $A \subset (0, s]$

$$
\begin{aligned}
&P(S_m \in A, S_{m+1} > s + t_1, X_{m+j} > t_j, 2 \leq j \leq k) \\
&= \int_A P(X_{m+1} > s + t_1 - x, X_{m+j} > t_j, 2 \leq j \leq k) \, P(S_m \in dx) \\
&= e^{-\theta(t_1 + \ldots + t_k)} \int_A e^{-\theta(s-x)} \, P(S_m \in dx) = e^{-\theta(t_1 + \ldots + t_k)} P(S_m \in A, S_{m+1} > s).
\end{aligned}
$$

Seien nun $k \geq 2, t_0 = 0, (t_1, ..., t_k) \in (0, \infty)^k$, o.B.d.A. $s_{j+1} = t_j$ für $0 \leq j \leq k-1, (n_1, ..., n_k) \in \mathbb{N}_0^k$ sowie $m_j = n_1 + ... + n_j$. Dann gilt

$$
\begin{aligned}
&P(N(t_{j-1}, t_j) = n_j, 1 \leq j \leq k) \\
&= P(N(t_{j-1}, t_j) = n_j, 1 \leq j < k-1, S_{m_{k-1}} \leq t_{k-1} < S_{m_{k-1}+1}, S_{m_k} \leq t_k < S_{m_k+1}) \\
&= \int_{(0, t_{k-1}]} P(S_{m_k} \leq t_k < S_{m_k+1} | S_{m_{k-1}} = x, S_{m_{k-1}+1} > t_{k-1}) \\
&\quad \times P(S_{m_{k-1}} \in dx, S_{m_{k-1}+1} > t_{k-1}, N(t_{j-1}, t_j) = n_j, 1 \leq j < k-1) \\
&= P(N(t_{j-1}, t_j) = n_j, 1 \leq j \leq k-1) P(N(t_k - t_{k-1}) = n_k),
\end{aligned}
$$

wobei (0.2.3) für die letzte Zeile verwendet worden ist. Dies ergibt mittels Induktion über k

$$
P(N(t_{j-1}, t_j) = n_j, 1 \leq j \leq k) = \prod_{j=1}^{k} P(N(t_j - t_{j-1}) = n_j),
$$

was zusammen mit dem zu Beginn Bewiesenen sowohl (a) als auch den offengebliebenen Teil von (b) impliziert. $\diamondsuit$

0.3 Erstaustrittszeiten

In diesem Abschnitt wollen wir eine andere Interpretation des Erneuerungsmaßes vorstellen, die sowohl zu dessen weiterer Analyse als auch mit Blick auf Anwendungen von Interesse ist. Sei dazu $(S_n)_{n \geq 0}$ ein in 0 startender Random Walk mit u.i.v. Zuwächsen $X_1, X_2, ...$ und $\mu = EX_1 \in (0, \infty]$. Für $t \geq 0$ definieren wir

$$
(0.3.1) \quad \tau(t) = \inf\{n \geq 1 : S_n > t\},
$$

wobei $\inf \emptyset \overset{\text{def}}{=} \infty$. $\tau(t)$ gibt die zufallsabhängige Zeit an, die der Random Walk benötigt, um das Intervall $(-\infty, t]$ zu verlassen. Sie wird deshalb als *Erstaustrittszeit* (engl. *first passage time* oder *first exit time*) bezeichnet und bildet als solche eine *Stopzeit* für $(S_n)_{n\geq 0}$. Letzteres bedeutet, daß $\{\tau(t) = n\} \in \sigma(S_0,...,S_n)$ für alle $n \in I\!N$, d.h. der Stopzeitpunkt hängt nur vom bis dahin beobachteten Verhalten des betrachteten Prozesses ab. Eine Zusammenstellung der wichtigsten Fakten über Stopzeiten für allgemeine Random Walks geben wir in 1.4. Insbesondere beweisen wir dort die wichtige *1. Waldsche Gleichung*, die wir hier bereits benutzen wollen. Sie besagt, daß

$$(0.3.2) \qquad\qquad ES_\tau = \mu E\tau,$$

für jede Stopzeit τ für $(S_n)_{n\geq 0}$ mit $E\tau < \infty$.

Die Verbindung zur Erneuerungstheorie wird auf besonders einfache Weise deutlich, wenn wir zusätzlich annehmen, daß $X_1, X_2, ...$ nichtnegativ sind. Zwar gelten die im Anschluß für $\tau(t)$ bewiesenen Resultate auch ohne diese Voraussetzung, und es besteht auch weiterhin eine Verbindung zur Erneuerungstheorie, doch bedarf es dann zu deren Herstellung der Einführung sogenannter Leiterindizes und Leiterhöhen, auf die wir hier noch verzichten wollen. $(S_n)_{n\geq 0}$ sei also von nun an wie in den vorigen Abschnitten ein Erneuerungsprozeß und U wieder dessen Erneuerungsmaß. Aufgrund der Monotonie von S_n in n gilt dann

$$\{\tau(t) > n\} = \{\max_{1\leq j\leq n} S_j \leq t\} = \{S_n \leq t\} \quad \text{für alle } t \geq 0 \text{ und } n \in I\!N_0,$$

und damit unter Verwendung einer einfachen Integrationsformel (siehe A.1 im Anhang)

$$(0.3.3) \qquad E\tau(t) = \sum_{n\geq 0} P(\tau(t) > n) = \sum_{n\geq 0} P(S_n \leq t) = U([0,t]) \quad \text{für alle } t \geq 0.$$

Die Funktion $t \mapsto U([0,t])$, die als *Erneuerungsfunktion* des Prozesses $(S_n)_{n\geq 0}$ bezeichnet wird, beschreibt also im hier betrachteten Kontext die von diesem im Mittel benötigte Zeit, um ein beliebiges Niveau $t \geq 0$ zu überschreiten. Mit Hilfe der Beziehung (0.3.3) können wir nun die in 0.1 gestellte Frage, ob $U(A) < \infty$ für alle beschränkten $A \in \mathcal{B}^+$, positiv beantworten und sogar ein erstes asymptotisches Resultat beweisen.

0.3.1 Das elementare Erneuerungstheorem *Für einen Erneuerungsprozeß $(S_n)_{n\geq 0}$ mit Erneuerungsmaß U gilt*

$$(0.3.4) \qquad\qquad \frac{U([0,t])}{t} = \frac{E\tau(t)}{t} \overset{t\to\infty}{\longrightarrow} \frac{1}{\mu},$$

wobei wie üblich $\infty^{-1} \overset{\text{def}}{=} 0$. Insbesondere folgen $E\tau(t) < \infty$ für alle $t \geq 0$ und $U(A) < \infty$ für alle beschränkten $A \in \mathcal{B}^+$.

Beweis: Da $S_n \to \infty$ P-f.s. nach dem starken Gesetz der großen Zahlen, folgt sofort $\tau(t) < \infty$ P-f.s. für alle $t \geq 0$. Zum Nachweis von (0.3.4) definieren wir $Y_n = X_n \wedge C \overset{\text{def}}{=} \min(X_n, C)$, $W_n = Y_1 + ... + Y_n$ und $\rho(t) = \inf\{n \geq 1 : W_n > t\}$, wobei $C > 0$ so groß sei, daß

$\nu = EY_1 > 0$. Dann ist natürlich auch $(W_n)_{n\geq 0}$ ein Erneuerungsprozeß, und wegen $W_n \leq S_n$ für alle $n \in I\!N$ folgt $\tau(t) \leq \rho(t)$. Die Abhängigkeit der definierten Variablen vom Parameter C haben wir der Kürze halber nicht explizit angegeben. Aus demselben Grund schreiben wir im folgenden τ für $\tau(t)$ und ρ für $\rho(t)$. Wir erhalten unter Benutzung der Waldschen Gleichung (0.3.2)

$$\nu E(\rho \wedge n) = ES_{\rho \wedge n} = ES_\rho 1(\rho \leq n) + ES_n 1(\rho > n)$$
$$\leq EY_\rho 1(\rho \leq n) + t \leq C + t$$

und damit aufgrund monotoner Konvergenz

$$(0.3.5) \qquad \nu E\rho = \nu \lim_{n \to \infty} E\rho \wedge n \leq C + t < \infty,$$

d.h. $E\tau \leq E\rho < \infty$. Eine erneute Anwendung der Waldschen Gleichung liefert weiter

$$E\tau = \mu^{-1} ES_\tau \geq \mu^{-1} t \quad \text{für alle } t \geq 0.$$

Umgekehrt gilt gemäß (0.3.5) für alle $C > 0$ mit $\nu = \nu(C) > 0$

$$t^{-1} E\tau \leq t^{-1} E\rho \leq \nu^{-1}(\frac{C}{t} + 1),$$

d.h. $\limsup_{t \to \infty} t^{-1} E\tau \leq \nu^{-1}$. Läßt man C gegen ∞ streben, so folgt wegen $\lim_{C \to \infty} \nu = \mu$ schließlich die Behauptung (0.3.4). $\diamond$

Das soeben bewiesene Resultat wirft natürlich die Frage auf, ob nicht $t^{-1}\tau(t)$ auch P-f.s. gegen μ^{-1} konvergiert. Die positive Antwort bildet Inhalt des folgenden Satzes.

0.3.2 Satz *In der Situation des vorigen Satzes gilt*

$$(0.3.6) \qquad \frac{\tau(t)}{t} \quad \overset{t \to \infty}{\longrightarrow} \quad \frac{1}{\mu} \quad P\text{-}f.s.$$

Beweis: Da $\tau = \tau(t) \uparrow \infty$ P-f.s., folgt $t^{-1}S_\tau \to \mu$ P-f.s. aus dem starken Gesetz der großen Zahlen. Dies liefert weiter

$$\limsup_{t \to \infty} \tau^{-1} t \leq \lim_{t \to \infty} \tau^{-1} S_\tau = \mu \quad P\text{-}f.s.$$

sowie

$$\liminf_{t \to \infty} \tau^{-1} t \geq \lim_{t \to \infty} \tau^{-1} S_{\tau - 1} = \mu \quad P\text{-}f.s.,$$

also insgesamt die Behauptung. $\diamond$

Wenden wir uns wieder $E\tau(t)$ zu: Aufgrund der Beziehung (0.3.3) wissen wir, daß eine explizite Berechnung von $E\tau(t)$ für alle $t \geq 0$ lediglich eine Umformulierung des Erneuerungsproblems darstellt, und wir hatte ja bereits in 0.1. bemerkt, daß dieses nur in einigen wenigen Fällen lösbar ist. Ziel muß es deshalb sein, eine möglichst genaue Approximation für $E\tau(t)$ zu bestimmen. Das zuvor bewiesene elementare Erneuerungstheorem bildet einen ersten Schritt in diese Richtung, gibt aber nur den für $t \to \infty$ dominierenden Term an, nämlich $\mu^{-1}t$. Man nennt ein solches Ergebnis *Approximation erster Ordnung*. Ein weit zufriedenstellenderes Ergebnis wäre von der Form

$$E\tau(t) \;=\; \mu^{-1}t \;+\; f(t) \;+\; o(1) \quad (t \to \infty)$$

unter Berechnung der Funktion f. Es wird als *Approximation zweiter Ordnung* bezeichnet. Um zu einer solchen zu gelangen, notieren wir als erstes, daß gemäß der Waldschen Gleichung

$$\mu E\tau(t) \;=\; ES_{\tau(t)} \;=\; t \;+\; E(S_{\tau(t)} - t)$$

für alle $t \geq 0$. Die Zufallsgröße $R_t = S_{\tau(t)} - t$ heißt *Exzeß* (engl. *excess* oder *overshoot*), denn sie gibt an, um welchen Wert $S_{\tau(t)}$ die Stopgrenze t überschreitet. Aufgrund der Ungleichung $R_t \leq X_{\tau(t)}$ und der Stationarität der X_n kann man vermuten, daß R_t eine asymptotische Verteilung besitzt und daß ER_t für $t \to \infty$ gegen einen konstanten Wert Δ konvergiert. Letzteres liefert offenkundig eine Approximation zweiter Ordnung für $E\tau(t)$, sofern man Δ angeben kann. Beide Vermutungen erweisen sich im wesentlichen als richtig, wie wir in 4.2 zeigen werden. An dieser Stelle wollen wir uns damit begnügen, den Typ der Problemstellung aufzuzeigen.

Für alle $s, t \geq 0$ gilt

$$\begin{aligned}
P(R_t > s) \;&=\; \sum_{n \geq 1} P(\tau(t) = n, R_t > s) \;=\; \sum_{n \geq 1} P(S_{n-1} \leq t, S_n > t + s) \\
(0.3.7) \qquad &=\; \sum_{n \geq 1} \int_{[0,t]} P(X_1 > t + s - x)\, P(S_{n-1} \in dx) \\
&=\; \int_{[0,t]} P(X_1 > t + s - x)\, U(dx) \;=\; g_s * U(t),
\end{aligned}$$

wobei $g_s(z) = P(X_1 > s + z)\,\mathbf{1}([0,\infty))(z)$.

Bekanntlich konvergiert R_t in Verteilung gegen eine Zufallsgröße R_∞ mit Verteilungsfunktion G, falls $\lim_{t \to \infty} P(R_t > s) = 1 - G(s)$ für alle Stetigkeitspunkte s von G. Gemäß (0.3.7) ist folglich $\lim_{t \to \infty} g_s * U(t)$ zu berechnen. Derselbe Problemtyp war uns bereits in 0.1 begegnet bei der Frage nach dem langfristigen Anteil der Austauschzeiten an der Gesamtlaufzeit des dort betrachteten technischen Systems (siehe (0.1.5)).

Im Fall $Exp(\theta)$-verteilter $X_1, X_2, \dots$ erhalten wir aus (0.3.7) und (0.2.1) sofort, daß auch $R_t \sim Exp(\theta)$ für alle $t \geq 0$, was aufgrund der Gedächtnislosigkeit der Exponentialverteilung nicht weiter überrascht. Ferner gilt in diesem Fall $E\tau(t) = \theta t + 1$.

0.4 Ruinwahrscheinlichkeiten

Unser vorletztes einführendes Beispiel ist im Bereich der Versicherungsmathematik, genauer in der Risikotheorie angesiedelt.

Wir betrachten ein gewisses *Portfolio* (=Gesamtheit) von Versicherungsnehmern, beginnend zu einem Zeitpunkt $T_0 = 0$. Für $n \geq 1$ gebe T_n den Zeitpunkt des n-ten Schadens in diesem Portfolio an und X_n die Höhe dieses Schadens. Zu diesem *Schadensverlauf* $(T_n, X_n)_{n \geq 1}$ definieren wir den zugehörigen *Schadenszählprozeß* $(\hat{N}(t))_{t \geq 0}$ durch

$$(0.4.1) \qquad \hat{N}(t) = \sup\{n \geq 1 : T_n \leq t\},$$

d.h.

$$\hat{N}(t) = n \quad \text{für} \quad t \in [T_n, T_{n+1}),$$

und den zugehörigen *Schadensprozeß* $(\hat{S}(t))_{t \geq 0}$ durch

$$(0.4.2) \qquad \hat{S}(t) = \sum_{j=1}^{\hat{N}(t)} X_j.$$

Sei R_0 die *freie Reserve* des Versicherers zum Zeitpunkt $t = 0$, d.h. das bei Beobachtungsbeginn zur Verfügung stehende Kapital zur Schadensbegleichung. Sei ferner $p : [0, \infty) \to [0, \infty)$ eine monoton wachsende Funktion mit $p(0) = 0$, die die kumulierten *Prämieneinnahmen* des Versicherers angibt, d.h. $p(t)$ bezeichnet die Prämieneinnahmen im Zeitraum $[0, t]$. Häufig wählt man $p(t) = ct$ für ein $c > 0$, was auch wir im folgenden annehmen werden. Der stochastische Prozeß $(R_t)_{t \geq 0}$ der freien Reserven ist dann definiert durch

$$(0.4.3) \qquad R_t = R_0 + ct - \hat{S}(t).$$

Unter diesen Voraussetzungen ist der Versicherer zum Zeitpunkt t_0 ruiniert, wenn $R_{t_0} < 0$. Wir definieren daher den *Zeitpunkt der Illiquidität (des Ruins)* durch die Zufallsgröße

$$(0.4.4) \qquad \tau^* = \tau^*(R_0, c) = \inf\{t \geq 0 : R_t < 0\} = \inf\{t \geq 0 : \hat{S}(t) > R_0 + ct\},$$

wobei wie üblich $\inf \emptyset \overset{\text{def}}{=} \infty$. Aus

$$\hat{S}(T_n) \leq R_0 + cT_n$$

folgt offenkundig

$$\hat{S}(t) \leq R_0 + ct \quad \text{für alle } t \in [T_n, T_{n+1}).$$

Definieren wir also

$$\tau = \tau(R_0, c) = \inf\{n \geq 0 : \hat{S}(T_n) > R_0 + cT_n\},$$

so folgt weiter

$$\tau^* = \left\{ \begin{array}{ll} T_n, & \text{falls } \tau = n \\ \infty, & \text{falls } \tau = \infty \end{array} \right\} = \sum_{n \geq 0} T_n \, \mathbf{1}(\tau = n) + \infty \, \mathbf{1}(\tau = \infty).$$

Für den Versicherer von großem Interesse ist die sogenannte *Illiquiditäts- oder Ruinwahrschein-lichkeit* $I(R_0, c)$, gegeben durch

$$(0.4.5) \qquad I(R_0,c) \;=\; P(\tau^*(R_0,c) < \infty) \;=\; P(\tau(R_0,c) < \infty).$$

Ohne weitere Annahmen an den Schadensverlauf $(T_n, X_n)_{n\geq 1}$ lassen sich allerdings kaum Aussagen über $I(R_0,c)$ gewinnen. Aus diesem Grund seien folgende zusätzlichen Voraussetzungen gemacht:

(C.1) $(T_n)_{n\geq 0}$ *und* $(X_n)_{n\geq 1}$ *sind stochastisch unabhängig.*

(C.2) $T_n - T_{n-1}, n \geq 1$ *sind stochastisch unabhängig und identisch $Exp(\lambda)$-verteilt, d.h.* $(\hat{N}(t))_{t\geq 0}$ *ist ein Poisson-Prozeß mit Intensität $\lambda > 0$.*

(C.3) $(X_n)_{n\geq 1}$ *ist eine Folge u.i.v. positiver Zufallsgrößen.*

Unter diesen drei Annahmen besitzt der zugehörige Schadensprozeß $(\hat{S}(t))_{t\geq 0}$ stationäre, unabhängige Zuwächse und bildet einen sogenannten *bewerteten (homogenen) Poisson-Prozeß* (engl. *compound Poisson process*).

Zum Nachweis stationärer Zuwächse seien $A \in \mathcal{B}$, $t \geq 0$ und $h > 0$. Dann gilt

$$P(\hat{S}(t+h) - \hat{S}(t) \in A) \;=\; P\Big(\sum_{j=\hat{N}(t)+1}^{\hat{N}(t+h)} X_j \in A \Big)$$

$$= \sum_{j,k\geq 0} P(X_{j+1} + ... + X_{j+k} \in A, \hat{N}(t) = j, \hat{N}(t+h) - \hat{N}(t) = k)$$

$$\overset{(C.1)}{=} \sum_{j,k\geq 0} P(X_{j+1} + ... + X_{j+k} \in A)P(\hat{N}(t) = j, \hat{N}(t+h) - \hat{N}(t) = k)$$

$$\overset{(C.3)}{=} \sum_{k\geq 0} \Big(P(X_1 + ... + X_k \in A) \sum_{j\geq 0} P(\hat{N}(t) = j, \hat{N}(t+h) - \hat{N}(t) = k) \Big)$$

$$= \sum_{k\geq 0} P(X_1 + ... + X_k \in A)P(\hat{N}(t+h) - \hat{N}(t) = k)$$

$$\overset{(C.2)}{=} \sum_{k\geq 0} P(X_1 + ... + X_k \in A)P(\hat{N}(h) = k),$$

und dieser letzte Ausdruck ist unabhängig von t, was das Gewünschte impliziert. Eine ähnliche Rechnung liefert auch die Unabhängigkeit der Zuwächse (vgl. dazu Satz 0.2.1).

0.4.1 Satz *Es gelten die Annahmen (C.1)-(C.3).*
(a) Falls $\lambda E X_1 < c$ und

$$(C.4) \qquad g(u) \overset{\text{def}}{=} E(e^{uX_1}) \;<\; \infty \quad \text{für ein } u > 0,$$

so existiert ein $\gamma = \gamma(u,c,\lambda) > 0$, so daß

$$(0.4.6) \qquad I(R_0,c) \;\leq\; e^{-\gamma R_0} \quad \text{für alle } R_0 > 0.$$

γ läßt sich wählen als

$$(0.4.7) \qquad \gamma = \sup\{u \geq 0 : g(u) \leq \frac{uc}{\lambda} + 1\}.$$

(b) Falls $\lambda EX_1 \geq c$, so gilt

$$(0.4.8) \qquad I(R_0, c) = 1 \quad \textit{für alle } R_0 \geq 0.$$

Die in (C.4) definierte Funktion g heißt *momenterzeugende Funktion* von X_1. Bezeichnet $L = \{s \in I\!\!R : g(s) < \infty\}$ deren Endlichkeitsbereich, so ist L ein Intervall mit linkem Endpunkt $-\infty$, da $X_1 \geq 0$, und g monoton wachsend und konvex auf L sowie unendlich oft differenzierbar auf dessem Inneren mit

$$(0.4.9). \qquad g^{(n)}(s) = E\left(\frac{d^n}{ds^n} e^{sX_1}\right) = EX_1^n e^{sX_1}.$$

Der Nachweis dieser Fakten ist elementar und bleibt dem Leser überlassen.

Beweis: *(a)* Der Beweis wird in mehreren Schritten geführt:
(i) Gemäß (C.4) ist 0 ein innerer Punkt von L. Für $s \in L$ setzen wir

$$(0.4.10) \qquad f(s) = g(s) - \frac{c}{\lambda}s - 1.$$

f ist konvex, $f(0) = 0$ und $f'(0) = EX_1 - \frac{c}{\lambda} < 0$ nach Voraussetzung. Dies impliziert

$$\sup\{u \geq 0 : f(u) \leq 0\} = \sup\{u \geq 0 : g(u) \leq \frac{c}{\lambda}u + 1\} \stackrel{\text{def}}{=} \gamma > 0.$$

Behauptung: $\gamma < \infty$ und $\gamma \in L$ (aber nicht notwendig $f(\gamma) = 0$!)

Beweis: Wir müssen drei Fälle unterscheiden:
1) $L = I\!\!R$: Unter Verwendung der Jensenschen Ungleichung und Beachtung von $EX_1 > 0$ folgt

$$f(s) = E(e^{sX_1} - \frac{c}{\lambda}s - 1) \geq e^{sEX_1} - \frac{c}{\lambda}s - 1 \stackrel{s \to \infty}{\longrightarrow} \infty.$$

Wegen $f(0) = 0$, $f'(0) < 0$ sowie der Konvexität von f existiert daher eindeutig bestimmtes $\gamma \in (0, \infty)$, so daß $f(\gamma) = 0$ ($\Rightarrow \gamma \in L$) und $\{u : f(u) < 0\} = (0, \gamma)$.

2) $L = (-\infty, \ell)$: Da $g(s) \uparrow g(\ell)$, falls $s \uparrow \ell$, aufgrund monotoner Konvergenz und $\ell \notin L$, folgt

$$f(s) \stackrel{s \to \ell}{\longrightarrow} E(e^{\ell X_1} - \frac{c}{\lambda}\ell - 1) = \infty$$

und damit die Existenz eines eindeutig bestimmten $\gamma \in (0, \ell)$, d.h. insbesondere $\gamma \in L$, so daß $f(\gamma) = 0$ und $\{u : f(u) < 0\} = (0, \gamma)$.

3) $L = (-\infty, \ell]$: Falls $f(\ell) \geq 0$, so existiert wie in 1) und 2) ein eindeutig bestimmtes $\gamma \in L$, $\gamma > 0$ mit $f(\gamma) = 0$ und $\{u : f(u) < 0\} = (0, \gamma)$. Andernfalls, d.h. wenn $f(\ell) < 0$, folgt wegen $f(s) = \infty$ für alle $s > \ell$, daß $\gamma = \ell$ und $\{u : f(u) < 0\} = (0, \gamma]$. In diesem Fall gilt also gerade $f(\gamma) \neq 0$.

Insgesamt haben wir gezeigt, daß

$$\{u : f(u) \leq 0\} \;=\; [0, \gamma] \subset L.$$

(ii) Da $(\hat{N}(t))_{t \geq 0}$ rechtsseitig stetige Pfade besitzt, gilt dasselbe offensichtlich für den Schadensprozeß $(\hat{S}(t))_{t \geq 0}$. Setzen wir für $n \geq 0$

$$D_n \;=\; \{k2^{-n} : k \in \mathbb{N}_0\} \quad \text{und} \quad D \;=\; \bigcup_{n \geq 0} D_n \quad [\Rightarrow \bar{D} = [0, \infty)],$$

so folgt daher

$$
\begin{aligned}
I(R_0, c) \;&=\; P(\exists t \in [0, \infty) : \hat{S}(t) > R_0 + ct) \\
&=\; P(\exists t \in D : \hat{S}(t) > R_0 + ct) \\
&=\; \lim_{n \to \infty} P(\exists t \in D_n : \hat{S}(t) \in D_n \text{ und } \hat{S}(t) > R_0 + ct).
\end{aligned}
$$

(0.4.11)

Sei nun ein beliebiges $n \geq 0$ vorgegeben und dazu für $j \geq 1$ definiert

$$
\begin{aligned}
Z_j \;&=\; \hat{S}(j2^{-n}) \;-\; \hat{S}((j-1)2^{-n}) \;-\; c2^{-n} \quad \text{und} \\
W_j \;&=\; Z_1 + \dots + Z_j \;=\; \hat{S}(j2^{-n}) \;-\; cj2^{-n}.
\end{aligned}
$$

Da $(\hat{S}(t))_{t \geq 0}$ stationäre, unabhängige Zuwächse besitzt, bildet $(Z_n)_{n \geq 1}$ eine Folge u.i.v. Zufallsgrößen. Mit Blick auf die in (0.4.11) unter dem Limes auftretende Wahrscheinlichkeit notieren wir als nächstes, daß für alle $r \in [0, \infty)$

$$P(\exists t \in D_n : \hat{S}(t) > r + ct) \;=\; P(\exists k \in \mathbb{N} : W_k > r) \;=\; \sum_{k \geq 1} p_k(r),$$

wobei

$$
\begin{aligned}
p_1(r) \;&=\; P(W_1 > r) \;=\; P(Z_1 > r) \quad \text{und} \\
p_k(r) \;&=\; P(W_1 \leq r, \dots, W_{k-1} \leq r, W_k > r) \quad \text{für } k \geq 2.
\end{aligned}
$$

Setzen wir außerdem

$$\tau(r) \;=\; \inf\{n \geq 1 : W_n > r\},$$

so gilt gerade

$$p_k(r) \;=\; P(\tau(r) = k) \quad \text{für alle } k \geq 1.$$

(0.4.12) *Behauptung:* $p_k(r) = \int_{(-\infty, 0]} p_{k-1}(-z)\, P(Z_1 - r \in dz)$ *für alle* $k \geq 2$.

Beweis: Es gilt für alle $k \geq 2$

$$
\begin{aligned}
p_k(r) \;&=\; P(\tau(r) > k-1, W_k > r) \;=\; \int P(\tau(r) > k-1, W_k > r | Z_1)\, dP \\
&=\; \int_{(-\infty, r]} P(\tau(r-z) > k-2, W_{k-1} > r-z)\, P(Z_1 \in dz) \\
&=\; \int_{(-\infty, r]} p_{k-1}(r-z)\, P(Z_1 \in dz) \;=\; \int_{(-\infty, 0]} p_{k-1}(-z)\, P(Z_1 - r \in dz).
\end{aligned}
$$

(iii) Für $m \geq 1$ sei

$$q_m(r) \;=\; P(\exists k \leq m : W_k > r) \;=\; P(\tau(r) \leq m) \;=\; \sum_{k=1}^{m} p_k(r).$$

Dann folgt aus (0.4.12) für alle $m \geq 2$

$$q_m(r) \;=\; P(Z_1 - r > 0) \;+\; \int_{(-\infty,0]} \sum_{k=2}^{m} p_{k-1}(-z)\, P(Z_1 - r \in dz)$$

$$=\; p_1(r) \;+\; \int_{(-\infty,0]} q_{m-1}(-z)\, P(Z_1 - r \in dz)$$

und weiter

$$\begin{aligned}
e^{-\gamma r} - q_m(r) \;=\;& e^{-\gamma r} - p_1(r) - \int_{(-\infty,0]} e^{\gamma z}\, P(Z_1 - r \in dz) \\
&+ \int_{(-\infty,0]} \left(e^{\gamma z} - q_{m-1}(-z) \right) P(Z_1 - r \in dz).
\end{aligned}$$

(0.4.13)

Behauptung: $F(r) \stackrel{\text{def}}{=} e^{-\gamma r} - p_1(r) - \int_{(-\infty,0]} e^{\gamma z}\, P(Z_1 - r \in dz) \;\geq\; 0$ *für alle $r \geq 0$.*

Beweis: Wir berechnen als erstes $E(e^{\gamma(Z_1 - r)})$. Unter Benutzung der Definition von Z_1 folgt sofort

$$E(e^{\gamma(Z_1 - r)}) \;=\; e^{-\gamma(r + 2^{-n})} E(e^{\gamma \hat{S}(2^{-n})}).$$

(0.4.14)

Sei wieder $(S_n)_{n \geq 0}$ der zu $X_1, X_2, \ldots$ gehörende Erneuerungsprozeß, d.h. $S_0 = 0$ und $S_k = X_1 + \ldots + X_k = \hat{S}(T_k)$ für $k \geq 1$. Für $t > 0$ gilt nun unter Verwendung von (C.1)–(C.4)

$$E(e^{\gamma \hat{S}(t)}) \;=\; \sum_{k \geq 0} E(e^{\gamma S_k} | \hat{N}(t) = k) P(\hat{N}(t) = k) \;=\; \sum_{k \geq 0} E(e^{\gamma S_k}) \frac{(\lambda t)^k}{k!} e^{-\lambda t}$$

$$=\; \sum_{k \geq 0} \frac{(g(\gamma) \lambda t)^k}{k!} e^{-\lambda t} \;=\; e^{\lambda t(g(\gamma) - 1)} \;<\; \infty,$$

wobei die Endlichkeit wegen $\gamma \in L$ (siehe Teil (i)) folgt. Wir erhalten in (0.4.14)

$$\begin{aligned}
E(e^{\gamma(Z_1 - r)}) \;=\;& e^{-\gamma(r + c 2^{-n})} e^{\lambda 2^{-n}(g(\gamma) - 1)} \\
=\;& e^{-\gamma r} e^{\lambda 2^{-n} f(\gamma)} \;\leq\; e^{-\gamma r},
\end{aligned}$$

(0.4.15)

da $f(\gamma) \leq 0$ (siehe Teil (i)), und schließlich

$$p_1(r) \;+\; \int_{(-\infty,0]} e^{\gamma z}\, P(Z_1 - r \in dz) \;\leq\; e^{-\gamma r}$$

(0.4.16)

d.h. $F(r) \geq 0$, q.e.d.

Als letzten Beweisschritt zeigen wir

Behauptung: $q_m(r) \leq e^{-\gamma r}$ *für alle* $m \in \mathbb{N}$ *und* $r \in [0, \infty)$.

Beweis (durch Induktion über m): Für $m = 1$ gilt $q_1(r) = p_1(r) \leq e^{-\gamma r}$ für alle $r \geq 0$ gemäß (0.4.16).

Für den Induktionsschritt nehmen wir an, daß $q_m \leq e^{-\gamma r}$ für alle $r \geq 0$. Es folgt unter Verwendung von (0.4.13) und dem zuvor Bewiesenen für alle $r \geq 0$

$$e^{-\gamma r} - q_{m+1}(r) = F(r) + \int_{[0,\infty)} \left(e^{-\gamma z} - q_m(z)\right) P(r - Z_1 \in dz)$$
$$\geq F(r) \geq 0.$$

Insgesamt erhalten wir nun

$$P(\exists t \in D_n : \hat{S}(t) > r + ct) = \lim_{m \to \infty} q_m(r) \leq e^{-\gamma r} \quad \text{für alle } r \geq 0,$$

und weil dies für beliebiges $n \in \mathbb{N}_0$ gilt, folgt die behauptete Ungleichung (0.4.6) für die Ruinwahrscheinlichkeit $I(R_0, c)$ durch Grenzübergang $n \to \infty$ in (0.4.12).

(b) Seien $Z_1, Z_2, \ldots$ wie in (a), Teil (ii) für $n = 0$ definiert, d.h.

$$Z_j = \hat{S}(j) - \hat{S}(j-1) - c \quad \text{für alle } j \geq 1.$$

$Z_1, Z_2, \ldots$ sind dann u.i.v. und

$$EZ_1 + c = E\hat{S}(1) = \sum_{k \geq 0} E(S_k | \hat{N}(1) = k) P(\hat{N}(1) = k)$$
$$= \sum_{k \geq 0} k EX_1 P(\hat{N}(1) = k) = EX_1 E\hat{N}(1) = \lambda EX_1,$$

d.h. $EZ_1 = \lambda EX_1 - c$.

Nach Voraussetzung ist $EZ_1 \geq 0$. Wir betrachten zwei Fälle:

$EZ_1 > 0$: Dann folgt $W_n = Z_1 + \ldots + Z_n \to \infty$ P-f.s. aus dem starken Gesetz der großen Zahlen.

$EZ_1 = 0$: Hier gilt gemäß eines bekannten Satzes von Chung, Fuchs und Ornstein, den wir später beweisen werden (siehe Satz 2.2.7), daß $\limsup_{n \to \infty} W_n = \infty$ P-f.s.

In beiden Fällen folgt somit

$$I(R_0, c) \geq P(\exists k \in \mathbb{N} : W_k > R_0) \geq P(\limsup_{n \to \infty} W_n = \infty) = 1,$$

d.h. die Behauptung. $\diamond$

Die erwarteten Zahlungen im Intervall $[0, t]$, also die erwartete Höhe aller auftretenden Schäden in $[0, t]$, gegeben durch $E\hat{S}(t) = \lambda t EX_1$, wird als *Nettorisikoprämie* für das Intervall $[0, t]$ bezeichnet. Anders ausgedrückt, ist sie die vom Versicherer benötigte Mindestprämie, um die erwarteten Schäden in $[0, t]$ zu decken. Die tatsächlichen Prämieneinnahmen des Versicherers in $[0, t]$ betragen $p(t) = ct$. Falls also

$$\lambda EX_1 \; > \; = \; < \; c,$$

so ist für alle t die Nettorisikoprämie in $[0, t] \; > \; = \; <$ den tatsächlichen Prämieneinnahmen. Im Fall "$\lambda EX_1 > c$" ist $I(R_0, c) = 1$ für alle $R_0 > 0$, und es gilt sogar

$$\lim_{t \to \infty} ER_t = R_0 + \lim_{t \to \infty}(ct - \lambda t EX_1) = -\infty.$$

Im Fall "$\lambda EX_1 = c$" ist ebenfalls $I(R_0, c) = 1$ für alle $R_0 > 0$, aber $ER_t = ER_0$ für alle $t \geq 0$. Im Fall "$\lambda EX_1 < c$" gilt $I(R_0, c) \leq e^{-\gamma R_0}$ für alle $R_0 > 0$ und $\lim_{t \to \infty} ER_t = \infty$.

Da kein Versicherer eine Prämie fordern wird, die ihn mit Sicherheit in den Ruin führt, ist "$\lambda EX_1 < c$" der versicherungsmathematisch interessante Fall. Wir haben hier eine erste Abschätzung für $I(R_0, c)$ erhalten. Um genauere Aussagen machen zu können, werden wiederum erneuerungstheoretische Ergebnisse benötigt. Satz 0.4.1 gibt Anlaß zu der Vermutung, daß unter den dortigen Annahmen (C.1)–(C.4) bei festem $c > 0$

$$(0.4.17) \qquad \lim_{R_0 \to \infty} C e^{\eta R_0} I(R_0, c) \; = \; 1$$

für geeignete $C, \eta > 0$. Dies werden wir später in 3.5 tatsächlich beweisen. Dabei zeigt sich, daß $L(r, c) \overset{\text{def}}{=} 1 - I(r, c)$ die Gleichung

$$(0.4.18) \qquad L(r, c) \; = \; L(0, c) \; + \; \frac{\lambda}{c} \int_0^r L(r - x, c) P(X_1 > x) \, dx$$

erfüllt f.a. $r \geq 0$. Definiert man auf $[0, \infty)$ das Maß V durch

$$V(B) \; = \; \frac{\lambda}{c} \int_B P(X_1 > x) \, l_0(dx), \; B \in \mathcal{B}^+,$$

wobei l_0 weiter das Lebesgue-Maß bezeichnet, so läßt sich diese Gleichung auch schreiben als

$$L(r, c) \; = \; L(0, c) \; + \; \int_{[0, r]} L(r - x, c) \, V(dx).$$

Eine Integralgleichung diesen Typs spielt in der Erneuerungstheorie eine wichtige Rolle und heißt *Erneuerungsgleichung.* Ihre allgemeine Form lautet

$$(0.4.19) \qquad Z(r) \; = \; z(r) \; + \; \int_{[0, r]} Z(r - x) \, Q(dx),$$

wobei $z : [0, \infty) \to I\!R$ eine beschränkte, meßbare Funktion ist, Q ein (i.a.) endliches Maß auf $\mathcal{B}^+$ und $Z : [0, \infty) \to I\!R$ gesucht wird. Der Zusammenhang zur Erneuerungstheorie wird klar, wenn man weiß, daß eine Lösung gerade gegeben ist durch

$$(0.4.20) \qquad Z(r) \; = \; \int_{[0, r]} z(r - x) \, U_Q(dx),$$

wobei U_Q das zu Q gehörende Erneuerungsmaß ist, nämlich

$$(0.4.21) \qquad U_Q = \sum_{n \geq 0} Q^{*(n)}.$$

$Q^{*(n)}$ bedeutet hier wie üblich die n-fache Faltung von Q und speziell im Fall $n = 0$ stets das Dirac-Maß δ_0 in 0. Beachtet man, daß für eine Folge $X_1, X_2, \ldots$ u.i.v. Zufallsgrößen mit gemeinsamer Verteilung Q die zugehörige Partialsumme S_n die Verteilung $Q^{*(n)}$ für alle $n \in \mathbb{N}_0$ besitzt, so bildet (0.4.21) nichts anderes als die kanonische maßtheoretische Erweiterung der in 0.1 gegebenen Definition eines Erneuerungsmaßes. Mit Hilfe der Faltung läßt sich die Erneuerungsgleichung (0.4.19) auch kürzer schreiben als

$$Z = z + Z * Q$$

sowie deren Lösung (0.4.20) als

$$Z = z * U_Q.$$

Faltungen einer Funktion mit einem Erneuerungsmaß sind uns bereits zweimal begegnet, nämlich in (0.1.5) und (0.3.7). Wir werden zeigen, daß solche Faltungen $Z(r)$ für $r \to \infty$ konvergieren. Ferner stellt sich heraus, daß $Z(r)$ als Lösung der Erneuerungsgleichung (0.4.19) eindeutig ist in der Klasse der auf Kompakta beschränkten Funktionen. Angewandt auf $L(r, c)$ liefert dies sofort

$$L(r, c) = (L(0, c) * U_V)(r) = L(0, c)\, U_V([0, r]),$$

und außerdem $\lim_{r \to \infty} L(r, c) = L(0, c)\beta$ für ein $\beta > 0$. Gemäß Satz 0.4.1. ist aber

$$\lim_{r \to \infty} L(r, c) = 1 - \lim_{r \to \infty} I(r, c) = 1$$

im Fall "$\lambda EX_1 < c$", so daß sich

$$L(0, c) = \frac{1}{\beta}$$

ergibt. Als nächstes bemerken wir, daß unter Benutzung einer einfachen Integrationsformel (siehe A.1 im Anhang)

$$V([0, \infty)) = \frac{\lambda}{c} \int_{[0, \infty)} P(X_1 > x)\, l_0(dx) = \frac{\lambda EX_1}{c} \stackrel{\mathrm{def}}{=} V_\infty < 1$$

und somit V kein Wahrscheinlichkeitsmaß ist. Wir nennen ein solches Maß mit Masse < 1 ein *defektes Wahrscheinlichkeitsmaß*. In diesem Fall ist auch U_V endlich, denn

$$U_V([0, \infty)) = \sum_{n \geq 0} V^{*(n)}([0, \infty)) = \sum_{n \geq 0} V_\infty^n = \frac{1}{1 - V_\infty}.$$

Es wird sich herausstellen, daß für defekte Wahrscheinlichkeitsmaße erneuerungstheoretische Resultate wesentlich einfacher zu erzielen sind als für Wahrscheinlichkeitsmaße, für die das zugehörige Erneuerungsmaß Gesamtmasse ∞ hat.

Mit Blick auf unser Wunschergebnis (0.4.17) werden wir in einem zweiten Schritt zeigen, daß auch $e^{\eta R_0} I(R_0, c)$ eine Erneuerungsgleichung erfüllt, sofern η so gewählt werden kann, daß

$$\tilde{V}(B) \overset{\text{def}}{=} \frac{\lambda}{c} \int_B e^{\eta x} P(X_1 > x)\, l_0(dx), \ B \in \mathcal{B}^+,$$

ein Wahrscheinlichkeitsmaß definiert. Es gilt dann nämlich für $\tilde{I}(r,c) \overset{\text{def}}{=} e^{\eta r} I(r,c)$:

$$\tilde{I}(r,c) = e^{\eta r} V((r,\infty)) + \int_{[0,r]} \tilde{I}(r-x,c)\, \tilde{V}(dx).$$

Indem wir dann $\lim_{r\to\infty} \tilde{I}(r,c)$ bestimmen können, erhalten wir schließlich (0.4.17) unter Angabe von η und C.

Die sich natürlich anschließende Frage lautet, ob ein entsprechendes Resultat auch noch in allgemeinerer Situation als durch (C.1)–(C.3) beschrieben möglich ist, was unter Bereitstellung erneuerungstheoretischer Hilfsmittel ebenfalls bejaht werden kann. Eine ausführliche Behandlung der hier skizzierten Probleme erfolgt in 3.5 sowie 4.6.

0.5 Das M/G/1-Bedienungssystem

Inhalt der Warteschlangentheorie bildet die Modellierung und Analyse von Bedienungssystemen. Diese sind in ihren realen Erscheinungsformen (z.B. Supermärkte, Postämter, Tankstellen, Telefonvermittlungsstellen, Großrechner) besonders geeignet zum intuitiven Veständnis eines Regenerationsschemas. Eine kollektive Erfahrung besteht zweifellos darin, daß viele Bedienungsysteme in ihrer Auslastung zyklische Schwankungen unterliegen, die sich im alltäglichen Leben in Äußerungen niederschlagen wie "Am Samstagmorgen ist Supermarkt X immer total überfüllt" oder "Auslandsgespräche kann man am besten nach 22 Uhr führen".

Ohne alle Facetten solcher Bedienungssysteme erfassen zu wollen, lassen sich mit Blick auf eine mathematische Modellierung folgende wesentlichen Klassifikationsmerkmale nennen: (a) der *Ankunfts-* oder *Inputprozeß*, der beschreibt, in welcher Weise Kunden das System betreten; (b) Art und Anzahl der *Bedienungseinrichtungen*, oft auch als *Schalter* bezeichnet; (c) der *Abfertigungsmodus*, der angibt, in welcher Reihenfolge Kunden im System bedient werden.

Als einfaches Beispiel betrachten wir nun ein Bedienungssystem mit einem Schalter, an welchem Kunden in der Folge ihres Erscheinens abgefertigt werden ("first come, first served"). Trifft ein Kunde ein, während der Schalter besetzt ist, reiht er sich in eine Schlange ein, deren Länge keiner Beschränkung unterliegt. In der Warteschlangentheorie spricht man dann von einem *Warteraum unendlicher Kapazität*. Seien $T_0 = 0$ der Beobachtungsstartpunkt sowie $T_1, T_2, \ldots$ die sukzessiven Ankunftszeiten der einzelnen Kunden mit zugehörigen *Zwischenankunftszeiten* $A_1 = T_1 - T_0, A_2 = T_2 - T_1, \ldots$ Wir versehen die Kunden mit Nummern 1,2,... in der Reihenfolge ihres Erscheinens und nehmen ferner zur Vereinfachung der nachfolgenden Analyse an, daß zum Zeitpunkt $T_0 = 0$ ein Kunde, der die Nummer 0 erhält, das System betritt und einen leeren Schalter vorfindet. Die Bedienungszeiten für die einzelnen Kunden 0,1,2,...

seien durch Zufallsgrößen $B_0, B_1, \dots$ gegeben. Es werden nun folgende weiteren Annahmen gemacht:

(C.1) $A_1, A_2, \dots$ *sind stochastisch unabhängig und identisch $Exp(\theta)$-verteilt für ein $\theta > 0$.*

(C.2) $B_0, B_1, \dots$ *sind u.i.v. und positiv mit $\nu = EB_1 < \infty$.*

(C.3) $(A_n)_{n \geq 1}$ *und $(B_n)_{n \geq 0}$ sind stochastisch unabhängig.*

Man spricht dann von einem *M/G/1-Bedienungssystem* (zur Erläuterung dieser sogenannten Kendallschen Notation siehe z.B. Asmussen(1987, III.1)). Gemäß Satz 0.2.1. bildet die Zahl $N(t)$ der bis zum Zeitpunkt $t \geq 0$ eintreffenden Kunden (ohne Berücksichtigung des Kunden mit der Nummer 0) eine *Poisson (θt)*-verteilte Zufallsgröße und $(N(t))_{t \geq 0}$ einen Poisson-Prozeß. Aus diesem Grund spricht man bei Vorliegen von (C.1) auch von einem *Bedienungssystem mit Poisson-Ankünften*. Im folgenden interessieren wir uns für die *Warteschlangenlänge*, d.h. die Zahl der wartenden Kunden im Zeitablauf, wobei wir uns aus noch zu erläuternden Gründen auf jene Zeitpunkte beschränken, zu denen ein bedienter Kunde das System verläßt. Anders als in den vorherigen Beispielen verzichten wir hier ganz auf Beweise behaupteter Aussagen und beschränken uns auf die Skizzierung der auftretenden Problemstellungen.

Für $n \geq 1$ sei τ_n der Zeitpunkt, zu dem der $(n-1)$-te Kunde das System verläßt, Q_n die Schlangenlänge zu diesem Zeitpunkt sowie $\tau_0 = Q_0 = 0$. Ferner bezeichne K_n für $n \geq 0$ die Anzahl der eintreffenden Kunden während der Bedienung des n-ten Kunden. Wie man leicht einsieht, gelten dann

$$(0.5.1) \qquad Q_{n+1} = (Q_n - 1)^+ + K_n,$$

$$(0.5.2) \qquad \tau_{n+1} = (\tau_n \vee T_n) + B_n \quad \text{und}$$

$$(0.5.3) \qquad K_n = N((\tau_n \vee T_n) + B_n) - N(\tau_n \vee T_n)$$

für alle $n \geq 0$. Ferner folgt unter den Annahmen (C.1)–(C.3), daß $K_0, K_1, \dots$ u.i.v. sind mit

$$(0.5.4) \qquad \begin{aligned} \kappa_j &\overset{\text{def}}{=} P(K_0 = j) = \int_{(0,\infty)} P(N(s) = j)\, P(B_0 \in ds) \\ &= \int_{(0,\infty)} e^{-\theta s} \frac{(\theta s)^j}{j!}\, P(B_0 \in ds) \end{aligned}$$

Dies ist anschaulich klar aufgrund der Gedächtnislosigkeit der Exponentialverteilung und der Unabhängigkeit der Bedienungszeiten vom Ankunftsprozeß $(N(t))_{t \geq 0}$. Ein formaler Beweis beruht auf der Tatsache, daß τ_n und $\tau_n \vee T_n$ sogenannte *randomisierte Stopzeiten* für den Prozeß $(N(t))_{t \geq 0}$ bilden und letzterer die *starke Markov-Eigenschaft* besitzt. Eine präzise Definition der soeben genannten Begriffe geben wir in §1. Eine wesentliche Konsequenz der bisherigen Aussagen ist, daß $(Q_n)_{n \geq 0}$ eine *(stationäre) diskrete Markov-Kette (DMK)* mit Zustandsraum $I\!N_0$ bildet, d.h.

$$(0.5.5) \qquad P(Q_{n+1} = j | Q_0, \dots, Q_n) = P(Q_{n+1} = j | Q_n) = p_{Q_n j} \quad P\text{-f.s.}$$

für alle $j, n \in I\!N_0$ und eine geeignete Funktion $p : I\!N_0^2 \to [0,1]$. Offensichtlich wird ein solcher Prozeß vollständig durch seine *Übergangsmatrix* $\mathbf{P} = (p_{ij})_{i,j \in I\!N_0}$ beschrieben. Beachtet man die Unabhängigkeit von Q_n und K_n in (0.5.1), so ergibt sich leicht

$$(0.5.6) \qquad \mathbf{P} = \begin{pmatrix} \kappa_0 & \kappa_1 & \kappa_2 & \kappa_3 & \cdots \\ \kappa_0 & \kappa_1 & \kappa_2 & \kappa_3 & \cdots \\ 0 & \kappa_0 & \kappa_1 & \kappa_2 & \cdots \\ 0 & 0 & \kappa_0 & \kappa_1 & \cdots \\ 0 & 0 & 0 & \kappa_0 & \cdots \\ \vdots & \vdots & \vdots & \vdots & \ddots \end{pmatrix}$$

Bezeichnet $\mathbf{P}^n = (p_{ij}^{(n)})_{i,j \in I\!N_0}$ das n-fache Matrixprodukt von $\mathbf{P}$, speziell $\mathbf{P}^0 = \mathbf{I}$ die Einheitsmatrix, so liefert eine Induktion über n weiter

$$(0.5.7) \qquad P(Q_{n+k} = j \,|\, Q_n = i) = p_{ij}^{(n)} \quad P\text{-}f.s.$$

für alle $i, j, k, n \in I\!N_0$, sofern $P(Q_n = i) > 0$. Schließlich notieren wir noch, daß gemäß (0.5.4)

$$(0.5.8) \qquad EK_0 = \sum_{n \geq 0} n\kappa_n = \int_{(0,\infty)} \theta s \, P(B_0 \in ds) = \theta\nu \stackrel{\text{def}}{=} \rho,$$

und deshalb mit (0.5.1) für alle $i \in I\!N$ und $n \in I\!N_0$

$$(0.5.9) \qquad E(Q_{n+1} \,|\, Q_n = i) = \rho + i - 1 \quad P\text{-}f.s.$$

gilt, sofern $P(Q_n = i) > 0$.

Man kann nun zeigen, und wir werden dies in 6.4.4 auch tun, daß im Fall $\rho \leq 1$ die DMK $(Q_n)_{n \geq 0}$ P-f.s. jeden Zustand in $I\!N_0$ unendlich oft annimmt, wohingegen $Q_n \to \infty$ P-f.s. im Fall $\rho > 1$ gilt. Dies ist nicht völlig überraschend, wenn man bedenkt, daß ρ gerade das Verhältnis von mittlerer Bedienungszeit ν und mittlerer Zwischenankunftszeit θ^{-1} bildet. $\rho > (<) 1$ bedeutet demnach, grob gesprochen, daß im Mittel die zur Abfertigung eines Kunden benötigte Zeit größer (kleiner) ist als die verstreichende Zeit bis zum Erscheinen des nächsten Kunden. Aus diesem Grund bezeichnet man ρ als *Verkehrsintensität* des betrachteten Systems.

Wunschziel ist natürlich die explizite Bestimmung der Verteilung von Q_n für jedes n, was allerdings ähnlich dem Erneuerungsproblem eine i.a. sehr schwierige Aufgabe darstellt, weil es die explizite Berechnung der $\mathbf{P}^n$ erfordert. Folglich sind wir auch hier an asymptotischen Resultaten interessiert. Betrachten wir dazu den Fall $\rho < 1$: Die zuvor gegebene anschauliche Interpretation von ρ legt dann die Vermutung nahe, daß Q_n in Verteilung konvergiert. Dies führt, da $(Q_n)_{n \geq 0}$ eine DMK bildet, zur allgemeineren Frage nach dem asymptotischen Verhalten diskreter Markov-Ketten. Nehmen wir an, daß nicht mehr $Q_0 = 0$, sondern Q_0 eine beliebige Verteilung $q = (q_0, q_1, \ldots)$ besitzt, d.h.

$$P(Q_0 = j) = q_j \quad \text{für alle } j \in I\!N_0.$$

Gemäß (0.5.7) folgt für alle $j, n \in \mathbb{N}_0$

$$(0.5.10) \qquad P(Q_n = j) \;=\; \sum_{i \geq 0} p_{ij}^{(n)} q_i \;=\; (q\mathbf{P}^n)_j,$$

wobei $(q\mathbf{P}^n)_j$ natürlich die j-te Komponente des Zeilenvektors $q\mathbf{P}^n$ bezeichnet. Läßt sich q so wählen, daß

$$(0.5.11) \qquad q\mathbf{P} \;=\; q,$$

so folgt durch eine einfache Induktion, daß

$$(0.5.12) \qquad q\mathbf{P}^n \;=\; q \quad \text{für alle } n \geq 0$$

und somit jedes Q_n dieselbe Verteilung besitzt. Aus diesem Grund heißt q dann *stationäre* oder auch *invariante Verteilung* für die DMK $(Q_n)_{n \geq 0}$. Daß in der hier betrachteten Situation tatsächlich eine stationäre Verteilung existiert, die außerdem sogar eindeutig bestimmt ist, kann man leicht nachweisen, und wir kommen darauf in 6.4.4 zurück. An dieser Stelle soll uns aber vielmehr interessieren, wie sich die Kette bei beliebiger Startverteilung q verhält. Es zeigt sich, daß dann die stationäre Verteilung gerade im Limes angenommen wird. Um dies zu beweisen, definiert man für einen beliebigen Zustand $j \in \mathbb{N}_0$ die sukzessiven Eintrittszeitpunkte der Kette $(Q_n)_{n \geq 0}$, d.h.

$$(0.5.13) \qquad \begin{aligned} \sigma_0 &= \inf\{k \geq 0 : Q_k = j\} \quad \text{sowie} \\ \sigma_n &= \inf\{k > \sigma_{n-1} : Q_k = j\} \quad \text{für } n \geq 1. \end{aligned}$$

Wir erinnern daran, daß im Fall $\rho < 1$ jeder Zustand unendlich oft angenommen wird, was als *Rekurrenz* bezeichnet wird, und daß daher alle $\sigma_n, n \geq 0$ P-f.s endlich sind. Mit Hilfe der Markov-Eigenschaft (0.5.5) läßt sich nun zeigen, daß diese Folge sogar einen Erneuerungsprozeß bildet, d.h. u.i.v. nichtnegative Zuwächse besitzt, allerdings σ_0 i.a. nicht identisch 0 ist. Dies ist anschaulich nicht überraschend, denn die Markov-Eigenschaft besagt gerade, daß bei jeweiligem Erreichen eines vorgegebenen Zustands j das zukünftige Verhalten der Kette nur von diesem j, nicht aber vom Verhalten vor Erreichen dieses Zustands abhängt. Jeder Eintritt in diesen Zustand bildet folglich einen neuen Start des Prozesses, und so haben wir erstmals ein Beispiel für das Vorliegen eines Regenerationsschemas, wie zu Beginn unserer Einführung beschrieben. Um zur asymptotischen Verteilung von Q_n zu gelangen, notieren wir, daß

$$(0.5.14) \qquad P(Q_n = j) \;=\; \sum_{k \geq 0} P(\sigma_k = n) \quad \text{für alle } n \in \mathbb{N}_0.$$

Auf der rechten Seite steht offenkundig das Erneuerungsmaß des Erneuerungsprozesses $(\sigma_n)_{n \geq 0}$, und die Bestimmung von $\lim_{n \to \infty} P(Q_n = j)$ führt somit erneut auf die Frage nach dem asymptotischen Verhalten eines Erneuerungsmaßes. Da dies natürlich für jeden Zustand $j \in \mathbb{N}_0$ gilt, hat man es sogar gleich mit unendlich vielen Erneuerungsmaßen zu tun. Ferner kann somit ein Prozeß durchaus unendlich viele Regenerationsschemata besitzen. Es ist offensichtlich, daß ein derartiges Vorgehen in keiner Weise an das hier gewählte Beispiel gebunden ist, und wir werden in §6 sehen, das die gesamte asymptotische Theorie für DMK so untersucht werden kann.

Betrachten wir die Schlangenlänge $Q(t)$ zu beliebigen Zeitpunkten $t \geq 0$, so bildet diese i.a. keinen Markov-Prozeß mehr, d.h. das Verhalten von $(Q(s))_{s \geq t}$ hängt von der Vergangenheit nicht mehr nur über $Q(t)$ ab. Tatsächlich tritt dann eine zusätzliche Abhängigkeit von der bereits verstrichenen Bedienungszeit des gerade am Schalter stehenden Kunden auf, welche entfällt für die von uns betrachtete *eingebettete DMK*, oder wenn die Bedienungszeiten ebenfalls exponentialverteilt sind (*M/M/1-Bedienungssystem*).

Neben der Schlangenlänge gibt es selbstverständlich eine ganze Reihe weiterer Kenngrößen, die zur Beschreibung eines Bedienungssystems herangezogen werden. Hierzu zählen die asymptotische Wartezeit eines Kunden, die asymptotische Länge einer *Beschäftigungsperiode* (engl. *busy period*), während der ein Schalter ununterbrochen beschäftigt ist, sowie die einer *Leerzeit* (engl. *idle period*), während der sich kein Kunde im System befindet. Wie sich zeigt, besitzen im Fall $\rho < 1$ all diese Größen asymptotische Verteilungen, und es macht daher Sinn zu sagen, daß das Bedienungssystem langfristig einem *Gleichgewichtszustand* zustrebt, der durch die Grenzverteilungen der Kenngrößen beschrieben wird. Häufig sind mit diesem Gleichgewicht eine Reihe von Gleichgewichtsgleichungen verbunden. Sei etwa Q eine Zufallsgröße, welche die asymptotische Verteilung der zuvor betrachteten Schlangenlänge Q_n besitzt und K eine von Q unabhängige Zufallsgröße mit derselben Verteilung wie $K_0, K_1, \ldots$. Aufgrund der Unabhängigkeit von Q_n und K_n für alle $n \geq 0$ liefert dann ein Grenzübergang in (0.5.1) die Gleichgewichtsgleichung

$$(0.5.15) \qquad\qquad Q \sim (Q-1)^+ + K.$$

Diese läßt beispielsweise zur Bestimmung der mittleren Schlangenlänge im Gleichgewicht bei Verlassen eines Kunden, d.h. EQ weiter nutzen. Auch hierauf kommen wir in 6.4.4 zurück. In §11 werden wir außerdem das allgemeinere *G/G/1-Bedienungssystem* eingehend behandeln und dort eine Reihe weiterer Gleichgewichtsgleichungen kennenlernen.

§1 Grundlagen über Markov-Prozesse und Stopzeiten

Nachdem wir in der Einführung eine Reihe von Beispielen vorgestellt haben, die zur Motivation
der im folgenden entwickelten Theorie dienen, erscheint es angebracht, eine präzise Beschreibung einiger zentraler, zum Teil schon dort verwandter Begriffe und Fakten an den Anfang
unserer Betrachtungen zu stellen. Dabei handelt es sich nicht um erneuerungstheoretische
Definitionen und Resultate sondern um solche allgemeiner Natur, die allerdings ein notwendi-
ges Fundament bilden, wie etwa die Definition eines Markov-Prozesses im folgenden Abschnitt.
An manchen Stellen werden wir uns dabei auf eine informelle Darstellung mit Verweisen auf
weiterführende Literatur beschränken. Wir betonen jedoch, daß das Studium dieser Literatur
keinesfalls Voraussetzung zum Verständnis des vorliegenden Textes bildet.

1.1 Markov-Prozesse

Im folgenden sei $(S, \mathcal{S})$ ein beliebiger meßbarer Raum, $b\mathcal{S}$ der Vektorraum aller beschränkten,
meßbaren Funktionen $f : (S, \mathcal{S}) \to (I\!\!R, \mathcal{B})$ und $\|\cdot\|_\infty$ die Supremumsnorm auf $b\mathcal{S}$. Wir wollen
beginnen mit den Definitionen der Begriffe "Übergangskern" und "Halbgruppe von Übergangs-
kernen".

1.1.1 Definition Eine Abbildung $I\!\!P : S \times \mathcal{S} \to [0,1]$ heißt *Übergangskern auf* $(S, \mathcal{S})$, falls sie
die folgenden beiden Eigenschaften besitzt:

(1) $I\!\!P(x, \cdot)$ ist ein Wahrscheinlichkeitsmaß auf $(S, \mathcal{S})$ für alle $x \in S$.

(2) $I\!\!P(\cdot, B)$ ist eine $\mathcal{S}$-meßbare Abbildung für alle $B \in \mathcal{S}$.

Durch die Zuordnung

$$ f \quad \longmapsto \quad I\!\!P f(\cdot) \overset{\text{def}}{=} \int_S f(x)\, I\!\!P(\cdot, dx) $$

wird ein linearer Operator von $b\mathcal{S}$ in sich selbst definiert, wobei $I\!\!P(x, B) = I\!\!P 1(B)(x)$ für alle
$B \in \mathcal{S}$. Jeder Übergangskern $I\!\!P$ läßt sich somit in kanonischer Weise zu einem Operator auf
$b\mathcal{S}$ erweitern.

1.1.2 Definition Eine Familie $(I\!\!P_t)_{t \in T}$, $T = I\!\!N_0$ oder $= [0, \infty)$, von Übergangskernen auf
$(S, \mathcal{S})$ bildet eine *Halbgruppe*, falls

$$ I\!\!P_{s+t} f = I\!\!P_s I\!\!P_t f \quad \text{für alle } s, t \in T \text{ und } f \in b\mathcal{S}. $$

Insbesondere gilt $I\!\!P_0 = I$, die identische Abbildung auf $b\mathcal{S}$.

Eine aufsteigende Folge $(\mathcal{F}_t)_{t \in T}$ von σ-Algebren auf einem zugrundeliegenden meßbaren Raum
$(\Omega, \mathcal{A})$, d.h.

$$ \mathcal{F}_s \subset \mathcal{F}_t \subset \mathcal{A} \quad \text{für alle } s, t \in T \text{ mit } s < t, $$

bezeichnen wir im folgenden, wie in der Literatur üblich, als *Filtration* auf $(\Omega, \mathcal{A})$. Gilt speziell

$$ \mathcal{F}_t = \sigma(M_s; s \in T \cap [0, t]) $$

für alle $t \in T$ und einen stochastischen Prozeß $(M_t)_{t \in T}$, so nennen wir $(\mathcal{F}_t)_{t \in T}$ dessen *kanonische Filtration*.

Die wesentliche Eigenschaft eines Markov-Prozesses $(M_t)_{t \in T}$ läßt sich dadurch beschreiben, daß sein zukünftiges Verhalten nach Erreichen eines Zustands nur von diesem Zustand, nicht aber von seinem Verlauf vor dessen Erreichen abhängt. Bei der anschließenden formalen Einführung eines solchen Prozesses wollen wir die Fälle "$T = I\!N_0$" und "$T = [0, \infty)$" getrennt betrachten.

(a) Markov-Prozesse in diskreter Zeit $(T = I\!N_0)$

1.1.3 Definition Gegeben seien ein Wahrscheinlichkeitsraum $(\Omega, \mathcal{A}, P)$ mit einer Filtration $(\mathcal{F}_n)_{n \geq 0}$ und ein meßbarer Raum $(S, \mathcal{S})$. Eine Folge $(M_n)_{n \geq 0}$ von Zufallsvariablen auf $(\Omega, \mathcal{A}, P)$ mit Werten in $(S, \mathcal{S})$ heißt *Markov-Kette (MK)* bzgl. $(\mathcal{F}_n)_{n \geq 0}$ mit *Zustandsraum S*, *Übergangskern* $I\!P : S \times \mathcal{S} \to [0, 1]$ und *Startverteilung* λ, falls gilt:

$(1.1.1a) \qquad M_n \text{ ist } \mathcal{F}_n\text{-meßbar},$

$(1.1.1b) \qquad P(M_0 \in B) = \lambda(B) \quad \text{und}$

$(1.1.1c) \qquad P(M_{n+1} \in B | \mathcal{F}_n) = P(M_{n+1} \in B | M_n) = I\!P(M_n, B) \quad P\text{-}f.s.$

für alle $n \in I\!N_0$ und $B \in \mathcal{S}$. Ist S diskret (endlich oder abzählbar unendlich), so heißt $(M_n)_{n \geq 0}$ *diskrete Markov-Kette (DMK)* bzgl. $(\mathcal{F}_n)_{n \geq 0}$. Auf die Spezifikation "bzgl. $(\mathcal{F}_n)_{n \geq 0}$" wird verzichtet, wenn $(\mathcal{F}_n)_{n \geq 0}$ die kanonische Filtration von $(M_n)_{n \geq 0}$ bildet.

Die erste Gleichheit in (1.1.1c) bezeichnet man als *Markov-Eigenschaft*, die zweite als *zeitliche Homogenität*. Will man letzteres betonen, nennt man $(M_n)_{n \geq 0}$ auch *zeitlich homogene MK* (bzgl. $(\mathcal{F}_n)_{n \geq 0}$). Für Funktionen $f \in bS$ liefert (1.1.1c) offensichtlich

$(1.1.2) \qquad E(f(M_{n+1}) | \mathcal{F}_n) = E(f(M_{n+1}) | M_n) = I\!Pf(M_n) \quad P\text{-}f.s.$

für alle $n \in I\!N$. Sei $(I\!P_n)_{n \geq 0}$ die durch Iteration von $I\!P$ entstehende Halbgruppe, d.h. $I\!P_0 = I$ und

$$I\!P_n(x, B) \;=\; \int_S \cdots \int_S I\!P(x_{n-1}, B)\, I\!P(x_{n-2}, dx_{n-1}) \,\cdots\, I\!P(x_1, dx_2)\, I\!P(x, dx_1)$$

für $n \geq 1$ und $B \in \mathcal{S}$. Eine einfache Induktion liefert dann

$(1.1.3) \qquad E(f(M_{m+n}) | \mathcal{F}_m) = E(f(M_{m+n}) | M_m) = I\!P_n f(M_m) \quad P\text{-}f.s.$

für alle $m, n \in I\!N_0$ und $f \in bS$, insbesondere

$(1.1.4) \qquad P(M_{m+n} \in B | \mathcal{F}_m) = P(M_{m+n} \in B | M_m) = I\!P_n(M_m, B) \quad P\text{-}f.s.$

für alle $m, n \in I\!N_0$ und $B \in \mathcal{S}$. Aus diesem Grund bezeichnet man den stochastischen Kern $I\!P_n$ auch als *n-Schritt-Übergangskern*.

Zu einer gegebenen Halbgruppe $(I\!\!P_n)_{n\geq 0}$ von Übergangskernen auf $(S,\mathcal{S})$ läßt sich stets eine MK wie folgt konstruieren: Seien $\Omega = S^{I\!\!N_0}$, $\mathcal{A} = \mathcal{S}^{I\!\!N_0}$ die zugehörige Produkt-σ-Algebra, $M_0, M_1, \ldots : S^{I\!\!N_0} \to S$ die einzelnen Projektionen und, zu beliebiger Verteilung λ auf $(S,\mathcal{S})$, P_λ auf $(S^{I\!\!N_0}, \mathcal{S}^{I\!\!N_0})$ gegeben durch

$$(1.1.5) \qquad P_\lambda(M_0 \in B_0, \ldots, M_n \in B_n) = \int_{B_0} \int_{B_1} \ldots \int_{B_n} I\!\!P(x_{n-1}, dx_n) \ldots I\!\!P(x_0, dx_1)\, \lambda(dx_0)$$

für alle $n \in I\!\!N_0$ und $B_0, \ldots, B_n \in \mathcal{S}$. Daß durch (1.1.5) tatsächlich ein eindeutig bestimmtes Wahrscheinlichkeitsmaß P_λ auf $(S^{I\!\!N_0}, \mathcal{S}^{I\!\!N_0})$ definiert wird, kann man etwa aus einem maßtheoretischen Resultat von Ionescu-Tulcea schließen, siehe Gänssler und Stute (1977, 1.9.3). Man rechnet außerdem leicht nach, daß $(M_n)_{n\geq 0}$ unter jedem P_λ eine MK mit Übergangskern $I\!\!P$ und Startverteilung λ bildet. Schreiben wir P_x für P_λ im Fall $\lambda = \delta_x$, das Dirac-Maß in $x \in S$, so folgt speziell

$$(1.1.6) \qquad\qquad P_x(M_n \in B) = I\!\!P_n(x, B) \quad P\text{-}f.s.$$

für alle $n \in I\!\!N_0$ und $B \in \mathcal{S}$. Für eine beliebige Startverteilung λ gilt

$$(1.1.7) \qquad\qquad P_\lambda(M_n \in B) = \int_S P_x(M_n \in B)\, \lambda(dx) = \int_S I\!\!P_n(x, B)\, \lambda(dx).$$

Die Konstruktion von MK mit derselben Halbgruppe, aber verschiedenen Startverteilungen kann also mit nur einer Folge $(M_n)_{n\geq 0}$ auf einem meßbaren Raum $(\Omega, \mathcal{A})$ bewerkstelligt werden, wobei die jeweilige Startverteilung λ dann von dem auf $(\Omega, \mathcal{A})$ zugrundegelegten Wahrscheinlichkeitsmaß P_λ abhängt. Wir nennen ein Modell $(\Omega, \mathcal{A}, (P_x)_{x\in S}, (M_n)_{n\geq 0})$, das (1.1.5) mit $\lambda = \delta_x$ und (1.1.6) für alle $x \in S$ erfüllt, ein *kanonisches Modell für* $(I\!\!P_n)_{n\geq 0}$.

Von besonders einfacher Gestalt sind MK $(M_n)_{n\geq 0}$ mit diskretem Zustandsraum S, die, wie schon in obiger Definition gesagt, als diskrete Markov-Ketten (DMK) bezeichnet werden. O.B.d.A. können wir dann $S = I\!\!N_0$ oder $= \{0, \ldots k\}$ für ein $k \in I\!\!N_0$ annehmen. bS ist in diesem Fall die Menge aller beschränkten Folgen, üblicherweise mit ℓ_∞ bezeichnet, bzw. $I\!\!R^k$. Sei

$$(1.1.8) \qquad\qquad p_{ij} = I\!\!P(i, \{j\}) \quad \text{für alle } i, j \in S.$$

Offenkundig läßt sich der Übergangskern $I\!\!P$ dann mit der *Übergangsmatrix* $\mathbf{P} = (p_{ij})_{i,j\in S}$ identifizieren und jedes Element $I\!\!P_n$ der zugehörigen Halbgruppe mit $\mathbf{P}^n = (p_{ij}^{(n)})_{i,j\in S}$, dem n-fachen Matrixprodukt von $\mathbf{P}$, das als n-*Schritt-Übergangsmatrix* bezeichnet wird. $\mathbf{P}^0$ bezeichnet natürlich die Einheitsmatrix $\mathbf{I}$.

(b) Markov-Prozesse in stetiger Zeit $(T = [0, \infty))$

1.1.4 Definition Gegeben seien ein Wahrscheinlichkeitsraum $(\Omega, \mathcal{A}, P)$ mit einer Filtration $(\mathcal{F}_t)_{t\geq 0}$ und ein meßbarer Raum $(S, \mathcal{S})$. Eine Familie $(M_t)_{t\geq 0}$ von Zufallsvariablen auf $(\Omega, \mathcal{A}, P)$

mit Werten in $(S, \mathcal{S})$ heißt *Markov-Prozeß (in stetiger Zeit) bzgl.* $(\mathcal{F}_t)_{t \geq 0}$ mit *Zustandsraum S, Halbgruppe* $(I\!\!P_t)_{t \geq 0}$, $P_t : S \times \mathcal{S} \to [0,1]$, und *Startverteilung* λ, falls gilt:

$$(1.1.9a) \qquad M_t \text{ ist } \mathcal{F}_t\text{-meßbar,}$$

$$(1.1.9b) \qquad P(M_0 \in B) = \lambda(B) \quad \text{und}$$

$$(1.1.9c) \qquad P(M_{s+t} \in B | \mathcal{F}_s) = P(M_{s+t} \in B | M_s) = I\!\!P_t(M_s, B) \quad P\text{-}f.s.$$

für alle $s, t \in [0, \infty)$ und $B \in \mathcal{S}$. Ist S diskret (endlich oder abzählbar unendlich), so heißt $(M_t)_{t \geq 0}$ *Markov-Sprungprozeß (MSP) bzgl.* $(\mathcal{F}_t)_{t \geq 0}$. Auf die Spezifikation "bzgl. $(\mathcal{F}_t)_{t \geq 0}$" wird verzichtet, wenn $(\mathcal{F}_t)_{t \geq 0}$ die kanonische Filtration von $(M_t)_{t \geq 0}$ bildet.

Anders als im Fall diskreter Zeit, ist die Konstruktion solcher Prozesse ohne topologische Anforderungen an den Zustandsraum S und dessen σ-Algebra $\mathcal{S}$ nicht möglich. Eine hinreichende Bedingung besteht darin, daß S einen vollständig metrisierbaren, separablen Raum bildet, den man kürzer als *polnischen Raum* bezeichnet, und daß $\mathcal{S}$ die zugehörige Borelsche σ-Algebra ist, d.h. diejenige, die von den bezüglich der Metrik offenen Mengen erzeugt wird. Dies umfaßt sowohl alle abzählbaren Räume S mit ihrer Potenzmenge $\mathcal{S}$ als auch $(I\!\!R^k, \mathcal{B}^k)$ für $k \in I\!\!N$.

Seien also nun S ein polnischer Raum mit Borelscher σ-Algebra $\mathcal{S}$ und $(I\!\!P_t)_{t \in T}$ eine Halbgruppe auf $(S, \mathcal{S})$, wobei natürlich $T = [0, \infty)$. Ähnlich wie im Fall diskreter Zeit läßt sich dann das folgende Modell angeben: Sei $\Omega = S^T$ mit zugehöriger Produkt-σ-Algebra $\mathcal{A} = \mathcal{S}^T$ und einzelnen Projektionen $M_t, t \in T$. Für alle endlichen $\{0, t_1, ..., t_n\} \subset T$ mit $0 = t_0 < t_1 < ... < t_n$ und $s_j = t_j - t_{j-1}$ für $1 \leq j \leq n$, alle $B_{t_0}, ..., B_{t_n} \in \mathcal{S}$ sowie jede Verteilung λ auf $(S, \mathcal{S})$ setzt man

$$(1.1.10) \quad P_\lambda(M_{t_0} \in B_{t_0}, ..., M_{t_n} \in B_{t_n}) = \int_{B_{t_0}} ... \int_{B_{t_n}} I\!\!P_{s_n}(x_{n-1}, dx_n) ... I\!\!P_{s_1}(x_0, dx_1)\, \lambda(dx_0)$$

und folgert unter Hinweis auf die Voraussetzungen an $(S, \mathcal{S})$ aus dem *Kolmogorovschen Konsistenzsatz*, siehe z.B. Bauer(1978, Satz 62.3), daß P_λ zu einem eindeutig bestimmten Wahrscheinlichkeitsmaß auf $(S^T, \mathcal{S}^T)$ erweitert werden kann, und dann, daß die Familie $(M_t)_{t \in T}$ unter P_λ einen Markov-Prozeß bildet mit Halbgruppe $(I\!\!P_t)_{t \geq 0}$, Startverteilung λ und

$$(1.1.11) \qquad\qquad P_x(M_t \in B) = I\!\!P_t(x, B)$$

für alle $t \in [0, \infty)$, $x \in S$ und $B \in \mathcal{S}$, wobei wieder $P_x \overset{\text{def}}{=} P_{\delta_x}$. Eine ausführliche Darstellung des soeben skizzierten Vorgehens einschließlich notwendiger Beweise findet der interessierte Leser in Bauer(1978, §65). Analog zum diskreten Fall nennen wir ein Modell $(\Omega, \mathcal{A}, (P_x)_{x \in S}, (M_t)_{t \geq 0})$, das (1.1.10) mit $\lambda = \delta_x$ und (1.1.11) für alle $x \in S$ erfüllt, ein *kanonisches Modell für* $(I\!\!P_t)_{t \geq 0}$.

In diesem Text werden wir uns im Fall stetiger Zeit auf die Analyse ihrer einfachsten Vertreter beschränken, nämlich MSP mit zusätzlichen Regularitätseigenschaften, wie sie in uns hier interessierenden Anwendungen stets vorliegen. Sei wieder o.B.d.A. $S = I\!\!N_0$ oder $= \{0, ..., k\}$ für ein $k \geq 0$. Wir definieren

$$(1.1.12) \qquad\qquad p_{ij}(t) = I\!\!P_t(i, \{j\}) \quad \text{für alle } i, j \in S.$$

Ähnlich wie in diskreter Zeit läßt sich hier $(\mathbb{P}_t)_{t\geq 0}$ mit der *Übergangsmatrixfunktion (ÜMF)* $t \mapsto \mathbf{P}(t) = (p_{ij}(t))_{i,j\in S}$ identifizieren, und die Halbgruppeneigenschaft ergibt sich dann zu

$$\mathbf{P}(s+t) = \mathbf{P}(s)\mathbf{P}(t) \quad \text{für alle } s,t \in [0,\infty)$$

im Sinne gewöhnlicher Matrixmultiplikation. Gilt zusätzlich

$$(1.1.13) \qquad \lim_{t\downarrow 0} p_{ij}(t) = p_{ij}(0) = \begin{cases} 1, & \text{falls } i = j \\ 0, & \text{falls } i \neq j \end{cases} \quad \text{für alle } i,j \in S,$$

so bezeichnen wir $\mathbf{P}(t)$ als *Standard-Übergangsmatrixfunktion (SÜMF)*. Es folgt

$$(1.1.14) \qquad \mathbf{P}(t)f(i) \stackrel{\text{def}}{=} \sum_{j\in S} p_{ij}(t)f(j) \xrightarrow{t\downarrow 0} f(i),$$

für alle $f \in bS$ und $i \in S$, und zwar aufgrund der Ungleichung

$$\Big| \sum_{j\in S} p_{ij}(t)f(j) - f(i) \Big| \leq (1 - p_{ii}(t))\left(|f(i)| + \|f\|_\infty\right) \leq 2(1 - p_{ii}(t))\|f\|_\infty$$

sowie (1.1.13). Eine keineswegs offensichtliche Konsequenz von (1.1.14) ist, daß die dortige punktweise Konvergenz sogar gleichmäßig ist, d.h.

$$(1.1.15) \qquad \lim_{t\downarrow 0} \|\mathbf{P}(t)f - f\|_\infty = 0 \quad \text{für alle } f \in bS,$$

siehe Chung(1982, S.56, Ex.4). Aufgrund der einfachen Abschätzung

$$|p_{ij}(t+h) - p_{ij}(t)| = \Big| (1 - p_{ii}(h))p_{ij}(t) + \sum_{k\neq i} p_{ik}(h)p_{kj}(t) \Big| \leq 1 - p_{ii}(h)$$

für alle $t \geq 0, h > 0$ und $i,j \in S$ sind alle Komponenten $p_{ij}(t)$ einer SÜMF gleichmäßig stetig. Eine ebenso wichtige wie erstaunliche Tatsache gibt der folgende Satz, den wir nur zitieren. Zum Beweis verweisen wir auf Chung(1967, Thm. II.2.4 und Thm. II.12.8).

1.1.5 Satz *Für eine SÜMF* $\mathbf{P}(t) = (p_{ij}(t))_{i,j\in S}$ *gilt: Jede Komponente* $p_{ij}(t)$ *ist stetig differenzierbar für* $t > 0$. *Ferner existiert die rechtsseitige Ableitung im Punkt 0, d.h.*

$$\lim_{t\downarrow 0} t^{-1}(p_{ij}(t) - p_{ij}(0)),$$

und diese ist endlich, falls $i \neq j$, *kann aber unendlich sein, falls* $i = j$.

Wir definieren nun die sogenannte *Q-Matrix* $\mathbf{Q} = (q_{ij})_{i,j\in S}$ von $(M_t)_{t\geq 0}$ durch

$$(1.1.16) \qquad q_{ii} = -q_i = p'_{ii}(0) \quad \text{und} \quad q_{ij} = p'_{ij}(0), \text{ falls } i \neq j.$$

Offensichtlich gilt $q_{ij} \geq 0$ für alle $i \neq j$, da der zugehörige Differenzenquotient stets ≥ 0 ist, während $q_{ii} \leq 0$ für alle $i \in S$. Ferner gilt unter Anwendung von Fatous Lemma

$$(1.1.17) \qquad \sum_{j \neq i} q_{ij} = \sum_{j \neq i} \lim_{t \to 0} \frac{p_{ij}(t)}{t} \leq \liminf_{t \to 0} \sum_{j \neq i} \frac{p_{ij}(t)}{t} = \lim_{t \to 0} \frac{1 - p_{ii}(t)}{t} = q_i.$$

$(M_t)_{t \geq 0}$ und $\mathbf{Q}$ werden als *konservativ* bezeichnet, falls diese Ungleichung eine Gleichung ist und alle q_i endlich sind, d.h.

$$(1.1.18) \qquad \sum_{j \neq i} q_{ij} = q_i < \infty \quad \text{für alle } i \in S.$$

In §7 werden wir das asymptotische Verhalten für $t \to \infty$ von MSP mit SÜMF, konservativer Q-Matrix und rechtsseitig stetigen, stückweise konstanten Pfaden analysieren. Ferner nehmen wir dort an, daß der Prozeß *nicht-explodierend* ist, was bedeutet, daß die Zahl der Sprünge (Übergänge) des Prozesses in jedem endlichen Zeitintervall endlich ist (P_i-f.s. für alle $i \in S$). Im Fall eines endlichen Zustandsraumes S ist dies natürlich immer erfüllt. Wir zeigen in 7.2, daß, gegebenenfalls nach Erweiterung von S um einen Zustand ∞, zu jeder konservativen Q-Matrix ein MSP mit rechtsseitig stetigen, stückweise konstanten Pfaden konstruiert werden kann, so daß ferner ein kanonisches Modell für die zugehörige Halbgruppe vorliegt. Die Frage nach der Eindeutigkeit dieser Konstruktion führt gerade auf das Phänomen der Explosion, und wir geben dort einige weitere Erläuterungen dazu. Für Anwendungen bilden unsere Regularitätsannahmen keine Einschränkung und lassen sich dort immer mühelos nachweisen. Ohne darauf näher einzugehen, notieren wir noch, daß diese Annahmen die sogenannten *Rückwärts-* und *Vorwärts-Differentialgleichungen* implizieren, die in Matrixschreibweise lauten:

$$(1.1.19) \qquad \mathbf{P}'(t) = \mathbf{Q}\mathbf{P}(t) \quad \text{und} \quad \mathbf{P}'(t) = \mathbf{P}(t)\mathbf{Q},$$

siehe Chung(1967, II.17 und II.18) für eine ausführliche Diskussion.

Abschließend führen wir noch den wichtigen Begriff der *stationären* oder auch *invarianten Verteilung* ein, wobei dazu $T = I\!N_0$ oder $= [0, \infty)$ sein kann.

1.1.6 Definition Sei $(M_t)_{t \in T}$ ein Markov-Prozeß in diskreter oder stetiger Zeit mit Zustandsraum $(S, \mathcal{S})$ und Halbgruppe $(I\!P_t)_{t \in T}$. Ein Wahrscheinlichkeitsmaß (σ-endliches Maß) $\xi \neq 0$ heißt *stationäre(s)* oder auch *invariante(s) Verteilung (Maß)* für $(M_t)_{t \in T}$ und $(I\!P_t)_{t \in T}$, falls für alle $t \in T$ und $B \in \mathcal{S}$

$$(1.1.20) \qquad \xi I\!P_t(B) \stackrel{\text{def}}{=} \int_S I\!P_t(x, B)\, \xi(dx) = \xi(B)$$

Für ein kanonisches Modell $(\Omega, \mathcal{A}, (P_x)_{x \in S}, (M_t)_{t \in T})$ folgt demnach bei Startverteilung ξ

$$(1.1.21) \qquad P_\xi(M_t \in \cdot\,) = \xi \quad \text{für alle } t \in T,$$

und aufgrund der Markov-Eigenschaft sogar

$$(1.1.22) \qquad P_\xi((M_t)_{t\in T, t\geq s} \in \cdot) \;=\; P_\xi((M_t)_{t\in T} \in \cdot) \quad \text{für alle } s \in T.$$

Man nennt $(M_t)_{t\in T}$ in diesem Fall *stationär* unter P_ξ, was die gewählte Bezeichnung für ξ erklärt. Bei diskretem Zustandsraum läßt sich ξ als Vektor $(\xi_j)_{j\in S} \neq 0$, $0 \leq \xi_j < \infty$, schreiben, und (1.1.20) als

$$(1.1.23) \qquad \sum_{i\in S} \xi_i\, p_{ij}^{(n)} \;=\; \xi_j \quad \text{für alle } j \in S \text{ und } n \geq 0,$$

falls $(M_n)_{n\geq 0}$ eine DMK mit Übergangsmatrix $\mathbf{P} = (p_{ij})_{i,j\in S}$ bildet, und als

$$(1.1.24) \qquad \sum_{i\in S} \xi_i\, p_{ij}(t) \;=\; \xi_j \quad \text{für alle } j \in S \text{ und } t \geq 0$$

im Fall eines MSP $(M_t)_{t\geq 0}$ mit ÜMF $\mathbf{P}(t)$. ξ bildet in beiden Fällen folglich einen linken Eigenvektor zum Eigenwert 1 für die auftretenden Matrizen.

Literaturhinweise: Jüngere Monographien über die allgemeine Theorie von Markov-Prozessen, in denen insbesondere auf das Problem der Existenz solcher mit bestimmten Regularitätseigenschaften zu gegebener Halbgruppe eingegangen wird, bilden Williams(1979), Ethier und Kurtz(1986) und Sharpe(1988). Für weitere Hinweise siehe am Ende von §6 und §7.

1.2 Stopzeiten

Eine im weiteren Text laufend verwendete Technik ist die des Bedingens eines Random Walks oder eines Markov-Prozesses unter seiner Vergangenheit bis zu einem *zufallsabhängigen* Zeitpunkt. Sofern dieser Zeitpunkt nur vom bis dahin beobachteten Verhalten des Prozesses abhängt oder von Ereignissen, die vom Verhalten des Prozesses unabhängig sind, lassen sich eine Reihe von Eigenschaften, die bei Bedingen unter der Vergangenheit bis zu einem festen Zeitpunkt gelten, in kanonischer Weise übertragen. Es folgt die formale Definition derartiger *nicht antizipierender Zufallszeiten.*

1.2.1 Definition   (a) Sei $(\Omega, \mathcal{A}, P)$ ein Wahrscheinlichkeitsraum mit Filtration $(\mathcal{F}_t)_{t\in T}$, wobei $T = I\!N_0$ oder $= [0, \infty)$. Eine Zufallsgröße $\tau : \Omega \to T \cup \{\infty\}$ heißt *Stopzeit bzgl.* $(\mathcal{F}_t)_{t\in T}$, falls

$$(1.2.1) \qquad \{\tau > t\} \in \mathcal{F}_t \quad \text{für alle } t \in T.$$

Ist $(\mathcal{F}_t)_{t\in T}$ die *kanonische Filtration* eines Prozesses $(Z_t)_{t\in T}$, so heißt τ auch *Stopzeit für* $(Z_t)_{t\in T}$.

(b) Sei $\mathcal{F}_\infty = \sigma(\cup_{t\in T}\mathcal{F}_t)$. τ heißt *randomisierte Stopzeit bzgl.* $(\mathcal{F}_t)_{t\in T}$ bzw. *für* $(Z_t)_{t\in T}$, falls $\{\tau > t\}$ und $\mathcal{F}_\infty$ bedingt unabhängig sind, gegeben $\mathcal{F}_t$, für alle $t \in T$, d.h.

$$(1.2.2) \qquad P(\{\tau > t\} \cap B | \mathcal{F}_t) = P(\tau > t | \mathcal{F}_t)\, P(B | \mathcal{F}_t) \quad \text{P-f.s. für alle } t \in T \text{ and } B \in \mathcal{F}_\infty.$$

Wie man leicht nachweist, ist (1.2.2) äquivalent zu

$$(1.2.3) \qquad P(\tau > t | \mathcal{F}_t) = P(\tau > t | \mathcal{F}_\infty) \quad \text{P-f.s. für alle } t \in T,$$

und jede gewöhnliche Stopzeit ist natürlich auch randomisierte Stopzeit. Ferner äquivalent zu (1.2.1), (1.2.2) bzw. (1.2.3) sind die entsprechenden Aussagen mit $\{\tau > t\}$ ersetzt durch $\{\tau \leq t\}$ und, im Fall diskreter Zeit, $\{\tau = t\}$. Jede randomisierte Stopzeit τ bzgl. $(\mathcal{F}_t)_{t\in T}$ ist gewöhnliche Stopzeit bzgl. der erweiterten Filtration $(\mathcal{F}_t^\tau)_{t\in T}$, definiert durch

$$(1.2.4) \qquad \mathcal{F}_t^\tau = \sigma(\mathcal{F}_t \cup \sigma(\tau \wedge t)) \quad \text{für } t \in T,$$

und $\mathcal{F}_t^\tau$ ist bedingt unabhängig von $\mathcal{F}_\infty$, gegeben $\mathcal{F}_t$. Im Fall einer gewöhnlichen Stopzeit τ bzgl. $(\mathcal{F}_t)_{t\in T}$ gilt offenkundig $\mathcal{F}_t = \mathcal{F}_t^\tau$ für alle $t \in T$. Wir nennen $(\mathcal{F}_t^\tau)_{t\in T}$ die *kanonische Erweiterung von* $(\mathcal{F}_t)_{t\in T}$ *bzgl.* τ. Für einen bzgl. $(\mathcal{F}_t)_{t\in T}$ *adaptierten* Prozeß $(Z_t)_{t\in T}$, d.h. $\sigma(Z_s; s \leq t) \subset \mathcal{F}_t$ für alle $t \in T$, mit Zustandsraum $(S, \mathcal{S})$ und jede randomisierte Stopzeit τ bzgl. $(\mathcal{F}_t)_{t\geq 0}$ weist man leicht nach, daß

$$(1.2.5) \qquad P(Z_{s+t} \in B | \mathcal{F}_s^\tau) = P(Z_{s+t} \in B | \mathcal{F}_s) \quad \text{P-f.s.}$$

für alle $s, t \in T$ und $B \in \mathcal{S}$. Insbesondere ist jeder Markov-Prozeß $(Z_t)_{t\in T}$ bzgl. $(\mathcal{F}_t)_{t\in T}$ auch Markov-Prozeß bzgl. $(\mathcal{F}_t^\tau)_{t\in T}$ (siehe (1.1.1c) bzw. (1.1.9c)).

Anschaulich läßt sich jede Stopzeit auffassen als ein vom Beobachter zufälligen Geschehens gewählter Zeitpunkt, seine Beobachtungen einzustellen (zu stoppen), wobei die Entscheidung zu stoppen nicht antizipierend sein darf, d.h. nur von Informationen abhängen darf, die ihm zum Stopzeitpunkt bereits vorliegen. Sind diese Informationen ausschließlich an das beobachtete Geschehen geknüpft, so handelt es sich um eine durch (1.2.1) definierte Stopzeit. Manchmal jedoch wird der Beobachter bei Vorliegen gewisser Beobachtungen nur mit einer gewissen Wahrscheinlichkeit stoppen wollen und deshalb zusätzlich ein vom Geschehen unabhängiges Experiment durchführen, welches den Ausschlag gibt. Dies nennt man gewöhnlich *randomisieren* und mag als Erläuterung für die gewählte Bezeichnung "randomisierte Stopzeit" dienen. (1.2.2) ist dann lediglich die formale Präzisierung dieser Vorstellung und stammt, ebenso wie (1.2.3), von Pitman und Speed(1973).

Für eine Stopzeit τ bzgl. $(\mathcal{F}_t)_{t\in T}$ definieren wir als nächstes die σ-Algebra der bis zum Zeitpunkt τ beobachtbaren Ereignisse,

$$(1.2.6) \qquad \mathcal{F}_\tau = \{B \in \mathcal{F}_\infty : B \cap \{\tau > t\} \in \mathcal{F}_t \text{ für alle } t \in T\}$$

Sie wird als *Prä-τ-σ-Algebra* bezeichnet. Auch hier bilden (1.2.6) mit $\{\tau > t\}$ ersetzt durch $\{\tau \le t\}$ und, im Fall diskreter Zeit, $\{\tau = t\}$ äquivalente Definitionen. Ohne Beweis notieren wir die folgenden zwei einfachen Lemmata, die zum einen die Abgeschlossenheit der Klasse aller Stopzeiten bezüglich gewisser Operationen zeigen, zum anderen die $\mathcal{F}_\tau$-Meßbarkeit einiger im weiteren Text laufend auftretenden Zufallsvariablen sichern.

1.2.2 Lemma *Für Stopzeiten $\nu, \tau, \tau_1, \tau_2, \ldots$ bzgl. $(\mathcal{F}_t)_{t\in T}$ gelten die folgenden Aussagen:*
(a) τ ist $\mathcal{F}_\tau$-meßbar.
(b) $\tau \wedge \nu$, $\tau \vee \nu$ und $\tau + \nu$ sind Stopzeiten bzgl. $(\mathcal{F}_t)_{t\in T}$.
(c) $\inf_{n\ge 1} \tau_n$, $\sup_{n\ge 1} \tau_n$, $\liminf_{n\to\infty} \tau_n$ und $\limsup_{n\to\infty} \tau_n$ sind Stopzeiten bzgl. $(\mathcal{F}_t)_{t\in T}$.
(d) $\tau \le \nu \;\Rightarrow\; \mathcal{F}_\tau \subset \mathcal{F}_\nu$.
Außerdem ist jede Stopzeit bzgl. $(\mathcal{F}_{\tau+t})_{t\in T}$ auch Stopzeit bzgl. $(\mathcal{F}_t)_{t\in T}$.

1.2.3 Lemma *Seien $(\mathcal{F}_t)_{t\in T}$ eine Filtration, τ eine Stopzeit bzgl. $(\mathcal{F}_t)_{t\in T}$ und $(Z_t)_{t\in T}$ ein stochastischer Prozeß mit rechtsseitig stetigen Pfaden, falls $T = [0, \infty)$. Dann gelten die folgenden Aussagen:*
(a) Ist $(Z_t)_{t\in T}$ bzgl. $(\mathcal{F}_t)_{t\in T}$ adaptiert, so ist $Z_\tau \mathbf{1}(\tau < \infty)$ $\mathcal{F}_\tau$-meßbar.
(b) Falls $P(\tau \in \{\infty, t_1, t_2, \ldots\}) = 1$ für geeignete $t_1, t_2, \ldots \in T$, so gilt $E(\mathbf{1}(\tau < \infty) Z_\tau | \mathcal{F}_\tau) = \sum_{n\ge 1} \mathbf{1}(\tau = t_n) E(Z_n | \mathcal{F}_n)$ P-f.s..

Für einen stochastischen Prozeß $(Z_t)_{t\in \mathbb{N}_0}$ in diskreter Zeit mit kanonischer Filtration $(\mathcal{F}_t)_{t\in \mathbb{N}_0}$ und beliebigem Zustandsraum $(S, \mathcal{S})$ bildet jede Zufallszeit τ der Form

$$(1.2.7) \qquad\qquad \tau = \inf\{t \ge 0 : \; Z_t \in C_t\}$$

mit $C_0, C_1, \ldots \in \mathcal{S}$ und der üblichen Konvention $\inf \emptyset = \infty$ eine Stopzeit, da

$$\{\tau > t\} \;=\; \bigcap_{s \le t} \{Z_s \in C_s^c\} \;\in\; \mathcal{F}_t \quad \text{für alle } t \in \mathbb{N}_0.$$

Im Fall stetiger Zeit ist diese Aussage i.a. falsch, da die in vorhergehender Zeile auftretende Schnittmenge eine überabzählbare Indexmenge besitzt, folglich weder in $\mathcal{F}_t$ noch in $\mathcal{A}$ liegen muß. τ braucht demnach nicht einmal mehr meßbar zu sein. Diese Einschränkung gilt auch, falls S einen polnischen Zustandsraum mit Borelscher σ-Algebra $\mathcal{S}$ bildet und $(Z_t)_{t\ge 0}$ rechtsseitig stetige Pfade besitzt. Es bedarf also zusätzlicher Annahmen an die Mengen $C_t, t \ge 0$. Für unsere Zwecke ausreichend ist das folgende

1.2.4 Lemma *Sei $(Z_t)_{t\ge 0}$ ein stochastischer Prozeß in stetiger Zeit mit abzählbarem Zustandsraum S und rechtsseitig stetigen, stückweise konstanten Pfaden.*
(a) Falls in (1.2.7) $C_t = C \subset S$ für alle $t \ge 0$, so bildet τ eine Stopzeit für $(Z_t)_{t\ge 0}$.
(b) Setzen wir $\tau_0 = 0$, und bezeichnen für $n \ge 1$

$$\tau_n = \inf\{t > \tau_{n-1} : \; Z_t \ne Z_{\tau_{n-1}}\} \qquad (\inf \emptyset = \infty),$$

die sukzessiven Sprungzeiten von $(Z_t)_{t\geq0}$ *bis zur ersten Explosionszeit* $\tau_\infty = \sup_{n\geq1} \tau_n$, *so sind* $\tau_1, \tau_2, \ldots$ *und* τ_∞ *Stopzeiten für* $(Z_t)_{t\geq0}$.

Beweis: (a) Hier reicht es zu notieren, daß aufgrund rechtsseitig stetiger, stückweise konstanter Pfade

$$\{\tau > t\} = \bigcap_{s\leq t,\, s \text{ rational}} \{Z_s \in C^c\} \cap \{Z_t \in C^c\} \quad \text{für alle } t \geq 0$$

(b) τ_1 ist Stopzeit für $(Z_t)_{t\geq0}$, weil offensichtlich für alle $t \geq 0$

$$\{\tau_1 > t\} = \sum_{n\geq0} \bigcap_{s\leq t,\, s \text{ rational}} \{Z_s = n\} \cap \{Z_t = n\}.$$

Aus demselben Grund ist τ_2 Stopzeit für $(Z_{\tau_1+t})_{t\geq0}$ und damit ebenfalls für $(Z_t)_{t\geq0}$ selbst gemäß Lemma 1.2.2. Eine Induktion liefert die Behauptung für alle $\tau_n, n \geq 1$. Ferner ist dann τ_∞ Stopzeit für $(Z_t)_{t\geq0}$ gemäß Lemma 1.2.2(c). $\diamondsuit$

1.3. Die starke Markov-Eigenschaft

Sei $(M_t)_{t\in T}$ ein Markov-Prozeß mit Zustandsraum $(S, \mathcal{S})$, Halbgruppe $(I\!P_t)_{t\in T}$ und kanonischer Filtration $(\mathcal{F}_t)_{t\in T}$. Die ebenso bedeutungsvolle wie natürliche Verallgemeinerung der Markov-Eigenschaft, d.h. von

$$(1.3.1) \qquad P(M_{s+t} \in B|\mathcal{F}_s) = P(M_{s+t} \in B|M_s) = I\!P_t(M_s, B) \quad P\text{-}f.s.$$

für alle $s, t \in T$ und $B \in \mathcal{S}$, besteht darin, daß

$$(1.3.2) \qquad P(M_{\tau+t} \in B|\mathcal{F}_\tau) = P(M_{\tau+t} \in B|M_\tau) = I\!P_t(M_\tau, B) \quad P\text{-}f.s. \text{ auf } \{\tau < \infty\}$$

für eine Stopzeit τ für $(M_t)_{t\in T}$, alle $t \in T$ und $B \in \mathcal{S}$ gilt. Man sagt dann, daß $(M_t)_{t\in T}$ die *starke Markov-Eigenschaft bzgl.* τ besitzt. Äquivalente Formulierungen sind offenkundig

$$(1.3.3) \qquad E(f(M_{\tau+t})|\mathcal{F}_\tau) = E(f(M_{\tau+t})|M_\tau) = I\!P_t f(M_\tau) \quad P\text{-}f.s. \text{ auf } \{\tau < \infty\}$$

für alle $t \in T$ und $f \in bS$, sowie in diskreter Zeit (1.3.2) und (1.3.3) mit $t = 1$. Ist τ eine randomisierte Stopzeit für $(M_t)_{t\in T}$, so gilt die starke Markov-Eigenschaft bzgl. τ, falls (1.3.2) und (1.3.3) mit $\mathcal{F}_t^\tau$ anstelle von $\mathcal{F}_\tau$ erfüllt sind. In diesem Fall wird also statt der kanonischen Filtration $(\mathcal{F}_t)_{t\in T}$ deren kanonische Erweiterung $(\mathcal{F}_t^\tau)_{t\in T}$ zugrundegelegt. Wir erinnern daran, daß in diesem Fall die Markov-Eigenschaft bestehen bleibt, siehe (1.2.5), und daß für gewöhnliche Stopzeiten beide Filtrationen übereinstimmen. Gelten (1.3.2) und (1.3.3) für alle randomisierten Stopzeiten τ, so sagen wir, daß $(M_t)_{t\in T}$ die *starke Markov-Eigenschaft* besitzt. Ziel dieses Abschnitts bildet eine für unsere Zwecke angemessene Diskussion der Frage, wann dies der Fall ist. Als Grundlage der anschließenden Überlegungen dient der folgende einfache

1.3.1 Satz *Sei $(\mathcal{F}_t)_{t\in T}$ eine Filtration und $(M_t)_{t\in T}$ ein Markov-Prozeß bzgl. $(\mathcal{F}_t)_{t\in T}$. Dann besitzt $(M_t)_{t\in T}$ die starke Markov-Eigenschaft bzgl. jeder randomisierten Stopzeit τ bzgl. $(\mathcal{F}_t)_{t\in T}$, die P-f.s. nur abzählbar viele Werte annimmt, d.h. $P(\tau \in \{\infty, t_1, t_2, ...\}) = 1$ für geeignete $t_1, t_2, ... \in T$.*

Beweis: Bezeichnen $(S, \mathcal{S})$ und $(I\!P_t)_{t\in T}$ den Zustandsraum bzw. die Halbgruppe von $(M_t)_{t\in T}$, so müssen wir zeigen, daß für alle $t \in T$ und $B \in \mathcal{S}$

$$P(M_{\tau+t} \in B | \mathcal{F}_\tau^\tau) = I\!P_t(M_\tau, B) \quad P\text{-f.s. auf } \{\tau < \infty\}.$$

Sei dazu $A \in \mathcal{F}_\tau^\tau$ beliebig. Es folgt unter Beachtung von $A \cap \{\tau = t_j\} \in \mathcal{F}_{t_j}^\tau$ für alle $j \geq 1$, (1.2.5) und Lemma 1.2.3(b)

$$\begin{aligned}
P(A \cap \{M_{\tau+t} \in B\}) &= \sum_{j\geq 1} P(A \cap \{\tau = t_j, M_{t_j+t} \in B\}) \\
&= \sum_{j\geq 1} \int_{A \cap \{\tau = t_j\}} P(M_{t_j+t} \in B | \mathcal{F}_{t_j}^\tau)\, dP \\
&= \sum_{j\geq 1} \int_{A \cap \{\tau = t_j\}} I\!P_t(M_{t_j}, B)\, dP = \int_A I\!P_t(M_\tau, B)\, dP
\end{aligned}$$

und damit das Gewünschte. $\diamond$

Für MK nehmen Stopzeiten notwendigerweise nur abzählbar viele Werte an, so daß als triviale Konsequenz folgt:

1.3.2 Korollar *Jede MK besitzt die starke Markov-Eigenschaft.*

Im Fall stetiger Zeit kommt man wieder ohne Regularitätsannahmen nicht aus. Für unsere Zwecke ausreichend ist jedoch das folgende

1.3.3 Korollar *Jeder MSP mit rechtsseitig stetigen Pfaden besitzt die starke Markov-Eigenschaft.*

Beweis: Seien $(M_t)_{t\geq 0}$ ein MSP mit rechtsseitig stetigen Pfaden und τ eine beliebige randomisierte Stopzeit für $(M_t)_{t\geq 0}$. Um Satz 1.3.1 anwenden zu können, definieren wir für $j \in I\!N$

$$\tau_j = \sum_{k\geq 1} k 2^{-j}\, 1\big((k-1)2^{-j} < \tau \leq k 2^{-j}\big).$$

Dann nimmt jedes τ_j nur abzählbar viele Werte an und bildet eine Stopzeit bzgl. $(\mathcal{F}_t^\tau)_{t\geq 0}$, wie man leicht nachweist. Außerdem gilt offensichtlich $\tau_j \downarrow \tau$, falls $j \to \infty$, und $M_{\tau_j}(\omega) = M_\tau(\omega)$ für alle $\omega \in \Omega$ und hinreichend großes $j = j(\omega)$. Es folgt auf $\{\tau < \infty\} = \{\tau_j < \infty\}$ mit Satz 1.3.1

$$(1.3.4) \qquad P(M_{\tau_j+t} \in B | \mathcal{F}_{\tau_j}^\tau) = I\!P_t(M_{\tau_j}, B) \quad P\text{-f.s.}$$

für alle $t \in T, j \in I\!\!N$ und $B \in \mathcal{S}$. Aufgrund der zuvor gemachten Bemerkungen folgt sofort $\lim_{j \to \infty} I\!\!P_t(M_{\tau_j}, B) = I\!\!P_t(M_\tau, B)$ P-f.s.. Ferner liefert Lemma 1.2.2(d) $\mathcal{F}^\tau_{\tau_1} \supset \mathcal{F}^\tau_{\tau_2} \supset \ldots \supset \mathcal{F}^\tau_\tau$, so daß nach Bedingen unter $\mathcal{F}^\tau_\tau$ und Übergang zum Limes in (1.3.4) folgt

$$P(M_{\tau+t} \in B | \mathcal{F}^\tau_\tau) = \lim_{j \to \infty} P(M_{\tau_j+t} \in B | \mathcal{F}^\tau_\tau) = \lim_{j \to \infty} E(I\!\!P_t(M_{\tau_j}, B) | \mathcal{F}^\tau_\tau)$$

$$= E(I\!\!P_t(M_\tau, B) | \mathcal{F}^\tau_\tau) = I\!\!P_t(M_\tau, B) \quad P\text{-f.s. auf } \{\tau < \infty\}$$

unter Beachtung der $\mathcal{F}^\tau_\tau$-Meßbarkeit von $\{\tau < \infty\}$ und M_τ. $\qquad\qquad\qquad \diamond$

Zum Abschluß wollen wir noch ohne Beweis einige nützliche äquivalente Formulierungen der starken Markov-Eigenschaft angeben, wobei wir zu gegebener Halbgruppe $(I\!\!P_t)_{t \in T}$ auf $(S, \mathcal{S})$ ein kanonisches Modell $(\Omega, \mathcal{A}, (P_x)_{x \in S}, (M_t)_{t \in T})$ unterstellen. E_x bezeichne Erwartungswertbildung bzgl. P_x. Für eine beliebige randomisierte Stopzeit τ für $(M_t)_{t \in T}$ sei

$$(1.3.5) \qquad\qquad\qquad \mathcal{G}^\tau = \sigma(M_{\tau+t}; t \geq 0)$$

die σ-Algebra der nach τ beobachtbaren Ereignisse, die auch als *Post-τ-σ-Algebra* bezeichnet wird. Ferner sei $\mathcal{S}^T$ die Produkt-σ-Algebra auf S^T.

1.3.4 Satz *Seien $(I\!\!P_t)_{t \in T}$ eine Halbgruppe auf $(S, \mathcal{S})$, $(\Omega, \mathcal{A}, (P_x)_{x \in S}, (M_t)_{t \in T})$ ein kanonisches Modell für $(I\!\!P_t)_{t \in T}$ und τ eine randomisierte Stopzeit für $(M_t)_{t \in T}$. Dann ist jede der folgenden Bedingungen äquivalent zur starken Markov-Eigenschaft bzgl. τ:*

(a) $P_x(A \cap B \cap \{\tau < \infty\}) = \int_{B \cap \{\tau < \infty\}} P_{M_\tau}(A)\, dP_x$ für alle $A \in \mathcal{G}^\tau$, $B \in \mathcal{F}^\tau_\tau$ und $x \in S$.

(b) $P_x(\{(M_{\tau+t})_{t \in T} \in C, \tau < \infty\} \cap B) = \int_{B \cap \{\tau < \infty\}} P_{M_\tau}((M_t)_{t \in T} \in C)\, dP_x$ für alle $B \in \mathcal{F}^\tau_\tau$, $C \in \mathcal{S}^T$ und $x \in S$.

(c) $\int_{B \cap \{\tau < \infty\}} f((M_{\tau+t})_{t \in T})\, dP_x = \int_{B \cap \{\tau < \infty\}} E_{M_\tau} f((M_t)_{t \in T})\, dP_x$ für alle $B \in \mathcal{F}^\tau_\tau$, $f \in b\mathcal{S}^T$ und $x \in S$.

Eine äquivalente Formulierung dieses Satzes unter Verwendung bedingter Erwartungswerte lautet

1.3.5 Korollar *In der Situation des vorigen Satzes sind folgende Bedingungen äquivalent zur starken Markov-Eigenschaft bzgl. τ:*

(a) $P_x(A | \mathcal{F}^\tau_\tau) = P_{M_\tau}(A)$ P-f.s. auf $\{\tau < \infty\}$ für alle $A \in \mathcal{G}^\tau$ und $x \in S$.

(b) $P_x(\{(M_{\tau+t})_{t \in T} \in C\} | \mathcal{F}^\tau_\tau) = P_{M_\tau}((M_t)_{t \in T} \in C)$ P-f.s. auf $\{\tau < \infty\}$ für alle $C \in \mathcal{S}^T$ und $x \in S$.

(c) $E_x(f((M_{\tau+t})_{t \in T}) | \mathcal{F}^\tau_\tau) = E_{M_\tau} f((M_t)_{t \in T})$ P-f.s. auf $\{\tau < \infty\}$ für alle $f \in b\mathcal{S}^T$ und $x \in S$.

Die in (a)-(c) dieses Korollars jeweils links stehenden bedingten Erwartungswerte bzgl. $\mathcal{F}^\tau_\tau$, die zur Kennzeichnung des Referenzmaßes P_x mit x indiziert worden sind, besitzen also auf $\{\tau < \infty\}$ von $x \in S$ unabhängige Versionen, und man kann deshalb zukünftig auf eine solche Indizierung verzichten. Dies gilt selbstverständlich insbesondere beim Bedingen bzgl. $\mathcal{F}_t$ für jedes $t \in T$.

1.4 Random Walks und Stopzeiten
(Leiterindizes, Leiterhöhen und die Waldschen Gleichungen)

Sei $(S_n)_{n\geq 0}$ im folgenden stets ein Random Walk (RW) mit u.i.v. Zuwächsen $X_1, X_2, ...$, davon unabhängiger Startvariablen S_0 und kanonischer Filtration $(\mathcal{F}_n)_{n\geq 0}$, also $\mathcal{F}_n = \sigma(S_0, S_1, ..., S_n)$ $= \sigma(S_0, X_1, ..., X_n)$ für alle $n \geq 0$. Sei $\mathcal{F}_\infty = \sigma(\cup_{n\geq 0}\mathcal{F}_n)$. Obgleich wir im weiteren Verlauf dieses Textes fast immer reellwertige RW betrachten werden, erweist es sich an einigen Stellen als nützlich, die anschließenden beiden Sätze auch für allgemeinere RW benutzen zu können, etwa für solche mit Werten im $I\!\!R^k$ für ein $k \geq 2$. Da dies bei der Herleitung keine zusätzlichen Probleme bereitet, sei an dieser Stelle als Wertebereich S von $S_0, S_1, ...$ irgendein euklidischer Raum $I\!\!R^k$ mit Borelscher σ-Algebra $\mathcal{S} = \mathcal{B}^k$ angenommen.

Jeder Random Walk ist natürlich eine MK und besitzt somit die starke Markov-Eigenschaft. Seine besonders einfache Struktur impliziert jedoch weit mehr, wie der anschließende Satz zeigt.

1.4.1 Satz *Sei τ eine randomisierte Stopzeit für den RW $(S_n)_{n\geq 0}$ und $(\mathcal{F}_n^\tau)_{n\geq 0}$ die kanonische Erweiterung von $(\mathcal{F}_n)_{n\geq 0}$ bzgl. τ gemäß (1.2.4). Dann gilt für alle $k \in I\!\!N_0$*

(1.4.1a) $P((S_{\tau+n} - S_\tau)_{n\geq 0} \in \cdot\,, \tau = k|\mathcal{F}_\tau^\tau) = \mathbf{1}(\tau = k)\, P((S_n - S_0)_{n\geq 0} \in \cdot)$ *P-f.s.*

(1.4.1b) $P((X_{\tau+n})_{n\geq 1} \in \cdot\,, \tau = k|\mathcal{F}_\tau^\tau) = \mathbf{1}(\tau = k)\, P((X_n)_{n\geq 0} \in \cdot)$ *P-f.s.*

Ist $\tau < \infty$ P-f.s., impliziert dies

(a) $(S_{\tau+n} - S_\tau)_{n\geq 0}$ und $\mathcal{F}_\tau^\tau$ sind stochastisch unabhängig.

(b) $(S_{\tau+n} - S_\tau)_{n\geq 0} \sim (S_n - S_0)_{n\geq 0}$.

(c) $X_{\tau+1}, X_{\tau+2}, ...$ sind u.i.v. mit $X_{\tau+1} \sim X_1$.

Beweis: Offenkundig reicht es, (1.4.1b) zu zeigen. Seien dazu $k \in I\!\!N_0, n \in I\!\!N, B_1, ..., B_n \in \mathcal{S}$ und $A \in \mathcal{F}_\tau^\tau$ beliebig. Dann folgt unter Beachtung von $A \cap \{\tau = k\} \in \mathcal{F}_k^\tau$, $\{X_{k+1} \in B_1,$ $..., X_{k+n} \in B_n\} \in \mathcal{F}_\infty$, der bedingten Unabhängigkeit von $\mathcal{F}_k^\tau$ und $\mathcal{F}_\infty$ gegeben $\mathcal{F}_k$ (wie im Anschluß von (1.2.4) bemerkt), der Unabhängigkeit von $\mathcal{F}_k$ und $X_{k+1}, ..., X_{k+n}$ sowie von $(X_{k+1}, ..., X_{k+n}) \sim (X_1, ..., X_n)$

$$\begin{aligned}
&P(A \cap \{\tau = k, X_{k+1} \in B_1, ..., X_{k+n} \in B_n\}) \\
&= \int_\Omega P(A \cap \{\tau = k\}|\mathcal{F}_k)\, P(X_{k+1} \in B_1, ..., X_{k+n} \in B_n)\, dP \\
&= P(X_1 \in B_1, ..., X_n \in B_n)\, P(A \cap \{\tau = k\}) \\
&= \int_A \mathbf{1}(\tau = k)\, P(X_1 \in B_1, ..., X_n \in B_n)\, dP
\end{aligned}$$

und dies impliziert das Gewünschte. $\Diamond$

Im folgenden sei τ eine beliebige Stopzeit für $(S_n)_{n\geq 0}$. Dann existieren Mengen $B_n \in \mathcal{S}^{n+1}$, $n \geq 0$, so daß

(1.4.2) $$\tau = \inf\{n \geq 0 : (S_0, ..., S_n) \in B_n\},$$

wobei wie üblich $\inf \emptyset = \infty$. Sei $S_0 = 0$. Gemäß dem obigen Satz besitzt $(S_{\tau+n} - S_\tau)_{n \geq 0}$ dieselbe Verteilung wie $(S_n)_{n \geq 0}$, gegeben $\tau < \infty$, und wir können die durch die $B_n, n \geq 0$ formal festgelegte Stopregel auf den Post-τ-Prozeß $(S_{\tau+n} - S_\tau)_{n \geq 0}$ übertragen. Es folgt die formale Präzisierung dieser etwas vagen Beschreibung. Wir setzen dazu $S_{n,k} = S_{n+k} - S_n$ sowie

$$\mathbf{S}_n = (S_0, ..., S_n) \quad \text{und} \quad \mathbf{S}_{n,k} = (0, S_{n+1} - S_n, ..., S_{n+k} - S_n)$$

für $k, n \in \mathbb{N}_0$.

1.4.2 Definition Sei τ eine beliebige Stopzeit für $(S_n)_{n \geq 0}$, gegeben durch (1.4.2). Dann heißt $(\tau_n)_{n \geq 1}$, definiert durch $\tau_1 = \tau$ sowie für $n \geq 2$

$$(1.4.3) \qquad \tau_n = \begin{cases} \inf\{k \geq 0 : \mathbf{S}_{\sigma_{n-1},k} \in B_k\}, & \text{falls } \sigma_{n-1} < \infty \\ \infty, & \text{falls } \sigma_{n-1} = \infty \end{cases}$$

die *Folge der formalen Kopien von* τ, wobei $\sigma_0 = 0$ und $\sigma_n = \tau_1 + ... + \tau_n$ für $n \geq 1$. $(\sigma_n)_{n \geq 0}$ bezeichnen wir als zu τ gehörende *Kopiensummenfolge*.

Die wichtigsten Eigenschaften der τ_n, σ_n sowie S_{σ_n} für $n \geq 1$ geben die anschließenden beiden Sätze.

1.4.3 Satz *Neben den zuvor eingeführten Bezeichnungen sei* $\gamma = P(\tau < \infty)$ *Dann gelten die folgenden Aussagen:*
(a) $\sigma_0, \sigma_1, ...$ *sind Stopzeiten für* $(S_n)_{n \geq 0}$.
(b) τ_n *ist Stopzeit bzgl.* $(\mathcal{F}_{\sigma_{n-1}+k})_{k \geq 0}$ *und* $\mathcal{F}_{\sigma_n}$-*meßbar für alle* $n \geq 1$.
(c) $P(\tau_n \in \cdot | \mathcal{F}_{\sigma_{n-1}}) = P(\tau \in \cdot)$ *P-f.s. auf* $\{\sigma_{n-1} < \infty\}$ *für alle* $n \geq 1$.
(d) $P(\tau_n < \infty) = P(\sigma_n < \infty) = \gamma^n$ *für alle* $n \geq 1$.

1.4.4 Satz *Sei* $\mathbf{Z}_n = (\tau_n, \mathbf{S}_{\sigma_{n-1},\tau_n}) \cdot 1(\sigma_{n-1} < \infty)$ *für* $n \geq 1$ *neben den zuvor eingeführten Bezeichnungen. Dann gelten die folgenden Aussagen:*
(a) $P(\mathbf{Z}_n \in \cdot, \tau_n < \infty | \mathcal{F}_{\sigma_{n-1}}) = 1(\sigma_{n-1} < \infty) P(\mathbf{Z}_1 \in \cdot, \tau_1 < \infty)$ *P-f.s. für alle* $n \geq 1$.
(b) $\mathbf{Z}_1, ..., \mathbf{Z}_n$ *sind bedingt u.i.v., gegeben* $\sigma_n < \infty$, *mit derselben Verteilung wie* $\mathbf{Z}_1$ *bedingt unter* $\tau_1 < \infty$.
(c) $P((\sigma_n, S_{\sigma_n}) \in \cdot | \sigma_n < \infty) = P((\tau, S_\tau) \in \cdot | \tau < \infty)^{*(n)}$ *P-f.s. für alle* $n \geq 1$.
Für P-f.s. endliches τ $(\gamma = 1)$ *folgt weiter:*
(d) $\mathbf{Z}_n$ *und* $\mathcal{F}_{\sigma_{n-1}}$ *sind stochastisch unabhängig für alle* $n \geq 1$.
(e) $\mathbf{Z}_1, \mathbf{Z}_2, ...$ *sind u.i.v.*
(f) $(\sigma_n, S_{\sigma_n})_{n \geq 0}$ *ist ein RW mit Werten in* $\mathbb{N}_0 \times S$.

Beweis der Sätze 1.4.3 und 1.4.4: Der Beweis von 1.4.3(a) und (b) ist einfach und kann weggelassen werden. Aussage 1.4.3(c) folgt aus (1.4.1a), wenn man beachtet, daß

$$\tau_n = \sum_{k \geq 0} 1(\tau_n > k) = \sum_{k \geq 0} \prod_{j=0}^{k} 1(B_j^c)(S_{\sigma_{n-1},0}, ..., S_{\sigma_{n-1},j})$$

eine meßbare Funktion von $(S_{\sigma_{n-1},k})_{k\geq 0}$ bildet. Wegen $P(\tau_n < \infty) = P(\tau_1 < \infty,...,\tau_n < \infty)$ ergibt sich dann 1.4.3(d) durch Induktion über n unter Anwendung von 1.4.3(c). Der Beweis von 1.4.4(a) benutzt dasselbe Argument wie der von 1.4.3(c), denn auch $\mathbf{Z}_n \cdot \mathbf{1}(\tau_n < \infty)$ ist eine meßbare Funktion von $(S_{\sigma_{n-1},k})_{k\geq 0}$, wie man sofort einsieht. 1.4.4(b) folgt leicht durch eine Induktion über n, wenn wir zuvor zeigen, daß

$$P((\mathbf{Z}_1,...,\mathbf{Z}_{n+1}) \in A_n \times B, \sigma_{n+1} < \infty) = P((\mathbf{Z}_1,...,\mathbf{Z}_n) \in A_n, \sigma_n < \infty) P(\mathbf{Z}_1 \in B, \tau < \infty)$$

für alle $n \geq 0$ und A_n, B aus den offenkundig zu wählenden σ-Algebren. Es gilt aber unter Benutzung von 1.4.4(a)

$$\begin{aligned}
P((\mathbf{Z}_1,&...,\mathbf{Z}_{n+1}) \in A_n \times B, \sigma_{n+1} < \infty) \\
&= P((\mathbf{Z}_1,...,\mathbf{Z}_{n+1}) \in A_n \times B, \sigma_n < \infty, \tau_{n+1} < \infty) \\
&= \int_{\{(\mathbf{Z}_1,...,\mathbf{Z}_n)\in A_n, \sigma_n < \infty\}} P(\mathbf{Z}_{n+1} \in B, \tau_{n+1} < \infty | \mathcal{F}_{\sigma_n}) \, dP \\
&= P((\mathbf{Z}_1,...,\mathbf{Z}_n) \in A, \sigma_n < \infty) P(\mathbf{Z}_1 \in A, \tau < \infty).
\end{aligned}$$

1.4.4(c) ist eine direkte Konsequenz von 1.4.4(b). Die Aussagen 1.4.4(d),(e) und (f) im Fall "$\gamma = 1$" sind lediglich Umformulierungen von 1.4.4(a),(b) bzw. (c) in diesem Fall. $\diamond$

Im Rückblick auf die zu Beginn unserer Einführung gemachten Bemerkungen sehen wir nun, daß für einen RW $(S_n)_{n\geq 0}$ mit Hilfe jeder P-f.s. endlichen Stopzeit τ und deren Kopiensummenfolge ein Regenerationsschema (vom Typ II) mit zugehörigen Zyklen $\mathbf{S}_{\sigma_n,\tau_{n+1}}, n \geq 0$ definiert wird. Dies ist an sich nicht sonderlich überraschend angesichts der u.i.v. Zuwächse von $(S_n)_{n\geq 0}$. Entscheidend ist vielmehr die Möglichkeit, τ so zu wählen, daß mit Hilfe des resultierenden Regenerationsschemas die intrinsischen Eigenschaften des betrachteten RW beschrieben werden können. Die anschließende Definition findet hierin ihre Motivation.

Sei von nun an $(S_n)_{n\geq 0}$ ein gewöhnlicher, d.h. reellwertiger RW mit $S_0 = 0$. Von großer Bedeutung in der Erneuerungstheorie sind die zu $(S_n)_{n\geq 0}$ gehörenden Stopzeiten, zu denen der RW ein temporäres Maximum oder Minimum annimmt sowie die Folgen dieser Maxima und Minima selbst.

1.4.5 Definition Sei $(S_n)_{n\geq 0}$ ein reellwertiger, in 0 startender RW. Dann heißen

$$(1.4.4) \qquad \begin{aligned}
\sigma^> &= \inf\{n \geq 1 : S_n > 0\}, \quad \sigma^\geq = \inf\{n \geq 1 : S_n \geq 0\}, \\
\sigma^< &= \inf\{n \geq 1 : S_n < 0\}, \quad \sigma^\leq = \inf\{n \geq 1 : S_n \leq 0\},
\end{aligned}$$

dessen *erster streng aufsteigender, schwach aufsteigender, streng absteigender* bzw. *schwach absteigender Leiterindex (LI) (engl. ladder index oder ladder variable)*. Die zugehörigen Summen

$$(1.4.5) \qquad \begin{aligned}
S_1^> &= S_{\sigma^>} \mathbf{1}(\sigma^> < \infty), \quad S_1^\geq = S_{\sigma^\geq} \mathbf{1}(\sigma^\geq < \infty), \\
S_1^< &= S_{\sigma^<} \mathbf{1}(\sigma^< < \infty), \quad S_1^\leq = S_{\sigma^\leq} \mathbf{1}(\sigma^\leq < \infty)
\end{aligned}$$

heißen dessen *erste streng aufsteigende, schwach aufsteigende, streng absteigende* bzw. *schwach absteigende Leiterhöhe (LH)* (engl. *ladder height*). Schließlich bezeichnen wir die zu $\sigma^>, \sigma^\geq, \sigma^<$ und $\sigma^\leq$ gehörenden Kopiensummenfolgen $(\sigma_n^>)_{n\geq 0}, (\sigma_n^\geq)_{n\geq 0}, (\sigma_n^<)_{n\geq 0}$ und $(\sigma_n^\leq)_{n\geq 0}$ als die zu $(S_n)_{n\geq 0}$ gehörenden *Folgen der streng aufsteigenden, schwach aufsteigenden, etc. LI* sowie

$$(1.4.6) \qquad \begin{aligned} S_n^> &= S_{\sigma_n^>}\mathbf{1}(\sigma_n^> < \infty),\ n \geq 0, & S_n^\geq &= S_{\sigma_n^\geq}\mathbf{1}(\sigma_n^\geq < \infty),\ n \geq 0, \\ S_n^< &= S_{\sigma_n^<}\mathbf{1}(\sigma_n^< < \infty),\ n \geq 0, & S_n^\leq &= S_{\sigma_n^\leq}\mathbf{1}(\sigma_n^\leq < \infty),\ n \geq 0 \end{aligned}$$

als die zugehörigen *Folgen der streng aufsteigenden, schwach aufsteigenden, etc. LH.*

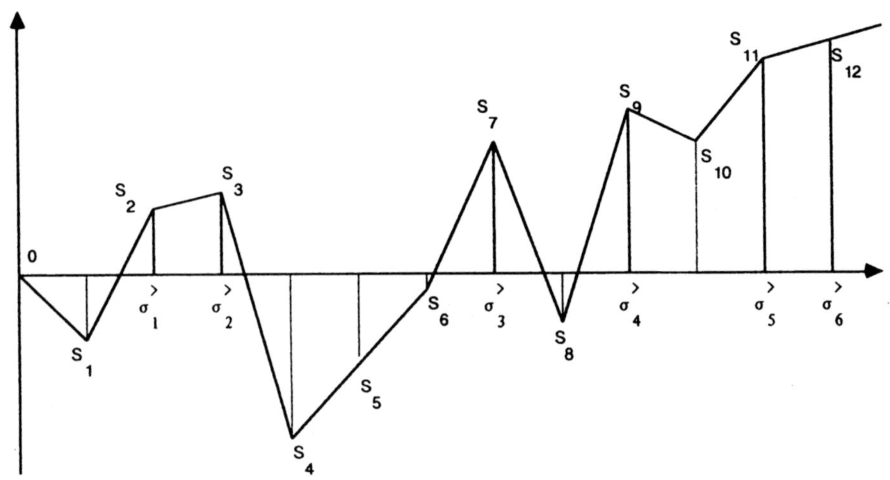

Bild 1: Pfad eines Random Walks mit eingetragenen streng aufsteigenden Leiterindizes

Im Fall nichtnegativer (positiver) Zuwächse $X_1, X_2, \ldots$ gilt natürlich $\sigma_n^\geq = n\ (= \sigma_n^>)$ und somit $S_n^\geq = S_n\ (= S_n^>)$ für alle $n \geq 0$. Als Konsequenz des starken Gesetzes der großen Zahlen und von Satz 1.4.4 erhalten wir

1.4.6 Korollar *Sei $(S_n)_{n\geq 0}$ ein reellwertiger, in 0 startender RW mit $P(S_1 = 0) < 1$. Dann sind folgende Aussagen äquivalent:*

(a) $(\sigma_n^\alpha, S_{\sigma_n^\alpha})_{n\geq 0}$ ist ein RW mit Werten in $\mathbb{N}_0 \times \mathbb{R}$ für $\alpha \in \{>, \geq\}$ $(\{<, \leq\})$.

(b) $\sigma^\alpha < \infty$ P-f.s. für $\alpha \in \{>, \geq\}$ $(\{<, \leq\})$.

(c) $\limsup_{n\to\infty} S_n = \infty$ P-f.s. $(\liminf_{n\to\infty} S_n = -\infty)$ P-f.s.

Beweis: Offenkundig reicht es, die Äquivalenz der nicht in Klammern stehenden Aussagen nachzuweisen, weil man andernfalls stets den RW $(-S_n)_{n\geq 0}$ betrachten kann. (c)$\Rightarrow$(b) sowie (a)$\Rightarrow$(b) sind trivial, (b)$\Rightarrow$(a) folgt aus Satz 1.4.4(f). Es bleibt also (a),(b)$\Rightarrow$(c) zu zeigen. Da $ES^> > 0$, folgt aber unter Anwendung des starken Gesetzes der großen Zahlen auf $(S_n^>)_{n\geq 0}$

$$\limsup_{n\to\infty} S_n \ \geq \ \lim_{n\to\infty} S_n^> = \infty \quad P\text{-}f.s.$$

und damit die Behauptung. $\diamondsuit$

Falls $EX_1 > 0$ (< 0), sind also $\sigma^>, \sigma^\geq$ ($\sigma^<, \sigma^\leq$) P-f.s. endlich, und die zugehörigen Folgen von LI und LH bilden jeweils einen RW. Eine Reihe von Fragen müssen hier jedoch noch offen bleiben, z.B. entsprechende Aussagen im Fall "$EX_1 = 0$", siehe 14.2.

Zum Abschluß wollen wir noch zwei sehr nützliche Identitäten beweisen, die sogenannten *Waldschen Gleichungen*, benannt nach dem durch einen Flugzeugabsturz früh ums Leben gekommenen Statistiker Abraham Wald.

1.4.7 Satz (1. Waldsche Gleichung) *Seien $(S_n)_{n\geq 0}$ ein reellwertiger, in 0 startender RW mit $E|S_1| < \infty$ sowie τ eine randomisierte Stopzeit für $(S_n)_{n\geq 0}$ mit $E\tau < \infty$. Dann gilt*

$$(1.4.7) \qquad\qquad ES_\tau \ = \ ES_1\, E\tau.$$

(1.4.7) bleibt richtig, falls $ES_1 = \infty$ oder $= -\infty$, sofern man $\pm\infty \cdot 0 \overset{\text{def}}{=} 0$ vereinbart.

Beweis: Betrachten wir zunächst den RW $U_0 = 0$, $U_n = |X_1| + ... + |X_n|, n \geq 1$ mit nichtnegativen Zuwächsen, und sei $E|S_1| < \infty$. Es gilt

$$(1.4.8) \qquad U_\tau \ = \ \sum_{n\geq 1} U_n \mathbf{1}(\tau = n) \ = \ \sum_{n\geq 1}\sum_{j=1}^{n} |X_j|\mathbf{1}(\tau = n) \ = \ \sum_{j\geq 1} |X_j|\mathbf{1}(\tau > j-1),$$

wobei die Vertauschung der Summationsreihenfolge wegen der Nichtnegativität der Summanden erlaubt ist. Bezeichnet wie bisher $(\mathcal{F}_n)_{n\geq 0}$ die kanonische Filtration von $(S_n)_{n\geq 0}$, so folgt aufgrund der $\mathcal{F}_\infty$-Meßbarkeit von $|X_j|$, dessen Unabhängigkeit von $\mathcal{F}_{j-1}$ sowie (1.2.3) angewandt auf τ

$$(1.4.9) \qquad \begin{aligned} E|X_j|\mathbf{1}(\tau > j-1) \ &= \ E\big(|X_j|P(\tau > j-1|\mathcal{F}_\infty)\big) \\ &= \ E|X_j|P(\tau > j-1|\mathcal{F}_{j-1}) \ = \ E|S_1|P(\tau > j-1). \end{aligned}$$

für alle $j \geq 1$ und damit

$$(1.4.10) \qquad EU_\tau \ = \ E|S_1| \sum_{j\geq 1} P(\tau > j-1) \ = \ E|S_1|\, E\tau < \infty.$$

(1.4.7) gilt also für jeden RW mit nichtnegativen Zuwächsen. Ferner gilt $E|S_\tau| \leq EU_\tau < \infty$. Zerlegt man nun S_τ gemäß

$$S_\tau \ = \ \sum_{j=1}^{\tau} X_j^+ \ - \ \sum_{k=1}^{\tau} X_k^-,$$

so können wir aufgrund des eben Bewiesenen (1.4.7) auf jede Summe der rechten Seite anwenden, und es folgt das Gewünschte wegen

$$ES_\tau = ES_1^+ E\tau - ES_1^- E\tau = ES_1 E\tau.$$

Falls $ES_1 = \infty$, so wende (1.4.7) auf den RW $(S_n(c))_{n\geq 0}$, $c > 0$ mit gestutzten Zuwächsen $X_1 \wedge c, X_2 \wedge c, ...$ an. Die Behauptung ergibt sich dann leicht wegen $S_\tau(c) \uparrow S_\tau$, $S_1(c) \uparrow S_1$, falls $c \uparrow \infty$, sowie dem Satz von der monotonen Konvergenz. $\Diamond$

1.4.8 Satz (2. Waldsche Gleichung) *In der Situation des vorigen Satzes seien* $\mu = ES_1$ *und* $\nu^2 = VarS_1 < \infty$. *Dann gilt*

$$(1.4.11) \qquad\qquad E(S_\tau - \mu\tau)^2 = \nu^2 E\tau.$$

Beweis: O.B.d.A. können wir $\mu = 0$ annehmen, so daß $\nu^2 = ES_1^2$. Wir beweisen zuerst die Behauptung für die gestutzten randomisierten Stopzeiten $\tau_n = \tau \wedge n$, $n \geq 1$. Eine ähnliche Rechnung wie in (1.4.8) ergibt nach Ausquadrieren

$$(1.4.12) \qquad S_{\tau_n}^2 = \sum_{j\geq 1} X_j^2 \mathbf{1}(\tau_n > j - 1) + 2 \sum_{1\leq i < j} X_i X_j \mathbf{1}(\tau_n > j - 1),$$

wobei hier die Summationsreihenfolge beliebig gewählt werden darf, da wegen $\tau_n \leq n$ tatsächlich nur endlich viele Summanden $\neq 0$ auftreten. (1.4.9) mit X_j^2 anstelle von $|X_j|$ liefert dann für die erste Summe der rechten Seite

$$(1.4.13) \qquad E\Big(\sum_{j\geq 1} X_j^2 \mathbf{1}(\tau_n > j - 1)\Big) = ES_1^2 \sum_{j\geq 1} P(\tau_n > j - 1) = \nu^2 E\tau_n.$$

Für die Summanden der zweiten Summe in (1.4.12) erhalten wir mit derselben Argumentation wie für (1.4.9)

$$(1.4.14) \qquad \begin{aligned} EX_i X_j \mathbf{1}(\tau_n > j - 1) &= E(X_i X_j P(\tau_n > j - 1 | \mathcal{F}_\infty)) \\ &= EX_i P(\tau_n > j - 1 | \mathcal{F}_{j-1}) EX_j = 0 \end{aligned}$$

für alle $1 \leq i < j$, wobei noch die $\mathcal{F}_{j-1}$-Meßbarkeit von X_i beachtet werde. Damit ist die Behauptung (1.4.11) für jedes τ_n gezeigt, und ein Grenzübergang $n \to \infty$ liefert wegen $\tau_n \uparrow \tau$

$$(1.4.15) \qquad\qquad \lim_{n\to\infty} ES_{\tau_n}^2 = \nu^2 \lim_{n\to\infty} E\tau_n = \nu^2 E\tau.$$

Es bleibt also noch zu zeigen, daß die linke Seite in (1.4.15) mit ES_τ^2 übereinstimmt. Wegen $S_{\tau_n} \to S_\tau$ P-f.s. folgt aus Fatous Lemma

$$ES_\tau^2 = E\liminf_{n\to\infty} S_{\tau_n}^2 \leq \liminf_{n\to\infty} ES_{\tau_n}^2 = \nu^2 E\tau < \infty,$$

d.h. die Quadratintegrierbarkeit von S_τ^2. Da

$$\left| \|S_\tau\|_2 - \|S_{\tau_n}\|_2 \right| \leq \|S_\tau - S_{\tau_n}\|_2$$

für alle $n \geq 1$, wobei $\|X\|_2 \overset{\text{def}}{=} (EX^2)^{1/2}$ die übliche L_2-Norm bezeichnet, reicht es, noch $E(S_\tau - S_{\tau_n})^2 \to 0$ zu beweisen. Eine erneute Anwendung von Fatous Lemma ergibt

$$(1.4.16) \qquad E(S_\tau - S_{\tau_n})^2 \leq \liminf_{m \to \infty} E(S_{\tau_m} - S_{\tau_n})^2.$$

Sei $m > n$ beliebig. Da $X_{\tau_n+1}, X_{\tau_n+2}, \ldots$ wieder u.i.v. sind mit derselben Verteilung wie X_1 (Satz 1.4.1(c)), liefert uns das zuvor Bewiesene

$$E(S_{\tau_m} - S_{\tau_n})^2 = E\Big(\sum_{j=\tau_n+1}^{\tau_m} X_j \Big)^2 = \nu^2 \, (E\tau_m - E\tau_n),$$

und dies zusammen mit (1.4.16) impliziert

$$E(S_\tau - S_{\tau_n})^2 \leq \nu^2 \, (E\tau - E\tau_n).$$

Lassen wir schließlich noch n gegen ∞ streben, ergibt sich das Gewünschte. $\qquad \diamond$

§2 Die Hauptsätze der Erneuerungstheorie

Inhalt dieses Paragraphen bildet die Herleitung der zwei Hauptsätze der Erneuerungstheorie, des *Blackwellschen Erneuerungstheorems* und seiner Integralversion, die in der englischsprachigen Literatur zumeist als *Key Renewal Theorem* bezeichnet wird. Da die deutsche Übersetzung dieser Bezeichnung etwas merkwürdig klingt, nennen wir das Ergebnis im folgenden schlicht das *2. Erneuerungstheorem*. Die Herleitung des Blackwellschen Erneuerungstheorems bedarf einer Reihe von Vorbereitungen und ist keineswegs trivial. Der hier vorgestellte Beweis ist rein probabilistischer Natur und benutzt als wichtigstes Hilfsmittel die in jüngerer Zeit zu großer Bedeutung gelangte *Koppelungsmethode*. Einen älteren Beweis mit Hilfe fourieranalytischer Argumente geben wir in 13.1.

2.1 Präliminarien und Klassifikation von Random Walks

Wir beginnen mit der Festlegung einiger, zum Teil schon vorher verwendeten maßtheoretischen Notation. Für ein beliebiges Maß V auf $(I\!R, \mathcal{B})$ schreiben wir im folgenden immer $V(t)$ statt $V((-\infty, t])$ für $t \in I\!R$, d.h. $V(t)$ ist die wohlbekannte Verteilungsfunktion im Fall eines Wahrscheinlichkeitsmaßes V. V^+ sei die Einschränkung von V auf $[0, \infty)$, d.h. $V^+ = V(\cdot \cap [0, \infty))$. Das Dirac-Maß in einem beliebigen Punkt $x \in I\!R$ bezeichnen wir mit δ_x. Für die k-fache Faltung von V schreiben wir $V^{*(k)}$, $k \geq 0$, wobei stets $V^{*(0)} = \delta_0$ vereinbart sei. Schließlich seien l_0 und l_d, $d > 0$ das Lebesgue-Maß auf $I\!R$ bzw. d-mal das Zählmaß auf $d\mathbb{Z}$. Besitzen eine Zufallsgröße X oder ein Maß V Dichten bzgl. eines anderen Maßes W, so bezeichnen wir sowohl X als auch V als *W-stetig*.

$S_0, X_1, X_2, \ldots$ seien im folgenden stets stochastisch unabhängige Zufallsgrößen (= reellwertige Zufallsvariablen) auf einem Wahrscheinlichkeitsraum $(\Omega, \mathcal{A}, P)$ sowie ferner $X_1, X_2, \ldots$ identisch verteilt mit gemeinsamer Verteilung Q. Q_0 sei die Verteilung von S_0 und $(S_n)_{n \geq 0}$ der zu $S_0, X_1, X_2, \ldots$ gehörende RW, d.h. $S_n = S_0 + X_1 + \ldots + X_n$ für alle $n \geq 0$. Wir bezeichnen $(S_n)_{n \geq 0}$ als *Standard-Random-Walk (SRW)*, falls $S_0 = 0$ P-f.s., und andernfalls als *verschobenen Random Walk (VRW)*. Sind $S_0, X_1, X_2, \ldots$ P-f.s. nichtnegativ und $EX_1 > 0$, so nennen wir $(S_n)_{n \geq 0}$ auch einen *Erneuerungsprozeß (EP)*. Spezieller heißt $(S_n)_{n \geq 0}$ dann *Standard-Erneuerungsprozeß (SEP)*, falls $S_0 = 0$ P-f.s., sowie andernfalls *verschobener Erneuerungsprozeß (VEP)*. U sei das zu $(S_n)_{n \geq 0}$ gehörende Erneuerungsmaß, d.h.

$$(2.1.1) \qquad U = \sum_{n \geq 0} P(S_n \in \cdot) = Q_0 * \sum_{n \geq 0} Q^{*(n)},$$

und wir bezeichnen die Abbildung $t \mapsto U(t)$, $t \in I\!R$, als zugehörige *Erneuerungsfunktion*. Bildet $(S_n)_{n \geq 0}$ einen SRW, so folgt offensichtlich

$$(2.1.2) \qquad U = \sum_{n \geq 0} Q^{*(n)}.$$

Mit Hilfe der Zufallsgrößen

$$(2.1.3) \qquad N(A) = \sum_{n \geq 0} \mathbf{1}(S_n \in A), \quad A \in \mathcal{B}$$

44

erhalten wir außerdem (vgl. 0.1)

$$(2.1.4) \qquad U(A) \;=\; EN(A) \quad \text{für alle } A \in \mathcal{B}.$$

$U(A)$ läßt sich folglich als *erwartete Anzahl von Aufenthalten von* $(S_n)_{n \geq 0}$ *in* A interpretieren.

Eine der unangenehmen Erscheinungen in der Erneuerungstheorie ist, daß beinahe jedes Ergebnis in zwei verschiedenenen Versionen vorliegt, und zwar einer, die für RW, die auf ein *Gitter* $d\mathbb{Z}$ konzentriert sind, gilt, und einer zweiten, für alle übrigen RW gültigen. Auch die zugehörigen Beweise unterscheiden sich fast immer, zumindest in expliziten Rechnungen. Der Grund liegt darin, daß die zentrale Größe, das Erneuerungsmaß, für RW auf einem Gitter ebenfalls auf dieses Gitter konzentriert ist, wohingegen es andernfalls, etwa im Fall l_0-stetiger $S_0, X_1, X_2, ...$, ein völlig anderes Verhalten zeigt. Wir benötigen daher eine weitergehende Klassifikation von RW anhand des Verteilungstyps ihrer Zuwächse $X_1, X_2, ...$ sowie der Startvariablen S_0.

2.1.1 Definition Für ein Wahrscheinlichkeitsmaß Q auf $\mathbb{R}$ sei

$$d(Q) = \sup\{c > 0 : \; Q(c\mathbb{Z}) = 1\} \qquad (\sup \emptyset \overset{\text{def}}{=} 0).$$

$d(Q)$ heißt *Spanne von* Q. Ferner sei $(Q_z)_{z \in \mathbb{R}}$ die zugehörige Translationsfamilie, gegeben durch $Q_z = Q(z + \cdot)$. Dann heißt Q

- *nichtarithmetisch,*	falls $d(Q) = 0$;
- *vollständig nichtarithmetisch,*	falls $d(Q_z) = 0$ für alle $z \in \mathbb{R}$;
- *d-arithmetisch,*	falls $d(Q) = d > 0$;
- *vollständig d-arithmetisch,*	falls $d(Q_z) = d > 0$ für alle $z \in d\mathbb{Z}$.

Entsprechend heißt eine Zufallsgröße X nichtarithmetisch,..., falls P^X nichtarithmetisch,... ist, und wir schreiben auch $d(X)$ für $d(P^X)$. Beachte, daß $P_z^X = P^{X-z}$ für alle $z \in d\mathbb{Z}$.

Eine nichtarithmetische Zufallsgröße besitzt also die Eigenschaft, daß ihre Verteilung auf kein Gitter (= echte abgeschlossene Untergruppe von $\mathbb{R}$) konzentriert ist, und sie ist genau dann vollständig nichtarithmetisch, wenn dies auch für kein verschobenes Gitter (= echte affine, abgeschlossene Untergruppe von $\mathbb{R}$) der Fall ist. Ein Beispiel für eine nichtarithmetische, aber nicht vollständig nichtarithmetische Zufallsgröße X ist gegeben durch $X = \pi + Y$ mit einer poissonverteilten Zufallsgröße Y. Es gilt dann nämlich $d(X - \pi) = d(Y) = 1$. Setzt man $X = \frac{1}{2} + Y$, so folgt $d(X) = \frac{1}{2}$, aber $d(X - \frac{1}{2}) = 1$. In diesem Fall ist X $\frac{1}{2}$-arithmetisch, aber nicht vollständig $\frac{1}{2}$-arithmetisch. Die für uns wesentliche, später bei Verwendung der Koppelungsmethode benötigte Eigenschaft vollständig nichtarithmetischer und vollständig d-arithmetischer Zufallsgrößen gibt das folgende einfache

2.1.2 Lemma *X, Y seien u.i.v. Zufallsgrößen mit Spanne d. Dann gilt $d \leq d(X - Y)$ sowie Gleichheit genau dann, wenn X vollständig nichtarithmetisch $(d = 0)$ oder vollständig d-arithmetisch $(d > 0)$ ist.*

Beweis: Die Ungleichung $d \leq d(X - Y)$ ist trivial, und da $(X + z) - (Y + z) = X - Y$, auch $d(X + z) \leq d(X - Y)$ für alle $z \in I\!R$. Im Fall "$d(X - Y) = 0$" ist somit nichts mehr zu zeigen. Sei also $c = d(X - Y) > 0$ und X *nicht* vollständig nicht- oder d-arithmetisch. Dann existiert ein $z \in I\!R \, (d\mathbb{Z})$ mit $d(X + z) > d$, also auch $d(X - Y) > d$. Ist umgekehrt $c \overset{\text{def}}{=} d(X - Y) > d$, so erhalten wir

$$1 = P(X - Y \in c\mathbb{Z}) = \int_{I\!R} P(X - y \in c\mathbb{Z}) \, P^X(dy)$$
$$\Rightarrow P(X - y \in c\mathbb{Z}) = 1 \quad \text{für } P^X\text{-fast alle } y \in I\!R.$$
$$\Rightarrow d(X - y) = c > 0 \quad \text{für } P^X\text{-fast alle } y \in I\!R.$$

Es existiert folglich ein $y \in I\!R \, (d\mathbb{Z})$, so daß $d(X - y) = c > d$ und X kann folglich nicht vollständig nicht- oder d-arithmetisch sein. $\diamond$

Es folgt die Klassifikation von RW mit Hilfe der zuvor eingeführten Begriffe.

2.1.3 Definition Ein RW oder EP $(S_n)_{n \geq 0}$ heißt
- *(vollständig) nichtarithmetisch*, falls X_1 (vollständig) nichtarithmetisch ist;
- *(vollständig) d-arithmetisch*, falls X_1 (vollständig) d-arithmetisch ist und $P(S_0 \in d\mathbb{Z}) = 1$.

Die Zusatzvoraussetzung an die Startvariable S_0 im arithmetischen Fall hat ihre Ursache darin, daß im Fall gitterverteilter $X_1, X_2, \ldots$ der RW $(S_n)_{n \geq 0}$ nur dann auf dieses Gitter konzentriert ist, falls auch S_0 fast sicher auf diesem liegt. Eine äquivalente Formulierung der Zusatzbedingung ist "$d(S_0) = kd$ für ein $k \in I\!N \cup \{\infty\}$". Der Fall d-arithmetischer $X_1, X_2, \ldots$ und eines nicht- oder c-arithmetischen $(c < d))$ S_0 spielt im folgenden keine Rolle. Abschließend weisen wir noch darauf hin, daß $S_0 = 0$ immer zulässig ist, weil dann $d(S_0) = d(\delta_0) = \infty$.

2.2 Rekurrenz und Transienz von Random Walks

Für den Beweis des Blackwellschen Erneuerungstheorems, genauer zur dortigen Verwendung der Koppelungsmethode, benötigen wir ein Resultat von Chung und Fuchs(1952), das zeigt, daß ein *zentrierter* RW $(S_n)_{n \geq 0}$ [d.h. $EX_1 = 0$] *rekurrent* ist, wobei der Rekurrenzbegriff noch zu präzisieren ist. Die hier vorgestellte Herleitung dieses klassischen Resultats basiert auf einer späteren Arbeit von Chung und Ornstein(1962), und wir folgen weitestgehend der exzellenten Darstellung in Breiman(1968).

Die für diskreten Zustandsraum kanonische Definition eines rekurrenten Zustands, nämlich

$$(2.2.1) \qquad\qquad x \text{ rekurrent} \quad \Leftrightarrow \quad P(S_n = x \text{ u.o.}) = 1,$$

wobei "u.o." die Abkürzung für "unendlich oft" sei, erweist sich für überabzählbare Zustandsräume als ungeeignet, weil etwa RW mit l_0-stetigen Zuwächsen von vorneherein ausgeschlossen würden. Geeigneter dagegen ist die folgende

2.2.1 Definition Sei $(S_n)_{n\geq 0}$ eine beliebige Folge von reellwertigen Zufallsgrößen. Dann heißt $x \in I\!R$ *rekurrent (für* $(S_n)_{n\geq 0})$, falls

$$(2.2.2) \qquad P(|S_n - x| < \varepsilon \text{ u.o.}) = 1 \quad \text{für alle } \varepsilon > 0.$$

Andernfalls bezeichnen wir x als *transient (für* $(S_n)_{n\geq 0})$. $x \in I\!R$ heißt ferner *erreichbar (für* $(S_n)_{n\geq 0})$, falls gilt:

$$(2.2.3) \qquad \text{Für alle } \varepsilon > 0 \text{ existiert ein } n \in I\!N_0, \text{ so daß } P(|S_n - x| < \varepsilon) > 0.$$

Jeder rekurrente Zustand ist natürlich erreichbar. Im Fall diskreten Zustandsraumes für die Folge $(S_n)_{n\geq 0}$ dürfen wir in (2.2.2) offenkundig "für alle $\varepsilon > 0$" durch "für $\varepsilon = 0$" ersetzen, und es liegt Übereinstimmung mit (2.2.1) vor.

Für den Rest dieses Abschnitts sei $(S_n)_{n\geq 0}$ ein SRW und

$$(2.2.4) \qquad \Re = \{x \in I\!R : x \text{ ist rekurrent für } (S_n)_{n\geq 0}\}$$

die Menge seiner Rekurrenzpunkte. Für einen d-arithmetischen SRW gilt selbstverständlich $\Re \subset d\mathbb{Z}$. Weitere Eigenschaften von $\Re$ unter Einschluß des nichtarithmetischen Falls bedürfen jedoch einer genaueren Untersuchung. Der anschließende Satz bildet einen ersten Schritt in diese Richtung.

2.2.2 Satz *Für einen SRW* $(S_n)_{n\geq 0}$ *mit Rekurrenzmenge* $\Re$ *gilt:* $\Re$ *ist entweder leer oder eine abgeschlossene Untergruppe von* $I\!R$, *wobei in letzterem Fall*

$$\Re = \{0\} \quad \Leftrightarrow \quad P(S_1 = 0) = 1.$$
$$\Re = d\mathbb{Z} \quad \Leftrightarrow \quad (S_n)_{n\geq 0} \ d\text{-arithmetisch.}$$
$$\Re = I\!R \quad \Leftrightarrow \quad (S_n)_{n\geq 0} \ nichtarithmetisch.$$

Beweis: Wir dürfen gleich $\Re \neq \emptyset$ annehmen und uns ferner auf den jeweiligen Nachweis von "$\Leftarrow$" beschränken, da jeder RW von einer der drei dann jeweils angenommen Arten sein muß. Wir weisen zuerst nach, daß $\Re$ abgeschlossen ist. Sei dazu $(x_j)_{j\geq 1}$ eine Folge in $\Re$ mit $x_j \to x$, $\varepsilon > 0$ beliebig und $k \geq 1$, so daß $|x_k - x| < \frac{\varepsilon}{2}$. Es folgt

$$1 = P(|S_n - x_k| < \frac{\varepsilon}{2} \text{ u.o.}) \leq P(|S_n - x| < \varepsilon \text{ u.o.}),$$

d.h. $x \in \Re$, und damit die Abgeschlossenheit von $\Re$.

Als nächstes zeigen wir, daß $x - y \in \Re$ für alle $x \in \Re$ und $y \in \mathfrak{S}$, wobei $\mathfrak{S}$ die Menge der erreichbaren Zustände für $(S_n)_{n\geq 0}$ bezeichnet. Sei dazu wieder $\varepsilon > 0$ beliebig und $k \in I\!N_0$, so daß $P(|S_k - y| < \frac{\varepsilon}{2}) > 0$. Es folgt

$$\begin{aligned}
0 &= P(|S_n - x| < \frac{\varepsilon}{2} \text{ endlich oft}) \\
&\geq P(|S_k - y| < \frac{\varepsilon}{2}, |S_{k+n} - S_k - (x-y)| < \varepsilon \text{ endlich oft}) \\
&= P(|S_k - y| < \frac{\varepsilon}{2}) \, P(|S_n - (x-y)| < \varepsilon \text{ endlich oft})
\end{aligned}$$

und damit $P(|S_n - (x - y)| < \varepsilon$ endlich oft$) = 0$, d.h. $x - y \in \Re$.

Wegen $\emptyset \neq \Re \subset \Im$ folgt die Existenz eines $x \in \Re$ sowie $x - x = 0 \in \Re$. Letzteres wiederum impliziert $0 - x = -x \in \Re$, und wir erhalten, daß $\Re$ eine abgeschlossene Untergruppe von $I\!\!R$ ist, d.h.

$$\Re = \{0\}, \ d\mathbb{Z} \text{ für ein } d > 0 \text{ oder } I\!\!R.$$

Insbesondere gilt $\Re = \Im$, und $\Re = \{0\}$ kann folglich nur im trivialen Fall "$P(S_1 = 0) = 1$" vorliegen. Im folgenden sei stets $P(S_1 = 0) < 1$ vorausgesetzt. Ist $(S_n)_{n \geq 0}$ d-arithmetisch, folgt $\Re = d\mathbb{Z}$, denn sonst wäre $\Re = md\mathbb{Z}$ für ein $m > 1$, was wegen $\Re = \Im$ aber $P(S_1 \in d\mathbb{Z} - md\mathbb{Z}) = 0$, also $d(S_1) > d$ implizierte. Falls $(S_n)_{n \geq 0}$ nichtarithmetisch ist, so muß $\Re = I\!\!R$ gelten, da im Fall $\Re = d\mathbb{Z}$ für ein $d > 0$ analog zu vorher $P(S_1 \in I\!\!R - d\mathbb{Z}) = 0$, also $d(S_1) > 0$ folgte. $\qquad\qquad\qquad\qquad\qquad\qquad\qquad\qquad\qquad\qquad\qquad\qquad \Diamond$

Satz 2.2.2 gibt Anlaß zu folgender

2.2.3 Definition Ein SRW $(S_n)_{n \geq 0}$ mit Rekurrenzmenge $\Re$ heißt *rekurrent*, falls $\Re \neq \emptyset$, und andernfalls *transient*.

Obwohl Satz 2.2.2 uns vollständige Auskunft über die Struktur von $\Re$ geliefert hat, sofern $\Re \neq \emptyset$, verbleibt die wesentlich schwierigere Frage, wann letzteres überhaupt der Fall ist. Falls $ES_1 \in [-\infty, 0) \cup (0, \infty]$, folgt $\lim_{n \to \infty} |S_n| = \infty$ P-f.s. aus dem starken Gesetz der großen Zahlen und deshalb $\Re = \emptyset$. Rekurrenz ist also nur möglich, falls $ES_1 = 0$ oder ES_1 nicht existiert. Der nächste Satz liefert die Verbindung zwischen der Rekurrenz/Transienz eines RW $(S_n)_{n \geq 0}$ und dem Verhalten seines Erneuerungsmaßes U. Zunächst jedoch eine Vorbemerkung: Ist $x \in \Re$, so folgt offenkundig $N(I) = \infty$ P-f.s. für jedes offene Intervall I, das x enthält. Insbesondere folgt $U(I) = EN(I) = \infty$. Daß auch die Umkehrung dieser Aussage richtig ist, zeigt der folgende

2.2.4 Satz *$(S_n)_{n \geq 0}$ sei ein SRW. Existiert ein offenes Intervall I mit*

$$0 < \sum_{n \geq 0} P(S_n \in I) = U(I) < \infty,$$

so ist $(S_n)_{n \geq 0}$ transient. Gilt umgekehrt $U(I) = \infty$ für mindestens ein endliches Intervall I, so ist $(S_n)_{n \geq 0}$ rekurrent.

Als direkte Konsequenz ergibt sich

2.2.5 Korollar *Seien $d = d(S_1)$ und $\Re \neq \emptyset$. Dann sind folgende Aussagen äquivalent:*

(a) $(S_n)_{n \geq 0}$ ist rekurrent.
(b) $N(I) = \infty$ P-f.s. für alle offenen Intervalle I mit $I \cap \Re \neq \emptyset$.
(c) $U(I) = \infty$ für alle offenen Intervalle I mit $I \cap \Re \neq \emptyset$.
(d) $U(I) = \infty$ für ein endliches Intervall I.

Entsprechend gilt Äquivalenz von:

(e) $(S_n)_{n\geq 0}$ ist transient.

(f) $N(I) < \infty$ P-f.s. für alle endlichen Intervalle I.

(g) $U(I) < \infty$ für alle endlichen Intervalle I.

(h) $0 < U(I) < \infty$ für ein endliches, offenes Intervall I.

Beweis von Satz 2.2.4: Falls $0 < U(I) < \infty$ für ein offenes Intervall I, so folgt $I \neq \emptyset$ und aus dem Borel-Cantelli-Lemma $P(S_n \in I \text{ u.o.}) = 0$, d.h. $I \subset \Re^c$. Ist $(S_n)_{n\geq 0}$ nichtarithmetisch, so muß deshalb gemäß Satz 2.2.2 schon $\Re = \emptyset$ gelten ($\Re \neq \emptyset$). Im d-arithmetischen Fall ergibt sich dies, da $I \cap d\mathbb{Z} \neq \emptyset$ aus $U(I) > 0$ folgt.

Sei nun $U(I) = \infty$ für ein endliches Intervall und o.B.d.A. I offen. Es reicht, $0 \in \Re$ zu zeigen. Da sich I als endliche Vereinigung von Intervallen der Länge 2ε schreiben läßt, wobei $0 < \varepsilon < l_0(I)/2$ beliebig vorgegeben sei, existiert ein Teilintervall $J = (x - \varepsilon, x + \varepsilon)$ mit $U(J) = \infty$. Wir definieren ein Mengensystem $A_0, A_1, \ldots$ paarweise disjunkter Mengen durch

$$\begin{aligned}
A_0 &= \{S_n \notin J \text{ für alle } n \geq 1\}, \\
A_k &= \{S_k \in J, S_{k+n} \notin J \text{ für alle } n \geq 1\}, \ k \geq 1.
\end{aligned}$$

Es folgt

$$\{S_n \in J \text{ endlich oft}\} = \sum_{k \geq 0} A_k.$$

Ferner gilt für alle $k \geq 1$

$$A_k \supset \{S_k \in J, |S_{k+n} - S_k| \geq 2\varepsilon \text{ für alle } n \geq 1\}$$

und deshalb, da $X_1, X_2, \ldots$ u.i.v. sind,

$$\begin{aligned}
P(A_k) &= P(S_k \in J)\, P(|S_{k+n} - S_k| \geq 2\varepsilon \text{ für alle } n \geq 1) \\
&= P(S_k \in J)\, P(|S_n| \geq 2\varepsilon \text{ für alle } n \geq 1).
\end{aligned}$$

Es folgt weiter

$$P(S_n \in J \text{ endlich oft}) \geq P(|S_n| \geq 2\varepsilon \text{ für alle } n \geq 1)\, U(J),$$

so daß wegen $U(J) = \infty$

$$(2.2.5) \qquad\qquad P(|S_n| \geq 2\varepsilon \text{ für alle } n \geq 1\} = 0.$$

Beachte, daß dies für alle $\varepsilon > 0$ gilt.

Seien nun $\hat{J} = (-\varepsilon, \varepsilon)$, $\hat{J}_\delta = (-\delta, \delta)$ und dazu, für jedes $k \geq 0$, $\hat{A}_k$ wie A_k, jedoch mit $\hat{J}$ anstelle von J, definiert. Dann gilt für alle $k \geq 1$

$$P(\hat{A}_k) = \lim_{\delta \uparrow \varepsilon} P(S_k \in \hat{J}_\delta, S_{k+n} \notin \hat{J} \text{ für alle } n \geq 1).$$

Unter Benutzung von (2.2.5) erhalten wir ferner

$$P(\hat{A}_0) \;=\; P(S_n \notin \hat{J} \text{ für alle } n \geq 1) = 0$$

sowie für $k \geq 1$ und $\delta < \varepsilon$

$$
\begin{aligned}
P(S_k \in \hat{J}_\delta, S_{k+n} &\notin \hat{J} \text{ für alle } n \geq 1) \\
&\leq \; P(S_k \in \hat{J}_\delta, |S_{k+n} - S_k| \geq \varepsilon - \delta \text{ für alle } n \geq 1) \\
&= \; P(S_k \in \hat{J}_\delta)\, P(|S_n| \geq \varepsilon - \delta \text{ für alle } n \geq 1) \;=\; 0,
\end{aligned}
$$

so daß $P(\hat{A}_k) = 0$ für alle $k \geq 1$. Insgesamt haben wir damit gezeigt

$$P(|S_n| \geq \varepsilon \text{ endlich oft}) \;=\; \sum_{k \geq 0} P(A_k) \;=\; 0$$

für alle $\varepsilon > 0$, d.h. $0 \in \Re$. $\hspace{2cm}\Diamond$

Wir kommen nun zu unserem primären Anliegen, die Rekurrenz zentrierter SRW zu beweisen.

2.2.6 Satz *Sei $(S_n)_{n \geq 0}$ ein SRW. Falls $n^{-1}S_n$ in Wahrscheinlichkeit gegen 0 konvergiert $(n^{-1}S_n \to_P 0)$, also insbesondere, falls $ES_1 = 0$, so ist $(S_n)_{n \geq 0}$ rekurrent.*

Beweis: Wir zeigen, daß $U([-1,1]) = \infty$. Sei $\tau = \inf\{n \geq 0 : S_n \in [x, x+1]\}$ für beliebiges $x \in \mathbb{R}$. Da τ eine Stopzeit für $(S_n)_{n \geq 0}$ bildet, erhalten wir mit Satz 1.4.1

$$
\begin{aligned}
U([x, x+1]) \;&=\; \int_{\{\tau < \infty\}} \sum_{n \geq 0} \mathbf{1}(S_{\tau+n} \in [x, x+1]) \, dP \\
(2.2.6) \hspace{1.5cm} &\leq\; \int_{\{\tau < \infty\}} \sum_{n \geq 0} \mathbf{1}(S_{\tau+n} - S_\tau \in [-1,1]) \, dP \\
&=\; P(\tau < \infty) \sum_{n \geq 0} P(S_n \in [-1,1]) \leq U([-1,1]).
\end{aligned}
$$

Es folgt damit für alle $n \in \mathbb{N}$

$$(2.2.7) \hspace{1.5cm} U([-n,n]) \;\leq\; \sum_{j=-n}^{n-1} U([j, j+1]) \;\leq\; 2n\, U([-1,1]).$$

Sei nun $\varepsilon > 0$ beliebig. Da $n^{-1}S_n \to_P 0$, existiert ein $m \in \mathbb{N}$, so daß $P(|S_k| \leq \varepsilon k) \geq \frac{1}{2}$ für alle $k > m$. Insbesondere folgt

$$P(|S_k| \leq n) \;\geq\; \frac{1}{2} \quad \text{für alle } m < k \leq \frac{n}{\varepsilon}$$

und deshalb

$$U([-n,n]) \;\geq\; \sum_{m < k \leq n/\varepsilon} P(|S_k| \leq n) \;\geq\; \frac{1}{2}\Big(\frac{n}{\varepsilon} - m - 1\Big).$$

Zusammen mit (2.2.7) ergibt dies

$$U([-1,1]) \geq \frac{1}{2n} U([-n,n]) \geq \frac{1}{4\varepsilon} - \frac{m-1}{4n}$$

für alle $n \in I\!N$, und ein Grenzübergang $n \to \infty$ liefert abschließend

$$U([-1,1]) \geq \limsup_{n \to \infty} \frac{1}{2n} U([-n,n]) \geq \frac{1}{4\varepsilon},$$

was das Gewünschte impliziert, da $\varepsilon > 0$ beliebig gewählt war. $\qquad \diamond$

Als einfache Folgerung erhalten wir nun den

2.2.7 Satz von Chung, Fuchs und Ornstein *Sei $(S_n)_{n \geq 0}$ ein SRW. Falls $n^{-1}S_n \to_P 0$
und $P(S_1 = 0) < 1$, so gilt*

$$(2.2.8) \qquad \liminf_{n \to \infty} S_n = -\infty \quad und \quad \limsup_{n \to \infty} S_n = \infty \quad P\text{-}f.s.$$

Beweis: Es reicht zu erwähnen, daß unter den getroffenen Annahmen $\Re = I\!R$ oder $\Re = d\mathbb{Z}$
für ein $d > 0$ gilt, also $\Re$ nach oben und unten unbeschränkt ist. $\qquad \diamond$

2.3 Die Koppelungsmethode

In diesem Abschnitt sei $(S_n)_{n \geq 0}$ ein RW mit *positiver Drift*, d.h. $ES_1 \in (0, \infty]$. Es gelten
weiter die in 2.1 eingeführten Bezeichnungen. Darüberhinaus sei

$$U_0 = \sum_{n \geq 0} P(S_n - S_0 \in \cdot) = \sum_{n \geq 0} Q^{*(n)}$$

das Erneuerungsmaß des zugehörigen SRW $(S_n - S_0)_{n \geq 0}$. Aufgrund der Unabhängigkeit von
$S_0, X_1, X_2, \ldots$ folgt leicht

$$(2.3.1) \qquad U(A) = EU_0(A - S_0) \quad \text{für alle } A \in \mathcal{B},$$

wobei $A - S_0$ die um S_0 nach links verschobene Menge A bezeichnet und der rechts stehende
Ausdruck eine Kurzschreibweise von

$$\int_\Omega U_0(A - S_0(\omega))\, P(d\omega) = \int_R \int_R 1(A)(x+y)\, U_0(dx)\, P(S_0 \in dy)$$

bildet. Entsprechend definieren wir zu $N(A)$, $A \in \mathcal{B}$

$$N_0(A) = \sum_{n \geq 0} 1(S_n - S_0 \in A),$$

d.h. $U_0(A) = EN_0(A)$ für alle $A \in \mathcal{B}$. Da $(S_n)_{n \geq 0}$ transient ist, wissen wir bereits gemäß
Korollar 2.2.5, daß gilt

$$(2.3.2) \qquad U_0(I) < \infty \quad \text{für alle endlichen Intervalle } I.$$

(2.2.6) hatte sogar die noch stärkere Aussage

$$U_0([x, x+1]) \ \leq \ U_0([-1,1]) \quad \text{für alle } x \in I\!\!R$$

geliefert. Dabei sieht man sofort, daß die dort gewählte Intervallänge 1 auch durch jedes beliebige $a > 0$ ersetzt werden kann, sofern man auf der rechten Seite $U_0([-1,1])$ durch $U_0([-a,a])$ ersetzt. Das anschließende Lemma gibt eine weitere, später benötigte Verschärfung dieser Aussagen.

2.3.1 Lemma   *Sei $(S_n)_{n\geq 0}$ ein RW mit positiver Drift. Dann gilt*

$$(2.3.3) \qquad\qquad P(N([t, t+a]) \geq k) \ \leq \ P(N_0([-a,a]) \geq k)$$

für alle $t \in I\!\!R$, $a > 0$ und $k \in I\!\!N_0$, insbesondere

$$(2.3.4) \qquad\qquad U([t, t+a]) \ \leq \ U_0([-a,a]) < \infty,$$

und $N([t, t+a]), t \in I\!\!R$ sind gleichgradig integrierbar (g.i.).

Beweis: Nehmen wir zunächst an, daß (2.3.3) bewiesen ist. Dann folgt (2.3.4) wegen (2.3.2) und $EZ = \sum_{k\geq 1} P(Z \geq k)$ für jede $I\!\!N_0$-wertige Zufallsgröße Z, siehe A.1 im Anhang. (2.3.3) impliziert außerdem die gleichgradige Integrierbarkeit der $N([t, t+a]), t \in I\!\!R$, siehe dazu Korollar A.2.3(d) im Anhang.

Zum noch austehenden Beweis von (2.3.3) sei für beliebig vorgegebenes $a > 0$ und $t \in I\!\!R$

$$\tau \ = \ \inf\{n \geq 0 : \ S_n \in [t, t+a]\}.$$

Dann gilt offensichtlich

$$N \ \overset{\text{def}}{=} \ N([t, t+a]) \ = \ \begin{cases} \displaystyle\sum_{j \geq \tau} \mathbf{1}([t, t+a])(S_j), & \text{falls } \tau < \infty \\[2mm] 0, & \text{falls } \tau = \infty \end{cases}.$$

Es folgt deshalb ähnlich wie in (2.2.6) für beliebiges $k \in I\!\!N_0$

$$
\begin{aligned}
P(N \geq k) \ &= \ P\Big(\sum_{j \geq \tau} \mathbf{1}([t, t+a])(S_j) \geq k, \tau < \infty\Big) \\
&= \ P\Big(\sum_{j \geq \tau} \mathbf{1}([t - S_\tau, t + a - S_\tau])(S_j - S_\tau) \geq k, \tau < \infty\Big) \\
&\leq \ P\Big(\sum_{j \geq \tau} \mathbf{1}([-a, a])(S_j - S_\tau) \geq k, \tau < \infty\Big) \\
&= \ P(\tau < \infty)\, P(N_0([-a,a]) \geq k) \leq P(N_0([-a,a]) \geq k),
\end{aligned}
$$

$$(2.3.5)$$

wobei für die letzte Zeile Satz 1.4.1 benutzt wurde. $\qquad\qquad\qquad\qquad \Diamond$

Wir kommen nun zur Beschreibung der *Koppelungsmethode* und wollen dies zunächst mittels einer Heuristik tun: Nehmen wir an, wir hätten zu einem RW $(S_n)_{n\geq 0}$ einen zweiten RW $(S'_n)_{n\geq 0}$ gegeben, der sich von ersterem in Verteilung nur durch den Anfangspunkt S'_0 unterscheidet, d.h.

$$(2.3.6) \qquad\qquad (S_n - S_0)_{n\geq 0} \sim (S'_n - S'_0)_{n\geq 0}.$$

Man nennt $(S'_n - S'_0)_{n\geq 0}$ in diesem Fall eine *Kopie* von $(S_n - S_0)_{n\geq 0}$ und, falls ferner Unabhängigkeit beider Prozesse gilt, eine *unabhängige Kopie*. Unser späteres Ziel (Blackwells Erneuerungstheorem) ist die Bestimmung des Verhaltens von $U([t, t + a])$ für $t \to \infty$. Bezeichne U' das Erneuerungsmaß von $(S'_n)_{n\geq 0}$, und nehmen wir an, daß die Verteilung von S'_0 so gewählt werden kann, daß das Verhalten von $U'([t, t + a])$ für $t \to \infty$ leicht berechenbar ist. Intuitiv läßt der "kleine" Unterschied in Verteilung zwischen $(S_n)_{n\geq 0}$ und $(S'_n)_{n\geq 0}$ vermuten, daß dann $U([t, t + a])$ für $t \to \infty$ dasselbe Verhalten zeigt, d.h. daß

$$(2.3.7) \qquad\qquad \lim_{t\to\infty} U([t, t + a]) - U'([t, t + a]) = 0.$$

Die Koppelungsmethode beruht auf folgender ebenso einfachen wie hübschen Idee: Zur Illustration betrachten wir den besonders angenehmen Fall, daß $(S_n)_{n\geq 0}$ und $(S'_n)_{n\geq 0}$ stochastisch unabhängig und beide vollständig 1-arithmetisch sind mit $ES_1 = ES'_1 \in (0, \infty)$. Unter Verwendung von Lemma 2.1.2 und Satz 2.2.6 folgt dann wegen $E(X_1 - X'_1) = 0$, daß $(S_n - S'_n)_{n\geq 0}$ ein rekurrenter 1-arithmetischer VRW ist und deshalb

$$(2.3.8) \qquad\qquad T \stackrel{\text{def}}{=} \inf\{n \geq 0 : S_n - S'_n = 0\} < \infty \quad P\text{-}f.s.$$

Zum zufallsabhängigen Zeitpunkt T, der natürlich eine Stopzeit für $(S_n - S'_n)_{n\geq 0}$ bildet, laufen also beide RW zusammen, und man bezeichnet T deshalb als *Koppelungszeit* für den bivariaten RW $(S_n, S'_n)_{n\geq 0}$. Mit Satz 1.4.1 folgt leicht

$$(S_{T+n} - S_T)_{n\geq 0} \sim (S'_{T+n} - S'_T)_{n\geq 0} \sim (S_n - S_0)_{n\geq 0}$$

sowie die Unabhängigkeit der beiden Post-T-Prozesse von $(S_j, S'_j)_{0\leq j\leq T}$. Definieren wir deshalb den sogenannten *Koppelungsprozeß* $(\hat{S}_n)_{n\geq 0}$ durch

$$(2.3.9) \qquad \hat{S}_n = S_n \mathbf{1}(T \geq n) + S'_n \mathbf{1}(T < n) = \begin{cases} S_n, & n \leq T \\ S_T + X'_{T+1} + \ldots + X'_n, & n > T \end{cases},$$

so bildet $(\hat{S}_n)_{n\geq 0}$ offenkundig eine Kopie von $(S_n)_{n\geq 0}$ und besitzt insbesondere dasselbe Erneuerungsmaß U. Darüberhinaus gilt $\hat{S}_n = S'_n$ für alle $n \geq T$. Bedenkt man schließlich, daß mit Lemma 2.3.1 die Erwartungswerte von

$$(2.3.10) \qquad\qquad N_T([t, t + a]) \stackrel{\text{def}}{=} \sum_{j=0}^{T-1} \mathbf{1}([t, t + a])(S_j)$$

und den entsprechend definierten Zufallsgrößen $N'_T([t, t+a])$ und $\hat{N}_T([t, t+a])$ für wachsendes t gegen 0 konvergieren (P-f.s. Konvergenz gegen 0 + gleichgradige Integrierbarkeit), so läßt sich offenkundig folgende Rechnung für sehr große t aufmachen:

$$\begin{aligned} U([t, t+a]) &= E\hat{N}([t, t+a]) \approx E\hat{N}([t, t+a]) - E\hat{N}_T([t, t+a]) \\ &= \sum_{n \geq 0} P(S_T + X'_{T+1} + \ldots + X'_{T+n} \in [t, t+a]) = \sum_{n \geq 0} P(S'_{T+n} \in [t, t+a]) \\ &= EN'([t, t+a]) - EN'_T([t, t+a]) \approx EN'([t, t+a]) = U'([t, t+a]). \end{aligned}$$

Vermutung (2.3.7) würde damit plausibel.

Diese Heuristik bedarf natürlich im folgenden einer mathematischen Präzisierung und Verifikation. Dabei erweist es sich als notwendig, den Koppelungsbegriff allgemeiner zu fassen. Sind nämlich beispielsweise $S_0, S_1, \ldots$ stetig verteilt, so gilt für die in (2.3.8) definierte Koppelungszeit T unter sonst gleichen Annahmen $T = \infty$ P-f.s. wegen

$$P(T < \infty) \leq \sum_{n \geq 0} P(S_n = S'_n) = 0.$$

Ein weiteres zu berücksichtigendes Problem tritt auf, wenn etwa in der obigen Heuristik $(S_n)_{n \geq 0}$ zwar 1-arithmetisch, jedoch nicht mehr vollständig 1-arithmetisch ist. Gemäß Lemma 2.1.2 ist dann der SRW $(S_n - S'_n - (S_0 - S'_0))_{n \geq 0}$ nur noch m-arithmetisch für ein $m \geq 2$ und deshalb dessen Rekurrenzmenge nicht mehr $\mathbb{Z}$ sondern $m\mathbb{Z}$. Es folgt für die Koppelungszeit

$$P(T < \infty) = P(S_n - S'_n = 0 \text{ für ein } n \in \mathbb{N}_0) = P(S_0 - S'_0 \in m\mathbb{Z}),$$

und diese Wahrscheinlichkeit kann sehr wohl < 1 sein für 1-arithmetische Startvariablen S_0, S'_0.

2.3.2 Definition $(S_n)_{n \geq 0}$ und $(S'_n)_{n \geq 0}$ seien zwei RW, die folgende Annahmen erfüllen:
(a) (S_0, S'_0) und $(X_n, X'_n)_{n \geq 1}$ sind stochastisch unabhängig.
(b) $(S_n - S_0)_{n \geq 0} \sim (S'_n - S'_0)_{n \geq 0}$.
(c) Es existieren ein $\varepsilon \geq 0$ und eine $\mathbb{N}_0$-wertige, $\sigma(S_0, S'_0)$-meßbare Zufallsgröße ν, so daß $(X_{\nu+1}, X'_1), (X_{\nu+2}, X'_2), \ldots$ u.i.v. sind und unabhängig von $(S_0, \ldots, S_\nu, S'_0)$.
Ferner gelte

$$(2.3.11) \qquad \rho_\nu(\varepsilon) \overset{\text{def}}{=} \inf\{n \geq 0 : |S_{\nu+n} - S'_n| \leq \varepsilon\} < \infty \quad P\text{-}f.s.$$

Seien dann $T_\nu(\varepsilon) = \nu + \rho_\nu(\varepsilon)$ und

$$(2.3.12) \qquad \hat{S}_n = \begin{cases} S_n, & n \leq T_\nu(\varepsilon) \\ S_{T_\nu(\varepsilon)} + (S'_{n-\nu} - S'_{\rho_\nu(\varepsilon)}), & n > T_\nu(\varepsilon) \end{cases}.$$

Dann heißt $(T_\nu(\varepsilon), (\hat{S}_n)_{n \geq 0})$ eine ε-*Koppelung für* $(S_n, S'_n)_{n \geq 0}$ mit $(\varepsilon\text{-})Koppelungszeit T_\nu(\varepsilon)$ und $(\varepsilon\text{-})Koppelungsprozeß (\hat{S}_n)_{n \geq 0}$. Ist $\nu = 0$ P-f.s., sprechen wir von einer *direkten* ε-*Koppelung*, andernfalls von einer *verzögerten* ε-*Koppelung*.

In der obigen Heuristik bildet demnach $(T, (\hat{S}_n)_{n\geq 0})$ eine direkte 0-Koppelung für $(S_n, S'_n)_{n\geq 0}$. ε-Koppelungen mit $\varepsilon > 0$ benötigen wir zum Beweis des Blackwellschen Erneuerungstheorems für nichtarithmetische RW. Verzögerte Koppelungen mit einer Zeitverschiebung ν für $(S_n)_{n\geq 0}$ erweisen sich als notwendig, falls $(S_n)_{n\geq 0}$ nicht vollständig nicht- oder d-arithmetisch ist. Präzise Auskunft gibt der Satz 2.3.4 Zuvor notieren wir jedoch einige wichtige Eigenschaften von ε-Koppelungen, die sich mehr oder weniger direkt aus obiger Definition ergeben.

2.3.3 Lemma *In der Situation von Definition 2.3.2 gilt:*

(a) $(S_{\nu+n} - S_\nu)_{n\geq 0} \sim (S_n - S_0)_{n\geq 0} \sim (S'_n - S'_0)_{n\geq 0}$.

(b) $(S_{\nu+n} - S_\nu, S'_n - S'_0)_{n\geq 0}$ *ist unabhängig von* $(S_0, ..., S_\nu, S'_0)$.

(c) $\rho_\nu(\varepsilon)$ *ist eine Stopzeit für* $(S_0, ..., S_{\nu+n}, S'_0, ..., S'_n)_{n\geq 0}$.

(d) $(\hat{S}_n)_{n\geq 0} \sim (S_n)_{n\geq 0}$.

(e) $|\hat{S}_n - S'_{n-\nu}| \leq \varepsilon$ *für alle* $n \geq T_\nu(\varepsilon)$.

Beweis: (a) gilt gemäß Satz 1.4.1(b), da ν eine Stopzeit für $(S_n, S'_n)_{n\geq 0}$ bildet. (b) ist lediglich eine Umformulierung der in 2.3.2 vorausgesetzten Unabhängigkeit von $(X_{\nu+1}, X'_1), (X_{\nu+2}, X'_2),$ ... und $(S_0, ..., S_\nu, S'_0)$. (c) ist offensichtlich. Zum Beweis von (d) schreiben wir kürzer ρ für $\rho_\nu(\varepsilon)$. Es gilt dann

$$P((\hat{S}_0, \hat{X}_1, \hat{X}_2, ...) \in \cdot) = P((S_0, X_1, ..., X_{\nu+\rho}, X'_{\rho+1}, X'_{\rho+2}, ...) \in \cdot)$$
$$= P((S_0, X_1, ..., X_\nu \in \cdot) \otimes P((X_{\nu+1}, ..., X_{\nu+\rho}) \in \cdot) \otimes P((X'_{\rho+1}, X'_{\rho+2}, ...) \in \cdot)$$
$$= P((S_0, X_1, ..., X_\nu) \in \cdot) \otimes P((X_{\nu+1}, ..., X_{\nu+\rho}) \in \cdot) \otimes P((X_{\nu+\rho+1}, X_{\nu+\rho+2}, ...) \in \cdot)$$
$$= P((S_0, X_1, ..., X_\nu) \in \cdot) \otimes P((X_{\nu+1}, X_{\nu+2}, ...) \in \cdot)$$
$$= P((S_0, X_1, X_2, ...) \in \cdot).$$

Dabei wurden die Definition von $(\hat{S}_n)_{n\geq 0}$ für die erste Gleichheit sowie anschließend (a)-(c) und Satz 1.4.1 für die übrigen Gleichheiten verwendet. Behauptung (e) schließlich ergibt sich sofort aus der Definition von $\rho_\nu(\varepsilon)$ und $T_\nu(\varepsilon)$. $\Diamond$

Wir kommen nun zur wichtigen Existenzfrage der zuvor eingeführten ε-Koppelungen. Der anschließende Satz gibt neben der positiven Antwort auf diese Frage eine vollständige Aufschüsselung, unter welchen Voraussetzungen welcher Koppelungstyp benutzt werden kann.

2.3.4 Satz *Seien Q, Q_0 und Q'_0 Wahrscheinlichkeitsmaße auf $\mathbb{R}$ mit $\mu(Q) = \int x\, Q(dx) > 0$ und Erneuerungsmaßen*

$$U = Q_0 * \sum_{n\geq 0} Q^{*(n)} \quad sowie \quad U' = Q'_0 * \sum_{n\geq 0} Q^{*(n)}.$$

(a) Ist Q nichtarithmetisch, so existieren nichtarithmetische RW $(S_n)_{n\geq 0}$ und $(S'_n)_{n\geq 0}$ mit Erneuerungsmaßen U bzw. U', die für alle $\varepsilon > 0$ eine ε-Koppelung $(T_\nu(\varepsilon), (\hat{S}_n)_{n\geq 0})$ erlauben. Ist Q vollständig nichtarithmetisch, kann man $\nu = 0$ wählen (direkte Koppelung).

55

(b) Ist Q d-arithmetisch, und gilt $Q_0(d\mathbb{Z}) = Q'_0(d\mathbb{Z}) = 1$, so existieren d-arithmetische RW $(S_n)_{n\geq 0}$ und $(S'_n)_{n\geq 0}$ mit Erneuerungsmaßen U bzw. U', die eine 0-Koppelung $(T_\nu(0),(\hat{S}_n)_{n\geq 0})$ erlauben. Ist Q vollständig d-arithmetisch, kann man wiederum $\nu = 0$ wählen.

(c) Falls $\mu(Q) < \infty$, lassen sich $(S_n)_{n\geq 0}$ und $(S'_n)_{n\geq 0}$ in (a) und (b) voneinander unabhängig wählen.

Beweis: Wir können (a) und (b) gleichzeitig behandeln, müssen aber die Fälle "$\mu(Q) \in (0,\infty)$" und "$\mu(Q) = \infty$" unterscheiden. (c) ergibt sich unmittelbar aus den folgenden Ausführungen.

1. Fall: $\mu(Q) \in (0,\infty)$

Seien $(S_n)_{n\geq 0}$ und $(S'_n)_{n\geq 0}$ zwei *unabhängige* RW mit Erneuerungsmaßen U und U'. Es gilt also

$$(S_0, S'_0) \sim Q_0 \otimes Q'_0 \quad \text{und} \quad (X_1, X'_1) \sim Q \otimes Q = Q^2.$$

Seien ferner $\nu, T_\nu(\varepsilon)$ und $(\hat{S}_n)_{n\geq 0}$ wie in Definition 2.3.2., wobei natürlich ν noch spezifiziert werden muß. Wegen der Unabhängigkeit von $(S_n)_{n\geq 0}$ und $(S'_n)_{n\geq 0}$ sowie der $\sigma(S_0, S'_0)$-Meßbarkeit von ν folgt

$$X_{\nu+1}, X'_1, X_{\nu+2}, X'_2, \ldots \text{ sind u.i.v. und unabhängig von } (S_0, \ldots, S_\nu, S'_0).$$

Dies ist mehr als in 2.3.2 gefordert wird. Zum Beweis des Satzes verbleibt die Festlegung von ν, derart daß $\rho_\nu(\varepsilon) < \infty$ P-f.s. für alle $\varepsilon > 0$ und, im d-arithmetischen Fall, sogar $\rho_\nu(0) < \infty$ P-f.s. Zu diesem Zweck setzen wir für $n \in \mathbb{N}_0$

$$R_n = S_n - S'_0 \quad \text{und} \quad W^\nu_n = S_{\nu+n} - S'_n - R_\nu.$$

Wegen $0 < \mu(Q) = EX_1 < \infty$, also $E(X_1 - X'_1) = 0$, ist $(W^\nu_n)_{n\geq 0}$ ein rekurrenter SRW mit Rekurrenzmenge $\Re \neq \{0\}$. Mit diesen Bezeichnungen gilt

$$\rho_\nu(\varepsilon) = \inf\{n \geq 0 : \ |W^\nu_n + R_\nu| \leq \varepsilon\}.$$

(1) Ist Q *vollständig nicht-* oder *d-arithmetisch*, so sei $\nu = 0$. Gemäß Lemma 2.1.2 ist dann $(W^0_n)_{n\geq 0}$ rekurrent mit $\Re = \mathbb{R}$ bzw. $d\mathbb{Z}$, und dasselbe gilt für $(S_n - S'_n)_{n\geq 0} = (W^0_n + R_0)_{n\geq 0}$ [beachte $R_0 = S_0 - S'_0 \in d\mathbb{Z}$ P-f.s. im d-arithmetischen Fall]. Es folgt $\rho_0(\varepsilon) < \infty$ P-f.s., falls $d(Q) = 0$, und offensichtlich sogar $\rho_0(0) < \infty$ P-f.s., falls $d(Q) > 0$.

(2) Sei nun Q *nichtarithmetisch, aber nicht vollständig nichtarithmetisch.* Dann gilt gemäß Lemma 2.1.2 $d \stackrel{\text{def}}{=} d(X_1 - X'_1) > 0$, und der dortige Beweis hat ferner gezeigt, daß $d(X_1 - a) = d$ für ein $a \in \mathbb{R}$ gelten muß. O.B.d.A. sei $d = 1$. In diesem Fall ist a irrational, da andernfalls ($a = \frac{p}{q}$ rational, $q \in \mathbb{N}$)

$$1 = P(X_1 \in a + \mathbb{Z}) = P(X_1 \in \frac{1}{q}\mathbb{Z})$$

und damit $d(X_1) = d(Q) \geq \frac{1}{q} > 0$ wäre. Für irrationales a liegt $a\mathbb{N}_0 + \mathbb{Z}$ bekanntlich dicht in $\mathbb{R}$, und die $\sigma(S_0, S_0')$-meßbare Zufallsgröße

$$(2.3.13) \qquad \nu = \inf\{m \geq 0 : \exists n \in \mathbb{Z} : am + n \in [-\varepsilon - R_0, \varepsilon - R_0]\}$$

ist folglich P-f.s. endlich für beliebig vorgegebenes $\varepsilon > 0$, also

$$A(\nu) \stackrel{\text{def}}{=} \{n \in \mathbb{Z} : a\nu + n \in [-\varepsilon - R_0, \varepsilon - R_0]\} \neq \emptyset \quad P\text{-}f.s..$$

Wir müssen noch $\rho_\nu(\varepsilon) < \infty$ P-f.s. nachweisen. Da $d(X_1 - X_1') = 1$, bildet $(W_n^\nu)_{n \geq 0}$ einen 1-arithmetischen, rekurrenten SRW. Darüberhinaus impliziert $d(X_1 - a) = 1$

$$V_\nu \stackrel{\text{def}}{=} S_\nu - S_0 - a\nu \in \mathbb{Z} \quad P\text{-}s.,$$

so daß $(V_\nu + W_n^\nu)_{n \geq 0}$ ein 1-arithmetischer, rekurrenter VRW ist. Es folgt nun offenkundig

$$\begin{aligned}
\rho_\nu(\varepsilon) &= \inf\{n \geq 0 : S_{\nu+n} - S_n' \in [-\varepsilon, \varepsilon]\} \\
&= \inf\{n \geq 0 : a\nu + V_\nu + W_n^\nu \in [-\varepsilon - R_0, \varepsilon - R_0]\} \\
&= \inf\{n \geq 0 : V_\nu + W_n^\nu \in A(\nu)\} < \infty \quad P\text{-}f.s.
\end{aligned}$$

unter Beachtung von $\emptyset \neq A(\nu) \subset \mathbb{Z}$ P-f.s.

(3) Sei schließlich noch der Fall betrachtet, daß Q *d-arithmetisch, aber nicht vollständig d-arithmetisch* ist. Hier überlegt man sich ähnlich wie in (2), daß für ein $k \in \mathbb{N}$ und ein $a \in \{1, ..., k-1\}$

$$d(X_1 - a) = d(X_1 - X_1') = kd > 0,$$

und o.B.d.A. sei wieder $d = 1$. a und k sind teilerfremd, da sonst

$$1 = P(X_1 \in a + k\mathbb{Z}) = P(X_1 \in p\mathbb{Z})$$

für ein $p \in \{2, 3, ...\}$ und daher $d(X_1) \geq p \geq 2$ wäre. Es folgt $a + k\mathbb{Z} = \mathbb{Z}$. Setzen wir nun

$$(2.3.14) \qquad \begin{aligned}
\nu &= \inf\{m \geq 0 : \exists n \in \mathbb{Z} : R_0 + am + kn = 0\}, \\
A(\nu) &= \{n \in \mathbb{Z} : R_0 + a\nu + n = 0\},
\end{aligned}$$

so ist ν offenkundig $\sigma(S_0, S_0')$-meßbar sowie P-f.s. endlich wegen $P(R_0 \in \mathbb{Z}) = 1$, und eine ähnliche Überlegung wie in (2) liefert

$$\rho_\nu(0) = \inf\{n \geq 0 : V_\nu + W_n^\nu \in A(\nu)\} < \infty \quad P\text{-}f.s.,$$

wobei V_ν wie dort definiert sei.

2. Fall: $\mu(Q) = \infty$

Hier müssen wir unser Vorgehen modifizieren, denn für unabhängige RW $(S_n)_{n \geq 0}$ und $(S_n')_{n \geq 0}$ muß $(S_n - S_n')_{n \geq 0}$ nicht länger rekurrent sein, weil $E(X_1 - X_1')$ nicht mehr existiert. Für $n \in \mathbb{Z}$ seien

$$Q_{(n)} = Q(\cdot \cap [n, n+1)) \quad \text{und} \quad \alpha_n = Q([n, n+1)) = Q_{(n)}(I\!R).$$

Wegen $\mu(Q) = \infty$ existiert ein $m \in I\!N$, so daß $0 < \int_{(-\infty, m)} x\, Q(dx) < \infty$. Dann wird durch

$$\tilde{Q} \stackrel{\text{def}}{=} \frac{1}{\gamma}\left(Q(\cdot \cap (-\infty, m)) + \sum_{n>m} \frac{1}{2^n} Q_{(n)}\right) \quad \text{mit} \quad \gamma = \sum_{n \leq m} \alpha_n + \sum_{n>m} \frac{\alpha_n}{2^n} \in (0,1)$$

ein Wahrscheinlichkeitsmaß auf $I\!R$ mit folgenden Eigenschaften definiert:

- $\mu(\tilde{Q}) \in (0, \infty)$.
- $Q = \gamma\tilde{Q} + (1-\gamma)\hat{Q}$ für ein geeignetes Wahrscheinlichkeitsmaß $\hat{Q}$.
- $d(Q(z + \cdot)) = d(\tilde{Q}(z + \cdot))$ für alle $z \in I\!R$, d.h. Q und $\tilde{Q}$ besitzen denselben Verteilungstyp.

Dies weist man sofort nach, und wir überlassen die Details dem Leser. Seien nun ferner

(i) $\xi_1, \xi_2, \ldots$ u.i.v. mit $P(\xi_1 = 1) = 1 - P(\xi_1 = 0) = \gamma$, d.h. $\xi_1 \sim B(1, \gamma)$.

(ii) $Y_1, Y_1', Y_2, Y_2', \ldots$ u.i.v. mit $Y_1 \sim \tilde{Q}$.

(iii) $Z_1, Z_2, \ldots$ u.i.v. mit $Z_1 \sim \hat{Q}$.

(iv) S_0, S_0' Zufallsgrößen mit $(S_0, S_0') \sim Q_0 \otimes Q_0'$.

(v) $(\xi_n)_{n \geq 1}, (Y_n)_{n \geq 1}, (Y_n')_{n \geq 1}, (Z_n)_{n \geq 1}$ und (S_0, S_0') stochastisch unabhängig.

Wir erinnern daran, daß der zugrundeliegende Wahrscheinlichkeitsraum als groß genug vorausgesetzt ist, um (i)-(v) zu gewährleisten. Wähle $\varepsilon > 0$ beliebig, falls $d(Q) = d(\tilde{Q}) = 0$, und $\varepsilon = 0$ sonst. Unter Zugrundelegung von $\tilde{Q}$ anstelle von Q, definieren wir wie im 1. Fall $\nu = 0$, falls $\tilde{Q}$ vollständig nicht- oder d-arithmetisch ist, und andernfalls durch (2.3.13) oder (2.3.14), wobei weiter $R_0 = S_0 - S_0'$ und a so gewählt sei, daß $d(Y_1 - a) = d(Y_1 - Y_1')$. Anders als dort seien jedoch nun

$$X_n = \xi_n Y_n + (1 - \xi_n)Z_n \quad \text{und} \quad X_n' = \xi_{\nu+n}Y_{\nu+n}' + (1 - \xi_{\nu+n})Z_{\nu+n}$$

für $n \geq 1$. Die zugehörigen RW $(S_n)_{n \geq 0}$ und $(S_n')_{n \geq 0}$ sind dann offenkundig nicht mehr unabhängig, aber es gelten weiter alle in Definition 2.3.2 gestellten Forderungen, wie man leicht mit Hilfe von (i)-(v) nachweist. Darüberhinaus liefert die spezielle Konstruktion

$$X_{\nu+n} - X_n' = \xi_{\nu+n}(Y_{\nu+n} - Y_{\nu+n}') \sim \xi_1(Y_1 - Y_1')$$

für alle $n \geq 1$, d.h. die Zufallsgrößen sind symmetrisch und, was noch wichtiger ist, haben Erwartungswert 0. Beachtet man außerdem, daß

$$\xi_1(Y_1 - Y_1') \sim \gamma P(Y_1 - Y_1' \in \cdot) + (1 - \gamma)\delta_0,$$

so folgt ferner $d(X_{\nu+1} - X_1') = d(\xi_1(Y_1 - Y_1')) = d(Y_1 - Y_1') \stackrel{\text{def}}{=} d$. $(W_n^\nu)_{n \geq 0}$ ist also ein rekurrenter, d-arithmetischer SRW, und man beweist schließlich noch analog zum 1. Fall, daß $\rho_\nu(\varepsilon)$ $(d(\tilde{Q}) = 0)$ bzw. $\rho_\nu(0)$ $(d(\tilde{Q}) > 0)$ P-f.s. endlich ist. $\diamond$

Literaturhinweise: Die Idee der Koppelung geht zurück auf Doeblin (1937) und hat seit Beginn der siebziger Jahre eine wahre Renaissance erlebt, ausgelöst vor allem durch die Arbeiten von Pitman(1974) und Griffeath(1975). Die hier vorgestellte Koppelungsmethode ist nur eine unter einer Reihe anderer Varianten und wird manchmal als *Ornstein-Koppelung* bezeichnet. Anwendungen der Koppelungsmethode zum Beweis erneuerungstheoretischer Resultate finden sich in Lindvall(1977,1979,1982,1986), Athreya, McDonald und Ney(1978b), Berbee(1979), Ney(1981), Thorisson(1987) sowie dem Lehrbuch von Asmussen(1987).

2.4 Das Blackwellsche Erneuerungstheorem

Wir kommen nun zur Formulierung des zweifellos zentralen Ergebnisses der Erneuerungstheorie, dem Blackwellschen Erneuerungstheorem, benannt nach dem Mathematiker David Blackwell, der als erster einen vollständigen Beweis im nichtarithmetischen Fall lieferte (Blackwell(1948,1953)). Genauere historische und bibliographische Anmerkungen geben wir am Ende dieses Abschnitts.

Bei der für fast alle erneuerungstheoretischen Ergebnisse notwendigen Unterscheidung von nichtarithmetischem und d-arithmetischem Fall zeigt sich insbesondere, daß in letzterem asymptotische Aussagen der Form $\lim_{t\to\infty} f(t)$ meistens mit dem Zusatz "$t \in d\mathbb{Z}$" zu versehen sind. Um dies nicht immer wiederholen zu müssen und um eine getrennte Formulierung von nichtarithmetischer und d-arithmetischer Version, wo möglich, zu vermeiden, führen wir folgende Schreibweise ein: Für beliebiges $d \geq 0$ sei

$$d\text{-}\lim_{t\to\infty} f(t) \;=\; \begin{cases} \displaystyle\lim_{t\to\infty} f(t), & \text{falls } d = 0 \\[1mm] \displaystyle\lim_{n\to\infty} f(nd), & \text{falls } d > 0 \end{cases}.$$

2.4.1 Das Blackwellsche Erneuerungstheorem *Sei $(S_n)_{n\geq 0}$ ein RW mit Drift $\mu = EX_1 \in (0,\infty]$ und Erneuerungsmaß U. Sei ferner $d = d(X_1)$. Dann gilt für alle $a > 0$*

$$(2.4.1) \qquad d\text{-}\lim_{t\to\infty} U([t, t+a]) \;=\; \mu^{-1}\, l_d([0,a]),$$

wobei $\infty^{-1} \stackrel{\text{def}}{=} 0$, und ferner

$$(2.4.2) \qquad \lim_{t\to-\infty} U([t, t+a]) \;=\; 0.$$

Bei Trennung von nichtarithmetischem und d-arithmetischem Fall läßt sich (2.4.1) auch wie folgt formulieren:

$$(2.4.3) \qquad \lim_{t\to\infty} U([t, t+a]) \;=\; \frac{a}{\mu}, \quad \text{falls } d = 0.$$

$$(2.4.4) \qquad \lim_{n\to\infty} U(\{nd\}) \;=\; \frac{d}{\mu}, \quad \text{falls } d > 0.$$

Bevor wir zum Beweis schreiten, notieren wir neben zwei Bemerkungen als einfache Konsequenz das sogenannte *elementare Erneuerungstheorem*, das wir in 0.3 bereits für SEP $(S_n)_{n\geq 0}$ unter Verwendung der dort vorgestellten Erstaustrittszeiten (siehe 0.3.1) bewiesen haben.

2.4.2 Das elementare Erneuerungstheorem *Sei $(S_n)_{n\geq 0}$ ein RW mit Drift $\mu = EX_1 \in (0,\infty]$ und Erneuerungsmaß U. Dann gilt*

$$(2.4.5) \qquad \lim_{t\to\infty} t^{-1}U([0,t]) = \mu^{-1} \quad und \quad \lim_{t\to\infty} t^{-1}U([-t,0]) = 0.$$

Falls $U(0) = U((-\infty,0]) < \infty$, folgt darüberhinaus

$$(2.4.6) \qquad \lim_{t\to\infty} t^{-1}U(t) = \mu^{-1}.$$

Beweis: Zum Beweis dieser einfachen Folgerung betrachten wir nur den nichtarithmetischen Fall. Es gilt offenkundig

$$(2.4.7) \qquad \lim_{t\to\infty} t^{-1}U([0,t]) = \lim_{t\to\infty} \lfloor t\rfloor^{-1} \sum_{n=1}^{\lfloor t\rfloor} U([n-1,n)) + \lim_{t\to\infty} t^{-1}U([\lfloor t\rfloor,t])$$

Da $\lim_{n\to\infty} U(\{n\}) = 0$, wie man leicht aus (2.4.1) schließt, also

$$\lim_{n\to\infty} U([n-1,n)) = \lim_{n\to\infty} U([n-1,n]) = \mu^{-1}$$

und da der zweite Limes der rechten Seite in (2.4.7) natürlich 0 ist, folgt die erste Hälfte in (2.4.5) aufgrund des Satzes von Césaro ($a_n \to a \Rightarrow n^{-1}(a_1 + ... + a_n) \to a$). Die übrigen Behauptungen ergeben sich auf ähnliche Weise, und wir verzichten auf weitere Details. $\qquad \Diamond$

2.4.3 Bemerkungen (a) Wie wir im nächsten Abschnitt sehen werden, impliziert das Blackwellsche Erneuerungstheorem für alle $f \in C_0$, d.h. alle stetigen Funktionen $f : \mathbb{R} \to \mathbb{C}$ mit *kompaktem Träger* $\overline{\{x : f(x) \neq 0\}}$

$$(2.4.8) \qquad d\text{-}\lim_{t\to\infty} \int_{\mathbb{R}} f(x)\, U(t+dx) = d\text{-}\lim_{t\to\infty} \sum_{n\geq 0} Ef(t-S_n) = \mu^{-1} \int_{\mathbb{R}} f(x)\, l_d(dx) \quad und$$

$$(2.4.9) \qquad \lim_{t\to-\infty} \int_{\mathbb{R}} f(x)\, U(t+dx) = 0.$$

In der Maßtheorie spricht man in diesem Fall von *vager Konvergenz* $(\to_v)$, d.h. es gilt

$$U(t+\cdot) \to_v \mu^{-1}l_d \quad und \quad U(-t+\cdot) \to_v 0,$$

falls $t \to \infty$, wobei im Fall "$d > 0$" zusätzlich $t \in d\mathbb{Z}$ für den ersten obigen Grenzübergang vorausgesetzt sei. Vage Konvergenz lokal endlicher, d.h. auf Kompakta endlicher Maße auf

($I\!R, \mathcal{B}$) werden wir später in 12.3 ausführlicher behandeln. Insbesondere liefert das dortige Korollar 12.3.6

$$(2.4.10) \qquad \operatorname*{d\text{-}lim}_{t\to\infty} U(t+B) \;=\; \mu^{-1} l_d(B) \quad \text{und}$$

$$(2.4.11) \qquad \lim_{t\to-\infty} U(t+B) \;=\; 0$$

für alle *beschränkten* $B \in \mathcal{B}$, wobei in (2.4.10) im Fall "$d = 0$" zusätzlich $l_0(\partial B) = 0$ vorausgesetzt werden muß. ∂B bezeichnet hier den topologischen Rand der Menge B.

(b) Die für (2.4.6) notwendige Zusatzvoraussetzung "$U(0) < \infty$" im elementaren Erneuerungstheorem folgt nicht bereits, wie man vermuten könnte, aus $\mu < \infty$. Tatsächlich gilt dies genau dann, wenn $E(X_1^-)^2 < \infty$, siehe Korollar 4.1.8.

Beweis des Blackwellschen Erneuerungstheorems: Betrachten wir zunächst den einfachen Teil des Satzes, nämlich (2.4.2). Wegen $S_n \to \infty$ P-f.s. gilt offenkundig $N([t, t+a]) \to 0$ P-f.s. für alle $a > 0$, falls $t \to -\infty$. Gemäß Lemma 2.3.1 sind $N([t, t+a]), t \in I\!R$ aber außerdem g.i., so daß die Behauptung mit Satz A.2.4 im Anhang folgt.

Der Beweis von (2.4.1) ist wesentlich schwieriger und zerfällt in zwei Schritte. Zuerst zeigen wir in Satz 2.4.4, daß für zwei beliebige RW $(S_n)_{n\geq0}$ und $(S'_n)_{n\geq0}$ mit Erneuerungsmaßen U bzw. U' der Form

$$U = Q_0 * \sum_{n\geq0} Q^{*(n)} \quad \text{und} \quad U' = Q'_0 * \sum_{n\geq0} Q^{*(n)}$$

stets

$$\operatorname*{d\text{-}lim}_{t\to\infty}\left(U([t, t+a]) - U'([t, t+a])\right) \;=\; 0$$

gilt für alle $a > 0$, sofern im Fall $d = d(Q) > 0$ zusätzlich $Q_0(d\mathbb{Z}) = Q'_0(d\mathbb{Z}) = 1$. Hierzu benutzen wir die im vorigen Abschnitt vorgestellte Koppelungsmethode. Können wir dann eine Startverteilung Q'_0 angeben, so daß U' (2.4.1) erfüllt, so folgt letzteres offenkundig auch für U. Die Angabe eines solchen Q'_0 bildet Inhalt des zweiten Schritts, wobei wir zuerst den Fall nichtnegativer Zuwächse, d.h. $Q([0,\infty)) = 1$ betrachten, siehe Satz 2.4.5, und anschließend den allgemeinen Fall, siehe Satz 2.4.8. Einer leichten Modifikation dieser Vorgehensweise bedarf es, falls $EX_1 = \infty$. Eine abschließende Diskussion erfolgt daher im Anschluß an Satz 2.4.8. $\lozenge$

2.4.4 Satz *Seien Q, Q_0 und Q'_0 Wahrscheinlichkeitsmaße auf $I\!R$ mit $\mu(Q) \in (0,\infty]$, $Q_0(d\mathbb{Z})$ $= Q'_0(d\mathbb{Z}) = 1$, falls $d(Q) = d > 0$, und Erneuerungsmaßen $U_0 = \sum_{n\geq0} Q^{*(n)}$, $U = Q_0 * U_0$ sowie $U' = Q'_0 * U_0$. Dann gilt*

$$\operatorname*{d\text{-}lim}_{t\to\infty}\left(U([t, t+a]) - U'([t, t+a])\right) \;=\; 0 \quad \text{für alle } a > 0.$$

Beweis: Wir betrachten nur den etwas schwierigeren nichtarithmetischen Fall ($d = 0$). Offenkundig reicht es, die Behauptung für beliebiges Q_0 und spezielles Q'_0 zu beweisen. Sei daher Q'_0 die Gleichverteilung auf $(0,1)$, d.h. $Q'_0(dx) = \mathbf{1}((0,1))(x)\, l_0(dx)$. Dann folgt unter Verwendung von Lemma 2.3.1 für alle $t \in I\!\!R$ und $\varepsilon \in (0,1)$

$$U'([t, t+\varepsilon]) = \int_{I\!\!R} Q'_0([t-x, t+\varepsilon-x])\, U_0(dx) \le \varepsilon\, U_0([t-1, t+1]) \le \varepsilon\, U_0([-2,2])$$

und deshalb

$$g(\varepsilon) \stackrel{\text{def}}{=} \sup_{t \in I\!\!R} U'([t, t+\varepsilon]) \xrightarrow{\varepsilon \downarrow 0} 0.$$

Gemäß Satz 2.3.4 existieren RW $(S_n)_{n \ge 0}$ und $(S'_n)_{n \ge 0}$ mit Erneuerungsmaßen U bzw. U', die für beliebiges $\varepsilon > 0$ eine ε-Koppelung $(T_\nu(\varepsilon), (\hat{S}_n)_{n \ge 0})$ erlauben. Im folgenden seien $a > 0$, $\varepsilon \in (0, a/2)$, $T = T_\nu(\varepsilon)$ und $(\hat{S}_n)_{n \ge 0}$ beliebig, aber fest vorgegeben, ferner N, N_T gemäß (2.1.3) bzw. (2.3.10) definiert sowie N', N'_t und $\hat{N}, \hat{N}_T$ entsprechend für $(S'_n)_{n \ge 0}$ bzw. $(\hat{S}_n)_{n \ge 0}$. Wegen $N_T([t, t+a]) \le N([t, t+a])$ für alle $t \in I\!\!R$ folgt die gleichgradige Integrierbarkeit von $N_T([t.t+a]), t \in I\!\!R$ gemäß Lemma 2.3.1 und Korollar A.2.3(c). Da wegen $S_n \to \infty$ außerdem $N_T([t, t+a]) \to 0$ P-f.s. gilt, falls $t \to \infty$, folgt

$$\lim_{t \to \infty} E N_T([t, t+a]) = 0.$$

Dasselbe gilt selbstverständlich für $EN'_T([t, t+a])$ und $E\hat{N}_T([t, t+a])$. Unter Verwendung von $(\hat{S}_n)_{n \ge 0} \sim (S_n)_{n \ge 0}$ und $|\hat{S}_n - S'_n| \le \varepsilon$ für alle $n \ge T$ (Lemma 2.3.3(e)) erhalten wir nun, falls $t \to \infty$

$$\begin{aligned}
U([t, t+a]) &= E\hat{N}([t, t+a]) = o(1) + E\Big(\sum_{n \ge T} \mathbf{1}(\hat{S}_n \in [t, t+a])\Big) \\
&\le o(1) + E\Big(\sum_{n \ge 0} \mathbf{1}(S'_n \in [t-\varepsilon, t+a+\varepsilon])\Big) \\
&= o(1) + U'([t-\varepsilon, t+a+\varepsilon]) \le o(1) + 2g(\varepsilon) + U'([t, t+a])
\end{aligned}$$

und analog

$$\begin{aligned}
U([t, t+a]) &\ge o(1) + U'([t+\varepsilon, t+a-\varepsilon]) \\
&\ge o(1) - 2g(\varepsilon) + U'([t, t+a]).
\end{aligned}$$

Beides zusammen ergibt offenkundig die Behauptung wegen $g(\varepsilon) \to 0$, falls $\varepsilon \to 0$. $\quad\Diamond$

Wir kommen damit zum zweiten Schritt des Beweises des Blackwellschen Erneuerungstheorems und betrachten dazu zunächst einen EP $(S_n)_{n \ge 0}$. Sei $d = d(X_1)$ und $G : I\!\!R \to [0, \infty)$ definiert durch $G(t) = 0$ für $t < 0$ und

$$(2.4.12) \qquad G(t) = \int_{[0,t]} P(X_1 > s)\, l_d(ds) = \begin{cases} \displaystyle\int_0^t P(X_1 > s)\, ds, & \text{falls } d = 0 \\ \displaystyle d \sum_{0 \le kd \le t} P(X_1 > kd), & \text{falls } d > 0 \end{cases}$$

für $t \geq 0$. Man sieht sofort, daß G monoton wachsend und rechtsseitig stetig ist mit

$$G(\infty) \overset{\text{def}}{=} \lim_{t \to \infty} G(t) = \begin{cases} \displaystyle\int_0^\infty P(X_1 > s)\, ds = \mu, & \text{falls } d = 0 \\ \displaystyle d \sum_{k \geq 0} P(X_1 > kd) = d\, E(X_1/d) = \mu, & \text{falls } d > 0 \end{cases}.$$

G definiert folglich ein Maß auf $[0, \infty)$, das wiederum mit G bezeichnet werde, und das genau dann endlich ist, wenn $\mu < \infty$. Durch

$$(2.4.13) \qquad \hat{Q}_0^a(t) = \frac{G(t \wedge a)}{G(a)} + \mathbf{1}((a, \infty))(t), \quad 0 < a < \infty,$$

sowie

$$(2.4.14) \qquad \hat{Q}_0(t) = \frac{G(t)}{G(\infty)} = \frac{G(t)}{\mu},$$

falls $\mu < \infty$, werden dann Wahrscheinlichkeitsmaße auf $[0, \infty)$ definiert, die auf $d\mathbb{N}_0$ konzentriert sind, falls $a \in d\mathbb{N}$ und $d > 0$. Im nichtarithmetischen Fall ist jedes $\hat{Q}_0^a$ ebenso wie $\hat{Q}_0$ offenkundig l_0-stetig, insbesondere natürlich nichtarithmetisch. Besitzt also S_0 die Verteilung $\hat{Q}_0^a$ mit $a \in d\mathbb{N}$, falls $d > 0$, oder $\hat{Q}_0$, sofern diese existiert, so bildet $(S_n)_{n \geq 0}$ einen nichtarithmetischen oder d-arithmetischen VEP. Der anschließende Satz bestätigt die Bedeutung der soeben eingeführten Maße mit Blick auf unser Ziel. Dem berechtigten Einwand, daß diese hier gänzlich unmotiviert eingeführt worden sind, weichen wir an dieser Stelle aus, werden aber in Bemerkung 2.4.8(a) eine zufriedenstellende Antwort geben. Wir erinnern daran, daß für ein Maß V auf $\mathbb{R}$ das Maß V^+ durch $V^+ = V(\cdot \cap [0, \infty))$ definiert ist und daß U_0 stets das zu $(S_n - S_0)_{n \geq 0}$ gehörende Erneuerungsmaß bezeichnet.

2.4.5 Satz   *(a) Für einen SEP $(S_n)_{n \geq 0}$ mit $d = d(X_1)$ gilt*

$$(2.4.15) \qquad G * U = l_d^+.$$

(b) Ist $(S_n)_{n \geq 0}$ ein VEP mit $d = d(X_1)$, $\mu = EX_1 \in (0, \infty)$ und $S_0 \sim \hat{Q}_0$, so gilt

$$(2.4.16) \qquad U = \hat{Q}_0 * U_0 = \mu^{-1} l_d^+.$$

(c) Gilt in (b) $0 < \mu \leq \infty$ und $S_0 \sim \hat{Q}_0^a$ für ein $a \in (0, \infty)$, falls $d = 0$, bzw. $a \in d\mathbb{N}$, falls $d > 0$, so folgt

$$(2.4.17) \qquad U = \hat{Q}_0^a * U_0 \leq G(a)^{-1} l_d^+.$$

Für einen EP $(S_n)_{n \geq 0}$ mit endlicher Drift μ liefert uns Teil (b) dieses Satzes offenkundig eine wesentlich stärkere Aussage als zum Beweis des Blackwellschen Erneuerungstheorems benötigt wird. Im Fall "$\mu = \infty$" wird uns Teil (c) zum Ziel führen.

Beweis von Satz 2.4.5: (a) Wir setzen $V = G*U$ und bemerken, daß V die Faltungsgleichung (Erneuerungsgleichung, siehe §3)

$$(2.4.18) \qquad\qquad V = G + Q * V$$

erfüllt, wobei Q wie bisher die Verteilung von $X_1, X_2, \ldots$ bezeichnet. Es gilt also für alle $t \geq 0$

$$(2.4.19) \qquad V(t) = G(t) + \int_{[0,t]} Q(t - x)\, V(dx),$$

wobei für den Integrationsbereich beachtet werde, daß alle auftretenden "Verteilungsfunktionen" auf $(-\infty, 0)$ verschwinden. Als nächstes zeigen wir, daß auch l_d^+ anstelle von V (2.4.18) erfüllt. Sei dazu zuerst $d = 0$ angenommen. Wir folgern für alle $t \geq 0$

$$(2.4.20) \quad \begin{aligned} l_0^+(t) - Q * l_0^+(t) &= t - \int_0^t Q(t - x)\, dx \\ &= \int_0^t P(X_1 > t - x)\, dx = \int_0^t P(X_1 > x)\, dx = G(t). \end{aligned}$$

Ist $d > 0, n \in I\!N_0$ und $nd \leq t < (n+1)d$, so folgt

$$(2.4.21) \quad \begin{aligned} l_d^+(t) - Q * l_d^+(t) &= \int_{[0,t]} P(X_1 > t - x)\, l_d^+(dx) \\ &= d \sum_{k=0}^n P(X_1 > t - kd) = d \sum_{k=0}^n P(X_1 > (n-k)d) \\ &= d \sum_{k=0}^n P(X_1 > kd) = G(t). \end{aligned}$$

Definieren wir nun $\Delta_d(t) = l_d^+(t) - V(t)$ für $t \in I\!R$, so ist dadurch auf jedem $[0,t]$ ein *signiertes Maß* (siehe A.3 im Anhang) gegeben, und die obigen Rechnungen liefern für alle $t \geq 0$

$$(2.4.22) \qquad \Delta_d(t) = \int_{[0,t]} Q(t - x)\, \Delta_d(dx),$$

d.h. $\Delta_d = Q * \Delta_d$. Zum Beweis von (2.4.15) müssen wir $\Delta_d \equiv 0$ zeigen. Iteration in (2.4.22) ergibt $\Delta_d = Q^{*(n)} * \Delta_d$, d.h.

$$\Delta_d(t) = \int_{[0,t]} Q^{*(n)}(t - x)\, \Delta_d(dx) = \int_{[0,t]} P(S_n \leq t - x)\, \Delta_d(dx).$$

für alle $n \in I\!N_0$. Da aber bei festem t

$$\lim_{n \to \infty} P(S_n \leq t - x) = 0 \quad \text{für alle } x \in [0,t]$$

aus dem starken Gesetz der großen Zahlen folgt, erhalten wir das Gewünschte mit dem Satz von der majorisierten Konvergenz.

(b) Hier ist wegen $\hat{Q}_0 = \mu^{-1}G$ unter Hinweis auf (a) nichts mehr zu zeigen.

(c) Für $a > 0$ ($\in d\mathbb{N}$, falls $d > 0$) sei

$$F_a(t) \;=\; \frac{G(t)}{G(a)} \;-\; \hat{Q}_0^a(t) \;=\; \mathbf{1}((a,\infty))(t)\,\frac{G(t)-G(a)}{G(a)}.$$

Dann definiert auch F_a als nichtnegative, monoton wachsende, rechtsseitig stetige und auf $(-\infty,0)$ verschwindende Funktion ein Maß auf $[0,\infty)$ ($d\mathbb{N}_0$, falls $d > 0$). Unter Verwendung von (2.4.15) und $F_a * U_0 \geq 0$ erhalten wir nun

$$U \;=\; \hat{Q}_0^a * U_0 \;=\; G(a)^{-1}\,G * U_0 \;-\; F_a * U_0 \;\leq\; G(a)^{-1}\,l_d^+,$$

d.h. die behauptete Ungleichung. $\diamondsuit$

Wir kommen nun zu der Frage, inwieweit sich Satz 2.4.5 auch für den allgemeineren Fall von RW mit positiver Drift formulieren läßt, sofern man G geeignet wählt. Da in diesem Fall, wie in 2.4.3(b) bemerkt, $U(t)$ unendlich sein kann, ist ein analoges Vorgehen wie in Satz 2.4.5 unter Rückgriff auf (2.4.18) nicht möglich. Stattdessen bedienen wir uns hier erstmals der Folge der (schwach aufsteigenden) LH $(S_n^{\geq})_{n\geq0}$ für einen SRW $(S_n)_{n\geq0}$. Gemäß Korollar 1.4.6 bildet $(S_n^{\geq})_{n\geq0}$ im Fall "$EX_1 > 0$" einen SEP, auf den Satz 2.4.5 angewendet werden kann. Um dies für $(S_n)_{n\geq0}$ selbst ausnutzen, benötigt man offenkundig noch eine Beziehung zwischen dessen Erneuerungsmaß U und dem von $(S_n^{\geq})_{n\geq0}$, das im folgenden stets mit $U^{\geq}$ bezeichnet wird.

2.4.6 Lemma *Sei $(S_n)_{n\geq0}$ ein SRW mit positiver Drift und zugehörigen schwach aufsteigenden LI $(\sigma_n^{\geq})_{n\geq0}$ und LH $(S_n^{\geq})_{n\geq0}$. Seien ferner U und $U^{\geq}$ die zu $(S_n)_{n\geq0}$ bzw. $(S_n^{\geq})_{n\geq0}$ gehörenden Erneuerungsmaße sowie*

$$(2.4.23) \qquad V \;=\; E\Big(\sum_{n=0}^{\sigma^{\geq}-1} \mathbf{1}(S_n \in \cdot)\Big),$$

wobei $\sigma^{\geq} = \sigma_1^{\geq}$. Dann gilt für alle $A \in \mathcal{B}$

$$(2.4.24) \qquad U(A) \;=\; V * U^{\geq}(A) \;=\; E\Big(\sum_{n=0}^{\sigma^{\geq}-1} U^{\geq}(A - S_n)\Big).$$

Beweis: Offensichtlich gilt für alle $A \in \mathcal{B}$

$$(2.4.25) \qquad U(A) \;=\; \sum_{j\geq0} E\Big(\sum_{n=\sigma_j^{\geq}}^{\sigma_{j+1}^{\geq}-1} \mathbf{1}(S_n \in A)\Big).$$

Ferner erhalten wir für alle $j \geq 0$

$$E\Big(\sum_{n=\sigma_j^{\geq}}^{\sigma_{j+1}^{\geq}-1} \mathbf{1}(S_n \in A)\Big) \;=\; E\Big(\sum_{n=0}^{\tau_{j+1}^{\geq}-1} \mathbf{1}(S_{\sigma_j^{\geq}+n} - S_{\sigma_j^{\geq}} \in A - S_j^{\geq})\Big)$$

$$(2.4.26) \qquad = \int_{(0,\infty)} E\Big(\sum_{n=0}^{\tau_{j+1}^{\geq}-1} \mathbf{1}(S_{\sigma_j^{\geq}+n} - S_{\sigma_j^{\geq}} \in A - x)\Big)\,P(S_j^{\geq} \in dx)$$

$$= \int_{(0,\infty)} V(A - x)\,P(S_j^{\geq} \in dx).$$

Dabei beachte man die Unabhängigkeit von $S_j^{\geq}$ und $(S_{\sigma_{j+n}^{\geq}} - S_j^{\geq})_{n \geq 0}$ für alle $j \geq 0$ sowie

$$((S_{\sigma_j^{\geq}+n} - S_{\sigma_j^{\geq}})_{n \geq 0}, \tau_{j+1}^{\geq}) \;\sim\; ((S_n)_{n \geq 0}, \sigma^{\geq}).$$

(2.4.25) und (2.4.26) ergeben die erste Gleichheit in (2.4.24). Die zweite ergibt sich dann durch Einsetzen der Definition von V. $\diamond$

Für einen RW $(S_n)_{n \geq 0}$ mit positiver Drift μ seien im folgenden $(\sigma_n^{\geq})_{n \geq 0}$ sowie $(S_n^{\geq})_{n \geq 0}$ die Folgen der schwach aufsteigenden LI bzw. LH des zugehörigen SRW $(S_n - S_0)_{n \geq 0}$. Sei außerdem $\mu^{\geq} = ES_1^{\geq}$. Ohne Beweis (siehe Satz 4.1.1) benutzen wir hier, daß $E\sigma^{\geq} < \infty$ und daß mit $\mu \in (0, \infty)$ auch $\mu^{\geq} \in (0, \infty)$ gilt. Wir setzen nun $G(t) = 0$ für $t < 0$ und

$$(2.4.27) \qquad G(t) \;=\; \int_{[0,t]} P(S_1^{\geq} > s)\, l_d(ds)$$

für $t \geq 0$, wobei $d = d(S_1^{\geq})$. Dann folgt $G(\infty) = \mu^{\geq}$, und wir definieren $\hat{Q}_0^a, a > 0$, sowie $\hat{Q}_0$ wie in (2.4.13) und (2.4.14), wobei natürlich μ durch $\mu^{\geq}$ zu ersetzen ist. Wie man leicht sieht, stimmen diese Definitionen mit denen in (2.4.12)–(2.4.14) überein, falls $(S_n)_{n \geq 0}$ einen EP bildet. Bevor wir nun das Pendant zu Satz 2.4.5 für allgemeine RW mit positiver Drift formulieren können, benötigen wir noch ein kleines Lemma.

2.4.7 Lemma *Sei $(S_n)_{n \geq 0}$ ein SRW und $\sigma \in \{\sigma^{>}, \sigma^{\geq}, \sigma^{<}, \sigma^{\leq}\}$ ein P-f.s. endlicher LI. Dann gilt $d(S_\sigma) = d(X_1)$.*

Beweis: Die Aussage ist offensichtlich, wenn $X_1 = 0$ P-f.s., was daher im folgenden ausgeschlossen sei. Außerdem sieht man sofort ein, daß $d(X_1) \leq d(S_\sigma)$. Zu zeigen bleibt demnach die Gleichheit im Fall "$d(S_\sigma) > 0$". Dazu sei o.B.d.A. $d(S_\sigma) = 1$ und $\sigma = \sigma^{\geq}$. Wir erhalten

$$P(X_1 \in I\!N_0 | X_1 \geq 0) = P(S_1^{\geq} \in I\!N_0 | X_1 \geq 0) = 1,$$

also $P(X_1^+ \in I\!N_0) = 1$. Da $\sigma^{\geq} < \infty$ P-f.s. und X_1 nicht P-f.s. verschwindet, gibt es folglich ein $n \in I\!N$ mit $P(X_1 = n) > 0$. Sei nun angenommen, daß $d(X_1) < d(S_1^{\geq})$. Es folgt die Existenz eines $x < 0$ und eines $\varepsilon > 0$ mit $(x - \varepsilon, x + \varepsilon) \cap Z\!\!\!Z = \emptyset$ sowie $P(X_1 \in (x - \varepsilon, x + \varepsilon)) > 0$. Ferner gibt es ein $k \in I\!N$, so daß $(k - 1)n + x + \varepsilon < 0 < kn + x - \varepsilon$. Mit

$$P(S_1^{\geq} \in (kn + x - \varepsilon, kn + x + \varepsilon)) \geq P(X_1 \in (x - \varepsilon, x + \varepsilon), X_2 = n, ..., X_{k+1} = n)$$

$$= P(X_1 \in (x - \varepsilon, x + \varepsilon)) P(X_1 = n)^k > 0$$

und $(kn + x - \varepsilon, kn + x + \varepsilon) \cap Z\!\!\!Z = \emptyset$ erhalten wir nun einen Widerspruch zu $d(S_1^{\geq}) = 1$. $\diamond$

2.4.8 Satz *(a) Für einen SRW $(S_n)_{n \geq 0}$ mit positiver Drift und $d = d(X_1)$ gilt*

$$(2.4.28) \qquad (G * U)^+ \;=\; E\sigma^{\geq} l_d^+.$$

(b) Ist $(S_n)_{n\geq 0}$ ein VRW mit $d = d(X_1)$, $\mu = EX_1 \in (0,\infty)$ und $S_0 \sim \hat{Q}_0$, so gilt

$$(2.4.29) \qquad U^+ = (\hat{Q}_0 * U_0)^+ = \mu^{-1}\, l_d^+.$$

(c) Gilt in (b) $0 < \mu \leq \infty$ und $S_0 \sim \hat{Q}_0^a$ für ein $a \in (0,\infty)$, falls $d = 0$, bzw. $a \in d\mathbb{N}$, falls $d > 0$, so folgt

$$(2.4.30) \qquad U^+ = (\hat{Q}_0^a * U_0)^+ \leq G(a)^{-1} E\sigma^2\, l_d^+.$$

Beweis: (a) Gemäß Lemma 2.4.7 gilt $d = d(S_1^{\geq})$, und wir folgern deshalb mit Satz 2.4.5(a)

$$G * U^{\geq} = l_d^+.$$

Zusammen mit (2.4.24) in Lemma 2.4.6 liefert dies weiter

$$(2.4.31) \quad \begin{aligned} G * U(A) \; = \; G * V * U^{\geq}(A) \; &= \; E\Big(\sum_{n=0}^{\sigma^2-1} G * U^{\geq}(A - S_n)\Big) \\ &= \; E\Big(\sum_{n=0}^{\sigma^2-1} l_d^+(A - S_n)\Big) \; = \; E\sigma^2\, l_d^+(A) \end{aligned}$$

für alle $A \in \mathcal{B}^+$, was (2.4.28) beweist. Dabei ist in (2.4.31) zu beachten, daß $S_n \leq 0$ und daher $A - S_n \in \mathcal{B}^+$ für alle $0 \leq n < \sigma^2$.

(b) Es ist unter Hinweis auf (a) und $\mu^2 < \infty$ nur noch zu bemerken, daß $\mu E\sigma^2 = ES_1^2 = \mu^2$ gemäß der 1. Waldschen Gleichung.

(c) Hier folgt die Behauptung mit einer ähnlichen Rechnung wie in (2.4.31) und Benutzung von Satz 2.4.5(c). Wir verzichten auf Angabe der Details. $\Diamond$

Beweis des Blackwellschen Erneuerungstheorems (Abschluß): Satz 2.4.4 zusammen mit Teil (b) von Satz 2.4.8 ergeben, wie schon bemerkt, sofort die Behauptung im Fall $\mu \in (0,\infty)$. Falls $\mu = \infty$, wähle zu beliebig vorgegebenem $m \in \mathbb{N}$ ein $a > 0$ ($\in d\mathbb{N}$), so daß $G(a) \geq m/E\sigma^2$. Satz 2.4.4 und Satz 2.4.9(c) ergeben dann offenkundig

$$\limsup_{t\to\infty} U([t, t+h]) \; = \; \limsup_{t\to\infty} \hat{Q}_0^a * U_0([t, t+h]) \; \leq \; \frac{h}{m} \quad \text{für alle } h > 0,$$

und dies impliziert das Gewünschte, läßt man m gegen ∞ streben. $\Diamond$

2.4.9 Bemerkungen (a) Statt bei der Suche nach einem geeigneten Maß G auf die Folge der schwach aufsteigenden LH $(S_n^{\geq})_{n\geq 0}$ zurückzugreifen, kann man ebenso gut die Folge der streng aufsteigenden LH $(S_n^{>})_{n\geq 0}$ verwenden. Definiert man also für den zugrundeliegenden SRW $(S_n)_{n\geq 0}$ mit positiver Drift und $d = d(X_1)$

$$(2.4.32) \qquad G(t) \; = \; \int_{[0,t]} P(S_1^{>} > s)\, l_d(ds),$$

falls $t \geq 0$, und $G(t) = 0$, falls $t < 0$, so erhält man in Satz 2.4.8 anstelle von (2.4.28)

$$(2.4.33) \qquad\qquad (G * U)^+ = E\sigma^> \, l_d^+ .$$

Es ist offensichtlich, daß die Verteilungen von $S_1^{\geqq}$ und $S_1^>$, und damit auch die Definitionen von G in (2.4.27) sowie (2.4.32) i.a. verschieden sind. In der Tat kann man leicht zeigen, daß für ein $\beta > 0$ (nämlich $\beta = \mu^{\geqq}/\mu^>$, falls $\mu \in (0,\infty)$ und $\mu^> \stackrel{\text{def}}{=} ES_1^>$)

$$P(S_1^{\geqq} \in \cdot) = (1 - \beta)\delta_0 + \beta P(S_1^> \in \cdot).$$

Dies impliziert aber sofort, daß sich die Maße G in (2.4.27) und (2.4.32) nur durch den konstanten Faktor β unterscheiden. Das im Fall "$\mu \in (0,\infty)$" jeweils durch Normierung entstehende Wahrscheinlichkeitsmaß $\hat{Q}_0$ ist somit in beiden Fällen dasselbe.

(b) Schauen wir noch einmal auf den Beweis von Satz 2.4.5.(a) zurück. Der Schlüssel zum Finden von G, derart daß (2.4.15) erfüllt ist, liegt in der Faltungsgleichung (2.4.18), die wir im nächsten Paragraphen ausführlich behandeln werden. Ersetzen wir dort nämlich V durch l_d^+ und lösen nach der Unbekannten G auf, so erhalten wir genau das durch (2.4.12) definierte Maß, siehe (2.4.20) und (2.4.21). Der anschließende Eindeutigkeitsbeweis für V bei gegebenem G in (2.4.18), den wir später (siehe Satz 3.1.2) in allgemeinerem Kontext geben werden, liefert uns dann die behauptete Identität. Im Lichte dieser Anmerkungen beruht das Finden von G und damit natürlich auch von $\hat{Q}_0$ nicht mehr auf höherer Eingebung.

(c) Da $V = G * U$ für jedes Maß G auf $[0,\infty)$ die Faltungsgleichung (2.4.18) erfüllt, ist auch G unter Vorgabe von $V = l_d^+$ bereits eindeutig festgelegt, und somit auch $\hat{Q}_0$, falls $\mu < \infty$.

(d) Wählt man in Satz 2.4.5(a) bei gegebenem d-arithmetischen SEP $(S_n)_{n \geq 0}$ die nichtarithmetische Version von G in (2.4.12), d.h.

$$G(t) = \int_0^t P(X_1 > s) \, ds \quad \text{für alle } t \geq 0,$$

so ergibt sich leicht, daß wie im nichtarithmetischen Fall

$$G * U_0 = l_0^+$$

gilt. Dies sei als kuriose Randbemerkung festgehalten.

Literaturhinweise: Initiiert durch Probleme in der Theorie der Markov-Ketten und z.T. vorweggenommen durch die Arbeiten von Kolmogorov(1936) und Doob(1948), stammen erste vollständige Beweise des Blackwellschen Erneuerungstheorems von Erdös, Feller und Pollard(1949) für arithmetische und von Blackwell(1948) für nichtarithmetische EP. Schon wenig später lieferten Chung und Wolfowitz(1952), Chung und Pollard(1952) sowie wiederum Blackwell(1953) die Ausdehnung des Resultats auf allgemeine RW mit positiver Drift. Trotz der einfachen Aussage waren all diese Beweise recht kompliziert. Dazu das folgende Zitat von Smith(1958) aus seinem Übersichtsartikel:

Blackwell's renewal theorem has a strong intuitive appeal and it is surprising that its proof should be so difficult. We suspect that no one has yet thought of the "right" mode but that when this mode is ultimately realized a simple proof will emerge.

Ein wirklich kurzer Beweis ist bis heute nicht gefunden worden, wohl aber elegantere als die ursprünglichen. Feller und Orey(1961) gaben einen fourieranalytischen Beweis, den wir - in aufbereiteter Form - in 13.1 vorstellen. Weitere stammen von Feller(1971) in seinem Lehrbuch unter Benutzung eines Lemmas von Choquet und Deny, von Mc Donald(1975) mit Hilfe eines Markov-Prozesses und harmonischer Funktionen sowie von Chan(1976). Die Wiederentdeckung der Koppelungsmethode führte zu drei weiteren Beweisen des Erneuerungstheorems, der erste von Lindvall(1977) für EP, der zweite von Athreya, McDonald und Ney(1978b) für RW, der dritte schließlich jüngst von Thorisson(1987) unter Einschluß des Falls unendlicher Drift. Unterschiede bestehen im wesentlichen im Nachweis einer erfolgreichen Koppelung sowie deren expliziter Konstruktion. Lindvall verwendet dazu ein 0-1-Gesetz von Hewitt und Savage, Athreya, Mc Donald und Ney wie wir die Rekurrenz zentrierter RW. Thorisson dagegen verzichtet bewußt auf diese Hilfsmittel und gibt einen "elementaren" Beweis, der allerdings nach unserer Meinung nicht wesentlich kürzer ist.

Feller(1941) gab als erster einen Beweis des elementaren Erneuerungstheorems für EP unter Benutzung analytischer Methoden. Ein rein probabilistischer findet sich in Doob(1948). Die allgemeine Version für RW mit positiver Drift unter der Zusatzbedingung "$E(X_1^-)^2 < \infty$" (siehe Bemerkung 2.4.3(c)) folgt aus einem allgemeineren Resultat von Heyde(1966, Theorem II.4.1).

2.5 Das 2. Erneuerungstheorem

Sei $(S_n)_{n\geq 0}$ wieder ein RW mit positiver Drift μ, Spanne $d = d(X_1)$ und Erneuerungsmaß U. Offenkundig läßt sich die Hauptaussage (2.4.1) des Blackwellschen Erneuerungstheorems auch wie folgt schreiben: Für alle $-\infty < a \leq b < \infty$ gilt

$$(2.5.1) \qquad \underset{t\to\infty}{d\text{-}\lim}\, \mathbf{1}([a,b]) * U(t) \;=\; \underset{t\to\infty}{d\text{-}\lim}\, U([t-b, t-a]) \;=\; \mu^{-1}\, l_d([a,b]).$$

Mit Blick auf Anwendungen ist dieses Resultat recht unbefriedigend, da man dort i.a. das asymptotische Verhalten von

$$g * U(t) \;=\; \int_{[0,t]} g(t-x)\, U(dx)$$

für Funktionen g aus einer größeren Funktionenklasse benötigt, siehe z.B. (0.1.5) und (0.3.7). (2.5.1) legt natürlich die Vermutung nahe, daß

$$\underset{t\to\infty}{d\text{-}\lim}\, g * U(t) \;=\; \mu^{-1} \int_{I\!\!R} g(x)\, l_d(dx)$$

für alle Funktionen g gilt, die sich in geeigneter Weise durch Linearkombinationen von Indikatorfunktionen beschränkter Intervalle, d.h. durch Treppenfunktionen approximieren lassen. Dazu die folgende

2.5.1 Definition g sei eine reellwertige Funktion auf $I\!R$ sowie ferner für $\delta > 0$ und $n \in \mathbb{Z}$

$$I_n^\delta = (\delta n, \delta(n+1)],$$

$$m_n^\delta = \inf\{g(t) : t \in I_n^\delta\} \quad , \quad M_n^\delta = \sup\{g(t) : t \in I_n^\delta\},$$

$$\underline{\sigma}(\delta) = \delta \sum_{n \in \mathbb{Z}} m_n^\delta \quad \text{und} \quad \overline{\sigma}(\delta) = \delta \sum_{n \in \mathbb{Z}} M_n^\delta.$$

Dann heißt g *direkt Riemann-integrierbar (d.R.i.)*, falls $\underline{\sigma}(\delta)$ und $\overline{\sigma}(\delta)$ beide für alle $\delta > 0$ absolut konvergieren und

$$\lim_{\delta \downarrow 0} \left(\overline{\sigma}(\delta) - \underline{\sigma}(\delta)\right) = 0.$$

Ersetzt man den Definitonsbereich $I\!R$ von g durch ein kompaktes Intervall, so entspricht obige Definition der gewöhnlichen Riemann-Integrierbarkeit. Der folgende Satz stellt einige notwendige und hinreichende Bedingungen für direkte Riemann-Integrierbarkeit zusammen, vgl. Asmussen(1987, S.118f).

2.5.2 Satz   *Jede d.R.i. Funktion g erfüllt*
(a) g ist beschränkt und l_0-f.ü. stetig.
(b) g ist l_d-integrierbar für alle $d \geq 0$, d.h. $\int_{I\!R} |g(x)|\, l_d(dx) < \infty$.
Umgekehrt ist jede der folgenden Bedingungen hinreichend dafür, daß eine reellwertige Funtion g auf $I\!R$ d.R.i. ist:
(c) $\underline{\sigma}(\delta), \overline{\sigma}(\delta)$ konvergieren absolut für ein $\delta > 0$, und g erfüllt (a).
(d) g hat kompakten Träger $\overline{\{x : g(x) \neq 0\}}$ $(g \in C_0)$ und erfüllt (a).
(e) g erfüllt (a) und $f \leq g \leq h$ für d.R.i. Funktionen f und h.
(f) $g = 0$ auf $(-\infty, 0)$, monoton fallend auf $[0, \infty)$ und l_0-integrierbar.
(g) $g = g_1 - g_2$ für monoton wachsende g_1, g_2 und $f \leq g \leq h$ für d.R.i. f, h.
(h) g^+ und g^- sind d.R.i.

Beweis: *(a)* Die Beschränktheit von g ergibt sich aus $-\infty < \underline{\sigma}(\delta) \leq g \leq \overline{\sigma}(\delta) < \infty$ für alle $\delta > 0$. Nehmen wir an, daß g nicht l_0-f.ü. stetig ist. Setzen wir dann

$$\underline{g}(x) = \liminf_{y \to x} g(y) \quad \text{und} \quad \overline{g}(x) = \limsup_{y \to x} g(y),$$

so gilt für ein $\varepsilon > 0$

$$l_0(\{\overline{g} \geq \underline{g} + \varepsilon\}) \stackrel{\text{def}}{=} \alpha > 0.$$

Für alle $x \in (n\delta, (n+1)\delta), n \in \mathbb{Z}, \delta > 0$ beliebig, gilt aber

$$m_n^\delta \leq \underline{g}(x) \leq \overline{g}(x) \leq M_n^\delta$$

und deshalb unter Beachtung von $l_0(\delta \mathbb{Z}) = 0$

$$\overline{\sigma}(\delta) - \underline{\sigma}(\delta) \geq \int_{I\!R} (\overline{g}(x) - \underline{g}(x))\, l_0(dx) \geq \varepsilon\alpha$$

für alle $\delta > 0$, was einen Widerspruch liefert.

(b) ergibt sich sofort aus $\int |g(x)|\, l_d(dx) \leq (\overline{\phi}(d) + \underline{\phi}(d))d$, falls $d > 0$, bzw. $\leq \overline{\phi}(1) + \underline{\phi}(1)$, falls $d = 0$, wobei

$$\underline{\phi}(\delta) = \sum_{n \in \mathbb{Z}} |m_n^\delta| \quad \text{und} \quad \overline{\phi}(\delta) = \sum_{n \in \mathbb{Z}} |M_n^\delta|.$$

(c) Setzen wir

$$g_\delta = \sum_{n \in \mathbb{Z}} m_n^\delta \mathbf{1}(I_n^\delta) \quad \text{und} \quad g^\delta = \sum_{n \in \mathbb{Z}} M_n^\delta \mathbf{1}(I_n^\delta),$$

so folgt, da g l_0-f.ü. stetig ist, $g_\delta \uparrow g$ und $g^\delta \downarrow g$ l_0-f.ü. für $\delta \downarrow 0$ und deshalb

$$\underline{\sigma}(\delta) = \int_{\mathbb{R}} g_\delta(x)\, l_0(dx) \uparrow \int_{\mathbb{R}} g(x)\, l_0(dx) \quad \text{und}$$

$$\overline{\sigma}(\delta) = \int_{\mathbb{R}} g^\delta(x)\, l_0(dx) \downarrow \int_{\mathbb{R}} g(x)\, l_0(dx)$$

aufgrund monotoner Konvergenz.

(d) $g \in \mathcal{C}_0$ erfüllt offenkundig die Bedingungen in (c).

(e) Auch hier ergibt sich sofort die Gültigkeit der Bedingungen in (c).

(f) Ist g monoton fallend auf $[0, \infty)$, so gilt für alle $\delta > 0$ und $n \in \mathbb{N}_0$

$$M_n^\delta = g(n\delta+) \quad \text{und} \quad m_n^\delta = g((n+1)\delta) \geq M_{n+1}^\delta.$$

Da g l_0-integrierbar ist, folgt aus der Monotonie insbesondere $g \geq 0$ sowie $m_n^\delta, M_n^\delta \geq 0$ für alle $\delta > 0$ und $n \in \mathbb{N}_0$. Wir erhalten

$$0 \leq \underline{\sigma}(\delta) \leq \int_0^\infty g(x)\, dx \leq \overline{\sigma}(\delta) \leq \delta g(0) + \underline{\sigma}(\delta) \leq \int_0^\infty g(x)\, dx + \delta g(0) < \infty.$$

und ferner $\overline{\sigma}(\delta) - \overline{\sigma}(\delta) \leq \delta g(0) \to 0$, falls $\delta \to 0$.

(g) Aufgrund der Monotonie von g_1 und g_2 hat g höchstens abzählbar viele Unstetigkeitsstellen und ist damit l_0-f.ü. stetig. g ist außerdem beschränkt wegen $f \leq g \leq h$ für d.R.i. f, h, und es gelten somit die Bedingungen in (e).

(h) Offensichtlich gilt die folgende Schlußkette:

$$g \text{ d.R.i.} \Rightarrow g \text{ erfüllt (a)} \Rightarrow g^+ \text{ und } g^- \text{ erfüllen (a).}$$

Da außerdem

$$0 \leq g^\pm \leq (g^\delta)^+ + (g_\delta)^- \leq \sum_{n \in \mathbb{Z}} (|M_n^\delta| + |m_n^\delta|)\mathbf{1}(I_n^\delta)$$

für alle $\delta > 0$, erfüllen g^+ und g^- die Bedingungen in (e). $\lozenge$

Wir werden später sehen, daß in Anwendungen d.R.i. Funktionen, die auf $(-\infty, 0)$ verschwinden, den Regelfall bilden.

2.5.3 Das 2. Erneuerungstheorem $(S_n)_{n\geq 0}$ *sei ein RW mit Drift* $\mu \in (0,\infty], d = d(X_1)$
und Erneuerungsmaß U. *Dann gilt für jede d.R.i. Funktion* g

$$(2.5.2) \qquad d\text{-}\lim_{t\to\infty} g * U(t) \;=\; \mu^{-1} \int_{I\!\!R} g(x)\, l_d(dx) \quad und$$

$$(2.5.3) \qquad \lim_{t\to-\infty} g * U(t) \;=\; 0.$$

Bei Trennung von nicht- und d-arithmetischem Fall ergibt (2.5.2)

$$(2.5.3) \qquad \lim_{t\to\infty} g * U(t) \;=\; \mu^{-1} \int_{-\infty}^{\infty} g(x)\, dx,$$

falls $d = 0$, und die Integralschreibweise soll bedeuten, daß es sich hier um ein gewöhnliches
(uneigentliches) Riemann-Integral handelt. Für $d > 0$ gilt entsprechend

$$(2.5.4) \qquad \lim_{n\to\infty} g * U(nd) \;=\; \frac{d}{\mu} \sum_{n\in Z\!\!\!Z} g(nd).$$

Beachtet man, daß mit g offenkundig auch jedes $g(a + \cdot), a \in I\!\!R$, d.R.i. ist, folgt weiter

$$(2.5.5) \qquad \lim_{n\to\infty} g * U(nd + a) \;=\; \frac{d}{\mu} \sum_{n\in Z\!\!\!Z} g(nd + a)$$

für alle $a \in I\!\!R$.

Beweis des 2. Erneuerungstheorems: Wir betrachten nur den technisch etwas schwierigeren nichtarithmetischen Fall. Es gelten die Bezeichnungen in Definition 2.5.1. Ferner seien
g_δ, g^δ wie im Beweis von Satz 2.5.2, d.h.

$$g_\delta \;=\; \sum_{n\in Z\!\!\!Z} m_n^\delta \mathbf{1}(I_n^\delta) \quad und \quad g^\delta \;=\; \sum_{n\in Z\!\!\!Z} M_n^\delta \mathbf{1}(I_n^\delta).$$

Wir erinnern daran, daß für alle $\delta > 0$

$$g_\delta \leq g \leq g^\delta, \quad \int_{-\infty}^{\infty} g_\delta(x)\, dx = \underline{\sigma}(\delta), \quad \int_{-\infty}^{\infty} g^\delta(x)\, dx = \overline{\sigma}(\delta).$$

Sei nun $\delta \in (0,1)$ beliebig und $N \in I\!\!N$ so groß, daß

$$\sum_{|n|>N} |M_n^\delta| \;<\; \delta.$$

Es folgt mit $\sup\{U([x, x + a]) : x \in I\!\!R, a \leq 1\} \leq U([-1,1]) \overset{\text{def}}{=} C$ (Lemma 2.3.1) und wegen
$\mathbf{1}(I_n^\delta)(t - x) \;=\; \mathbf{1}(t - I_n^\delta)(x) \;=\; \mathbf{1}(t - n\delta - I_0^\delta)(x)$

$$g^\delta * U(t) \;=\; \sum_{n\in Z\!\!\!Z} M_n^\delta U(t - I_n^\delta) \;\leq\; \sum_{|n|\leq N} M_n^\delta U(t - n\delta - I_0^\delta) + C\delta.$$

Das Blackwellsche Erneuerungstheorem liefert dann weiter

$$
\begin{aligned}
\limsup_{t\to\infty} g^\delta * U(t) \;&\leq\; \sum_{|n|\leq N} M_n^\delta \,\lim_{t\to\infty} U(t - n\delta - I_0^\delta) \;+\; C\delta \;=\; \frac{\delta}{\mu} \sum_{|n|\leq N} M_n^\delta \;+\; C\delta \\[2mm]
&\leq\; \frac{1}{\mu} \int_{-\infty}^{\infty} g^\delta(x)\,dx \;+\; \frac{\delta^2}{\mu} \;+\; C\delta \;=\; \frac{\overline{\sigma}(\delta)}{\mu} \;+\; \frac{\delta^2}{\mu} \;+\; C\delta
\end{aligned}
$$

(2.5.6)

und damit schließlich wegen $g * U \leq g^\delta * U$

$$
\limsup_{t\to\infty} g * U(t) \;\leq\; \lim_{\delta\downarrow 0}\,\limsup_{t\to\infty} g^\delta * U(t) \;\leq\; \frac{1}{\mu} \int_{-\infty}^{\infty} g(x)\,dx.
$$

Läßt man in (2.5.6) t gegen $-\infty$ streben, so ergibt sich wiederum mit Blackwells Erneuerungstheorem und anschließendem Grenzübergang "$\delta \downarrow 0$"

$$
\limsup_{t\to-\infty} g * U(t) \;\leq\; 0.
$$

Völlig analog zeigt man dann unter Verwendung von g_δ die umgekehrten Ungleichungen für $\liminf_{t\to\infty} g * U(t)$ und $\liminf_{t\to-\infty} g * U(t)$, so daß (2.5.2) und (2.5.3) folgen. $\qquad\qquad\Diamond$

2.5.4 Bemerkungen (a) Ein Blick auf (2.5.4) macht deutlich, daß im d-arithmetischen Fall die Betrachtung von Funktionen g auf $I\!R$ eigentlich auf die von Folgen $(g_n)_{n\in Z\!\!\!Z}$ eingeschränkt werden kann. Statt der direkten Riemann-Integrierbarkeit von g benötigte man dann lediglich die absolute Summierbarkeit von g ($g \in \ell_1$), d.h. $\sum_{n\in Z\!\!\!Z} |g_n| < \infty$. Andererseits läßt sich natürlich jede solche Folge mit der d.R.i. Funktion

$$
x \;\mapsto\; \sum_{n\in Z\!\!\!Z} g_n\,\mathbf{1}([nd,(n+1)d))(x)
$$

identifizieren, ohne daß sich dabei $g * U$ verändert. Zur einheitlicheren Darstellung von nicht- und d-arithmetischem Fall ist es deshalb zweckmäßig, allgemein d.R.i. Funktionen zu betrachten unter stillschweigender Berücksichtigung der zuvor gemachten Bemerkungen.

(b) Das folgende Gegenbeispiel soll zeigen, daß die l_0-Integrierbarkeit einer Funktion g i.a. nicht ausreicht für die Gültigkeit des 2. Erneuerungstheorems (siehe jedoch auch den nächsten Abschnitt): Sei Q ein beliebiges Wahrscheinlichkeitsmaß auf $I\!R$ mit $\mu(Q) > 0$ und zugehörigem Erneuerungsmaß $U = \sum_{n\geq 0} Q^{*(n)}$. Sei außerdem $g = \sum_{n\geq 1} n^{1/2}\,\mathbf{1}([n,n+n^{-2}))$. Dann ist g offensichtlich l_0-integrierbar, aber

$$
g * U(n) \;=\; \sum_{j\geq 0} g * Q^{*(j)}(n) \;\geq\; g * Q^{*(0)}(n) \;=\; g(n) \;=\; n^{1/2}
$$

divergiert gegen ∞, falls $n \to \infty$. Da das Erneuerungsmaß eines SRW stets mindestens Maß 1 im Nullpunkt besitzt, darf also $g(x)$ für $x \to \infty$ nicht beliebig oszillieren. Aber auch wenn man statt U das Maß $U_1 = U - Q^{*(0)}$ betrachtet und nur l_0-stetige Q zuläßt, so daß auch U_1

l_0-stetig ist, reicht die l_0-Integrierbarkeit von g für die Gültigkeit des 2. Erneuerungstheorems i.a. nicht aus. Es gibt ein l_0-stetiges Q mit $\mu(Q) < \infty$ und ein l_0-integrierbares g, so daß $\limsup_{t \to \infty} g * U_1(t) = \infty$, siehe Feller(1971, S.368).

Literaturhinweise: Die in der englischsprachigen Literatur für das 2. Erneuerungstheorem verwendete Bezeichnung *Key Renewal Theorem* geht auf Smith(1954,1958) zurück, der ferner einen ersten Beweis für EP und monotone, integrierbare Funktionen g gab unter Benutzung eines tiefliegenden Satzes von Norbert Wiener. Der hier präsentierte, einfache Beweis (für EP) sowie die Einführung d.R.i. Funktionen stammen von Feller(1971), die Verallgemeinerung des Resultats auf allgemeine RW mit positiver Drift von Athreya, McDonald und Ney(1978a). Ihr Beweis benutzt jedoch ein etwas anderes Argument.

2.6. Die Stonesche Zerlegung

Die am Ende des vorigen Abschnitt gemachten Bemerkungen haben gezeigt, daß im d-arithmetischen Fall nur die l_d-Integrierbarkeit einer Funktion g (= absolute Summierbarkeit der Folge $(g(nd))_{n \in \mathbb{Z}}$) für die Gültigkeit des 2. Erneuerungstheorems benötigt wird, wohingegen im nichtarithmetischen die l_0-Integrierbarkeit von g i.a. nicht ausreicht. Dennoch ist natürlich nicht ausgeschlossen, daß auch für nichtarithmetische RW $(S_n)_{n \geq 0}$ die Klasse zulässiger Funktionen g über die d.R.i. Funktionen hinaus erweitert werden kann, sofern die Verteilung Q der Zuwächse $X_1, X_2, \ldots$ gewisse Regularitätseigenschaften besitzt. Der am Ende des Abschnitts bewiesene Satz 2.6.4 bestätigt diese Vermutung und benutzt eine auf Stone(1966) zurückgehende Zerlegung des Erneuerungsmaßes U, die deshalb als erstes hergeleitet wird. Wir folgen dabei weitestgehend der Darstellung in Asmussen(1987, S.140f).

2.6.1 Definition Ein Wahrscheinlichkeitsmaß Q auf $\mathbb{R}$ heißt *quasi l_0-stetig* (engl. *spread out*), falls $Q^{*(n)}$ für ein $n \geq 1$ eine l_0-stetige Komponente besitzt, d.h. es es existieren ein l_0-stetiges Maß $Q_1 \neq 0$ und ein weiteres Maß Q_2, so daß $Q^{*(n)} = Q_1 + Q_2$. Eine Zufallsgröße X heißt l_0-stetig, falls dies für ihre Verteilung gilt.

Offensichtlich gilt die folgende Schlußkette: "Q l_0-stetig $\Rightarrow$ Q quasi l_0-stetig $\Rightarrow$ Q vollständig nichtarithmetisch $\Rightarrow$ Q nichtarithmetisch".

2.6.2 Satz (Die Stonesche Zerlegung) *Sei Q ein quasi l_0-stetiges Wahrscheinlichkeitsmaß mit $\mu(Q) > 0$ und zugehörigem Erneuerungsmaß $U = \sum_{n \geq 0} Q^{*(n)}$. Dann existieren Maße V_1 und V_2 auf $\mathbb{R}$ mit folgenden Eigenschaften: $U = V_1 + V_2$, $V_2(\mathbb{R}) < \infty$, und V_1 besitzt eine beschränkte, stetige l_0-Dichte v_1, d.h. $v_1 \in C_b$ mit*

$$\lim_{x \to \infty} v_1(x) = \mu^{-1} \quad und \quad \lim_{x \to -\infty} v_1(x) = 0.$$

Ist Q_0 ein weiteres Wahrscheinlichkeitsmaß auf $\mathbb{R}$, so besitzt auch $Q_0 * U$ eine Zerlegung der zuvor beschriebenen Form, nämlich $Q_0 * V_1 + Q_0 * V_2$.

Beweis: Nehmen wir zunächst an, daß Q selbst eine l_0-stetige Komponente Q_1 besitzt, deren l_0-Dichte, sagen wir f, stetig ist mit kompaktem Träger. Wir setzen $Q_2 = Q - Q_1$ und $V_2 = \sum_{n \geq 0} Q_2^{*(n)}$. Da $Q_2(\mathbb{R}) = 1 - Q_1(\mathbb{R}) < 1$, erhalten wir

$$V_2(\mathbb{R}) = \sum_{n \geq 0} Q_2(\mathbb{R})^n = (1 - Q_2(\mathbb{R}))^{-1} < \infty.$$

Eine einfache Induktion liefert für alle $n \geq 0$

$$(2.6.1) \qquad Q^{*(n)} = Q_1 * \sum_{k=0}^{n-1} Q^{*(n-1-k)} * Q_2^{*(k)} + Q_2^{*(n)}$$

und daher

$$
\begin{aligned}
(2.6.2) \qquad U &= Q_1 * \sum_{n \geq 1} \sum_{k=0}^{n-1} Q^{*(n-1-k)} * Q_2^{*(k)} + V_2 \\
&= Q_1 * \sum_{k \geq 0} \sum_{n > k} Q^{*(n-1-k)} * Q_2^{*(k)} + V_2 \\
&= Q_1 * \sum_{k \geq 0} U * Q_2^{*(k)} + V_2 = Q_1 * V_2 * U + V_2.
\end{aligned}
$$

Setzen wir also $V_1 = Q_1 * V_2 * U$, so müssen wir noch zeigen, daß V_1 die geforderten Eigenschaften besitzt. Die l_0-Dichte $v_1 = f * V_2 * U$ von V_1 ist stetig und beschränkt, da $f \in \mathcal{C}_0$ und wegen der gleichmäßigen Beschränktheit von U auf Intervallen konstanter Länge (beachte Lemma 2.3.1 und die Endlichkeit von V_2). Da f insbesondere d.R.i. ist, erhalten wir mit dem 2. Erneuerungstheorem

$$f * U(t) \to \gamma \quad \text{und} \quad f * U(-t) \to 0 \quad (t \to \infty)$$

für ein $\gamma \in \mathbb{R}$ und damit auch

$$v_1(t) \to \gamma V_2(\mathbb{R}) \stackrel{\text{def}}{=} \gamma' \quad \text{und} \quad v_1(-t) \to 0 \quad (t \to \infty)$$

aufgrund majorisierter Konvergenz und der Endlichkeit von V_2. Unter Benutzung von

$$U([t, t+a]) = \int_t^{t+a} v_1(x)\, dx + V_2([t, t+a]) \to a\gamma' \quad (t \to \infty)$$

und Blackwells Erneuerungstheorem folgt schließlich noch $\gamma' = \mu^{-1}$.

Betrachten wir nun den allgemeinen Fall und nehmen an, daß $Q^{*(m)}$ für ein $m \in \mathbb{N}$ eine l_0-stetige Komponente besitzt, deren Dichte offenkundig als beschränkt angenommen werden darf. Wir zeigen in Lemma 2.6.3 im Anschluß an diesen Beweis, daß damit $Q^{*(2m)}$ sogar eine l_0-Dichte $\in \mathcal{C}_b$ besitzt, und wir dürfen gleich annehmen, daß diese sogar kompakten Träger hat (andernfalls zerlege $Q^{*(2m)}$ in geeigneter Weise). Wir setzen

$$U^{(0)} = \sum_{n \geq 0} Q^{*(2nm)} \quad \text{und} \quad U^{(k)} = Q^{*(k)} * U^{(0)} \quad \text{für } k \geq 1.$$

Gemäß erstem Beweisteil existieren dann ein $V_1^{(0)}$ mit l_0-Dichte $v_1^{(0)} \in \mathcal{C}_b$ und ein endliches $V_2^{(0)}$, so daß $U^{(0)} = V_1^{(0)} + V_2^{(0)}$ sowie

$$\lim_{t \to \infty} v_1^{(0)}(t) = (2m\mu)^{-1} \quad \text{und} \quad \lim_{t \to -\infty} v_1^{(0)}(t) = 0.$$

Wie man sofort einsieht, bilden dann $V_1^{(k)} \stackrel{\text{def}}{=} Q^{*(k)} * V_1^{(0)}$ und $V_2^{(k)} \stackrel{\text{def}}{=} Q^{(k)} * V_2^{(0)}$ eine entsprechende Zerlegung von $U^{(k)}$, die l_0-Dichte $v_1^{(k)} \stackrel{\text{def}}{=} v_1^{(0)} * Q^{*(k)}$ von $V_1^{(k)}$ besitzt dieselben asymptotischen Eigenschaften wie $v_1^{(0)}$ selbst, und $V_2^{(k)}$ ist endlich. Setzen wir schließlich

$$V_i \;=\; V_i^{(0)} + ... + V_i^{(2m-1)} \quad (i = 1, 2)$$

und beachten

$$U \;=\; U^{(0)} + ... + U^{(2m-1)},$$

so erhalten wir mit $U = V_1 + V_2$ eine Zerlegung der behaupteten Form. Ist Q_0 ein weiteres Wahrscheinlichkeitsmaß, so sieht man sofort ein, daß die Zerlegung $Q_0 * U = Q_0 * V_1 + Q_0 * V_2$ ebenfalls die im Satz geforderten Eigenschaften besitzt. $\diamond$

2.6.3 Lemma *Sei f l_0-integrierbar ($f \in L_1$) und g l_0-f.ü. beschränkt ($g \in L_\infty$). Dann ist $f * g(x) = \int_{I\!R} f(x - y)g(y)\,dy$ eine stetige Funktion. Insbesondere ist $f^{*(2)} = f * f$ für jedes $f \in L_1 \cap L_\infty$ stetig.*

Beweis: Seien $\|\cdot\|_1$ und $\|\cdot\|_\infty$ die übliche L_1-Norm bzw. L_∞-Norm (siehe Beginn von A.2). Jedes $f \in L_1$ läßt sich bekanntlich durch Funktionen $f_n \in \mathcal{C}_b, n \geq 1$ in der L_1-Norm approximieren, d.h. $\|f_n - f\|_1 \to 0$, falls $n \to \infty$. Wie man aufgrund dominierter Konvergenz sofort nachweist, sind dann $f_n * g, n \geq 1$ stetig, und es folgt mit einer einfachen Abschätzung

$$\|f_n * g - f * g\|_\infty \;\leq\; \|f_n - f\|_1 \, \|g\|_\infty \;\to\; 0 \quad (n \to \infty).$$

Als gleichmäßiger Limes stetiger Funktionen muß aber auch $f * g$ stetig sein. $\diamond$

Wir kommen nun zur angekündigten Verschärfung der beiden zuvor bewiesenen Hauptsätze der Erneuerungstheorie im quasi l_0-stetigen Fall. Dazu sei für ein signiertes Maß V auf einem meßbaren Raum $(\Delta, \mathcal{D})$

$$\|V\| \;\stackrel{\text{def}}{=}\; \sup\{|V(D)| : \; D \in \mathcal{D}\}$$

dessen sogenannte *Totalvariation*. Im Fall eines gewöhnlichen Maßes V gilt dann natürlich $\|V\| = V(\Delta)$. Weitere Erläuterungen zu signierten Maßen und der Totalvariation finden sich in A.3 im Anhang.

2.6.4 Satz *$(S_n)_{n \geq 0}$ sei ein RW mit positiver Drift μ, Erneuerungsmaß U und quasi l_0-stetigen Zuwächsen $X_1, X_2, ... $ Dann gelten die folgenden Aussagen:*
(a) $\lim_{t \to \infty} \sup_{|g| \leq f} |g * U(t) - \mu^{-1} \int_{I\!R} g(x)\, l_0(dx)| \;=\; 0$ *und*
$\qquad \lim_{t \to -\infty} \sup_{|g| \leq f} |g * U(t)| \;=\; 0$ *für alle $0 \leq f \in L_1 \cap L_\infty$ mit $\lim_{|t| \to \infty} f(t) = 0$.*
(b) $\lim_{|t| \to \infty} \|U(\cdot \cap [t, t + a]) - \mu^{-1} l_0^+(\cdot \cap [t, t + a])\| \;=\; 0$ *für alle $a > 0$.*

76

Beweis: Sei X_1 quasi l_0-stetig. Wir betrachten den ersten Limes in (a), und dazu sei f wie dort gefordert und g beliebig mit $|g| \leq f$. Unter Verwendung der Stoneschen Zerlegung $U(dx) = v_1(dx)l_0(dx) + V_2(dx)$ folgt dann

$$|g * U(t) - \mu^{-1} \int_{\mathbb{R}} g(x) \, l_0(dx)|$$

$$\leq \int_{\mathbb{R}} |g(x)||v_1(t-x) - \mu^{-1}| \, l_0(dx) \; + \; |g| * V_2(t)$$

$$\leq \int_{\mathbb{R}} f(x)|v_1(t-x) - \mu^{-1}| \, l_0(dx) \; + \; f * V_2(t).$$

Beide Summanden der letzten Zeile konvergieren für $t \to \infty$ gegen 0 aufgrund majorisierter Konvergenz, wobei für den ersten $v_1(t) \to \mu^{-1}$ und für den zweiten $f(t) \to 0$ beachtet werde. Damit ist der erste Teil von (a) nachgewiesen. Den zweiten Teil zeigt man völlig analog unter Benutzung von $v_1(t) \to 0$, falls $t \to -\infty$.

(b) folgt aus (a), indem man dort $f = \mathbf{1}([-a,0])$ wählt für beliebiges $a > 0$. Es gilt dann nämlich

$$\|U(\cdot \cap [t, t+a]) - \mu^{-1} l_0^+(\cdot \cap [t, t+a])\| = \sup_{B \subset [-a,0]} |U(t-B) - \mu^{-1} l_0^+(t-B)|$$

$$= \begin{cases} \sup\limits_{B \subset [-a,0]} |\mathbf{1}(B) * U(t) - \mu^{-1} l_0(B)|, & \text{falls } t > a \\[2ex] \sup\limits_{B \subset [-a,0]} \mathbf{1}(B) * U(t), & \text{falls } t < a \end{cases}$$

$$\leq \sup_{|g| \leq \mathbf{1}([-a,0])} |g * U(t) - \mu^{-1} \int_{\mathbb{R}} g(x) \, l_0^+(dx)|. \qquad\qquad \Diamond$$

Satz 2.6.4 liefert über unser anfangs gestecktes Ziel hinaus sogar gleichmäßige Konvergenzaussagen im Blackwellschen und 2. Erneuerungstheorem. Es gelten natürlich insbesondere

$$(2.6.3) \quad \lim_{t \to \infty} g * U(t) = \mu^{-1} \int_{\mathbb{R}} g(x) \, l_0(dx) \quad \text{und} \quad \lim_{t \to -\infty} g * U(t) = 0 \quad \text{für alle } g \in L_1 \cap L_\infty$$

sowie speziell für alle beschränkten $B \in \mathcal{B}$

$$\lim_{t \to \infty} U(t + B) = \mu^{-1} l_0(B) \quad \text{und} \quad \lim_{t \to -\infty} U(t + B) = 0.$$

Zum Abschluß notieren wir noch das Pendant zu Satz 2.6.4 im d-arithmetischen Fall. Der Beweis ist hier trivial und kann weggelassen werden.

2.6.5 Satz *$(S_n)_{n \geq 0}$ sei ein d-arithmetischer RW mit positiver Drift μ und Erneuerungsmaß U. Dann gelten die folgenden Aussagen:*

(a) d-$\lim_{t \to \infty} \sup_{|g| \leq f} |g * U(t) - \mu^{-1} \int_{\mathbb{R}} g(x) \, l_d(dx)| = 0$ und

* d-$\lim_{t \to -\infty} \sup_{|g| \leq f} |g * U(t)| = 0$ für alle l_d-integrierbaren $f \geq 0$.*

(b) d-$\lim_{|t| \to \infty} \|U(\cdot \cap [t, t+a]) - \mu^{-1} l_d^+(\cdot \cap [t, t+a])\| = 0$ für alle $a > 0$.

Literaturhinweise: Die Zerlegung des Erneuerungsmaßes in Satz 2.6.2 stammt, wie schon erwähnt, von Stone(1966). Aussage (a) in Satz 2.6.4 sowie eine Reihe weiterer Resultate im quasi l_0-stetigen Fall findet man in Arjas, Nummelin und Tweedie(1978). Erwähnenswert ist der dortige Hinweis, daß (2.6.3) bereits auf Smith(1955a, Korrektur 1960) zurückgeht, aber in der Literatur lange weithin unbeachtet geblieben ist.

§3 Die Erneuerungsgleichung

In Beispiel 0.4 hatten wir am Ende erstmals eine Integralgleichung kennengelernt, die innerhalb der Erneuerungstheorie eine wichtige Rolle spielt und deshalb als *Erneuerungsgleichung*
bezeichnet wird. Ihre allgemeine Gestalt lautet

$$(3.1a) \qquad Z(r) \; = \; z(r) \; + \; \int_{I\!R} Z(r - x) \, Q(dx), \quad r \in I\!R,$$

oder kürzer

$$(3.1b) \qquad Z \; = \; z \; + \; Z * Q,$$

wobei $z, Z : I\!R \to I\!R$ Funktionen und Q ein Maß auf $I\!R$ seien, deren Eigenschaften es noch zu
spezifizieren gilt. Es sei aber schon an dieser Stelle angemerkt, daß Q kein Wahrscheinlichkeitsmaß zu sein braucht. Jede Funktion Z, die (3.1) bei gegebenem z und Q erfüllt, heißt
Lösung der betreffenden *Erneuerungsgleichung*. Hauptinhalt dieses Paragraphen bildet die
Untersuchung der Frage, für welche Paare (z, Q) eine Lösung $Z(r)$ von (3.1) existiert, wann
diese, zumindest in einer vernünftigen Klasse von Funktionen, eindeutig ist sowie das Verhalten
von $Z(r)$ für $r \to \pm\infty$. Falls Q auf $[0, \infty)$ konzentriert ist, d.h. $Q((-\infty, 0)) = Q(0-) = 0$,
vereinfacht sich die explizite Gestalt (3.1a) der Erneuerungsgleichung zu

$$(3.2) \qquad Z(r) \; = \; z(r) \; + \; \int_{[0,\infty)} Z(r - x) \, Q(dx).$$

Lassen wir außerdem nur Lösungen Z zu, die auf $(-\infty, 0)$ verschwinden, so gilt sogar

$$(3.3) \qquad Z(r) \; = \; z(r) \; + \; \int_{[0,r]} Z(r - x) \, Q(dx).$$

Offensichtlich können derartige Lösungen nur dann existieren, wenn auch z auf $(-\infty, 0)$ verschwindet. (3.3) ist die Standardform der Erneuerungsgleichung, wie sie in Anwendungen
meistens vorliegt und wie sie in den frühen Jahren der Erneuerungstheorie im Mittelpunkt des
Interesses stand (siehe dazu die Anmerkungen zur Literatur am Ende von Abschnitt 3.1). Im
folgenden bezeichnen wir diese Situation deshalb als *Standardfall*. O.B.d.A. können wir dann
$[0, \infty)$ als Definitionsbereich von z, Z sowie Q als Maß auf $[0, \infty)$ auffassen. Eine ausführliche
Behandlung des Standardfalls erfolgt in Abschnitt 3.1. Trotz der geringeren Relevanz im
Hinblick auf Anwendungen werden wir in Abschnitt 3.2 auch eine Analyse der Erneuerungsgleichung in ihrer allgemeinen Form (3.1) vornehmen. Es folgen unter Benutzung dieser Resultate eine Untersuchung der Erneuerungsdichte (Abschnitt 3.3), der Erneuerungsfunktion (Abschnitt 3.4), ein erstes asymptotisches Resultat der in 0.4 definierten Ruinwahrscheinlichkeit
(Abschnitt 3.5) sowie die Untersuchung des mittleren Wachstums eines einfachen Verzwei-
gungsprozesses (Abschnitt 3.6).

3.1 Die Erneuerungsgleichung im Standardfall

Für die Analyse von Erneuerungsgleichungen ist es sinnvoll, den stochastischen Hintergrund eine Weile zu vergessen und stattdessen einen maßtheoretischen Standpunkt einzunehmen. Ist eine Erneuerungsgleichung der Standardform (3.3) gegeben, nennen wir diese *defekt*, falls $\|Q\| = Q([0,\infty)) < 1$, *gewöhnlich*, falls $\|Q\| = 1$, und *exzessiv*, falls $\|Q\| > 1$. Wir bezeichnen Q als *defektes Wahrscheinlichkeitsmaß*, falls $\|Q\| < 1$, und als *lokal endlich*, falls Q auf Kompakta endlich ist, d.h. hier

$$Q(t) \;=\; Q([0,t]) \;<\; \infty \quad \text{für alle } t \geq 0.$$

Für ein lokal endliches Maß Q auf $[0,\infty)$ sei

$$(3.1.1) \qquad\qquad U \;=\; \sum_{n \geq 0} Q^{*(n)}$$

das zugehörige Erneuerungsmaß, was im Rückblick auf unsere bisherigen Betrachtungen die kanonische Definition in diesem allgemeineren, maßtheoretischen Kontext darstellt. Die Konvention $Q^{*(0)} = \delta_0$ behalten wir bei. Außerdem definieren wir, wiederum in konsistenter Weise mit der bisherigen wahrscheinlichkeitstheoretischen Begriffsbildung,

$$(3.1.2) \qquad\qquad \mu(Q) \;=\; \int_{[0,\infty)} x \; Q(dx),$$

$$(3.1.3) \qquad\qquad g_Q(\gamma) \;=\; \int_{[0,\infty)} e^{\gamma x} \, Q(dx), \; \gamma \in \mathbb{R},$$

und nennen $\mu(Q)$ weiterhin den *Erwartungswert von Q* sowie g_Q die *momenterzeugende Funktion von Q*. Wir schreiben später oft μ für $\mu(Q)$ und g für g_Q, wo dies unmißverständlich ist. Sei

$$(3.1.4) \qquad\qquad L \;=\; L_Q \;=\; \{\gamma \in \mathbb{R} : \; g_Q(\gamma) < \infty\}$$

und für $\gamma \in L_Q$

$$(3.1.5) \qquad\qquad Q_\gamma(dx) \;=\; e^{\gamma x} \, Q(dx).$$

Wie man leicht nachprüft, gilt dann auch

$$(3.1.6) \qquad\qquad Q_\gamma^{*(n)}(dx) \;=\; e^{\gamma x} \, Q^{*(n)}(dx) \quad \text{für alle } n \geq 0$$

und somit

$$(3.1.7) \qquad\qquad U_\gamma(dx) \;\stackrel{\text{def}}{=}\; \sum_{n \geq 0} Q_\gamma^{*(n)}(dx) \;=\; e^{\gamma x} \, U(dx).$$

Wie schon im Anschluß an Satz 0.4.1 bemerkt, kann L_Q nur von der Form

$$L_Q = \emptyset, \; (-\infty, \Gamma), \; (-\infty, \Gamma] \text{ oder } \mathbb{R}$$

sein. g_Q ist ferner auf dem Inneren von L_Q beliebig oft differenzierbar mit

$$(3.1.8) \qquad g_Q^{(n)}(\gamma) \;=\; \int_{[0,\infty)} x^n e^{\gamma x}\, Q(dx) \;=\; \int_{[0,\infty)} x^n\, Q_\gamma(dx) \quad \text{für alle } n \geq 0.$$

Im folgenden betrachten wir nur Maße Q auf $[0,\infty)$, für die $L_Q \neq \emptyset$, $\mu(Q) > 0$, d.h. $Q((0,\infty)) > 0$, und $Q(0) < 1$ gelten. Zur kürzeren Sprechweise nennen wir solche Maße *regulär*. Reguläre Maße sind notwendigerweise lokal endlich. Eine hinreichende Bedingung für die Regularität eines Maßes Q auf $[0,\infty)$ mit $Q(0) < 1$ und $\mu(Q) > 0$ bildet offensichtlich

$$\sup_{t \geq 0} Q([t, t+1]) \;<\; \infty.$$

Insbesondere ist damit jedes endliche Maß Q auf $(0,\infty)$ mit Masse < 1 im Nullpunkt und positivem Erwartungswert regulär, aber auch jedes um δ_0 verminderte Erneuerungsmaß eines SEP sowie das Lebesgue-Maß l_0^+ auf $[0,\infty)$ und l_d^+ für alle $d > 0$.

Wir beginnen unsere Überlegungen mit einem einfachen

3.1.1 Lemma *Für ein reguläres Maß Q auf $[0,\infty)$ ist dessen Erneuerungsmaß U lokal endlich, d.h. $U(t) < \infty$ für alle $t \geq 0$. Insbesondere folgt $\lim_{n\to\infty} Q^{*(n)}(t) = 0$ für alle $t \geq 0$.*

Beweis: Da $L \neq \emptyset$ und $\mu > 0$, folgt aufgrund majorisierter Konvergenz

$$\lim_{\beta \to -\infty} g(\beta) \;=\; \lim_{\beta \to -\infty} \int_{[0,\infty)} e^{\beta x}\, Q(dx) \;=\; Q(0) \;<\; 1.$$

Damit existiert ein $\gamma \in \mathbb{R}$ mit $g(\gamma) = Q_\gamma([0,\infty)) = \|Q_\gamma\| < 1$ und daher

$$\|U_\gamma\| \;=\; \sum_{n \geq 0} \|Q_\gamma^{*(n)}\| \;=\; \sum_{n \geq 0} g(\gamma)^n \;=\; \frac{1}{1 - g(\gamma)} \;<\; \infty.$$

Dies impliziert aber wegen (3.1.7), d.h. $U(dx) = e^{-\gamma x} U_\gamma(dx)$, die lokale Endlichkeit von U. Insbesondere folgt

$$\infty \;>\; U(t) \;=\; \sum_{n \geq 0} Q^{*(n)}(t)$$

und somit $\lim_{n\to\infty} Q^{*(n)}(t) = 0$ für alle $t \geq 0$. $\qquad\qquad \diamond$

Betrachten wir nun die Erneuerungsgleichung $Z = z + Z * Q$. Eine Iteration dieser Gleichung liefert offenkundig nach n Schritten

$$Z \;=\; \sum_{k=0}^{n} z * Q^{*(k)} \;+\; Z * Q^{*(n+1)}$$

und führt zu der Vermutung, daß

$$Z(r) \;=\; z * U(r) \;=\; \int_{[0,r]} z(r - x)\, U(dx), \quad r \geq 0$$

eine Lösung bei gegebenem z und Q ist. Das auftretende Erneuerungsmaß schafft zugleich die Verbindung zur Erneuerungstheorie. Bevor wir im Anschluß die Bestätigung der Vermutung geben, vereinbaren wir noch, daß eine reellwertige Funktion f *lokal beschränkt* heißt, falls diese auf jeder kompakten Teilmenge ihres Definitionsbereiches beschränkt ist.

3.1.2 Satz *Gegeben seien ein reguläres Maß Q auf $[0, \infty)$ und eine lokal beschränkte, meßbare Funktion $z : [0, \infty) \to I\!R$. Dann existiert genau eine lokal beschränkte Lösung $Z : [0, \infty) \to I\!R$ der Erneuerungsgleichung (3.3), nämlich*

$$Z(r) \; = \; z * U(r) \; = \; \int_{[0,r]} z(r - x) \, U(dx).$$

Beweis: Wegen der lokalen Endlichkeit von U ist mit z auch $Z = z * U$ lokal beschränkt, wie man sofort einsieht. Z erfüllt auch (3.3), denn

$$z * U \; = \; z * \delta_0 \; + \; \Big(\sum_{n \geq 1} z * Q^{*(n-1)} \Big) * Q \; = \; z \; + \; Z * Q.$$

Ist nun Z' eine weitere lokal beschränkte Lösung von (3.3) und $\Delta = Z - Z'$, so folgt offensichtlich $\Delta = \Delta * Q$ und per Induktion über n

$$(3.1.9) \qquad\qquad \Delta \; = \; \Delta * Q^{*(n)} \quad \text{für alle } n \geq 0.$$

Wähle ein beliebiges $r \geq 0$. Da mit Z und Z' natürlich auch Δ lokal beschränkt ist, folgt mit $C_r \stackrel{\text{def}}{=} \sup\{|\Delta(x)| : x \in [0, r]\} < \infty$, (3.1.9) und Lemma 3.1.1

$$|\Delta(r)| \; = \; \lim_{n \to \infty} |\Delta * Q^{*(n)}(r)| \; \leq \; C_r \lim_{n \to \infty} Q^{*(n)}(r) \; = \; 0,$$

d.h. $Z(r) = Z'(r)$. $\qquad\qquad\qquad\qquad\qquad\qquad\qquad\qquad\qquad\qquad \Diamond$

Als triviale Folgerung notieren wir die folgende spezielle Version eines Lemmas von Choquet und Deny(1960).

3.1.3 Korollar *Ist Q ein reguläres Maß auf $[0, \infty)$, so ist $Z \equiv 0$ die einzige lokal beschränkte Lösung der Erneuerungsgleichung $Z = Z * Q$.*

Nachdem wir nun $z * U$ als eindeutig bestimmte lokal beschränkte Lösung der Erneuerungsgleichung (3.3) identifiziert haben, wollen wir als nächstes deren Verhalten bei ∞ untersuchen. Dies ist im Hinblick auf Anwendungen von großer Bedeutung, weil eine explizite Berechnung von $z * U(r)$ aufgrund mangelnder Kenntnis von U (Erneuerungsproblem) i.a. unmöglich ist. Bei der Untersuchung von $\lim_{r \to \infty} z * U(r)$ müssen wir die Fälle $g(0) = \|Q\| < 1$, $= 1$ und > 1 getrennt untersuchen. Wir beginnen mit dem Fall einer defekten Erneuerungsgleichung ($\|Q\| < 1$). Dann ist das zugehörige Erneuerungsmaß U endlich mit $\|U\| = (1 - g(0))^{-1}$.

3.1.4 Satz *Gilt in der Situation von Satz 3.1.2 zusätzlich $g(0) = \|Q\| < 1$ (defekte Erneuerungsgleichung) und existiert $z(\infty) = \lim_{r\to\infty} z(r)$, so existiert auch $Z(\infty) = \lim_{r\to\infty} Z(r)$, und zwar gilt*

$$(3.1.10) \qquad\qquad Z(\infty) \;=\; \frac{z(\infty)}{1 - g(0)}.$$

Beweis: Falls $z(\infty) = \infty$, ist aufgrund der lokalen Beschränktheit z nach unten beschränkt. Eine Anwendung des Fatouschen Lemmas liefert deshalb

$$\liminf_{r\to\infty} Z(r) \;=\; \liminf_{r\to\infty} \int_{[0,r]} z(r-x)\, U(dx)$$

$$\geq \int_{[0,\infty)} \liminf_{r\to\infty} \mathbf{1}([0,r])(x) z(r-x)\, U(dx) \;=\; z(\infty)\|U\| \;=\; \infty.$$

Analog erhält man

$$\limsup_{r\to\infty} Z(r) \;=\; -\infty,$$

falls $z(\infty) = -\infty$. Betrachten wir schließlich den verbleibenden Fall ”$|z(\infty)| < \infty$”. Dann muß z beschränkt sein, und wir folgern mit dem Satz von der majorisierten Konvergenz

$$\lim_{r\to\infty} Z(r) \;=\; \int_{[0,\infty)} \lim_{r\to\infty} \mathbf{1}([0,r])(x) z(r-x)\, U(dx) \;=\; z(\infty)\|U\| \;=\; \frac{z(\infty)}{1 - g(0)},$$

d.h. das gewünschte Resultat. $\Diamond$

Im Fall einer gewöhnlichen Erneuerungsgleichung geben uns das im vorigen Paragraphen bewiesene 2. Erneuerungstheorem und dessen Verschärfung im quasi l_0-stetigen Fall erschöpfende Auskunft, sofern z den dortigen Voraussetzungen genügt. Dabei ist zu beachten, daß im d-arithmetischen Fall eine vollständige Beschreibung des asymptotischen Verhaltens von $Z(r)$ für $r \to \infty$ nicht allein durch d-$\lim_{r\to\infty} Z(r)$, sondern durch d-$\lim_{r\to\infty} Z(r + c)$ für alle $c \geq 0$ zu erfolgen hat. Diese Limiten sind nämlich i.a. verschieden für zwei Werte von c, deren Differenz kein ganzzahliges Vielfaches von d bildet. Da aber $Z(\cdot + c) = z(\cdot + c) * U$ und mit z auch $z(\cdot + c)$ d.R.i. ist, treten keine zusätzlichen Probleme bei der Anwendung des 2. Erneuerungstheorems auf. Es folgt damit

3.1.5 Satz *Gilt in der Situation von Satz 3.1.2 zusätzlich $g(0) = \|Q\| = 1$ (gewöhnliche Erneuerungsgleichung), und ist z d.R.i., so folgt für alle $c \geq 0$*

$$(3.1.11) \qquad\qquad d\text{-}\lim_{r\to\infty} Z(r + c) \;=\; \mu^{-1} \int_{[0,\infty)} z(x + c)\, l_d(dx),$$

wobei $d = d(Q)$ die Spanne von Q bezeichnet. Ist Q quasi l_0-stetig, so gilt (3.1.11) mit $d = 0$ sogar für alle $z \in L_1 \cap L_\infty$ mit $\lim_{r\to\infty} z(r) = 0$.

Entscheidend für unsere weiteren Untersuchungen ist das folgende Lemma, wobei für eine beliebige Funktion $f : [0, \infty) \to I\!R$ und $\gamma \in I\!R$

$$f_\gamma(x) \; = \; e^{\gamma x} f(x), \quad x \geq 0$$

definiert wird.

3.1.6 Lemma *Gegeben sei die Situation von Satz 3.1.2. Dann ist für alle $\gamma \in L$ und $Z = z * U$*

$$(3.1.12) \qquad\qquad\qquad Z_\gamma \; = \; z_\gamma * U_\gamma$$

und daher Z_γ die eindeutig bestimmte lokal beschränkte Lösung der Erneuerungsgleichung

$$(3.1.13) \qquad\qquad\qquad Z_\gamma \; = \; z_\gamma \; + \; Z_\gamma * U_\gamma.$$

Beweis: Wir müssen lediglich (3.1.12) nachweisen. Unter Beachtung von (3.1.7) gilt aber

$$Z_\gamma(r) \; = \; e^{\gamma r} Z(r) \; = \; e^{\gamma r} \int_{[0,r]} z(r - x) \, U(dx)$$

$$= \; \int_{[0,r]} e^{\gamma(r-x)} z(r - x) \, e^{\gamma x} \, U(dx) \; = \; \int_{[0,r]} z_\gamma(r - x) \, U_\gamma(dx) \; = \; z_\gamma * U_\gamma(r)$$

für alle $r \geq 0$. $\qquad\qquad\qquad\qquad\qquad\qquad\qquad\qquad\qquad\qquad\qquad\qquad \diamond$

Kennen wir also die Lösung der Erneuerungsgleichung (3.1.13) für nur ein $\gamma \in L$, so schon für alle solchen γ, und dasselbe gilt für das asymptotische Verhalten der Lösungen.

3.1.7 Satz *Gegeben sei die Situation von Satz 3.1.2. Es existiere ein $\theta \in I\!R$ mit $g(\theta) = \|Q_\theta\| = 1$. Ist dann z_θ d.R.i. oder Q quasi l_0-stetig und $z_\theta \in L_1 \cap L_\infty$ mit $\lim_{r\to\infty} z_\theta(r) = 0$, so folgt für alle $c \geq 0$*

$$(3.1.14) \qquad\qquad d\text{-}\lim_{r\to\infty} Z_\theta(r + c) \; = \; \mu(Q_\theta)^{-1} \int_{[0,\infty)} z_\theta(x + c) \, l_d(dx),$$

wobei $d = d(Q)$ die Spanne von Q bezeichnet.

Der Beweis dieses Satzes besteht offenkundig wiederum in einer einfachen Anwendung des 2. Erneuerungstheorems bzw. seiner Verschärfung im quasi l_0-stetigen Fall. Zu beachten ist lediglich, daß $d(Q) = d(Q_\theta)$ für alle $\theta \in I\!R$ und daß mit Q auch jedes Q_θ quasi l_0-stetig ist. Bildet Q selbst ein Wahrscheinlichkeitsmaß, d.h. gilt $\theta = 0$, so entspricht Satz 3.1.7 gerade 3.1.5.

3.1.8 Bemerkungen (a) Betrachten wir die Erneuerungsgleichung im exzessiven Fall, d.h. es gelte $g(0) = \|Q\| > 1$ (möglicherweise $= \infty$). Q sei außerdem regulär. Dann ist $L \neq \emptyset$ und g stetig und streng monoton wachsend auf L. Ferner folgt $g(-\infty) = 0$ aufgrund majorisierter

Konvergenz. Damit existiert ein eindeutig bestimmtes $\theta = \theta(Q) \in (-\infty, 0)$, so daß $g(\theta) = \|Q_\theta\| = 1$. Ferner gilt

$$g'(\theta) = \int_{[0,\infty)} x e^{\theta x}\, Q(dx) = \mu(Q_\theta) \in (0, \infty],$$

und $\mu(Q_\theta)$ ist auf jeden Fall endlich, falls θ im Inneren von L liegt, d.h. wenn $1 = g(\theta) < \sup_{\gamma \in L} g(\gamma)$. Q_θ bildet also ein Wahrscheinlichkeitsmaß mit $L_{Q_\theta} = L - \theta$, $\mu(Q_\theta) = g'(\theta) > 0$ und $Q_\theta(0) = Q(0) < 1$ und ist somit wie Q selbst regulär. Letzteres gilt im übrigen für jedes $Q_\gamma, \gamma \in L$, wie man sofort einsieht.

(b) Als Ergänzung zu Satz 3.1.7 läßt sich unter Benutzung von Satz 3.1.4 noch folgende Aussage machen: In der Situation von Satz 3.1.2 folgt für jedes $\gamma \in L$, für das $g(\gamma) < 1$ und $z_\gamma(\infty) = \lim_{r \to \infty} z_\gamma(r)$ existiert,

$$(3.1.15) \qquad Z_\gamma(\infty) = \lim_{r \to \infty} Z_\gamma(r) = \frac{z_\gamma(\infty)}{1 - g(\gamma)}.$$

Betrachten wir noch einmal die Situation von Satz 3.1.4 (defekter Fall), und es gelte dort $z(\infty) \neq 0$. Dann ist auch $Z(\infty) = (1 - g(0))^{-1} z(\infty) \neq 0$, und es stellt sich die Frage nach der Konvergenzgeschwindigkeit von $Z(r) \to Z(\infty)$. Zur Beantwortung der Frage wollen wir Satz 3.1.7 verwenden. Dazu bedarf es zunächst einer Erneuerungsgleichung für $\hat{Z}(r) \overset{\text{def}}{=} Z(\infty) - Z(r)$. Wegen

$$Z(\infty) - \int_{[0,r]} Z(\infty)\, Q(dx) = Z(\infty)(1 - Q(r)) = \frac{z(\infty)(1 - Q(r))}{1 - g(0)}$$

und $Z = z + Z * Q$ folgt aber leicht

$$(3.1.16) \qquad \begin{aligned} \hat{Z} &= \hat{z} + \hat{Z} * Q, \quad \text{wobei} \\ \hat{z}(r) &= (z(\infty) - z(r)) + z(\infty)\frac{g(0) - Q(r)}{1 - g(0)}. \end{aligned}$$

Als Folgerung aus Satz 3.1.7 ergibt sich nun

3.1.9 Korollar *Gegeben sei die Situation von Satz 3.1.4 mit $z(\infty) \in \mathbb{R} - \{0\}$. Es existiere ein $\theta > 0$ mit $g(\theta) = 1$. Ist dann $\hat{z}_\theta$ d.R.i. oder Q_θ quasi l_0-stetig und $\hat{z}_\theta \in L_1 \cap L_\infty$ mit $\lim_{r \to \infty} \hat{z}_\theta(r) = 0$, so gilt für alle $c \geq 0$*

$$(3.1.17) \quad d\text{-}\lim_{r \to \infty} \hat{Z}_\theta(r+c) = e^{\theta c} \mu(Q_\theta)^{-1} \left(z(\infty)\, e(d,\theta)^{-1} + \int_{[0,\infty)} e^{\theta x}(z(\infty) - z(x+c))\, l_d(dx) \right),$$

wobei $d = d(Q)$ die Spanne von Q bezeichnet und $e(d,\theta)$ definiert ist durch

$$e(d,\theta) = \begin{cases} \theta, & \textit{falls } d = 0 \\ \dfrac{e^{d\theta} - 1}{d}, & \textit{falls } d > 0 \end{cases} .$$

Beweis: Unter Verwendung von Satz 3.1.7 und (3.1.16) folgt für alle $c \geq 0$

$$d\text{-}\lim_{r \to \infty} \hat{Z}_\theta(r + c) = \mu(Q_\theta)^{-1} \int_{[0,\infty)} \hat{z}_\theta(x + c)\, l_d(dx),$$

und es verbleibt folglich nur noch die Berechnung des Integrals auf der rechten Seite. Wir tun dies nur für $c = 0$, denn die Rechnung für $c > 0$ verläuft vollkommen analog und ist zudem im nichtarithmetischen Fall irrelevant. Sei zuerst $d = 0$. Dann gilt

$$(3.1.18) \qquad \begin{aligned} \int_{[0,\infty)} \hat{z}_\theta(x)\, l_0(dx) &= \int_{[0,\infty)} e^{\theta x}(z(\infty) - z(x))\, l_0(dx) \\ &+ \frac{z(\infty)}{\theta(1 - g(0))} \int_{[0,\infty)} \theta e^{\theta x}(g(0) - Q(x))\, l_0(dx) \end{aligned}$$

und weiter (siehe (A.1.7) im Anhang)

$$\begin{aligned} \int_{[0,\infty)} \theta e^{\theta x}(g(0) - Q(x))\, l_0(dx) &= \int_{[0,\infty)} \theta e^{\theta x} Q((x,\infty))\, l_0(dx) \\ &= \int_{[0,\infty)} (e^{\theta x} - 1)\, Q(dx) = g(\theta) - g(0) = 1 - g(0). \end{aligned}$$

Dies liefert (3.1.17) im Fall "$d = 0$", wie man leicht einsieht.

Sei nun $d > 0$. Dann gilt (3.1.18) mit l_d anstelle von l_0 und weiter

$$\begin{aligned} \int_{[0,\infty)} \theta e^{\theta x}(g(0) - Q(x))\, l_d(dx) &= \int_{[0,\infty)} \theta e^{\theta x} Q((x,\infty))\, l_d(dx) \\ &= \theta d \sum_{n \geq 0} \sum_{j > n} e^{\theta n d} Q(\{jd\}) = \theta d \sum_{j \geq 1} Q(\{jd\}) \sum_{n=0}^{j-1} e^{\theta n d} \\ &= \theta\, e(d,\theta)^{-1} \sum_{j \geq 0}(e^{\theta j d} - 1)Q(\{jd\}) = \theta\, e(d,\theta)^{-1} \int_{[0,\infty)} (e^{\theta x} - 1)\, Q(dx) \\ &= \theta\, e(d,\theta)^{-1}(1 - g(0)), \end{aligned}$$

und dies ergibt (3.1.17) im d-arithmetischen Fall. $\diamond$

Als einfache Folgerung aus Satz 3.1.7 und Korollar 3.1.9 erhalten wir nun das folgende Erneuerungstheorem für den defekten und den exzessiven Fall.

3.1.10 Korollar *Q sei ein reguläres Maß auf $[0,\infty)$, und es existiere ein $\theta \neq 0$, so daß $g(\theta) = 1$. Sei $d = d(Q)$ und $e(d,\theta)$ wie in Satz 3.1.7 definiert. Dann gilt für das zu Q gehörende Erneuerungsmaß U,*
(a) falls $\theta > 0$ (defekter Fall)

$$(3.1.19) \qquad d\text{-}\lim_{t \to \infty} e^{\theta t} U((t,\infty)) = d\text{-}\lim_{t \to \infty} e^{\theta t}\left(\frac{1}{1 - g(0)} - U(t)\right) = \frac{1}{\mu(Q_\theta)e(d,\theta)}.$$

(b) falls $\theta < 0$ (exzessiver Fall)

$$(3.1.20) \qquad \underset{t \to \infty}{d\text{-}\lim}\ e^{\theta t} U(t) \ = \ \frac{1}{\mu(Q_\theta)|e(d,\theta)|}.$$

Beweis: $U(t) = U([0,t])$ erfüllt die Erneuerungsgleichung

$$U(t) \ = \ u(t) \ + \ U * Q(t)$$

mit $u \equiv 1$ auf $[0,\infty)$, so daß im defekten Fall für $\hat{U}(t) \overset{\text{def}}{=} \|U\| - U(t)$ ferner

$$\hat{U}(t) \ = \ \hat{u}(t) \ + \ \hat{U} * Q(t)$$

gilt mit $\hat{u}$ gemäß (3.1.16), d.h.

$$\hat{u}(t) = \frac{g(0) - Q(t)}{1 - g(0)} = \|U\|\,Q((t,\infty)).$$

Die Behauptungen ergeben sich nun leicht mit Korollar 3.1.9 im defekten Fall und mit Satz 3.1.7 im exzessiven Fall. $\qquad\qquad\qquad\qquad\qquad\qquad\qquad\qquad\qquad\qquad\qquad\qquad\qquad\quad \Diamond$

3.1.11. Beispiel Für $\alpha > -1$ sei $Q^{(\alpha)}(dx) = x^\alpha 1((0,\infty))(x)\,l_0(dx)$. Dann ist $Q^{(\alpha)}$ ein reguläres Maß auf $[0,\infty)$, und für $\alpha = 0$ gilt gerade $Q^{(0)} = l_0^+$. Für die zugehörige momenterzeugende Funktion $g^{(\alpha)}$ erhalten wir

$$g^{(\alpha)}(-\gamma) \ = \ \int_0^\infty x^\alpha e^{-\gamma x}\,dx \ = \ \gamma^{1+\alpha} \int_0^\infty x^\alpha e^{-x}\,dx \ = \ \frac{\Gamma(1+\alpha)}{\gamma^{1+\alpha}}$$

für alle $\gamma < 0$, wobei $\Gamma(x)$ die Gamma-Funktion bezeichnet. Insbesondere folgt $g^\alpha(\theta_\alpha) = 1$ für $\theta_\alpha = \Gamma(1+\alpha)^{1/(1+\alpha)}$. Ferner erhalten wir unter Benutzung der Funktionalgleichung $\Gamma(1+x) = x\Gamma(x)$ für alle $x > 0$

$$\mu(Q_{\theta_\alpha}^{(\alpha)}) \ = \ \int_0^\infty x^{\alpha+1} e^{-\theta_\alpha x}\,dx \ = \ \frac{\Gamma(2+\alpha)}{\theta_\alpha^{2+\alpha}} \ = \ \frac{1+\alpha}{\theta_\alpha}.$$

Folglich liefert Korollar 3.1.10 für das zu $Q^{(\alpha)}$ gehörende Erneuerungsmaß $U^{(\alpha)}$

$$(3.1.21) \qquad \lim_{t \to \infty} e^{-\theta_\alpha t} U^{(\alpha)}(t) \ = \ \frac{1+\alpha}{\theta_\alpha^2} \ = \ \frac{1+\alpha}{\Gamma(1+\alpha)^{2/(1+\alpha)}}.$$

Im Fall "$\alpha = 0$", d.h. für $Q \overset{\text{def}}{=} Q^{(0)} = l_0^+$ läßt sich $U \overset{\text{def}}{=} U^{(0)}$ sogar explizit berechnen: Eine einfache Induktion ergibt

$$Q^{*(n)}(t) = \frac{t^n}{n!} \quad \text{für alle } t \geq 0 \text{ und } n \in I\!N_0,$$

so daß für die zugehörige Erneuerungsfunktion $U(t)$ folgt

$$(3.1.22) \qquad U(t) \ = \ \sum_{n \geq 0} \frac{t^n}{n!} \ = \ e^t \quad \text{für alle } t \geq 0.$$

Dies wiederum impliziert

$$(3.1.23) \qquad U(dx) \ = \ e^x\, l_0^+(dx) \ + \ \delta_0(dx).$$

Eine andere Herleitung dieses Ergebnisses ergibt sich wie folgt: In 0.2 hatten wir gezeigt, daß für die Exponentialverteilung Q_{-1} das zugehörige Erneuerungsmaß U_{-1} durch $U_{-1} = l_0^+ + \delta_0$ gegeben ist. Damit folgt aber erneut (3.1.23), denn gemäß (3.1.7) ist $U(dx) = e^x\, U_{-1}(dx)$.

Literaturhinweise: Ein Blick auf die Literatur zur Erneuerungsgleichung im Standardfall führt zurück auf die Anfangsgründe der Erneuerungstheorie. Diese bildeten vor allem die Analyse industrieller Ersatzstrategien und das Wachstum von Populationen (siehe auch 3.6) mit Anwendungen in Genetik, Demographie und Versicherungsmathematik. Lotka(1939), einer der bekanntesten Vertreter jener frühen Jahre, gibt bereits eine Bibliographie mit 74 Publikationen zu diesem Komplex, die älteste von Herbelot(1909), dessen Interesse der Frage nach den jährlich notwendigen Neuzugängen galt, um die Größe einer vorgegebenen Gesamtheit von Versicherungsnehmern konstant zu halten. Lotka verdanken wir ferner den Hinweis, daß die Bezeichnung "Erneuerungstheorie" in dem damals von schweizer Versicherungsmathematikern vielfach verwendeten Ausdruck "sich erneuernde Gesamtheiten" ihren Ursprung hat. Viele der Beiträge jener frühen Jahre hatten die Lösung der Erneuerungsgleichung unter speziellen Annahmen zum Inhalt, blieben jedoch meist eher heuristischer Natur gekoppelt mit Vermutungen und Widerlegungen durch zum Teil unnötig komplizierte Beispiele. Erst Feller(1941) gelang es, für monoton wachsendes z und unter Verwendung von Laplace-Transformationen einen exakten Beweis der Existenz und Eindeutigkeit einer monoton wachsenden Lösung Z zu geben und damit den Grundstein für eine fundierte Theorie zu legen. Jüngere Referenzen zur Erneuerungsgleichung im Standardfall bilden sein Lehrbuch (Feller(1971, Kap.IX)) sowie die von Jagers(1975, Kap.5) und Asmussen(1987, Kap.IV und VI).

3.2 Die Erneuerungsgleichung im allgemeinen Fall

In diesem Abschnitt wollen wir der Frage nachgehen, inwieweit die im vorigen Abschnitt erzielten Ergebnisse auf den allgemeinen Fall übertragbar sind, also auf Erneuerungsgleichungen der Form

$$Z(r) \ = \ z(r) \ + \ \int_{I\!\!R} Z(r - x)\, Q(dx).$$

Der wesentliche Unterschied zum Standardfall besteht darin, daß der im Faltungsintegral auftretende Integrationsbereich nicht mehr kompakt ist. Dies bedingt, daß lokale Beschränktheit von z keine hinreichende Bedingung mehr für die Wohldefiniertheit von $z * U$ darstellt. Im folgenden werden wir nur defekte ($\|Q\| < 1$) und gewöhnliche ($\|Q\| = 1$) Erneuerungsgleichungen untersuchen. Das zu Q gehörende Erneuerungsmaß U ist dann endlich mit $\|U\| = (1 - \|Q\|)^{-1}$, falls $\|Q\| < 1$, und lokal endlich, falls $\|Q\| = 1$.

Betrachten wir zunächst den defekten Fall: Hier bleibt $z * U$ offenkundig beschränkt, falls auch $z : I\!\!R \to I\!\!R$ beschränkt ist, und wir erhalten leicht das folgende Pendant zu Satz 3.1.2/4.

3.2.1 Satz *Q sei ein defektes Wahrscheinlichkeitsmaß auf $\mathbb{R}$ und $z : \mathbb{R} \to \mathbb{R}$ eine beschränkte, meßbare Funktion ($z \in b\mathcal{B}$).*
(a) Dann existiert genau eine beschränkte Lösung Z der Erneuerungsgleichung (3.1), nämlich

$$Z(r) \; = \; z * U(r) \; = \; \int_{\mathbb{R}} z(r - x)\, U(dx), \quad r \in \mathbb{R}.$$

(b) Existiert $z(\alpha) = \lim_{r \to \alpha} z(r)$ für ein $\alpha \in \{-\infty, \infty\}$, so auch $Z(\alpha) = \lim_{r \to \alpha} Z(r)$, und zwar gilt

$$(3.2.1) \qquad\qquad Z(\alpha) \; = \; \frac{z(\alpha)}{1 - \|Q\|}.$$

Der Beweis verläuft völlig analog zum Standardfall und bleibt dem Leser überlassen.

Betrachten wir nun den Fall, daß Q ein Wahrscheinlichkeitsmaß ist, wobei zusätzlich $\mu = \mu(Q) > 0$ angenommen sei. Dann ist das zugehörige Erneuerungsmaß U nur noch lokal endlich, und $Z = z * U$ kann für beschränkte Funktionen z undefiniert sein. Dagegen ist Z wohldefiniert und sogar beschränkt für d.R.i. Funktionen z. Unglücklicherweise geht aber die im Standardfall gültige Eindeutigkeitsaussage verloren, denn mit Z ist auch jedes $Z + a$, $a \in \mathbb{R}$ eine Lösung der Erneuerungsgleichung (3.1). Im Standardfall war dies wegen $Z \equiv 0$ auf $(-\infty, 0)$ ausgeschlossen. Der anschließende Satz beinhaltet folglich eine leichte Modifikation gegenüber seinem Pendant Satz 3.1.2/5 im Standardfall.

3.2.2 Satz *Sei Q ein Wahrscheinlichkeitsmaß auf $\mathbb{R}$ mit $\mu = \mu(Q) > 0$ und Spanne $d = d(Q)$ sowie z eine d.R.i. Funktion. Dann bildet jedes $Z_a = a + z * U$ eine beschränkte Lösung der Erneuerungsgleichung (3.1). Ferner gelten*

$$(3.2.2) \qquad \operatorname*{d\text{-}lim}_{r \to \infty} Z_0(r + c) \; = \; \mu^{-1} \int_{\mathbb{R}} z(x + c)\, l_d(dx) \quad \textit{für alle } c \geq 0,$$

$$(3.2.3) \qquad \lim_{r \to -\infty} Z_0(r) \; = \; 0,$$

und Z_0 ist die einzige beschränkte Lösung von (3.1), die (3.2.3) erfüllt. Die Aussagen gelten sogar für jedes beschränkte $z \in L_1$ mit $\lim_{|r| \to \infty} z(r) = 0$, falls Q quasi l_0-stetig ist.

Beweis: Wir beweisen nur die Eindeutigkeitsaussage, da die übrigen Behauptungen wie im Standardfall folgen. Sei also Z' eine weitere beschränkte Lösung von (3.1) mit $Z'(r) \to 0$, falls $r \to -\infty$. Dann erfüllt $\Delta = Z_0 - Z'$ die Erneuerungsgleichung $\Delta = \Delta * Q$, also auch

$$\Delta \; = \; \Delta * Q^{*(n)} \quad \text{für alle } n \in \mathbb{N}_0,$$

und ferner

$$\lim_{r \to -\infty} \Delta(r) \; = \; 0.$$

Sei nun $\varepsilon > 0$ beliebig vorgegeben und $R < 0$ so klein, daß $\Delta(r) < \varepsilon$ für alle $r \leq R$. Wegen $\lim_{n\to\infty} Q^{*(n)}(x) = 0$ für alle $x \in \mathbb{R}$ (Gesetz der großen Zahlen) und der Beschränktheit von Δ erhalten wir dann für alle $r \in \mathbb{R}$

$$\begin{aligned} \Delta(r) &= \lim_{n\to\infty} \int_{\mathbb{R}} \Delta(r - x)\, Q^{*(n)}(dx) \\ &\leq \varepsilon + \|\Delta\|_\infty \lim_{n\to\infty} Q^{*(n)}(r - R) = \varepsilon, \end{aligned}$$

was $\Delta \equiv 0$ beweist. $\Diamond$

Als interessante Folgerung notieren wir noch, wie schon im Standardfall (siehe Korollar 3.1.3), die folgende Version eines Lemmas von Choquet und Deny(1960).

3.2.3 Korollar *Gegeben sei die Situation von Satz 3.2.2. Dann ist jede beschränkte Lösung Z der Erneuerungsgleichung $Z = Z * Q$, für die außerdem $\lim_{r\to-\infty} Z(r)$ existiert, konstant.*

Literaturhinweise: Eine Behandlung der Erneuerungsgleichung im allgemeinen Fall findet sich in Karlin(1955). Chover und Ney(1968) untersuchen eine weitergehende Verallgemeinerung, die sie als nichtlineare Erneuerungsgleichung bezeichnen und die in der Theorie der Verzweigungsprozesse Anwendungen hat. Schließlich sei noch bemerkt, daß das zuletzt erwähnte Lemma von Choquet und Deny anstelle der Existenz von $Z(-\infty)$ die Stetigkeit von Z voraussetzt und daß dort ferner Q ein Wahrscheinlichkeitsmaß auf einer beliebigen separablen lokalkompakten Abelschen Gruppe G bildet. Mehr dazu findet der Leser in Revuz(1975, S.133ff). Für einen Beweis des Lemmas für stetiges Z und $G = \mathbb{R}$ siehe auch Feller(1971, S.382) oder Asmussen(1987, S.123). Dort finden sich ferner Beweise des Blackwellschen Erneuerungstheorems unter Verwendung dieses Lemmas.

3.3 Erneuerungsdichten

Für eine d-arithmetische Verteilung Q mit $\mu = \mu(Q) > 0$ besitzt das zugehörige Erneuerungsmaß U die l_d-Dichte $u(nd) = d^{-1}U(\{nd\})$, und diese erfüllt gemäß Blackwellschem Erneuerungstheorem

$$\lim_{n\to\infty} u(nd) = \mu^{-1} \quad \text{und} \quad \lim_{n\to-\infty} u(nd) = 0.$$

Es stellt sich die Frage, ob im Fall eines l_0-stetigen Q ein entsprechendes Resultat für die l_0-Dichte u von $U - \delta_0$ gilt. Da U und $U - \delta_0$ auf $\mathbb{R} - \{0\}$ übereinstimmen, liegt mit Blick auf die nichtarithmetische Version des Blackwellschen Erneuerungstheorems nahe, daß

$$(3.3.1) \qquad \lim_{t\to\infty} u(t) = \mu^{-1} \quad \text{und} \quad \lim_{t\to-\infty} u(t) = 0 \quad l_0\text{-f.ü.}$$

Ohne weitere Voraussetzung an die $(l_0\text{-})$Dichte f von Q erweist sich dies jedoch als falsch, wie wir in 3.3.3. noch sehen werden. Der in (3.3.1) auftretende Zusatz "l_0-f.ü."=(l_0-fast überall) soll bedeuten: Es existiert eine l_0-Nullmenge N, so daß

$$\lim_{t\to\infty,\, t\notin N} u(t) = \mu^{-1} \quad \text{und} \quad \lim_{t\to-\infty,\, t\notin N} u(t) = 0.$$

Im folgenden bezeichne $f = f_1$ stets eine Dichte von Q sowie f_n für $n \geq 2$ eine Dichte von $Q^{*(n)}$. Dann gilt bekanntlich

$$f_n(x) \;=\; f_m * f_{n-m}(x) \;=\; \int_{\mathbb{R}} f_m(x-y) f_{n-m}(y)\, l_0(dy) \quad l_0\text{-f.ü.}$$

für alle $1 \leq m < n$, insbesondere

$$f_n \;=\; f * f_{n-1} \;=\; f^{*(2)} * f_{n-2} \;=\; \ldots \;=\; f^{*(n)} \quad l_0\text{-f.ü.}$$

für alle $n \geq 1$. Eine Dichte von $\hat{U} = U - \delta_0$ ist gegeben durch

$$(3.3.2) \hspace{6cm} u \;=\; \sum_{n \geq 1} f_n,$$

und wegen $l_0(\{x \in \mathbb{R} : f_n(x) \neq f * f_{n-1}(x) \text{ für ein } n \geq 2\}) = 0$ erfüllt diese offensichtlich die Erneuerungsgleichung

$$(3.3.3) \hspace{5cm} u \;=\; f + f * u \;=\; f + u * Q \quad l_0\text{-f.ü.}$$

Für die zweite Gleichheit beachte, daß

$$f * u(x) \;=\; \int_{\mathbb{R}} u(x-y) f(y)\, l_0(dy) \;=\; \int_{\mathbb{R}} u(x-y)\, Q(dy) \;=\; u * Q(x) \quad l_0\text{-f.ü.}$$

Vertauscht man die Rollen von f und u, ergibt sich analog

$$(3.3.4) \hspace{4.5cm} u \;=\; f + f * \hat{U} \;=\; f * (\delta_0 + \hat{U}) \;=\; f * U \quad l_0\text{-f.ü.}$$

Interessant an diesem Ergebnis ist, daß es ohne Voraussetzungen an f auskommt. Eine Identifikation von u als Lösung der Erneuerungsgleichung (3.3.3) hätte nämlich im Rahmen der von uns entwickelten Theorie die Beschränktheit von f erfordert. Zudem hätte sich dann zunächst nur $u = a + f * U$ ergeben für ein $a \in \mathbb{R}$ (siehe Satz 3.2.2)

Aus naheliegenden Gründen bezeichnet man u als eine zu U (oder auch Q) gehörige *Erneuerungsdichte.* Ziel der anschließenden Untersuchungen ist die Frage nach ihrem Verhalten bei $\pm\infty$, insbesondere die Frage nach der Gültigkeit von (3.3.1). Dabei erweisen sich die zuvor erzielten Resultate zur Erneuerungsgleichung sowie die in 2.6 hergeleitete Stonesche Zerlegung eines Erneuerungsmaßes als nützliche Hilfsmittel.

3.3.1 Satz *Q sei ein Wahrscheinlichkeitsmaß auf $\mathbb{R}$ mit $\mu = \mu(Q) > 0$, Erneuerungsmaß U und l_0-Dichte $f \in L_\infty$. Dann gilt für die zugehörige Erneuerungsdichte $u = f * U$:*
(a) $u \in L_\infty$, $u - f \in C_b$ und $u = \sum_{n \geq 1} f^{*(n)}$.
(b) $\lim_{t \to \infty} u(t) - f(t) = \mu^{-1}$ und $\lim_{t \to -\infty} u(t) - f(t) = 0$.
(c) Falls $\lim_{|t| \to \infty} f(t) = 0$, bleibt (b) richtig mit u anstelle von $u - f$.

Zunächst ein Wort zur Lesart dieses Satzes: Da l_0-Dichten immer nur bis auf l_0-Nullmengen eindeutig bestimmt sind, müssen Voraussetzungen an sowie Aussagen über solche Dichten natürlich i.a. nur für geeignete Versionen gelten. Im obigen Satz haben wir zu einer vorgegebenen Dichteversion $f \in L_\infty$ von Q Aussagen gemacht über die dann festgelegte Version $u = f * U$ der zu Q gehörigen Erneuerungsdichte. Verzichtet man auf eine derartige Spezifikation von u und bezieht sich auf eine beliebige Version, so hat man die Aussagen (b) und (c) des Satzes mit dem Zusatz "l_0-f.ü." zu versehen.

Ein Blick auf diese Aussagen zeigt, daß im Fall einer l_0-f.ü. beschränkten Dichte f deren Verhalten bei $\pm\infty$ mit dem der Erneuerungsdichte $u = f * U$ bis auf eine additive Konstante übereinstimmt. Schwankungen von $f(t)$ für $|t| \to \infty$ übertragen sich also in gleicher Form auf $u(t)$.

Beweis von Satz 3.3.1: Sei $\hat{U} = U - \delta_0$ und $U = V_1 + V_2$ die gemäß Satz 2.6.2 existierende Stonesche Zerlegung von U, d.h. V_1 besitzt eine Dichte $v_1 \in \mathcal{C}_b$ und V_2 ist ein endliches Maß. Aufgrund der l_0-Stetigkeit von $\hat{U} = V_1 + (V_2 - \delta_0)$ muß auch $\hat{V}_2 = V_2 - \delta_0$ l_0-stetig sein mit Dichte $\hat{v}_2 \in L_1$, da $\|\hat{V}_2\| < \infty$. Es folgt

$$(3.3.5) \qquad u = f * U = f * (\delta_0 + V_1 + \hat{V}_2) = f + f * V_1 + f * \hat{V}_2 = f + f * v_1 + f * \hat{v}_2.$$

Gemäß Lemma 2.6.3 gelten $f * v_1 \in \mathcal{C}_b$ und $f * \hat{v}_2 \in \mathcal{C}_b$ wegen $f \in L_1, v_1 \in \mathcal{C}_b \subset L_\infty$ bzw. $f \in L_\infty, \hat{v}_2 \in L_1$. Zusammen mit (3.3.5) liefert dies $u \in L_\infty$ sowie $u - f = f * v_1 + f * \hat{v}_2 \in \mathcal{C}_b$. Offenkundig sind $u - f$ und $\sum_{n \geq 2} f^{*(n)}$ beides Dichten von $U - \delta_0 - Q$, stimmen also l_0-f.ü. überein. Da außerdem

$$\sum_{n \geq 2} f^{*(n)} = f * \sum_{n \geq 1} f^{*(n)} = f * u$$

mit $f \in L_1$ und $u \in L_\infty$, folgt $\sum_{n \geq 2} f^{*(n)} \in \mathcal{C}_b$ unter erneuter Benutzung von Lemma 2.6.3. Damit müssen aber $u - f$ und $\sum_{n \geq 2} f^{*(n)}$ global übereinstimmen, und (a) ist gezeigt.

Zum Beweis von (b) betrachten wir die Erneuerungsgleichung

$$v = f^{*(2)} + v * Q.$$

Gemäß Satz 3.2.2 bildet

$$f^{*(2)} * U = f^{*(2)} + f^{*(2)} * \hat{U} = \sum_{n \geq 2} f^{*(n)} = u - f$$

eine Lösung dieser Erneuerungsgleichung. Auf den Zusatz "l_0-f.ü." kann in dieser Gleichungskette verzichtet werden, da alle auftretenden Funktionen stetig sind. Die Behauptungen ergeben sich nun gemäß Satz 3.2.2 (quasi l_0-stetiger Fall), weil $f^{*(2)} \in L_1 \cap L_\infty$ und da wegen der einfachen Abschätzung

$$(3.3.6) \qquad \begin{aligned} f^{*(2)}(t) &\leq \|f\|_\infty \left(\int_{[-T,T]} f(t-x)\, l_0(dx) + \int_{[-T,T]^c} f(x)\, l_0(dx) \right) \\ &\leq 2\|f\|_\infty \int_{[-T,T]^c} f(x)\, l_0(dx) \end{aligned}$$

für alle $|t| > 2T > 0$ auch $\lim_{|t| \to \infty} f^{*(2)}(t) = 0$ gilt.

(c) ist eine triviale Konsequenz von (b) und der Zusatzvoraussetzung an f. $\qquad \Diamond$

Im Fall einer unbeschränkten Dichte f von Q ist die Frage nach dem Verhalten der Erneuerungsdichte $u = f * U$ nicht einheitlich zu beantworten. Der anschließende Satz verallgemeinert den vorhergehenden und behandelt den Fall, wenn $f^{*(n)} \in L_\infty$ für ein $n \geq 2$.

3.3.2 Satz *Sei Q ein Wahrscheinlichkeitsmaß mit $\mu = \mu(Q) > 0$, Erneuerungsmaß U und l_0-Dichte f. Für $k \geq 1$ sei ferner $u_k = \sum_{n \geq k} f^{*(n)} = f^{*(k)} * U$, d.h. u_1 ist eine zu Q gehörige Erneuerungsdichte. Es gebe ein $m \geq 2$, so daß $f^{*(m)} \in L_\infty$. Dann gilt:*

(a) $u_k \in C_b$ für alle $k \geq m + 1$.

(b) $\lim_{t \to \infty} u_k(t) = \mu^{-1}$ und $\lim_{t \to -\infty} u_k(t) = 0$ für alle $k \geq m + 1$.

(c) Falls $\lim_{|t| \to \infty} f^{*(j)}(t) = 0$ für alle $1 \leq j \leq m$, so gilt auch $\lim_{t \to \infty} u_1(t) = \mu^{-1}$ und $\lim_{t \to -\infty} u_1(t) = 0$.

Besitzt f also eine beschränkte Faltungspotenz $f^{*(m)}$, so verhält sich die Erneuerungsdichte $u_1(t)$ für $t \to \pm\infty$ bis auf einen konstanten Term wie $f + f^{*(2)} + ... + f^{*(m)}$.

Beweis von Satz 3.3.2: In den Bezeichnungen des Beweises von Satz 3.3.1 gilt hier

$$(3.3.7) \qquad u_k = f^{*(k)} + f^{*(k)} * u_1 = f^{*(k)} + f^{*(k)} * v_1 + f^{*(k)} * \hat{v}_2$$

für alle $k \geq 1$ (vgl. (3.3.5)). Unter Benutzung von Lemma 2.6.3 folgt wegen $f^{*(m)} \in L_\infty$ und $f^{*(k-m)} \in L_1$ für alle $k \geq m + 1$

$$f^{*(k)} = f^{*(m)} * f^{*(k-m)} \in C_b,$$

was zusammen mit $v_1 \in C_b$ und $\hat{v}_2 \in L_1$ auch $u_k \in C_b$ impliziert. Damit ist (a) gezeigt.

Zum Beweis von (b) beachte, daß $f^{*(k)} \in L_1 \cap L_\infty$ für alle $k \geq m + 1$. Ferner folgt mit einer ähnlichen Abschätzung wie in (3.3.6) $\lim_{|t| \to \infty} f^{*(k)}(t) = 0$ für alle $k \geq m+1$. Da $u_k = f^{*(k)} * U$ außerdem Lösung der Erneuerungsgleichung

$$v = f^{*(k)} + v * Q$$

·ist, ergeben sich die Behauptungen wiederum unter Benutzung von Satz 3.2.2.

(c) ist eine triviale Konsequenz von (b) und der Zusatzvoraussetzung an $f + f^{*(2)} + ... + f^{*(m)}$ (vgl. Satz 3.3.1(c)). $\qquad \Diamond$

Im Anschluß geben wir zwei Beispiele, in denen Q jeweils eine unbeschränkte Dichte f besitzt, die zugehörige Erneuerungsdichte $u = f * U$ jedoch einmal das zuvor beschriebene "gutartige", das andere Mal ein besonders "bösartiges" Verhalten aufweist.

3.3.3 Beispiele (a) Sei Q ein Wahrscheinlichkeitsmaß auf $[0, \infty)$ mit Dichte

$$f(t) \;=\; (4t)^{-1/2}\mathbf{1}((0,1))(t),$$

d.h. $Q(t) = t^{1/2}\mathbf{1}((0,1))(t) + \mathbf{1}([1,\infty))(t)$. Offenkundig ist f unbeschränkt, wohingegen $f^{*(2)}$ beschränkt ist und außerhalb $(0,2)$ verschwindet, wie man leicht nachweist. Da $\mu(Q) = 1/3$ und f außerhalb $(0,1)$ verschwindet, erhalten wir gemäß Satz 3.3.2

$$\lim_{t\to\infty} u(t) \;=\; 3.$$

Natürlich ist u wie f bei 0 unbeschränkt.

(b) Sei nun Q ein Wahrscheinlichkeitsmaß auf $[0, \infty)$ mit Dichte

$$f(t) \;=\; \frac{1}{t\,(1 - \log t)^2}\,\mathbf{1}((0,1))(t),$$

d.h. $Q(t) = (1 - \log t)^{-1}\mathbf{1}((0,1)) + \mathbf{1}([1,\infty))(t)$. Auch hier ist f bei 0 unbeschränkt. Ferner liefert eine einfache Abschätzung

$$Q^{*(n)}(t) \;\geq\; Q(\frac{t}{n})^n \quad \text{für alle } t \in I\!R \text{ und } n \in I\!N,$$

und es folgt für alle $t \in (0,1)$ und $n \geq 2$

$$f^{*(n)}(t) \;=\; \int_0^t f^{*(n-1)}(x)f(t-x)\,dx \;\geq\; \int_0^{t/2} f^{*(n-1)}(x)f(t-x)\,dx$$

$$\geq\; \frac{Q^{*(n-1)}(\frac{t}{2})}{t\,(1 - \log\frac{t}{2})^2} \;\geq\; \frac{Q(\frac{t}{2n-2})^{n-1}}{t\,(1 - \log\frac{t}{2})^2} \;\geq\; \frac{1}{t\,(1 - \log\frac{t}{2})\bigl(1 - \log\frac{t}{2n-2}\bigr)^{n-1}}$$

Da der letzte Ausdruck für $t \to 0$ gegen ∞ strebt, ist neben f auch jede Faltungspotenz $f^{*(n)}$ bei 0 unbeschränkt. Man kann ferner leicht zeigen, daß $f^{*(n)}$ auf $[0,n)^c$ verschwindet und auf $(0,n)$ positiv und stetig ist für alle $n \geq 1$.

Sei nun $\hat{Q}$ das durch Verschiebung um 1 aus Q entstehende Wahrscheinlichkeitsmaß mit Dichte $\hat{f}(t) = f(t-1)$. Dann folgt $\hat{f}^{*(n)}(t) = f(t-n)$ für alle $n \geq 1$, d.h. $\hat{f}^{*(n)}$ ist bei n unbeschränkt. Darüberhinaus ist $\hat{f}^{*(n)}$ auf $(2^{n-1},2^n)$ stetig und positiv und verschwindet außerhalb $[2^{n-1},2^n)$ für alle $n \geq 1$. Insbesondere haben die $\hat{f}^{*(n)}$ paarweise disjunkte Träger, so daß die zugehörige Erneuerungsdichte $\hat{u} = \sum_{n\geq 1}\hat{f}^{*(n)}$ lokal mit einem der $\hat{f}^{*(n)}$ identisch ist, nämlich

$$\hat{u}(t) \;=\; \hat{f}^{*(n)}(t) \quad \text{für } t \in [2^{n-1},2^n) \text{ und } n \geq 1.$$

Es folgt die Unbeschränktheit von $\hat{u}$ in jedem $n \in I\!N$ sowie die stückweise Stetigkeit zwischen diesen Polstellen. Einen endlichen Limes für $t \to \infty$ kann $\hat{u}(t)$ damit offenkundig nicht besitzen.

Seien nun Q_0, Q Wahrscheinlichkeitsmaße auf $I\!R$ mit $\mu = \mu(Q) > 0$ sowie

$$U_0 \;=\; \sum_{n\geq 0} Q^{*(n)} \quad \text{und} \quad U \;=\; Q_0 * U_0.$$

Diese Situation liegt vor im Fall eines VRW $(S_n)_{n\geq 0}$ mit Zuwächsen $X_1, X_2,...$, wobei $S_0 \sim Q_0$ und $X_1 \sim Q$. Besitzt dann Q_0 eine (l_0)-Dichte f_0, so ist durch

$$u \;=\; f_0 * U_0,$$

eine Dichte für U gegeben, die wir wieder als eine zu U gehörige Erneuerungsdichte bezeichnen. Als triviale Folgerung aus dem 2. Erneuerungstheorem sowie seiner Verschärfung im quasi l_0-stetigen Fall (Satz 2.6.4) können wir abschließend formulieren:

3.3.4 Satz *Q_0, Q seien Wahrscheinlichkeitsmaße auf $I\!R$ mit $\mu = \mu(Q) > 0$, $U_0 = \sum_{n\geq 0} Q^{*(n)}$ und $U = Q_0 * U_0$. Q_0 sei ferner l_0-stetig mit Dichte f_0. Dann gilt für die zugehörige Erneuerungsdichte $u = f_0 * U_0$*

$$\lim_{t\to\infty} u(t) \;=\; \mu^{-1} \quad und \quad \lim_{t\to-\infty} u(t) \;=\; 0,$$

sofern f_0 d.R.i. ist oder Q quasi l_0-stetig und $f_0 \in L_1 \cap L_\infty$ mit $\lim_{|t|\to\infty} f_0(t) = 0$.

Besitzt eine Erneuerungsdichte u das mit Blick auf das Blackwellsche Erneuerungstheorem erwartete asymptotische Verhalten gemäß (3.3.1), so stellt sich natürlich als weitere Frage die nach der Konvergenzgeschwindigkeit. Dies ist ein wesentlich schwierigeres Problem und erfordert fortgeschrittenere mathematische Hilfsmittel wie etwa die Fourier-Analyse. Wir kommen darauf in 13.2 zurück.

Literaturhinweise: Feller(1941) und Täcklind(1945) gaben als erste hinreichende Bedingungen für die Gültigkeit von (3.3.1), sofern $Q(0-) = 0$ und Q endliche Varianz besitzt. Weitere Beiträge finden sich in Smith(1954, 1955b, 1960) sowie dem Lehrbuch von Feller(1971, XI.3).

3.4 Eine Approximation für die Erneuerungsfunktion

In diesem Abschnitt sei Q ein Wahrscheinlichkeitsmaß auf $I\!R$ mit $\mu = \mu(Q) > 0$, endlicher Varianz

$$\nu^2 \;=\; \nu^2(Q) \;\stackrel{\text{def}}{=}\; \int_{I\!R} (x - \mu)^2 \, Q(dx)$$

und zugehörigem Erneuerungsmaß U. Ohne Beweis setzen wir hier voraus, daß dann $U(t) < \infty$ für alle $t \in I\!R$ gilt, siehe Korollar 4.1.8. Das elementare Erneuerungstheorem 2.4.2 besagt

$$(3.4.1) \qquad\qquad \lim_{t\to\infty} \frac{U(t) - \mu^{-1}t}{t} \;=\; 0,$$

und liefert nur eine sehr grobe Aussage über das Verhalten von $U(t) - \mu^{-1}t$ für $t \to \infty$. Im folgenden wollen wir diese Aussage verbessern, indem wir eine Erneuerungsgleichung für $Z(t) \stackrel{\text{def}}{=} U(t) - \mu^{-1}t^+$, $t^+ = \max\{0, t\}$, aufstellen und dann mit der zuvor entwickelten Theorie zeigen, daß $Z(t)$ selbst anstelle von $t^{-1}Z(t)$ für $t \to \infty$ konvergiert. Das Ergebnis gibt der folgende

3.4.1 Satz *Q sei ein Wahrscheinlichkeitsmaß auf $\mathbb{R}$ mit Spanne $d = d(Q)$, Erwartungswert $\mu = \mu(Q) > 0$, Varianz $\nu^2 = \nu^2(Q) < \infty$ und Erneuerungsmaß U. Dann gilt*

$$(3.4.2) \qquad d\text{-}\lim_{t \to \infty} \left(U(t) - \mu^{-1}t \right) = \frac{d}{2\mu} + \frac{\mu^2 + \nu^2}{2\mu^2}.$$

Ist Q_0 ein weiteres Wahrscheinlichkeitsmaß auf $\mathbb{R}$ mit $Q_0(d\mathbb{Z}) = 1$, falls $d > 0$, und $\mu_0 = \mu(Q_0) \in \mathbb{R}$, so gilt außerdem

$$(3.4.3) \qquad d\text{-}\lim_{t \to \infty} \left(Q_0 * U(t) - \frac{t}{\mu} \right) = \frac{d}{2\mu} + \frac{\mu^2 + \nu^2}{2\mu^2} - \frac{\mu_0}{\mu}.$$

Beweis: $U(t)$ erfüllt offenkundig die Erneuerungsgleichung

$$U(t) = t^+ + U * Q(t), \quad t \in \mathbb{R}.$$

Ferner gilt

$$\mu^{-1}t^+ - \int_{\mathbb{R}} \mu^{-1}(t-x)^+ \, Q(dx)$$

$$= \begin{cases} \mu^{-1}t(1 - Q(t)) + \mu^{-1} \int_{(-\infty,t]} (t-x) \, Q(dx), & t \geq 0 \\ -\mu^{-1} \int_{(-\infty,t]} \int_0^{t-x} dy \, Q(dx), & t < 0 \end{cases}$$

$$= \begin{cases} 1 - \mu^{-1} \int_{(t,\infty)} (x - t) \, Q(dx), & t \geq 0 \\ -\mu^{-1} \int_{(0,\infty)} Q(t - y) \, dy, & t < 0 \end{cases}$$

$$= \begin{cases} 1 - \mu^{-1} \int_{(t,\infty)} (1 - Q(y)) \, dy, & t \geq 0 \\ -\mu^{-1} \int_{-\infty}^t Q(y) \, dy, & t < 0 \end{cases},$$

wobei auf die Integrationsformeln in A.1 hingewiesen sei. Für $Z(t) = U(t) - \mu^{-1}t^+$ folgt somit die Erneuerungsgleichung

$$Z = z + Z * Q, \quad \text{wobei} \quad z(t) \stackrel{\text{def}}{=} \begin{cases} \mu^{-1} \int_t^\infty (1 - Q(y)) \, dy, & t \geq 0 \\ \mu^{-1} \int_{-\infty}^t Q(y) \, dy, & t < 0 \end{cases}$$

$z_1 = z \, \mathbf{1}([0,\infty))$ und $z_2 = z \, \mathbf{1}((-\infty,0))$ sind beides monotone Funktionen und wegen $\nu^2 < \infty$ auch l_0-integrierbar. Es gilt nämlich unter erneutem Hinweis auf A.1 im Anhang

$$\|z_1\|_1 = \mu^{-1} \int_0^\infty \int_t^\infty (1 - Q(y)) \, dy \, dt$$

$$= \mu^{-1} \int_0^\infty y(1 - Q(y)) \, dy = (2\mu)^{-1} \int_{[0,\infty)} x^2 \, Q(dx) < \infty$$

sowie nach analoger Rechnung

$$\|z_2\|_1 \;=\; (2\mu)^{-1} \int_{(-\infty,0)} x^2 \, Q(dx) \;<\; \infty.$$

Damit ist $z = z_1 + z_2$ d.R.i. mit

$$(3.4.4) \qquad \|z\|_1 \;=\; \|z_1\|_1 + \|z_2\|_1 \;=\; (2\mu)^{-1} \int_{I\!R} x^2 \, Q(dx) \;=\; \frac{\mu^2 + \nu^2}{2\mu}.$$

Gemäß Satz 3.2.2 folgt $Z = a + z * U$ für ein $a \in I\!R$, und da $Z(-\infty) = \lim_{t \to -\infty} Z(t) = 0$, muß $a = 0$, d.h. $Z = z * U$ gelten. Eine Anwendung des 2. Erneuerungstheorems zusammen mit (3.4.4) ergibt nun sofort (3.4.2) im nichtarithmetischen Fall. Für d-arithmetisches Q verbleibt die Berechnung von $\int_{I\!R} z(t) \, l_d(dt)$. Es gilt

$$
\begin{aligned}
\int_{I\!R} z_1(t) \, l_d(dt) \;&=\; \frac{d}{\mu} \sum_{n \geq 0} \int_{nd}^{\infty} (1 - Q(x)) \, dx \;=\; \frac{d}{\mu} \sum_{n \geq 0} \sum_{k \geq n} d\, Q([(k+1)d, \infty)) \\[2mm]
&=\; \frac{d^2}{\mu} \sum_{k \geq 0} (k+1)\, Q([(k+1)d, \infty)) \;=\; \frac{d^2}{\mu} \sum_{k \geq 0} \sum_{j > k} (k+1)\, Q(\{jd\}) \\[2mm]
&=\; \frac{d^2}{\mu} \sum_{j \geq 1} Q(\{jd\}) \sum_{k=0}^{j-1} (k+1) \;=\; \frac{d^2}{\mu} \sum_{j \geq 1} \frac{j(j+1)}{2}\, Q(\{jd\}) \\[2mm]
&=\; \frac{1}{2\mu} \sum_{j \geq 1} jd(jd + d)\, Q(\{jd\}) \;=\; \frac{1}{2\mu} \Big(\int_{[0,\infty)} x^2 \, Q(dx) \;+\; d \int_{[0,\infty)} x \, Q(dx) \Big)
\end{aligned}
$$

und entsprechend

$$\int_{I\!R} z_2(t) \, l_d(dt) \;=\; \frac{1}{2\mu} \Big(\int_{(-\infty,0)} x^2 \, Q(dx) \;+\; d \int_{(-\infty,0)} x \, Q(dx) \Big),$$

so daß sich insgesamt offenkundig

$$\int_{I\!R} z(t) \, l_d(dt) \;=\; \frac{1}{2\mu} \int_{I\!R} x^2 \, Q(dx) \;+\; \frac{d}{2} \;=\; \frac{\mu^2 + \nu^2}{2\mu} + \frac{d}{2}$$

ergibt, was den Beweis von (3.4.2) beschließt.

Zum Nachweis von (3.4.3) benutzen wir die folgende für alle $t \geq 0$ gültige Abschätzung

$$
\begin{aligned}
\Big| Q_0 * U(t) - \frac{t}{\mu} - \frac{d}{2} - \frac{\mu^2 + \nu^2}{2\mu} - \frac{\mu_0}{\mu} \Big| \;&=\; \Big| \int_{I\!R} \Big(U(t-x) - \frac{t-x}{\mu} - \frac{d}{2} - \frac{\mu^2+\nu^2}{2\mu} \Big) Q_0(dx) \Big| \\[2mm]
&\leq\; \int_{(-\infty,t]} \Big| Z(t-x) - \frac{d}{2} - \frac{\mu^2+\nu^2}{2\mu} \Big|\, Q_0(dx) \;+\; \int_{(t,\infty)} \Big(\frac{t+x}{\mu} + \frac{d}{2} + \frac{\mu^2+\nu^2}{2\mu} \Big) Q_0(dx).
\end{aligned}
$$

Beide Summanden der letzten Zeile konvergieren gegen 0, falls $t \to \infty$, der erste aufgrund von (3.4.2), $Z = z * U \in L_\infty$ und majorisierter Konvergenz, der zweite wegen $\mu_0 < \infty$. Damit ist der Satz vollständig bewiesen. $\Diamond$

Um Aussagen über die Konvergenzgeschwindigkeit von $U(t) - \mu^{-1}t^{+}$ gegen 0 zu gewinnen, bedarf es, wie schon für entsprechende Resultate über Erneuerungsdichten, avancierterer Methoden. Wir wollen darauf an dieser Stelle nicht weiter eingehen, verweisen aber erneut auf 13.2.

Literaturhinweise: Für Maße Q auf $[0,\infty)$ wurde (3.4.2) von Smith(1954) und Karlin(1955) bewiesen sowie bereits früher von Täcklind(1945) unter der stärkeren Voraussetzung $\int_{[0,\infty)} |x|^{2+\delta} Q(dx) < \infty$ für ein $\delta > 0$. Smith(1960) gab auch als erster einen Beweis im allgemeinen Fall.

3.5 Ruinwahrscheinlichkeiten (2)

In diesem Abschnitt wollen wir die in 0.4 vorgestellte Problemstellung wieder aufgreifen und eine Approximation für die Ruinwahrscheinlichkeit herleiten. Wir beginnen mit einer kurzen Zusammenfassung der dort gemachten Voraussetzungen:

Betrachtet wird ein Portfolio von Versicherungsnehmern, beginnend zum Zeitpunkt $T_0 = 0$, von denen Schadensmeldungen zu zufälligen Zeitpunkten $0 < T_1 < T_2 < \ldots$ eingehen mit zugehörigen Schadenshöhen $X_1, X_2, \ldots$. Wir definieren dann den *Schadenszählprozeß* $(\hat{N}(t))_{t \geq 0}$ sowie den *Schadensprozeß* $(\hat{S}(t))_{t \geq 0}$ durch

$$\hat{N}(t) = \sup\{n \geq 1 : T_n \leq t\} \quad \text{und} \quad \hat{S}(t) = \sum_{j=1}^{\hat{N}(t)} X_j.$$

Seien R_0 die *freie Reserve* des Versicherers zum Zeitpunkt $T_0 = 0$ und $p(t) = ct, c > 0$ seine Prämieneinnahmen in $[0, t]$. Der stochastische Prozeß $(R_t)_{t \geq 0}$ ist dann definiert durch

$$R_t = R_0 + ct - \hat{S}(t).$$

Bezeichnet schließlich

$$\tau^{*} = \tau^{*}(R_0, c) = \inf\{t \geq 0 : R_t < 0\}$$

den *Zeitpunkt der Illiquidität (des Ruins)*, so spricht man im Fall "$\tau^{*} < \infty$" vom *technischen Ruin* des Versicherers, und nennt

$$I(R_0, c) \stackrel{\text{def}}{=} P(\tau^{*} < \infty)$$

die Ruinwahrscheinlichkeit. Hauptergebnis in 0.4 (siehe Satz 0.4.1(a)) war die Abschätzung

$$I(R_0, c) \leq e^{-\gamma R_0} \quad \text{für alle } R_0 > 0 \text{ und geeignetes } \gamma$$

unter den Annahmen

(C.1) $(T_n)_{n \geq 0}$ *und* $(X_n)_{n \geq 0}$ *sind stochastisch unabhängig.*

(C.2) $T_n - T_{n-1}, n \geq 1$ *sind stochastisch unabhängig und identisch* $Exp(\lambda)$*-verteilt, d.h.* $(\hat{N}(t))_{t \geq 0}$ *ist ein Poisson-Prozeß mit Intensität* $\lambda > 0$.

(C.3) $(X_n)_{n \geq 1}$ *sind u.i.v. positive Zufallsgrößen mit* $\lambda E X_1 < c$.

(C.4) $E(e^{uX_1}) < \infty$ *für ein* $u > 0$.

Dieses Ergebnis gilt es im folgenden unter Beibehaltung der Annahmen zu verfeinern. Wir leiten als erstes eine Erneuerungsgleichung für $L(r,c) = 1 - I(r,c)$ her. Da $c > 0$ festgehalten wird, können wir kürzer $L(r), I(r)$ anstelle von $L(r,c), I(r,c)$ schreiben.

3.5.1 Lemma *Unter (C.1)-(C.3) gilt für* $L(r) = 1 - I(r)$ *die Erneuerungsgleichung*

$$(3.5.1) \qquad L(r) \; = \; L(0) \; + \; \frac{\lambda}{c} \int_0^r L(r-x) P(X_1 > x) \, dx \; .$$

Beweis: Seien $S_n = X_1 + ... + X_n$ und $W_n = T_n - T_{n-1}$ für $n \geq 1$. Dann gilt

$$
\begin{aligned}
L(r) \; &= \; P(S_n \leq r + cT_n \text{ für alle } n \geq 1) \\
&= \; \int_{\{X_1 \leq r+cW_1\}} P(S_n \leq r + cT_n \text{ für alle } n \geq 1 | X_1, W_1) \, dP \\
&= \; \int_{[0,\infty)} \int_{[0,r+cw]} L(r - x + cw) \, P(X_1 \in dx) \, P(W_1 \in dw) \\
&= \; \int_0^\infty \lambda e^{-\lambda w} \int_{[0,r+cw]} L(r - x + cw) \, P(X_1 \in dx) \, dw \\
&= \; \int_r^\infty \frac{\lambda}{c} e^{-\frac{\lambda}{c}(z-r)} \int_{[0,z]} L(z - x) \, P(X_1 \in dx) \, dz \; .
\end{aligned}
$$

Es folgt die Differenzierbarkeit von L, und zwar gilt

$$
\begin{aligned}
L'(r) \; &= \; -\frac{\lambda}{c} \int_{[0,r]} L(r-x) \, P(X_1 \in dx) \; + \; \int_r^\infty \frac{\lambda^2}{c^2} e^{-\frac{\lambda}{c}(z-r)} \int_{[0,z]} L(z-x) \, P(X_1 \in dx) \, dz \\
&= \; -\frac{\lambda}{c} \int_{[0,r]} L(r-x) \, P(X_1 \in dx) \; + \; \frac{\lambda}{c} L(r)
\end{aligned}
$$

unter Beachtung der Differentiationsregel

$$\frac{d}{dr} \int_r^\infty \phi(r,x) \, dx \; = \; -\phi(r,r) \; + \; \int_r^\infty \frac{\partial}{\partial r} \phi(r,x) \, dx.$$

Integration liefert weiter für alle $t \geq 0$

$$L(t) - L(0) \; = \; \int_0^t L'(r) \, dr \; = \; \frac{\lambda}{c} \left(\int_0^t \left(L(r) - \int_{[0,r]} L(r-x) \, P(X_1 \in dx) \right) dr \right).$$

Zu zeigen bleibt demnach

$$\int_0^t \left(L(r) - \int_{[0,r]} L(r-x) \, P(X_1 \in dx) \right) dr \; = \; \int_0^t L(t-r) P(X_1 > r) \, dr.$$

Dies gilt aber wegen

$$\int_0^t L(r)\,dr \;=\; \int_0^t L(t-r)\,dr \quad \text{und}$$

$$\int_0^t \int_{[0,r]} L(r-x)\,P(X_1 \in dx)\,dr \;=\; \int_{[0,t]} \int_x^t L(r-x)\,dr\,P(X_1 \in dx)$$

$$=\; \int_{[0,t]} \int_0^{t-x} L(r)\,dr\,P(X_1 \in dx) \;=\; \int_0^t L(r)\,P(X_1 \le t-r)\,dr$$

$$=\; \int_0^t L(t-r)\,P(X_1 \le r)\,dr. \qquad\qquad\qquad \Diamond$$

Definieren wir das Maß

$$V(dx) \;=\; \frac{\lambda}{c}\,P(X_1 > x)\,\mathbf{1}((0,\infty))(x)\,l_0(dx)$$

mit Gesamtmasse $\|V\| = \frac{\lambda}{c}EX_1 < 1$ (da $\lambda EX_1 < c$ nach Voraussetzung), so läßt sich die soeben bewiesene *defekte* Erneuerungsgleichung schreiben als

$$L(r) \;=\; L(0) \;+\; \int_{[0,r]} L(r-x)\,V(dx),$$

und wir erhalten gemäß Satz 3.1.4

$$(3.5.2) \qquad\qquad \lim_{r\to\infty} L(r) \;=\; \frac{L(0)}{1-\|V\|} \;=\; \frac{cL(0)}{c-\lambda EX_1}.$$

Wir wissen aber ferner, daß nach Satz 0.4.1(a)

$$\lim_{r\to\infty} L(r) \;=\; 1 \;-\; \lim_{r\to\infty} I(r) \;=\; 1,$$

was zusammen mit (3.5.2)

$$(3.5.3) \qquad\qquad L(0) \;=\; 1-\|V\| \;=\; 1-\frac{\lambda}{c}EX_1$$

liefert. Sei nun in der Notation von Abschnitt 3.1

$$V_\beta(dx) \;=\; e^{\beta x}\,V(dx)$$

und außerdem folgende Verschärfung von (C.4) angenommen:

$$(C.5) \qquad \|V_\beta\| = \frac{\lambda}{c}\int_0^\infty e^{\beta x}P(X_1 > x)\,dx = \frac{\lambda}{c\beta}E(e^{\beta X_1}-1) = 1 \quad \textit{für ein } \beta > 0.$$

Wir können nun die berühmte *Cramér-Lundberg Approximation* für die Ruinwahrscheinlichkeit $I(r)$ herleiten.

3.5.2 Satz *Unter Annahme von (C.1)-(C.3) und (C.5) gilt*

$$(3.5.4) \qquad \lim_{r \to \infty} e^{\beta r} I(r) \;=\; \frac{1}{\nu \beta}\left(1 - \frac{\lambda}{c} E X_1\right),$$

wobei

$$\nu \;=\; \mu(V_\beta) \;=\; \frac{\lambda}{c} \int_0^\infty x e^{\beta x}\, P(X_1 > x)\, dx.$$

Beweis: Durch Umschreiben von (3.5.1) und unter Benutzung von (3.5.3) erhalten wir die folgende Erneuerungsgleichung für $I(r)$.

$$
\begin{aligned}
(3.5.5) \qquad
I(r) \;&=\; 1 - L(r) \;=\; 1 - \left(L(0) + \int_{[0,r]} L(r-x)\, V(dx)\right) \\
&=\; 1 - L(0) - V(r) + \int_{[0,r]} I(r-x)\, V(dx) \\
&=\; \|V\| - V(r) + \int_{[0,r]} I(r-x)\, V(dx) \\
&=\; V((r,\infty)) + \int_{[0,r]} I(r-x)\, V(dx).
\end{aligned}
$$

Gemäß Lemma 3.1.6 ist damit $e^{\beta r} I(r)$ die eindeutig bestimmte lokal beschränkte Lösung der Erneuerungsgleichung

$$e^{\beta r} I(r) \;=\; e^{\beta r} V((r,\infty)) + \int_{[0,r]} e^{\beta(r-x)} I(r-x)\, V_\beta(dx).$$

Aus $\|V_\beta\| = 1 < \infty$ folgt leicht $e^{\beta r} V((r,\infty)) \mathbf{1}([0,\infty)) \in L_\infty$ und $\lim_{r \to \infty} e^{\beta r} V((r,\infty)) = 0$. Ferner gilt unter Hinweis auf Korollar A.1.2 im Anhang

$$
\begin{aligned}
\int_0^\infty \beta e^{\beta r} V((r,\infty))\, dr \;&=\; \int_{[0,\infty)} (e^{\beta t} - 1)\, V(dt) \\
&=\; \frac{\lambda}{c} \int_0^\infty (e^{\beta t} - 1)\, P(X_1 > t)\, dt \;=\; 1 - \frac{\lambda}{c} E X_1,
\end{aligned}
$$

insbesondere $e^{\beta r} V((r,\infty)) \in L_1$. (3.5.4) folgt nun unter Benutzung von Satz 3.1.7 im quasi l_0-stetigen Fall (V_β l_0-stetig). $\qquad\qquad \Diamond$

Sind die Annahmen (C.4) und (C.5) verletzt, gilt also $E(e^{u X_1}) = \infty$ für alle $u > 0$, so wird man nicht mehr erwarten können, daß die Ruinwahrscheinlichkeit $I(r)$ für $r \to \infty$ exponentiell schnell gegen 0 konvergiert. Immerhin läßt sich aber noch folgendes aussagen:

3.5.3 Satz *Aus (C.1)-(C.3) sowie $X_1 \in L_p$ für ein $p > 1$ folgt*

$$(3.5.6) \qquad \lim_{r \to \infty} r^{p-1} I(r) \;=\; 0.$$

101

Beweis: Seien U das zu V gehörige Erneuerungsmaß mit Gesamtmasse $\|U\| = (1 - \|V\|)^{-1}$, $V' = \|V\|^{-1}V$ das durch Normierung aus V hervorgehende Wahrscheinlichkeitsmaß und dazu $(W_n)_{n \geq 0}$ ein SEP mit $W_1 \sim V$. Wegen $X_1 \in L_p$ folgt

$$\mu_{p-1} \stackrel{\text{def}}{=} EW_1^p = \int_{[0,\infty)} x^{p-1}\, V'(dx) = \frac{\lambda}{c}\int_0^\infty x^{p-1} P(X_1 > x)\, dx = \frac{\lambda}{cp} EX_1^p < \infty$$

und weiter mit Hilfe der Dreiecksungleichung für die L_{p-1}-Norm ($p \geq 2$) bzw. der Subadditivität von x^{p-1} ($1 < p < 2$)

$$\int_{[0,\infty)} x^{p-1}\, V'^{*(n)}(dx) = EW_n^p \leq n^{(p-1)\vee 1}\mu_{p-1} \quad \text{für alle } n \geq 1.$$

Dies liefert

$$\int_{[0,\infty)} x^{p-1}\, U(dx) = \sum_{n \geq 1} \|V\|^n \int_{[0,\infty)} x^{p-1}\, V'^{*(n)}(dx) \leq \mu_{p-1}\sum_{n \geq 1} \|V\|^n n^{(p-1)\vee 1} < \infty,$$

insbesondere $x^{p-1}U((x,\infty)) \to 0$, falls $x \to \infty$. Da außerdem

$$\begin{aligned}
I(r) &= \int_{[0,r]} V((r-x,\infty))\, U(dx) \\
&\leq \|U\|\, V((\tfrac{r}{2},\infty)) + \|V\|\, U((\tfrac{r}{2},\infty)) \leq (\|V\| + \|U\|)\, U((\tfrac{r}{2},\infty))
\end{aligned}$$

unter Hinweis auf die für $I(r)$ gültige Erneuerungsgleichung (3.5.5), folgt (3.5.6). $\qquad\qquad \Diamond$

Eine Untersuchung der Ruinwahrscheinlichkeit unter Abschwächung der Annahme (C.2) führen wir in Abschnitt 4.6 durch.

Literaturhinweise: Die hier vorgestellte Approximation für die Ruinwahrscheinlichkeit ist Teil einer mittlerweile klassischen Theorie, die zu Beginn dieses Jahrhunderts, beginnend mit F. Lundbergs(1903) Dissertation an der Universität Uppsala, eine rasche Entwicklung durch eine große Zahl von Arbeiten von ihm und anderen schwedischen Versicherungsmathematikern nahm. Übersichten im Kontext stochastischer Prozesse gibt Cramér(1930, 1955). Als weitere Quellen erwähnen wir die Monographien über Risikotheorie von Seal(1969, 1978), Bühlmann(1970), Gerber(1979), Beard, Pentikäinen und Pesonen(1984) sowie Heilmann(1987). Ergänzende Hinweise geben wir am Ende von 4.6.

3.6 Ein Verzweigungsprozeß

Wir betrachten eine Population, die zum Zeitpunkt $t = 0$ aus einem einzigen Organismus besteht, dessen Lebensdauer eine Zufallsgröße $T(0)$ mit nichtarithmetischer Verteilung Q und Erwartungswert $\mu \in (0,\infty)$ ist. Unmittelbar vor seinem Tod bringt dieser Organismus $Z(0)$ Nachkommen zur Welt, wobei $Z(0)$ unabhängig von $T(0)$ ist mit Verteilung $(p_j)_{j \in \mathbb{N}_0}$ auf

$I\!N_0$ und Erwartungswert $v = \sum_{j\geq 0} j p_j \in (0,\infty)$. Wir bezeichnen die $Z(0)$ neuen Organismen als Nachkommen der 1. Generation. Dieser Evolutionsprozeß setzt sich nun zeitlich unbeschränkt fort, und zwar hat jeder entstehende Organismus eine zufallsabhängige Lebensdauer $T(n,i_1,...,i_n)$ mit Verteilung Q und zeugt an seinem Lebensende $Z(n,i_1,...,i_n)$ Nachkommen gemäß Verteilung $(p_j)_{j\in I\!N_0}$ und unabhängig von seinem Alter. Darüberhinaus sind Lebensdauer und Nachkommenzahl eines jeden Organismus' unabhängig von denen aller anderen Organismen, was formal bedeutet, daß

$$\{T(0), T(n,i_1,...,i_n) : \ n \in I\!N, (i_1,...,i_n) \in I\!N^n\}$$

und

$$\{Z(0), Z(n,i_1,...,i_n) : \ n \in I\!N, (i_1,...,i_n) \in I\!N^n\}$$

stochastisch unabhängige Familien u.i.v. Zufallsgrößen bilden. Dabei besitzt die gewählte Bezeichnungsweise folgende Interpretation: Hat ein Organismus k Nachkommen, so werden diese willkürlich von 1 bis k durchnumeriert. Jedem Organismus wird dann ein Tupel $(n, i_1,...,i_n)$ zugeordnet, wobei n die Generation bezeichnet, der er angehört, i_n angibt, um welchen Nachkommen des Ahnen $(n-1, i_1,...,i_{n-1})$ es sich handelt, i_{n-1} angibt, um welchen Nachkommen des Urahnen $(n-2, i_1,...,i_{n-2})$ es sich beim Ahnen handelt, usw. (siehe unteres Schaubild).

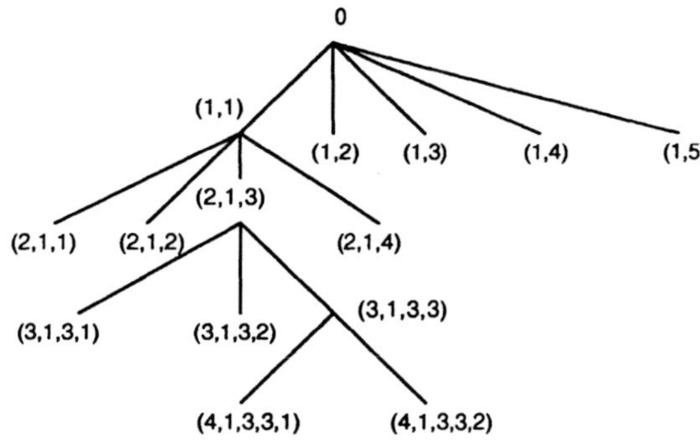

Bild 2: Ausschnitt eines möglichen Stammbaums für die beschriebene Population

Sei M_t die Populationsgröße zum Zeitpunkt $t \geq 0$, also $M_0 = 1$. Unser Ziel ist es, das asymptotische Verhalten der mittleren Populationsgröße, d.h. von $M(t) \overset{\text{def}}{=} EM_t$ zu bestimmen. Bezeichnen wir mit $M_t^{(j)}$ die Anzahl aller zum Zeitpunkt t lebenden und von $(1,j)$ abstammenden Organismen, so gilt offenkundig

$$(3.6.1) \qquad M_t = \mathbf{1}(T(0) > t) + \sum_{j=1}^{Z(0)} M_t^{(j)} \mathbf{1}(T(0) \leq t).$$

Ferner sieht man sofort, daß aufgrund unserer Annahmen

$$(3.6.2) \qquad P(M_t^{(1)} = n_1, ..., M_t^{(k)} = n_k | T(0) = s, Z(0) = k) \; = \; \prod_{j=1}^{k} P(M_{t-s} = n_j)$$

für alle $0 \leq s \leq t, k \in I\!N$ und $(n_1, ..., n_k) \in I\!N_0^k$. (3.6.1) und (3.6.2) zusammen ergeben

$$
\begin{aligned}
M(t) \; &= \; P(T(0) > t) \; + \; \sum_{k \geq 1} p_k \sum_{j=1}^{k} EM_t^{(j)} \mathbf{1}(T(0) \leq t) \\
(3.6.3) \qquad &= \; P(T(0) > t) \; + \; \sum_{k \geq 1} k p_k \int_{[0,t]} M(t-s) \, Q(ds) \\
&= \; P(T(0) > t) \; + \; \int_{[0,t]} M(t-s) \, (vQ)(ds).
\end{aligned}
$$

$M(t)$ erfüllt also eine Erneuerungsgleichung, die defekt ist, falls $v < 1$ (*subkritischer Fall*), gewöhnlich, falls $v = 1$ (*kritischer Fall*) und exzessiv, falls $v > 1$ (*superkritischer Fall*). Die in Klammern angegebenen Fallbezeichnungen verwendet man üblicherweise in der Theorie der Verzweigungsprozesse. Der anschließende Satz ergibt sich nun leicht bei Anwendung der in 3.1 erzielten Resultate zusammen mit Lemma 3.6.2 am Ende dieses Abschnitts.

3.6.1 Satz   *Gegeben sei das zuvor beschriebene Modell. Dann gilt*
(a) im subkritischen Fall:

$$(3.6.4) \qquad \lim_{t \to \infty} M(t) \; = \; 0.$$

Existiert ein $\theta > 0$, so daß $vE(e^{\theta T(0)}) = 1$, so folgt ferner mit $\xi = ET(0)e^{\theta T(0)}$

$$(3.6.5) \qquad \lim_{t \to \infty} e^{\theta t} M(t) \; = \; \frac{1}{v\xi} \int_0^\infty e^{\theta t} P(T(0) > t) \, dt \; = \; \frac{1}{v\xi\theta} E(e^{\theta T(0)} - 1) \; = \; \frac{1 - v}{v^2 \xi \theta},$$

(b) im kritischen Fall:

$$(3.6.6) \qquad \lim_{t \to \infty} M(t) \; = \; \mu^{-1} \int_0^\infty P(T(0) > t) \, dt \; = \; 1.$$

(c) im superkritischen Fall: Es existiert ein eindeutig bestimmtes $\theta > 0$, so daß $vE(e^{-\theta T(0)}) = 1$, und es gilt weiter mit $\xi = ET(0)e^{-\theta T(0)}$

$$(3.6.7) \qquad \lim_{t \to \infty} e^{\theta t} M(t) \; = \; \frac{1}{v\xi} \int_0^\infty e^{-\theta t} P(T(0) > t) \, dt \; = \; \frac{1}{v\xi\theta} E(1 - e^{-\theta T(0)}) \; = \; \frac{v - 1}{v^2 \xi \theta},$$

Die in (a) und (c) auftretende Konstante θ wird als *Malthusische Wachstumsrate* bezeichnet. Natürlich läßt sich eine entsprechende Version dieses Satzes für arithmetisches $T(0)$ formulieren, worauf wir hier jedoch verzichten wollen. Für eine Anwendung der Ergebnisse in 3.1 zum Beweis von Satz 3.6.1 bedarf es nur noch des Nachweises der direkten Riemann-Integrierbarkeit von $e^{\pm \theta t} P(T(0) > t)$ in Teil (a) bzw. (c). Zu diesem Zweck geben wir das schon angekündigte

3.6.2 Lemma   *Sei $z : [0, \infty) \to [0, \infty)$ eine monoton fallende Funktion und $\gamma \in \mathbb{R}$ mit*

$$g(\gamma) \stackrel{\text{def}}{=} \int_0^\infty e^{\gamma t} z(t)\, dt \; < \; \infty.$$

Dann ist $z_\gamma(t) = e^{\gamma t} z(t)$ d.R.i.

Beweis: Für $\gamma \leq 0$ ist die Behauptung klar gemäß Satz 2.5.2(f), da z_γ in diesem Fall monoton fallend ist auf $[0, \infty)$. Sei deshalb gleich $\gamma > 0$ und außerdem $\delta > 0$ beliebig vorgegeben. Es folgt

$$M_n^\delta \; = \; \sup_{x \in [\delta n, \delta(n+1)]} z_\gamma(x) \; \leq \; e^{\gamma \delta(n+1)} z(\delta n) \; = \; e^{2\gamma\delta}\left(e^{\gamma\delta(n-1)} z(\delta n)\right)$$

$$\leq \; e^{2\gamma\delta}\delta^{-1} \int_{\delta(n-1)}^{\delta n} z_\gamma(y)\, dy \qquad \left(z_\gamma(y) \stackrel{\text{def}}{=} z(0) \quad \text{für } y \leq 0\right)$$

und analog

$$m_n^\delta \; = \; \inf_{x \in [\delta n, \delta(n+1)]} z_\gamma(x) \; \geq \; e^{\gamma\delta n} z(\delta(n+1)) \; \geq \; e^{-2\gamma\delta}\delta^{-1} \int_{\delta(n+1)}^{\delta(n+2)} z_\gamma(y)\, dy$$

für alle $n \in \mathbb{N}_0$. Dies liefert die Behauptung, denn

$$\delta\left(\sum_{n \geq 0} M_n^\delta \; - \; \sum_{n \geq 0} m_n^\delta\right) \; \leq \; e^{2\gamma\delta} \int_{-\delta}^0 z_\gamma(y)\, dy \; + \; (e^{2\gamma\delta} - e^{-2\gamma\delta}) g(\gamma) \; + \; e^{-2\gamma\delta} \int_0^\delta z_\gamma(y)\, dy,$$

und die rechte Seite dieser Ungleichung konvergiert offensichtlich gegen 0, falls $\delta \to 0$. $\quad \Diamond$

Literaturhinweise: Der hier vorgestellte Prozeß $(M_t)_{t \geq 0}$ ist einer der einfachsten innerhalb der Theorie der Verzweigungsprozesse und wird dort als *Bellman-Harris-Prozeß* bezeichnet. Als weiterführende Literatur zu dem sehr großen Gebiet der Verzweigungsprozesse seien die Monographien von Harris(1963), Athreya und Ney(1972), Jagers(1975) sowie von Asmussen und Hering(1983) genannt.

§4 Erstaustrittszeiten

In diesem Paragraphen kehren wir zurück zu den in 0.3 vorgestellten *Erstaustrittszeiten*

$$(4.1) \qquad \tau(b) \ = \ \inf\{n \geq 1 : S_n > b\}, \ b \geq 0 \qquad (\inf \emptyset \overset{\text{def}}{=} \infty)$$

für einen SRW $(S_n)_{n \geq 0}$ mit positiver Drift $\mu \ = \ EX_1$. Wir hatten dort gezeigt, daß im Erneuerungsfall, d.h. im Fall eines SEP $(S_n)_{n \geq 0}$

$$(4.2) \qquad E\tau(b) \ = \ U(b) \ < \ \infty \quad \text{für alle } b \geq 0,$$

was den Zusammenhang zur Erneuerungstheorie herstellt, und anschließend unter Verwendung der Waldschen Gleichung und des starken Gesetzes der großen Zahlen

$$(4.3) \qquad \lim_{b \to \infty} b^{-1}\tau(b) \ = \ \mu^{-1} \quad P\text{-}f.s. \quad \text{und} \quad \lim_{b \to \infty} b^{-1}E\tau(b) \ = \ \mu^{-1}.$$

Hauptziele dieses Paragraphen bilden die Herleitung von Approximationen zweiter Ordnung für $E\tau(b)$ und $\mathrm{Var}\,\tau(b)$, falls $b \to \infty$, sowie die dazu notwendige eingehende Untersuchung des *Exzesses* $R_b = S_{\tau(b)} - b$. Dies geschieht in 4.2 und 4.3. Ungleichungen für $E\tau(b)$ sowie die Erneuerungsfunktion $U(b)$ von $(S_n)_{n \geq 0}$ bilden Inhalt von 4.4. Wir werden ferner in 4.5 ein bekanntes Wartezeit-Paradoxon kennenlernen, in 4.6 noch einmal zu Ruinwahrscheinlichkeiten zurückkehren sowie in 4.7 sogenannte *bewertete Erneuerungsprozesse* kurz vorstellen, die in vielen Modellen der angewandten Wahrscheinlichkeitstheorie auftreten. Der erste Abschnitt jedoch ist vorbereitender Natur und dient dazu, die nachfolgenden Resultate unter möglichst schwachen Bedingungen an $(S_n)_{n \geq 0}$ formulieren zu können. Dies sind in aller Regel *Momentenbedingungen* an X_1^+ oder X_1^-, d.h. der Form

$$\mu_p^+ \overset{\text{def}}{=} E(X_1^+)^p \ < \ \infty \quad \text{und} \quad \mu_p^- \overset{\text{def}}{=} E(X_1^-)^p \ < \ \infty$$

für ein geeignetes $p > 0$. Eine erste naheliegende Frage bei der Analyse der $\tau(b)$ ist etwa, wann $E\tau(b)^p < \infty$ oder $ES_{\tau(b)}^p < \infty$ für alle $b \geq 0$ gilt. Neben $\tau(b), S_{\tau(b)}$ und R_b werden wir auch einer Reihe weiterer Zufallsgrößen begegnen. Dazu gehören die Erstaustrittszeiten

$$(4.4) \qquad \hat{\tau}(b) \ = \ \inf\{n \geq 1 : S_n < b\}, \quad b \leq 0,$$

mit zugehörigem Exzeß

$$(4.5) \qquad \hat{R}_b \ = \ (b - S_{\hat{\tau}(b)})\,\mathbf{1}(\hat{\tau}(b) < \infty),$$

die Zufallszeiten

$$(4.6) \qquad \rho(b) \ = \ \sup\{n \geq 0 : S_n \leq b\}, \quad b \geq 0$$

und ferner

$$M^< = \min_{n \geq 0} S_n, \qquad \xi = \inf\{n \geq 0 : S_n = M^<\},$$

(4.7)
$$N(b) = \sum_{n \geq 1} \mathbf{1}(S_n \leq b).$$

Beachte, daß die $\rho(b), b \geq 0$ keine Stopzeiten für $(S_n)_{n \geq 0}$ bilden. Da

$$\rho(b) + 1 = \inf\{n \geq 1 : S_{n+j} > b \text{ für alle } j \geq 0\} \quad \text{für alle } b \geq 0,$$

bezeichnet man $\rho(b) + 1$ auch als *Letztaustrittszeit* (engl. *last exit time*) zum Niveau b. Im Fall eines SEP $(S_n)_{n \geq 0}$ gilt offenkundig $\tau(b) = \rho(b) + 1$ für alle $b \geq 0$, d.h. Erstaustrittszeit und Letztaustrittszeit stimmen für jedes Niveau b überein. $N(b)$ gibt die Zahl der Erneuerungen in $[0, b]$ an, wobei S_0 als Erneuerungszeitpunkt nicht mitgezählt wird.

Es ist sinnvoll, vor Durchführung des oben angekündigten Programms (Abschnitte 4.2–4.7) geeignete Bedingungen an X_1 herzuleiten, unter denen jede dieser Zufallsgrößen ein endliches Moment p-ter Ordnung besitzt für beliebiges $p > 0$.

4.1 Momentenresultate und gleichgradige Integrierbarkeit

Im folgenden seien $(S_n)_{n \geq 0}$ ein SRW mit Drift $\mu \in (0, \infty]$ und Erneuerungsmaß U sowie $\tau(b), \hat{\tau}(-b), \rho(b), N(b), R_b, \hat{R}_{-b}, b \geq 0$ und $M^<, \xi$ die zuvor definierten Zufallsgrößen. Beachte, daß $\tau(0) = \sigma^>$, $\hat{\tau}(0) = \sigma^<$ und daß

(4.1.1) $$\tau(b) - 1 \leq N(b) \leq \rho(b) \quad \text{für alle } b \geq 0,$$

wobei Gleichheit im Fall nichtnegativer Zuwächse $X_1, X_2, \dots$ gilt. Wir notieren als erstes den folgenden

4.1.1 Satz *Unter den zuvor gemachten Annahmen gelten $E\tau(b) < \infty$ für alle $b \geq 0$, insbesondere $E\sigma^\leq \leq E\sigma^> < \infty$, sowie (4.3). Falls $\mu < \infty$, so folgen weiter*

(4.1.2) $$\lim_{b \to \infty} b^{-1} S_{\tau(b)} = 1 \quad P\text{-}f.s. \quad und \quad \lim_{b \to \infty} b^{-1} E S_{\tau(b)} = 1.$$

Beweis: Der Beweis von $E\tau(b) < \infty$ für alle $b \geq 0$ sowie (4.3) verläuft genauso wie im Fall nichtnegativer Zuwächse, und wir verweisen daher auf Satz 0.3.1 und 0.3.2. Falls $\mu < \infty$, so folgt (4.1.2) wegen

$$\frac{S_{\tau(b)}}{b} = \frac{S_{\tau(b)}}{\tau(b)} \cdot \frac{\tau(b)}{b}, \quad E S_{\tau(b)} = \mu E\tau(b) \text{ (1. Waldsche Gleichung)},$$

(4.3) und dem starken Gesetz der großen Zahlen. $\diamond$

Die anschließenden Resultate über die Existenz von Momenten beliebiger Ordnung der oben eingeführten Zufallsgrößen teilen sich auf in jene unter einer geeigneten Momentenbedingung an X_1^+ (Sätze 4.1.2–4) und jene, die eine solche an X_1^- erfordern (Sätze 4.1.6/7).

Im folgenden benutzen wir in manchen Aussagen die Formulierung *für alle/ein* $b \geq 0$. Dies soll bedeuten, daß beide Versionen äquivalent sind. Gilt also die jeweilige Aussage für ein $b \geq 0$, so schon für alle $b \geq 0$.

4.1.2 Satz *Für $p > 0$ sind äquivalent:*

(a) $\mu_p^+ < \infty$.   (b) $ES_{\tau(b)}^p < \infty$ *für alle/ein* $b \geq 0$.

(c) $ER_b^p < \infty$ *für alle/ein* $b \geq 0$.   (d) $EX_{\tau(b)}^p < \infty$ *für alle/ein* $b \geq 0$.

Beweis: Für alle $b \geq 0$ gelten $X_1^+ \leq S_{\tau(b)}$ und

$$R_b^p \;=\; (S_{\tau(b)} - b)^p \;\leq\; (X_{\tau(b)}^+)^p \;\leq\; \sum_{j=1}^{\tau(b)} (X_j^+)^p,$$

wobei $X_{\tau(b)} = X_{\tau(b)}^+$ beachtet werde. Unter Verwendung der Dreiecks-Ungleichung für $\|\cdot\|_p$, falls $p \geq 1$, bzw. der Subadditivität von $\|\cdot\|_p^p$, falls $0 < p \leq 1$, sowie der 1. Waldschen Gleichung folgen deshalb

$$(4.1.3) \qquad \begin{aligned} (\mu_p^+)^{1/(p\vee 1)} &\;=\; \|X_1^+\|_p^{p\wedge 1} \;\leq\; \|S_{\tau(b)}\|_p^{p\wedge 1} \;\leq\; \|R_b\|_p^{p\wedge 1} + b^{p\wedge 1} \quad \text{und} \\[1mm] \|R_b\|_p &\;\leq\; \|X_{\tau(b)}\|_p \;\leq\; \|X_1^+\|_p \, (E\tau(b))^{1/p}, \end{aligned}$$

und diese Ungleichungen implizieren leicht die behaupteten Äquivalenzen. $\Diamond$

4.1.3 Satz *Seien $p \geq 1$ und $\mu_p^+ < \infty$. Dann folgen:*

(a) $\lim_{b\to\infty} b^{-1/p} X_{\tau(b)} \;=\; \lim_{b\to\infty} b^{-1/p} R_b \;=\; 0$ P-f.s.

(b) $\lim_{b\to\infty} b^{-q/p} EX_{\tau(b)}^q \;=\; \lim_{b\to\infty} b^{-q/p} ER_b^q \;=\; 0$ *für alle* $0 < q \leq p$.

(c) $b^{-q/p} X_{\tau(b)}^q, b \geq 1$ *und* $b^{-q/p} R_b^q, b \geq 1$ *sind g.i. für alle* $0 < q \leq p$.

(d) $b^{-q} S_{\tau(b)}^q, b \geq 1$ *sind g.i. und* $\lim_{b\to\infty} b^{-q} ES_{\tau(b)}^q \;=\; 1$ *für alle* $0 < q \leq p$.

Beweis: Wegen $0 \leq R_b \leq X_{\tau(b)} = X_{\tau(b)}^+$ für alle $b \geq 0$ reicht es natürlich, die Behauptungen (a)-(c) für $X_{\tau(b)}, b \geq 0$ zu zeigen. Es folgt für alle $\varepsilon > 0$ unter Benutzung von (A.1.12) im Anhang

$$\infty \;>\; \varepsilon^{-p} \mu_p^+ \;\geq\; \sum_{n \geq 1} P(X_1^+ > \varepsilon n^{1/p}) \;=\; \sum_{n \geq 1} P(X_n^+ > \varepsilon n^{1/p}),$$

was gemäß dem Borel-Cantelli-Lemma $P(X_n > \varepsilon n^{1/p}$ u.o.$) = 0$ impliziert. Da dies für jedes $\varepsilon > 0$ gilt, erhalten wir $n^{-1/p} X_n \to 0$ P-f.s. und wegen $\tau(b) \to \infty$ auch $\tau(b)^{-1/p} X_{\tau(b)} \to 0$ P-f.s. Verbindet man dies mit $b^{-1} \tau(b) \to \mu^{-1}$ P-f.s., so folgt Behauptung (a). Zum Nachweis von (b) sei wieder $\varepsilon > 0$ beliebig und $c > 1$ so groß, daß $E(X_1^+)^p \mathbf{1}(X_1 > c) < \varepsilon$. Wir setzen für $n \geq 1$

$$Y_n \;=\; X_n^+ \mathbf{1}(X_n > c) \quad \text{und} \quad Z_n \;=\; X_n^+ - Y_n,$$

so daß $Y_1, Y_2, ...$ und $Z_1, Z_2, ...$ jeweils Folgen u.i.v. Zufallsgrößen bilden mit $0 \leq Z_1 \leq c$ und $\|Y_1\|_q^q < \varepsilon$ für $0 < q \leq p$. Wir erhalten ähnlich wie in (4.1.3) für $0 < q \leq p$

$$(4.1.4) \quad \|X_{\tau(b)}\|_q^{q \wedge 1} \leq \|Y_{\tau(b)}\|_q^{q \wedge 1} + \|Z_{\tau(b)}\|_q^{q \wedge 1} \leq \left(E\Big(\sum_{j=1}^{\tau(b)} (Y_j^+)^q\Big) \right)^{1/(q \vee 1)} + c$$

$$\leq \|Y_1\|_q^{q \wedge 1} \left(E\tau(b) \right)^{1/(q \vee 1)} + c \leq \varepsilon^{1/(q \vee 1)} \left(E\tau(b) \right)^{1/(q \vee 1)} + c.$$

Da $E\tau(b) = O(b)$ für $b \to \infty$ und $\varepsilon > 0$ beliebig vorgegeben war, folgt (b). Behauptung (c) ist unter Benutzung von Satz A.2.5 eine einfache Konsequenz von (a) und (b) ($b^{-1/p} X_{\tau(b)} \to_{L_q} 0$). Für (d) reicht es wegen $b^{-1} S_{\tau(b)} \to 1$ P-f.s., die gleichgradige Integrierbarkeit von $b^{-q} S_{\tau(b)}^q$, $b \geq 1$ nachzuweisen. Diese folgt jedoch sofort aufgrund der Ungleichung $b^{-1} S_{\tau(b)} \leq 1 + b^{-1} R_b$ für alle $b > 0$, Teil (c) und Korollar A.2.3(c). $\qquad \diamond$

Noch unbeantwortet ist bisher die Frage, unter welcher Momentenbedingung an X_1 die Familie $R_b^p, b \geq 0$ g.i. ist für beliebiges $p > 0$ und damit auch $\sup_{b \geq 0} E R_b^p < \infty$ gilt. Hierzu bedarf es, anders als zuvor, der Verwendung einer erneuerungstheoretischen Beziehung für den Exzeß, die wir in 0.3 für den Fall nichtnegativer Zuwächse $X_1, X_2, ...$ bereits hergeleitet hatten. Es gilt dann nämlich für alle $b, t \geq 0$

$$(4.1.5) \qquad P(R_b > t) = g_t * U(b) \quad \text{mit} \quad g_t(z) = P(X_1 > t + z)$$

Um eine entsprechende Beziehung auch in der hier vorliegenden allgemeineren Situation zu erhalten, bedienen wir uns wieder der zu $(S_n)_{n \geq 0}$ gehörenden schwach aufsteigenden LI $(\sigma_n^{\geq})_{n \geq 0}$ und LH $(S_n^{\geq})_{n \geq 0}$. Definieren wir nämlich

$$(4.1.6) \qquad \tau^{\geq}(b) = \inf\{n \geq 0 : S_n^{\geq} > b\}, \ b \geq 0,$$

so folgt offenkundig

$$(4.1.7) \qquad R_b = S_{\tau(b)} - b = S_{\tau^{\geq}(b)}^{\geq} - b \quad \text{für alle } b \geq 0,$$

und dann unter Benutzung von (4.1.5)

$$(4.1.8) \qquad P(R_b > t) = g_t * U^{\geq}(b) \quad \text{mit} \quad g_t(z) = P(S_1^{\geq} > t + z)\,\mathbf{1}([0, \infty))(z)$$

für alle $b, t \geq 0$, wobei $U^{\geq}$ natürlich das zu $(S_n^{\geq})_{n \geq 0}$ gehörende Erneuerungsmaß bezeichnet.

4.1.4 Satz *Für $p > 0$ sind äquivalent:*

(a) $\mu_{p+1}^+ < \infty$.   (b) $\int_0^\infty t^{p-1} \sup_{b \geq 0} P(R_b > t)\, dt < \infty$.
(c) $R_b^p, b \geq 0$ *sind g.i.*   (d) $\sup_{b \geq 0} E R_b^p < \infty$.

Beweis: Wie man sofort einsieht, sind nur "(a)⇒(b)" und "(d)⇒(a)" zu zeigen. Wir beginnen mit der ersten Implikation und nehmen dazu $\mu_{p+1}^{+} < \infty$ an. Gemäß Satz 4.1.2(b) folgt dann $E(S_1^{\geq})^{p+1} \leq ES_{\tau(0)}^{p+1} < \infty$. Es gilt nun für alle $b, t \geq 0$

$$
\begin{aligned}
P(R_b > t) &= \int_{[0,b]} P(S_1^{\geq} > b + t - x)\, U^{\geq}(dx) \\
&\leq \sum_{0 \leq k \leq b} \int_{[k,k+1]} P(S_1^{\geq} > b + t - x)\, U^{\geq}(dx) \\
&\leq \sum_{0 \leq k \leq b} P(S_1^{\geq} > b + t - k - 1)\, U^{\geq}([k, k+1]) \\
&\leq U^{\geq}([0,1]) \sum_{k \geq 0} P(S_1^{\geq} > t + k - 1) \\
&\leq U^{\geq}([0,1]) \int_{t-2}^{\infty} P(S_1^{\geq} > x)\, dx
\end{aligned}
$$

unter Hinweis auf Lemma 2.3.1. Da außerdem

$$
\int_0^{\infty} t^{p-1} \int_{t-2}^{\infty} P(S_1^{\geq} > x)\, dx\, dt = \frac{E(S_1^{\geq} + 2)^{p+1}}{p(p+1)} < \infty,
$$

wie man leicht mit dem Satz von Fubini nachrechnet, folgt Behauptung (b). Zum Nachweis von "(d)⇒(a)" können wir o.B.d.A. annehmen, daß $d = d(X_1) \leq 1$. Andernfalls dividiere man einfach durch d und betrachte den SRW $(d^{-1}S_n)_{n \geq 0}$ mit Spanne 1. Unter Benutzung des Blackwellschen Erneuerungstheorems folgt dann

$$
\inf_{k \geq K} U([k, k+1]) \stackrel{\text{def}}{=} C > 0 \quad \text{für ein } K \in I\!N_0.
$$

Eine ähnliche Abschätzung wie die obige, jedoch mit umgekehrtem Ungleichheitszeichen, liefert nun für alle $t \geq 0$ und $b \in I\!N_0$ mit $b \geq K$

$$
\begin{aligned}
P(R_b > t) &= \sum_{k=0}^{b-1} \int_{[k,k+1]} P(S_1^{\geq} > b + t - x)\, U^{\geq}(dx) \\
&\geq \sum_{k=K}^{b-1} P(X_1 > b + t - k)\, U^{\geq}([k, k+1]) \\
&\geq C \sum_{k=1}^{b-K} P(X_1 > t + k) \geq C \int_{t+1}^{t+b-K} P(X_1 > x)\, dx.
\end{aligned}
$$

Es folgt Behauptung (a) nach Integration des letzten und ersten Ausdrucks dieser Ungleichung sowie anschließendem Grenzübergang $b \to \infty$ unter Benutzung von (d). Wir erhalten nämlich

$$
\frac{E((X_1 - 1)^{+})^{p+1}}{p+1} = \int_0^{\infty} pt^{p-1} \int_{t+1}^{\infty} P(X_1 > x)\, dx\, dt \leq C^{-1} \sup_{b \geq 0} ER_b^p < \infty,
$$

wobei sich die erste Gleichheit wiederum mit dem Satz von Fubini ergibt. ◊

Wir kommen nun zum zweiten Teil dieses Abschnitts, nämlich Ergebnissen unter einer Momentenbedingung an X_1^-. Es liegt die Vermutung nahe, daß die Endlichkeit von $E\tau(b)^p$ von einer solchen Bedingung abhängt. Satz 4.1.6 bestätigt dies, sofern $\mu < \infty$. Zu seinem Beweis benötigt man den folgenden Satz 4.1.5, der mit Hilfe sogenannter Martingal-Transformationen und einer berühmten Ungleichung von Burkholder erhalten werden kann, der jedoch hier nur zitiert wird unter Verweis auf das Buch von Gut(1988, Thm.I.5.1).

4.1.5 Satz *Sei $(S_n)_{n \geq 0}$ ein SRW mit Drift 0. Dann existieren nur von p abhhängige Konstanten $C_p > 0$, so daß für jede P-f.s. endliche Stopzeit τ*

(a) $E|S_\tau|^p \leq E|X_1|^p \, E\tau$,   falls $0 < p \leq 1$.

(b) $E|S_\tau|^p \leq C_p \, E|X_1|^p \, E\tau$,   falls $1 \leq p \leq 2$.

(c) $E|S_\tau|^p \leq C_p \, E|X_1|^p \, E\tau^{p/2}$,   falls $p > 2$.

4.1.6 Satz *Sei $\mu < \infty$. Dann sind für $p \geq 1$ äquivalent:*

(a) $\mu_p^- < \infty$.

(b) $E\tau(b)^p < \infty$ für alle/ein $b \geq 0$.

(c) $b^{-p}\tau(b)^p, b \geq 1$ sind g.i. und $\lim_{b \to \infty} b^{-p} E\tau(b)^p = \mu^{-p}$.

Beweis: Wir zeigen "(a)$\Rightarrow$(c)$\Rightarrow$(b)$\Rightarrow$(a)" und beginnen mit "(a) $\Rightarrow$(c)". Sei also $\mu_p^- < \infty$. Gemäß Korollar A.2.6 ($b^{-1}\tau(b) \geq 0$ und $\to \mu^{-1}$ P-f.s.) reicht es hierzu, die zweite Hälfte von (c) nachzuweisen. Mit Fatous Lemma erhalten wir

$$\liminf_{b \to \infty} b^{-p} E\tau(b)^p \geq \mu^{-p}.$$

Zum Nachweis der umgekehrten Ungleichung

$$\limsup_{b \to \infty} b^{-p} E\tau(b)^p \leq \mu^{-p}$$

reicht es, (c) für nach oben beschränkte $X_1, X_2, \ldots$ zu zeigen, denn aus

$$\tau_c(b) \stackrel{\text{def}}{=} \inf\{n \geq 1 : \sum_{j=1}^{n}(X_j \wedge c) > b\} \geq \tau(b) \quad \text{für alle } b \geq 0 \text{ und } c > 0$$

folgt anschließend

$$\limsup_{b \to \infty} b^{-p} E\tau(b)^p \leq \lim_{b \to \infty} b^{-p} E\tau_c(b)^p = \big(E(X_1 \wedge c)\big)^{-p} \quad \text{für alle } c > 0,$$

und es gilt außerdem $E(X_1 \wedge c) \to \mu$ für $c \to \infty$. Seien also von nun an $X_1, X_2, \ldots$ als nach oben durch ein $c > 0$ beschränkt vorausgesetzt. Offensichtlich gilt dann $\|b^{-1} S_{\tau(b)}\|_p \to 1$ für alle $p \geq 1$ wegen $b < S_{\tau(b)} \leq b + c$ für alle $b \geq 0$. Da außerdem

$$\|S_{\tau(b)}\|_p - \|S_{\tau(b)} - \mu\tau(b)\|_p \leq \mu \|\tau(b)\|_p \leq \|S_{\tau(b)}\|_p + \|S_{\tau(b)} - \mu\tau(b)\|_p,$$

ist (c) äquivalent zu "$b^{-p}E|S_{\tau(b)} - \mu\tau(b)|^p \to 0$" für alle $p \geq 1$. Gilt nun (a) für ein $1 \leq p \leq 2$, so ergibt sich letzteres sofort wegen $b^{-1}E\tau(b) \to \mu^{-1}$ (Satz 4.1.1) und Satz 4.1.5(b). Für $p > 2$ benutzen wir das folgende von Hogan(1983) stammende Argument: Sei

$$\hat{q} = \sup\{q \geq 2 : \mu_r^- < \infty \Rightarrow \lim_{b\to\infty} b^{-r}E\tau(b)^r = \mu^{-r} \text{ für alle } 0 < r \leq q\}$$

und $\hat{q} < \infty$ angenommen. Es folgt für alle $\hat{q} < r < 2\hat{q}$ gemäß Satz 4.1.5(c)

$$\mu_r^- < \infty \quad \Rightarrow \quad b^{-r}E|S_{\tau(b)} - \mu\tau(b)|^r \leq C_r E|X_1|^r b^{-r}E\tau(b)^{r/2} = o(1) \quad (b \to \infty),$$

also $b^{-r}E\tau(b)^r \to \mu^{-r}$ gemäß der zuvor notierten Äquivalenz. Dies ist ein Widerspruch zur Wahl von $\hat{q}$.

Da "(c)$\Rightarrow$(b)" trivial ist, bleibt nur noch "(b)$\Rightarrow$(a)" zu zeigen. Es gelte $E\tau(0)^p < \infty$. Unter Benutzung der Jensenschen Ungleichung und von $\mu E\tau(b) = ES_{\tau(b)} = b + ER_b \geq b$ folgt

$$\mu^p E\tau(b)^p \geq \big(\mu E\tau(b)\big)^p \geq b^p \quad \text{für alle } b \geq 0.$$

Damit und durch Bedingen unter X_1 auf $\{X_1 \leq 0\}$ erhalten wir nun leicht

$$(4.1.10) \qquad \infty > \mu^p E\tau(0)^p = \mu^p + \int_{[0,\infty)} \mu^p E\tau(x)^p \, P(X_1^- \in dx) \geq \mu_p^-,$$

also das Gewünschte. $\qquad\qquad\qquad\qquad\qquad\qquad\qquad\qquad\qquad\qquad\qquad\qquad\qquad\qquad\qquad \Diamond$

Die noch ausstehenden Momentenresultate für die zu Beginn dieses Paragraphen eingeführten Zufallsgrößen $\hat{\tau}(-b), \rho(b), N(b), \hat{R}_{-b}, b \geq 0$ sowie $M^<, \xi$ gibt der anschließende Satz.

4.1.7 Satz *Sei $\mu < \infty$. Dann sind für $p > 0$ äquivalent:*

(a) $\mu_{p+1}^- < \infty$.
(b) $E\rho(b)^p < \infty$ für alle/ein $b \geq 0$.
(c) $EN(b)^p < \infty$ für alle/ein $b \geq 0$.
(d) $E\hat{\tau}(b)^p \mathbf{1}(\hat{\tau}(b) < \infty) < \infty$ für alle/ein $b \leq 0$
(e) $E|S_{\hat{\tau}(b)}|^p \mathbf{1}(\hat{\tau}(b) < \infty) < \infty$ für alle/ein $b \leq 0$.
(f) $\int_0^\infty t^{p-1} \sup_{b \leq 0} P(\hat{R}_b > t) \, dt < \infty$.
(g) $E\xi^p < \infty$.
(h) $E|M^<|^p < \infty$

Als direkte Folgerung ergibt sich

4.1.8 Korollar *Ein SRW $(S_n)_{n \geq 0}$ mit Drift $\mu \in (0, \infty)$ besitzt genau dann eine endliche Erneuerungsfunktion $U(t) = EN(t) + 1$, wenn $\mu_2^- < \infty$.*

Der Beweis von Satz 4.1.7 gliedert sich natürlich in eine Reihe von Schritten. Zuvor aber geben wir ein dazu benötigtes Lemma betreffend $(\xi, M^<)$.

4.1.9 Lemma *Seien $Q = P((\sigma^<, S_1^<) \in \cdot \,|\sigma^< < \infty)$ und $(T_n, W_n)_{n \geq 0}$ ein 2-dimensionaler SRW mit $(T_1, W_1) \sim Q$. Seien ferner $\gamma = P(\sigma^< = \infty)$ und ζ eine von $(T_n, W_n)_{n \geq 0}$ unabhängige, $NB(1, \gamma)$-verteilte Zufallsgröße, d.h. $P(\zeta = n) = \gamma(1 - \gamma)^n$ für alle $n \geq 0$. Dann gilt:*
(a) $P((\sigma_n^<, S_n^<) \in \cdot \,|\sigma_n^< < \infty) = P((T_n, W_n) \in \cdot) = Q^{*(n)}$ für alle $n \geq 0$.
(b) $(\xi, M^<) \sim (T_\zeta, W_\zeta)$.

Beweis: Behauptung (a) ergibt sich sofort aus Satz 1.4.4(c). Zum Nachweis von (b) notieren wir, daß für alle $k \in I\!N_0$ und $t \leq 0$

$$P(\xi = k, M^< \leq t) = \sum_{n \geq 0} P(\sigma_n^< = k, \sigma_{n+1}^< = \infty, S_n^< \leq t)$$

$$(4.1.11) \qquad = \sum_{n \geq 0} P(\sigma_n^< = k, S_n^< \leq t|\sigma_n^< < \infty) P(\sigma_n^< < \infty) P(\sigma_{n+1}^< - \sigma_n^< = \infty|\sigma_n^< < \infty)$$

$$= \sum_{n \geq 0} P(T_n = k, W_n \leq t)(1 - \gamma)^n \gamma = P(T_\zeta = k, W_\zeta \leq t),$$

wobei Satz 1.4.3(d), Satz 1.4.4(a) und Teil (a) benutzt worden sind. $\diamond$

Beweis von Satz 4.1.7: Wir beginnen mit dem Nachweis von "(a)$\Rightarrow$(f)": Sei also $\mu_{p+1}^- < \infty$. Es gilt für alle $b \leq 0$ und $t > 0$

$$P(\hat{R}_b > t) = \sum_{n \geq 1} P(\hat{\tau}(b) = n, b - S_n > t) \leq \sum_{n \geq 1} P(S_{n-1} \geq b, b - S_n > t)$$

$$= \int_{[b, \infty)} P(X_1^- > t - b + x)\, U(dx) \leq \sum_{n \geq b-1} P(X_1^- > t - b + n)\, U([n, n+1])$$

$$\leq U([0, 1]) \int_{t-2}^{\infty} P(X_1^- > x)\, dx.$$

Der letzte Ausdruck hängt nicht von b ab, und wir erhalten (f), da mit dem Satz von Fubini (vgl. Beweis von Satz 4.1.4)

$$\int_0^{\infty} t^{p-1} \int_{t-2}^{\infty} P(X_1^- > x)\, dx\, dt = \frac{E(X_1^- + 2)^{p+1}}{p(p+1)} < \infty,$$

"(f)$\Rightarrow$(e)": Folgt wegen $\|S_{\hat{\tau}(b)} \mathbf{1}(\hat{\tau}(b) < \infty)\|_p^{p \wedge 1} \leq \|\hat{R}_b\|_p^{p \wedge 1} + |b|^{p \wedge 1}$ für alle $b \leq 0$.
"(e)$\Rightarrow$(a)": Ergibt sich sofort aus der Beziehung $X_1^- \mathbf{1}(X_1^- > -b) = |S_{\hat{\tau}(b)}| \mathbf{1}(\hat{\tau}(b) = 1)$.
"(h)$\Rightarrow$(e)": Trivial wegen $|S_{\hat{\tau}(b)}| \mathbf{1}(\hat{\tau}(b) < \infty) \leq |M^<|$.
"(e)$\Rightarrow$(h)": Gemäß Lemma 4.1.9 gilt offenkundig in den dortigen Bezeichnungen

$$E|M^<|^p = \sum_{n \geq 0} \gamma(1 - \gamma)^n\, E|W_n|^p.$$

Es folgt $E|M^<|^p < \infty$ unter Beachtung von $E|W_1|^p = \gamma^{-1} E|S_{\hat{\tau}(0)}^p| \mathbf{1}(\hat{\tau}(0) < \infty) < \infty$ sowie

$$\|W_n\|_p^{p \wedge 1} \leq n^{p \wedge 1} \|W_1\|_p^{p \wedge 1} \quad \text{für alle } n \geq 1.$$

Bewiesen ist bis zu dieser Stelle "(a)$\Leftrightarrow$(e)$\Leftrightarrow$(f)$\Leftrightarrow$(h)".

"(a)$\Rightarrow$(b)": Mit $X_1^- \in L_{p+1}$ gilt natürlich auch $(X_1 - \frac{\mu}{2})^- \in L_{p+1}$, folglich gemäß (h) $\min_{n\geq 0}(S_n - \frac{n\mu}{2}) \in L_p$, wobei $EX_1 - \frac{\mu}{2} > 0$ beachtet werde. Aufgrund der Ungleichung

$$\frac{\mu\rho(b)}{2} \leq b - \left(S_{\rho(b)} - \frac{\mu\rho(b))}{2}\right) \leq b - \min_{n\geq 0}\left(S_n - \frac{n\mu}{2}\right) \quad \text{für alle } b \geq 0$$

folgt $\rho(b) \in L_p$ für alle $b \geq 0$.

"(b)$\Rightarrow$(g)$\Rightarrow$(d)" Klar wegen $\hat{\tau}(b)\mathbf{1}(\hat{\tau}(b) < \infty) \leq \xi \leq \rho(0)$ für alle $b \leq 0$.

"(d)$\Rightarrow$(a)": Da $S_n \to \infty$ P-f.s., folgt gemäß Korollar 1.4.6

$$P(\sigma^{\leq} = \infty) = P(S_k \geq 0 \text{ für alle } k \geq 0) > 0.$$

Zusammen mit dem starken Gesetz der großen Zahlen impliziert dies weiter, daß

$$(4.1.12) \qquad \beta \stackrel{\text{def}}{=} P(0 \leq S_k \leq 2\mu(k \vee m) \ \forall k \geq 0) > 0 \quad \text{für ein } m \geq 0.$$

Es folgt für alle $b \leq 0$ und $n > m$

$$\begin{aligned}
P(\hat{\tau}(b) = n) &\geq P(\hat{\tau}(0) = n, S_n < b) \\
&\geq P(0 \leq S_k \leq 2\mu(k \vee m) \text{ für } k \leq n-1, X_n < -2\mu(n-1) - b) \\
&\geq \beta\, P\left(\frac{(X_1 + b)^-}{2\mu} > n - 1\right)
\end{aligned}$$

Sei nun $E\hat{\tau}(b)^p\mathbf{1}(\hat{\tau}(b) < \infty) < \infty$ für ein $b \geq 0$ angenommen. Wir erhalten mit (A.1.12) und einer geeigneten Konstante $C > 0$

$$\begin{aligned}
\infty > E\hat{\tau}(b)^p\mathbf{1}(\hat{\tau}(b) < \infty) &\geq \sum_{n>m} n^p P(\hat{\tau}(b) = n) \\
&\geq \sum_{n>m} n^p P\left(\frac{(X_1 + b)^-}{2\mu} > n - 1\right) \geq \beta \frac{E((X_1 + b)^-)^{p+1}}{2\mu(p+1)} - C,
\end{aligned}$$

was (a) beweist.

"(b)$\Rightarrow$(c)": Trivial wegen (4.1.1).

"(c)$\Rightarrow$(e)": Seien β, m gemäß (4.1.12) gegeben und, für beliebiges $b \leq 0$,

$$B_k = \{\hat{\tau}(b) < \infty, -2\mu(k+1) \leq S_{\hat{\tau}(b)} < -2\mu k\}, \quad k \geq 0.$$

Es folgt unter Verwendung von Satz 1.4.1 für alle $n \geq m$

$$\begin{aligned}
\beta\, P(B_n) &= P(B_n \cap \{0 \leq S_{\hat{\tau}(b)+k} - S_{\hat{\tau}(b)} \leq 2\mu(k \vee m) \text{ für alle } k \geq 0\}) \\
&\leq P(B_n \cap \{S_{\hat{\tau}(b)+k} \leq 2\mu(k \vee m) - 2\mu n \text{ für alle } k \geq 0\} \\
&\leq P(B_n \cap \{S_{\hat{\tau}(b)+k} \leq 0 \text{ für alle } k \leq n\}) \leq P(B_n \cap \{N(0) > n\})
\end{aligned}$$

und damit

$$\begin{aligned}
EN(0)^p &\geq \sum_{n\geq 1} EN(0)^p\mathbf{1}(B_n) \geq \sum_{n\geq m} (n+1)^p\beta\, P(B_n) \\
&\geq \frac{\beta}{2\mu} E|S_{\hat{\tau}(b)}|^p\mathbf{1}(\hat{\tau}(b) < \infty, S_{\hat{\tau}(b)} < -2m\mu).
\end{aligned}$$

Damit ist (e) gezeigt und der Beweis des Satzes vollständig. $\qquad\Diamond$

Literaturhinweise: Die P-f.s. Konvergenz von $b^{-1}\tau(b)$ wurde von Doob(1948) für nichtnegative $X_1, X_2, \ldots$ und von Heyde(1966) im allgemeinen Fall bewiesen. Die Sätze 4.1.2, 4.1.3 und 4.1.6 einschließlich der hier gegebenen Beweise unter Benutzung von LH gehen im wesentlichen auf Gut(1974) zurück. Dort ebenso wie in dessem jüngst erschienenen Buch(1988) finden sich auch Hinweise auf weitere relevante Literatur zu diesen Ergebnissen. Satz 4.1.4, "(a)$\Rightarrow$(b)" stammt von Woodroofe(1982). Bei der Formulierung von Satz 4.1.7 (abgesehen von Teil (f)) und dessen Beweis sind wir weitgehend Janson(1986) gefolgt, der auch einen guten Überblick über frühere relevante Literatur für Teile dieses Satzes gibt. Erwähnt sei diesbezüglich noch eine unveröffentlichte Arbeit von Hogan(1983), aus der auch das im Beweis von Satz 4.1.6 benutzte Widerspruchsargument stammt.

4.2 Asymptotischer Exzeß und mittlere Austrittszeit

In diesem Abschnitt sei $(S_n)_{n\geq 0}$ ein SRW mit positiver, *endlicher* Drift μ und Spanne $d = d(S_1)$. Die Bezeichnungen aus dem vorigen Abschnitt behalten wir bei.

Mit Hilfe der 1. Waldschen Gleichung $\mu E\tau(b) = b + ER_b$ und Satz 4.1.3(b) erhalten wir sofort für alle $p \geq 1$

$$(4.2.1) \qquad \mu_p^+ < \infty \qquad \Rightarrow \qquad E\tau(b) = \mu^{-1}b + o(b^{1/p}) \quad (b \to \infty).$$

Dieses Ergebnis ist jedoch nicht sehr genau. Im Fall "$p = 2$" etwa weist es das Restglied als von der Ordnung $o(b^{1/2})$ aus, wohingegen sich gemäß Satz 4.1.4(d) sogar $O(1)$ herausstellt. Aber auch für $1 \leq p < 2$ läßt es sich verbessern.

4.2.1. Satz *Sei $\mu_p^+ < \infty$ für ein $1 \leq p < 2$. Dann gilt*

$$(4.2.2) \qquad E\tau(b) = \mu^{-1}b + o(b^{2-p}) \quad (b \to \infty).$$

Falls $\mu_2^+ < \infty$, so gilt (4.2.2) mit $O(1)$ statt $o(b^{2-p})$.

Beweis: Die Behauptung ergibt sich gemäß Satz 4.1.1., falls $p = 1$, und, wie soeben festgestellt, gemäß Satz 4.1.4(d), falls $p = 2$. Für $1 < p < 2$ benutzen wir folgendes elegante Argument von Janson(1983): Hölders Ungleichung mit $r = \frac{1}{p-1}$ und $s = \frac{1}{2-p}$ liefert

$$ER_b = E\big(R_b^{(p-1)^2} R_b^{p(2-p)}\big) \leq (ER_b^{p-1})^{p-1} (ER_b^p)^{2-p}$$
$$= O(1)^{p-1} + o(b)^{2-p} = o(b^{2-p}) \quad (b \to \infty),$$

wobei für die vorletzte Gleichheit $ER_b^{p-1} = O(1)$ gemäß Satz 4.1.4(d) und $ER_b^p = o(b)$ gemäß Satz 4.1.3(b) benutzt wurden. $\qquad\Diamond$

Die gemäß Satz 4.1.4 vorliegende gleichgradige Integrierbarkeit der $R_b, b \geq 0$, sofern $\mu_2^+ < \infty$, wirft natürlich die Frage auf, ob R_b in Verteilung konvergiert, falls $b \to \infty$. Erinnern wir uns an die in (4.1.8) gegebene Beziehung, nämlich

$$P(R_b > t) \;=\; g_t * U^{\geq}(b) \quad \text{mit} \quad g_t(z) = P(S_1^{\geq} > t + z)\,\mathbf{1}([0,\infty))(z)$$

für alle $b, t \geq 0$, so ergibt sich die positive Antwort als einfache Anwendung des 2. Erneuerungstheorems.

4.2.2 Satz R_b *konvergiert für* $b \to \infty$ *($\in d\mathbb{N}$, falls $d > 0$) in Verteilung gegen eine positive Zufallsgröße* R_∞ *mit* l_d-*Dichte*

$$(4.2.3) \qquad\qquad r_\infty(t) \;=\; \mu^{\geq\,-1}\,P(S_1^{\geq} + d > t)\,\mathbf{1}((0,\infty))(t).$$

Beweis: Da $\mu \in (0,\infty)$, folgt $\mu^{\geq} \in (0,\infty)$ aus Satz 4.1.2. Damit ist aber $g_t(z) = P(S_1^{\geq} > t+z)$ für jedes $t \geq 0$ monoton fallend und l_0-integrierbar, folglich d.R.i. nach Satz 2.5.2.(f). Die Behauptung ergibt sich deshalb als besagte Anwendung des 2. Erneuerungstheorems. $\qquad \Diamond$

4.2.3 Bemerkungen (a) Verwendet man in den vor Satz 4.1.4 angestellten Überlegungen statt der *schwach* die *streng* aufsteigenden LI und LH, definiert also

$$\tau^{>}(b) \;=\; \inf\{n \geq 1 : S_n^{>} > b\}, \; b \geq 0,$$

anstelle von $\tau^{\geq}(b)$, so folgt ganz entsprechend (vgl. (4.1.7) und (4.1.8)) $R_b = S_{\tau^{>}(b)}^{>} - b$ sowie

$$P(R_b > t) \;=\; g_t * U^{>}(b) \quad \text{mit} \quad g_t(z) = P(S_1^{>} > t + z)\,\mathbf{1}([0,\infty))(z)$$

für alle $b, t \geq 0$, wobei $U^{>}$ das zu $(S_n^{>})_{n \geq 0}$ gehörende Erneuerungsmaß bezeichnet. Anstelle von (4.2.3) im obigen Satz ergibt sich damit

$$(4.2.4) \qquad\qquad r_\infty(t) \;=\; \mu^{>\,-1}\,P(S_1^{>} + d > t)\,\mathbf{1}((0,\infty))(t), \quad \mu^{>} = ES_1^{>}.$$

(4.2.3) und (4.2.4) zusammen implizieren dann

$$P(S_1^{\geq} > t) \;=\; \frac{\mu^{\geq}}{\mu^{>}}\,P(S_1^{>} > t) \quad \text{für alle } t > 0$$

und weiter

$$(4.2.5) \qquad\qquad P(S_1^{\geq} \in \cdot) \;=\; (1 - \frac{\mu^{\geq}}{\mu^{>}})\delta_0 \;+\; \frac{\mu^{\geq}}{\mu^{>}}P(S_1^{>} \in \cdot).$$

Diese Beziehung hatten wir bereits in Bemerkung 2.4.9(a) ohne Beweis angegeben.

(b) Ein Blick auf die Überlegungen vor Lemma 2.4.7 zeigt, daß $H \stackrel{\text{def}}{=} P(R_\infty \in \cdot)$ bis auf eine Translation im d-arithmetischen Fall dem dort definierten Wahrscheinlichkeitsmaß $\hat{Q}_0$ entspricht, das gemäß Satz 2.4.8(b) die Beziehung $(\hat{Q}_0 * U)^+ = \mu^{-1}l_d^+$ erfüllt. Genauer gilt

$$(4.2.6) \qquad\qquad H \;=\; \hat{Q}_0(d + \cdot).$$

Ohne Beweis notieren wir ferner, daß im nichtarithmetischen Fall $(R_b)_{b\geq 0}$ einen Markov-Prozeß mit Zustandsraum $(0,\infty)$ und im d-arithmetischen Fall $(R_{nd})_{n\geq 0}$ eine DMK mit Zustandsraum $d\mathbb{N}$ bildet, siehe Asmussen(1987, S.108), und H jeweils die zugehörige stationäre Verteilung. Gilt folglich $S_0 \sim H$ anstelle von $S_0 = 0$, so ist $R_0 = S_0$ und deshalb $(R_b)_{b\geq 0}$ bzw. $(R_{nd})_{n\geq 0}$ als Markov-Prozeß mit Startverteilung H stationär, siehe (1.1.22).

(c) Wir werden in Lemma 4.3.2 zeigen, daß $P(\sigma^< = \infty) = \mu^{\geq\,-1}$ gilt. Unter Verwendung dieser Beziehung können wir leicht die folgende alternative Form der asymptotischen Exzeß-Dichte $r_\infty(t)$ herleiten:

$$(4.2.7) \qquad r_\infty(t) \;=\; \mu^{-1}\, P(\min_{n\geq 1} S_n + d > t)\, \mathbf{1}((0,\infty))(t).$$

Zum Beweis sei $\eta = \inf\{n \geq 0 : S_n = \min_{j\geq 1} S_j\}$. Da $S_n \to \infty$ P-f.s., folgt $\eta < \infty$ P-f.s. Unter Benutzung von $(S_1,...,S_n) \sim (S_n - S_{n-1}, S_n - S_{n-2}, ..., S_n)$ für alle $n \geq 1$ erhalten wir für alle $t > 0$ und $n \geq 1$

$$
\begin{aligned}
P(\eta = n, \min_{j\geq 1} S_j + d > t) &= P(S_i > S_n, 1 \leq i < n, S_j \geq S_n, j \geq n, S_n + d > t) \\
&= P(S_i < 0, 1 \leq 1 < n, S_n + d > t)\, P(S_j \geq 0 \text{ für alle } j \geq 1) \\
&= P(\sigma^\geq = n, S_n + d > t)\, P(\sigma^< = \infty) \\
&= P(\sigma^\geq = n, S_1^\geq + d > t)/\mu^\geq.
\end{aligned}
$$

(4.2.7) ergibt sich nun bei Summation über n und unter Beachtung von $\mu^\geq = \mu\, E\sigma^\geq$. $\qquad\qquad \Diamond$

Die Sätze 4.2.2 und 4.1.4(c) implizieren zusammen mit Satz A.2.4

$$\mathop{d\text{-lim}}_{b\to\infty} ER_b \;=\; ER_\infty \;<\; \infty,$$

sofern $\mu_2^+ < \infty$. Dies und die daraus resultierende Approximation 2. Ordnung für $E\tau(b)$, falls $b \to \infty$, bilden Inhalt von Satz 4.2.5. Zuvor jedoch bedarf es noch einer Berechnung der Momente von R_∞ unter Verwendung der durch (4.2.3) gegebenen l_d-Dichte r_∞. Wir definieren dazu für $p > 0$

$$\mu_p^\geq \;=\; E(S_1^\geq)^p.$$

4.2.4 Lemma *Für den asymptotischen Exzeß R_∞ in Satz 4.2.2 gilt für jedes $p > 0$*

$$(4.2.8) \qquad ER_\infty^p \;=\; \Delta_{p,0} \;\overset{\text{def}}{=}\; \frac{\mu_{p+1}^\geq}{(p+1)\mu^\geq}$$

im nichtarithmetischen Fall $(d = 0)$ und

$$(4.2.9a) \qquad ER_\infty^p \;=\; \Delta_{p,d} \;\overset{\text{def}}{=}\; \frac{d^{p+1}}{\mu^\geq}\, E\Big(\sum_{j=1}^{S_1^\geq/d} j^p\Big)$$

im d-arithmetischen Fall (d > 0). Insbesondere gelten

$$\Delta_{1,d} \;=\; \frac{\mu_2^\geqq + d\mu^\geqq}{2\mu^\geqq} \;=\; \frac{ES_1^\geqq(S_1^\geqq + d)}{2\mu^\geqq},$$

(4.2.9b)
$$\Delta_{2,d} \;=\; \frac{2\mu_3^\geqq + 3d\mu_2^\geqq + d^2\mu^\geqq}{6\mu^\geqq} \;=\; \frac{ES_1^\geqq(S_1^\geqq + d)(2S_1^\geqq + d)}{6\mu^\geqq} \qquad und$$

$$\Delta_{3,d} \;=\; \frac{\mu_4^\geqq + 2d\mu_3^\geqq + d^2\mu_2^\geqq}{4\mu^\geqq} \;=\; \frac{E\big(S_1^\geqq(S_1^\geqq + d)\big)^2}{4\mu^\geqq}.$$

Beweis: (4.2.8) ergibt sich wie folgt unter Benutzung des Satzes von Fubini:

$$ER_\infty^p \;=\; \int_0^\infty pt^{p-1} P(R_\infty > t)\, dt \;=\; \int_0^\infty pt^{p-1} \mu^{\geqq -1} \int_t^\infty P(S_1^\geqq > x)\, dx\, dt$$

$$=\; \mu^{\geqq -1} \int_0^\infty P(S_1^\geqq > x) \int_0^x pt^{p-1}\, dt\, dx$$

$$=\; \frac{1}{(p+1)\mu^\geqq} \int_0^\infty (p+1)x^p P(S_1^\geqq > x)\, dx \;=\; \Delta_{p,0}.$$

Im d-arithmetischen Fall erhalten wir

$$ER_\infty^p \;=\; \frac{d}{\mu^\geqq} \sum_{j\geq 1} (jd)^p P(S_1^\geqq + d > jd) \;=\; \frac{d}{\mu^\geqq} \sum_{j\geq 1} \sum_{n\geq j} (jd)^p P(S_1^\geqq = nd)$$

$$=\; \frac{d}{\mu^\geqq} \sum_{n\geq 1} \Big(\sum_{j=1}^n (jd)^p\Big) P(S_1^\geqq /d = n) \;=\; \Delta_{p,d},$$

d.h. (4.2.9a). Die bekannten Summationsformeln

$$\sum_{j=1}^n j \;=\; \frac{n(n+1)}{2}, \qquad \sum_{j=1}^n j^2 \;=\; \frac{n(n+1)(2n+1)}{6} \qquad und \qquad \sum_{j=1}^n j^3 \;=\; \Big(\frac{n(n+1)}{2}\Big)^2$$

ergeben mit (4.2.9a) leicht die in (4.2.9b) angegebenen Ausdrücke für $\Delta_{i,d}, i = 1,2,3.$ $\qquad \Diamond$

Leider kann man im d-arithmetischen Fall $\Delta_{p,d}$ für beliebiges $p > 0$ nicht in geschlossener Form angeben, da es kein allgemeines Bildungsgesetz für $\sum_{j=1}^n j^p, p > 0, n \in I\!N$ in solcher Form gibt. Selbst für ganzzahliges p werden die geschlossenen Ausdrücke immer komplizierter. Im Tafelwerk von Gradstein und Ryshik(1981, S.23f) finden sich neben obigen Formeln für $p = 1,2,3$ auch die für $p = 4,...,7$.

4.2.5 Satz *Für jedes $p > 0$ gilt:*

(4.2.10)
$$\mu_{p+1}^+ < \infty \quad \Rightarrow \quad d\text{-}\lim_{b\to\infty} ER_b^p = \Delta_{p,d}.$$

Aus $\mu_2^+ < \infty$ folgt, falls $b \to \infty$ (und $b \in dI\!N$ im d-arithmetischen Fall),

(4.2.11)
$$E\tau(b) \;=\; \mu^{-1}(b + \Delta_{1,d}) \;+\; o(1).$$

Sei $\nu^2 = \text{Var}\,X_1 < \infty$. Im Fall eines SEP $(S_n)_{n\geq 0}$ gilt dann offensichtlich

$$\Delta_{1,d} \;=\; \frac{EX_1(X_1 + d)}{2\mu} \;=\; \frac{\mu^2 + \nu^2}{2\mu} \;+\; \frac{d}{2},$$

Satz 4.2.5 und (4.2) implizieren deshalb für $b \to \infty$ (und $b \in d\mathbb{N}$ im d-arithmetischen Fall)

$$U(b) \;=\; E\tau(b) \;=\; \frac{b}{\mu} \;+\; \frac{\mu^2 + \nu^2}{2\mu^2} \;+\; \frac{d}{2\mu} \;+\; o(1).$$

Dieses Ergebnis für $U(b)$ hatten wir bereits in Satz 3.4.2 für SRW $(S_n)_{n\geq 0}$ mit positiver Drift durch Aufstellen einer Erneuerungsgleichung erhalten.

In aller Regel kann man die Momente von $S_1^{\geq}$ und damit auch $\Delta_{1,d}$, selbst wenn die Momente von X_1 vollständig bekannt sind, nicht explizit berechnen. Unter Benutzung der einfachen Ungleichung

$$(4.2.12) \qquad \mu_p^+ \;\leq\; \mu_p^{\geq} \;\leq\; E(X_{\sigma\geq}^+)^p \;\leq\; E\!\left(\sum_{j=1}^{\sigma^{\geq}}(X_j^+)^p\right) \;=\; \mu_p^+\, E\sigma^{\geq}$$

für alle $p > 0$ (vgl. (4.1.3)) erhält man aber immerhin die folgende, dann explizit gegebene obere Schranke für $\Delta_{1,d}$.

$$(4.2.13) \qquad \Delta_{1,d} \;=\; \frac{\mu_2^{\geq}}{2\mu^{\geq}} \;+\; \frac{d}{2} \;\leq\; \frac{\mu_2^+}{2\mu} \;+\; \frac{d}{2}.$$

Kombiniert man dies mit Satz 4.2.5 und der trivialen Ungleichung $\mu E\tau(b) = ES_{\tau(b)} > b$, so ergibt sich

4.2.6. Satz *Falls $\mu_2^+ < \infty$, so gilt für $b \to \infty$ (und $b \in d\mathbb{N}$ im d-arithmetischen Fall)*

$$(4.2.14) \qquad \frac{b}{\mu} \;<\; E\tau(b) \;\leq\; \frac{b}{\mu} \;+\; \frac{\mu_2^+}{2\mu} \;+\; \frac{d}{2\mu} \;+\; o(1).$$

Schranken für $E\tau(b) - \mu^{-1}b$, die für alle $b \geq 0$ gelten, sowie eine Formel für $\Delta_{1,0}$, die keine Momente der LH $S_1^{\geq}$ enthält, geben wir in Abschnitt 4.4.

Literaturhinweise: Satz 4.2.1 stammt von Täcklind(1944) für SEP und Gut(1974) für SRW mit positiver Drift. Eine Referenz für die asymptotische Exzeß-Verteilung im nichtarithmetischen Fall ist Lai und Siegmund(1977), die jedoch eine größere Klasse von Erstaustrittszeiten betrachten. Die alternative Form (4.2.7) der asymptotischen Exzeß-Dichte wurde von Woodroofe(1976, 1982) gezeigt. (4.2.11) und Satz 4.2.6 stammen wiederum von Gut(1974). Allerdings gibt Heyde(1967) einen früheren Beweis von (4.2.11) unter der Voraussetzung "$\text{Var}\,X_1 < \infty$" und einer völlig anderen Vorgehensweise.

4.3 Eine Approximation 2. Ordnung für $\mathrm{Var}\,\tau(\mathrm{b})$

In diesem Abschnitt werden wir eine Approximation 2. Ordnung für $Var\,\tau(b)$, falls $b \to \infty$, herleiten. Es mag überraschen, daß dies wesentlich aufwendiger ist als für die zuvor betrachtete mittlere Austrittszeit $E\tau(b)$. $(S_n)_{n\geq 0}$ sei weiter ein SRW mit Drift $\mu \in (0, \infty)$. Zusätzlich nehmen wir an, daß X_1 endliche Varianz ν^2 besitzt, so daß gemäß Satz 4.1.2 und 4.1.6 sowohl $ES^2_{\tau(b)} < \infty$ als auch $E\tau(b)^2 < \infty$ für alle $b \geq 0$. Da im folgenden auftretende asymptotische Beziehungen immer unter der Voraussetzung "$b \to \infty$ und $b \in d\mathbb{N}$ im d-arithmetischen Fall" gelten, werden wir diese Voraussetzung oft nicht explizit angeben.

Es folgt aufgrund der 2. Waldschen Gleichung (Satz 1.4.6)

$$E(S_{\tau(b)} - \mu\tau(b))^2 \;=\; \nu^2 E\tau(b) \quad \text{für alle } b \geq 0$$

und damit nach kurzer Rechnung

(4.3.1) $$\mu^2\,Var\,\tau(b) \;=\; \nu^2 E\tau(b) \;-\; Var\,S_{\tau(b)} \;+\; 2\mu\,Cov(S_{\tau(b)}, \tau(b)).$$

Gemäß Satz 4.2.5 ist $E\tau(b) = \mu^{-1}(b + \Delta_{1,d}) + o(1)$ und, sofern $\mu_3^+ < \infty$,

$$Var\,S_{\tau(b)} \;=\; Var\,R_b \;=\; \Delta_{2,d} - \Delta^2_{1,d} \;+\; o(1).$$

In (4.3.1) ergibt dies

(4.3.2) $$\mu^2\,Var\,\tau(b) \;=\; \nu^2(b + \Delta_{1,d}) - \Delta_{2,d} + \Delta^2_{1,d} + 2\mu\,Cov(S_{\tau(b)}, \tau(b)) \;+\; o(1).$$

Als unbestimmter Term verbleibt also lediglich die Kovarianz von $S_{\tau(b)}$ und $\tau(b)$, deren Berechnung allerdings ein schwieriges Problem darstellt und einer Reihe von Vorbereitungen bedarf. Wir beginnen mit einer geeigneten Umformung: Man überlegt sich leicht, daß

$$E(R_b | b - S_1 = s_1, ..., b - S_{n-1} = s_{n-1}, b - S_n = s) = E(R_b | b - S_n = s) = ER_s$$

für alle $b \geq 0$ und $P((b - S_1, ..., b - S_n) \in \cdot)$-fast alle $(s_1, ..., s_{n-1}, s) \in [0, \infty)^n$. Unter Benutzung dieser Beziehung folgt

$$
\begin{aligned}
Cov(S_{\tau(b)}, \tau(b)) \;&=\; Cov(R_b, \tau(b)) \;=\; \sum_{n\geq 1} n \int_{\{\tau(b)=n\}} (R_b - ER_b)\,dP \\
&=\; \sum_{n\geq 1} n \left(\int_{\{\tau(b)>n-1\}} (R_b - ER_b)\,dP \;-\; \int_{\{\tau(b)>n\}} (R_b - ER_b)\,dP \right) \\
(4.3.3) \quad &=\; \sum_{n\geq 0} \int_{\{\tau(b)>n\}} (R_b - ER_b)\,dP \\
&=\; \sum_{n\geq 0} \int_{[0,\infty)} \big(E(R_b | b - S_n = x) - ER_b\big)\,P(b - S_n \in dx, \tau(b) > n) \\
&=\; \int_{[0,\infty)} (ER_x - ER_b)\,Q_b(dx) \quad \text{für alle } b \geq 0,
\end{aligned}
$$

wobei

$$Q_b(dx) \stackrel{\text{def}}{=} \sum_{n \geq 0} P(b - S_n \in dx, \tau(b) > n) \quad (\Rightarrow \|Q_b\| = E\tau(b))$$

Um den letzten Ausdruck in (4.3.3) weiter berechnen zu können, geben wir als erstes ein Ergebnis über das Verhalten der Maße Q_b, falls $b \to \infty$. Wir erinnern daran, daß $M^< = \min_{n \geq 0} S_n$ und $\xi = \inf\{n \geq 0 : S_n = M^<\}$.

4.3.1 Lemma *Es gilt für jede d.R.i. Funktion* $g : [0, \infty) \to \mathbb{R}$

$$(4.3.4) \qquad d\text{-}\lim_{b \to \infty} \int_{[0,\infty)} g(x)\, Q_b(dx) = \mu^{-1} \int_{[0,\infty)} g(x)\, P(M^< \geq -x)\, l_d(dx)$$

und insbesondere für alle $t \geq 0$

$$(4.3.5) \qquad d\text{-}\lim_{b \to \infty} Q_b([0,t]) = \mu^{-1} \int_{[0,t]} P(M^< \geq -x)\, \ell_d(dx).$$

Beweis: Es gilt für alle $b, t \geq 0$ unter Benutzung der Markov-Eigenschaft von $(S_n)_{n \geq 0}$

$$P(b - S_n \leq t, \tau(b) > n) = \sum_{k=0}^{n} P(b - S_n \leq t, S_i \leq S_k, i \leq k, S_j < S_k \leq b, k < j \leq n)$$

$$= \sum_{k=0}^{n} \int_{[b-t,b]} P(b - x - S_{n-k} \leq t, S_{j-k} < 0, k < j \leq n)\, P(S_k \in dx, S_i \leq S_k, i \leq k)$$

und bei anschließender Summation und Vertauschung der Summationsreihenfolge

$$\sum_{n \geq 0} P(b - S_n \leq t, \tau(b) > n)$$

$$= \sum_{k \geq 0} \sum_{n \geq k} \int_{[b-t,b]} P(b - x - S_{n-k} \leq t, S_{j-k} < 0, k < j \leq n)\, P(S_k \in dx, S_i \leq S_k, i \leq k)$$

$$= \sum_{k \geq 0} \int_{[b-t,b]} \sum_{n \geq 0} P(\sigma^2 > n, S_n \geq b - x - t)\, P(S_k \in dx, S_i \leq S_k, i \leq k)$$

$$= \int_{[b-t,b]} \sum_{n \geq 0} P(\sigma^2 > n, S_n \geq b - x - t)\, V(dx),$$

wobei

$$V(dx) \stackrel{\text{def}}{=} \sum_{k \geq 0} P(S_k \in dx, S_i \leq S_k, i \leq k).$$

Unter Beachtung von $(S_1, ..., S_n) \sim (S_n - S_{n-1}, S_n - S_{n-2}, ..., S_n)$ folgt

$$P(\sigma^2 > n, S_n \geq b - x - t) = P(S_n - S_i < 0, 0 \leq i < n, S_n \geq b - x - t)$$

und damit weiter

$$\sum_{n \geq 0} P(\sigma^2 > n, S_n \geq b - x - t) = \sum_{n \geq 0} P(S_n - S_i < 0, 0 \leq i < n, S_n \geq b - x - t)$$

$$= \sum_{n \geq 0} P(S_n < S_i, 0 \leq i < n, S_n \geq b - x - t, S_j \geq S_n, j \geq n)/P(S_j - S_n \geq 0, j \geq n)$$

$$= \sum_{n \geq 0} P(M^< \geq b - x - t, \xi = n)/P(\sigma^< = \infty) = P(M^< \geq b - x - t)/P(\sigma^< = \infty).$$

Wir zeigen in einem anschließenden Lemma $E\sigma^\geq P(\sigma^< = \infty) = 1$, so daß

$$\sum_{n \geq 0} P(\sigma^\geq > n, S_n \geq b - t - x) = P(M^< \geq b - t - x) E\sigma^\geq.$$

Da außerdem

$$V(dx) = \sum_{k \geq 0}\sum_{n \geq 0} P(S_k \in dx, \sigma_n^\geq = k) = \sum_{n \geq 0} P(S_n^\geq \in dx) = U^\geq(dx),$$

erhalten wir schließlich

$$\sum_{n \geq 0} P(b - S_n \leq t, \tau(b) > n) = E\sigma^\geq \int_{[b-t,b]} P(M^< \geq b - x - t)\, U^\geq(dx)$$

$$= h_t * U^\geq(b), \quad \text{wobei } h_t(x) \overset{\text{def}}{=} E\sigma^\geq P(M^< \geq x - t)\, \mathbf{1}([0,t])(x).$$

Wie man sofort einsieht, ist h_t für jedes $t \geq 0$ d.R.i. Beachtet man außerdem $\mu^\geq = \mu E\sigma^\geq$, so ergibt sich nun (4.3.5) als Anwendung des 2. Erneuerungstheorems. Die allgemeinere Aussage (4.3.4) läßt sich dann aus (4.3.5) in ähnlicher Weise schließen wie das 2. Erneuerungstheorem aus dem Blackwellschen, indem man g von oben und unten durch Treppenfunktionen approximiert. Wir verzichten auf weitere Details. $\diamond$

Das folgende Lemma wird meistens unter Benutzung der Spitzer-Baxter-Formeln bewiesen, aus denen es sich als einfache Folgerung ergibt, siehe Satz 14.2.1. Der hier vorgestellte Beweis ist elementarer Natur.

4.3.2 Lemma *Für einen beliebigen SRW $(S_n)_{n \geq 0}$ mit LI $\sigma^\geq, \sigma^>, \sigma^\leq, \sigma^<$ gelten*

(4.3.6) $\qquad\qquad E\sigma^\geq = \dfrac{1}{P(\sigma^< = \infty)} \quad und \quad E\sigma^> = \dfrac{1}{P(\sigma^\leq = \infty)},$

(4.3.7) $\qquad\qquad P(\sigma^\leq = \infty) = (1 - \beta)\, P(\sigma^< = \infty),$

wobei

$$\beta \overset{\text{def}}{=} \sum_{n \geq 1} P(S_1 > 0, ..., S_{n-1} > 0, S_n = 0) = \sum_{n \geq 1} P(\sigma^\leq = n, S_1^\leq = 0).$$

Beweis: Wir setzen

$$A_{n1} = \{S_1 \leq S_2, ..., S_1 \leq S_n\},$$
$$A_{nk} = \{S_1 > S_k, ..., S_{k-1} > S_k, S_k \leq S_{k+1}, ..., S_k \leq S_n\} \quad \text{für } 2 \leq k \leq n - 1$$

und $\quad A_{nn} = \{S_1 > S_n, ..., S_{n-1} > S_n\}.$

Sei außerdem $S_{k,n} = S_n - S_k = X_{k+1} + ... + X_n$ für $0 \leq k \leq n$. Dann gilt unter Hinweis auf $(S_{i,k})_{1 \leq i < k} \sim (S_i)_{1 \leq i < k}$ und $(S_{k,j})_{k < j \leq n} \sim (S_j)_{1 \leq j \leq n-k}$ für jedes $1 < k < n$

$$\begin{aligned}
P(A_{nk}) &= P(S_{i,k} < 0, 1 \leq i < k, S_{k,j} \geq 0, k < j \leq n) \\
&= P(S_{i,k} < 0, 1 \leq i < k)\, P(S_{k,j} \geq 0, k < j \leq n) \\
&= P(S_i < 0, 1 \leq i < k)\, P(S_j \geq 0, 1 \leq j \leq n - k) \\
&= P(\sigma^\geq \geq k)\, P(\sigma^< > n - k),
\end{aligned}$$

(4.3.8)

und dasselbe Ergebnis ergibt sich für $k = 1$ und $k = n$. Es folgt für alle $n \geq 2$

$$1 \;=\; \sum_{k=1}^{n} P(A_{nk}) \;=\; \sum_{k=1}^{n} P(\sigma^{\geq} \geq k)\, P(\sigma^{<} > n - k) \;\geq\; P(\sigma^{<} = \infty) \sum_{k=1}^{n} P(\sigma^{\geq} \geq k).$$

und bei anschließendem Grenzübergang $n \to \infty$ $(\infty \cdot 0 \overset{\text{def}}{=} \infty \cdot 0 \overset{\text{def}}{=} 0)$.

$$P(\sigma^{<} = \infty)\, E\sigma^{\geq} \;=\; P(\sigma^{<} = \infty) \sum_{k \geq 1} P(\sigma^{\geq} \geq k) \;\leq\; 1.$$

Ist demnach $P(\sigma^{<} = \infty) > 0$, so muß $E\sigma^{\geq} < \infty$ sein.

Nehmen wir umgekehrt $E\sigma^{\geq} < \infty$ an, so liefert (4.3.8)

$$1 \;\leq\; \sum_{k=1}^{m} P(\sigma^{\geq} \geq k)\, P(\sigma^{<} > n - k) \;+\; \sum_{k=m}^{n} P(\sigma^{\geq} \geq k),$$

ein anschließender Grenzübergang $n \to \infty$

$$1 \;\leq\; P(\sigma^{<} = \infty) \sum_{k=1}^{m} P(\sigma^{\geq} \geq k) \;+\; \sum_{k \geq m} P(\sigma^{\geq} \geq k),$$

und schließlich ein Grenzübergang $m \to \infty$

$$1 \;\leq\; P(\sigma^{<} = \infty)\, E\sigma^{\geq}.$$

"$E\sigma^{\geq} < \infty$" und "$P(\sigma^{<} = \infty) > 0$" sind somit äquivalent, und es gilt der erste Teil von (4.3.6). Den zweiten Teil zeigt man natürlich vollkommen analog, indem man in der Definition der A_{nk} jedes "$>$" durch "$\geq$" und jedes "$\leq$" durch "$<$" ersetzt. Zum Nachweis von (4.3.7) notieren wir

$$
\begin{aligned}
P(\sigma^{<} = \infty) - P(\sigma^{\leq} = \infty) \;&=\; P(\sigma^{<} = \infty, \sigma^{\leq} < \infty) \\
&=\; \sum_{n \geq 1} P(S_1 > 0, ..., S_{n-1} > 0, S_n = 0, S_j \geq 0, j > n) \\
&=\; \sum_{n \geq 1} P(S_1 > 0, ..., S_{n-1} > 0, S_n = 0)\, P(S_j \geq 0, j \geq 1) \\
&=\; P(\sigma^{<} = \infty) \sum_{n \geq 1} P(S_1 > 0, ..., S_{n-1} > 0, S_n = 0) \;=\; \beta\, P(\sigma^{<} = \infty),
\end{aligned}
$$

was offensichtlich die Behauptung liefert. $\qquad\qquad\qquad\qquad\qquad\qquad\qquad\qquad\qquad\qquad \diamond$

Kehren wir nun zurück zur Untersuchung von

$$Cov(R_b, \tau(b)) \;=\; \int_{[0,\infty)} (ER_x - ER_b)\, Q_b(dx),$$

wobei es das Ziel ist, eine Approximation dieser Kovarianz bis auf Terme, die für $b \to \infty$ gegen 0 konvergieren, zu geben. Unter Beachtung von $\|Q_b\| = E\tau(b)$ erhalten wir

$$(4.3.9) \qquad Cov(R_b, \tau(b)) \;=\; \int_{[0,\infty)} (ER_x - \Delta_{1,d})\, Q_b(dx) \;+\; (ER_b - \Delta_{1,d}) E\tau(b).$$

Für eine Anwendung von Lemma 4.3.1 auf das Integral der rechten Seite bedarf es des Nachweises der gleichgradigen Integrierbarkeit von $g(x) \overset{\text{def}}{=} ER_x - \Delta_{1,d}$. Darüberhinaus müssen wir für den zweiten Summanden wegen $E\tau(b) = \mu^{-1}b + O(1)$ das Verhalten von $bg(b)$ für $b \to \infty$ bestimmen. Die einfache Umformung

$$g(b) \;=\; \mu^2 E\tau^2(b) - b - \Delta_{1,d} \;=\; \mu^2 U^2(b) - b - \Delta_{1,d}$$

zeigt, daß dies zum Problem der Bestimmung von Konvergenzraten für $U^2(b) - (b + \Delta_{1,d})/\mu^2$ führt und durch keines unserer bisherigen Resultate abgedeckt wird. In der Tat handelt es sich hier um ein sehr schwieriges Problem, daß etwa mit Hilfe fourieranalytischer Methoden angegangen werden kann (und worden ist). Wir werden darauf in §13 nach einer Einführung in die Fourier-Analyse näher eingehen, indem wir einige wichtige Ergebnisse vorstellen und eines davon sogar beweisen. An dieser Stelle beschränken wir uns jedoch darauf, das folgende für unsere Belange ausreichende Resultat zu zitieren.

4.3.3 Satz *$(S_n)_{n \geq 0}$ sei ein d-arithmetischer oder quasi l_0-stetiger SRW mit Drift $\mu \in (0, \infty)$. Gilt zusätzlich $\mu_m^+ < \infty$ für ein ganzzahliges $m \geq 2$, so folgt für $b \to \infty$*

$$(4.3.10) \qquad ER_b \;=\; \Delta_{1,d} \;+\; \frac{1}{\mu^2} \int_{(b,\infty)} \int_{(x,\infty)} P(S_1^2 > y)\, l_d(dy)\, l_d(dx) \;+\; o(b^{1-m}),$$

wobei $d = 0$ im quasi l_0-stetigen Fall und $b \in d\mathbb{N}$ im d-arithmetischen Fall.

Sofern wir uns im nichtarithmetischen Fall befinden, sei neben $\nu^2 < \infty$ und $\mu_3^+ < \infty$ im folgenden angenommen, daß $(S_n)_{n \geq 0}$, d.h. X_1 quasi l_0-stetig ist. Satz 4.3.3 impliziert dann

$$g(b) \;=\; \frac{1}{\mu^2} \int_{(b,\infty)} \int_{(x,\infty)} P(S_1^2 > y)\, l_d(dy)\, l_d(dx) \;+\; o(b^{-2}) \quad (b \to \infty),$$

und man prüft leicht nach, daß $g \in L_1$ mit $g(b) = o(b^{-1})$, falls $b \to \infty$. g ist außerdem d.R.i. gemäß Satz 2.5.2(g), denn g ist Differenz der monotonen Funktionen $g_1(x) = ES_{\tau(x)}$ und $g_2(x) = x + \Delta_{1,d}$ und betragsmäßig beschränkt durch die d.R.i. Majorante

$$x \;\mapsto\; \frac{1}{\mu^2} \int_x^\infty \int_y^\infty P(S_1^2 > z)\, dz\, dy \;+\; \frac{C}{1+x^2}, \quad C > 0 \text{ geeignet.}$$

Eine Anwendung von Lemma 4.3.1 liefert damit in (4.3.9)

$$(4.3.11) \qquad A_d \;\overset{\text{def}}{=}\; \underset{b \to \infty}{d\text{-lim}}\, \mathrm{Cov}(R_b, \tau(b)) \;=\; \mu^{-1} \int_{[0,\infty)} (ER_x - \Delta_{1,d})\, P(M^< \geq -x)\, l_d(dx).$$

Wegen $\nu^2 < \infty$ ist $\theta \overset{\text{def}}{=} EM^< > -\infty$ gemäß Satz 4.1.7, und dies erlaubt uns die folgende Umformung:

$$\begin{aligned}
A_d \;=\;\; & \mu^{-1} \int_{[0,\infty)} (ER_x - \Delta_{1,d})\, l_d(dx) \\[4pt]
& - \mu^{-1} \int_{[0,\infty)} ER_x\, P(M^< < -x)\, l_d(dx) \;-\; \mu^{-1}\Delta_{1,d}\theta \\[4pt]
=\;\; & \mu^{-1}(A_{1,d} - A_{2,d} - \Delta_{1,d}\theta),
\end{aligned}$$

$$(4.3.12)$$

wobei

$$A_{1,d} \stackrel{\text{def}}{=} \int_{[0,\infty)} (ER_x - \Delta_{1,d})\, l_d(dx) \quad \text{und} \quad A_{2,d} \stackrel{\text{def}}{=} \int_{[0,\infty)} ER_x\, P(M^< < -x)\, l_d(dx).$$

Für die anschließende Berechnung von $A_{1,d}$ benutzen wir eine von Lorden(1970) stammende, ebenso einfache wie elegante Methode, die auf der Beobachtung beruht, daß die Pfade des Markov-Prozesses $(R_b)_{b\geq 0}$ stückweise linear sind (siehe Bild 3).

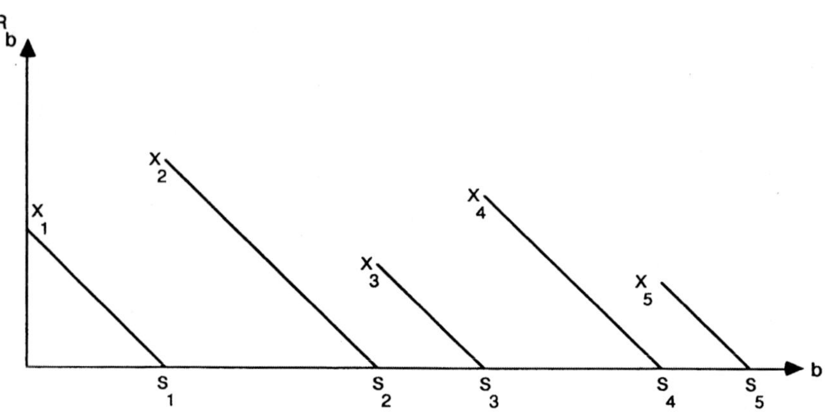

Bild 3: Typischer Pfad $\omega \mapsto R_b(\omega)$ im Fall eines SEP $(S_n)_{n\geq 0}$.

4.3.4 Lemma $(S_n)_{n\geq 0}$ *sei ein SRW mit positiver Drift μ und Spanne d. Gilt außerdem $\mu_3^+ < \infty$, so folgt*

$$(4.3.13) \qquad A_{1,d} = \Delta_{1,d}^2 - \frac{d}{2}\Delta_{1,d} - \frac{1}{2}\Delta_{2,d}.$$

Beweis: Mit dem Satz von Fubini folgt für alle $b \geq 0$ $(d = 0)$ bzw. $b \in d\mathbb{N}_0$ $(d > 0)$

$$\int_{[0,b)} ER_x\, l_d(dx) = E\left(\int_{[0,b)} R_x\, l_d(dx)\right)$$

$$(4.3.14)$$

$$= E\left(\sum_{n=1}^{\tau^\geq(b)} \int_{[S_{n-1}^\geq, S_n^\geq)} (S_n^\geq - x)\, l_d(dx) - \int_{[b, S_{\tau^\geq(b)}^\geq)} (S_{\tau^\geq(b)}^\geq - x)\, l_d(dx)\right).$$

Seien $X_n^\geq = S_n^\geq - S_{n-1}^\geq, n \geq 1$ die Zuwächse des SEP $(S_n^\geq)_{n\geq 0}$ der LH. Dann ergibt obige Gleichung im nichtarithmetischen Fall

$$(4.3.15) \qquad \int_{[0,b)} ER_x\, l_0(dx) = \frac{1}{2} E\left(\sum_{n=1}^{\tau^\geq(b)} (X_n^\geq)^2\right) - \frac{1}{2} ER_b^2 = \frac{1}{2}\mu_2^\geq E\tau^\geq(b) - \frac{1}{2}ER_b^2$$

$$= \Delta_{1,0}(b + ER_b) - \frac{1}{2}ER_b^2 = \Delta_{1,0}(b + \Delta_{1,0}) - \frac{1}{2}\Delta_{2,0} + o(1).$$

Es folgt (4.3.13), wenn man noch beachtet, daß

$$A_{1,d} \;=\; d\text{-}\lim_{b\to\infty} \int_{[0,b)} (ER_x - \Delta_{1,d})\, l_d(dx).$$

Für $d > 0$, d.h. im d-arithmetischen Fall, erhalten wir leicht modifiziert

$$\begin{aligned}
\int_{[0,b)} ER_x\, l_d(dx) &= d^2\, E\Big(\sum_{n=1}^{\tau^{\geq}(b)} \sum_{k=1}^{X_n^{\geq}/d} k\Big) \;-\; d^2\, E\Big(\sum_{k=1}^{R_b/d} k\Big) \\[2mm]
&= \frac{1}{2} E\Big(\sum_{n=1}^{\tau^{\geq}(b)} X_n^{\geq}(X_n^{\geq}+d)\Big) \;-\; \frac{1}{2} ER_b(R_b+d) \\[2mm]
&= EX_1^{\geq}(X_1^{\geq}+d)\, E\tau^{\geq}(b) \;-\; \frac{1}{2} ER_b(R_b+d) \\[2mm]
&= \Delta_{1,d}(b + ER_b) \;-\; \frac{1}{2} ER_b(R_b+d) \\[2mm]
&= \Delta_{1,d}(b + \Delta_{1,d}) \;-\; \frac{1}{2}(\Delta_{2,d} + d\Delta_{1,d}) \;+\; o(1)
\end{aligned}$$

(4.3.16)

Unter erneuter Beachtung der obigen Limesbeziehung für $A_{1,d}$ ergibt sich damit (4.3.13) auch im d-arithmetischen Fall. $\qquad\qquad\qquad\qquad\qquad\qquad\qquad\qquad\qquad\qquad\qquad\qquad\quad \Diamond$

4.3.5 Bemerkung Ersetzt man in (4.3.14) den Integranden ER_x durch ER_x^p für ein $p > 0$, wobei außerdem $\mu_{p+1} < \infty$ angenommen sei, so ergibt sich anstelle von (4.3.15) im nichtarithmetischen Fall

$$(4.3.17) \qquad \int_{[0,b)} ER_x^p\, l_0(dx) \;=\; \Delta_{p,0}(b + ER_b) \;-\; \frac{1}{p+1} ER_b^{p+1},$$

und eine ähnliche, aber kompliziertere Beziehung im d-arithmetischen Fall, auf deren Angabe wir deshalb verzichten. (4.3.17) läßt sich verwenden, um eine obere Schranke für $\sup_{b\geq 0} ER_b^p$ herzuleiten, was eines der Hauptanliegen von Lordens(1970) Arbeit bildet. Wir werden dies im nächsten Abschnitt für $p = 1$ tun und damit eine obere Schranke sowohl für die mittlere Austrittszeit $E\tau(b)$ als auch die Erneuerungsfunktion $U(b)$ erhalten.

Zur vollständigen Bestimmung von A_d verbleibt gemäß (4.3.12) nur noch die von $A_{2,d}$. Wir beginnen mit einer geeigneten Umformung, wozu Z eine von $(S_n)_{n\geq 0}$ unabhängige Kopie von $-M^{<}$ sei. Setzen wir außerdem $H(z) \stackrel{\text{def}}{=} \Delta_{1,d}ER_z - \frac{1}{2}ER_z(R_z+d)$, so gilt dann

$$\begin{aligned}
A_{2,d} &= \int_{[0,\infty)} ER_x\, P(Z > x)\, l_d(dx) = E\Big(\int_{[0,Z)} R_x\, l_d(dx)\Big) \\[2mm]
&= \int_{[0,\infty)} \int_{[0,z)} ER_x\, l_d(dx)\, P(Z \in dz) \\[2mm]
&= \int_{[0,\infty)} \Big(\Delta_{1,d}(z + ER_z) - \frac{1}{2}ER_z(R_z+d)\Big)\, P(Z \in dz) \\[2mm]
&= \Delta_{1,d}\theta \;+\; EH(Z),
\end{aligned}$$

(4.3.18)

wobei (4.3.15) und (4.3.16) für die vorletzte Zeile verwendet worden sind. Die noch ausstehende Berechnung von $EH(Z) = EH(-M^<)$ ist Teil des folgenden Lemmas, das darüberhinaus die Verteilung von $M^<$ zu der von $(\sigma^\geq, S_0, ..., S_{\sigma^\geq -1})$ in Beziehung setzt und auch im nächsten Abschnitt verwendet wird.

4.3.6 Lemma   *$(S_n)_{n\geq 0}$ sei ein SRW mit positiver Drift μ. Dann gilt*

$$(4.3.19) \qquad P(M^< \in \cdot) \; = \; \frac{1}{E\sigma^\geq} E\Big(\sum_{n=0}^{\sigma^\geq -1} \mathbf{1}(S_n \in \cdot) \Big) \; = \; \frac{1}{E\sigma^\geq} \sum_{n\geq 0} \mathbf{1}(S_n \in \cdot, \sigma^\geq > n)$$

und damit für jede meßbare Funktion $h : (-\infty, 0] \to [0, \infty)$

$$(4.3.20) \qquad Eh(M^<) \; = \; \frac{1}{E\sigma^\geq} E\Big(\sum_{n=0}^{\sigma^\geq -1} h(S_n) \Big) \; = \; \frac{1}{E\sigma^\geq} \sum_{n\geq 0} Eh(S_n)\mathbf{1}(\sigma^\geq > n).$$

(4.3.19) und (4.3.20) bleiben richtig, wenn man dort $\sigma^\geq$ durch $\sigma^>$ ersetzt. Für Funktionen h der Form $h(z) = Ef(R_{-z})$, $f : [0, \infty) \to [0, \infty)$, gilt speziell

$$(4.3.21) \qquad\qquad Eh(M^<) \; = \; \frac{1}{E\sigma^>} E\sigma^> f(S_1^>).$$

Beweis: Für alle $t \in I\!\!R$ gilt

$$
\begin{aligned}
P(M^< \leq t) &= \sum_{n\geq 0} P(\xi = n, S_n \leq t) \\
&= \sum_{n\geq 0} P(S_i > S_n, 0 \leq i < n, S_n \leq t, S_{n+j} - S_n \geq 0, j \geq 0) \\
&= P(S_j \geq 0, j \geq 0) \sum_{n\geq 0} P(S_{n-i} < 0, 0 \leq i < n, S_n \leq t) \\
&= P(\sigma^< = \infty) \sum_{n\geq 0} P(\sigma^\geq > n, S_n \leq t) \; = \; \frac{1}{E\sigma^\geq} \sum_{n\geq 0} \sum_{k>n} P(\sigma^\geq = k, S_n \leq t) \\
&= \frac{1}{E\sigma^\geq} \sum_{k\geq 1} \sum_{n=0}^{k-1} P(\sigma^\geq = k, S_n \leq t) \; = \; \frac{1}{E\sigma^\geq} E\Big(\sum_{n=0}^{\sigma^\geq -1} \mathbf{1}(S_n \leq t) \Big).
\end{aligned}
$$

Dabei haben wir den Satz von Fubini zur Vertauschung der Summationsreihenfolge und in der vorletzten Zeile Lemma 4.3.2 benutzt. Offenkundig ist (4.3.19) gezeigt. Ersetzt man in obiger Rechnung ξ durch $\hat{\xi} = \sup\{n \geq 0 : S_n = M^<\}$ und führt die anschließenden Schritte analog durch, so ergibt sich gerade (4.3.19) mit $\sigma^\geq$ ersetzt durch $\sigma^>$. Wir verzichten auf Angabe der Details. (4.3.20) folgt natürlich aus (4.3.19) mit einem Standard-Erweiterungsargument der Maßtheorie. Zum Nachweis von (4.3.21) sei $(S'_n)_{n\geq 0}$ eine unabhängige Kopie von $(S_n)_{n\geq 0}$ mit zugehörigem Exzeß-Prozeß $(R'_b)_{b\geq 0}$. Dann gilt $Eh(M^<) = Ef(R'_{-M^<})$, und wir erhalten mit

Hilfe von (4.3.20) (mit $\sigma^{>}$ statt $\sigma^{\geqq}$)

$$Ef(R'_{-M<}) = \frac{1}{E\sigma^{>}} \sum_{n\geq 0} Ef(R'_{-S_n})\mathbf{1}(\sigma^{>} > n)$$

$$= \frac{1}{E\sigma^{>}} \sum_{n\geq 0}\sum_{k\geq 1} Ef(S'_k + S_n)\mathbf{1}(\sigma^{>} > n, S'_j \leq -S_n, 1 \leq j < k, S'_k > -S_n)$$

$$= \frac{1}{E\sigma^{>}} \sum_{n\geq 0}\sum_{k\geq 1} Ef(S_{k+n})\mathbf{1}(S_i \leq 0, 1 \leq i \leq n, S_{j+n} \leq 0, 1 \leq j < k, S_{k+n} > 0)$$

$$\left(\text{denn } (S_0, ..., S_n, S_n + S'_1, S_n + S'_2, ...) \sim (S_n)_{n\geq 0}\right)$$

$$= \frac{1}{E\sigma^{>}} \sum_{n\geq 0}\sum_{k>n} Ef(S_k)\mathbf{1}(\sigma^{>} = k)$$

$$= \frac{1}{E\sigma^{>}} \sum_{n\geq 0} Ef(S_1^{>})\mathbf{1}(\sigma^{>} > n) = \frac{1}{E\sigma^{>}} E\sigma^{>} f(S_1^{>}),$$

d.h. das Gewünschte. $\qquad\qquad\qquad\qquad\qquad\qquad\qquad\qquad\qquad\qquad\diamond$

Eine Anwendung von Lemma 4.3.6 liefert nun in (4.3.18) leicht

$$A_{2,d} = \Delta_{1,d}\theta + \frac{1}{E\sigma^{>}}\left(\Delta_{1,d}E\sigma^{>}S_1^{>} - \frac{1}{2}E\sigma^{>}S_1^{>}(S_1^{>} + d)\right),$$

und zusammen mit (4.3.13) sowie $\mu^{>} = ES_1^{>} = \mu E\sigma^{>}$ erhalten wir schließlich für A_d in (4.3.12)

$$(4.3.22)\qquad A_d = \frac{2\Delta_{1,d}^2 - d\Delta_{1,d} - \Delta_{2,d}}{2\mu} - \frac{2\Delta_{1,d}E\sigma^{>}S_1^{>} - E\sigma^{>}S_1^{>}(S_1^{>} + d)}{2\mu^{>}}.$$

Unser angestrebtes Endergebnis, nämlich eine Approximation 2. Ordnung für $\operatorname{Var}\tau(b)$, folgt nun aus (4.3.2), (4.3.11) sowie (4.3.22) und bildet Inhalt des folgenden, abschließenden Satzes.

4.3.7 Satz $(S_n)_{n\geq 0}$ *sei ein SRW mit d-arithmetischen oder quasi l_0-stetigen $(d = 0)$ Zuwächsen $X_1, X_2, ...$ mit $\mu = EX_1 > 0$, $\nu^2 = \operatorname{Var}X_1 < \infty$ und $\mu_3^{+} = E(X_1^{+})^3 < \infty$. Dann gilt, falls $b \to \infty$ und $b \in d\mathbb{N}$ im d-arithmetischen Fall*

$$\operatorname{Var}\tau(b) = \nu^2\mu^{-3}b + \mu^{-2}C_d + o(1)\quad mit$$
$$(4.3.23)\qquad C_d = (\nu^2\mu^{-1} - d)\Delta_{1,d} + 3\Delta_{1,d}^2 - 2\Delta_{2,d}$$
$$- (E\sigma^{>})^{-1}\left(2\Delta_{1,d}E\sigma^{>}S_1^{>} - E\sigma^{>}S_1^{>}(S_1^{>} + d)\right).$$

Literaturhinweise: Für SEP $(S_n)_{n\geq 0}$ mit l_0-stetigen Zuwächsen wurde Satz 4.3.7 bereits von Smith(1959) bewiesen. Für SRW mit positiver Drift findet sich das Resultat in Lai und Siegmund(1979) für den nichtarithmetischen Fall und in Alsmeyer(1988) für den d-arithmetischen Fall, allerdings jeweils ohne die Berechnung von $A_{2,d}$. Letztere stammt aus einer Arbeit von Keener(1987).

4.4 Schranken für mittlere Austrittszeit und Erneuerungsfunktion

Gegeben sei weiterhin ein SRW $(S_n)_{n\geq 0}$ mit positiver Drift μ, und ν^2 bezeichne wieder die Varianz der $X_1, X_2, ...$, sofern wir deren Existenz voraussetzen. In diesem Abschnitt wollen wir die zuvor zur approximativen Berechnung von $Cov(R_b, \tau(b))$ erzielten Ergebnisse weiter nutzen, um Schranken für die mittlere Austrittszeit $E\tau(b)$ und die Erneuerungsfunktion $U(b)$ herzuleiten. Im Fall nichtnegativer Zuwächse handelt es sich dann wegen $U(b) = E\tau(b)$ natürlich um dasselbe Problem. Da außerdem $E\tau(b) = \mu^{-1}(b + ER_b)$, bedarf es für eine obere Schranke offenkundig einer solchen für $\sup_{b\geq 0} ER_b$. Diese werden wir unter Verwendung von Lordens Methode erhalten. Um die Erneuerungsfunktion auch im allgemeinen Fall abschätzen zu können, wählen wir die mittlerweile vertraute Vorgehensweise der Zurückführung auf den nichtnegativen Fall per Rückgriff auf die LI und LH des betrachteten SRW. Dieser Rückgriff besteht hier in einer Beziehung zwischen U und $U^{\geq}$, dem Erneuerungsmaß des SEP $(S_n^{\geq})_{n\geq 0}$ der LH. Mit ihrer Herleitung wollen wir beginnen. Es gelten weiter die Bezeichnungen des vorigen Abschnitts. Insbesondere sei wieder $\theta = EM^{<}$.

4.4.1 Lemma *Für einen SRW $(S_n)_{n\geq 0}$ mit positiver Drift μ gilt*

$$(4.4.1) \qquad U(t) \;=\; E\sigma^{\geq}\, EU^{\geq}(t - M^{<}).$$

Aus $\nu^2 < \infty$ folgt außerdem

$$(4.4.2) \qquad \Delta_{1,0} \;=\; \frac{\mu_2^{\geq}}{2\mu^{\geq}} \;=\; \frac{\mu^2 + \nu^2}{2\mu} + \theta.$$

Beweis: (4.4.1) ist eine triviale Konsequenz aus (2.4.24) in Lemma 2.4.6 und (4.3.20) in Lemma 4.3.6. Unter Hinweis auf Satz 3.4.1, $\mu E\sigma^{\geq} = \mu^{\geq}$ sowie aufgrund majorisierter Konvergenz folgt dann weiter

$$\begin{aligned}
\frac{\mu^2 + \nu^2}{2\mu^2} &= \operatorname*{d\text{-}lim}_{b\to\infty}\left(U(b) - \frac{b}{\mu} - \frac{d}{2\mu}\right) = E\sigma^{\geq} E\left(\operatorname*{d\text{-}lim}_{b\to\infty}\left(U^{\geq}(b - M^{<}) - \frac{b}{\mu^{\geq}} - \frac{d}{2\mu^{\geq}}\right)\right)\\
&= E\sigma^{\geq}\left(\frac{\mu_2^{\geq}}{2\mu^{\geq 2}} - \frac{\theta}{\mu^{\geq}}\right) = \frac{\Delta_{1,0} - \theta}{\mu}.
\end{aligned}$$

Dabei bezeichnet d natürlich wie bisher die Spanne von X_1. Ein Vergleich der ganz linken und ganz rechten Seite der vorhergehenden Gleichung ergibt offenkundig (4.4.2). $\qquad \Diamond$

4.4.2 Lemma *Für einen SRW $(S_n)_{n\geq 0}$ mit Drift $\mu \in (0, \infty)$ gilt*

$$(4.4.3) \qquad \sup_{b\geq 0} ER_b \;\leq\; 2\Delta_{1,0} \;=\; \frac{\mu_2^{\geq}}{\mu^{\geq}} \;\leq\; \frac{\mu_2^{+}}{\mu}.$$

Beweis: O.B.d.A. sei $\mu_2^{+} < \infty$, da sonst wegen $\mu_2^{\geq} \geq \mu_2^{+}$ nichts zu zeigen ist. In (4.3.15) hatten wir

$$\int_{[0,b)} ER_x\, l_0(dx) = \frac{1}{2}\left(\mu_2^{\geq} E\tau^{\geq}(b) - ER_b^2\right)$$

für alle $b \geq 0$ erhalten, sofern $(S_n)_{n \geq 0}$ nichtarithmetisch ist. Ein Blick auf die dortige Rechnung zeigt, daß diese Beziehung auch im d-arithmetischen Fall gilt. Unter Benutzung von $ER_b^2 \geq (ER_b)^2$ und $\mu^2 E\tau^2(b) = b + ER_b$ folgt weiter

$$(4.4.4) \qquad \int_{[0,b)} ER_x \, l_0(dx) \; \leq \; \Delta_{1,0}(b + ER_b) \; - \; \frac{(ER_b)^2}{2}.$$

Als nächstes behaupten wir, daß für alle $u, v \geq 0$ eine von R_u unabhängige Zufallsgröße $R_{u,v}$ mit derselben Verteilung wie R_v existiert, so daß

$$(4.4.5) \qquad R_{u+v} \; \leq \; R_u \; + \; R_{u,v}.$$

Zum Beweis definieren wir

$$\tau_u^2(v) \; = \; \inf\{n \geq 1 : S_{\tau^2(u)+n}^2 - S_{\tau^2(u)}^2 > v\} \quad \text{und}$$

$$R_{u,v} \; = \; S_{\tau^2(u)+\tau_u^2(v)}^2 - S_{\tau^2(u)}^2 \; - \; v \; = \; \sum_{n=1}^{\tau_u^2(v)} X_{\tau^2(u)+n}^2 \; - \; v.$$

Dann besitzt $R_{u,v}$, wie gefordert, dieselbe Verteilung wie R_v und ist unabhängig von R_u. Auf $\{R_u \geq v\}$ gilt mit $R_{u+v} = R_u - v \leq R_u$ ferner die behauptete Ungleichung. Betreffend $\{R_u < v\}$ notieren wir zuerst

$$S_{\tau^2(u+v)-1}^2 - S_{\tau^2(u)}^2 \; - \; v \; = \; (S_{\tau^2(u+v)-1}^2 - (u+v)) - R_u \; \leq 0,$$

so daß $\tau^2(u) + \tau^2(u,v) \geq \tau^2(u+v)$ folgt und schließlich mit

$$R_{u+v} \; \leq \; S_{\tau^2(u)+\tau_u^2(v)} - (u+v) \; = \; R_u + R_{u,v}$$

erneut das Gewünschte.

Aus (4.4.5) und $R_{u,v} \sim R_v$ folgt offenkundig die Subadditivität von $b \mapsto ER_b$, und diese impliziert für alle $b \geq 0$

$$bER_b \leq \frac{b}{2} \sup_{0 \leq x \leq \frac{b}{2}} (ER_x + ER_{b-x}) \leq \int_{[0,\frac{b}{2})} (ER_x + ER_{b-x}) \, l_0(dx) \; = \; \int_{[0,b)} ER_x \, l_0(dx).$$

Kombiniert man dies mit (4.4.4), so ergibt sich schließlich

$$(4.4.6) \qquad 0 \; \geq \; \frac{(ER_b)^2}{2} + bER_b - \Delta_{1,0}(b + ER_b) \; = \; \frac{1}{2}(ER_b - 2\Delta_{1,0})(b + ER_b)$$

für alle $b \geq 0$ und daraus leicht die erste Ungleichung in (4.4.3), da $2\Delta_{1,0} = \mu_2^2/\mu^2$. Die zweite hatten wir bereits in (4.2.13) am Ende von Abschnitt 4.2 gezeigt. $\qquad \diamond$

Mit Hilfe der beiden soeben bewiesenen Lemmata können wir nun die angestrebten Ungleichungen für mittlere Austrittszeit und Erneuerungsfunktion herleiten.

4.4.3 Satz *Für einen SRW $(S_n)_{n\geq 0}$ mit Drift $\mu \in (0,\infty)$ gelten für alle $b, h \geq 0$*

$$(4.4.7) \qquad \left| E\tau(b) - \frac{b + \Delta_{1,0}}{\mu} \right| \leq \frac{\Delta_{1,0}}{\mu} \leq \frac{\mu_2^+}{2\mu^2}$$

sowie, falls $\nu^2 < \infty$,

$$(4.4.8) \qquad \left| U(b) - \frac{b}{\mu} - \frac{\mu^2 + \nu^2}{2\mu^2} \right| \leq \frac{\mu^2 + \nu^2}{2\mu^2} + \frac{\theta}{\mu} \leq \frac{\mu_2^+}{2\mu^2},$$

$$(4.4.9) \qquad \left| U([b, b+h]) - \frac{h}{\mu} \right| \leq \frac{\mu^2 + \nu^2}{\mu^2} + \frac{2\theta}{\mu} \leq \frac{\mu_2^+}{\mu^2}$$

Beweis: (4.4.7) ergibt sich als triviale Folgerung aus $\mu E\tau(b) = b + ER_b$ und Lemma 4.4.2. Wegen $U^2(b) = E\tau^2(b)$ folgt dann unter Verwendung von Lemma 4.4.1 sofort (4.4.8). Zum Nachweis von (4.4.9) zeigt man die Ungleichung zuerst für $U((b, b+h]) = U(b+h) - U(b)$ unter Benutzung von (4.4.8). Die Behauptung ergibt sich dann ebenfalls für $U([b, b+h])$, da obere und untere Schranken in (4.4.8) (nach Auflösen der Betragsstriche) stetige Funktionen in b bilden. $\diamond$

Die Satz 4.4.3 angegebenen Schranken enthalten außer $\theta = EM^<$ nur Momente des zugrundeliegenden RW $(S_n)_{n\geq 0}$ selbst. Zum Abschluß wollen wir kurz zeigen, daß auch θ sich durch geeignete Momente von $(S_n)_{n\geq 0}$ ausdrücken läßt. Leider ist das Ergebnis (4.4.11) von nur geringem praktischen Nutzen, da die auftretende unendliche Summe i.a. nicht explizit berechnet werden kann.

4.4.4 Lemma *Sei $(S_n)_{n\geq 0}$ ein SRW mit positiver Drift μ und $M_n^< = \min_{0\leq j\leq n} S_j$ für $n \geq 0$. Dann gelten*

$$(4.4.10) \qquad EM_n^< = -\sum_{j=1}^{n} \frac{1}{j} ES_j^- \quad \text{für alle } n \geq 1$$

$$(4.4.11) \qquad \text{und} \quad \theta = EM^< = -\sum_{j\geq 1} \frac{1}{j} ES_j^-.$$

Beweis: Es reicht, (4.4.10) nachzuweisen, denn (4.4.11) ergibt sich daraus sofort aufgrund monotoner Konvergenz. Wir führen eine Induktion über n durch. Da für $n = 1$ wegen $M_1^< = -S_1^-$ offensichtlich nichts zu zeigen ist, können wir gleich zum Induktionsschritt $n - 1 \to n$ schreiten. Die Behauptung sei also erfüllt für $EM_{n-1}^<$. Es gilt

$$
\begin{aligned}
EM_n^< &= \int_{\{M_n^< < 0\}} M_n^< \, dP \\
&= \int_{\{M_n^< < 0, S_n < 0\}} (S_1 + \min_{1\leq j\leq n} S_j - S_1)\, dP + \int_{\{M_n^< < 0, S_n \geq 0\}} M_{n-1}^< \, dP \\
&= \int_{\{S_n < 0\}} S_1 \, dP + \int_{\{S_n < 0\}} (\max_{1\leq j\leq n} S_j - S_1)\, dP + \int_{\{M_{n-1}^< < 0, S_n \geq 0\}} M_{n-1}^< \, dP \\
&\overset{\text{def}}{=} I_1 + I_2 + I_3 .
\end{aligned}
$$

Unter Verwendung von $E(X_1|S_n) = n^{-1}S_n$ P-f.s. folgt

$$I_1 = \int_{\{S_n < 0\}} E(X_1|S_n)\, dP = \frac{1}{n} \int_{\{S_n < 0\}} S_n\, dP = -\frac{1}{n} E S_n^-.$$

Weiter gilt wegen $(S_1, ..., S_n) \sim (S_2 - S_1, ..., S_n - S_1, S_n)$

$$I_2 = \int_{\{S_n < 0\}} M_{n-1}^<\, dP.$$

Schließlich gilt offensichtlich

$$I_3 = \int_{\{S_n \leq 0\}} M_{n-1}^<\, dP,$$

so daß insgesamt

$$EM_n^< = -\frac{1}{n} E S_n^- + EM_{n-1}^<$$

folgt und daraus das Gewünschte unter Benutzung der Induktionsvoraussetzung. $\Diamond$

Sofern $\nu^2 < \infty$, ergibt sich nun in (4.4.2) für $\Delta_{1,0}$ die Beziehung

$$(4.4.12) \qquad \Delta_{1,0} = \frac{\mu^2 + \nu^2}{2\mu} - \sum_{n \geq 1} \frac{1}{n} E S_n^-.$$

Literaturhinweise: Die oberen Schranken für den mittleren Exzeß stammen, wie schon erwähnt, von Lorden(1970). Stone(1972) und Daley(1978) geben Ungleichungen für die Erneuerungsfunktion $U(b)$ unter Benutzung fourieranalytischer Methoden, allerdings mit gröberen Schranken als in (4.4.8). (4.4.8) selbst wurde später von Daley(1980) gezeigt, ebenfalls mit Hilfe der Lordenschen Ungleichung für den mittleren Exzeß. Abgesehen von dieser Ungleichung unterscheidet sich dessen Beweis jedoch von unserem. Daley gibt außerdem ein Beispiel, in dem die kleinere der beiden Schranken in (4.4.8) für ein $b \geq 0$ angenommen wird. Ohne zusätzliche Annahmen über $(S_n)_{n \geq 0}$ kann diese folglich nicht verbessert werden.

4.5 Ein Wartezeit-Paradoxon

In diesem Abschnitt wollen wir ein Wartezeit-Paradoxon vorstellen, in dem die Erstaustrittszeiten $\tau(b), b \geq 0$ eine Rolle spielen. Die Bezeichnungen der früheren Abschnitte behalten wir bei. Zur besseren Anschauung betrachten wir die Problemstellung vor einem konkreteren Hintergrund.

Das Anhalter-Problem

Ein Reisender stellt sich zu einem gewissen Zeitpunkt $t > 0$ an eine Autobahnauffahrt, um per Anhalter an ein Reiseziel zu gelangen. Autos passieren seinen Standort gemäß eines SEP $(S_n)_{n \geq 0}$ mit exponentialverteilten Zuwächsen $X_1, X_2, ...$, die wir hier als *Zwischenankunftszeiten* bezeichnen. Der Einfachheit halber nehmen wir an, daß jedes vorbeifahrende Auto auch tatsächlich Anhalter mitnimmt. Für den Reisenden stellt sich natürlich die Frage nach seiner zu erwartenden Wartezeit bis zur Mitnahme, wobei zwei widersprüchliche Vermutungen a priori zur Diskussion stehen:

(1) Aufgrund der Gedächtnislosigkeit der Exponentialverteilung spielt zum Zeitpunkt t die schon verstrichene Zeit, seitdem der letzte Wagen den Standort des Reisenden passiert hat, keine Rolle, und seine Wartezeit ist folglich exponentialverteilt mit Mittelwert EX_1.

(2) Die im Mittel verstreichende Zeit zwischen zwei Autos, die den Standort des Reisenden passieren, beträgt EX_1. Aus Symmetriegründen ist deshalb die zu erwartende Wartezeit des Reisenden gerade halb so groß, d.h. $\frac{1}{2}EX_1$.

Beide Vermutungen klingen vernünftig und basieren in der Tat auf richtigen Vorstellungen. Dennoch enthält Vermutung (2) einen Trugschluß, wie wir gleich sehen werden.

Die Wartezeit des Anhalters ist offensichtlich durch den Exzeß R_t gegeben, den man im vorliegenden Kontext auch als *verbleibende Wartezeit* bezeichnet. Darüberhinaus von Interesse sind die *verstrichene Wartezeit* $R_t^* \overset{\text{def}}{=} t - S_{\tau(t)-1}$ sowie die Gesamtlänge $X_{\tau(t)}$ des Zeitintervalls, in das der Ankunftszeitpunkt t des Anhalters fällt und das wir im folgenden *Ankunftsintervall* nennen. Es gilt $X_{\tau(t)} = R_t^* + R_t$. Die expliziten Verteilungen von (R_t^*, R_t) und $X_{\tau(t)}$ sowie deren Grenzwerte für $t \to \infty$ gibt der folgende

4.5.1 Satz *$(S_n)_{n \geq 0}$ sei ein SEP mit Zuwächsen $X_1, X_2, \dots \sim Exp(\frac{1}{\mu})$. Dann gilt:*
(a) $X_{\tau(t)}$ besitzt die l_0-Dichte

$$(4.5.1) \qquad h_t(s) = \mu^{-2} s\, e^{-s/\mu}\, \mathbf{1}((0,t])(s) + \mu^{-1}(1 + \mu^{-1}t)\, e^{-s/\mu}\, \mathbf{1}((t,\infty))(s)$$

und $EX_{\tau(t)} = \mu(2 - e^{-t/\mu})$ für alle $t \geq 0$.
(b) R_t und R_t^* sind stochastisch unabhängig, $R_t \sim Exp(\frac{1}{\mu})$ und

$$(4.5.2) \qquad P(R_t^* \in ds) = e^{-t/\mu}\, \delta_t(ds) + r_t^*(s)\, l_0(ds), \quad r_t^*(s) \overset{\text{def}}{=} \mu^{-1} e^{-s/\mu}\, \mathbf{1}((0,t))(s),$$

für alle $t \geq 0$. Insbesondere gilt $ER_t^* = \mu(1 - e^{-t/\mu})$.
(c) Für $t \to \infty$ gilt

$$(4.5.3) \qquad X_{\tau(t)} \to_D \Gamma\left(2, \frac{1}{\mu}\right) \quad und \quad (R_t^*, R_t) \to_D Exp\left(\frac{1}{\mu}\right) \otimes Exp\left(\frac{1}{\mu}\right),$$

wobei $\Gamma(2, \frac{1}{\mu})$ eine Gammaverteilung mit Parametern 2 und $\frac{1}{\mu}$ bezeichnet.

Der Satz bestätigt somit Vermutung (1), und wir müssen überlegen, worin der Trugschluß von Vermutung (2) besteht. Das asymptotische Ergebnis $EX_{\tau(t)} \uparrow 2\mu$ zeigt, daß für große t die erwartete Länge des Ankunftsintervalls nahezu zweimal der Durchschnittslänge μ aller Intervalle entspricht. Dies mag Pessimisten in ihrer Lebenseinstellung bestärken. Es bestätigt aber auch die Überlegung in (2), daß die mittlere Wartezeit des Reisenden gerade die halbe mittlere Länge des Ankunftsintervalls beträgt. Falsch ist nur die dort angenommene Länge dieses Intervalls. Denkt man noch einmal kurz über das überraschende Phänomen nach, so weicht der Verblüffung die Erkenntnis, daß t mit größerer Wahrscheinlichkeit in ein langes als in ein kurzes Intervall fällt und daß daher die erwartete Länge des Ankunftsintervalls größer als die Durchschnittslänge μ aller Intervalle sein muß. Feller(1971, S.13) schreibt hierzu:

> *The solution of the paradox came as a shock to experienced workers, but it becomes intuitively clear once our mode of thinking is properly adjusted. Roughly speaking, a long interval has a better chance to cover the point t than a short one.*

Natürlich ist dies nur eine vage, an die Intuition appellierende Begründung, und erst der obige Satz 4.5.1 gibt eine präzise Beschreibung des wahren Sachverhalts.

Beweis von Satz 4.5.1: Wie in 0.2 gezeigt, gilt $U = \delta_0 + \mu^{-1} l_0^+$ und deshalb für alle $s, t \geq 0$

$$
\begin{aligned}
P(X_{\tau(t)} > s) &= \sum_{n \geq 1} P(S_{n-1} \leq t, S_n > t, X_n > s) \\
&= \int_{[0,b]} P(X_1 > s \vee (t - x))\, U(dx) \\
&= P(X_1 > s \vee t) + \frac{1}{\mu} \int_0^t P(X_1 > s \vee (t - x))\, dx.
\end{aligned}
$$

(4.5.1) erhält man nun leicht durch Ausrechnen, wobei die Fälle "$s \leq t$" und "$s > t$" getrennt betrachtet werden. Wir überlassen die Details dem Leser. Betreffend R_t^* notieren wir zuerst

$$
P(R_t^* = t) = P(X_1 > t) = e^{-t/\mu} \quad \text{für alle } t \geq 0.
$$

Für $0 \leq r < t$ und $s \geq 0$ gilt ferner

$$
\begin{aligned}
P(R_t^* > r, R_t > s) &= \sum_{n \geq 1} P(t - S_{n-1} > r, S_n - t > s) \\
&= \int_{[0,t-r)} P(X_1 > t + s - x)\, U(dx) \\
&= P(X_1 > t + s) + \frac{1}{\mu} \int_0^{t-r} P(X_1 > t + s - x)\, dx = e^{-(t+s)/\mu},
\end{aligned}
$$

wie man leicht ausrechnet. Aus diesen Beziehungen folgen leicht (4.5.2) und (4.5.3), und wir überlassen erneut weitere Details dem Leser. $\diamond$

Verzichtet man auf die zuvor getroffene Spezifikation der Zwischenankunftsverteilung, so erhält man in der Regel keine expliziten Resultate mehr für die Verteilungen von R_t^*, R_t und $X_{\tau(t)}$, wohl aber asymptotische, wie der abschließende Satz zeigt.

4.5.2 Satz $(S_n)_{n \geq 0}$ *sei ein SEP mit Drift* $\mu \in (0, \infty)$. *Dann gelten für alle* $r, s \geq 0$ ($\in d\mathbb{N}_0$, *falls* $d = d(X_1) > 0$)

$$(4.5.4) \qquad \operatorname*{d\text{-}lim}_{t \to \infty} P(X_{\tau(t)} > s) = \frac{1}{\mu} \int_{[0,\infty)} P(X_1 > x \vee s)\, l_d(dx),$$

$$(4.5.5) \qquad \operatorname*{d\text{-}lim}_{t \to \infty} P(R_t^* > r, R_t > s) = \frac{1}{\mu} \int_{(r+s,\infty)} P(X_1 > x)\, l_d(dx).$$

Insbesondere sind R_t^* und R_t asymptotisch identisch verteilt.

Beweis: Wie im Beweis von Satz 4.5.1 gesehen, gelten

$$P(X_{\tau(t)} > s) \; = \; f_s * U(t) \quad \text{und} \quad P(R_t^* > r, R_t > s) \; = \; g_{r,s} * U(t),$$

wobei $f_s(x) = P(X_1 > s \vee x)\mathbf{1}((0,\infty))(x)$ und $g_{r,s}(x) = P(X_1 > r + s + x)\mathbf{1}((0,\infty))(x)$. Da diese Funktionen offensichtlich d.R.i. sind, ergeben sich die Behauptungen durch Anwendung des 2. Erneuerungstheorems. $\diamond$

4.6 Ruinwahrscheinlichkeiten (3)

Wir kehren noch einmal zu der in 0.4 und 3.5 behandelten Problemstellung aus der Risikotheorie zurück, wobei jedoch anders als dort der Schadenszählprozeß $(\hat{N}(t))_{t\geq 0}$ nicht länger ein Poisson-Prozeß zu sein braucht, sondern ein beliebiger Erneuerungszählprozeß sein kann. Wir verzichten hier somit auf die Annahme exponentialverteilter Zwischenschadenszeiten $W_n = T_n - T_{n-1}, n \geq 1$. Die präzise Beschreibung des im folgenden zugrundegelegten Modells geben wir in Definition 4.6.1, wobei die in 0.4 und 3.5 gewählten Bezeichnungen beibehalten werden. Insbesondere ist $I(R_0, c)$ wieder die Ruinwahrscheinlichkeit des Versicherers bei freier Reserve R_0 zum Zeitpunkt $T_0 = 0$ und Prämieneinnahmen $p(t) = ct$, $c > 0$ in $[0, t]$.

4.6.1 Definition Ein Schadensverlauf $(T_n, X_n)_{n\geq 1}$ wird als *Standard-Schadensverlauf (SSV)* bezeichnet, falls die folgenden Voraussetzungen gelten: $(W_1, X_1), (W_2, X_2), \ldots$ sind u.i.v. mit Werten in $(0, \infty)^2$, $EW_1 < \infty$, $EX_1 < \infty$ und positiven, aber nicht notwendig endlichen Varianzen $\operatorname{Var} W_1$, $\operatorname{Var} X_1$ sowie $\operatorname{Var}(X_1 - \varrho W_1)$ für alle $\varrho > 0$.

Jeder Schadensverlauf $(T_n, X_n)_{n\geq 0}$, der die in 0.4 gemachten Annahmen (C.1)-(C.3) erfüllt, ist ein SSV, wie man sofort nachprüft. Die in 4.6.1 geforderte Positivität der Varianzen dient der Ausschaltung degenerierter Fälle in der anschließenden Untersuchung.

Als Verallgemeinerung von Satz 0.4.1(b), dessen Beweis nur des starken Gesetzes der großen Zahlen ($EX_1 > cEW_1$) und des Satzes 2.2.7 von Chung, Fuchs und Ornstein ($EX_1 = cEW_1$) bedurfte, erhalten wir hier völlig analog

4.6.2 Satz *Für einen SSV $(T_n, X_n)_{n\geq 0}$ gilt:*

$$EX_1 \geq cEW_1 \quad \Rightarrow \quad I(R_0, c) = 1 \quad \text{für alle } c, R_0 > 0.$$

Wenden wir uns nun dem verbleibenden, wichtigsten Fall "$EX_1 < cEW_1$" zu, wobei $c > 0$ von jetzt ab festgehalten sei und daher $I(r)$ statt $I(r, c)$ geschrieben werden kann. Wir setzen

$$Y_n \; = \; X_n - cW_n, \quad Z_n \; = \; Y_1 + \ldots + Y_n \; = \; S_n - cT_n \quad \text{für } n \geq 1$$

sowie $Z_0 = 0$. Dann bildet $(Z_n)_{n \geq 0}$ natürlich einen SRW mit *negativer* Drift, dessen streng aufsteigende LI und LH im folgenden mit $(\sigma_n^>)_{n \geq 0}$ bzw. $(Z_n^>)_{n \geq 0}$ bezeichnet werden. Der Zeitpunkt des Ruins bei zu Beginn freier Reserve r ist gegeben durch die Erstaustrittszeit

$$\tau(r) \;=\; \inf\{n \geq 1 : Z_n > r\}$$

und die zugehörige Ruinwahrscheinlichkeit durch $I(r) = P(\tau(r) < \infty)$. Setzen wir außerdem

$$\tau^>(r) \;=\; \inf\{n \geq 1 : Z_n^> > r\},$$

gilt natürlich auch $I(r) = P(\tau^>(r) < \infty)$ für alle $r \geq 0$. Als Gegenstück zu Lemma 3.5.1 erhalten wir für einen SSV

4.6.3 Lemma *Für einen SSV $(T_n, X_n)_{n \geq 0}$ gilt im Fall "$E(X_1 - cT_1) < 0$" für $L(r) = 1 - I(r)$, $r \geq 0$ die defekte Erneuerungsgleichung*

$$(4.6.1) \qquad\qquad L(r) \;=\; (1 - \gamma) \;+\; \int_{[0,r]} L(r - x) \, V(dx),$$

wobei $\gamma = P(\sigma^> < \infty) = 1 - L(0)$ und $V(dx) = P(Z_1^> \in dx, \sigma^> < \infty)$.

Beweis: Sei $r \geq 0$. Unter Benutzung der starken Markov-Eigenschaft von $(Z_n)_{n \geq 0}$ folgt

$$\begin{aligned}
L(r) \;&=\; P(\tau^>(r) = \infty) \;=\; P(\sigma^> = \infty) \;+\; P(Z_n^> \leq r \text{ für alle } n \geq 1, \sigma^> < \infty) \\
&=\; (1 - \gamma) \;+\; \int_{[0,r]} P(Z_n^> \leq r \text{ für alle } n \geq 2 | Z_1^> = x) \, V(dx) \\
&=\; (1 - \gamma) \;+\; \int_{[0,r]} P(Z_n^> \leq r - x \text{ für alle } n \geq 1) \, V(dx) \\
&=\; (1 - \gamma) \;+\; \int_{[0,r]} L(r - x) \, V(dx).
\end{aligned}$$

Gemäß Korollar 1.4.6 gilt außerdem $\|V\| = \gamma < 1$, so daß es sich in der Tat um eine defekte Erneuerungsgleichung handelt. $\qquad\qquad\qquad\qquad\qquad\qquad\qquad\qquad\qquad\qquad \diamond$

$L(r) = 1 - I(r)$ erfüllt also weiterhin eine defekte Erneuerungsgleichung, wobei hier V an die Stelle des Maßes $\frac{\lambda}{c} P(X_1 > x) \, l_0^+(dx)$ in 3.5 tritt, siehe Lemma 3.5.1. Dasselbe Vorgehen wie dort liefert deshalb das folgende Pendant zu Satz 3.5.2, sofern die der dortigen Voraussetzung (C.5) entsprechende Bedingung

$$(4.6.2) \qquad\qquad \int_{(0,\infty)} e^{\beta x} \, V(dx) \;=\; \int_{\{\sigma^> < \infty\}} e^{\beta Z_1^>} \, dP \;=\; 1 \quad \text{für ein } \beta > 0$$

erfüllt ist.

4.6.4 Satz $(T_n, X_n)_{n \geq 1}$ *sei ein SSV mit* $EX_1 < cEW_1$. *Gilt außerdem (4.6.2), und ist* $Z_1 = X_1 - cT_1$ *nichtarithmetisch, so folgt*

$$(4.6.3) \qquad \lim_{r \to \infty} e^{\beta r} I(r) = \frac{1 - \gamma}{\nu \beta}, \quad \nu \stackrel{\text{def}}{=} EZ_1^{>} e^{\beta Z_1^{>}}.$$

Der Beweis verläuft völlig analog zu dem von Satz 3.5.2 und kann weggelassen werden.

Kehren wir abschließend noch einmal zu der in 0.4 und 3.5 betrachteten spezielleren Situation zurück, wobei wir $EY_1 < 0$ annehmen. Da dann T_1 $Exp(\lambda)$-verteilt und unabhängig von X_1 ist, folgt für alle $t > 0$ und ein $C > 0$

$$P(Z_1^- > t) = \int_{(0,\infty)} P(T_1 > \frac{t + x}{c}) \, P(X_1 \in dx) = C \, e^{\lambda t / c}.$$

Wir nennen Z_1 in diesem Fall *linksseitig exponentialverteilt* mit Parameter $\frac{\lambda}{c}$ und werden in Satz 5.3.1 im nächsten Paragraphen zeigen, daß dann $-Z_1^{\leq} \sim Exp(\frac{\lambda}{c})$ gilt, wobei $Z_1^{<}$ natürlich die erste streng absteigende LH von $(Z_n)_{n \geq 0}$ bezeichnet. Da Z_1 offensichtlich auch l_0-stetig ist, stimmen $Z_1^{<}$ und $Z_1^{\leq}$ ebenso wie die zugehörigen LI $\sigma^{<}$ und $\sigma^{\leq}$ jeweils P-f.s. überein, und wir erhalten mit der 1. Waldschen Gleichung sowie Lemma 4.3.2

$$1 - \gamma = P(\sigma^{>} = \infty) = (E\sigma^{\leq})^{-1} = \frac{EX_1 - cET_1}{EZ_1^{\leq}} = 1 - \frac{\lambda}{c} EX_1.$$

Setzt man dies in (4.6.3) ein und vergleicht das Ergebnis mit (3.5.4) in Satz 3.5.2, so ergibt sich die keineswegs offensichtliche Beziehung

$$(4.6.4) \qquad EZ_1^{>} e^{\beta Z_1^{>}} = \frac{\lambda}{c} \int_0^{\infty} x e^{\beta x} P(X_1 > x) \, dx.$$

Der Nachteil der in Satz 4.6.4 gegebenen Approximation für $I(r)$ im Vergleich zu der in Satz 3.5.2 liegt darin, daß zu ihrer numerischen Auswertung die Verteilung von $Z_1^{>}$ bekannt sein muß oder zumindest eine (4.6.4) vergleichbare Beziehung, die eine Berechnung von ν nur in Abhängigkeit von T_1 und X_1 erlaubt. Leider ist dies i.a. nicht möglich, und es bedarf daher entweder einer Simulationsstudie, bei der u.i.v. Realisierungen von $Z_1^{>} exp(\beta Z_1^{>})$ zur Schätzung von ν generiert werden, oder einer geeigneten numerischen Näherung, wie sie in manchen Fällen mit Hilfe der Spitzer-Baxter-Formeln, siehe §14, gewonnen werden kann. Für Literaturhinweise zur tatsächlichen numerischen Bestimmung von $I(r)$ siehe auch am Ende dieses Abschnitts.

Nimmt man an, daß statt der Zwischenschadenszeiten $W_1, W_2, \ldots$ die Schadenshöhen $X_1, X_2, \ldots$ exponentialverteilt sind mit Parameter $\theta > 0$, so gilt unter Beibehaltung der Unabhängigkeit von $(X_n)_{n \geq 1}$ und $(T_n)_{n \geq 0}$ für alle $t > 0$ und ein $C > 0$

$$P(Z_1^+ > t) = \int_{[0,\infty)} P(X_1 > t + cx) \, P(T_1 \in dx) = C \, e^{-\theta t}.$$

Wir bezeichnen Z_1 in diesem Fall als *rechtsseitig exponentialverteilt* mit Parameter θ. Es folgen, wie wir in Satz 5.3.1 zeigen werden, $P(Z_1^{>} \in \cdot | Z_1^{>} > 0) = P(Z_1^{>} \in \cdot | \sigma^{>} < \infty) = Exp(\theta)$ und $\max_{n \geq 0} Z_n \sim Exp((1 - \gamma)\theta)$. Da

$$I(r) = P(\tau(r) < \infty) = P(\max_{n \geq 0} Z_n > r) \quad \text{für alle } r \geq 0,$$

erhalten wir in diesem Fall $I(r)$ explizit, und zwar

$$(4.6.5) \qquad\qquad I(r) \;=\; \gamma\, e^{-\theta(1-\gamma)r} \quad \text{für alle } r \geq 0.$$

Eine numerische Auswertung bedarf hier also nur noch der Bestimmung von γ, sofern man θ als bekannt voraussetzt.

Kombinieren wir abschließend beide zuvor betrachteten Spezialfälle, indem wir $T_1 \sim Exp(\lambda)$ und $X_1 \sim Exp(\theta)$ annehmen, so läßt sich bei Kenntnis von λ, θ selbst γ angeben, denn gemäß (3.5.3) gilt

$$\gamma \;=\; 1 - L(0) \;=\; \frac{\lambda}{c} EX_1 \;=\; \frac{\lambda}{c\theta}.$$

Wir erhalten somit in (4.6.5)

$$(4.6.6) \qquad\qquad I(r) \;=\; \frac{\lambda}{c\theta}\, e^{-(\theta - \frac{\lambda}{c})r} \quad \text{für alle } r \geq 0.$$

Literaturhinweise: Numerisch auswertbare Approximationen für die Ruinwahrscheinlichkeit $I(r)$ und dessen Limes sind natürlicherweise von großem Interesse in der Versicherungsmathematik und in zahlreichen Beiträgen untersucht worden. Zu den am Ende von Abschnitt 3.5 gegebenen Literaturhinweisen seien hier von Bahr(1974), Siegmund(1975), Asmussen(1985) sowie dessen Textbuch(1987, XIII.2) ergänzt, wo der Leser auch weitere relevante Referenzen findet.

4.7 Bewertete Erneuerungsprozesse

Das im vorigen Abschnitt behandelte Modell aus der Risikotheorie bildet nur ein Beispiel unter vielen in der angewandten Wahrscheinlichkeitstheorie, in dem der zugrundeliegende stochastische Prozeß aus einem SEP $(T_n)_{n \geq 0}$ und einer zugeordneten Folge $(X_n)_{n \geq 0}$ u.i.v. Zufallsgrößen besteht. Als weiteres Beispiel denke man etwa an das in 0.5 vorgestellte Bedienungssystem, wobei $T_n - T_{n-1}$ die Länge der n-ten Beschäftigungsperiode sei, in der ein Schalter ununterbrochen beschäftigt ist, und X_n die zugehörige Anzahl der während dieser Zeit bedienten Kunden. Allgemein gesprochen gibt T_n in derartigen Modellen in der Regel den n-ten (oder $(n + 1)$-ten, wenn man 0 mitzählt) Eintritt eines bestimmten Ereignisses an und X_n eine zugehörige numerische Quantifizierung oder *Bewertung*. Sei $(\hat{N}(t))_{t \geq 0}$ der zu $(T_n)_{n \geq 0}$ gehörende Erneuerungszählprozeß, d.h.

$$\hat{N}(t) \;=\; \sup\{n \geq 1 : T_n \leq t\}.$$

und $(S_n)_{n \geq 0}$ der zu $X_1, X_2, \ldots$ gehörende SRW. Die Summe aller Bewertungen bis zum Zeitpunkt $t \geq 0$ ist durch

$$(4.7.1) \qquad\qquad \hat{S}(t) \;\overset{\text{def}}{=}\; S_{\hat{N}(t)} \;=\; \sum_{n=1}^{\hat{N}(t)} X_n$$

gegeben und häufig von großem Interesse. In 0.4 und 3.5 bildete $(\hat{S}(t))_{t\geq 0}$ gerade den Schadens-prozß, im zweiten zuvor erwähnten Beispiel aus der Warteschlangentheorie gibt $\hat{S}(t)$ die Anzahl der bis zum Zeitpunkt t bedienten Kunden an. Unter der Annahme, daß $(T_n - T_{n-1}, X_n), n \geq 1$ u.i.v. sind, nennt man $(\hat{S}(t))_{t\geq 0}$ einen *bewerteten Erneuerungsprozeß* (engl. *renewal reward process*), im Fall exponentialverteilter $T_n - T_{n-1}, n \geq 1$, d.h. im Fall eines Poisson-Prozesses $(\hat{N}(t))_{t\geq 0}$ auch *bewerteten Poisson-Prozeß* (engl. *compound Poisson process*). Letzterer besitzt stationäre, unabhängige Zuwächse (siehe 0.4), was für einen beliebigen bewerteten EP nicht der Fall zu sein braucht.

Eine Reihe interessanter Eigenschaften von $(\hat{S}(t))_{t\geq 0}$ lassen sich mit Hilfe der zuvor erzielten Ergebnisse über Erstaustrittszeiten relativ leicht herleiten, und dies wollen wir im folgenden anhand einiger exemplarisch herausgegriffener Resultate demonstrieren. Zunächst sei daran erinnert, daß $\hat{N}(b) + 1 = \inf\{n \geq 1 : T_n > b\}$ für alle $b \geq 0$. Ferner definieren wir

$$\tau(b) \;=\; \inf\{n \geq 1 : S_n > b\} \quad \text{und} \quad \hat{\tau}(b) \;=\; \inf\{t \geq 0 : \hat{S}(t) > b\}$$

für $b \geq 0$, so daß $\hat{\tau}(b) = T_{\tau(b)}$. Es gilt der folgende

4.7.1 Satz *Falls $E|S_1| < \infty$, so gelten*

$$(4.7.2) \qquad \lim_{t \to \infty} \frac{\hat{S}(t)}{t} = \frac{ES_1}{ET_1} \quad P\text{-f.s.} \quad und \quad \lim_{t \to \infty} \frac{E\hat{S}(t)}{t} = \frac{ES_1}{ET_1},$$

$$(4.7.3) \qquad \lim_{b \to \infty} \frac{\hat{\tau}(b)}{b} = \frac{ET_1}{ES_1} \quad P\text{-f.s.} \quad und \quad \lim_{b \to \infty} \frac{E\hat{\tau}(b)}{b} = \frac{ET_1}{ES_1}.$$

Beweis: Die ersten Hälften von (4.7.2) und (4.7.3) ergeben sich sofort aus

$$\frac{\hat{S}(t)}{t} \;=\; \frac{S_{\hat{N}(t)}}{\hat{N}(t)} \cdot \frac{\hat{N}(t)}{t} \quad \text{bzw.} \quad \frac{\hat{\tau}(b)}{b} \;=\; \frac{T_{\tau(b)}}{\tau(b)} \cdot \frac{\tau(b)}{b}$$

unter Benutzung des starken Gesetzes der großen Zahlen sowie Anwendung von Satz 4.1.1 auf $\hat{N}(t) + 1, t \geq 0$ bzw. $\tau(b), b \geq 0$.

Zum Beweis der zweiten Hälfte von (4.7.2) notieren wir zuerst, daß $\hat{N}(t) + 1$ für alle $t \geq 0$ eine randomisierte Stopzeit für den SRW $(S_n)_{n\geq 0}$ bildet und außerdem gemäß Satz 4.1.1 endlichen Erwartungswert besitzt. Die 1. Waldsche Gleichung impliziert deshalb

$$E\hat{S}(t) \;+\; EX_{\hat{N}(t)+1} \;=\; ES_{\hat{N}(t)+1} \;=\; ES_1\, E(\hat{N}(t) + 1).$$

Da $\frac{E\hat{N}(t)+1}{t} \to \frac{1}{ET_1}$, falls $t \to \infty$, gemäß Satz 0.3.1, folgt die Behauptung, sofern wir noch zeigen, daß $EX_{\hat{N}(t)+1} = o(t)$. Dies ergibt sich aber sofort aus

$$EX_{\hat{N}(t)+1} \;\leq\; C \;+\; E\Big(\sum_{j=1}^{\hat{N}(t)+1} |X_j| \mathbf{1}(|X_j| > C)\Big) \;=\; C \;+\; E|S_1| \mathbf{1}(|S_1| > C)\, E(\hat{N}(t) + 1)$$

für alle $C > 0$ und $E|S_1| < \infty$. Dabei wurde erneut die 1. Waldsche Gleichung verwendet.

Die zweite Hälfte von (4.7.3) folgt auf sehr ähnliche Weise. Es ist nämlich $\tau(b)$ für jedes $b \geq 0$ eine randomisierte Stopzeit für den SEP $(T_n)_{n \geq 0}$ und daher wegen $\hat{\tau}(b) = T_{\tau(b)}$, der 1. Waldschen Gleichung und Satz 4.1.1

$$E\hat{\tau}(b) \;=\; ET_1\, E\tau(b) \;=\; \frac{ET_1}{ES_1}\,(b + o(b)) \quad (b \to \infty). \qquad\qquad \diamond$$

Mit Hilfe der letzten Beziehung und Satz 4.2.5. erhält man sofort eine Approximation 2. Ordnung für $E\hat{\tau}(b)$.

4.7.2 Satz *Sofern $ET_1, E|S_1|$ und $E(S_1^+)^2$ endlich sind, gilt*

$$(4.7.4) \qquad E\hat{\tau}(b) \;=\; \frac{ET_1}{ES_1}\left(b \,+\, \frac{ES_1^{\geq}(S_1^{\geq} + d)}{2ES_1^{\geq}}\right) \,+\, o(1) \quad (b \to \infty),$$

wobei $S_1^{\geq}$ die erste schwach aufsteigende LH von $(S_n)_{n \geq 0}$ bezeichnet und $b \in d\mathbb{N}_0$, falls S_1 d-arithmetisch ist.

Als letztes Ergebnis geben wir eine Approximation 2. Ordnung für $E\hat{S}(t)$.

4.7.3 Satz *Sofern ET_1^2 und ES_1^2 endlich sind, gilt*

$$(4.7.5) \qquad E\hat{S}(t) \;=\; \frac{ES_1}{ET_1}\left(t \,+\, \frac{ET_1(T_1 + d)}{2ET_1} \,-\, \frac{ES_1 T_1}{ES_1}\right) \,+\, o(1) \quad (t \to \infty),$$

wobei $t \in d\mathbb{N}_0$, falls T_1 d-arithmetisch ist.

Beweis: Wie im Beweis von Satz 4.7.1 gesehen, gilt $E\hat{S}(t) = ES_1\, E(\hat{N}(t) + 1) - EX_{\hat{N}(t)+1}$, und wegen

$$E\hat{N}(t) + 1 \;=\; \frac{1}{ET_1}\left(t \,+\, \frac{ET_1(T_1 + d)}{2ET_1}\right) \,+\, o(1) \quad (t \to \infty)$$

bleibt nur noch $d\text{-}\lim_{t \to \infty} EX_{\hat{N}(t)+1}$ zu berechnen. Sei U^T das zu $(T_n)_{n \geq 0}$ gehörende Erneuerungsmaß. Eine einfache Rechnung liefert

$$\begin{aligned}
EX_{\hat{N}(t)+1} &\;=\; \sum_{n \geq 0} \int_{\{T_{n-1} \leq t,\, T_n > t\}} X_n \, dP \\
&\;=\; \int_{[0,t]} ES_1 \mathbf{1}(T_1 > t - s)\, U^T(ds) \;=\; g * U^T(t),
\end{aligned}$$

wobei $g(s) \overset{\text{def}}{=} ES_1 \mathbf{1}(T_1 > s)\, \mathbf{1}([0,\infty))(s)$.

Aus $ES_1^2 + ET_1^2 < \infty$ folgt weiter mit dem Satz von Fubini

$$\begin{aligned}
\int_{[0,\infty)} E|S_1|\mathbf{1}(T_1 > s)\, l_d(ds) &\;=\; E\Big(|S_1| \int_{[0,\infty)} \mathbf{1}(T_1 > s)\, l_d(ds)\Big) \\
&\;=\; E\big(|S_1| l_d([0, T_1))\big) \;=\; E|S_1| T_1 \;<\; \infty.
\end{aligned}$$

Als Differenz der monotonen und aufgrund voriger Rechnung auch integrierbaren Funktionen $ES_1^+\mathbf{1}(T_1 > s)$ und $ES_1^-\mathbf{1}(T_1 > s)$ ist $g(s)$ gemäß Satz 2.5.2(g) d.R.i., und wir erhalten unter Anwendung des 2. Erneuerungstheorems

$$\underset{t\to\infty}{d\text{-}\lim}\ EX_{\dot N(t)+1}\ =\ \frac{1}{ET_1}\int_{[0,\infty)} g(s)\ l_d(ds)\ =\ \frac{ES_1 T_1}{ET_1},$$

was den Beweis von (4.7.5) abschließt. $\diamond$

Auf ähnliche, wenngleich rechenaufwendigere Weise lassen sich Approximationen 2. Ordnung für $Var\,\hat S(t)$ oder $Var\,\hat\tau(b)$ herleiten, und wir verweisen den interessierten Leser auf die anschließend zitierte Literatur.

Literaturhinweise: Bewertete Erneuerungsprozesse sind in vielen Arbeiten behandelt worden, von denen hier Smith(1955a), Jewell(1967), Brown und Solomon(1975), Gut und Janson(1983) sowie Alsmeyer(1988) herausgegriffen seien.

§5 Explizite Ergebnisse in Spezialfällen

Wie bereits mehrfach erwähnt, läßt sich das Erneuerungsproblem i.a. nicht explizit lösen, d.h. das Erneuerungsmaß U eines SRW $(S_n)_{n \geq 0}$ nicht explizit bestimmen. Im folgenden wollen wir einige der wenigen Ausnahmen vorstellen, von denen eine der Fall exponentialverteilter Zuwächse $X_1, X_2, \ldots$ bildet und in 0.2 bereits kurz behandelt worden ist. Wir beginnen wieder mit einiger Notation. $\tau(b), R_b, N(b), b \geq 0$ und $M^<$ seien wie zu Beginn des vorigen Paragraphen definiert. Darüberhinaus setzen wir $M^> = \sup_{n \geq 0} S_n$ und für $\alpha \in \{\geq, >, \leq, <\}$

$$\gamma^\alpha = P(\sigma^\alpha < \infty), \quad Q^\alpha = P(S_1^\alpha \in \cdot \,|\, \sigma^\alpha < \infty) \quad \text{sowie}$$
$$U^\alpha = \sum_{n \geq 0} P(S_1^\alpha \in \cdot, \sigma^\alpha < \infty) = \sum_{n \geq 0} [\gamma^\alpha]^n [Q^\alpha]^{*(n)}.$$

Im Fall positiver Drift $\mu = EX_1$ gilt gemäß Lemma 4.1.9

$$(5.1) \qquad M^< \sim (1 - \gamma^<) U^< = (1 - \gamma^\leq) U^\leq.$$

Dabei ergibt sich die zweite Gleichheit, indem man in (4.1.10) im dortigen Beweis statt der streng die schwach absteigenden LI und LH für $(S_n)_{n \geq 0}$ benutzt. Aus Symmetriegründen gilt natürlich im Fall negativer Drift

$$(5.2) \qquad M^> \sim (1 - \gamma^>) U^> = (1 - \gamma^\geq) U^\geq.$$

Diese Bezeichnung werden wir später mehrfach benutzen.

Die Erneuerungsdichten von U und U^α, sofern sie existieren, bezeichnen wir mit u bzw. u^α. Wir erinnern daran, daß u durch $U(dx) = \delta_0(dx) + u(x) l_0(dx)$ im nichtarithmetischen Fall und durch $u(n) = U(\{n\}), n \in \mathbb{Z}$ im 1-arithmetischen Fall gegeben ist. Schließlich vereinbaren wir noch, daß für ein beliebiges Maß V auf $\mathbb{R}$ dessen Einschränkungen auf $[0, \infty)$ und $(-\infty, 0]$ mit V^+ bzw. V^- bezeichnet seien, was für V^+ der bisher verwendeten Notation entspricht.

5.1 Binomialverteilungen

Die zweifellos einfachste Situation liegt vor, wenn $X_1, X_2, \ldots$ u.i.v. Bernoulli-Variablen sind, d.h. nur die Werte 0 und 1 annehmen können. Gelte also $X_1 \sim B(1, p)$ für ein $p \in (0, 1)$, d.h.

$$P(X_1 = 1) = 1 - P(X_1 = 0) = EX_1 = p.$$

Dann bildet $(S_n)_{n \geq 0}$ einen 1-arithmetischen SEP, und gemäß (4.2) gilt

$$U(n) = E\tau(n) = \frac{n + ER_n}{p} \quad \text{für alle } n \in \mathbb{N}_0.$$

Da aber offensichtlich $R_n = 1$ P-f.s. für alle $n \in \mathbb{N}_0$, erhalten wir weiter

$$(5.1.1) \qquad U(n) = \frac{n + 1}{p} \quad \text{für alle } n \in \mathbb{N}_0,$$

folglich $U = p^{-1}l_1^+$. Unter Benutzung der Tatsache, daß $S_n \sim B(n,p)$ für alle $n \in I\!N$, kann man U auch direkt bestimmen: Es gilt für alle $k \in I\!N_0$

$$u(k) \;=\; \sum_{n \geq k} P(S_n = k) \;=\; \sum_{n \geq k} \binom{n}{k} p^k (1-p)^{n-k} \;=\; \frac{p^k}{k!} f^{(k)}(1-p) \;=\; \frac{1}{p},$$

wobei $f^{(k)}$ die k-te Ableitung der Funktion $f(x) \overset{\text{def}}{=} \frac{1}{1-x}$ bezeichnet.

Auch die Verteilung von $N(n) = \tau(n) - 1$ läßt sich leicht ermitteln, wenn man bedenkt, daß $N(n) - n = \tau(n) - (n+1)$ gerade die Zahl der Mißerfolge ("0") bis zum Erreichen von $n+1$ Erfolgen ("1") angibt und damit bekanntlich eine negative Binomialverteilung mit Parametern $n+1$ und p besitzt ($N(n) - n \sim NB(n+1,p)$), d.h.

$$(5.1.2) \qquad P(N(n) = n + k) \;=\; \binom{n+k}{k} p^{n+1} (1-p)^k, \quad k \in I\!N_0.$$

Es gilt jedoch mehr, wie der anschließende Satz zeigt.

5.1.1 Satz *Falls $X_1 \sim B(1,p)$, $p \in (0,1)$, so ist $(N(n))_{n \geq 0}$ ein VEP mit der Eigenschaft $N(0) \sim N(n) - N(n-1) - 1 \sim NB(1,p)$ für alle $n \geq 1$, d.h.*

$$(5.1.3) \qquad P(N(0) = k - 1) \;=\; P(N(n) - N(n-1) = k) \;=\; p(1-p)^{k-1}, \quad k \in I\!N.$$

Beweis: Es gilt offensichtlich für alle $n \geq 1$ und $(k_0, ..., k_n) \in I\!N^{n+1}$

$$\begin{aligned}
P(N(0) &= k_0 - 1, N(1) - N(0) = k_1, ..., N(n) - N(n-1) = k_n) \\
&= P(\tau(0) = k_0, \tau(1) - \tau(0) = k_1, ..., \tau(n) - \tau(n-1) = k_n) \\
&= P(X_{s_i} = 1, 0 \leq i \leq n, X_j = 0, j \leq s_n, j \notin \{s_i : 0 \leq i \leq n\}) \\
&\quad (\text{wobei } s_i \overset{\text{def}}{=} k_0 + ... + k_i \text{ für } i = 0, ..., n) \\
&= p^n (1-p)^{s_n - n} \;=\; \prod_{i=0}^{n} (p(1-p)^{k_i - 1}),
\end{aligned}$$

und hieraus folgt sowohl (5.1.3) als auch die andere Behauptung des Satzes. $\qquad\qquad \diamondsuit$

Wie wir gleich sehen werden, lassen sich explizite Ergebnisse auch unter schwächeren Annahmen zeigen. Wir nennen X_1 *rechts-* bzw. *linksseitig B(1,p)-verteilt*, falls $X_1^+ \sim B(1,p)$ bzw. $X_1^- \sim B(1,p)$ gilt. Der zugehörige SRW $(S_n)_{n \geq 0}$ macht in diesem Fall nach rechts bzw. nach links nur Schritte der Länge 1 und wird, sofern er außerdem auf $Z\!\!\!Z$ konzentriert und damit 1-arithmetisch ist, manchmal als *rechts-* bzw. *linksseitig stetig* bezeichnet. Gilt sowohl $X_1^+ \sim B(1,p)$ als auch $X_1^- \sim B(1,q)$, $0 < p + q \leq 1$, nimmt X_1 also nur die Werte $-1, 0, 1$ an, so heißt $(S_n)_{n \geq 0}$ *Irrfahrt mit Parametern p und q* und im Fall "$p = q$" auch *symmetrische Irrfahrt mit Parameter p*.

Es ist offensichtlich, daß für einen rechtsseitig stetigen SRW mit positiver Drift weiterhin $R_n = 1$ für alle $n \in I\!N_0$ gilt. Dies und weitere explizite Resultate beinhaltet der anschließende

Satz, wobei auch der Fall "$\mu = EX_1 \in [-\infty, 0)$" berücksichtigt wird. Aus Symmetriegründen beschränken wir uns auf den rechtsseitig stetigen Fall. Die resultierenden Beziehungen für Irrfahrten geben wir im nachfolgenden Korollar.

5.1.2 Satz X_1 *sei rechtsseitig $B(1,p)$-verteilt für ein $p \in (0,1)$ mit Spanne $d(X_1) = 1$.*
(a) Falls $\mu \geq 0$, so gelten $S_1^\geq = X_1^+ \sim B(1,p)$, $U^\geq = p^{-1}l_1^+$, $R_n = 1$ für alle $n \in I\!\!N_0$, $U^> = l_1^+$
sowie $\gamma^\leq = 1 - \mu$, $\gamma^< = 1 - \frac{\mu}{p}$.
(b) Falls $\mu < 0$, so gelten $Q^\geq = B(1, \frac{p}{\gamma^\geq})$, $Q^> = \delta_1$, $M^> \sim (1-\gamma^\geq)U^\geq = (1-\gamma^>)U^> = NB(1, 1-\gamma^>)$, wobei $NB(1,1) \stackrel{\text{def}}{=} \delta_0$, sowie $\gamma^>(1 - \gamma^\geq + p) = p$.

5.1.3 Korollar $(S_n)_{n\geq 0}$ *sei eine Irrfahrt mit Parametern p, q und Drift $\mu = p - q < 0$. Dann gelten $\gamma^\geq = 1 + \mu$, $\gamma^> = \frac{p}{q} = 1 + \frac{\mu}{q}$, $\mu U^- = l_1^-$ und $M^> \sim (q-p)U^+ = NB(1 - \frac{p}{q})$.*

Beweis von Satz 5.1.2: Die Behauptungen in Teil (a) sind bis auf die beiden letzten offensichtlich. Diese ergeben sich, falls $\mu > 0$, unter Verwendung der 1. Waldschen Gleichung sowie Lemma 4.3.2, denn

$$\frac{\mu}{1 - \gamma^\leq} \; = \; \mu E\sigma^> \; = \; ES_1^> \; = \; ER_0 \; = \; 1 \quad \text{und analog}$$

$$\frac{\mu}{1 - \gamma^<} \; = \; \mu E\sigma^\geq \; = \; ES_1^\geq \; = \; p.$$

Falls $\mu = 0$, so folgt $\gamma^\leq = \gamma^< = 1$ gemäß Satz 2.2.7 von Chung, Fuchs und Ornstein.
Teil (b) erfordert mehr Sorgfalt. Zunächst gilt $Q^\geq = B(1, \frac{p}{\gamma^\geq})$ wegen

$$\gamma^\geq Q^\geq(\{1\}) \; = \; P(S_1^\geq = 1) \; = \; P(X_1 = 1) \; = \; p.$$

$Q^> = \delta_1$ ist trivial. Als nächstes liefert (5.2)

$$P(M^> = k) \; = \; (1-\gamma^>)u^>(k) \; = \; \sum_{n\geq 0}\gamma^{>n}Q^{>*(n)}(\{k\}) \; = \; (1-\gamma^>)\gamma^{>k}$$

und somit $M^> \sim NB(1, 1-\gamma^>)$. Ersetzt man dagegen $\gamma^>, u^>, Q^>$ durch $\gamma^\geq, u^\geq, Q^\geq$ und beachtet $Q^{\geq *(n)} = B(n, \frac{p}{\gamma^\geq})$, so erhält man mit derselben Rechnung wie im Anschluß an (5.1.1)

$$P(M^> = k) \; = \; (1-\gamma^\geq)\sum_{n\geq k}\binom{n}{k}p^k(\gamma^\geq - p)^{n-k} \; = \; \left(\frac{1-\gamma^\geq}{1-\gamma^\geq+p}\right)\left(\frac{p}{1-\gamma^\geq+p}\right)^k$$

für alle $k \in I\!\!N_0$, was die behauptete Beziehung zwischen $\gamma^>$ und $\gamma^\geq$ impliziert. $\Diamond$

Beweis von Korollar 5.1.3: Wendet man Satz 5.1.2(a) auf den SRW $(-S_n)_{n\geq 0}$ an, so ergeben sich sofort die behaupteten Identitäten für $\gamma^\geq$ und $\gamma^>$ sowie $U^\leq = q^{-1}l_1^-$. Satz 5.1.2(b), angewandt auf $(S_n)_{n\geq 0}$, liefert anschließend $M^> \sim NB(1, 1 - \frac{p}{q})$, so daß nur noch U

zu bestimmen bleibt. Unter Beachtung von $E\sigma^{\leq} = \frac{1}{1-\gamma^{>}} = \frac{q}{1-\gamma^{\leq}}$ und Benutzung von Lemma 4.4.1 folgt aber

$$u(k) = E\sigma^{\leq} Eu^{\leq}(k - M^{>}) = \frac{1}{1-\gamma^{>}} \sum_{n \geq 0} P(M^{>} = n)\, u^{\leq}(k-n) = \frac{P(M^{>} \geq k \vee 0)}{1-\gamma^{\leq}}$$

und daraus leicht das Gewünschte. $\Diamond$

Sei jetzt angenommen, daß $X_1 \sim B(2,p)$ für ein $p \in (0,1)$, also

$$P(X_1 = 0) = (1-p)^2, \ P(X_1 = 1) = 2p(1-p), \ P(X_1 = 2) = p^2 \ \text{und} \ EX_1 = 2p.$$

Schon in diesem, immer noch einfachen Fall erweist sich die Gestalt von U als keineswegs mehr offensichtlich. $(S_n)_{n \geq 0}$ ist natürlich erneut 1-arithmetisch, und es gilt

$$(5.1.4) \qquad u(k) = \sum_{n \geq k/2} \binom{2n}{k} p^k (1-p)^{2n-k} = \frac{p^k}{k!} f_2^{(k)}(1-p)$$

für alle $k \in I\!N_0$, wobei $f_2(x) = \sum_{n \geq 0} x^{2n} = \frac{1}{1-x^2}$. Die Ableitungen von f_2 in geschlossener Form anzugeben, erscheint ziemlich schwierig, und wir benutzen deshalb eine andere Vorgehensweise unter Benutzung des zuvor Gezeigten sowie der wohlbekannten Beziehung $B(2,p) = B(1,p)^{*(2)}$. Bezeichnet nämlich $V = \sum_{n \geq 0} B(1,p)^{*(n)}$, so folgt offenkundig

$$p^{-1} l_1^{+} = V = U + B(1,p) * U,$$

und daraus das Gleichungssystem

$$p^{-1} = (2-p)\, u(0) \quad \text{und} \quad p^{-1} = (2-p)\, u(n) + p\, u(n-1) \quad \text{für } n \geq 1.$$

Dieses System läßt sich leicht lösen und liefert

$$(5.1.5) \qquad u(n) = \frac{1}{2p} + \frac{(-p)^n}{2(2-p)^{n+1}} \quad \text{für } n \in I\!N_0.$$

$u(n)$ oszilliert also um seinen asymptotischen Wert $\frac{1}{2p}$, wobei mit wachsendem n die Schwankungsbreite exponentiell schnell gegen 0 fällt.

Unter Benutzung von (4.1.5) erhalten wir für den Exzeß $R_n, n \in I\!N_0$

$$r_n(i) \stackrel{\text{def}}{=} P(R_n = i) = \int_{[0,n]} P(X_1 = n + i - x)\, U(dx)$$

für $i \in \{1,2\}$ und daraus nach kurzer Berechnung

$$(5.1.6) \qquad \begin{aligned} r_0(1) &= \frac{2(1-p)}{2-p} = 1 - \frac{p}{2-p} = 1 - r_0(2) \quad \text{sowie} \\[2mm] r_n(1) &= \frac{(1-p)^2}{2p} - \frac{(-p)^{n+2}}{2(2-p)^{n+1}} = 1 - r_n(2) \quad \text{für } n \in I\!N. \end{aligned}$$

Auch die Verteilungen von $N(n)$ und $N(n) - N(n-1)$ lassen sich für jedes $n \in I\!N$ explizit berechnen. Die herauskommenden Formeln sind allerdings wenig aufschlußreich, und wir verzichten deshalb darauf.

Falls $X_1 \sim B(m,p)$ für ein $m \geq 3$ und $p \in (0,1)$, so erhält man anstelle von (5.1.4)

$$(5.1.7) \qquad u(k) \; = \; \sum_{n \geq k/m} \binom{mn}{k} p^k (1-p)^{mn-k} \; = \; \frac{p^k}{k!} f_m^{(k)}(1-p)$$

für alle $k \in I\!N_0$, wobei $f_m(x) = \frac{1}{1-x^m}$. Die Ableitungen von f_m sind natürlich auch im Fall "$m \geq 3$" nur schwer in geschlossener Form anzugeben. Will man stattdessen auf die zuvor verwendete Methode zurückgreifen, indem man $B(m,p) = B(1,p)^{*(m)}$ ausnutzt, so erhält man

$$p^{-1} l_1^+ \; = \; U \; + \; B(1,p) * U \; + ... + \; B(1,p)^{*(m-1)} * U$$

und daraus wiederum ein lineares Gleichungssystem für $(u(n))_{n \geq 0}$. Dieses wird jedoch mit wachsendem m immer komplizierter, wie man leicht einsieht, und wir verzichten aus diesem Grund auf weitere Rechnungen.

5.2 Negative Binomialverteilungen

Wir betrachten wieder zuerst den einfachsten Fall und nehmen an, daß $X_1, X_2, ...$ geometrisch verteilt sind mit Parameter $p \in (0,1)$ $(X_1 \sim NB(1,p))$, d.h.

$$P(X_1 = n) \; = \; p(1-p)^n \quad \text{für } n \in I\!N_0 \quad \text{und} \quad EX_1 = \frac{1-p}{p}.$$

Die geometrische Verteilung ist bekanntlich die eindeutig bestimmte gedächtnislose Verteilung auf $I\!N_0$, definiert durch

$$P(X_1 = n + k | X_1 \geq n) \; = \; P(X_1 = k) \quad \text{für alle } n, k \in I\!N_0.$$

Sie bildet hierin das 1-arithmetische Pendant zur Exponentialverteilung. Der zugehörige SRW $(S_n)_{n \geq 0}$ ist also 1-arithmetisch, und S_n besitzt eine negative Binomialverteilung mit Parametern n und p $(S_n \sim NB(n,p))$ für jedes $n \in I\!N$. Es folgt für $k \in I\!N_0$

$$\begin{aligned}
u(k) \; &= \; \delta_0(\{k\}) \; + \; \sum_{n \geq 1} \binom{n+k-1}{n-1} p^n (1-p)^k \\
&= \; \delta_0(\{k\}) \; + \; \frac{p}{1-p} \sum_{n \geq 0} \binom{n+k}{n} p^n (1-p)^{k+1} \\
&= \; \delta_0(\{k\}) \; + \; \frac{p}{1-p} \sum_{n \geq 0} NB(k+1, 1-p)(\{n\}) \; = \; \delta_0(\{k\}) \; + \; \frac{p}{1-p}
\end{aligned}$$

und damit

$$(5.2.1) \qquad\qquad U \; = \; \delta_0 \; + \; \frac{p}{1-p} l_1^+.$$

Mit Hilfe der vor (5.1.6) gegebenen Faltungsgleichung für $r_n(i) = P(R_n = i)$, $n,i \in I\!N_0$ erhält man außerdem leicht

$$(5.2.2) \qquad\qquad R_n - 1 \sim NB(1,p) \quad \text{für alle } n \in I\!N_0,$$

was intuitiv schon aus der Gedächtnislosigkeit folgt. Ein ähnliches Resultat wie in 5.1 gilt für den zugehörigen Erneuerungszählprozeß $(N(t))_{t \geq 0}$.

5.2.1 Satz *Falls $X_1 \sim NB(1,p)$, $p \in (0,1)$, so ist $(N(n))_{n \geq 0}$ ein VEP mit $N(0) \sim N(n) - N(n-1) \sim NB(1, 1-p)$ für alle $n \geq 1$.*

Beweis: Der Nachweis, daß $N(0), N(1) - N(0), \ldots$ u.i.v. sind mit gemeinsamer Verteilung $NB(1, 1 - p)$, ist zwar einfach, aber schreibtechnisch aufwendig, und wir beschränken uns deshalb darauf, $N(n) \sim NB(n + 1, 1 - p)$ für alle $n \geq 0$ zu zeigen. Hierzu notieren wir zuerst, daß

$$P(N(n) = 0) = P(X_1 > n) = (1 - p)^{n+1} \quad \text{für alle } n \in I\!N_0.$$

Unter Beachtung von $\sum_{j=0}^{n} \binom{k+j-1}{k-1} = \binom{k+n}{k}$ für alle $k \in I\!N, n \in I\!N_0$ erhalten wir weiter

$$P(N(n) = k) = P(S_k \leq n < S_{k+1}) = \sum_{j=0}^{n} P(S_k = j) P(X_1 > n - j)$$

$$= p^k (1-p)^{n+1} \sum_{j=0}^{n} \binom{k+j-1}{k-1} = \binom{k+n}{k} p^k (1-p)^{n+1},$$

folglich $N(n) \sim NB(n + 1, 1 - p)$. $\qquad\qquad\qquad\qquad\qquad\qquad\qquad\qquad \Diamond$

Ähnlich wie im vorigen Abschnitt kann man nun die Fälle, wenn $P(X_1^+ \in \cdot \,|X_1 \geq 0) = NB(1,p)$ oder $P(X_1^- \in \cdot \,|X_1 \leq 0) = NB(1,p)$ gilt, untersuchen. Wir bezeichnen X_1 dann als *rechts-* bzw. *linksseitig geometrisch verteilt mit Parameter p*. Der anschließende Satz ist das Pendant zu Satz 5.1.2.

5.2.2 Satz *X_1 sei rechtsseitig geometrisch verteilt mit Parameter $p \in (0,1)$ und mit Spanne $d(X_1) = 1$.*
(a) Falls $\mu \geq 0$, so gelten $S_1^{\geq} \sim R_n - 1 \sim NB(1,p)$ für alle $n \in I\!N_0$, $U^{\geq} = \delta_0 + \frac{p}{1-p} l_1^+$, $U^{>} = (1-p)\delta_0 + pl_1^+$ sowie $\gamma^{\leq} = \mu(1-p)$, $\gamma^{<} = \frac{\mu(1-p)}{p}$.
(b) Falls $\mu < 0$, so gelten $P(R_n - 1 \in \cdot \,|\tau(n) < \infty) = Q^{\geq} = NB(1,p)$ für alle $n \in I\!N_0$, $M^{>} \sim (1 - \gamma^2)U^{\geq} = (1 - \gamma^{>})U^{>} = (1 - \gamma^2)\delta_0 + \gamma^2 NB(1, \frac{p(1-\gamma^2)}{1-p\gamma^2})$ sowie $1 - \gamma^2 = (1 - \gamma^{>})(1 - p\gamma^2)$.
(c) $S_1^{\geq}, \sigma^2$ und $R_n, \tau(n)$ für jedes $n \in I\!N_0$ sind jeweils bedingt stochastisch unabhängig, gegeben $\sigma^2 < \infty$ bzw. $\tau(n) < \infty$.

Ein Analogon zu Korollar 5.1.3 für den Fall, daß X_1 sowohl rechts- als auch linksseitig geometrisch verteilt ist, läßt sich natürlich ebenfalls formulieren. Wir verzichten jedoch darauf.

Beweis: Nach Voraussetzung gilt $P(X_1 \geq n) = \beta(1-p)^n$ für alle $n \geq 0$, wobei $\beta = P(X_1 \geq 0)$. Die folgende Rechnung bedarf keiner Annahme über μ. Es gilt für alle $k \in \mathbb{N}_0, m \in \mathbb{N}$

$$
\begin{aligned}
P(S_1^2 \geq k, \sigma^2 = m) &= P(S_m \geq k, \sigma^2 \geq m) \\
&= \sum_{j \geq 0} P(X_1 \geq k + j) P(S_{m-1} = -j, \sigma^2 \geq m) \\
&= C_m (1-p)^k, \quad \text{wobei} \quad C_m \stackrel{\text{def}}{=} \beta \sum_{j \geq 0} (1-p)^j P(S_{m-1} = -j, \sigma^2 \geq m).
\end{aligned}
$$

(5.2.3)

Dabei wurden die Markov-Eigenschaft für $(S_n)_{n \geq 0}$ sowie die $\sigma(S_0, ..., S_{m-1})$-Meßbarkeit von $\{\sigma^2 \geq m\}$ ausgenutzt. Durch Einsetzen von $k = 0$ folgt $C_m = P(\sigma^2 = m)$ und bei anschließender Summation über m in (5.2.3)

$$
P(S_1^2 \geq k) = (1-p)^k \sum_{m \geq 1} C_m = (1-p)^k P(\sigma^2 < \infty).
$$

Damit erhalten wir $Q^2 = NB(1, p)$ (unabhängig vom Wert von μ) sowie wegen

$$
\begin{aligned}
P(S_1^2 \geq k, \sigma^2 = m | \sigma^2 < \infty) &= \frac{(1-p)^k P(\sigma^2 = m)}{P(\sigma^2 < \infty)} \\
&= P(S_1^2 \geq k | \sigma^2 < \infty) P(\sigma^2 = m | \sigma^2 < \infty)
\end{aligned}
$$

auch die bedingte Unabhängigkeit von S_1^2 und σ^2 gegeben $\sigma^2 < \infty$. Eine ähnliche Rechnung wie in (5.2.3) ergibt für $(R_n - 1, \tau(n)), n \in \mathbb{N}_0$

$$
P(R_n - 1 \geq k, \tau(n) = m) = (1-p)^k P(\tau(n) = m)
$$

und damit dieselben Aussagen wie für (S_1^2, σ^2).

Falls $\mu \geq 0$, gilt $U^2 = \delta_0 + \frac{p}{1-p} l_1^+$ gemäß (5.2.1). Dagegen folgt im Fall $"\mu < 0"$

$$
\begin{aligned}
u^2(k) &= \sum_{n \geq 0} \gamma^{2n} NB(1, p)^{*(n)}(\{k\}) = \delta_0(\{k\}) + \sum_{n \geq 1} \binom{n + k - 1}{n - 1} (p\gamma^2)^k (1-p)^k \\
&= \delta_0(\{k\}) + \frac{p\gamma^2(1-p)^k}{(1-p\gamma^2)^{k+1}} \sum_{n \geq 0} \binom{n + k}{n} (p\gamma^2)^n (1-p\gamma^2)^{k+1} \\
&= \delta_0(\{k\}) + \left(\frac{p\gamma^2}{1-p\gamma^2}\right) \left(1 - \frac{p(1-\gamma^2)}{1-p\gamma^2}\right)^k \sum_{n \geq 0} NB(k+1, 1-p\gamma^2)(\{n\}) \\
&= \delta_0(\{k\}) + \left(\frac{p\gamma^2}{1-p\gamma^2}\right) \left(1 - \frac{p(1-\gamma^2)}{1-p\gamma^2}\right)^k \quad \text{für alle } k \in \mathbb{N}_0.
\end{aligned}
$$

Es ergibt sich folglich

$$
M^> \sim (1-\gamma^2) U^2 = (1-\gamma^2)\delta_0 + \gamma^2 NB(1, \frac{p(1-\gamma^2)}{1-p\gamma^2}).
$$

Zur anschließenden Berechnung von $U^>$ sei μ wieder beliebig. Für $k \in I\!N_0$ folgt unter Beachtung von $P(S_1^> - 1 \in \cdot \,|\sigma^> < \infty) = NB(1,p)$

$$
\begin{aligned}
u^>(k) &= \delta_0(\{k\}) + \sum_{n \geq 1} \gamma^{>\,n} NB(n,p)(\{k-n\}) \\
&= \delta_0(\{k\}) + \sum_{n=1}^{k} \binom{k-1}{n-1} (p\gamma^>)^n (1-p)^{k-n} \\
&= \delta_0(\{k\}) + p\gamma^> \sum_{n=0}^{k-1} \binom{k-1}{n} (p\gamma^>)^n (1-p)^{k-1-n} \\
&= \delta_0(\{k\}) + p\gamma^> \, (1 - p(1-\gamma^>))^{k-1}
\end{aligned}
$$

und damit $U^> = (1-p)\delta_0 + p l_1^+$, falls $\mu \geq 0$, d.h. $\gamma^> = 1$. Falls $\mu < 0$, erhalten wir dagegen

$$(5.2.4) \qquad (1-\gamma^>)U^> = (1-\gamma^>)\delta_0 + \gamma^> \, (\delta_1 * NB(1, p(1-\gamma^>))).$$

Insbesondere folgt nun wegen $(1 - \gamma^>)u^>(0) = (1 - \gamma^\geq)u^\geq(0)$ leicht die behauptete Beziehung zwischen $\gamma^>$ und $\gamma^\geq$, was den Beweis des Satzes abschließt. $\qquad\qquad\Diamond$

Nehmen wir jetzt an, daß $X_1, X_2, \ldots \sim NB(2,p)$. Die in 5.1 gemachte Beobachtung, daß der Übergang "$B(1,p) \mapsto B(2,p)$" die Berechnung von U deutlich erschwert, gilt hier erst recht, obgleich die Vorgehensweise unter Benutzung von $NB(2,p) = NB(1,p)^{*(2)}$ ähnlich ist. Bezeichnet $V = \sum_{n \geq 0} NB(1,p)^{*(n)}$, so folgt nämlich mit (5.2.1)

$$\delta_0 + \frac{p}{1-p} l_1^+ = V = U + NB(1,p) * U,$$

und daraus das Gleichungssystem

$$\frac{1}{1-p} = (1+p)u(0) \quad \text{und} \quad \frac{p}{1-p} = (1+p)u(n) + \sum_{j=1}^{n} p(1-p)^j u(n-j) \quad \text{für } n \geq 1.$$

Subtrahiert man von der n-ten Gleichung, $n \geq 2$, die mit $1-p$ multiplizierte $(n-1)$-te Gleichung und berechnet zuvor $u(0), u(1)$, so erhält man das folgende wesentlich vereinfachte System:

$$u(0) = \frac{1}{(1-p)(1+p)}, \quad u(1) = \frac{2p^2}{(1-p)(1+p)^2} \quad \text{sowie}$$

$$u(n) - \frac{1-p}{1+p} u(n-1) = \frac{p^2}{(1-p)(1+p)} \quad \text{für } n \geq 2.$$

Dieses läßt sich relativ einfach lösen, und man erhält schließlich

$$(5.2.5) \qquad u(0) = \frac{1}{(1-p)(1+p)} \quad \text{und} \quad u(n) = \frac{p}{2(1-p)} - \frac{p(1-p)^n}{2(1+p)^{n+1}} \quad \text{für } n \geq 1.$$

$u(n)$ konvergiert also erneut exponentiell schnell gegen seinen Limes $\frac{1}{\mu} = \frac{p}{2(1-p)}$, falls $n \to \infty$. Als nächstes kann man natürlich wieder die Verteilung von R_n für jedes $n \in I\!N_0$ ermitteln. Wir verzichten jedoch darauf.

5.3 Gammaverteilungen

Die einfachste Gammaverteilung ist bekanntlich die Exponentialverteilung. Wir hatten bereits in 0.2 gezeigt, daß im Fall $Exp(\theta)$-verteilter Zuwächse $X_1, X_2, \ldots$ das zu $(S_n)_{n \geq 0}$ gehörende Erneuerungsmaß U durch

$$(5.3.1) \qquad\qquad U = \delta_0 + \theta\, l_0^+$$

gegeben ist, wobei $\theta \in (0, \infty)$, und der zugehörige Erneuerungszählprozeß $(N(t))_{t \geq 0}$ einen Poisson-Prozeß mit Intensität θ bildet. Ferner gilt $R_b \sim Exp(\theta)$ für alle $b \geq 0$ gemäß Satz 4.5.1, und wir zeigen in Satz 5.3.1 unter schwächeren Annahmen, daß R_b und $\tau(b)$ für alle $b \geq 0$ stochastisch unabhängig sind.

Wie in den vorigen Abschnitten, wollen wir als nächstes untersuchen, inwieweit explizite Resultate auch dann noch erzielt werden können, wenn X_1 *rechts-* oder *linksseitig* $Exp(\theta)$-verteilt ist, definiert durch $P(X_1^+ \in \cdot \,|X_1 > 0) = Exp(\theta)$ bzw. $P(X_1^- \in \cdot \,|X_1 < 0) = Exp(\theta)$.

5.3.1 Satz *X_1 sei rechtsseitig $Exp(\theta)$-verteilt für ein $\theta \in (0, \infty)$ und $p = P(X_1 = 0)$.*

(a) Falls $\mu \geq 0$, so gelten $S_1^{\gtrless} \sim p\delta_0 + (1-p)Exp(\theta)$, $R_b \sim Exp(\theta)$ für alle $b \geq 0$, $(1-p)U^{\gtrless} = U^{>} = \delta_0 + \theta\, l_0^+$ sowie $\gamma^{\lessgtr} = 1 - \mu\theta$, $\gamma^{<} = 1 - \frac{\mu\theta}{1-p}$.

(b) Falls $\mu < 0$, so gelten $Q^{\gtrless} = \frac{p}{\gamma^{\gtrless}}\delta_0 + (1 - \frac{p}{\gamma^{\gtrless}})Exp(\theta)$, $P(R_b \in \cdot \,|\tau(b) < \infty) = Exp(\theta)$ für alle $b \geq 0$, $M^{>} \sim (1 - \gamma^{\gtrless})U^{\gtrless} = (1 - \gamma^{>})U^{>} = (1 - \gamma^{>})\delta_0 + \gamma^{>}Exp(\theta(1 - \gamma^{>}))$ sowie $\gamma^{\gtrless} = p + (1 - p)\gamma^{>}$.

(c) R_b und $\tau(b)$ sind für jedes $b \geq 0$ bedingt stochastisch unabhängig, gegeben $\tau(b) < \infty$.

(d) $S_1^{\gtrless}$ und $\sigma^{\gtrless}$ sind genau dann bedingt stochastisch unabhängig, gegeben $\sigma^{\gtrless} < \infty$, wenn $p = 0$.

Beweis: Der Beweis ähnelt sehr dem von Satz 5.2.2, und wir werden deshalb nicht alle Details erneut ausführen. Die folgenden Rechnungen gelten unabhängig vom Wert von μ. Zunächst notieren wir, daß

$$P(S_1^{\gtrless} = 0, \sigma^{\gtrless} < \infty) = P(X_1 = 0) = p,$$

da X_1 auf $(0, \infty)$ stetig verteilt ist. Nach Voraussetzung gilt $P(X_1 > t) = \beta\, e^{-\theta t}$ für alle $t > 0$ und ein $\beta \in (0, 1]$. Eine ähnliche Rechnung wie in (5.2.3) liefert deshalb für alle $t \geq 0$ und $k \in I\!N$

$$
\begin{aligned}
P(S_1^{\gtrless} > t, \sigma^{\gtrless} = k) &= P(S_k > t, \sigma^{\gtrless} \geq k) \\
&= \int_{(-\infty, 0)} P(X_1 > t - x)\, P(S_{k-1} \in dx, \sigma^{\gtrless} \geq k) = C_k\, e^{-\theta t},
\end{aligned}
$$

$$\text{wobei} \quad C_k \stackrel{\text{def}}{=} \int_{(-\infty, 0)} e^{\theta x}\, P(S_{k-1} \in dx, \sigma^{\gtrless} \geq k).$$

Einsetzen von $t = 0$ ergibt $C_k = P(S_1^{\gtrless} > 0, \sigma^{\gtrless} = k)$ und folglich

$$P(S_1^{\gtrless} > t) = e^{-\theta t} \sum_{k \geq 1} C_k = e^{-\theta t}\, P(S_1^{\gtrless} > 0, \sigma^{\gtrless} < \infty) = (\gamma^{\gtrless} - p)\, e^{-\theta t},$$

was $Q^2 = \frac{p}{\gamma^2}\delta_0 + (1 - \frac{p}{\gamma^2})Exp(\theta)$ beweist. Aus $p = 0$ folgt $C_k = P(\sigma^2 = k)$ für alle $k \in I\!N$ und dann

$$P(S_1^2 > t, \sigma^2 = k | \sigma^2 < \infty) \;=\; \frac{e^{-\theta t} P(\sigma^2 = k)}{P(\sigma^2 < \infty)} \;=\; P(S_1^2 > t | \sigma^2 < \infty)\, P(\sigma^2 = k | \sigma^2 < \infty)$$

für alle $t \geq 0$ und $k \in I\!N$, was die bedingte Unabhängigkeit von S_1^2 und σ^2 gegeben $\sigma^2 < \infty$ impliziert. Dies kann jedoch nicht gelten, falls $p > 0$, da in diesem Fall

$$0 \;=\; P(S^2 = 0, \sigma^2 \geq 2) \;<\; P(S^2 = 0)\, P(\sigma^2 \geq 2) \;=\; p\, P(X_1 > 0).$$

Damit ist (d) bewiesen. Die entsprechenden Behauptungen für $R_b, b \geq 0$ zeigt man auf dieselbe Weise, und wir verzichten deshalb auf eine nochmalige Durchführung.

Sei jetzt $\mu \geq 0$ angenommen. Wegen $S_1^2 \sim Exp(\theta)$ folgt dann $U^> = \delta_0 + \theta l_0^+$. Um U^2 zu berechnen, sei $(\rho_n)_{n \geq 1}$ die Folge der (u.i.v.) formalen Kopien von

$$\rho_1 \;=\; \inf\{n \geq 1 : S_n^2 > 0\},$$

siehe Definition 1.4.2, und $(\nu_n)_{n \geq 0}$ der zugehörige SEP. Offenkundig gilt $S_n^2 = S_{\nu_n + j}^2$ für alle $0 \leq j < \rho_{n+1}$, $n \geq 0$ sowie $\rho_1 - 1 \sim NB(1, 1-p)$. Es folgt unter Beachtung der Unabhängigkeit von S_n^2 und ρ_{n+1}

$$U^2(A) \;=\; \sum_{n \geq 0} E\Big(\sum_{j=\nu_n}^{\nu_{n+1}-1} \mathbf{1}(S_j^2 \in A) \Big)$$

$$=\; \sum_{n \geq 0} E\rho_{n+1} \mathbf{1}(S_n^2 \in A) \;=\; E\rho_1 \sum_{n \geq 0} P(S_n^2 \in A) \;=\; \frac{1}{1-p} U^>(A)$$

für alle $A \in \mathcal{B}$, was die Behauptung für U^2 beweist.

Falls $\mu < 0$, so liefert wegen $Q^{>*(n)} = \Gamma(n, \theta)$ eine ähnliche Rechnung wie in 0.2

$$U^>(A) \;=\; \delta_0(A) \;+\; \int_A \gamma^> \theta\, e^{-\theta x} \sum_{n \geq 1} \frac{(\gamma^> \theta x)^{n-1}}{(n-1)!}\, l_0^+(dx)$$

$$=\; \delta_0(A) \;+\; \int_A \gamma^> \theta\, e^{-\theta(1-\gamma^>)x}\, l_0^+(dx)$$

für alle $A \in \mathcal{B}$, was zusammen mit (5.2)

$$M^> \;\sim\; (1 - \gamma^2) U^2 \;=\; (1 - \gamma^>) U^> \;=\; (1 - \gamma^>)\delta_0 \;+\; \gamma^> Exp(\theta(1 - \gamma^>))$$

impliziert. Die noch ausstehende Beziehung zwischen γ^2 und $\gamma^>$ ergibt sich, da offenkundig $U^2(\{0\}) = \frac{1}{1-p}$ und $U^>(\{0\}) = 1$. $\diamond$

Sei nun angenommen, daß X_1 $\Gamma(2, \theta)$-verteilt ist. Es folgt $S_n \sim \Gamma(2n, \theta)$ für alle $n \geq 1$, d.h. S_n besitzt die l_0-Dichte

$$f_{2n}(x) \;=\; \frac{\theta^{2n}}{(2n-1)!}\, x^{2n-1}\, e^{-\theta x}\, \mathbf{1}((0, \infty))(x).$$

Für die Erneuerungsdichte u erhalten wir deshalb

$$u(x) \;=\; e^{-\theta x} \sum_{n \geq 1} \frac{\theta^{2n} x^{2n-1}}{(2n-1)!} \, \mathbf{1}((0,\infty))(x).$$

u ist folglich beliebig oft differenzierbar auf $(0,\infty)$, und eine elegante Methode zur Berechnung von u in geschlossener Form besteht in der Aufstellung und anschließenden Lösung einer Differentialgleichung, die wir nun durch ein ähnliches Vorgehen wie in 5.1 und 5.2 unter Benutzung von $\Gamma(2,\theta) = Exp(\theta)^{*(2)}$ herleiten: Sei $V = \sum_{n \geq 0} Exp(\theta)^{*(n)}$, also $V = l_0$ auf $(0,\infty)$. Es folgt wegen $V = U + Exp(\theta) * U$

$$\theta \;=\; u(t) \;+\; \int_0^t \theta \, u(x) \, e^{-\theta(t-x)} \, dx \quad \text{für alle } t > 0$$

und nach Differentiation bzgl. t

$$0 \;=\; u'(t) \;+\; \theta \, u(t) \;-\; \int_0^t \theta^2 u(x) \, e^{-\theta(t-x)} \, dx \;=\; u'(t) \;+\; 2\theta \, u(t) \;-\; \theta^2.$$

Diese lineare Differentialgleichung läßt sich leicht lösen und liefert unter Beachtung der Randbedingung $u(0) = 0$

$$(5.3.2) \qquad\qquad u(t) \;=\; \frac{\theta}{2}\,(1 - e^{-2\theta t}) \, \mathbf{1}((0,\infty))(t).$$

U kann man folglich schreiben als

$$(5.3.3) \qquad\qquad U \;=\; \delta_0 \;+\; \frac{\theta}{2}\, l_0^+ \;-\; \frac{1}{4}\, Exp(2\theta).$$

Eine andere Möglichkeit, U zu bestimmen, besteht in der Berechnung von $EN(t)$ für $t \geq 0$ und eines Einbettungsarguments. Wegen $\Gamma(2,\theta) = Exp(\theta)^{*(2)}$ können wir $(S_n)_{n \geq 0}$ als Teilfolge $(\hat{S}_{2n})_{n \geq 0}$ eines SRW $(\hat{S}_n)_{n \geq 0}$ mit $Exp(\theta)$-verteilten Zuwächsen $\hat{X}_1, \hat{X}_2, \ldots$ und Erneuerungszählprozeß $(\hat{N}(t))_{t \geq 0}$ wählen, und erhalten dann leicht

$$P(N(t) = k) \;=\; P(\hat{S}_{2k} \leq t < \hat{S}_{2(k+1)}) \;=\; P(\hat{N}(t) \in \{2k, 2k+1\})$$

für alle $t \geq 0$ und $k \in \mathbb{N}_0$. $(\hat{N}(t))_{t \geq 0}$ ist aber ein Poisson-Prozeß mit Intensität θ, so daß

$$(5.3.4) \qquad P(N(t) = k) \;=\; e^{-\theta t}\left(\frac{(\theta t)^{2k}}{(2k)!} + \frac{(\theta t)^{2k+1}}{(2k+1)!} \right), \quad k \in \mathbb{N}_0$$

und damit für alle $t \geq 0$

$$U(t) - 1 \;=\; EN(t) \;=\; \sum_{k \geq 1} k \, P(N(t) = k) \;=\; \frac{e^{-\theta t}}{2}\left(\sum_{k \geq 1} \frac{k(\theta t)^k}{k!} \;-\; \sum_{k \geq 0} \frac{(\theta t)^{2k+1}}{(2k+1)!} \right)$$

$$=\; \frac{e^{-\theta t}}{2}\left(\theta t \, e^{\theta t} - \frac{e^{\theta t} - e^{-\theta t}}{2} \right) \;=\; \frac{\theta t}{2} \;-\; \frac{1 - e^{-2\theta t}}{4},$$

was offenkundig (5.3.3) entspricht. Ein Blick auf (5.3.4) zeigt, daß wir die Verteilung von $N(t)$ zwar explizit bestimmen können, daß diese aber keiner wohlbekannten Familie mehr entstammt. Auch besitzt $(N(t))_{t\geq 0}$ im Gegensatz zu $(\hat{N}(t))_{t\geq 0}$ weder stationäre noch unabhängige Zuwächse. Für den Exzeß R_b notieren wir noch, daß dessen l_0-Dichte $r_b(t)$ die Beziehung

$$r_b(t) \;=\; f_2(b+t) \;+\; \int_0^b f_2(b+t-x)\,u(x)\,dx \quad \text{für alle } t>0$$

erfüllt, und nach Ausrechnen der rechten Seite erhält man

$$(5.3.5) \qquad r_b(t) \;=\; \frac{1+e^{-2\theta b}}{2}\,f_2(t) \;+\; \frac{1-e^{-2\theta b}}{2}\,f_1(t) \quad \text{für alle } b\geq 0, t>0.$$

Die Verteilung von R_b ist also stets eine *Mischung* (= konvexe Kombination) einer $\Gamma(2,\theta)$- und einer $Exp(\theta)$-Verteilung, die für $b\to\infty$ exakt gleichgewichtig wird.

Gilt $X_1 \sim \Gamma(m,\theta)$ für ein beliebiges $m \in \mathbb{N}$, so kann man U mit Hilfe des obigen Einbettungsarguments wegen $\Gamma(m,\theta) = Exp(\theta)^{*(m)}$ immer noch explizit bestimmen. Das Ergebnis wird jedoch mit wachsendem m durch auftretende komplexe Einheitswurzeln immer komplizierter. Wir geben im folgenden nur eine Skizze. Sei $(\hat{S}_n)_{n\geq 0}$ wie zuvor gegeben und $S_n = \hat{S}_{mn}$ für alle $n \geq 0$. Eine ähnliche Rechnung wie für $m=2$ liefert

$$P(N(t)=k) \;=\; P(\hat{N}(t)\in\{mk,mk+1,...,m(k+1)-1\}) \;=\; e^{-\theta t}\sum_{j=mk}^{m(k+1)-1}\frac{(\theta t)^j}{j!}$$

für alle $t\geq 0$ und $k\in\mathbb{N}_0$. Für $EN(t)$ ergibt dies weiter nach einigen Umformungen

$$U(t)-1 \;=\; EN(t) \;=\; \frac{\theta t}{m} \;-\; e^{-\theta t}\sum_{r=1}^{m-1}\frac{r}{m}\,g_r(\theta t), \quad \text{wobei} \quad g_r(z) \;=\; \sum_{k\geq 0}\frac{z^{mk+r}}{(mk+r)!}.$$

Offensichtlich gilt $g_r(z) = \int_0^z\int_0^{z_{r-1}}...\int_0^{z_1}g_0(x)\,dx$ für alle $1\leq r<m$. Bezeichnen $\xi_{m,j} = exp(\frac{2\pi ij}{m}), j\in\mathbb{Z}$ die m-ten komplexen Einheitswurzeln, so erhält man unter Benutzung der wohlbekannten Formel $\frac{1}{m}\sum_{k=0}^{m-1}\xi_{m,j}^k = \mathbf{1}(m\mathbb{Z})(j)$ nach kurzer Rechnung

$$g_0(z) \;=\; \sum_{k\geq 0}\frac{z^{mk}}{(mk)!} \;=\; \frac{1}{m}\sum_{j=0}^{m-1}e^{\xi_{m,j}z}$$

und bei anschließender sukzessiver Integration

$$g_r(z) \;=\; \frac{1}{m}\sum_{j=0}^{m-1}\xi_{m,j}^{-r}e^{\xi_{m,j}z}, \quad 1\leq r<m.$$

Setzt man dies in den obigen Ausdruck für $EN(t)$ ein, vertauscht die Summationsreihenfolge und beachtet

$$\sum_{r=1}^{m-1}r\xi_{m,j}^{-r} \;=\; \frac{(m-1)\xi_{m,j}}{1-\xi_{m,j}} \quad \text{für alle } 1\leq j<m,$$

so ergibt sich als Endresultat

$$(5.3.6) \qquad U(t) - 1 \;=\; EN(t) \;=\; \frac{\theta t}{m} \;-\; \frac{m-1}{2m} \;-\; \frac{1}{m} \sum_{j=1}^{m-1} \frac{\xi_{m,j}\, e^{(\xi_{m,j}-1)\theta t}}{1 - \xi_{m,j}}.$$

Differenziert man nach t, folgt außerdem

$$(5.3.7) \qquad u(t) \;=\; \left(\frac{\theta}{m} \;+\; \frac{1}{m} \sum_{j=1}^{m-1} \xi_{m,j}\, e^{(\xi_{m,j}-1)\theta t} \right) \mathbf{1}((0,\infty))(t).$$

Literaturhinweise: Explizite Resultate sind für eine Reihe weiterer Spezialfälle erzielt worden: Für SEP mit $R(0,1)$-verteilten Zuwächsen siehe Feller(1971, S.385), für den Fall laplaceverteilter Zuwächse siehe Jensen(1984), für den Fall $\Gamma(\frac{1}{2},\theta)$-verteilter Zuwächse siehe Cox(1962, S.51ff), für den Fall weibullverteilter Zuwächse siehe Smith und Leadbetter(1963), und für den Fall von Zuwächsen, deren Verteilung eine Mischung von zwei Exponentialverteilungen bildet ($X_1 \sim \alpha Exp(\lambda) + (1-\alpha)Exp(\mu)$), siehe Weiß(1987, Bsp.4.63).

§6 Diskrete Markov-Ketten

Die Untersuchung des langfristigen Verhaltens diskreter Markov-Ketten (DMK), d.h. von Markov-Prozessen in diskreter Zeit mit abzählbarem Zustandsraum bildete einen der Hauptanfangsgründe der Erneuerungstheorie, wie bereits am Ende von 2.4 kurz angemerkt. In der Tat ergeben sich die zentralen asymptotischen Resultate für DMK, die als *Ergodensätze* bezeichnet werden, im wesentlichen durch Ausnutzung geeigneter Regenerationsschemata und Anwendung des Blackwellschen Erneuerungstheorems. Dies aufzuzeigen, bevor wir kompliziertere Prozesse im Hinblick auf ihr langfristiges Verhalten analysieren, ist das Hauptanliegen des vorliegenden Paragraphen.

Wir beginnen mit einiger für alle folgenden Abschnitte gültigen Notation. Sei $(M_n)_{n \geq 0}$ eine DMK mit Zustandsraum S, kanonischer Filtration $(\mathcal{F}_n)_{n \geq 0}$, d.h. $\mathcal{F}_n = \sigma(M_0, ..., M_n)$ für alle $n \geq 0$, Übergangsmatrix $\mathbf{P} = (p_{ij})_{i,j \in S}$ und n-Schritt-Übergangsmatrix $\mathbf{P}^n = (p_{ij}^{(n)})_{i,j \in S}$ für $n \in \mathbb{N}_0$, wobei $\mathbf{P}^0 \stackrel{\text{def}}{=} \mathbf{I}$ die Einheitsmatrix bezeichnet. Wir nehmen im folgenden stets an, daß ein kanonisches Modell $(\Omega, \mathcal{A}, (P_i)_{i \in S}, (M_n)_{n \geq 0})$ der in 1.1 für allgemeine MK beschriebenen Form vorliegt. Es gilt dann für alle $i, j_0, ..., j_n \in S$ und $n \in \mathbb{N}_0$

$$P_i(M_0 = j_0, ..., M_n = j_n) = \delta_i(\{j_0\}) p_{j_0 j_1} \cdot ... \cdot p_{j_{n-1} j_n}.$$

Für eine beliebige Verteilung $\lambda = (\lambda_i)_{i \in S}$ auf S sei $P_\lambda = \sum_{i \in S} \lambda_i P_i$, so daß $P_\lambda(M_0 \in \cdot) = \lambda$, d.h. $(M_n)_{n \geq 0}$ unter P_λ eine DMK mit Startverteilung λ bildet. Schließlich sei noch vereinbart, daß E_i und E_λ die Erwartungswerte bzgl. P_i bzw. P_λ bezeichnen. Da die im folgenden auftretenden bedingten Erwartungswerte nie vom zugrundeliegenden P_λ abhängen, schreiben wir generell $E(\cdot | \cdot)$ anstelle von $E_\lambda(\cdot | \cdot)$.

6.1 Klassifikation von Zuständen und Rekurrenzkriterien

Bevor wir mit der Analyse diskreter MK beginnen, benötigen wir einige weitere Begriffe zur Klassifikation der Zustände von $(M_n)_{n \geq 0}$ sowie von $(M_n)_{n \geq 0}$ selbst. Wir nennen $j \in S$ von $i \in S$ aus *erreichbar* $(i \to j)$, falls $\sup_{n \geq 0} p_{ij}^{(n)} > 0$. i, j *kommunizieren* miteinander $(i \leftrightarrow j)$, falls sowohl $i \to j$ als auch $j \to i$ gilt. Wie man leicht einsieht, definiert "$\leftrightarrow$" eine Äquivalenzrelation auf dem Zustandsraum S und zerlegt ihn somit in disjunkte Äquivalenzklassen. Gibt es nur eine solche Klasse, kommunizieren also alle Zustände miteinander, so nennt man $(M_n)_{n \geq 0}$ *irreduzibel*. Eine Klasse $\mathcal{K}$ heißt *wesentlich* bzw. *unwesentlich*, falls

$$P_i(M_n \notin \mathcal{K} \text{ für ein } n \geq 0) = 0 \text{ bzw.} = 1 \quad \text{für alle } i \in \mathcal{K}$$

Eine wesentliche Klasse $\mathcal{K}$ wird demnach von $(M_n)_{n \geq 0}$ nach Erreichen nicht mehr verlassen, und $(M_n)_{n \geq 0}$ bildet bei Einschränkung auf diese Klasse offenkundig eine irreduzible DMK mit Übergangsmatrix $\mathbf{P}_\mathcal{K} \stackrel{\text{def}}{=} (p_{ij})_{i,j \in \mathcal{K}}$. Dagegen kann $(M_n)_{n \geq 0}$ in einer unwesentlichen Klasse nur endliche Zeit verweilen und niemals in eine solche zurückkehren, wie man sich mit Hilfe der Markov-Eigenschaft überlegt. Man kann ferner zeigen, daß es weitere Klassentypen nicht gibt.

Natürlich ist es möglich, daß eine DMK überhaupt keine wesentliche Äquivalenzklasse besitzt, z.B. im Fall eines RW mit $B(1,p)$-verteilten Zuwächsen, doch sind derartige DMK in der nachfolgenden Analyse nicht von Interesse, da es dort um die Frage geht, wann und in welcher Form eine DMK $(M_n)_{n\geq 0}$ einem Gleichgewichtszustand zustrebt, falls $n \to \infty$, was im Fall lauter unwesentlicher Klassen offenkundig a priori ausgeschlossen ist. Zu untersuchen ist also das Verhalten einer DMK auf ihren wesentlichen Klassen, auf denen sie jeweils eine irreduzible DMK bildet, wie zuvor bereits bemerkt, und folglich im Hinblick auf Grenzwertsätze ohne Berücksichtigung möglicher anderer Klassen untersucht werden kann. Dies mag als Begründung dafür dienen, daß wir die Hauptsätze in 6.2 und 6.3 fast alle unter der Voraussetzung, daß $(M_n)_{n\geq 0}$ irreduzibel ist, formulieren.

Zur Definition der wichtigsten Zustandseigenschaften benötigen wir einige weitere Notation: Für $i, j \in S$ seien

$$C_i = \{k \geq 1 : p_{ii}^{(k)} > 0\} \quad \text{und} \quad d_i = \sup\{d \in I\!N : C_i \subset dI\!N\},$$

wobei d_i als *Periode* des Zustands i bezeichnet wird, sowie

$$
\begin{aligned}
T_0^{(j)} &= 0 \quad \text{und} \quad T_n^{(j)} = \inf\{k > T_{n-1}^{(j)} : M_k = j\} \quad \text{für } n \geq 1, \\
f_{ij}^{(0)} &= \delta_i(\{j\}) \quad \text{und} \quad f_{ij}^{(n)} = P_i(T_1^{(j)} = n) \quad \text{für } n \geq 1, \\
f_{ij}^* &= \sum_{n\geq 1} f_{ij}^{(n)} \quad \text{und} \quad \mu_{ij} = \sum_{n\geq 1} n f_{ij}^{(n)} = E_i T_1^{(j)}.
\end{aligned}
$$
(6.1.1)

$T_1^{(j)}, T_2^{(j)}, \ldots$ bezeichnen offensichtlich die sukzessiven Zeitpunkte, zu denen sich $(M_n)_{n\geq 1}$ im Zustand j befindet, und es ist $f_{ij}^{(n)}$ die Wahrscheinlichkeit, in genau n Schritten von i erstmals nach j zu gelangen, wobei im Fall "$i = j$" das Verweilen in j nicht berücksichtigt wird. Zum Vergleich notieren wir, daß $p_{ij}^{(n)} = P_i(T_k^{(j)} = n$ für ein $k \geq 0)$ für alle $n \geq 0$.

6.1.1. Definition Ein Zustand $i \in S$ heißt

- *periodisch* bzw. *aperiodisch*, falls $d_i > 0$ bzw. $d_i = 0$.
- *absorbierend*, falls $p_{ii} = 1$.
- *rekurrent* bzw. *transient*, falls $f_{ii}^* = 1$ bzw. < 1.
- *ergodisch (positiv rekurrent)*, falls $f_{ii}^* = 1$ und $\mu_{ii} < \infty$.
- *null-rekurrent*, falls $f_{ii}^* = 1$ und $\mu_{ii} = \infty$.

μ_{ii} bezeichnet man als *mittlere Rekurrenzzeit* von i.

Rekurrenz und Transienz hatten wir in 2.2 bereits für RW definiert. Da jeder arithmetische RW natürlich auch eine DMK bildet, stellt sich die Frage, ob die dortige Definition in diesem Fall mit der obigen übereinstimmt. Wie man leicht nachprüft, ist dies der Fall.

Unter Verwendung der Markov-Eigenschaft erhalten wir

$$
\begin{aligned}
p_{ij}^{(n)} &= \sum_{k=1}^{n} P_i(T_1^{(j)} = k, M_n = j) \\
&= \sum_{k=1}^{n} P_i(T_1^{(j)} = k)\, P_j(M_{n-k} = j) = \sum_{k=1}^{n} f_{ij}^{(k)} p_{jj}^{(n-k)}
\end{aligned}
$$
(6.1.2)

für alle $i, j \in S$ und $n \in I\!N$. Als nächstes definieren wir

$$H_{ij}(t) \ = \ \sum_{k \geq 0} p_{ij}^{(k)} t^k \quad \text{und} \quad F_{ij}(t) \ = \ \sum_{k \geq 1} f_{ij}^{(k)} t^k, \quad t \in [0, 1),$$

und erhalten mit (6.1.2) sowie der Cauchyschen Produktformel

$$(6.1.3) \qquad\qquad H_{ij}(t) \ = \ \mathbf{1}_{ij} \ + \ F_{ij}(t)\, H_{jj}(t)$$

für alle $i, j \in S$ und $t \in [0, 1)$. Insbesondere folgt

$$(6.1.4) \qquad\qquad H_{jj}(t) \ = \ \frac{1}{1 - F_{jj}(t)}.$$

Unter Verwendung dieser Beziehungen können wir nun leicht ein nützliches Rekurrenzkriterium beweisen.

6.1.2 Lemma *Ein Zustand $j \in S$ ist genau dann rekurrent, wenn $\sum_{k \geq 1} p_{jj}^{(k)} = \infty$. Ist j transient, so folgt außerdem $\sum_{k \geq 1} p_{ij}^{(k)} < \infty$ für alle $i \in S$.*

Beweis: Aufgrund monotoner Konvergenz gilt mit (6.1.4)

$$\sum_{k \geq 1} p_{jj}^{(k)} \ = \ \lim_{t \to 1} H_{jj}(t) \ = \ \lim_{t \to 1} \frac{1}{1 - F_{jj}(t)} \ = \ \frac{1}{1 - f_{jj}^*},$$

und es folgt offenkundig die erste Behauptung. Zum Nachweis der zweiten sei j transient, folglich $H_{jj}(1) < \infty$, und $i \in S$ beliebig. Wegen $f_{ij}^* = F_{ij}(1) \leq 1$ ergibt sich in (6.1.3)

$$\sum_{k \geq 1} p_{ij}^{(k)} \ = \ \lim_{t \to 1} H_{ij}(t) \ = \ f_{ij}^* H_{jj}(1) \ < \ \infty,$$

also das Gewünschte. $\diamond$

6.1.3 Beispiel Sei $(M_n)_{n \geq 0}$ eine Irrfahrt mit Parametern p, q wie in 5.1 eingeführt. $(M_n)_{n \geq 0}$ ist demnach unter jedem P_i ein RW mit Zuwachsverteilung Q, gegeben durch

$$Q(\{1\}) = p, \quad Q(\{-1\}) = q \quad \text{und} \quad Q(\{0\}) = 1 - p - q.$$

Bedingt durch das eingangs beschriebene kanonische Modell, lassen wir hier allerdings anders als in 5.1 beliebige Startpunkte $i \in Z\!\!\!Z$ zu. Als 1-arithmetischer RW mit Drift $E_0 M_1 = p - q$ ist $(M_n)_{n \geq 0}$ gemäß Satz 2.2.5 genau dann rekurrent, wenn $p = q$. Im folgenden wollen wir kurz demonstrieren, daß sich dies auch mit obigem Rekurrenzkriterium zeigen läßt. Dazu nehmen wir zunächst $p + q = 1$, also $Q(\{0\}) = 0$ an. Da $p_{jj}^{(n)}$ offensichtlich nicht von j abhängt, reicht es, den Zustand 0 auf Rekurrenz zu untersuchen. Wegen $p + q = 1$ kann $(M_n)_{n \geq 0}$ nur in einer geraden Anzahl von Schritten nach 0 zurückkehren, d.h. $p_{00}^{(2n-1)} = 0$ für alle $n \geq 1$. Eine einfache kombinatorische Überlegung liefert $p_{00}^{(2n)} = \binom{2n}{n}(pq)^n$ für alle $n \geq 0$, so daß

$$H_{00}(t) = \sum_{n \geq 0} \binom{2n}{n}(pqt^2)^n.$$

Unter Benutzung der Beziehung $2^{2n} = \sum_{k=0}^{n} \binom{2k}{k}\binom{2n-2k}{n-k}$, siehe z.B. Chung(1974, S.290), und der Cauchyschen Produktformel erhalten wir weiter

$$\left[\sum_{n \geq 0} \binom{2n}{n}\frac{z^n}{2^{2n}}\right]^2 = \sum_{n \geq 0}\left[\frac{1}{2^{2n}}\sum_{k=0}^{n}\binom{2k}{k}\binom{2n-2k}{n-k}\right]z^n = \frac{1}{1-z}, \quad |z| < 1,$$

und daraus schließlich

$$H_{00}(t) = \frac{1}{(1-4pqt^2)^{\frac{1}{2}}}.$$

Es folgt das Gewünschte, denn $H_{00}(1) = \infty$ genau dann, wenn $4pq = 1$, d.h. $p = q = \frac{1}{2}$ gilt.

Falls $p + q < 1$, betrachte die Teilfolge $\hat{M}_n = M_{\rho_n}, n \geq 0$, wobei $\rho_0 = 0$ und $\rho_n = \inf\{k > \rho_{n-1} : M_k \neq M_{\rho_{n-1}}\}$ für $n \geq 1$. Wie man leicht zeigen kann, bildet $(\hat{M}_n)_{n \geq 0}$ erneut eine Irrfahrt, jedoch mit Parametern $\hat{p} = \frac{p}{p+q}$ und $\hat{q} = \frac{q}{p+q}$. Sie erfüllt also $\hat{p} + \hat{q} = 1$. Da außerdem $(\hat{M}_n)_{n \geq 0}$ genau dann rekurrent ist, wenn dies für $(M_n)_{n \geq 0}$ der Fall ist, und da $\hat{p} = \hat{q}$ genau dann, wenn $p = q$, erhalten wir auch hier das Gewünschte.

Das anschließende Lemma zeigt, daß durch die sukzessiven Eintrittszeiten in einen rekurrenten Zustand ein EP definiert wird, was für unsere nachfolgenden Betrachtungen von zentraler Bedeutung ist. Es bestätigt außerdem die naheliegende Vermutung, daß eine DMK, die in einem rekurrenten Zustand startet, diesen nicht nur einmal, sondern unendlich oft annimmt.

6.1.4 Lemma *Ist $j \in S$ ein rekurrenter Zustand und bezeichnet Q_j die Verteilung von $T_1^{(j)}$ unter P_j, so bildet $(T_n^{(j)})_{n \geq 0}$ unter P_j einen d_j-arithmetischen SEP mit Zuwachsverteilung Q_j und $(T_n^{(j)})_{n \geq 1}$ unter P_i für jedes $i \neq j$ mit $f_{ij}^* = 1$ einen d_j-arithmetischen VEP mit derselben Zuwachsverteilung. Insbesondere gilt $P_j\{M_n = j \ u.o.\} = 1$.*

Beweis: Unter Benutzung der starken Markov-Eigenschaft erhalten wir für alle $i, j \in S$ und $k, n \geq 1$

$$P(T_n^{(j)} - T_{n-1}^{(j)} > k | \mathcal{F}_{T_{n-1}^{(j)}}) = P(M_{T_{n-1}^{(j)}+m} \neq j \text{ für } 1 \leq m \leq k | M_{T_{n-1}^{(j)}})$$

$$= P_{M_{T_{n-1}^{(j)}}}(M_m \neq j \text{ für } 1 \leq m \leq k)$$

(6.1.5)
$$= \begin{cases} P_j(T_1^{(j)} > k), \text{ falls } n \geq 2 \\ P_i(T_1^{(j)} > k), \text{ falls } n = 1 \end{cases} \quad P_i\text{-f.s. auf } \{T_{n-1}^{(j)} < \infty\}$$

sowie für $k = \infty$ auf dieselbe Weise

$$P(T_n^{(j)} - T_{n-1}^{(j)} = \infty | \mathcal{F}_{T_{n-1}^{(j)}}) = P_j(T_1^{(j)} = \infty)$$

$$(6.1.6) \qquad = \begin{cases} f_{jj}^*, & \text{falls } n \geq 2 \\ f_{ij}^*, & \text{falls } n = 1 \end{cases} \qquad P_i\text{-f.s. auf } \{T_{n-1}^{(j)} < \infty\}.$$

Folglich besitzt $T_n^{(j)} - T_{n-1}^{(j)}$ für $n \geq 2$ bedingt unter $\mathcal{F}_{T_{n-1}^{(j)}}$ auf $\{T_{n-1}^{(j)} < \infty\}$ dieselbe Verteilung wie $T_1^{(j)}$ unter P_j, wobei diese ohne weitere Voraussetzung an j natürlich auch den Wert ∞ mit positiver Wahrscheinlichkeit annehmen kann. Kombiniert man nun (6.1.5) und (6.1.6) mit einem Induktionsbeweis und beachtet, daß $(T_0^{(j)}, ..., T_n^{(j)})$ $\mathcal{F}_{T_n^{(j)}}$-meßbar ist, so erhält man für rekurrentes $j \in S$ leicht, daß $(T_n^{(j)})_{n \geq 0}$ unter P_j einen SEP und $(T_n^{(j)})_{n \geq 1}$ unter $P_i, i \neq j$, einen VEP bildet, sofern $f_{ij}^* = 1$. Noch zu zeigen bleibt, daß Q_j d_j-arithmetisch ist. Seien

$$\hat{C}_j = \{k \geq 1 : f_{jj}^{(k)} > 0\} \quad \text{und} \quad \hat{d}_j = \sup\{d \in \mathbb{N} : \hat{C}_j \subset d\mathbb{N}\}.$$

Wegen $Q_j(\{k\}) = f_{jj}^{(k)}$ ist offenkundig $d_j = \hat{d}_j$ nachzuweisen. Aus der trivialen Ungleichung $p_{jj}^{(k)} \geq f_{jj}^{(k)}$ für alle $k \geq 1$ folgt $C_j \supset \hat{C}_j$ und damit $d_j \leq \hat{d}_j$. Umgekehrt impliziert (6.1.2) $p_{jj}^{(n)} = 0$ für alle $n \notin \hat{d}_j\mathbb{N}$, wie man per Induktion über n nachweist, und deshalb $d_j \geq \hat{d}_j$. $\diamond$

Zum Abschluß zeigen wir, daß die in Definition 6.1.1 eingeführten Zustandseigenschaften für kommunizierende Zustände stets übereinstimmen.

6.1.5 Lemma *Seien $i, j \in S$ zwei kommunizierende Zustände. Dann folgt $d_i = d_j$, und i ist genau dann transient (rekurrent, ergodisch, null-rekurrent), wenn dies für j zutrifft.*

Beweis: Wegen $i \leftrightarrow j$ existieren $m, n \in \mathbb{N}$, so daß $p_{ij}^{(m)} > 0$ und $p_{ji}^{(n)} > 0$. Wir zeigen zunächst $d_i = d_j$. Da offensichtlich

$$p_{ii}^{(m+n+kd_j)} \geq p_{ij}^{(m)} p_{jj}^{(kd_j)} p_{ji}^{(n)} \quad \text{für alle } k \in \mathbb{N}_0,$$

folgt $m + n + d_j\mathbb{N}_0 \subset d_i\mathbb{N}$, insbesondere $m + n \in d_i\mathbb{N}$ ($k = 0$) und dann $d_j \in d_i\mathbb{N}$ ($k = 1$). Vertauscht man die Rollen von i und j, ergibt sich natürlich entsprechend $d_i \in d_j\mathbb{N}$, so daß insgesamt $d_i = d_j$ folgt.

Sei nun i rekurrent, so daß die Rekurrenz von j zu zeigen ist. Gemäß Lemma 6.1.4 bildet $(T_n^{(i)})_{n \geq 0}$ und damit auch $(T_{mn}^{(i)})_{n \geq 0}$ unter P_i einen SEP. Ferner gilt

$$\{T_1^{(j)} = \infty\} \subset B \stackrel{\text{def}}{=} \{M_{T_{mn}^{(i)}+m} \neq j \text{ für alle } n \geq 1\},$$

also $1 - f_{ij}^* \leq P_i(B)$. Unter Verwendung der starken Markov-Eigenschaft und Beachtung von $\{M_m = j\} \in \mathcal{F}_{T_1^{(i)}+m}$ erhalten wir

$$P_i(B) = \int_{\{M_m = j\}} P(B | M_{T_1^{(i)}+m}) \, dP_i = p_{ij}^{(m)} P_i(B),$$

so daß $1 - f_{ij}^* \leq P_i(B) = 0$ wegen $p_{ij}^{(m)} > 0$ folgt. Damit nimmt $(M_n)_{n \geq 0}$, ausgehend von i, den Zustand j mindestens einmal an. Setzen wir nun

$$(6.1.7) \qquad \nu_m = \inf\{n \geq 0 : T_{mn}^{(i)} \geq T_1^{(j)}\},$$

so bildet $T_{\nu_m m}^{(i)}$ eine P_i-f.s. endliche Stopzeit für $(M_n)_{n \geq 0}$, und es folgt für

$$B' \stackrel{\text{def}}{=} \{M_{T_{mn}^{(i)}+m} \neq j \text{ für alle } n \geq \nu_m + 1\}$$

aufgrund der starken Markov-Eigenschaft $P(B'|\mathcal{F}_{T_{\nu_m}^{(i)}}) = P_i(B) = 0$ P_i-f.s., insbesondere $P_i(B') = 0$. Schließlich liefert die offensichtliche Inklusion

$$\{T_1^{(j)} < \infty, T_2^{(j)} = \infty\} \subset B'$$

zusammen mit der sich daraus ergebenden Abschätzung

$$1 - f_{jj}^* = f_{ij}^*(1 - f_{jj}^*) = P_i(T_1^{(j)} < \infty, T_2^{(j)} = \infty) \leq P_i(B') = 0$$

die behauptete Rekurrenz von j.

Abschließend müssen wir nachweisen, daß, falls i ergodisch ist, dies auch für j gilt. Sei also $\mu_{ii} < \infty$. Die folgenden Beweissschritte zum Nachweis von $\mu_{jj} < \infty$ benutzen erneut an verschiedenen Stellen die starke Markov-Eigenschaft, wobei wir dies nicht mehr jedesmal erwähnen. Sei $\nu = \nu_1$ gemäß (6.1.7) definiert. Es folgt $P_i(T_\nu^{(i)} - T_1^{(j)} \in \cdot) = P_j(T_1^{(i)} \in \cdot)$ und daher unter Beachtung von $T_1^{(i)} \leq T_\nu^{(i)}$

$$\mu_{ii} \leq E_i T_\nu^{(i)} = E_i T_1^{(j)} + E_j(T_\nu^{(i)} - T_1^{(j)}) = \mu_{ij} + \mu_{ji}.$$

Vertauscht man i und j in der Definition von ν, folgt analog $\mu_{jj} \leq \mu_{ij} + \mu_{ji}$. Im Anschluß sei ν aber wieder durch (6.1.7) gegeben. Wir zeigen als nächstes $\nu - 1 \sim_{P_i} NB(1, 1 - \theta)$ für ein $\theta \in [0, 1)$, d.h.

$$P_i(\nu > n) = P_i(T_1^{(j)} > T_n^{(i)}) = \theta^n \quad \text{für alle } n \geq 0.$$

Wir führen einen Induktionsbeweis über n durch und setzen dazu $\theta = P_i(T_1^{(j)} > T_1^{(i)})$, was die Behauptung für $n = 0, 1$ sicherstellt. Für den Induktionsschritt gelte diese für beliebiges $n \geq 1$. Da die bedingte Verteilung von $(T_1^{(j)} - T_n^{(i)}, T_{n+1}^{(i)} - T_n^{(i)})$, gegeben $T_1^{(j)} > T_n^{(i)}$, mit der Verteilung von $(T_1^{(j)}, T_1^{(i)})$ unter P_i übereinstimmt, folgt

$$\begin{aligned}
P_i(\nu > n + 1) &= P_i(T_1^{(j)} - T_n^{(i)} > T_{n+1}^{(i)} - T_n^{(i)}) \\
&= P_i(T_1^{(j)} > T_n^{(i)}) P_i(T_1^{(j)} > T_1^{(i)}) = P_i(\nu > n) P_i(\nu > 1) = \theta^{n+1},
\end{aligned}$$

wobei für die letzte Gleichheit die Induktionsvoraussetzung verwendet wurde. Da außerdem $\lim_{n \to \infty} P_i(\nu > n) = P_i(T_1^{(j)} = \infty) = 1 - f_{ij}^* = 0$, wie weiter oben nachgewiesen, muß $\theta < 1$ gelten. Es folgt nun insbesondere $E\nu < \infty$, und eine Anwendung der 1. Waldschen Gleichung liefert schließlich

$$\mu_{jj} \leq \mu_{ij} + \mu_{ji} = E_i T_\nu^{(i)} = \mu_{ii} E\nu < \infty$$

unter Beachtung der Tatsache, daß $(T_n^{(i)})_{n\geq 0}$ einen SEP unter P_i bildet. $\quad\Diamond$

Motiviert durch das soeben bewiesene Lemma, bezeichnen wir im folgenden eine irreduzible DMK als *aperiodisch (transient, rekurrent, ergodisch, null-rekurrent)*, falls deren Zustände diese Eigenschaft besitzen.

6.2 Ergodensätze im aperiodischen Fall

In diesem Abschnitt zeigen wir, daß für eine irreduzible, aperiodische DMK $(M_n)_{n\geq 0}$ die Verteilung $P_\lambda(M_n \in \cdot)$ von M_n gegen einen Limes konvergiert, falls $n \to \infty$, der nicht von der Startverteilung λ abhängt und der für eine ergodische DMK $(M_n)_{n\geq 0}$ durch deren stationäre Verteilung $\xi^* = (\xi_j^*)_{j\in S}$ gegeben ist. Derselbe Limes ergibt sich P_λ-f.s. für den Zufallsvektor $(n^{-1}N_j(n))_{j\in S}$ der relativen Häufigkeiten, wobei

$$(6.2.1) \qquad N_j(n) \; = \; \sum_{k=0}^{n-1} \mathbf{1}(M_k = j) \quad \text{für } n \geq 1.$$

Derartige Ergebnisse, die die Konvergenz eines stochastischen Prozesses gegen einen stationären Limes beinhalten, heißen *Ergodensätze*. Zur weiteren Erläuterung im hier vorliegenden Kontext erinnern wir daran, daß die zu $(M_n)_{n\geq 0}$ gehörende stationäre oder invariante Verteilung ξ^* durch die Beziehung $\xi^* \mathbf{P} = \xi^*$ definiert ist und daß aufgrund der Markov-Eigenschaft

$$(6.2.2) \qquad P_{\xi^*}((M_{k+n})_{n\geq 0} \in \cdot) \; = \; P_{\xi^*}((M_n)_{n\geq 0} \in \cdot) \quad \text{für alle } k \geq 0,$$

siehe (1.1.22). $(M_n)_{n\geq 0}$ bildet also unter P_{ξ^*} einen *stationären* Prozeß. Das erste der beiden zuvor angekündigten Ergebnisse läßt sich nun auch so formulieren: Eine irreduzible, aperiodische und ergodische DMK ist *asymptotisch stationär* in dem Sinne, daß für jede Startverteilung λ und alle $n \geq 0$

$$(6.2.3) \qquad \begin{aligned} \lim_{k\to\infty} P_\lambda(M_{k+1} = i_0, ..., M_{k+n} = i_n) \; &= \; P_{\xi^*}(M_0 = i_0, ..., M_n = i_n) \\ &= \; \xi_{i_0}^* \, p_{i_0,i_1} \cdot ... \cdot p_{i_{n-1}i_n}. \end{aligned}$$

Grundlage aller folgenden Ergodensätze ist der anschließende allgemeine Satz über das Verhalten der $p_{ij}^{(n)}$ für $n \to \infty$, wobei die übliche Konvention "$\frac{1}{\infty} \stackrel{\text{def}}{=} 0$" gelte.

6.2.1 Satz *$(M_n)_{n\geq 0}$ sei eine DMK mit Zustandsraum S und Übergangsmatrix* $\mathbf{P} = (p_{ij})_{i,j\in S}$. *Dann gilt für jeden aperiodischen Zustand $j \in S$*

$$(6.2.4) \qquad \lim_{n\to\infty} p_{ij}^{(n)} \; = \; \mu_{jj}^{-1} f_{ij}^* \quad \textit{für alle } i \in S,$$

und für jeden periodischen Zustand $j \in S$

$$(6.2.5) \qquad \begin{aligned} \lim_{n\to\infty} p_{ij}^{(nd_j+r)} \; &= \; \mu_{jj}^{-1} d_j P_i(T_1^{(j)} \in r + d_j \mathbb{N}_0) \quad \textit{für alle } i \in S \textit{ und } 0 \leq r < d_j, \\ \textit{speziell} \quad \lim_{n\to\infty} p_{jj}^{(nd_j)} \; &= \; \mu_{jj}^{-1} d_j f_{jj}^*. \end{aligned}$$

Beweis: Nehmen wir zuerst an, daß $j \in S$ transient ist, so daß $\mu_{jj} = \infty$. Aus $\sum_{n \geq 1} p_{ij}^{(n)} < \infty$ für alle $i \in S$ gemäß Lemma 6.1.2 folgt dann $\lim_{n \to \infty} p_{ij}^{(n)} = 0$ für alle $i \in S$.

Sei nun $j \in S$ aperiodisch und rekurrent, so daß $f_{jj}^* = P_j(T_1^{(j)} < \infty) = 1$ und $(T_n^{(j)})_{n \geq 0}$ gemäß Lemma 6.1.4 unter P_j einen 1-arithmetischen SEP bildet. Bezeichnet $U^{(j)}$ dessen Erneuerungsmaß mit l_1-Dichte $u^{(j)}$, so gilt

$$(6.2.6) \qquad p_{jj}^{(n)} \;=\; P_j(T_k^{(j)} = n \text{ für ein } k \geq 0) \;=\; \sum_{k \geq 0} P(T_k^{(j)} = n) \;=\; u^{(j)}(n).$$

Eine Anwendung des Blackwellschen Erneuerungstheorems liefert folglich

$$\lim_{n \to \infty} p_{jj}^{(n)} \;=\; (E_j T_1^{(j)})^{-1} \;=\; \mu_{jj}^{-1}.$$

Betrachten wir nun $p_{ij}^{(n)}$ für beliebiges $i \neq j$. Es gilt gemäß (6.1.2)

$$(6.2.7) \qquad p_{ij}^{(n)} \;=\; \sum_{k=1}^{n} f_{ij}^{(k)} p_{jj}^{(n-k)} \;=\; \int_{\{T_1^{(j)} < \infty\}} g(n - T_1^{(j)}) \, dP_i,$$

wobei $g(n) \overset{\text{def}}{=} p_{jj}^{(n)} \, 1(I\!N_0)(n)$. Wie gerade gezeigt, konvergiert $g(n)$ gegen μ_{jj}^{-1}, falls $n \to \infty$, so daß aufgrund majorisierter Konvergenz

$$\lim_{n \to \infty} p_{ij}^{(n)} \;=\; \mu_{jj}^{-1} P_i(T_0^{(j)} < \infty) \;=\; \mu_{jj}^{-1} f_{ij}^*.$$

Abschließend bleibt der Fall, daß j rekurrent und periodisch ist, zu untersuchen. Gemäß Lemma 6.1.4 ist $(T_n^{(j)})_{n \geq 0}$ dann unter P_j ein d_j-arithmetischer SEP, und es gilt weiterhin (6.2.6). Das Blackwellsche Erneuerungstheorem liefert deshalb für jedes $r = 0, 1, ..., d_j - 1$

$$\lim_{n \to \infty} p_{jj}^{(nd_j + r)} \;=\; \mu_{jj}^{-1} d_j \delta_0(\{r\}) \;=\; \mu_{jj}^{-1} d_j P_j(T_1^{(j)} \in r + d_j I\!N_0).$$

Für $i \neq j$ erhalten wir anstelle von (6.2.7) mit demselben g und unter Beachtung von $p_{jj}^{(k)} = 0$ für alle $k \notin d_j I\!N_0$

$$
\begin{aligned}
(6.2.8) \qquad p_{ij}^{(nd_j + r)} &\;=\; \sum_{k=1}^{nd_j + r} f_{ij}^{(k)} p_{jj}^{(nd_j + r - k)} \;=\; \sum_{l=0}^{n} f_{ij}^{(ld_j + r)} p_{jj}^{((n-l)d_j)} \\
&\;=\; \int_{\{T_1^{(j)} \in r + d_j I\!N_0\}} g(nd_j + r - T_1^{(j)}) \, dP_i.
\end{aligned}
$$

Die Behauptung ergibt sich nun erneut mit dem vorher Gezeigten und aufgrund majorisierter Konvergenz. $\diamond$

Als einfache Folgerungen notieren wir drei Korollare, von denen das erste ein Kriterium für die Null-Rekurrenz eines Zustandes beinhaltet und eine Ergänzung zu Lemma 6.1.2 bildet.

6.2.2 Korollar *Für eine DMK $(M_n)_{n \geq 0}$ mit Zustandsraum S und Übergangsmatrix $\mathbf{P} = (p_{ij})_{i,j \in S}$ gilt: $j \in S$ ist genau dann null-rekurrent, wenn $\sum_{n \geq 1} p_{jj}^{(n)} = \infty$ und $\lim_{n \to \infty} p_{jj}^{(n)} = 0$.*

6.2.3 Korollar *Jede irreduzible DMK mit endlichem Zustandsraum ist ergodisch.*

Beweis: Sei $(M_n)_{n \geq 0}$ eine irreduzible DMK mit endlichem Zustandsraum S, Übergangsmatrix $\mathbf{P}$ und beliebiger Periode d, d.h. $d_j = d$ für alle $j \in S$. Unter Beachtung von $\sum_{j \in S} p_{ij}^{(n)} = 1$ für alle $i, j \in S$ und $n \geq 0$ und Verwendung des vorigen Satzes erhalten wir

$$1 = \lim_{n \to \infty} \sum_{j \in S} p_{ij}^{(nd)} = d \sum_{j \in S} \mu_{jj}^{-1} P_i(T_1^{(j)} \in d\mathbb{N}_0),$$

wobei die Vertauschung von Limes und Summation wegen $|S| < \infty$ keiner weiteren Rechtfertigung bedarf. Es folgt die Existenz eines j mit $\mu_{jj} < \infty$, d.h. j ist ergodisch. Aufgrund der Irreduzibilität von $(M_n)_{n \geq 0}$ sind damit aber schon alle Zustände, folglich $(M_n)_{n \geq 0}$ selbst ergodisch. $\diamond$

6.2.4 Korollar *$(M_n)_{n \geq 0}$ sei eine irreduzible und transiente DMK mit Zustandsraum S und Übergangsmatrix $\mathbf{P}$. Dann gilt für jede Startverteilung λ und alle $i, j \in S$*

$$(6.2.9) \qquad \lim_{n \to \infty} P_\lambda(M_n = j) = \lim_{n \to \infty} p_{ij}^{(n)} = 0.$$

sowie $E_\lambda N_j(\infty) < \infty$, wobei $N_j(\infty)$ gemäß (6.2.1) definiert ist.

Beweis: Für (6.2.9) reicht der Hinweis, daß $\mu_{jj} = \infty$ für alle $j \in S$. Ferner gilt $E_i N_j(\infty) = \sum_{k \geq 0} p_{ij}^{(k)} < \infty$ für alle $i \in S$ gemäß Lemma 6.1.2. Unter Benutzung der starken Markov-Eigenschaft folgt für beliebige Startverteilung λ

$$E_\lambda N_j(\infty) = P_\lambda(M_0 = j) + E_\lambda \Big(\sum_{n \geq T_1^{(j)}} \mathbf{1}(M_n = j) \Big)$$
$$= P_\lambda(M_0 = j) + P_\lambda(T_1^{(j)} < \infty) H_{jj}(1) < \infty,$$

wobei $H_{jj}(1) = (1 - f_{jj}^*)^{-1}$, wie dort gezeigt wurde. $\diamond$

Mit Blick auf Korollar 6.2.4 verbleibt die Angabe eines entsprechenden Resultats für irreduzible, rekurrente DMK. Die anschließenden beiden Sätze tun dies im aperiodischen Fall, wobei der erste zweifellos das Hauptresultat bildet und in manchen Lehrbüchern auch als *der* Ergodensatz für irreduzible und aperiodische DMK bezeichnet wird. Den periodischen Fall behandeln wir im nächsten Abschnitt.

6.2.5 Satz *$(M_n)_{n \geq 0}$ sei eine irreduzible, aperiodische und rekurrente DMK mit Zustandsraum S und Übergangsmatrix $\mathbf{P}$. Dann gilt für jede Startverteilung λ und alle $i, j \in S$*

$$(6.2.10) \qquad \lim_{n \to \infty} P_\lambda(M_n = j) = \lim_{n \to \infty} p_{ij}^{(n)} = \mu_{jj}^{-1}.$$

$(M_n)_{n \geq 0}$ *besitzt genau dann eine stationäre Verteilung* $\xi^* = (\xi_j^*)_{j \in S}$, *wenn alle Zustände ergodisch sind, und es gilt in diesem Fall*

$$(6.2.11) \qquad\qquad \xi_j^* = \mu_{jj}^{-1} > 0 \quad \textit{für alle } j \in S.$$

Beweis: Die Konvergenz von $p_{ij}^{(n)}$ gegen μ_{jj}^{-1} für alle $i, j \in S$ folgt sofort aus (6.2.4) in Satz 6.2.1, denn $f_{ij}^* = 1$. Sei $\lambda = (\lambda_i)_{i \in S}$ eine beliebige Startverteilung. Dann gilt

$$P_\lambda(M_n = j) = \sum_{i \in S} \lambda_i p_{ij}^{(n)},$$

und es ergibt sich wiederum μ_{jj}^{-1} als Limes unter Verwendung des Satzes von der majorisierten Konvergenz. Damit ist (6.2.10) bewiesen.

Besitzt $(M_n)_{n \geq 0}$ eine stationäre Verteilung $\xi^* = (\xi_j)_{j \in S}$, so folgt aus $P_{\xi^*}(M_n \in \cdot) = \xi^*$ für alle $n \geq 0$ und (6.2.10)

$$\xi_j^* = \lim_{n \to \infty} P_{\xi^*}(M_n = j) = \mu_{jj}^{-1} \quad \text{für alle } j \in S.$$

Da ferner $\xi_j^* = \mu_{jj}^{-1} > 0$, d.h. $\mu_{jj} < \infty$ für mindestens ein j vorliegen muß, besitzt $(M_n)_{n \geq 0}$ einen ergodischen Zustand. $(M_n)_{n \geq 0}$ ist aber auch irreduzibel, so daß sämtliche Zustände ergodisch und damit alle $\xi_j^*, j \in S$ positiv sind.

Sei nun umgekehrt angenommen, daß $(M_n)_{n \geq 0}$ ergodisch ist. Wir müssen zeigen, daß durch $\xi^* = (\mu_{jj}^{-1})_{j \in S}$ eine stationäre Verteilung für $(M_n)_{n \geq 0}$ definiert wird. Eine Anwendung des Fatouschen Lemmas sowie von (6.2.10) auf die für alle $m, n \geq 0$ und $i \in S$ gültige Beziehung

$$p_{ii}^{(m+n)} = \sum_{j \in S} p_{ij}^{(m)} p_{ji}^{(n)} \qquad (\mathbf{P}^{m+n} = \mathbf{P}^m \mathbf{P}^n)$$

liefert offensichtlich

$$\mu_{ii}^{-1} = \lim_{m \to \infty} p_{ii}^{(m+n)} \geq \sum_{j \in S} (\lim_{m \to \infty} p_{ij}^{(m)}) p_{ji}^{(n)} = \sum_{j \in S} \mu_{jj}^{-1} p_{ji}^{(n)},$$

also in Matrixschreibweise $\xi^* \geq \xi^* \mathbf{P}^n$. Summiert man auf beiden Seiten über i, so ergibt sich wegen $\sum_{i \in S} p_{ji}^{(n)} = 1$

$$\sum_{i \in S} \mu_{ii}^{-1} \geq \sum_{i \in S} \sum_{j \in S} \mu_{jj}^{-1} p_{ji}^{(n)} = \sum_{j \in S} \mu_{jj}^{-1} \left(\sum_{i \in S} p_{ji}^{(n)} \right) = \sum_{j \in S} \mu_{jj}^{-1},$$

und damit die gewünschte Invarianzgleichung $\xi^* = \xi^* \mathbf{P}^n$. Noch nachzuweisen ist, daß ξ^* ein Wahrscheinlichkeitsmaß auf S bildet, d.h. daß $\|\xi^*\| = 1$. Eine erneute Anwendung des Fatouschen Lemmas liefert

$$\|\xi^*\| = \sum_{j \in S} \mu_{jj}^{-1} = \sum_{j \in S} \lim_{n \to \infty} p_{ij}^{(n)} \leq \liminf_{n \to \infty} \sum_{j \in S} p_{ij}^{(n)} = 1.$$

Geht man schließlich in der Invarianzbeziehung $\xi^* = \xi^* \mathbf{P}^n$ zum Limes $n \to \infty$ über, so ergibt sich nun aufgrund majorisierter Konvergenz

$$\xi_i^* = \lim_{n\to\infty} \sum_{j\in S} \xi_j^* p_{ji}^{(n)} = \sum_{j\in S} \xi_j^* \xi_i^* = \|\xi^*\| \, \xi_i^*,$$

also $\|\xi^*\| = 1$, was den Beweis des Satzes beendet. $\diamond$

6.2.6 Satz $(M_n)_{n\geq 0}$ *sei eine irreduzible, aperiodische und rekurrente DMK mit Zustandsraum S und Übergangsmatrix $\mathbf{P}$. Dann gilt für jede Startverteilung λ und alle $j \in S$*

$$(6.2.12) \qquad \lim_{n\to\infty} n^{-1} N_j(n) \stackrel{P_\lambda-f.s.}{=} \mu_{jj}^{-1} = \lim_{n\to\infty} n^{-1} E_\lambda N_j(n),$$

wobei $N_j(n)$ gemäß (6.2.1) definiert ist.

Beweis: Die zweite Gleichheit in (6.2.12) ist wegen $\frac{1}{n} E_i N_j(n) = \frac{1}{n} \sum_{k=0}^{n-1} p_{ij}^{(k)}$ und (6.2.10) offensichtlich. Unter P_j bildet $(T_n^{(j)})_{n\geq 0}$ einen SEP mit Drift μ_{jj} und, wie man leicht einsieht, gilt $N_j(n) = \inf\{k \geq 1 : T_k^{(j)} > n - 1\}$ P_j-f.s. Wir erhalten deshalb mit Satz 4.1.1

$$\lim_{n\to\infty} n^{-1} N_j(n) = \mu_{jj}^{-1} \quad P_j\text{- f.s.}$$

Für beliebige Startverteilung $\lambda = (\lambda_i)_{i\in S}$ folgt dann aber unter Benutzung der starken Markov-Eigenschaft

$$P_\lambda\big(\lim_{n\to\infty} n^{-1} N_j(n) = \mu_{jj}^{-1}\big) = \sum_{m\geq 1} P_\lambda\big(T_1^{(j)} = m, \lim_{n\to\infty} n^{-1} \sum_{k=m}^{n-1} \mathbf{1}(M_k = j) = \mu_{jj}^{-1}\big)$$

$$= \sum_{i\in S} \sum_{m\geq 1} \lambda_i f_{ij}^{(m)} P_j\big(\lim_{n\to\infty} n^{-1} N_j(n-m) = \mu_{jj}^{-1}\big) = \sum_{i\in S} \lambda_i f_{ij}^* = 1.$$

Damit ist der Satz vollständig bewiesen. $\diamond$

6.2.7 Bemerkung Die Sätze 6.2.5 und 6.2.6 lassen sich leicht auf den allgemeineren Fall übertragen, daß $(M_n)_{n\geq 0}$ neben einer Klasse $\Re$ aperiodischer und rekurrenter Zustände noch transiente Zustände i mit der Eigenschaft

$$P_i\big(\min_{j\in\Re} T_1^{(j)} < \infty\big) = 1$$

besitzt. $(M_n)_{n\geq 0}$ ist dann zwar nicht mehr auf ganz S, wohl aber eingeschränkt auf $\Re$ irreduzibel, wie zu Beginn von 6.1 bemerkt, und die obige Bedingung sichert, daß diese Klasse unter jeder Startverteilung mit Wahrscheinlichkeit 1 nach endlicher Zeit τ erreicht und dann nicht mehr verlassen wird. Durch Anwendung von 6.2.5 und 6.2.6 auf $(M_{\tau+n})_{n\geq 0}$ erhält man leicht, daß die dortigen Aussagen (6.2.10) und (6.2.12) für $(M_n)_{n\geq 0}$ unverändert gelten, wobei natürlich $\mu_{jj}^{-1} = 0$ für alle $j \in \Re^c$, und daß $(M_n)_{n\geq 0}$ ferner genau dann eine invariante

Verteilung $\xi^* = (\xi_j^*)_{j\in S}$ besitzt, wenn alle Zustände in $\Re$ (statt in S) ergodisch sind. Anstelle von (6.2.11) gilt in diesem Fall

$$(6.2.13) \qquad \xi_j^* = \mu_{jj}^{-1} \begin{cases} > 0, \text{ falls } j \in \Re \\ = 0, \text{ falls } j \notin \Re \end{cases}.$$

Eine entsprechende Verallgemeinerung läßt sich im periodischen Fall formulieren, ohne daß wir darauf im nächsten Abschnitt nochmals eingehen.

6.3 Ergodensätze im periodischen Fall

Für irreduzible, ergodische DMK $(M_n)_{n\geq 0}$ mit Periode $d > 1$ kann (6.2.10) in Satz 6.2.5 offenkundig nicht gelten, da in diesem Fall $\mu_{jj}^{-1} > 0$ für alle $j \in S$ während $\liminf_{n\to\infty} p_{ij}^{(n)} = 0$ für alle $i,j \in S$. Ersetzt man dort jedoch den gewöhnlichen Limes durch den *Césaro-Limes* *(C-lim)*, definiert durch

$$C\text{-}\lim_{n\to\infty} a_n = \lim_{n\to\infty} \frac{a_1 + \ldots + a_n}{n},$$

so läßt sich leicht das anschließende Pendant zu Satz 6.2.5 und 6.2.6 beweisen. Bemerkt sei noch, daß im Fall konvergenter Folgen Césaro-Limes und gewöhnlicher Limes natürlich übereinstimmen.

6.3.1 Satz *$(M_n)_{n\geq 0}$ sei eine irreduzible, periodische und rekurrente DMK mit Zustandsraum S, Übergangsmatrix $\mathbf{P}$ und Periode d. Dann gilt für jede Startverteilung λ und alle $i,j \in S$*

$$(6.3.1) \qquad C\text{-}\lim_{n\to\infty} P_\lambda(M_n = j) = C\text{-}\lim_{n\to\infty} p_{ij}^{(n)} = \mu_{jj}^{-1},$$

$$(6.3.2) \qquad \lim_{n\to\infty} n^{-1} N_j(n) \stackrel{P_\lambda\text{-}f.s.}{=} \mu_{jj}^{-1} = \lim_{n\to\infty} n^{-1} E_\lambda N_j(n),$$

wobei $N_j(n)$ gemäß (6.2.1) definiert ist. $(M_n)_{n\geq 0}$ besitzt genau dann eine stationäre Verteilung $\xi^* = (\xi_j)_{j\in S}$, wenn alle Zustände ergodisch sind, und es gilt in diesem Fall (6.2.12), d.h. $\xi_j^* = \mu_{jj}^{-1} > 0$ für alle $j \in S$.

Beweis: Nachzuweisen ist lediglich (6.3.1). Die übrigen Aussagen stimmen mit denen im aperiodischen Fall überein und werden genauso wie dort bewiesen, wobei gegebenenfalls "lim" durch "C-lim" zu ersetzen ist.

Für alle $j \in S$ gilt gemäß Satz 6.2.1 und wegen der Periodizität von $(M_n)_{n\geq 0}$

$$\lim_{n\to\infty} p_{jj}^{(nd)} = \mu_{jj}^{-1} d \quad \text{und} \quad p_{jj}^{(n)} = 0 \quad \text{für alle } n \notin d\mathbb{N}_0.$$

Es folgt mit $m_n = \lfloor \frac{n}{d} \rfloor$ unter Beachtung von $\lim_{n\to\infty} \frac{m_n}{n} = \frac{1}{d}$

$$(6.3.3) \qquad C\text{-}\lim_{n\to\infty} p_{jj}^{(n)} = \lim_{n\to\infty} \frac{m_n}{n} \left(\frac{1}{m_n} \sum_{k=1}^{m_n} p_{jj}^{(kd)} \right) = \mu_{jj}^{-1},$$

Für $i \neq j$ erhalten wir nun unter Benutzung von (6.1.2) nach einfacher Rechnung

$$\frac{1}{n}\sum_{k=1}^{n} p_{ij}^{(k)} \;=\; \sum_{l=1}^{n} f_{ij}^{(l)}\left(\frac{1}{n}\sum_{k=1}^{n-l} p_{jj}^{(k)}\right) \;=\; \int_{\{T_1^{(j)}<\infty\}} g_n(T_1^{(j)})\,dP_i,$$

wobei $g_n(l) \stackrel{\text{def}}{=} \frac{1}{n}\sum_{k=0}^{n-l} p_{jj}^{(k)} \mathbf{1}(\{1,...,n\})(l)$. Es folgt die zweite Gleichheit in (6.3.1), da gemäß (6.3.3) $\lim_{n\to\infty} g_n(l) = \mu_{jj}^{-1}$. Das entsprechende Resultat für beliebige Startverteilung λ ergibt sich daraus leicht aufgrund majorisierter Konvergenz. $\Diamond$

Genauere Auskunft über die Struktur periodischer DMK gibt der nächste Satz.

6.3.2 Satz *In der Situation von Satz 6.3.1 seien $i \in S$ ein beliebig vorgegebener Zustand,*

$$S_r \;=\; \{j \in S : p_{ij}^{(nd+r)} > 0 \text{ für ein } n \in I\!N_0\} \;=\; \{j \in S : P_i(T_1^{(j)} \in r + dI\!N_0) > 0\}$$

für $0 \leq r < d$ sowie $S_{kd+r} = S_r$ für $k \geq 1$. Dann bildet $S_0,...,S_{d-1}$ eine Partition nichtleerer Mengen von S, und es gilt

$$(6.3.4) \qquad j \in S_r \;\;\Rightarrow\;\; P_j(M_n \in S_{r+n}) = 1 \quad \text{für alle } 0 \leq r < d \text{ und } n \geq 0.$$

$S_0,...,S_{d-1}$ sind durch diese Eigenschaften bis auf zyklische Vertauschung eindeutig bestimmt und werden als die zyklischen Klassen von $(M_n)_{n\geq 0}$ bezeichnet.

Beweis: Daß $S_r \neq \emptyset$ für alle $0 \leq r < d$, ist ebenso wie $S_0 \cup ... \cup S_{d-1} = S$ offensichtlich, letzteres wegen der Irreduzibilität von $(M_n)_{n\geq 0}$. Sei nun $j \in S_q \cap S_r$ angenommen. Dann existieren $m,n \geq 0$, so daß $p_{ij}^{(md+q)} > 0$ und $p_{ij}^{(nd+r)} > 0$. Wähle ein $k \geq 1$ mit $p_{ji}^{(k)} > 0$. Es folgt $p_{ii}^{(md+q+k)} \geq p_{ij}^{(md+q)} p_{ji}^{(k)} > 0$ und analog $p_{ii}^{(nd+r+k)} > 0$. $md+q+k$ und $nd+r+k$ müssen folglich beide Vielfache von d sein, was $q-r \in dI\!N_0$ und dann $S_{md+q} = S_{nd+r}$ impliziert. $S_0,...,S_{d-1}$ sind also paarweise disjunkt. Zum Nachweis von (6.3.4) notieren wir zuerst, daß aus $j \in S_r$ offensichtlich $\{k \in S : p_{jk}^{(n)} > 0\} \subset S_{r+n}$ für alle $n \geq 0$ folgt. Wir erhalten deshalb wegen

$$1 \;=\; \sum_{k \in S, p_{jk}^{(n)} > 0} p_{jk}^{(n)} \;=\; \sum_{k \in S_{r+n}} p_{jk}^{(n)} \;=\; P_j(M_n \in S_{r+n})$$

für alle $n \geq 0$ das Gewünschte. Die Eindeutigkeit der S_r bis auf zyklische Vertauschung ist offensichtlich, so daß auf einen formalen Beweis verzichtet werden kann. $\Diamond$.

6.3.3 Korollar *In der Situation der beiden vorhergehenden Sätze sei $(M_n)_{n\geq 0}$ außerdem ergodisch mit stationärer Verteilung ξ^*. Dann bildet $(M_{nd})_{n\geq 0}$ auf jeder zyklischen Klasse S_r, $0 \leq r < d$ eine irreduzible, aperiodische und ergodische DMK mit stationärer Verteilung $\xi^{*(r)} = (\xi_j^{*(r)})_{j \in S_r}$, gegeben durch $\xi_j^{*(r)} = d\xi_j^*$. Insbesondere folgt*

$$(6.3.5) \qquad P_{\xi^*}(M_n \in S_r) \;=\; d^{-1} \quad \text{für alle } 0 \leq r < d \text{ und } n \geq 0.$$

Beweis: Gemäß Satz 6.3.2 gilt $P_j(M_{nd} \in S_r) = 1$ für alle $j \in S_r, n \geq 0$, so daß $(M_{nd})_{n \geq 0}$ auf jedem S_r eine DMK bildet, die ferner aperiodisch sein muß, da sonst ein Zustand k existierte mit Periode $d' > 1$ für $(M_{nd})_{n \geq 0}$, also Periode $dd' > d$ für $(M_n)_{n \geq 0}$. $(M_{nd})_{n \geq 0}$ ist auch ergodisch auf jedem S_r, denn bezeichnet $\mu_{jj}^{(d)}$ die mittlere Rekurrenzzeit von j für $(M_{nd})_{n \geq 0}$, so folgt leicht $\mu_{jj}^{(d)} = d^{-1}\mu_{jj} < \infty$. Sei nun $j \in S_r$ angenommen. Eine Anwendung von Satz 6.2.1. liefert dann sowohl

$$\lim_{n \to \infty} p_{jj}^{(nd)} = \mu_{jj}^{-1} d = \xi_j^* d,$$

nämlich bei Betrachtung von $(M_n)_{n \geq 0}$, als auch

$$\lim_{n \to \infty} p_{jj}^{(nd)} = \mu_{jj}^{(d)^{-1}} = \xi_j^{*(r)},$$

nämlich bei Betrachtung von $(M_{nd})_{n \geq 0}$. Damit ist die behauptete Beziehung zwischen ξ^* und $\xi^{*(r)}$ gezeigt, aus der sich (6.3.5) als triviale Folgerung ergibt. $\qquad\qquad \Diamond$

6.4 Stationäre Maße und Beispiele

Wir haben gesehen, daß irreduzible DMK genau dann eine stationäre Verteilung besitzen, wenn diese ergodisch sind. Noch unbeantwortet ist dagegen die Frage nach der Existenz und Eindeutigkeit eines stationären *Maßes*. Ein solches Maß muß im null-rekurrenten und im transienten Fall notwendigerweise unendliche Gesamtmasse besitzen und kann natürlich nur bis auf ein skalares Vielfaches eindeutig sein, denn mit $\xi = \xi\mathbf{P}$ gilt auch $c\xi = c\xi\mathbf{P}$ für alle $c > 0$. Für DMK mit mindestens einem rekurrenten Zustand gibt der anschließende Satz vollständige Auskunft. Er bildet einen Spezialfall von Satz 8.3.1 im übernächsten Paragraphen, der dasselbe Ergebnis für eine größere Klasse von MK auf beliebigen Zustandsräumen beinhaltet. Um den Beweis nicht zweimal ausführen zu müssen, verzichten wir an dieser Stelle darauf und verweisen auf 8.3.1.

6.4.1 Satz *Seien $(M_n)_{n \geq 0}$ eine irreduzible, rekurrente DMK mit Zustandsraum S, Übergangsmatrix $\mathbf{P}$ und $j \in S$ ein beliebiger Zustand. Dann definiert $\xi = (\xi_i)_{i \in S}$ mit*

$$(6.4.1) \qquad \xi_i = E_j\Big(\sum_{n=0}^{T_1^{(j)}-1} \mathbf{1}(M_n = i)\Big), \quad i \in S$$

ein stationäres Maß für $(M_n)_{n \geq 0}$, d.h. ξ ist σ-endlich ($\xi_i < \infty$ für alle $i \in S$) und $\xi = \xi\mathbf{P}$. ξ ist bis auf ein skalares Vielfaches eindeutig bestimmt.

Irreduzible rekurrente DMK besitzen also stets ein bis auf skalares Vielfaches eindeutig bestimmtes stationäres Maß, das im ergodischen Fall endlich und im null-rekurrenten Fall unendlich ist. Für transiente DMK kann es dagegen unendlich viele echt verschiedene stationäre Maße geben, wie das erste der folgenden Beispiele zeigt.

6.4.2 Beispiel (Irrfahrten) Sei $(M_n)_{n\geq 0}$ eine Irrfahrt mit Parametern p,q (siehe Beispiel 6.1.3), deren Übergangsmatrix $\mathbf{P}$ durch

$$p_{i,i+1} = p, \ p_{ii} = 1 - p - q, \ p_{i,i-1} = q \quad \text{und} \quad p_{i,i\pm j} = 0 \quad \text{für alle } i \in \mathbb{Z}, \ j \geq 2$$

gegeben ist. Ein stationäres Maß ξ erfüllt dann das lineare Gleichungssystem

$$\xi_i \ = \ p\xi_{i-1} + (1 - p - q)\xi_i + q\xi_{i+1}, \quad i \in \mathbb{Z},$$

das nach einfacher Umformung die Form

$$\xi_{i+1} - \xi_i \ = \ \frac{p}{q}(\xi_i - \xi_{i-1}), \quad i \in \mathbb{Z}$$

hat. Daraus ergibt sich sofort, daß $\xi^{(1)} = l_1$ sowie $\xi^{(2)} = ((\frac{p}{q})^i)_{i \in \mathbb{Z}}$ Lösungen bilden, wobei sich letztere nur im Fall $p \neq q$, d.h. im transienten Fall von $\xi^{(1)}$ unterscheidet, dann aber offenkundig linear unabhängig von $\xi^{(1)}$ ist. Im transienten Fall besitzt $(M_n)_{n\geq 0}$ deshalb tatsächlich unendlich viele stationäre Maße, weil mit $\xi^{(1)}$ und $\xi^{(2)}$ auch alle deren Linearkombinationen die Invarianzgleichung erfüllen.

6.4.3 Beispiel (Geburts- und Todesprozesse) Eine DMK $(M_n)_{n\geq 0}$ mit Zustandsraum $\mathbb{N}_0$, die pro Zeiteinheit von einem Zustand $i \in \mathbb{N}_0$ nur in die Nachbarzustände $i-1$ und $i+1$ gelangen oder in i verweilen kann, bezeichnet man aus anschaulich naheliegenden Gründen als *Geburts- und Todesprozeß (in diskreter Zeit)*. Die Übergangsmatrix $\mathbf{P}$ hat dann die Gestalt

$$\mathbf{P} \ = \ \begin{pmatrix} p_{00} & p_{01} & 0 & 0 & 0 & \cdots \\ p_{10} & p_{11} & p_{12} & 0 & 0 & \cdots \\ 0 & p_{21} & p_{22} & p_{23} & 0 & \cdots \\ 0 & 0 & p_{32} & p_{33} & p_{34} & \cdots \\ \vdots & \vdots & \vdots & \vdots & & \ddots \end{pmatrix},$$

besitzt also nicht verschwindende Komponenten höchstens in der Haupt- und den beiden Nebendiagonalen. Gilt zusätzlich $p_{i,i-1} = 0$ bzw. $p_{i,i+1} = 0$ für alle $i \in \mathbb{N}_0$, so spricht man von einem *reinen Geburts-* bzw. *reinen Todesprozeß*.

Im folgenden seien p_{01} und $p_{i,i-1}$, $p_{i,i+1}$ für $i \geq 1$ alle positiv. Dann ist $(M_n)_{n\geq 0}$ offensichtlich irreduzibel und ferner genau dann aperiodisch, wenn $p_{ii} > 0$ für ein $i \in \mathbb{N}_0$. Betrachten wir wieder die Invarianzgleichung $\xi = \xi\mathbf{P}$ zur Bestimmung eines stationären Maßes, so ergibt sich das folgende lineare Gleichungssystem:

$$\xi_0 \ = \ p_{00}\xi_0 \ + \ p_{10}\xi_1,$$
$$\xi_i \ = \ p_{i-1,i}\xi_{i-1} \ + \ p_{ii}\xi_i \ + \ p_{i+1,i}\xi_{i+1}, \quad i \geq 1.$$

Dieses System kann man leicht lösen und erhält

$$(6.4.2) \qquad\qquad \xi_i \ = \ \frac{p_{01}p_{12} \cdot \ldots \cdot p_{i-1,i}}{p_{10}p_{21} \cdot \ldots \cdot p_{i,i-1}} \, \xi_0 \quad \text{für alle } i \geq 1.$$

Durch Vorgabe beliebiger $\xi_0 > 0$ erhält man dann lauter stationäre Maße, die sich nur um ein skalares Vielfaches unterscheiden. $(M_n)_{n\geq 0}$ ist genau dann ergodisch, wenn diese alle endlich sind, also wenn

$$(6.4.3) \qquad \Sigma \overset{\text{def}}{=} \sum_{i\geq 1} \frac{p_{01}p_{12}\cdot\ldots\cdot p_{i-1,i}}{p_{10}p_{21}\cdot\ldots\cdot p_{i,i-1}} < \infty,$$

mit stationärer Verteilung

$$(6.4.4) \qquad \xi_0^* = \frac{1}{1+\Sigma} \quad \text{und} \quad \xi_i^* = \frac{p_{01}p_{12}\cdot\ldots\cdot p_{i-1,i}}{p_{10}p_{21}\cdot\ldots\cdot p_{i,i-1}} \xi_0^*.$$

Man kann ferner zeigen, daß $(M_n)_{n\geq 0}$ genau dann rekurrent ist, wenn

$$(6.4.5) \qquad \sum_{i\geq 1} \frac{p_{10}p_{21}\cdot\ldots\cdot p_{i,i-1}}{p_{01}p_{12}\cdot\ldots\cdot p_{i,i+1}} = \infty.$$

Einen eleganten Beweis findet der Leser in der Monographie von Freedman(1971, 1.12).

6.4.4 Beispiel (Das M/G/1-Bedienungssystem) In 0.5 hatten wir das M/G/1-Bedienungssystem vorgestellt, das wir hier in Kürze unter Beibehaltung der dortigen Situation nochmals beschreiben wollen: Das System besteht aus einem Bedienungsschalter, an dem Kunden in der Folge ihres Erscheinens bedient werden. Eintreffende Kunden, die den Schalter besetzt vorfinden, reihen sich in eine Schlange ein, deren Länge keiner Beschränkung unterliegt. Die Zwischenankunftszeiten $A_1, A_2, \ldots$ sind unabhängig und identisch $Exp(\theta)$-verteilt für ein $\theta > 0$, die Bedienungszeiten $B_0, B_1, \ldots$ u.i.v. und positiv mit $\nu = EB_0 < \infty$ sowie unabhängig von $(A_n)_{n\geq 1}$. Ferner nehmen wir zur Vereinfachung an, daß zum Zeitpunkt 0 (Beobachtungsbeginn) ein Kunde, dem wir die Nummer 0 zuweisen, das System betritt und einen freien Schalter vorfindet, also sofort bedient wird. Bezeichnet Q_n für $n \geq 0$ die Schlangenlänge zum (zufallsabhängigen) Zeitpunkt τ_n, an dem der $(n-1)$-te Kunde das System verläßt, und K_n die Zahl der eintreffenden Kunden während der Bedienung des n-ten Kunden, so gilt unter den zuvor getroffenen Annahmen: $K_0, K_1, \ldots$ sind u.i.v. mit

$$(6.4.6) \qquad \kappa_j \overset{\text{def}}{=} P(K_0 = j) = \int_{(0,\infty)} e^{-\theta s} \frac{(\theta s)^j}{j!} P(B_0 \in ds) > 0, \quad j \geq 0$$

und $EK_0 = \theta\nu = \frac{EB_0}{EA_1} \overset{\text{def}}{=} \rho$, der sogenannten *Verkehrsintensität*. $(Q_n)_{n\geq 0}$ erfüllt

$$(6.4.7) \qquad Q_0 = 0 \quad \text{und} \quad Q_{n+1} = (Q_n - 1)^+ + K_n \quad \text{für } n \geq 0$$

und bildet eine DMK mit Zustandsraum $I\!N_0$, Startverteilung δ_0 und Übergangsmatrix $\mathbf{P}$ der Gestalt

$$(6.4.8) \qquad \mathbf{P} = \begin{pmatrix} \kappa_0 & \kappa_1 & \kappa_2 & \kappa_3 & \ldots \\ \kappa_0 & \kappa_1 & \kappa_2 & \kappa_3 & \ldots \\ 0 & \kappa_0 & \kappa_1 & \kappa_2 & \ldots \\ 0 & 0 & \kappa_0 & \kappa_1 & \ldots \\ 0 & 0 & 0 & \kappa_0 & \ldots \\ \vdots & \vdots & \vdots & \vdots & \ddots \end{pmatrix}$$

Da alle κ_j positiv sind, ist $(Q_n)_{n\geq 0}$ ferner irreduzibel und aperiodisch, wie man leicht nachprüft.

Wenden wir uns zuerst der Frage zu, wann $(Q_n)_{n\geq 0}$ rekurrent ist. Wir hatten bereits in 0.5 mitgeteilt und auch intuitiv begründet, daß Rekurrenz genau dann vorliegt, wenn $\rho \leq 1$. Hier ist ein einfacher formaler Beweis: Aufgrund der Irreduzibilität von $(Q_n)_{n\geq 0}$ reicht es, den Zustand 0 auf Rekurrenz zu untersuchen, d.h. für

$$\sigma = \inf\{n \geq 1 : Q_n = 0\}$$

$P(\sigma < \infty)$ in Abhängigkeit von ρ zu bestimmen. Sei dazu $(S_n)_{n\geq 0}$ der zu $(K_n - 1)_{n\geq 0}$ gehörende SRW, also $S_0 = 0$ und $S_n = K_0 + ... + K_{n-1} - n$ für $n \geq 1$. Dann ist σ der erste streng absteigende LI $\sigma^<$ von $(S_n)_{n\geq 0}$, denn

$$\begin{aligned}
\{\sigma > n\} &= \{Q_1 \geq 1, ..., Q_n \geq 1\} \\
&= \{K_0 \geq 1, K_0 + K_1 - 1 \geq 1, ..., K_0 + ... + K_{n-1} - (n-1) \geq 1\} \\
&= \{S_1 \geq 0, ..., S_n \geq 0\} = \{\sigma^< > n\}
\end{aligned}$$

für alle $n \geq 1$. Für den LI $\sigma^<$ wissen wir aber, daß dieser genau dann P-f.s. endlich ist, wenn $(S_n)_{n\geq 0}$ Drift ≤ 0 besitzt, also wenn $EK_0 = \rho \leq 1$. Für $\rho < 1$ gilt weiter $E\sigma < \infty$ gemäß Satz 4.1.1, und $(Q_n)_{n\geq 0}$ ist folglich ergodisch, wohingegen $E\sigma = \infty$ im Fall "$\rho = 1$" gilt (andernfalls lieferte die 1. Waldsche Gleichung $0 > ES_\sigma = ES_1 E\sigma = 0$ einen Widerspruch), also Null-Rekurrenz vorliegt.

Wir kommen nun zur stationären Verteilung von $(Q_n)_{n\geq 0}$, die wir hier mit $q^* = (q_0^*, q_1^*, ...)$ bezeichnen wollen. Wie soeben gezeigt, existiert q^* genau dann, wenn $\rho < 1$, was im folgenden vorausgesetzt sei. Da $S_1 = K_0 - 1$ offenkundig linksseitig $B(1, \kappa_0)$-verteilt ist (siehe 5.1), folgt $S_\sigma = 1$ P-f.s. und daraus mit der 1. Waldschen Gleichung $E\sigma = \frac{1}{ES_1} = \frac{1}{1-\rho}$. $E\sigma$ ist aber auch die mittlere Rekurrenzzeit für den Zustand 0, so daß $q_0^* = \frac{1}{E\sigma} = 1 - \rho$. Mit Hilfe der Invarianzgleichung $q^* = q^*\mathbf{P}$ erhalten wir das lineare Gleichungssystem

$$(6.4.9) \qquad q_n^* = \kappa_n(q_0^* + q_1^*) + \sum_{j=0}^{n-1} \kappa_j q_{n+1-j}^*, \quad n \in \mathbb{N}_0,$$

aus dem sich $q_1^*, q_2^*, ...$ rekursiv in Abhängigkeit von q_0^* berechnen lassen. Leider ist ein geschlossener Ausdruck für die q_n^* nicht bekannt, so daß allenfalls von einer prinzipiellen Berechnungsmöglichkeit gesprochen werden kann. Um dennoch weitere Informationen zu gewinnen, seien Q, K zwei voneinander unabhängige Zufallsgrößen mit $Q \sim q^*$ und $K \sim K_0$. Bezeichnen

$$\hat{q}^*(s) = Es^Q = \sum_{n\geq 0} q_n^* s^n \quad \text{und} \quad \hat{\kappa}(s) = Es^K = \sum_{n\geq 0} \kappa_n s^n, \quad |s| < 1$$

deren sogenannte *erzeugenden Funktionen*, so liefert (6.4.9)

$$\hat{q}^*(s) = \hat{\kappa}(s)(q_0^* + q_1^*) + \sum_{n\geq 0} \left(s^n \sum_{j=0}^{n-1} \kappa_j q_{n+1-j}^* \right).$$

Dies ergibt nach einfacher Rechnung einschließlich Vertauschung der Summationsreihenfolge

$$(6.4.10) \qquad \hat{q}^*(s) = \frac{q_0^*(1-s)\hat{\kappa}(s)}{\hat{\kappa}(s)-s} = \frac{(1-\rho)(1-s)\hat{\kappa}(s)}{\hat{\kappa}(s)-s}.$$

wobei sich $\hat{\kappa}(s)$ wegen (6.4.6) auch mit Hilfe der Verteilung der Bedienungszeiten ausdrücken läßt. Es gilt

$$(6.4.11) \qquad \hat{\kappa}(s) = \int_{(0,\infty)} e^{-\theta t} \sum_{n \geq 0} \frac{(\theta st)^n}{n!} \, P(B_0 \in dt) = \int_{(0,\infty)} e^{-\theta t(1-s)} \, P(B_0 \in dt).$$

Durch Differentiation von $\hat{q}^*$ und anschließendem Grenzübergang $s \uparrow 1$ kann man nun aus (6.4.10) die erwartete Schlangenlänge EQ berechnen, was wir hier allerdings nicht tun werden, da es eine elegantere, auf (6.4.7) basierende Alternative gibt. Gemäß Satz 6.2.5 gilt $Q_n \to_D Q$, falls $n \to \infty$. Beachtet man außerdem die Unabhängigkeit von $(Q_n - 1)^+$ und K_n in (6.4.7), so folgt dort durch Grenzübergang $n \to \infty$ (in Verteilung)

$$(6.4.12) \qquad Q \sim (Q-1)^+ + K = (Q-1)\mathbf{1}(Q>0) + K.$$

Für den Erwartungswert ergibt sich daraus lediglich

$$EQ = EQ - P(Q>0) + EK, \quad \text{also } 1 - q_0^* = P(Q>0) = EK = \rho,$$

was wir weiter oben bereits auf andere Weise gezeigt hatten. Betrachten wir stattdessen EQ^2 unter Voraussetzung von $EK^2 < \infty$, so folgt bei Beachtung der vorigen Beziehung, der Unabhängigkeit von Q und K sowie von $EK = \rho$

$$\begin{aligned}
EQ^2 &= EQ^2 + P(Q>0) - 2EQ + EK^2 + 2EK(EQ - EK) \\
&= EQ^2 + 2(1-\rho)EQ + EK^2 - 2\rho^2, \\
\text{also } EQ &= \frac{\rho(1-2\rho) + EK^2}{2(1-\rho)}.
\end{aligned}$$

Sei $\nu_2 = EB_0^2$. Eine einfache Rechnung, auf die wir hier verzichten, liefert dann wegen (6.4.6)

$$EK^2 = \rho + \theta^2 \nu_2 = \rho + \frac{\rho^2 \nu_2}{\nu^2},$$

und wir erhalten schließlich für EQ

$$(6.4.13) \qquad EQ = \rho + \frac{\rho^2 \nu_2}{2(1-\rho)\nu^2}.$$

Wir beenden an dieser Stelle unsere Analyse, verweisen aber auf §11, in dem wir das allgemeinere G/G/1-Bedienungssystem ausführlich behandeln werden.

Literaturhinweise: Eine vollständige Bibliographie zur Theorie diskreter MK würde selbst bei Beschränkung auf Publikationen in Lehrbuchform viele Seiten füllen, und die anschließende Auswahl beschränkt sich daher auf einige wenige, häufig zitierte Vertreter. Gut lesbare, elementare Einführungen in die Theorie diskreter MK mit vielen Beispielen geben Kemeny und Snell(1960), Feller(1968), Chung(1974a) sowie Karlin und Taylor(1975). Monographien von höherem theoretischen Anspruch bilden Chung(1967) und Freedman(1971). Weitere Informationen über das am Ende behandelte M/G/1-Bedienungssystem findet man z.B. in Asmussen(1987) und Wolff(1989).

§7 Markov-Sprungprozesse

Eine natürliche Verallgemeinerung diskreter MK bilden Markov-Prozesse in stetiger Zeit mit weiterhin abzählbarem Zustandsraum, die hier als Markov-Sprungprozesse (MSP) bezeichnet werden. Anders als in diskreter Zeit sind dann die Verweildauern in den sukzessiv durchlaufenen Zuständen nicht mehr fest sondern Zufallsgrößen, deren Verteilungen von dem jeweiligen Zustand, in dem sich der Prozeß gerade befindet, abhängen können. Es zeigt sich allerdings, daß aufgrund der Markov-Eigenschaft die Klasse möglicher Verteilungen stark eingeschränkt ist, nämlich auf die der Exponentialverteilungen einschließlich ihrer degenerierten Extrema $Exp(0) \stackrel{\text{def}}{=} \delta_\infty$ und $Exp(\infty) \stackrel{\text{def}}{=} \delta_0$. Hauptinhalt des vorliegenden Paragraphen bildet die Herleitung von Ergodensätzen für MSP mit geeigneten Regularitätseigenschaften, und wir werden sehen, daß dazu ein ähnliches Vorgehen wie in diskreter Zeit zum Ziel führt. Zuvor müssen wir jedoch ihre grundlegende Struktur analysieren sowie auf ihre Konstruktion im Rahmen eines kanonischen Modells, wie in 1.1 für allgemeinere Markov-Prozesse in stetiger Zeit beschrieben, näher eingehen. Dabei erweist sich das Phänomen der *Explosion*, d.h. von unendlich vielen Sprüngen in endlicher Zeit, als ein zentrales Problem, das wir deshalb in 7.2 kurz diskutieren werden.

7.1 Die grundlegende Struktur eines MSP

Im folgenden sei $(M_t)_{t\geq 0}$ ein MSP mit Zustandsraum S, Standard-Übergangsmatrixfunktion (SÜMF) $\mathbf{P}(t) = (p_{ij}(t))_{i,j\in S}$ und konservativer Q-Matrix $\mathbf{Q} = (q_{ij})_{i,j\in S}$, d.h. (siehe 1.1)

$$\lim_{t\downarrow 0} \mathbf{P}(t) \;=\; \mathbf{P}(0) \;=\; \mathbf{I}, \quad \mathbf{Q} \;=\; \mathbf{P}'(0) \quad \text{und}$$

$$\sum_{j\neq i} q_{ij} \;=\; -q_{ii} \;\stackrel{\text{def}}{=}\; q_i \;<\; \infty,$$

wobei Limes und Ableitung komponentenweise zu bilden sind und $\mathbf{I}$ die Einheitsmatrix bezeichnet. Wir nehmen zusätzlich an, daß $(M_t)_{t\geq 0}$ rechtsseitig stetige Pfade besitzt und die Zahl seiner Sprünge in jedem endlichen Zeitintervall endlich ist. Die Frage der Konstruktion eines MSP mit diesen Regularitätseigenschaften zu vorgegebener konservativer Q-Matrix diskutieren wir, wie bereits angekündigt, im nächsten Abschnitt. Dabei wird sich herausstellen, daß wir wie für DMK ein kanonisches Modell der Form $(\Omega, \mathcal{A}, (P_i)_{i\in S}, (M_t)_{t\geq 0})$ mit

$$P_i(M_0 = i) \;=\; 1 \quad \text{für alle } i \in S$$

für unsere Untersuchungen zugrundelegen können. Dieselbe Bedeutung wie in §6 haben auch E_i, P_λ und E_λ. $(\mathcal{F}_t)_{t\geq 0}$ bezeichne die zu $(M_t)_{t\geq 0}$ gehörende kanonische Filtration, gegeben durch $\mathcal{F}_t = \sigma(M_s; s \leq t)$. Der Kürze halber schreiben wir im folgenden häufig, daß eine Aussage fast sicher (f.s.) gilt und meinen damit "P_λ-f.s. für jede Startverteilung λ".

Gemäß Korollar 1.3.3 besitzt $(M_t)_{t\geq 0}$ unter den zuvor gemachten Regularitätsannahmen die starke Markov-Eigenschaft, d.h. es gilt für jede Stopzeit τ bzgl. $(\mathcal{F}_t)_{t\geq 0}$ auf $\{\tau < \infty\}$

$$P((M_{\tau+t})_{t\geq 0} \in B|\mathcal{F}_\tau) \;=\; P_{M_\tau}((M_t)_{t\geq 0} \in B) \quad f.s.$$

für alle $B \in \mathcal{S}^{[0,\infty)}$, der Produkt-$\sigma$-Algebra auf $\mathcal{S}^{[0,\infty)}$.

Zur Beschreibung der grundlegenden Struktur von $(M_t)_{t\geq 0}$ beginnen wir mit der Definition seiner sukzessiven *Sprungzeiten*

$$(7.1.1) \qquad \sigma_0 = 0, \quad \sigma_1 = \inf\{t > 0 : M_t \neq M_0\} \quad \text{und für } n \geq 2$$
$$\sigma_n = \inf\{t > \sigma_{n-1} : M_t \neq M_{\sigma_{n-1}}\}.$$

Diese bilden gemäß Lemma 1.2.4 Stopzeiten bzgl. $(\mathcal{F}_t)_{t\geq 0}$, weil $(M_t)_{t\geq 0}$ rechtsseitig stetige Pfade besitzt. Wir setzen außerdem

$$(7.1.2) \qquad \varrho_A = \sup\{\sigma_k : \sigma_k < \infty\} \quad [\,Absorptionszeit\,]$$

und für $n \geq 1$

$$(7.1.3) \qquad \tau_n = (\sigma_n - \sigma_{n-1})\,\mathbf{1}(\sigma_{n-1} < \infty) + \infty\,\mathbf{1}(\sigma_{n-1} = \infty)$$
$$\hat{M}_n = M_{\sigma_n}\,\mathbf{1}(\sigma_n < \infty) + M_{\varrho_A}\,\mathbf{1}(\sigma_n = \infty).$$

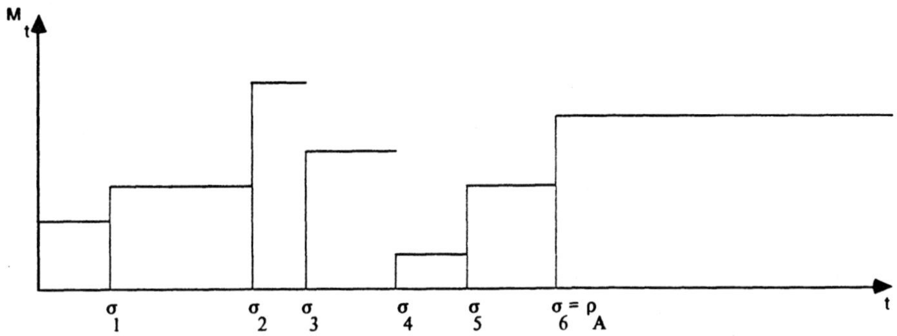

Bild 4: Typischer Pfad eines MSP mit eingetragenen Sprungzeiten

Der anschließende Satz gibt Auskunft über die grundlegende Struktur eines MSP und zeigt unter anderem, daß $(\hat{M}_n)_{n\geq 0}$ eine DMK bildet, die als *eingebettete Markov-Kette* von $(M_t)_{t\geq 0}$ bezeichnet wird.

7.1.1 Satz *Unter den zuvor getroffenen Annahmen existiert eine Übergangsmatrix* $\hat{\mathbf{P}} = (\hat{p}_{ij})_{i,j\in S}$ *mit* $\hat{p}_{ii} = 0$ *bzw.* 1, *falls* $q_i \in (0,\infty)$ *bzw.* $q_i = 0$, *so daß für alle* $n \in I\!N_0, j \in S, t \geq 0$ *und jede Startverteilung* λ

$$(7.1.4) \qquad P(\hat{M}_{n+1} = j, \tau_{n+1} > t | \mathcal{F}_{\sigma_n}) = \sum_{i\in S} \hat{p}_{ij} e^{-q_i t}\mathbf{1}(\hat{M}_n = i) \quad P_\lambda\text{-}f.s.$$

Insbesondere bildet $(\hat{M}_n)_{n\geq 0}$ *unter jedem* P_λ *eine DMK mit Zustandsraum* S, *Übergangsmatrix* $\mathbf{P}$ *und Startverteilung* λ, *und* $\tau_1, \tau_2, \ldots$ *sind bedingt unter* $(\hat{M}_n)_{n\geq 0}$ *stochastisch unabhängig mit* $\tau_n \sim Exp(q_{\hat{M}_{n-1}})$ *für alle* $n \in I\!N$.

Beweis: Wir zeigen zuerst

$$(7.1.5) \qquad P_i(\sigma_1 > t) \;=\; e^{-q_i t} \quad \text{für alle } i \in S \text{ und } t \geq 0,$$

d.h. $\sigma_1 \sim_{P_i} Exp(q_i)$. Da $(M_t)_{t \geq 0}$ rechtsseitig stetige Pfade besitzt, gilt für alle $t > 0$

$$\begin{aligned}
P_i(\sigma_1 > t) &= P_i(M_s = i \text{ für alle } 0 \leq s \leq t) \\
&= \lim_{n \to \infty} P_i(M_{kt/n} = i \text{ für alle } 1 \leq k \leq n) \;=\; \lim_{n \to \infty} p_{ii}(\tfrac{t}{n})^n.
\end{aligned}$$

Eine Taylorentwicklung liefert außerdem

$$p_{ii}(\tfrac{t}{n}) \;=\; p_{ii}(0) + p'_{ii}(0)\,\tfrac{t}{n} + o(\tfrac{t}{n}) \;=\; 1 - \frac{q_i t}{n} + o(\tfrac{t}{n}) \quad (n \to \infty),$$

so daß insgesamt

$$P_i(\sigma_1 > t) \;=\; \lim_{n \to \infty} \left(1 - \frac{q_i t - n\, o(\tfrac{t}{n})}{n} \right)^n \;=\; e^{-q_i t}$$

unter Benutzung von $\lim_{z_n \to z}(1 + \tfrac{z_n}{n})^n \to e^z$ folgt.

Zum Nachweis von (7.1.4) betrachten wir $P(\hat{M}_{n+1} = j, \tau_{n+1} > t | \mathcal{F}_{\sigma_n})$ zunächst auf $\{\sigma_n < \infty\}$. Die starke Markov-Eigenschaft impliziert wegen $\{\hat{M}_{n+1} = j, \tau_{n+1} > t\} \in \sigma((M_{\sigma_n + s})_{s \geq 0})$

$$(7.1.6) \qquad \begin{aligned}
P(\hat{M}_{n+1} = j, \tau_{n+1} > t | \mathcal{F}_{\sigma_n}) &= P(\hat{M}_{n+1} = j, \tau_{n+1} > t | \hat{M}_n) \\
&= P_{\hat{M}_n}(\hat{M}_1 = j, \sigma_1 > t) \quad f.s.
\end{aligned}$$

Setzen wir $\sigma(t) = \inf\{s > 0 : M_{s+t} \neq M_t\}$ für $t \geq 0$, folglich $\sigma(0) = \sigma_1$, und benutzen (7.1.5), so ergibt sich unter erneuter Verwendung der starken Markov-Eigenschaft

$$(7.1.7) \qquad \begin{aligned}
P_i(\hat{M}_1 = j, \sigma_1 > t) &= \int_{\{\sigma_1 > t\}} P(\hat{M}_1 = j | \mathcal{F}_t)\, dP_i \\
&= \int_{\{\sigma_1 > t\}} P(M_{t+\sigma(t)} = j | M_t)\, dP_i \\
&= P_i(\sigma_1 > t)\, P_i(\hat{M}_1 = j) \;=\; e^{-q_i t} P_i(\hat{M}_1 = j).
\end{aligned}$$

Definieren wir nun $\hat{p}_{ij} = P_i(\hat{M}_1 = j)$, so folgt (7.1.4) auf $\{\sigma_n < \infty\}$ aus (7.1.6) und (7.1.7). Darüberhinaus liefert (7.1.7) für alle $i \in S$

$$\hat{p}_{ii} \;=\; P_i(\hat{M}_1 = i) \;=\; P_i(\sigma_1 = \infty) \;=\; \lim_{t \to \infty} P_i(\sigma_1 > t) \;=\; \lim_{t \to \infty} e^{-q_i t},$$

also $\hat{p}_{ii} = 0$ bzw. $= 1$, falls $q_i > 0$ bzw. $= 0$.

Auf $\{\sigma_n = \infty\}$ gilt gemäß Definition $\hat{M}_{n+1} = \hat{M}_n = M_{\varrho_A}$ und $\tau_{n+1} = \infty$. Wir zeigen in einem anschließenden Lemma, daß

$$(7.1.8) \qquad \varrho_A \;=\; \sigma_\nu \quad f.s., \text{ wobei } \nu \;=\; \inf\{n \geq 0 : q_{\hat{M}_n} = 0\}.$$

Es folgt (7.1.4) auch auf $\{\sigma_n = \infty\}$, denn unter Beachtung von $q_{\hat{M}_n} = q_{\hat{M}_{\varrho_A}} = 0$ und $\hat{p}_{\hat{M}_n j} = \mathbf{1}(\{\hat{M}_n\})(j)$ für alle $j \in S$ gilt auf dieser Menge

$$
\begin{aligned}
P(\hat{M}_{n+1} = j, \tau_{n+1} > t | \mathcal{F}_{\sigma_n}) &= P(\hat{M}_{n+1} = j | \hat{M}_n) \\
&= \hat{p}_{\hat{M}_n j} = \sum_{i \in S} \hat{p}_{ij} e^{-q_i t} \mathbf{1}(\hat{M}_n = i) \quad f.s.
\end{aligned}
$$

Die übrigen Behauptungen des Satzes ergeben sich nun leicht aus der soeben bewiesenen Beziehung (7.1.4). $\qquad\qquad\Diamond$

7.1.2 Lemma *Unter den Annahmen dieses Abschnitts gilt (7.1.8) für die in (7.1.2) definierte Absorptionszeit ϱ_A.*

Beweis: Offensichtlich reicht es, $P_i(\nu > n, \sigma_{n+1} = \infty) = 0$ für alle $n \geq 0$ und $i \in S$ zu zeigen. Wir führen dazu einen Induktionsbeweis über n durch, wobei $i \in S$ beliebig vorgegeben sei. Unter Benutzung von (7.1.7) ergibt sich für $n = 0$

$$
P_i(\nu > 0, \sigma_1 = \infty) = \lim_{t \to \infty} P_i(\nu > 0, \sigma_1 > t) = \mathbf{1}((0, \infty))(q_i) \lim_{t \to \infty} e^{-q_i t} = 0.
$$

Für den Induktionsschritt $n - 1 \mapsto n$ gelte die Behauptung für $n - 1 \in \mathbb{N}_0$. Dann folgt mit der starken Markov-Eigenschaft

$$
\begin{aligned}
P_i(\nu > n, \sigma_{n+1} = \infty) &= P_i(\nu > n - 1, \sigma_n < \infty, q_{\hat{M}_n} > 0, \tau_{n+1} = \infty) \\
&= \int_{\{\nu > n-1, \sigma_n < \infty\}} P_{\hat{M}_n}(\nu > 0, \sigma_1 = \infty) \, dP_i = 0,
\end{aligned}
$$

wobei die Induktionsvoraussetzung für die erste Gleichheit benutzt worden ist. $\qquad\Diamond$

Die folgende Definition gibt eine Klassifikation der Zustände eines MSP mit Hilfe der $q_j, j \in S$.

7.1.3 Definition $(M_t)_{t \geq 0}$ sei ein MSP mit Q-Matrix $\mathbf{Q} = (q_{ij})_{i,j \in S}$ und $q_i = -q_{ii}$ für $i \in S$. Dann heißt $i \in S$ *stabil*, falls $0 < q_i < \infty$, *absorbierend*, falls $q_i = 0$, und *augenblicklich*, falls $q_i = \infty$.

Augenblickliche Zustände treten bei Beschränkung auf konservative MSP nicht auf und sind hier nur der Vollständigkeit halber definiert worden.

Wenden wir uns nun der Frage zu, in welcher Form die Übergangsmatrix $\hat{\mathbf{P}}$ der eingebetteten DMK $(\hat{M}_n)_{n \geq 0}$ durch die Q-Matrix $\mathbf{Q}$ von $(M_t)_{t \geq 0}$ bestimmt ist. Die Antwort gibt Satz 7.1.5, zu dessen Beweis wir folgendes Lemma benötigen.

7.1.4 Lemma *Unter den Annahmen dieses Abschnitts existieren stetige Funktionen $r_{ij}: [0, \infty) \to [0, 1]$, $r_{ij}(0) = \hat{p}_{ij}$, so daß für alle $i, j \in S$ und $t \geq 0$*

$$(7.1.9) \qquad p_{ij}(t) = \mathbf{1}(\{i\})(j) e^{-q_i t} + \int_0^t q_i e^{-q_i(t-s)} r_{ij}(s) \, ds.$$

Ferner folgt nach Differentiation dieser Beziehung

$$(7.1.10) \qquad p'_{ij}(t) \; = \; q_i(r_{ij}(t) - p_{ij}(t)).$$

Beweis: Unter Benutzung von (7.1.4) und der starken Markov-Eigenschaft gilt für alle $i, j \in S$

$$
\begin{aligned}
p_{ij}(t) \; &= \; P_i(M_t = j) \; = \; 1_{ij}\, P_i(\sigma_1 > t) \; + \; P_i(M_t = j, \sigma_1 \leq t) \\[2mm]
&= \; 1_{ij}\, e^{-q_i t} \; + \; \sum_{k \in S} \int_{\{\hat{M}_1 = k, \sigma_1 \leq t\}} P(M_t = j | \mathcal{F}_{\sigma_1})\, dP_i \\[2mm]
&= \; 1_{ij}\, e^{-q_i t} \; + \; \sum_{k \in S} \int_{\{\hat{M}_1 = k, \sigma_1 \leq t\}} p_{kj}(t - \sigma_1)\, dP_i \\[2mm]
&= \; 1_{ij}\, e^{-q_i t} \; + \; \sum_{k \in S} \hat{p}_{ik} \int_0^t q_i e^{-q_i s} p_{kj}(t - s)\, ds \\[2mm]
&= \; 1_{ij}\, e^{-q_i t} \; + \; \int_0^t q_i e^{-q_i s} r_{ij}(t - s)\, ds,
\end{aligned}
$$

wobei $r_{ij}(t) \stackrel{\text{def}}{=} \sum_{k \in S} \hat{p}_{ik} p_{kj}(t), \; t \geq 0.$

r_{ij} ist offensichtlich stetig mit $r_{ij}(0) = \sum_{k \in S} \hat{p}_{ik} 1_{jk} = p_{ij}$. $\hfill \Diamond$

7.1.5 Satz *Unter den Annahmen dieses Abschnitts ist die Übergangsmatrix $\hat{\mathbf{P}} = (\hat{p}_{ij})_{i,j \in S}$ der eingebetteten DMK $(\hat{M}_n)_{n \geq 0}$ wie folgt durch $\mathbf{Q}$ bestimmt: Falls $0 < q_i < \infty$ (i stabil), gilt*

$$(7.1.11) \qquad \hat{p}_{ii} = 0 \quad und \quad \hat{p}_{ij} = q_{ij}/q_i \; für \; j \neq i.$$

Falls $q_i = 0$ (i absorbierend), gilt $\hat{p}_{ij} = 1_{ij}$ für alle $j \in S$.

Beweis: Setzt man in (7.1.10) des obigen Lemmas $t = 0$, so folgt

$$q_{ij} \; = \; q_i(\hat{p}_{ij} - 1_{ij}) \quad \text{für alle } i, j \in S,$$

was offenkundig die Behauptung impliziert, falls $0 < q_i < \infty$ und $j \neq i$. Für die übrigen Fälle folgt das Gewünschte bereits aus Satz 7.1.1. $\hfill \Diamond$

7.2 Die minimale Konstruktion eines MSP

Mit Hilfe der Sätze 7.1.1 und 7.1.5 kann man im Prinzip zu beliebiger konservativer Q-Matrix $\mathbf{Q}$ auf kanonische Weise einen MSP $(M_t)_{t \geq 0}$ konstruieren, indem man eine DMK $(\hat{M}_n)_{n \geq 0}$ mit Übergangsmatrix $\hat{\mathbf{P}}$ gemäß Satz 7.1.5. definiert und dazu eine Folge $(\tau_n)_{n \geq 1}$ von Verweildauern, die bedingt unter $(\hat{M}_n)_{n \geq 0}$ stochastisch unabhängig sind mit $\tau_n \sim Exp(q_{\hat{M}_n})$ für alle $n \geq 1$. Dieses Vorgehen birgt jedoch ein Problem in sich, das im letzten Abschnitt aufgrund unserer dortigen Regularitätsannahmen ausgeschlossen war, nämlich die Möglichkeit der *Explosion* des so konstruierten Prozesses, anschaulich durch unendlich viele Sprünge in endlicher Zeit beschrieben und formal durch

$$P_i(\sup_{n \geq 0} \sigma_n < \infty) > 0 \quad \text{für ein } i \in S$$

definiert. Bei Explosion determiniert das zuvor beschriebene Vorgehen den Prozeß $(M_t)_{t \geq 0}$ nur bis zur *Explosionszeit* $\varrho_E = \sup_{n \geq 0} \sigma_n$, und die Fortsetzung von $(M_t)_{t \geq 0}$ über ϱ_E hinaus unter Gewährleistung der Markov-Eigenschaft ist durch $\mathbf{Q}$ nicht in eindeutiger Weise festgelegt, was analytisch bedeutet, daß zu $\mathbf{Q}$ mehrere SÜMF $\mathbf{P}(t)$ mit $\mathbf{P}'(0) = \mathbf{Q}$ existieren. Eine natürliche Frage lautet also, unter welchen Bedingungen an $\mathbf{Q}$ das zuvor beschriebene Konstruktionsverfahren einen nicht explodierenden MSP $(M_t)_{t \geq 0}$ liefert, deren SÜMF $\mathbf{P}(t)$ die eindeutige Lösung von $\mathbf{P}'(0) = \mathbf{Q}$ bildet. Eine Diskussion dieser Frage, wobei wir zum Teil auf Beweise verzichten werden, bildet Inhalt dieses Abschnitts.

Für die anschließenden Überlegungen ist es sinnvoll, eine größere Klasse von SÜMF auf S zu betrachten. Wir bezeichnen $\mathbf{P}(t) = (p_{ij}(t))_{i,j \in S}$ als *stochastische* bzw. *substochastische* SÜMF auf S, falls $\mathbf{P}(t)$ eine Halbgruppe bildet, d.h. $\mathbf{P}(s + t) = \mathbf{P}(s)\mathbf{P}(t)$ für alle $s, t \geq 0$, und $\lim_{t \to 0} \mathbf{P}(t) = \mathbf{I}$ sowie

$$\sum_{j \in S} p_{ij}(t) = \text{ bzw. } \leq 1 \quad \text{für alle } i, j \in S$$

erfüllt. Durch Erweiterung von S um einen absorbierenden Zustand ∞ läßt sich jede substochastische SÜMF $\mathbf{P}(t)$ auf S in kanonischer Weise zu einer stochastischen SÜMF auf $S_\infty \stackrel{\text{def}}{=} S \cup \{\infty\}$ fortsetzen, die wir mit $\mathbf{P}^*(t) = (p_{ij}(t))_{i,j \in S_\infty}$ bezeichnen. Man setze dazu

$$(7.2.1) \qquad p_{i\infty}(t) = 1 - \sum_{j \in S} p_{ij}(t), \quad p_{\infty\infty}(t) = 1 \quad \text{und} \quad p_{\infty i}(t) = 0$$

für alle $i \in S$ und $t \geq 0$. Durch Anwendung von Satz 1.1.5 erhält man dann, daß $\mathbf{P}^*(t)$ auf $(0, \infty)$ komponentenweise stetig differenzierbar ist und in 0 eine rechtsseitige Ableitung besitzt, folglich eine Q-Matrix $\mathbf{Q}^* = (q_{ij})_{i,j \in S_\infty}$. Sei $\mathbf{Q} = (q_{ij})_{i,j \in S}$ die Einschränkung von $\mathbf{Q}^*$ auf S. Wir nennen $\mathbf{Q}$ weiter die Q-Matrix von $\mathbf{P}(t)$ sowie umgekehrt $\mathbf{P}(t)$ bei gegebenem $\mathbf{Q}$ eine zu $\mathbf{Q}$ gehörende substochastische SÜMF. Ist $\mathbf{Q}$ konservativ, gilt also

$$q_i = -q_{ii} = \sum_{j \neq i} q_{ij} < \infty \quad \text{für alle } i \in S,$$

so ist auch die Erweiterung $\mathbf{Q}^*$ konservativ, denn es gilt dann

$$(7.2.2) \qquad q_\infty = q_{\infty\infty} = q_{\infty i} = q_{i\infty} = 0 \quad \text{für alle } i \in S.$$

Für $q_{\infty\infty}$ und $q_{\infty i}, i \in S$, folgt letzteres sofort aus (7.2.1). Um dies auch für $q_{i\infty}, i \in S$, einzusehen, sei o.B.d.A. $S = \mathbb{N}$. Dann gilt für alle $i, n \geq 1$

$$q_{i\infty} = \lim_{t \downarrow 0} \frac{1 - \sum_{j \geq 1} p_{ij}(t)}{t} \leq \lim_{t \downarrow 0} \frac{1 - p_{ii}(t)}{t} - \sum_{j \leq n, j \neq i} \lim_{t \downarrow 0} \frac{p_{ij}(t)}{t} = q_i - \sum_{j \leq n, j \neq i} q_{ij},$$

und der ganz rechts stehende Ausdruck konvergiert für $n \to \infty$ gegen 0.

Wir können nun zu einer beliebigen konservativen Q-Matrix $\mathbf{Q} = (q_{ij})_{i,j \in S}$ mit Hilfe des zu Beginn des Abschnitts angedeuteten Verfahrens einen MSP $(M_t^*)_{t \geq 0}$ mit rechtsseitig stetigen Pfaden konstruieren, indem wir das Problem der Explosion durch die gerade beschriebene Erweiterung von S um einen absorbierenden Zustand ∞ und Übergang zu $\mathbf{Q}^*$ lösen. Seien S_∞ die Potenzmenge von S_∞, $\bar{\mathcal{B}}^+$ die Borelsche σ-Algebra auf $[0, \infty]$ und dann $\Omega = S_\infty^{I\!N} \times [0, \infty]^{I\!N}$ mit zugehöriger Produkt-σ-Algebra $\mathcal{A} = S_\infty^{I\!N} \otimes [\bar{\mathcal{B}}^+]^{I\!N}$ sowie Projektionen $\hat{M}_n^* : \Omega \to S$, $n \geq 0$ und $\tau_n : \Omega \to [0, \infty]$, $n \geq 1$. Sei $\hat{\mathbf{P}} = (\hat{p}_{ij})_{i,j \in S}$ die gemäß Satz 7.1.5 durch $\mathbf{Q}$ festgelegte Übergangsmatrix. Für beliebiges $i \in S$ definieren wir das Wahrscheinlichkeitsmaß P_i auf $(\Omega, \mathcal{A})$ in der durch Satz 7.1.1 nahegelegten Weise, nämlich

$$
\begin{aligned}
&P_i(\hat{M}_k^* = j_k \text{ und } \tau_{k+1} > t_{k+1} \text{ für } 0 \leq k \leq n) \\
\text{(7.2.3)} \quad &= \mathbf{1}(\{i\})(j_0) \left(\prod_{k=0}^{n-1} \hat{p}_{j_k j_{k+1}} \right) \left(\prod_{k=0}^{n} exp(-q_{j_k} t_{k+1}) \right)
\end{aligned}
$$

für beliebige $n \geq 1$, $j_0, ..., j_n \in S$ und $t_1, ..., t_{n+1} \in (0, \infty)$. Man sieht sofort, daß $(\hat{M}_n^*)_{n \geq 0}$ dann unter jedem P_i eine DMK mit Zustandsraum S, Startpunkt i und Übergangsmatrix $\hat{\mathbf{P}}$ bildet und daß die $\tau_n, n \geq 1$ bedingt unter $(\hat{M}_n^*)_{n \geq 0}$ stochastisch unabhängig sind mit $\tau_n \sim Exp(q_{\hat{M}_{n-1}^*})$ für alle $n \geq 1$. $(M_t^*)_{t \geq 0}$ definieren wir nun in kanonischer Weise durch

$$
\text{(7.2.4)} \qquad M_t^* = \begin{cases} \hat{M}_n^*, & \text{falls } \sigma_n \leq t < \sigma_{n+1}, \ n \in I\!N_0 \\ \infty, & \text{falls } t \geq \varrho_E = \lim_{n \to \infty} \sigma_n \end{cases},
$$

wobei natürlich $\sigma_0 = 0$ und $\sigma_n = \tau_1 + ... + \tau_n$ für $n \in I\!N$ die Sprungzeiten bezeichnen.

7.2.1 Satz *Der zuvor zu $\mathbf{Q}$ konstruierte Prozeß $(M_t^*)_{t \geq 0}$ ist unter jedem $P_i, i \in S$, ein MSP mit Zustandsraum S_∞, Startpunkt i, rechtsseitig stetigen Pfaden, Q-Matrix $\mathbf{Q}^*$ und einer SÜMF $\mathbf{P}^*(t) = (p_{ij}(t))_{i,j \in S_\infty}$, die (7.2.1) erfüllt. $(\Omega, \mathcal{A}, (P_i)_{i \in S}, (M_t^*)_{t \geq 0})$ bildet ein kanonisches Modell für $(\mathbf{P}^*(t))_{t \geq 0}$.*

Beweis: Daß $(M_t^*)_{t \geq 0}$ rechtsseitig stetige Pfade besitzt, P_i-f.s. in i startet und daß die zugehörige SÜMF $\mathbf{P}^*(t)$ (7.2.1) erfüllt, ergibt sich leicht aus (7.2.3) und (7.2.4). Die Hauptarbeit besteht darin nachzuweisen, daß $(M_t^*)_{t \geq 0}$ tatsächlich einen Markov-Prozeß mit Q-Matrix $\mathbf{Q}^*$ definiert. Die notwendigen Rechnungen sind zwar nicht schwierig, aber relativ lang. Wir verzichten hier darauf und verweisen auf Asmussen(1987, II.2). $\diamond$

Ein Blick auf die obige Konstruktion legt die (richtige) Vermutung nahe, daß statt der Absorption in ∞ zum Explosionszeitpunkt ϱ_E auch andere Fortsetzungen über ϱ_E hinaus unter Gültigkeit der Markov-Eigenschaft möglich sind, etwa der Neustart in einem vorgegebenen Zustand $j \in S$ oder gemäß irgendeiner vorgegebenen Startverteilung auf S. Für einen derartigen

MSP $(\tilde{M}_t)_{t\geq 0}$ auf S_∞ gilt dann $(\tilde{M}_t)_{0\leq t<\varrho_E} = (M_t^*)_{0\leq t<\varrho_E}$ und

$$P_i(\tilde{M}_t = j) = P_i(M_t^* = j, \varrho_E > t) + P_i(\tilde{M}_t = j, \varrho_E \leq t)$$

$$\geq P_i(M_t^* = j, \varrho_E > t) = P_i(M_t^* = j)$$

für alle $i,j \in S$. Eine weitergehende Aussage gibt der folgende

7.2.2 Satz *Für jede zu* $\mathbf{Q}$ *gehörende substochastische SÜMF* $\tilde{\mathbf{P}}(t) = (\tilde{p}_{ij}(t))_{i,j\in S}$ *gilt*

$$(7.2.5) \qquad \tilde{p}_{ij}(t) \geq p_{ij}(t) \quad \textit{für alle } i,j \in S \textit{ und } t \geq 0.$$

Ist $\mathbf{P}(t) = (p_{ij}(t))_{i,j\in S}$ *stochastisch, gilt also* $p_{i\infty}(t) = 0$ *für alle* $i \in S$ *und* $t \geq 0$*, so ist* $\mathbf{P}(t)$ *die einzige zu* $\mathbf{Q}$ *gehörende substochastische SÜMF.*

Beweis: Die zuletzt gemachte Eindeutigkeitsaussage folgt sofort aus (7.2.5), zu dessen Beweis wir allerdings auf Chung(1967, §18) verweisen. $\diamond$

Aufgrund der Minimalitätseigenschaft (7.2.5) bezeichnet man $(M_t^*)_{t\geq 0}$ als die zu $\mathbf{Q}$ gehörende *minimale Konstruktion*. Die Einschränkung $\mathbf{P}(t)$ von $\mathbf{P}^*(t)$ ist offensichtlich genau dann stochastisch, wenn $(M_t^*)_{t\geq 0}$ nicht-explodierend ist, d.h. $\varrho_E = \infty$ fast sicher gilt. Der nächste Satz gibt dafür ein notwendiges und hinreichendes Kriterium an $\mathbf{Q}$. Wir bezeichnen dazu einen Vektor $x = (x_i)_{i\in S} \in \mathbb{R}^S$ als nichtnegativ bzw. beschränkt, falls $x_i \geq 0$ für alle $i \in S$ bzw. $\sup_{i\in S} |x_i| < \infty$.

7.2.3 Satz (Reuters Explosionskriterium) *Die minimale Konstruktion* $(M_t^*)_{t\geq 0}$ *ist genau dann nicht-explodierend, wenn* $x = 0$ *die einzige nichtnegative und beschränkte Lösung der Gleichung* $\mathbf{Q}x = x$ *bildet.*

Beweis: Sei zunächst angenommen, daß $(M_t^*)_{t\geq 0}$ explodierend ist. Dann existiert ein $i \in S$ mit $P_i(\varrho_E < \infty) > 0$. Setzen wir

$$x_j = E_j e^{-\varrho_E}, \quad j \in S,$$

so folgt $x_i > 0$, und $x = (x_i)_{i\in S}$ ist ein nichtnegativer, beschränkter Vektor $\neq 0$. Wir zeigen nun $\mathbf{Q}x = x$. Es ergibt sich unter Benutzung von $q_j = -q_{jj}, p_{jk} = q_{jk}/q_j$ sowie der starken Markov-Eigenschaft für alle $j \in S$

$$(7.2.6) \qquad
\begin{aligned}
x_j &= \sum_{k\neq j} \int_{\{M_{\sigma_1}^* = k\}} e^{-\varrho_E} \, dP_j = \sum_{k\neq j} \hat{p}_{jk} \int_0^\infty q_j e^{-q_j t} E_k e^{-t-\varrho_E} \, dt \\
&= \int_0^\infty q_j e^{-(1+q_j)t} \, dt \sum_{k\neq j} \hat{p}_{jk} x_k = \frac{q_j}{1+q_j} \sum_{k\neq j} \hat{p}_{jk} x_k = \frac{1}{1-q_{jj}} \sum_{k\neq j} q_{jk} x_k
\end{aligned}$$

und daraus nach einfacher Umformung das Gewünschte.

Sei nun $(M_t^*)_{t\geq 0}$ als nicht-explodierend vorausgesetzt und $x = (x_i)_{i \in S}$ eine nichtnegative, beschränkte Lösung von $\mathbf{Q}x = x$, also

$$x_i \;=\; \sum_{j\neq i} \frac{q_{ij}x_j}{1+q_j} \quad \text{für alle } i \in S,$$

wie soeben eingesehen. O.B.d.A. können wir $\sup_{i\in S}|x_i| \leq 1$ annehmen. Wir definieren

$$x_i^{(0)} = 1 \quad \text{und} \quad x_i^{(n)} = E_i e^{-\sigma_n},\ n \geq 1$$

für $i \in S$. Eine ähnliche Rechnung wie in (7.2.6) ergibt für alle $n \geq 0$

$$(7.2.7) \qquad x_i^{(n+1)} \;=\; \sum_{j\neq i} \hat{p}_{ij} \int_0^\infty q_i e^{-(1+q_i)t} x_j^{(n)}\, dt \;=\; \sum_{j\neq i} \frac{q_{ij}x_j^{(n)}}{1+q_i}.$$

Da $1 = x_i^{(0)} \geq x_i$ für alle $i \in S$, folgt nun mit einer Induktion über n unter Verwendung von (7.2.7) $x_i^{(n)} \geq x_i$ für alle $i \in S$ und $n \geq 0$. Andererseits gilt $x_i^{(n)} \to 0$ für alle $i \in S$ wegen $\sigma_n \uparrow \varrho_E = \infty$ P_i-f.s. und majorisierter Konvergenz, so daß $x = 0$. $\diamond$

Der Nachteil von Reuters Explosionskriterium besteht darin, daß es nicht immer einfach zu überprüfen ist. Eine in dieser Hinsicht bessere Alternative bildet Korollar 7.2.5 im Anschluß an den folgenden Satz, aus dem es sich als einfache Konsequenz ergibt.

7.2.4 Satz $\quad$ *Sei $\Lambda = \sum_{n\geq 0} q_{\dot{M}_n^*}^{-1}$. Dann gilt $P_i(\Lambda < \infty) = P_i(\varrho_E < \infty)$ für alle $i \in S$, und $(M_t^*)_{t\geq 0}$ ist folglich genau dann nicht-explodierend, wenn $\Lambda = \infty$ fast sicher.*

Beweis: Da $\sigma_n \uparrow \varrho_E$ und $E(\sigma_m|(\hat{M}_n^*)_{n\geq 0}) = \sum_{k=0}^{m-1} q_{\dot{M}_k^*}^{-1}$ f.s., folgt aufgrund monotoner Konvergenz $E(\varrho_E|(\hat{M}_n^*)_{n\geq 0}) = \Lambda$ f.s. und damit $\{\Lambda < \infty\} \subset \{\varrho_E < \infty\}$ f.s. Bedingt unter $(\hat{M}_n^*)_{n\geq 0}$ liefert der Kolmogorovsche Dreireihensatz (siehe z.B. Chow und Teicher(1988, S.117)) auf $\{\varrho_E < \infty\}$

$$\sum_{n\geq 1} P(\tau_n > 1|(\hat{M}_n^*)_{n\geq 0}) \;=\; \sum_{n\geq 0} e^{-q_{\dot{M}_n^*}} \;<\; \infty \quad \text{und}$$

$$\sum_{n\geq 1} E(\tau_n \wedge 1|(\hat{M}_n^*)_{n\geq 0}) \;=\; \sum_{n\geq 0} \frac{1 - e^{-q_{\dot{M}_n^*}}}{q_{\dot{M}_n^*}} \;<\; \infty \quad \text{f.s.}$$

woraus leicht $\Lambda < \infty$ folgt. $\diamond$

7.2.5 Korollar $\quad$ *Hinreichende Bedingungen dafür, daß $(M_t^*)_{t\geq 0}$ nicht-explodierend ist, d.h. für $\varrho_E = \infty$ f.s. bilden:*

(a) $|S| < \infty$, $\qquad$ (b) $\sup_{i\in S} q_i < \infty$, $\qquad$ (c) $(\hat{M}_n^*)_{n\geq 0}$ ist rekurrent.

Literaturhinweise: Eingehendere Behandlungen der Grundlagen über MSP einschließlich des hier nur oberflächlich diskutierten Problems der Explosion und der Konstruktion substochastischer SÜMF zu gegebener Q-Matrix geben Chung(1967, 1970), Freedman(1971,1972) sowie Hou und Guo(1988). Dort findet der Leser auch zahlreiche weitere relevante Literaurhinweise.

7.3 Klassifikation von Zuständen

Im folgenden sei $(M_t)_{t\geq 0}$ ein nicht-explodierender MSP mit Zustandsraum S, $|S| \geq 2$, konservativer Q-Matrix $\mathbf{Q}$ und SÜMF $\mathbf{P}(t)$. Nach den Betrachtungen des vorigen Abschnitts können wir o.B.d.A. annehmen, daß ein kanonisches Modell $(\Omega, \mathcal{A}, (P_i)_{i\in S}, (M_t)_{t\geq 0})$ der dort angegebenen Form vorliegt, d.h. $(M_t)_{t\geq 0}$ ist die zu $\mathbf{Q}$ gehörende minimale Konstruktion und hat rechtsseitig stetige Pfade. Der Kürze halber nennen $(M_t)_{t\geq 0}$ unter diesen Voraussetzungen *regulär*. Die eingebettete DMK bezeichnen wir wieder mit $(\hat{M}_n)_{n\geq 0}$, deren Übergangsmatrix mit $\hat{\mathbf{P}}$ sowie die Sprungzeiten mit $\sigma_n, n \geq 0$. Wir nennen $(M_t)_{t\geq 0}$ *irreduzibel*, wenn dies für $(\hat{M}_n)_{n\geq 0}$ der Fall ist. Wegen $|S| \geq 2$ kann $(M_t)_{t\geq 0}$ dann nur stabile Zustände besitzen, d.h. es gilt $0 < q_j < \infty$ für alle $j \in S$.

Wie in diskreter Zeit spielen auch hier die Begriffe "Rekurrenz" und "Transienz" bei der Untersuchung des asymptotischen Verhaltens von MSP eine zentrale Rolle. Zu ihrer Definition weiter unten setzen wir für jedes $j \in S$

$$T_0^{(j)} = \inf\{t \geq 0 : M_t = j\}, \quad V_1^{(j)} = \inf\{t > T_0^{(j)} : M_t \neq j\}$$

(7.3.1)   und für $n \geq 1$

$$T_n^{(j)} = \inf\{t > V_{n-1}^{(j)} : M_t = j\}, \quad V_{n+1}^{(j)} = \inf\{t > T_n^{(j)} : M_t \neq j\}.$$

$T_n^{(j)}, n \geq 0$ und $V_n^{(j)}, n \geq 0$ geben die sukzessiven *Eintritts-* bzw. *Austrittszeitpunkte* des Zustands j an und sind Stopzeiten bzgl. $(\mathcal{F}_t)_{t\geq 0}$, da $(M_t)_{t\geq 0}$ rechtsseitig stetige Pfade besitzt (siehe Lemma 1.2.4). Offensichtlich gilt $T_0^{(j)} = 0$ P_j-f.s. Wir definieren weiter für $n \geq 1$

(7.3.2)
$$X_n^{(j)} = (V_n^{(j)} - T_{n-1}^{(j)})\,\mathbf{1}(T_{n-1}^{(j)} < \infty), \quad Y_n^{(j)} = (T_n^{(j)} - V_n^{(j)})\,\mathbf{1}(V_n^{(j)} < \infty),$$
$$Z_n^{(j)} = X_n^{(j)} + Y_n^{(j)}, \quad f_{ij}^* = P_i(T_1^{(j)} < \infty) \quad \text{und} \quad \mu_{ij} = E_i T_1^{(j)}.$$

Zur Veranschaulichung der soeben eingeführten Zufallsgrößen siehe Bild 5 auf der nächsten Seite.

7.3.1 Definition   Ein stabiler Zustand $j \in S$ heißt
- *rekurrent* bzw. *transient*, falls $f_{jj}^* = 1$ bzw. < 1.
- *ergodisch (positiv rekurrent)*, falls $f_{jj}^* = 1$ und $\mu_{jj} < \infty$.
- *null-rekurrent*, falls $f_{jj}^* = 1$ und $\mu_{jj} = \infty$.

μ_{jj} heißt *mittlere Rekurrenzzeit* von j.

Das anschließende Lemma ist trivial und soll zeigen, daß Rekurrenz und Transienz auch unter Bezug auf die eingebettete DMK hätten definiert werden können.

7.3.2 Lemma   *Ein stabiler Zustand ist genau dann rekurrent für $(M_t)_{t\geq 0}$, wenn dies für $(\hat{M}_n)_{n\geq 0}$ der Fall ist.*

Als direkte Konsequenz ergibt sich aus Lemma 7.3.2, daß für einen irreduziblen MSP $(M_t)_{t\geq 0}$ mit rekurrenter eingebetteter DMK $(\hat{M}_n)_{n\geq 0}$ auch $(M_t)_{t\geq 0}$ selbst lauter rekurrente Zustände besitzt. Aus diesem Grund nennen wir dann in Analogie zum Fall diskreter Zeit auch $(M_t)_{t\geq 0}$ rekurrent. Als weitere Analogie kann man zeigen, daß ein irreduzibler, rekurrenter MSP entweder nur ergodische oder nur null-rekurrente Zustände besitzt und bezeichnet ihn in diesen Fällen selbst als ergodisch bzw. null-rekurrent. Wir verzichten hier auf einen Beweis dieser Aussage, weil sie im folgenden nicht benötigt wird und ohnehin Teil des im nächsten Abschnitt bewiesenen Ergodensatzes 7.4.3 bildet. Wie sich dort aber auch zeigt, kann ein irreduzibler MSP ergodisch sein, seine eingebettete DMK dagegen null-rekurrent und umgekehrt. Eine Ausdehnung des obigen Lemmas über Rekurrenz hinaus ist somit falsch.

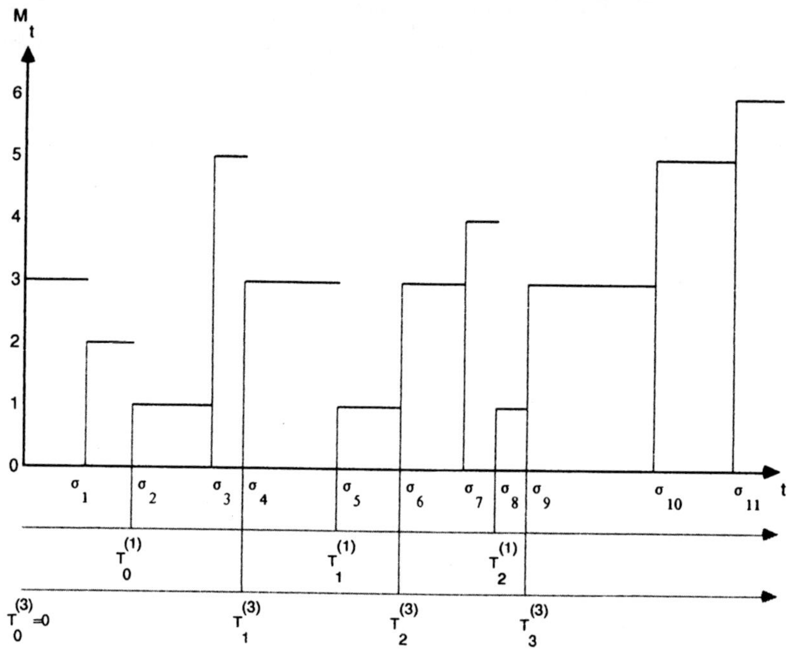

Bild 5: Pfad eines MSP mit Zustandsraum $I\!N$ und eingetragenen Sprungzeiten für $j = 1, 3$.

Es ist anschaulich klar, daß durch die in (7.3.1) definierten Eintritts- und Austrittszeitpunkte für einen rekurrenten Zustand ein Regenerationsschema für $(M_t)_{t\geq 0}$ definiert wird. Das nächste Lemma bestätigt dies.

7.3.3 Lemma *($M_t)_{t\geq 0}$ sei ein regulärer MSP, $j \in S$ ein zugehöriger stabiler und rekurrenter Zustand sowie $S_j = \{i \in S : f_{ij}^* = 1\}$. Dann gelten die folgenden Aussagen:*

(a) $(X_n^{(j)})_{n\geq 1}$ bildet unter jedem P_i, $i \in S_j$, eine Folge unabhängiger, $Exp(q_j)$-verteilter Zufallsgrößen.

(b) $(Y_n^{(j)})_{n\geq 1}$ bildet unter jedem P_i, $i \in S_j$, eine Folge unabhängiger, Q_j-verteilter Zufallsgrößen, wobei $Q_j \stackrel{def}{=} \sum_{k\neq j} \hat{p}_{jk} P_k(T_0^{(j)} \in \cdot)$.

(c) $T_0^{(j)}$, $(X_n^{(j)})_{n\geq 1}$ und $(Y_n^{(j)})_{n\geq 1}$ sind unter jedem P_i, $i \in S_j$, stochastisch unabhängig.

Beweis: Der Beweis verläuft ähnlich zu dem von Lemma 6.1.4 unter Benutzung der starken Markov-Eigenschaft sowie Satz 7.1.1. Eingehen wollen wir deshalb lediglich kurz auf die Bestimmung von Q_j. Es gilt für alle $t > 0$

$$
\begin{aligned}
P_j(Y_1^{(j)} > t) &= \sum_{k \neq j} P_j(\hat{M}_1 = k, Y_1^{(j)} > t) \\
&= \sum_{k \neq j} \int_{\{\hat{M}_1 = k\}} P(Y_0^{(j)} > t | \mathcal{F}_{\sigma_1}) \, dP_j = \sum_{k \neq j} \hat{p}_{jk} \, P_k(T_0^{(j)} > t).
\end{aligned}
$$

Dabei wurde natürlich erneut die starke Markov-Eigenschaft verwendet. $\diamond$

Lemma 7.3.3 liefert natürlich insbesondere, daß $(Z_n^{(j)})_{n \geq 1}$ unter jedem P_i, $i \in S_j$ eine Folge unabhängiger, $Exp(q_j) * Q_j$-verteilter Zufallsgrößen bildet mit zugehörigem EP $(T_n^{(j)})_{n \geq 0}$, der unter P_j ein sogar SEP ist.

7.4 Ein Ergodensatz für irreduzible MSP

Wir kommen nun zu unserem Hauptanliegen dieses Paragraphen, nämlich der Bestimmung des asymptotischen Verhaltens eines irreduziblen und rekurrenten MSP, den wir wie im letzten Abschnitt immer als regulär voraussetzen. Der nächste Satz ist das Gegenstück zu Satz 6.2.1 und Fundament für den in 7.4.3 formulierten Ergodensatz.

7.4.1 Satz $(M_t)_{t \geq 0}$ *sei ein regulärer MSP. Dann gilt für alle* $i, j \in S$

$$(7.4.1) \qquad\qquad \lim_{t \to \infty} p_{ij}(t) = (\mu_{jj} q_j)^{-1} P_i(T_0^{(j)} < \infty),$$

wobei für absorbierendes j $(q_j = 0$ *und* $\mu_{jj} = \infty)$ *die Vereinbarung* $\mu_{jj} q_j \overset{\text{def}}{=} 1$ *getroffen wird.*

Beweis: Für absorbierendes j folgt die Behauptung sofort, weil offensichtlich $\{M_t = j\} = \{T_0^{(j)} < \infty\}$ P_i-f.s. für alle $i \in S$ gilt.

Sei nun j stabil und transient. Wegen $\mu_{jj} = \infty$ ist dann $p_{ij}(t) \to 0$ für $t \to \infty$ zu zeigen. Für beliebiges $\varepsilon > 0$ bildet $(M_{\varepsilon n})_{n \geq 0}$ eine DMK mit Übergangsmatrix $\mathbf{P}(\varepsilon)$, und j ist natürlich für diese Kette transient. Es folgt $\lim_{n \to \infty} p_{ij}(\varepsilon n) = 0$ gemäß Satz 6.2.1. Wie in 1.1 vor Satz 1.1.5 gezeigt, ist $p_{ij}(t)$ ferner gleichmäßig stetig, was die Behauptung impliziert, falls $\varepsilon \downarrow 0$.

Sei schließlich j stabil und rekurrent. Wir erhalten unter Benutzung der starken Markov-Eigenschaft für alle $i \neq j$ sowie $t \geq 0$

$$
p_{ij}(t) = P_i(T_0^{(j)} \leq t, M_t = j) = \int_{[0,t]} p_{jj}(t - s) \, P_i(T_0^{(j)} \in ds).
$$

Sofern $\lim_{t \to \infty} p_{jj}(t)$ existiert, folgt aufgrund majorisierter Konvergenz

$$
\lim_{t \to \infty} p_{ij}(t) = P_i(T_0^{(j)} < \infty) \lim_{t \to \infty} p_{jj}(t).
$$

Es bleibt demnach $\lim_{t\to\infty} p_{jj}(t) = (\mu_{jj}q_j)^{-1}$ zu zeigen. Wie nach Lemma 7.3.3 bemerkt, bildet $(T_n^{(j)})_{n\geq 0}$ unter P_j einen SEP mit Zuwächsen $Z_1^{(j)}, Z_2^{(j)}, \dots$ und Drift $E_j T_1^{(j)} = \mu_{jj}$. Bezeichnet $U^{(j)}$ das zugehörige Erneuerungsmaß, so gilt unter Benutzung von Lemma 7.3.3

$$p_{jj}(t) = \sum_{n\geq 0} P_j(T_n^{(j)} \leq t < V_{n+1}^{(j)}) = \sum_{n\geq 0} P_j(t - X_{n+1}^{(j)} < T_n^{(j)} \leq t)$$

$$= \int_{[0,t]} P_j(X_1^{(j)} > t - s)\, U^{(j)}(ds) = \int_{[0,t]} e^{-q_j(t-s)}\, U^{(j)}(ds).$$

$T_1^{(j)}$ ist unter P_j als Faltung einer Exponentialverteilung mit einer anderen Verteilung natürlich l_0-stetig, also nichtarithmetisch. Eine Anwendung des 2. Erneuerungstheorems liefert deshalb weiter

$$\lim_{t\to\infty} p_{jj}(t) = (E_j T_1^{(j)})^{-1} \int_0^\infty e^{-q_j t}\, dt = (\mu_{jj}q_j)^{-1},$$

also die Behauptung. $\Diamond$

Als weitere Vorbereitung für den angekündigten Ergodensatz benötigen wir noch folgendes

7.4.2 Lemma   *$(M_t)_{t\geq 0}$ sei ein regulärer MSP. Dann gilt: $\xi = (\xi_i)_{i\in S}$ ist genau dann ein stationäres Maß für $(M_t)_{t\geq 0}$, wenn ξ die Gleichung $\xi\mathbf{Q} = 0$ erfüllt. Ist $(M_t)_{t\geq 0}$ irreduzibel und bezeichnen $\mathcal{I}$ bzw. $\hat{\mathcal{I}}$ die Klassen der stationären Maße für $(M_t)_{t\geq 0}$ bzw. seine eingebettete DMK $(\hat{M}_n)_{n\geq 0}$, so gilt außerdem*

$$(7.4.2) \qquad\qquad \mathcal{I} = \{(q_i^{-1}\hat{\xi}_i)_{i\in S} : \hat{\xi} \in \hat{\mathcal{I}}\}.$$

Beweis: Wie in 1.1 bemerkt, gelten unter den vorliegenden Annahmen die sogenannten *Rückwärts-* und *Vorwärts-Differentialgleichungen* für $\mathbf{P}(t)$ und $\mathbf{Q}$, die in Matrix-Schreibweise lauten:

$$\mathbf{P}'(t) = \mathbf{Q}\mathbf{P}(t) \quad \text{und} \quad \mathbf{P}'(t) = \mathbf{P}(t)\mathbf{Q} \quad \text{für alle } t \geq 0.$$

Unter Verwendung der Vorwärts-Differentialgleichungen folgt

$$\mathbf{P}(t) = \mathbf{I} + \int_0^t \mathbf{P}'(x)\, dx = \mathbf{I} + \left(\int_0^t \mathbf{P}(x)\, dx\right)\mathbf{Q} \quad \text{für alle } t \geq 0,$$

wobei die Integration natürlich komponentenweise zu verstehen ist, und daraus

$$\xi = \xi\mathbf{P}(t) = \xi + t\xi\mathbf{Q} \quad \text{für alle } t \geq 0.$$

Dies impliziert offensichtlich die behauptete Äquivalenz.

Sei nun $(M_t)_{t\geq 0}$ irreduzibel, so daß wegen $|S| \geq 2$ alle Zustände stabil sind, d.h. $0 < q_j < \infty$ für alle $j \in S$ gilt. Es bezeichne $q = (q_j)_{j\in S}$ sowie $\mathbf{A}$ die Matrix mit $q_j, j \in S$ als Diagonalelementen und sonst lauter Nullen. Ein Blick auf Satz 7.1.5 zeigt, daß

$$(7.4.3) \qquad\qquad \mathbf{Q} = \mathbf{A}(\hat{\mathbf{P}} - \mathbf{I}).$$

Wie zuvor gezeigt, ist ξ folglich genau dann ein stationäres Maß für $(M_t)_{t\geq 0}$, wenn

$$0 \;=\; \xi\mathbf{Q} \;=\; \langle q\xi\rangle\,(\hat{\mathbf{P}} - \mathbf{I}), \quad \langle q\xi\rangle \;\overset{\text{def}}{=}\; (q_i\xi_i)_{i\in S},$$

also wenn $\langle q\xi\rangle$ ein stationäres Maß für $(\hat{M}_n)_{n\geq 0}$ bildet. Dies beweist (7.4.2). $\diamond$

7.4.3 Satz $(M_t)_{t\geq 0}$ *sei ein regulärer, irreduzibler und rekurrenter MSP. Dann gilt für jede Startverteilung λ und alle $i,j \in S$*

$$(7.4.4) \qquad\qquad \lim_{t\to\infty} P_\lambda(M_t = j) \;=\; \lim_{t\to\infty} p_{ij}(t) \;=\; (\mu_{jj}q_j)^{-1}.$$

$(M_t)_{t\geq 0}$ *besitzt genau dann eine stationäre Verteilung $\xi^* = (\xi_i^*)_{i\in S}$, wenn ein ergodischer Zustand existiert, wobei dann*

$$(7.4.5) \qquad\qquad \xi_j^* \;=\; (\mu_{jj}q_j)^{-1} > 0 \quad \textit{für alle } j \in S$$

gilt und bereits alle Zustände ergodisch sind. $(\hat{M}_n)_{n\geq 0}$ ist in diesem Fall genau dann ergodisch mit stationärer Verteilung $\hat{\xi}^* = (\hat{\xi}_i^*)_{i\in S}$, wenn

$$(7.4.6) \qquad\qquad \gamma \;\overset{\text{def}}{=}\; \sum_{j\in S} \mu_{jj}^{-1} \;<\; \infty,$$

und es gilt dann

$$(7.4.7) \qquad\qquad \hat{\xi}_j^* \;=\; \gamma^{-1} q_j \xi_j^* \;=\; (\gamma\mu_{jj})^{-1} \quad \textit{für alle } j \in S.$$

Beweis: Da aufgrund der Voraussetzungen alle Zustände stabil und rekurrent sind, bleibt für die zweite Gleichheit in (7.4.4) unter Hinweis auf Satz 7.3.2 lediglich $P_i(T_0^{(j)} < \infty) = 1$ nachzuweisen. Dies folgt aber sofort aus der Irreduzibilität und Rekurrenz von $(\hat{M}_n)_{n\geq 0}$, denn

$$P_i(T_0^{(j)} = \infty) \;=\; P_i(\hat{M}_n \neq j\,\text{für alle } n \geq 1) \;=\; 0$$

für alle $i,j \in S$. Die erste Gleichheit in (7.4.4) ergibt sich nun leicht aufgrund majorisierter Konvergenz (siehe dazu auch den Beweis von Satz 6.2.5).

Besitzt $(M_t)_{t\geq 0}$ eine stationäre Verteilung ξ^*, so folgt aus (7.4.4) $\xi^* = ((\mu_{ii}q_i)^{-1})_{i\in S}$. Wegen $q_i \in (0,\infty)$ bleibt für (7.4.5) noch nachzuweisen, daß $\mu_{ii} < \infty$ für alle $i \in S$, d.h. daß alle Zustände ergodisch sind. Dazu nehmen wir an, daß $\mu_{jj} = \infty$ für ein $j \in S$, also $\xi_j^* = 0$ gilt. Es folgt für alle $t \geq 0$

$$0 \;=\; \xi_j^* \;=\; P_{\xi^*}(M_t = j) \;=\; \sum_{i\in S} \xi_i^* p_{ij}(t),$$

so daß $p_{ij}(t) = 0$ für alle $i \in S$ mit $\xi_i^* > 0$. Dies impliziert offenkundig auch $\hat{p}_{ij}^{(n)} = 0$ für alle $n \geq 0$, was einen Widerspruch zur Irreduzibilität von $(\hat{M}_n)_{n\geq 0}$ bildet.

Sei nun umgekehrt angenommen, daß ein ergodischer Zustand k existiert. Zu zeigen ist, daß $\xi^* = ((\mu_{ii}q_i)^{-1})_{i \in S}$ eine stationäre Verteilung für $(M_t)_{t \geq 0}$ definiert. Wir erhalten auf dieselbe Weise wie im Fall diskreter Zeit im Beweis von Satz 6.2.5, daß

$$(7.4.8) \qquad \xi_i^* = \lim_{s \to \infty} p_{ii}(s+t) \geq \sum_{j \in S} (\lim_{s \to \infty} p_{ij}(s))p_{ji}(t) = \sum_{j \in S} \xi_j^* p_{ji}(t)$$

für alle und $i \in S, s \geq 0$, wobei (7.4.4), Fatous Lemma und die Halbgruppeneigenschaft $\mathbf{P}(s+t) = \mathbf{P}(s)\mathbf{P}(t)$ verwendet wurden. Summiert man in (7.4.8) über $i \in S$, so ergibt sich

$$\sum_{i \in S} \xi_i^* \geq \sum_{j \in S} \xi_j^* \left(\sum_{i \in S} p_{ji}(t) \right) = \sum_{j \in S} \xi_j^*.$$

Es gilt also Gleichheit in (7.4.8), was die Invarianzbeziehung $\xi^* = \xi^* \mathbf{P}(t)$ für alle $t \geq 0$ beweist. Daß ξ^* ein Wahrscheinlichkeitsmaß auf S definiert, zeigt man wie am Ende des Beweises von Satz 6.2.5 in diskreter Zeit: $\|\xi^*\| \leq 1$ liefert eine Anwendung von Fatous Lemma, und ein Grenzübergang $t \to \infty$ in der Invarianzbeziehung $\xi^* = \xi^* \mathbf{P}(t)$ ergibt anschließend aufgrund majorisierter Konvergenz $\xi_i^* = \|\xi^*\|\xi_i^*$ für alle $i \in S$, also $\|\xi^*\| \in \{0, 1\}$. Für den ergodischen Zustand k gilt aber $\mu_{kk} < \infty$, folglich $\xi_k^* > 0$, so daß $\|\xi^*\| = 1$ vorliegen muß.

Besitzt $(M_t)_{t \geq 0}$ die stationäre Verteilung ξ^*, so ist die Klasse stationärer Maße für die eingebettete DMK $(\hat{M}_n)_{n \geq 0}$ gemäß Lemma 7.4.2 und Satz 6.4.1 durch $\hat{\mathcal{I}} = \{(cq_i\xi_i^*)_{i \in S} : c > 0\}$ gegeben, und diese Klasse enthält offenkundig genau dann ein Wahrscheinlichkeitsmaß, wenn

$$\infty > \sum_{i \in S} q_i \xi_i^* = \sum_{i \in S} \mu_{ii}^{-1} = \gamma$$

d.h. (7.4.6) gilt. $\qquad\qquad\qquad\qquad\qquad\qquad\qquad\qquad\qquad\qquad\qquad\qquad\qquad\qquad\qquad\quad \Diamond$

Das anschließende Korollar ist nützlich, wenn man die Ergodizität eines MSP untersuchen will und bereits ein stationäres Maß ihrer eingebetteten DMK kennt. Wir erinnern daran, daß ein solches für eine irreduzible und rekurrente DMK gemäß Satz 6.4.1 stets existiert und außerdem bis auf ein skalares Vielfaches eindeutig bestimmt ist.

7.4.4 Korollar *In der Situation des vorigen Satzes sei $\hat{\xi}$ ein stationäres Maß für $(\hat{M}_n)_{n \geq 0}$. Dann besitzt $(M_t)_{t \geq 0}$ genau dann eine stationäre Verteilung ξ^*, wenn*

$$(7.4.9) \qquad\qquad\qquad\qquad \hat{\gamma} \stackrel{\text{def}}{=} \sum_{i \in S} q_i^{-1} \hat{\xi}_i < \infty,$$

und zwar

$$(7.4.10) \qquad\qquad\qquad \xi_i^* = (\hat{\gamma} q_i)^{-1} \hat{\xi}_i > 0 \quad \text{für alle } i \in S.$$

Beweis: Die Behauptung ergibt sich mit demselben Argument, das wir am Ende des Beweises von Satz 7.4.3 benutzt haben. Besitzt nämlich $(\hat{M}_n)_{n \geq 0}$ das stationäre Maß $\hat{\xi}$, so liefern erneut

Lemma 7.4.2 und Satz 6.4.1, daß die Klasse stationärer Maße für $(M_t)_{t\geq 0}$ durch $\{(cq_i^{-1}\hat{\xi}_i^*)_{i\in S} : c > 0\}$ gegeben ist, und diese Klasse enthält genau dann ein Wahrscheinlichkeitsmaß, nämlich $((\hat{\gamma}q_i)^{-1}\hat{\xi}_i)_{i\in S}$, wenn (7.4.9) gilt. $\qquad\qquad\Diamond$

7.5 Stationäre Maße und Beispiele

Nachdem wir gesehen haben, daß ein irreduzibler, rekurrenter MSP genau dann eine stationäre Verteilung besitzt, wenn alle Zustände ergodisch sind, und daß diese Verteilung dann auch eindeutig bestimmt ist, wollen wir zum Abschluß unserer Untersuchungen ein Pendant zu Satz 6.4.1 beweisen, das Auskunft über die Frage der Existenz und Eindeutigkeit eines stationären *Maßes* für irreduzible und rekurrente MSP gibt.

7.5.1 Satz   *Seien $(M_t)_{t\geq 0}$ ein regulärer, irreduzibler und rekurrenter MSP und $j \in S$ ein beliebiger Zustand. Dann definiert $\xi = (\xi_i)_{i\in S}$ mit*

$$(7.5.1)\qquad\qquad \xi_i = E_j\Big(\int_0^{T_1^{(j)}} \mathbf{1}(M_t = i)\, dt\Big), \quad i \in S$$

ein stationäres Maß für $(M_t)_{t\geq 0}$, das bis auf ein skalares Vielfaches eindeutig bestimmt ist.

Beweis: Bildet ξ ein stationäres Maß für $(M_t)_{t\geq 0}$, so definiert $\hat{\xi} = (q_i\xi_i)_{i\in S}$ gemäß Lemma 7.4.2 ein stationäres Maß für die eingebettete, nach Voraussetzung irreduzible DMK $(\hat{M}_n)_{n\geq 0}$. Gemäß Satz 6.4.1 ist $\hat{\xi}$ deshalb bis auf ein skalares Vielfaches eindeutig bestimmt, was dann aber auch für ξ der Fall sein muß.

Es bleibt zu zeigen, daß durch ξ gemäß (7.5.1) ein stationäres Maß für $(M_t)_{t\geq 0}$ definiert wird, d.h. daß $\xi\mathbf{P}(s) = \xi$ für alle $s \geq 0$. Wir erinnern daran, daß $(\mathcal{F}_t)_{t\geq 0}$ die zu $(M_t)_{t\geq 0}$ gehörende kanonische Filtration bezeichnet. Es gilt für alle $k \in S$ und $s \geq 0$

$$\sum_{i\in S}\xi_i p_{ik}(s) = E_j\Big(\int_0^{T_1^{(j)}} \sum_{i\in S} p_{ik}(s)\,\mathbf{1}(M_t = i)\, dt\Big)$$

$$= E_j\Big(\int_0^{T_1^{(j)}} p_{M_t k}(s)\, dt\Big) = E_j\Big(\int_0^{\infty} p_{M_t k}(s)\mathbf{1}(T_1^{(j)} > t)\, dt\Big)$$

$$= E_j\Big(\int_0^{\infty} P(M_{t+s} = k, T_1^{(j)} > t|\mathcal{F}_t)\, dt\Big) = E_j\Big(\int_0^{\infty} \mathbf{1}(M_{t+s} = k, T_1^{(j)} > t)\, dt\Big)$$

$$= E_j\Big(\int_0^{T_1^{(j)}} \mathbf{1}(M_{t+s} = k)\, dt\Big) = E_j\Big(\int_s^{T_1^{(j)}+s} \mathbf{1}(M_t = k)\, dt\Big)$$

$$= E_j\Big(\int_s^{T_1^{(j)}} \mathbf{1}(M_t = k)\, dt\Big) + E_j\Big(\int_{T_1^{(j)}}^{T_1^{(j)}+s} \mathbf{1}(M_t = k)\, dt\Big)$$

$$= E_j\Big(\int_s^{T_1^{(j)}} \mathbf{1}(M_t = k)\, dt\Big) + E_j\Big(\int_0^{s} \mathbf{1}(M_t = k)\, dt\Big)$$

$$= E_j\Big(\int_0^{T_1^{(j)}} \mathbf{1}(M_t = k)\, dt\Big) = \xi_k.$$

Dabei wurden die starke Markov-Eigenschaft sowie $M_{T_1^{(j)}} = j$ benutzt. Ferner spielte für die Aufspaltung des *Riemann-Integrals* in der drittletzten Zeile aufgrund dessen Orientierung keine Rolle, ob $T_1^{(j)} \leq s$ oder $> s$. $\qquad\qquad\qquad\qquad\qquad\qquad\qquad\qquad\qquad\qquad\qquad\quad$ $\Diamond$

7.5.2 Beispiel (Irrfahrten in stetiger Zeit) Seien $\hat{p} \in (0,1)$ und $(M_t)_{t\geq 0}$ die minimale Konstruktion zur konservativen Q-Matrix $\mathbf{Q} = (q_{ij})_{i,j\in \mathbb{Z}}$ der Form

$$q_{i,i+1} = \hat{p}q_i, \quad q_{ii} = -q_i, \quad q_{i,i-1} = (1-\hat{p})q_i \quad \text{und} \quad q_{i,i\pm j} = 0 \quad \text{für alle } i \in \mathbb{Z}, \, j \geq 2.$$

$(M_t)_{t\geq 0}$ ist also ein MSP mit Zustandsraum $\mathbb{Z} \cup \{\infty\}$ und rechtsseitig stetigen Pfaden, deren eingebettete DMK $(\hat{M}_n)_{n\geq 0}$ mit Zustandsraum $\mathbb{Z}$ die Übergangsmatrix $\hat{\mathbf{P}} = (\hat{p}_{ij})_{i,j\in \mathbb{Z}}$ mit

$$\hat{p}_{i,i+1} = \hat{p}, \; \hat{p}_{i,i-1} = 1 - \hat{p} \quad \text{und} \quad \hat{p}_{i,i\pm j} = 0 \quad \text{für alle } i \in \mathbb{Z}, j \neq 1$$

besitzt und folglich eine Irrfahrt mit Parametern $\hat{p}, 1 - \hat{p}$ bildet. Falls $\sup_{j\in\mathbb{Z}} q_j < \infty$ oder $(\hat{M}_n)_{n\geq 0}$ rekurrent ist, d.h. $\hat{p} = \frac{1}{2}$, so ist $(M_t)_{t\geq 0}$ gemäß Korollar 7.2.5 nicht-explodierend und damit ein regulärer MSP mit Zustandsraum $\mathbb{Z}$. Aus naheliegenden Gründen bezeichnen wir $(M_t)_{t\geq 0}$ dann als *Irrfahrt in stetiger Zeit mit Parametern $\hat{p}$ und $q_j, j \in \mathbb{Z}$*. Die einfachste solche Irrfahrt liegt vor, wenn $q_j = q \in (0,\infty)$ für alle $j \in \mathbb{Z}$, und mit Hilfe von Lemma 7.4.2 sieht man, daß in diesem Fall die stationären Maße für $(M_t)_{t\geq 0}$ mit denen für die eingebettete Irrfahrt $(\hat{M}_n)_{n\geq 0}$ übereinstimmen, die wir in Beispiel 6.4.2 bereits angegeben haben. Betrachten wir nun den interessanteren Fall, daß $\hat{p} = \frac{1}{2}$ und $(q_j)_{j\in\mathbb{Z}} \in (0,\infty)^{\mathbb{Z}}$ beliebig ist. Wie in 6.4.2 gesehen, bildet $(\hat{M}_n)_{n\geq 0}$ dann eine null-rekurrente DMK mit stationärem Maß l_1. $(M_t)_{t\geq 0}$ besitzt deshalb gemäß Lemma 7.4.2 die stationären Maße $(cq_i^{-1})_{i\in\mathbb{Z}}$, $c > 0$. Sind diese endlich, was offenkundig genau dann der Fall ist, wenn $\sum_{i\in\mathbb{Z}} q_i^{-1} < \infty$, so ist $(M_t)_{t\geq 0}$ ergodisch mit stationärer Verteilung ξ^*, definiert durch

$$\xi_i^* = \frac{q_i^{-1}}{\sum_{j\in\mathbb{Z}} q_j^{-1}} \quad \text{für alle } i \in \mathbb{Z}.$$

Wir haben damit ein Beispiel eines ergodischen MSP mit lediglich null-rekurrenter eingebetteter DMK. Der Grund für dieses Phänomen liegt auf der Hand: Die obige Bedingung $\sum_{i\in\mathbb{Z}} q_i^{-1} < \infty$ garantiert, daß mit zunehmender Entfernung vom Ursprung die mittleren Verweildauern in den sukzessiv angenommenen Zuständen so schnell gegen 0 streben, daß eine endliche mittlere Rückkehrzeit zum Ursprung die Folge ist.

7.5.3 Beispiel (Geburts- und Todesprozesse in stetiger Zeit) Ein *Geburts- und Todesprozeß in stetiger Zeit* ist ein konservativer MSP mit Zustandsraum $\mathbb{N}_0$, der von einem Zustand i stets nur in einen der Nachbarzustände $i-1$ und $i+1$ springen kann. Seine Q-Matrix $\mathbf{Q}$ hat die Gestalt

$$\mathbf{Q} = \begin{pmatrix} -\lambda_0 & \lambda_0 & 0 & 0 & 0 & \dots \\ \mu_1 & -(\lambda_1 + \mu_1) & \lambda_1 & 0 & 0 & \dots \\ 0 & \mu_2 & -(\lambda_2 + \mu_2) & \lambda_2 & 0 & \dots \\ \vdots & & & & \ddots & \end{pmatrix},$$

wobei die $\lambda_j \in [0,\infty)$ als *Geburtsraten* und die $\mu_j \in [0,\infty)$ als *Sterberaten* bezeichnet werden. Im folgenden seien alle λ_n und μ_n positiv und $(M_t)_{t\geq 0}$ regulär, insbesondere also nicht-explodierend. Man kann zeigen, daß letzteres genau dann der Fall ist, wenn

$$(7.5.2) \qquad \sum_{n\geq 0} \left(\frac{1}{\lambda_n \xi_n} \sum_{j=0}^{n} \xi_j \right) = \infty, \quad \text{wobei } \xi_0 = 1,\ \xi_n = \frac{\lambda_0 \cdot \ldots \cdot \lambda_{n-1}}{\mu_1 \cdot \ldots \cdot \mu_n} \text{ für } n \geq 1$$

(siehe z.B. Kemperman(1962)). Die eingebettete DMK $(\hat{M}_n)_{n\geq 0}$ besitzt dann die Übergangsmatrix $\hat{\mathbf{P}} = (\hat{p}_{ij})_{i,j \in I\!N_0}$ mit $\hat{p}_{01} = 1$ sowie

$$\hat{p}_{i,i+1} = \frac{\lambda_i}{\lambda + \mu_i}, \quad \hat{p}_{i,i-1} = \frac{\mu_i}{\lambda_i + \mu_i} \quad \text{und} \quad \hat{p}_{i,i\pm j} = 0 \quad \text{für alle } i \in I\!N,\ j \neq 1,$$

bildet also einen irreduziblen Geburts- und Todesprozeß in diskreter Zeit. Damit ist $(M_t)_{t\geq 0}$ selbst irreduzibel und genau dann rekurrent, wenn dies für $(\hat{M}_n)_{n\geq 0}$ der Fall ist. Eine notwendige und hinreichende Bedingung dafür hatten wir in (6.4.5) am Ende von Beispiel 6.4.3 angegeben, nämlich

$$(7.5.3) \qquad \infty = \sum_{n\geq 1} \frac{\hat{p}_{10} \cdot \ldots \cdot \hat{p}_{n,n-1}}{\hat{p}_{01} \cdot \ldots \cdot \hat{p}_{n,n+1}} = \sum_{n\geq 1} \frac{\mu_1 \cdot \ldots \cdot \mu_n}{\lambda_1 \cdot \ldots \cdot \lambda_n} = \lambda_0 \sum_{n\geq 1} \frac{1}{\lambda_n \xi_n}.$$

Wir hatten dort ferner erhalten, daß durch $\hat{\xi}_0 = \lambda_0$ sowie

$$\hat{\xi}_i = \frac{\hat{p}_{01} \cdot \ldots \cdot \hat{p}_{i-1,i}}{\hat{p}_{10} \cdot \ldots \cdot \hat{p}_{i,i-1}} \hat{\xi}_0 = \frac{\lambda_0 \cdot \ldots \cdot \lambda_{i-1}(\lambda_i + \mu_i)}{\mu_1 \cdot \ldots \cdot \mu_i} = q_i \xi_i \quad \text{für alle } i \geq 1$$

ein stationäres Maß für $(\hat{M}_n)_{n\geq 0}$ definiert wird. Gemäß Korollar 7.4.4 ist $(M_t)_{t\geq 0}$ folglich genau dann ergodisch mit stationärer Verteilung $\xi^* = ((\hat{\gamma}q_i)^{-1}\hat{\xi}_i)_{i\in I\!N_0} = (\hat{\gamma}^{-1}\xi_i)_{i\in I\!N_0}$, wenn

$$(7.5.4) \qquad \infty > \hat{\gamma} = \sum_{n\geq 0} q_n^{-1}\hat{\xi}_n = 1 + \sum_{n\geq 1} \frac{\lambda_0 \cdot \ldots \cdot \lambda_{n-1}}{\mu_1 \cdot \ldots \cdot \mu_n}.$$

7.5.4 Beispiel (M/M/k-Bedienungssysteme) In einem M/M/k-Bedienungssystem, $k \in I\!N \cup \{\infty\}$, werden Kunden, die in $Exp(\lambda)$-verteilten Abständen das System betreten, an einem von k Schaltern bedient, und die Bedienungszeit für jeden Kunden ist $Exp(\mu)$-verteilt und unabhängig von denen der anderen Kunden sowie vom gewählten Schalter. Ein Kunde reiht sich in eine Schlange ein, wenn alle k Schalter bei seiner Ankunft besetzt sind, und betritt den ersten frei werdenden Schalter, sobald er an der Reihe ist. Im folgenden wollen wir wieder den Schlangenlänge-Prozeß $(Q_t)_{t\geq 0}$ betrachten, d.h. Q_t gibt die Zahl der wartenden, einschließlich der gerade bedienten Kunden zum Zeitpunkt $t \geq 0$ an. Aufgrund der Gedächtnislosigkeit der Exponentialverteilung bildet $(Q_t)_{t\geq 0}$ einen Geburts- und Todesprozeß, was wir im folgenden aber nicht beweisen werden. Auch für die Herleitung der zugehörigen Q-Matrix beschränken wir uns auf eine heuristische Argumentation. Es seien $\sigma_n, n \geq 0$ die Sprungzeiten des Prozesses und $\tau_n = \sigma_n - \sigma_{n-1}$ für $n \geq 1$. Ein Sprung der Höhe 1 tritt auf, wenn ein neuer Kunde das System betritt, ein Sprung der Höhe -1, wenn ein bedienter Kunde das System verläßt.

(a) Das M/M/1-Bedienungssystem: Für $k = 1$ handelt es offenkundig um einen Spezialfall des bereits kennengelernten M/G/1-Systems und gleichzeitig um das vermutlich meistbehandelte Beispiel der Warteschlangentheorie aufgrund seiner vergleichsweise einfachen Struktur. Bedingt unter der Vergangenheit des Prozesses bis zu einem beliebigen Sprungzeitpunkt σ_n ergibt sich die Verteilung von τ_{n+1} als die des Minimums einer $Exp(\lambda)$- und einer von dieser unabhängigen $Exp(\mu)$-verteilten Zufallsgröße, vorausgesetzt natürlich, daß sich mindestens ein Kunde im System befindet. τ_{n+1} besitzt folglich bedingt unter der Vergangenheit eine $Exp(\lambda + \mu)$-Verteilung, und die Sprunghöhe beträgt 1, falls die $Exp(\lambda)$-verteilte Zufallsgröße das Minimum bildet, was mit Wahrscheinlichkeit $\frac{\lambda}{\lambda+\mu}$ der Fall ist, und sonst -1. Befindet sich zum Zeitpunkt σ_n kein Kunde im System, d.h. $Q_{\sigma_n} = 0$, so ist τ_{n+1} unter der Vergangenheit offensichtlich $Exp(\lambda)$-verteilt und die Sprunghöhe stets 1, da es sich nur um die Ankunft eines neuen Kunden handeln kann. Für die Q-Matrix $\mathbf{Q}$ von $(Q_t)_{t\geq 0}$ ergibt sich aus diesen Überlegungen

$$
\mathbf{Q} \;=\; \begin{pmatrix} -\lambda & \lambda & 0 & 0 & 0 & \dots \\ \mu & -(\lambda+\mu) & \lambda & 0 & 0 & \dots \\ 0 & \mu & -(\lambda+\mu) & \lambda & 0 & \dots \\ \vdots & & & & \ddots & \end{pmatrix} .
$$

λ bezeichnet man im hier vorliegenden Kontext als *Ankunftsrate*, μ als *Bedienungsrate* sowie deren Quotienten $\rho = \frac{\lambda}{\mu}$ als *Verkehrsintensität* - in Übereinstimmung mit der Definition für das allgemeinere M/G/1-System (siehe 0.5). Mit Hilfe der Ergebnisse in 7.5.3 erhalten wir nun sofort, daß $(Q_t)_{t\geq 0}$ genau dann eine stationäre Verteilung ξ^* besitzt, wenn

$$
\hat{\gamma} \;=\; 1 + \sum_{n\geq 1}\rho^n \;=\; \frac{1}{1-\rho} \;<\; \infty, \quad \text{also} \quad \rho < 1,
$$

wobei dann

$$
\xi_i^* \;=\; (1-\rho)\rho^i \quad \text{für alle } i \in I\!N_0,
$$

d.h. $\xi^* = NB(1,\rho)$. Es folgt weiter, daß $(Q_t)_{t\geq 0}$ null-rekurrent ist, falls $\rho = 1$, und transient, falls $\rho > 1$.

(b) Das M/M/k-Bedienungssystem: Auch für $k \geq 2$ bildet $(Q_t)_{t\geq 0}$ einen Geburts- und Todesprozeß, allerdings mit Ankunftsraten (=Geburtsraten) $\lambda_n = \lambda$ und Bedienungsraten (=Sterberaten) $\mu_n = (n\wedge k)\mu$, denn: Bedingt unter der Vergangenheit zu einem beliebigen Sprungzeitpunkt σ_n bei $m = Q_{\sigma_n} \geq 1$ wartenden Kunden, ergibt sich die Verteilung von τ_{n+1} als die des Minimums einer $Exp(\lambda)$- und $m \wedge k$ (=Zahl der besetzten Schalter) $Exp(\mu)$-verteilten Zufallsgrößen, die außerdem unabhängig sind. Ein Sprung der Höhe 1 erfolgt, falls die $Exp(\lambda)$-verteilte Zufallsgröße das Minimum bildet, was mit Wahrscheinlichkeit $\frac{\lambda}{\lambda+(m\wedge k)\mu}$ der Fall ist. Befindet sich zum Zeitpunkt σ_n kein Kunde im System, so ist die Situation dieselbe wie für

das M/M/1-System. Die Q-Matrix $\mathbf{Q}$ hat damit die Form

$$
\mathbf{Q} \;=\;
\begin{pmatrix}
-\lambda & \lambda & 0 & 0 & 0 & \cdots \\
\mu & -(\lambda+\mu) & \lambda & 0 & 0 & \cdots \\
0 & 2\mu & -(\lambda+2\mu) & \lambda & 0 & \cdots \\
\vdots & & & \ddots & & \\
0 & & k\mu & -(\lambda+k\mu) & \lambda & 0 & 0 & \cdots \\
0 & & 0 & k\mu & -(\lambda+k\mu) & \lambda & 0 & \cdots \\
\vdots & & & \vdots & & & \ddots
\end{pmatrix} .
$$

Sei weiterhin $\rho = \frac{\lambda}{\mu}$. $(Q_t)_{t\ge 0}$ ist gemäß (7.5.4) genau dann ergodisch, wenn

$$
\infty \;>\; \hat{\gamma} \;=\; 1 + \sum_{n=1}^{k-1} \frac{\rho^n}{n!} + \frac{\rho^k}{k!} \sum_{n\ge 0}\left(\frac{\rho}{k}\right)^n \;=\; \sum_{n=0}^{k} \frac{\rho^n}{n!} + \frac{\rho^k}{k!(1-\frac{\rho}{k})}, \quad \text{also} \quad \frac{\rho}{k} < 1,
$$

mit stationärer Verteilung ξ^*, gegeben durch

$$
\xi_i^* \;=\; \frac{\rho^{i\wedge k}}{\hat{\gamma}\,(i\wedge k)!}\,\left(\frac{\rho}{k}\right)^{(i-k)^+} \quad \text{für alle } i \in \mathbb{N}_0.
$$

Aus (7.5.3) folgt ferner, daß $(Q_t)_{t\ge 0}$ null-rekurrent ist, falls $\frac{\rho}{k}=1$, und transient, falls $\frac{\rho}{k}>1$.

(c) Das M/M/∞-Bedienungssystem: In diesem Fall gibt es unendlich viele Schalter, und jeder eintreffende Kunde kann daher sofort vorgelassen und bedient werden. Auf dieselbe Weise wie im vorigen Fall mit k Schaltern überlegt man sich, daß hier $\lambda_n = \lambda$ und $\mu_{n+1} = (n+1)\mu$ für alle $n \in \mathbb{N}_0$. Die Q-Matrix $\mathbf{Q}$ von $(Q_t)_{t\ge 0}$ hat also die Form

$$
\mathbf{Q} \;=\;
\begin{pmatrix}
-\lambda & \lambda & 0 & 0 & 0 & \cdots \\
\mu & -(\lambda+\mu) & \lambda & 0 & 0 & \cdots \\
0 & 2\mu & -(\lambda+2\mu) & \lambda & 0 & \cdots \\
\vdots & & & \ddots &
\end{pmatrix} .
$$

Sei weiter $\rho = \frac{\lambda}{\mu}$. Dann gilt

$$
\hat{\gamma} \;=\; 1 + \sum_{n\ge 1} \frac{\rho^n}{n!} \;=\; e^{\rho} \;<\; \infty,
$$

und $(Q_t)_{t\ge 0}$ ist deshalb *stets* ergodisch mit stationärer Verteilung

$$
\xi_i^* \;=\; e^{-\rho}\,\frac{\rho^i}{i!}, \quad i \in \mathbb{N}_0,
$$

d.h. $\xi^* = Poisson(\rho)$.

Literaturhinweise: Die grundlegende Theorie der Geburts- und Todesprozesse verdanken wir zu einem großen Teil einer Reihe von Arbeiten von Karlin und McGregor in den fünfziger Jahren. Erwähnt sei hier außerdem van Doorn(1981), in dem sich auch eine Liste der relevanten Literatur einschließlich der zuvor erwähnten Beiträge findet. Die Behandlung von Geburts- und Todesprozessen im Rahmen der Warteschlangentheorie erfolgt in fast jedem Lehrbuch über dieses Gebiet, von denen hier nur die schon früher zitierten von Asmussen(1987) und Wolff(1989) genannt seien.

§8 Harris-Ketten

Nachdem wir uns in den letzten beiden Paragraphen recht eingehend mit dem asymptotischen Verhalten von Markov-Prozessen mit abzählbarem Zustandsraum beschäftigt haben, wollen wir uns jetzt der naheliegenden Frage zuwenden, inwieweit die dort gewonnenen Erkenntnisse auch für MK mit allgemeinem Zustandsraum gelten. Zu diesem Zweck müssen wir aus Gründen, die wir im nächsten Abschnitt näher erläutern werden, zuerst einen geeigneten Rekurrenzbegriff einführen, und zwar die auf T.E. Harris zurückgehende und heute nach ihm benannte *Harris-Rekurrenz*. Zu einer MK, die in diesem Sinn rekurrent ist und als *Harris-Kette (HK)* bezeichnet wird, läßt sich auf einem geeigneten Wahrscheinlichkeitsraum stets eine Kopie mit einem Regenerationsschema konstruieren, mit dessen Hilfe Ergodensätze auf nahezu dieselbe Weise wie für DMK hergeleitet werden können. Die Konstruktion einer solchen Kopie bildet Inhalt von Abschnitt 8.2. Ergodensätze werden anschließend in 8.3 hergeleitet und wir beschließen den Paragraphen mit einem Beispiel aus der Genetik in 8.4.

8.1 Harris-Rekurrenz

Um ein Gefühl für die Problematik der Herleitung von Ergodensätzen für MK mit allgemeinen Zustandsräumen zu bekommen, wollen wir uns noch einmal vergegenwärtigen, worin die grundlegende Idee im Fall abzählbarer Zustandsräume bestand. Betrachten wir dazu eine irreduzible und ergodische DMK $(M_n)_{n\geq 0}$ mit Zustandsraum S und Übergangskern $I\!P$ sowie einen beliebigen Zustand $j \in S$. Wir unterstellen wieder ein kanonisches Modell für $I\!P$. Durch Aufspalten des Zeitbereichs $I\!N_0$ mit Hilfe der sukzessiven Zeitpunkte $T_0, T_1, ...$, zu denen sich die Kette in j befindet, erhalten wir ein Regenerationsschema dergestalt, daß die Zufallsvariablen

$$(8.1.1) \qquad\qquad \mathbf{Z}_n \; = \; (M_k)_{T_n \leq k < T_{n+1}}, \quad n \geq 0$$

unter jedem $P_i, i \in S$ u.i.v. Zyklen bilden. Im Grunde enthält also jeder Zyklus bereits alle Informationen über das stochastische Verhalten von $(M_n)_{n\geq 0}$. Insbesondere wird plausibel, daß im Limes die Wahrscheinlichkeit unter P_i dafür, daß sich die Kette in einem $A \in S$ befindet, also $\lim_{n\to\infty} P_i(M_n \in A)$, gerade der erwarteten Anzahl von Aufenthalten in A während eines Zyklus' dividiert durch die mittlere Zykluslänge entspricht, d.h. $(E_j T_1)^{-1} \sum_{n=0}^{T_1 - 1} \mathbf{1}(M_n \in A)$, und daß dieser Limes nicht von i abhängt.

Für eine MK mit überabzählbarem Zustandsraum S, etwa $S = I\!R$, erscheint es zweifellos unproblematisch, die zuletzt gemachte Aussage zu verifizieren, sofern man in der Lage ist, ein entsprechendes Regenerationsschema aufzustellen. Dies erweist sich hier aber als wesentlich schwieriger, weil i.a. Zustände x mit der Eigenschaft "$M_n = x$ unendlich oft P_x-f.s." selbst dann nicht mehr zu existieren brauchen, wenn wir aus anschaulichen Gründen geneigt sind, $(M_n)_{n\geq 0}$ als rekurrent einzustufen. Erinnern wir uns z.B. an einen zentrierten RW $(M_n)_{n\geq 0}$ mit l_0-stetigen Zuwächsen. Wir hatten in Abschnitt 2.2 bewiesen, daß diese spezielle MK sehr wohl in dem topologischen Sinne rekurrent ist, daß P_x-fast alle Realisierungen eine dichte Teilmenge von $I\!R$ bilden für alle $x \in I\!R$, d.h. $\overline{\{M_n : n \geq 0\}} = I\!R$ P_x-f.s., aufgrund der l_0-Stetigkeit jedoch kein $y \in I\!R$ mit positiver Wahrscheinlichkeit exakt angenommen wird, d.h. $T = \inf\{n \geq 1 : M_n = y\} = \infty$ P_x-f.s. für alle $x, y \in I\!R$. Der sich anbietende Ausweg, als $T_0, T_1, \ldots$ die Eintrittszeitpunkte in eine ε-Umgebung von y zu wählen (ε-Rekurrenz), scheitert daran, daß dann die gemäß (8.1.1) definierten Zufallsvariablen $Z_n, n \geq 0$ i.a. nicht u.i.v. sind unter P_y. Im Fall diskreten Zustandsraums ergab sich dies trivialerweise wegen $M_{T_0} = M_{T_1} = \ldots = y$ P_y-f.s. und der starken Markov-Eigenschaft. Zur Existenz eines Regenerationsschemas bedarf es also offenbar eines Rekurrenzbegriffs, der stärker ist als ε-Rekurrenz und schwächer als der für DMK benutzte. Als geeignet erweist sich die im Anschluß definierte Harris-Rekurrenz. Dies sollte aber nicht darüber hinwegtäuschen, daß eine vollständige Antwort auf die Frage, für welche Klasse von Übergangskernen $I\!P$ auf einem allgemeinen Zustandsraum $(S, \mathcal{S})$ eine MK mit innewohnendem Regenerationsschema konstruiert werden kann, bis heute nicht gefunden worden ist.

Seien nun $(S, \mathcal{S})$ ein beliebiger meßbarer Raum, $I\!P : S \times \mathcal{S} \to [0,1]$ ein Übergangskern auf S mit zugehöriger Halbgruppe $(I\!P_n)_{n \geq 0}$ und $(\Omega, \mathcal{A}, (P_x)_{x \in S}, (M_n)_{n \geq 0})$ ein kanonisches Modell für $I\!P$, d.h. für $(I\!P_n)_{n \geq 0}$. $(M_n)_{n \geq 0}$ bildet also eine MK mit Zustandsraum S, Halbgruppe $(I\!P_n)_{n \geq 0}$, und es gilt

$$P_x(M_n \in \cdot) = I\!P_n(x, \cdot) \quad \text{für alle } x \in S \text{ und } n \in I\!N_0.$$

Wir nennen $\Re \in \mathcal{S}$ eine *Rekurrenzmenge für $I\!P$* oder *für* $(M_n)_{n \geq 0}$, falls

$$(8.1.2) \qquad\qquad P_x(M_n \in \Re \text{ u.o.}) = 1 \quad \text{für alle } x \in S.$$

Setzen wir

$$\tau(\Re) = \inf\{n \geq 0 : M_n \in \Re\},$$

so ist dies offenkundig gleichbedeutend mit

$$P_x(\tau(\Re) < \infty) = 1 \quad \text{für alle } x \in S.$$

Eine Rekurrenzmenge $\Re$, die außerdem

$$(8.1.3) \qquad\qquad I\!P_r(x, A) \geq \alpha\, \phi(A) \quad \text{für alle } x \in \Re \text{ und } A \in \mathcal{S}$$

für ein $\alpha > 0, r \in I\!N$ und ein Wahrscheinlichkeitsmaß ϕ auf $(S, \mathcal{S})$ mit $\phi(\Re) = 1$ erfüllt, heißt *Regenerationsmenge für $I\!P$* oder *für* $(M_n)_{n \geq 0}$.

8.1.1 Definition Ein Übergangskern $I\!P$ auf einem meßbaren Raum $(S, \mathcal{S})$ heißt *Harris-rekurrent* oder auch *Harris-Kern*, falls dieser eine Regenerationsmenge besitzt. Jede MK $(M_n)_{n \geq 0}$ mit Übergangskern $I\!P$ bezeichnet man in diesem Fall ebenfalls als Harris-rekurrent oder auch als *Harris-Kette (HK)*. Kann $r = 1$ in (8.1.3) gewählt werden, so heißen $I\!P$ und $(M_n)_{n \geq 0}$ außerdem *streng aperiodisch*.

8.1.2 Bemerkungen   (a) Die ursprünglich von Harris(1956) gegebene Definition der Harris-Rekurrenz unterscheidet sich von der obigen und erfordert stattdessen die Existenz eines σ-endlichen Maßes ν, so daß jedes $A \in \mathcal{S}$ mit $\nu(A) > 0$ Rekurrenzmenge für $I\!\!P$ ist. Mit Hilfe des sogenannten *C-Set-Theorems* (siehe Orey(1971)) läßt sich allerdings die - keineswegs offensichtliche - Äquivalenz der beiden Definitionen nachweisen. Da dies für uns ohne Belang ist, gehen wir darauf nicht weiter ein.

(b) Wir weisen darauf hin, daß die für Harris-Rekurrenz notwendige Bedingung (8.1.2) an $\Re$ eine Irreduzibilitätsaussage beinhaltet, nämlich durch die Forderung, daß $\Re$ von jedem $x \in S$ (statt etwa nur von jedem $x \in \Re$) aus unendlich oft erreicht wird. Diese Form von Irreduzibilität ist jedoch schwächer als die für DMK eingeführte. In der Tat sieht man leicht ein, daß eine DMK $(M_n)_{n\geq 0}$ genau dann eine HK bildet, wenn diese eine Äquivalenzklasse $\mathcal{K}$ (bzgl. "$\leftrightarrow$") rekurrenter Zustände besitzt und außerdem $P_x(\tau(\mathcal{K}) < \infty) = 1$ für alle $x \in S$ gilt. $(M_n)_{n\geq 0}$ kann also zusätzlich transiente Zustände besitzen, von denen aus $\mathcal{K}$ mit Wahrscheinlichkeit 1 erreichbar ist, siehe auch Bemerkung 6.2.7. Als Regenerationsmenge läßt sich in diesem Fall jedes $\Re = \{j\}$ mit $j \in \mathcal{K}$ wählen, weil dann nämlich (8.1.3) für jedes $r \in \{n : p_{jj}^{(n)} > 0\}$ und mit $\alpha = p_{jj}^{(r)}$ sowie $\phi = \delta_j$ erfüllt ist.

(c) Eine Begründung für die gewählte Bezeichnung "streng aperiodisch" geben wir am Ende des nächsten Abschnitts in 8.2.3(b).

(d) Unsere letzte Bemerkung soll zeigen, daß die Forderung "$\phi(\Re) = 1$" in der Minorisierungsbedingung (8.1.3) keine Einschränkung bedeutet, sofern man dort auch r variieren darf. Gilt dort lediglich $0 < \phi(\Re) < 1$, so braucht man natürlich nur ϕ durch $\psi = \phi(\cdot \cap \Re)/\phi(\Re)$ und α durch $\alpha\phi(\Re)$ zu ersetzen, d.h. die Bedingungen "$\phi(\Re) = 1$" und "$0 < \phi(\Re) < 1$" sind vollkommen gleichwertig. Gilt dort aber $\phi(\Re) = 0$, bedarf es in in der Tat auch einer Variation von r und folgender Zusatzüberlegung: Da $\Re$ Rekurrenzmenge für $I\!\!P$ ist, existiert ein $s \in I\!\!N$ mit $\beta \overset{\text{def}}{=} P_\phi(M_s \in \Re) > 0$, wobei natürlich ein zu $I\!\!P$ kanonische Modell zugrundegelegt sei. Setzt man nun

$$\psi \;=\; \beta^{-1} P_\phi(\{M_s \in \cdot \cap \Re\}) \;=\; \beta^{-1} \int_S I\!\!P_s(y, \cdot)\, \phi(dy),$$

so gilt offensichtlich $\psi(\Re) = 1$ sowie

$$I\!\!P_{r+s}(x, \cdot) \;=\; \int_S I\!\!P_s(y, \cdot)\, I\!\!P_r(x, dy) \;\geq\; \alpha \int_S I\!\!P_s(y, \cdot)\, \phi(dy) \;\geq\; \alpha\beta\,\psi$$

für alle $x \in S$.

8.1.3 Beispiel   Sei $(S_n)_{n\geq 0}$ ein zentrierter RW mit quasi l_0-stetigen Zuwächsen. Wir zeigen im folgenden, daß $(S_n)_{n\geq 0}$ dann eine HK bildet. Der k-Schritt-Übergangskern $I\!\!P_k$ von $(S_n)_{n\geq 0}$ ist gegeben durch

$$I\!\!P_k(x, A) \;=\; P(S_{n+k} \in A | S_n = x) \;=\; P(S_k \in A - x)$$

für alle $k \geq 1, x \in I\!\!R$ und $A \in \mathcal{B}$. Aufgrund der quasi l_0-Stetigkeit existieren $r \geq 1, \beta > 0$ und eine l_0-Dichte f, so daß

$$P(S_r \in A) \;\geq\; \beta \int_A f(x)\, l_0(dx) \quad \text{für alle } A \in \mathcal{B}.$$

Dabei können wir o.B.d.A. f als beschränkt annehmen. Gemäß Lemma 2.6.3 ist $f^{*(2)}$ dann stetig, und es gilt außerdem

$$P(S_{2r} \in A) \geq \beta^2 \int_A f^{*(2)}(x)\, l_0(dx) \quad \text{für alle } A \in \mathcal{B}.$$

Aufgrund der Stetigkeit existieren $a, \varepsilon > 0$ und $x_0 \in I\!R$, so daß

$$f^{*(2)}(x) \geq a \quad \text{für alle } x \in [x_0 - 2\varepsilon, x_0 + 2\varepsilon].$$

Schließlich notieren wir, daß $\Re = [-\varepsilon, \varepsilon]$ gemäß Satz 2.2.6 eine Rekurrenzmenge für $(S_n)_{n \geq 0}$ bildet, und wir zeigen nun mit Hilfe der zuvor erwähnten Fakten, daß $\Re$ sogar eine Regenerationsmenge ist. Wir erhalten nämlich für alle $z \in \Re$ und $A \in \mathcal{B}$

$$
\begin{aligned}
I\!P_{2r}(z, A) \;=\; P(S_{2r} \in A - z) &\geq \beta^2 \int_{A-z} f^{*(2)}(x)\, l_0(dx) \\
&\geq a\beta^2 \int_{I\!R} \mathbf{1}(A)(x+z)\, \mathbf{1}([x_0 - 2\varepsilon, x_0 + 2\varepsilon])(x)\, l_0(dx) \\
&= a\beta^2 \int_{I\!R} \mathbf{1}(A)(x)\, \mathbf{1}([x_0 - 2\varepsilon, x_0 + 2\varepsilon])(x-z)\, l_0(dx) \\
&\geq 2a\varepsilon\beta^2 \int_A \frac{1}{2\varepsilon} \mathbf{1}([x_0 - \varepsilon, x_0 + \varepsilon])(x)\, l_0(dx) \;\overset{\text{def}}{=}\; \alpha\phi(A)
\end{aligned}
$$

mit $\alpha = 2a\varepsilon\beta^2$ und $\phi = \mathbf{1}([x_0 - \varepsilon, x_0 + \varepsilon])l_0$. Folglich ist $\Re$ eine Regenerationsmenge und $(S_n)_{n \geq 0}$ eine HK, wobei an Bemerkung 8.1.2(d) erinnert sei, wo wir erläutert haben, daß die Bedingung "$\phi(\Re) = 1$", die hier offenkundig nicht erfüllt zu sein braucht, für den gemachten Schluß unerheblich ist.

Anmerkungen zur Literatur: Der hier eingeführte Rekurrenzbegriff stammt, wie schon eingangs erwähnt, von Harris(1956), obgleich eine restriktivere Variante bereits auf Doeblin(1940) zurückgeht, der diese zum Beweis eines Ergodensatzes verwendete. Die Monographien von Orey(1971), Revuz(1975) und Nummelin(1984) seien als weitere Quellen genannt.

8.2 Das Regenerationslemma

Wir werden im folgenden zeigen, daß HK, sofern in geeigneter Weise konstruiert, ein Regenerationsschema besitzen, wobei wir mit dem streng aperiodischen Fall beginnen. Das anschließende Ergebnis ebenso wie die Bezeichnung "Regenerationslemma" stammt von Athreya und Ney(1978a).

8.2.1 Das Regenerationslemma im streng aperiodischen Fall *Gegeben sei ein streng aperiodischer Harris-Kern $I\!P$ auf einem meßbaren Raum $(S, \mathcal{S})$ mit Regenerationsmenge $\Re$, α, ϕ gemäß (8.1.3) sowie*

$$\hat{I\!P}(x, \cdot) \;=\; (1 - \alpha)^{-1}(I\!P(x, \cdot) - \alpha\phi) \quad \text{für } x \in S.$$

Sei dazu der Übergangskern $I\!\!P^*$ auf $(S^*, \mathcal{S}^*) = (S \times \{0,1\}, \mathcal{S} \otimes \mathcal{P}(\{0,1\}))$ wie folgt definiert:

$$(8.2.1) \qquad I\!\!P^*((x,0), A \times \{\theta\}) = \begin{cases} [\alpha\theta + (1-\alpha)(1-\theta)]\, I\!\!P(x,A), & \text{falls } x \notin \Re \\[2mm] [\alpha\theta + (1-\alpha)(1-\theta)]\, \hat{I\!\!P}(x,A), & \text{falls } x \in \Re \end{cases}$$

$$I\!\!P^*((x,1), A \times \{\theta\}) = \begin{cases} [\alpha\theta + (1-\alpha)(1-\theta)]\, I\!\!P(x,A), & \text{falls } x \notin \Re \\[2mm] [\alpha\theta + (1-\alpha)(1-\theta)]\, \phi(A), & \text{falls } x \in \Re \end{cases}$$

für alle $A \in \mathcal{S}$ und $\theta \in \{0,1\}$. Sei weiter $(S^{*\,I\!N_0}, \mathcal{S}^{*\,I\!N_0}, (P_{(x,\delta)})_{x\in S, \delta\in\{0,1\}}, (M_n^*)_{n\geq 0})$ das zu $I\!\!P^*$ gehörende kanonische Modell mit Koordinatenprozeß $(M_n^*)_{n\geq 0} = (M_n, \eta_n)_{n\geq 0}$. Schließlich seien $P_x = \alpha P_{(x,1)} + (1-\alpha)P_{(x,0)}$ für $x \in S$, $P_\lambda(\cdot) = \int_S P_x(\cdot)\,\lambda(dx)$ für ein beliebiges Maß auf S, $\Re^* = \Re \times \{1\}$ sowie

$$(8.2.2) \qquad T_0 = 0 \quad und \quad T_n = \inf\{k > T_{n-1} : M_{k-1}^* \in \Re^*\} \quad \text{für } n \geq 1.$$

Dann gelten die folgenden Aussagen:

(a) $I\!\!P^*$ ist ein streng aperiodischer Harris-Kern mit Regenerationsmenge $\Re^*$.

(b) $(M_n)_{n\geq 0}$ ist eine streng aperiodische HK mit Übergangskern $I\!\!P$.

(c) η_n und $(M_0^*, ..., M_{n-1}^*, M_n)$ sind unter jedem P_x stochastisch unabhängig, und es gilt $P_x(\eta_n \in \cdot) = B(1,\alpha)$ für alle $n \geq 0$ und $x \in S$.

(d) $T_0, T_1, ...$ bilden randomisierte Stopzeiten für $(M_n)_{n\geq 0}$ und sind P_x-f.s. endlich für alle $x \in S$.

(e) $(T_n - T_{n-1}, M_{T_n}), n \geq 2$ sind unter jedem P_x u.i.v., unabhängig von (T_1, M_{T_1}), und es gilt $P_x((T_n - T_{n-1}, M_{T_n}) \in \cdot) = P_\phi((T_1, M_{T_1}) \in \cdot) = P_\phi(T_1 \in \cdot) \otimes \phi$ für alle $n \geq 2$.

(f) $P_x((M_j)_{0\leq j\leq T_k-1} \in \cdot, (M_{T_k+n})_{n\geq 0} \in \cdot) = P_x((M_j)_{0\leq j\leq T_k-1} \in \cdot)\,P_\phi((M_n)_{n\geq 0} \in \cdot)$ für alle $k \geq 1$ und $x \in S$.

Beweis: Der formale Nachweis der Behauptungen (a)-(f) ist zwar einfach, aber schreibtechnisch äußerst mühselig. Als ausreichend zum Verständnis des Lemmas erscheint uns eine anschauliche Beschreibung, auf die wir uns deshalb beschränken wollen. Sei dazu $(x,\delta) \in S^*$ ein beliebiger Startpunkt und $M_0^* = (x,\delta)$ gesetzt. Sofern $M_0 = x \notin \Re$, erzeuge M_1 ungeachtet $\eta_0 = \delta$ gemäß $I\!\!P(x,\cdot)$. Andernfalls gibt der Wert von η_0 den Ausschlag, und man erzeuge M_1 gemäß ϕ, falls $\eta_0 = 1$, und sonst gemäß $\hat{I\!\!P}(x,\cdot)$. Zum Abschluß der Stufe 1, d.h. der Erzeugung von M_1^* führe unabhängig von M_0^* und M_1 ein Bernoulli-Experiment durch, dessen Ausgang η_1 mit Wahrscheinlichkeit α den Wert 1 annimmt. Alle weiteren Stufen führe man auf dieselbe Weise durch, wobei man zur Erzeugung von M_n den zuvor erhaltenen Wert von M_{n-1}^* heranzieht und anschließend unabhängig von $M_0^*, ..., M_{n-1}^*, M_n$ ein Bernoulli-Experiment durchführt, dessen Ausgang η_n mit Wahrscheinlichkeit α den Wert 1 hat. $(\eta_n)_{n\geq 0}$ bildet somit in Bezug auf $(M_n)_{n\geq 0}$ eine Randomisierungsfolge, die immer dann zu dessen Konstruktion ins Spiel kommt, wenn der aktuelle Zustand der Kette in der Regenerationsmenge $\Re$ liegt. Bezeichnen $\sigma_1 = \tau(\Re), \sigma_2, ...$ die sukzessiven Eintritte der Kette $(M_n)_{n\geq 0}$ in ihre Regenerationsmenge $\Re$, so sind $\eta_{\sigma_1}, \eta_{\sigma_2}, ...$ unter jedem P_x stochastisch unabhängig und identisch

$B(1, \alpha)$-verteilt, wie man leicht mit (c) nachweist, und dies liefert, daß $T_1, T_2, \ldots$ in der Tat unter jedem P_x mit Wahrscheinlichkeit 1 endlich sind. $\qquad\qquad\qquad\qquad\Diamond$

Aufgrund der Aussage (f) bezeichnet man $T_1, T_2, \ldots$ im obigen Lemma als *Regenerationszeiten* von $(M_n)_{n \geq 0}$. Darüberhinaus impliziert (f) offensichtlich, daß die in (8.1.1) definierten Zyklen $\mathbf{Z}_n, n \geq 0$ unter jedem P_x stochastisch unabhängig sind und für $n \geq 1$ auch dieselbe Verteilung besitzen, und zwar gilt

$$(8.2.3) \qquad\qquad P_x(\mathbf{Z}_1 \in \cdot\,) \; = \; P_\phi(\mathbf{Z}_0 \in \cdot\,).$$

Wenden wir uns jetzt der Frage zu, auf welche Weise das Regenerationslemma auf allgemeine Harris-Kerne ausgedehnt werden kann. Dazu notieren wir als erstes, daß für jeden Harris-Kern $I\!P$, der die Minorisierungsbedingung (8.1.3) für ein $r \geq 2$ erfüllt, $I\!P_r$ offenkundig streng aperiodisch ist, so daß gemäß obigem Regenerationslemma eine streng aperiodische HK $(M_{rn}, \eta_n)_{n \geq 0}$ existiert, derart daß $(M_{rn})_{n \geq 0}$ eine HK mit Übergangskern $I\!P_r$ bildet. Von dieser Folge ausgehend, ist man natürlich geneigt, die noch undefinierten $M_1, \ldots, M_{r-1}, M_{r+1}, \ldots$ in geeigneter Weise zu definieren, wobei "geeignet" meint, die bedingte Verteilung dieser Folge gegeben $(M_{rn})_{n \geq 0}$ heranzuziehen. Das Problem dabei ist jedoch, daß ohne Annahmen an den Zustandsraum $(S, \mathcal{S})$ diese bedingte Verteilung nicht zu existieren braucht. Aus diesem Grund schlagen wir einen anderen, anschaulich vielleicht weniger naheliegenden Weg ein: Zu beliebig vorgegebenem streng aperiodischen Harris-Kern $I\!P$ mit gemäß obigem Regenerationslemma definierter HK $(M_n^*)_{n \geq 0}$ sei $I\!F_{I\!P}(\mathbf{x}, \cdot\,)$ eine regulär bedingte Wahrscheinlichkeitsverteilung von $(\eta_n)_{n \geq 0}$ gegeben $(M_n)_{n \geq 0} = \mathbf{x}$. Diese existiert, da $(\eta_n)_{n \geq 0}$ Werte in dem polnischen Raum $\{0, 1\}^{I\!N_0}$ mit seiner Potenzmenge annimmt (siehe z.B. Gänssler und Stute(1977, S.193ff)). Ist $I\!P$ ein beliebiger Harris-Kern mit streng aperiodischem $I\!P_r, r \geq 2$, so können wir nun mit Hilfe von $I\!F_{I\!P_r}$ auch in diesem allgemeinen Fall eine HK $(M_n)_{n \geq 0}$ mit Übergangskern $I\!P$ und einem Regenerationsschema konstruieren.

8.2.2 Das Regenerationslemma im allgemeinen Fall *Seien $I\!P$ ein Harris-Kern auf einem meßbaren Raum $(S, \mathcal{S})$ mit Regenerationsmenge $\Re, r, \alpha, \phi$ gemäß (8.1.3), $I\!F_{I\!P_r}$ wie zuvor definiert und $(S^{I\!N_0}, \mathcal{S}^{I\!N_0}, (P_x')_{x \in S}, (M_n')_{n \geq 0})$ das zu $I\!P$ gehörende kanonische Modell mit Koordinatenprozeß $(M_n')_{n \geq 0}$. Seien dann $(\Omega, \mathcal{A}) = (S^{I\!N_0} \times \{0, 1\}^{I\!N_0}, \mathcal{S}^{I\!N_0} \otimes \mathcal{P}(\{0, 1\}^{I\!N_0}))$ mit Koordinatenprozeß $((M_n)_{n \geq 0}, (\eta_n)_{n \geq 0})$ und P_x auf $(\Omega, \mathcal{A})$ definiert durch*

$$(8.2.3) \qquad P_x((M_n)_{n \geq 0} \in A, (\eta_n)_{n \geq 0} \in B) \; = \; \int_{\{(M_n')_{n \geq 0} \in A\}} I\!F_{I\!P_r}((M_{nr}')_{n \geq 0}, B)\, dP_x'$$

für alle $x \in S, A \in \mathcal{S}^{I\!N_0}$ und $B \subset \{0, 1\}^{I\!N_0}$. Schließlich seien $P_\lambda(\cdot) = \int_S P_x(\cdot)\lambda(dx)$ für ein beliebiges Maß λ auf S, $(M_n^*)_{n \geq 0} = (M_{rn}, \eta_n)_{n \geq 0}, \Re^* = \Re \times \{1\}$ sowie

$$(8.2.4) \qquad T_0 \; = \; 0 \quad und \quad T_n \; = \; \inf\{rk > T_{n-1} : M_{k-1}^* \in \Re^*\} \quad für\ n \geq 1.$$

Dann gelten die folgenden Aussagen:

(a) $(\Omega, \mathcal{A}, (P_x)_{x \in S}, (M_n)_{n \geq 0})$ *ist ein kanonisches Modell für* $I\!\!P$, *d.h.* $(M_n)_{n \geq 0}$ *eine HK mit Übergangskern* $I\!\!P$ *und Startpunkt* x *unter* P_x *für alle* $x \in S$.

(b) η_n *und* $(M_0, ..., M_{nr}, \eta_0, ..., \eta_{n-1})$ *sind unter* P_x *stochastisch unabhängig und* $P_x(\eta_n \in \cdot) = B(1, \alpha)$ *für alle* $n \geq 0$ *und* $x \in S$.

(c) $T_0, T_1, ...$ *sind randomisierte Stopzeiten für* $(M_n)_{n \geq 0}$ *und* P_x-*f.s. endlich für alle* $x \in S$.

(d) $(T_n - T_{n-1}, M_{T_n}), n \geq 2$ *sind unter jedem* P_x *u.i.v., unabhängig von* (T_1, M_{T_1}), *und es gilt*
$$P_x((T_n - T_{n-1}, M_{T_n}) \in \cdot) = P_\phi((T_1, M_{T_1}) \in \cdot) = P_\phi(T_1 \in \cdot) \otimes \phi \text{ für alle } n \geq 2.$$

(e) $P_x((M_j)_{0 \leq j \leq T_k - r} \in \cdot, (M_{T_k + n})_{n \geq 0} \in \cdot) = P_x((M_j)_{0 \leq j \leq T_k - r} \in \cdot) P_\phi((M_n)_{n \geq 0} \in \cdot)$ *für alle* $k \geq 1$ *und* $x \in S$.

Beweis: Wie schon im streng aperiodischen Fall, verzichten wir auf einen formalen Beweis der Behauptungen. Wir erwähnen lediglich, daß $(M_n^*)_{n \geq 0}$ im obigen Modell die Aussagen in Lemma 8.2.1 erfüllt und daß gemäß (8.2.3) die Randomisierungsfolge $(\eta_n)_{n \geq 0}$ von $(M_n)_{n \geq 0}$ nur über $(M_{rn})_{n \geq 0}$ abhängt. Dieses sind die wesentlichen Ingredienzien für den Nachweis von (a)-(e). $\diamond$

8.2.3 Bemerkungen (a) Wir bezeichnen $T_0, T_1, ...$ wie im streng aperiodischen Fall als *Regenerationszeiten* von $(M_n)_{n \geq 0}$. Ein Blick auf (e) des vorigen Lemmas zeigt, daß die in (8.1.1) definierten $\mathbf{Z}_n, n \geq 1$ zwar weiterhin unter jedem P_x identisch verteilt sind mit $P_x(\mathbf{Z}_1 \in \cdot) = P_\phi(\mathbf{Z}_0 \in \cdot)$ (siehe (8.2.3)), daß aber aus (e) im Fall "$r \geq 2$" nicht deren Unabhängigkeit folgt, die in der Tat auch nicht vorzuliegen braucht. Dies verursacht glücklicherweise bei der Herleitung von Ergodensätzen keine zusätzlichen Probleme.

(b) Lemma 8.2.1(e) bzw. Lemma 8.2.2(d) impliziert offensichtlich insbesondere, daß $T_n - T_{n-1}, n \geq 1$ unter jedem P_x stochastisch unabhängig sind und für $n \geq 2$ sogar dieselbe Verteilung besitzen, nämlich $P_\phi(T_1 \in \cdot)$. Unter P_ϕ bildet $(T_n)_{n \geq 0}$ folglich einen SEP, mit dessen Hilfe wir im nächsten Abschnitt das asymptotische Verhalten von $(M_n)_{n \geq 0}$ bestimmen werden. Dabei haben wir wie im Fall diskreten Zustandsraums eventuell auftretende Periodizitäten der Zyklen $\mathbf{Z}_n, n \geq 0$ unter P_ϕ zu berücksichtigen. Wir bezeichnen $(M_n)_{n \geq 0}$ als *aperiodisch* bzw. *d-periodisch* für ein $d \geq 2$, falls T_1 unter P_ϕ 1- bzw. d-arithmetisch ist. Im Fall eines streng aperiodischen Harris-Kerns $I\!\!P$ gilt unter Beachtung von $\phi(\mathfrak{R}) = 1$

$$P_\phi(T_1 = 1) = P_\phi(\eta_0 = 1) = \alpha > 0,$$

d.h. T_1 ist 1-arithmetisch und $(M_n)_{n \geq 0}$ folglich aperiodisch. Die Umkehrung gilt allerdings nicht, wie man sich leicht überlegt, und dies rechtfertigt die Bezeichnung "streng aperiodisch". Letztere verlöre allerdings ihren Sinn ohne die Voraussetzung "$\phi(\mathfrak{R}) > 0$" in der Minorisierungsbedingung (8.1.3). Würde dort nämlich $r = 1$ und $\phi(\mathfrak{R}) = 0$, gelten, so folgte

$$P_\phi(T_1 = 1) = P_\phi(\tau(\mathfrak{R}) = 0, \eta_0 = 1) = \alpha\phi(\mathfrak{R}) = 0,$$

und man sähe, daß T_1 nicht notwendig 1-arithmetisch wäre. Ist T_1 d-arithmetisch, so sei noch bemerkt, daß wegen

$$P_\phi(T_1 = r) = P_\phi(\eta_0 = 1) = \alpha > 0,$$

d ein Teiler von r sein muß.

(c) Bezeichnet in Lemma 8.2.2 $\mathcal{F}_n = \sigma(M_0, ..., M_n, \eta_0, ..., \eta_{\lfloor n/r \rfloor})$ für $n \in I\!N_0$, so bilden $(M_n)_{n \geq 0}$ eine MK mit Übergangskern $I\!P$ und die Regenerationszeiten $T_1, T_2, ...$ gewöhnliche Stopzeiten bzgl. der Filtration $(\mathcal{F}_n)_{n \geq 0}$.

Anmerkungen zur Literatur: Das Regenerationslemma im streng aperiodischen Fall stammt, wie schon erwähnt, von Athreya und Ney(1978a). Das vielleicht wichtigste Verdienst dieser Arbeit besteht in der Beobachtung, daß Harris-Rekurrenz mit Hilfe der Minorisierungsbedingung (8.1.3) definiert werden kann anstelle der für die Konstruktion eines Regenerationsschemas weniger brauchbaren Definition von Harris. Dieselbe Beobachtung wurde parallel von Nummelin(1978a) gemacht und zum Beweis eines sehr ähnlichen Regenerationslemmas verwendet, ebenfalls unter Beschränkung auf den streng aperiodischen Fall.

8.3 Ergodensätze

In diesem Abschnitt wollen wir uns unserem Hauptanliegen zuwenden, nämlich der Herleitung von Ergodensätzen für HK. Dazu können wir nun mit Hilfe der zuvor bewiesenen Regenerationslemmata auf sehr ähnliche Weise wie für DMK vorgehen.

Gegeben sei im folgenden ein Harris-Kern $I\!P$ auf einem beliebigen meßbaren Raum $(S, \mathcal{S})$ mit Halbgruppe $(I\!P_n)_{n \geq 0}$, Regenerationsmenge $\Re$ und dem durch Lemma 8.2.2 gegebenen *Regenerationsmodell* $(\Omega, \mathcal{A}, (P_x)_{x \in S}, (M_n)_{n \geq 0}, (\eta_n)_{n \geq 0})$. Alle weiteren dort getroffenen Definitionen seien ebenfalls gültig. Insbesondere bezeichnen $T_1, T_2, ...$ die Regenerationszeiten von $(M_n)_{n \geq 0}$. Die Filtration $(\mathcal{F}_n)_{n \geq 0}$ sei wie in Bemerkung 8.2.3(c) definiert. Wir beginnen mit der Angabe der stationären Maße für einen Harris-Kern (vgl. dazu Satz 6.4.1).

8.3.1 Satz *Unter den soeben getroffenen Voraussetzungen wird durch*

$$(8.3.1) \qquad \xi(A) \stackrel{\text{def}}{=} E_\phi\Big(\sum_{n=0}^{T_1 - 1} 1(M_n \in A) \Big), \quad A \in \mathcal{S}$$

ein stationäres Maß für $I\!P$ und $(M_n)_{n \geq 0}$ definiert, das bis auf skalares Vielfaches eindeutig bestimmt ist. Falls $E_\phi T_1 < \infty$, bildet $\xi^* \stackrel{\text{def}}{=} (E_\phi T_1)^{-1} \xi$ folglich die eindeutig bestimmte stationäre Verteilung für $I\!P$ und $(M_n)_{n \geq 0}$.

Beweis: Wir beschränken uns an dieser Stelle auf den Nachweis, daß ξ ein stationäres Maß für $I\!P$ definiert und verschieben den Beweis der Eindeutigkeitsaussage auf das Ende des Abschnitts. Für HK mit stationärer *Verteilung* ergibt sich deren Eindeutigkeit ohnehin aus dem noch folgenden Ergodensatz 8.3.2.

Wir müssen zuerst zeigen, daß ξ σ-endlich ist. Seien zu diesem Zweck $\tau_0^{(j)}(B) = 0$ und für $n \geq 1$

$$\tau_n^{(j)}(B) = \inf\{jk > \tau_{n-1}^{(j)}(B) : M_{jk} \in B\}$$

die sukzessiven Eintrittszeitpunkte der HK $(M_{jn})_{n\geq 0}$ in eine beliebige Menge $B \in \mathcal{S}$, wobei $j \geq 1$ beliebig ist. Seien dann $\sigma_n = \tau_n^{(r)}(\Re)$ mit zugehörigen Randomisierungsvariablen $\hat{\eta}_n = \eta_{\sigma_n/r}$ für alle $n \geq 0$ sowie

$$A_{p,q} = \{x \in S : P_x(\sigma_1 \leq p) \geq \frac{1}{q}\} \quad \text{für } p,q \in I\!N.$$

Wir überlassen es dem Leser nachzuweisen, daß $\hat{\eta}_1\hat{\eta}_2,\ldots$ unabhängig und identisch $B(1,\alpha)$ verteilt sowie $\hat{\eta}_k$ und σ_k für jedes $k \geq 1$ unabhängig sind unter jedem P_x. Die Behauptungen ergeben sich leicht mit Hilfe des Regenerationslemmas 8.2.2. Da offensichtlich $S = \cup_{p,q}A_{p,q}$, reicht es, $\xi(A_{p,q}) < \infty$ für alle $p,q \in I\!N$ zu zeigen. Dazu setzen wir weiter zu beliebig gewählten p,q

$$\rho_n = \tau_{n(p+r)}^{(1)}(A_{p,q}) \quad \text{für } n \geq 1$$

und behaupten

(8.3.2) $$P_\phi(\rho_n < T_1) \leq (1 - \frac{\alpha}{q})^{n-1} \quad \text{für alle } n \geq 1.$$

Wir führen einen Induktionsbeweis über n durch und können gleich zum Induktionsschritt $n \to n+1$ übergehen, weil für $n = 1$ offenkundig nichts zu zeigen ist. Ein Blick auf (8.2.4) in Lemma 8.2.2 zeigt, daß $T_1 \in \{\sigma_k + r : k \in I\!N\}$ P_x-f.s. für alle $x \in S$. Beachte außerdem, daß $\sigma_{k+1} - \rho_n \leq p$, $\rho_{n+1} < T_1$ offenkundig $\sigma_{k+1} + r \leq p + r + \rho_n \leq \rho_{n+1} < T_1$ und folglich $\hat{\eta}_{k+1} = 0$ implizieren für jedes $k \geq 1$. Wir erhalten nun

$$P_\phi(\rho_{n+1} < T_1) = \sum_{k \geq 0} P_\phi(\sigma_k \leq \rho_n < \sigma_{k+1}, \rho_{n+1} < T_1)$$

$$\leq \sum_{k \geq 0} P_\phi(\{\sigma_k \leq \rho_n < \sigma_{k+1} \wedge T_1\} \cap \{\sigma_{k+1} - \rho_n > p \text{ oder } \sigma_{k+1} - \rho_n \leq p, \hat{\eta}_{k+1} = 0\})$$

$$= \sum_{k \geq 0} \int_{\{\sigma_k \leq \rho_n < \sigma_{k+1} \wedge T_1\}} P_{M_{\rho_n}}(\sigma_1 > p \text{ oder } \sigma_1 \leq p, \hat{\eta}_1 = 0) \, dP_\phi$$

$$= \sum_{k \geq 0} \int_{\{\sigma_k \leq \rho_n < \sigma_{k+1} \wedge T_1\}} (\alpha P_{M_{\rho_n}}(\sigma_1 > p) + (1 - \alpha)) \, dP_\phi$$

$$\leq (\alpha(1 - \frac{1}{q}) + (1 - \alpha)) P_\phi(\rho_n < T_1) \leq (1 - \frac{\alpha}{q})^n.$$

Dabei wurden neben den zuvor genannten Tatsachen die starke Markov-Eigenschaft unter Beachtung von $\{\sigma_k \leq \rho_n < \sigma_{k+1} \wedge T_1\} \in \mathcal{F}_{\rho_n}$ und $P((\sigma_{k+1} - \rho_n, \hat{\eta}_{k+1}) \in \cdot | \mathcal{F}_{\rho_n}) = P_{M_{\rho_n}}((\sigma_1, \hat{\eta}_1) \in \cdot)$ P_ϕ-f.s. sowie am Ende die Induktionsvoraussetzung benutzt. Mit Hilfe von (8.3.2) ergibt sich nun leicht das Gewünschte, denn

$$\xi(A_{p,q}) \leq (p+r)(P_\phi(\rho_1 > T_1) + \sum_{n \geq 1}(n+1)P_\phi(\rho_n < T_1))$$

$$\leq (p+r)(1 + \sum_{n \geq 1}(n+1)(1 - \frac{\alpha}{q})^{n-1}) < \infty.$$

Zum Beweis der Invarianz von ξ, d.h. von $\xi I\!P_n(A) = \xi(A)$ für alle $A \in \mathcal{S}$ und $n \geq 1$ erhalten wir unter Benutzung der Konvention $\sum_m^n = - \sum_n^m$

$$
\begin{aligned}
\xi I\!P_n(A) &= \int_S I\!P_n(x,A)\, \xi(dx) = E_\phi\Big(\sum_{j=0}^{T_1-1} I\!P_n(M_j, A)\Big) \\[2mm]
&= \sum_{j \geq 0} \int_{\{T_1 > j\}} I\!P_n(M_j, A)\, dP_\phi = \sum_{j \geq 0} P_\phi(T_1 > j, M_{n+j} \in A) \\[2mm]
&= E_\phi\Big(\sum_{j=0}^{T_1-1} \mathbf{1}(M_{n+j} \in A)\Big) = E_\phi\Big(\sum_{j=n}^{n+T_1-1} \mathbf{1}(M_j \in A)\Big) \\[2mm]
&= E_\phi\Big(\sum_{j=n}^{T_1-1} \mathbf{1}(M_j \in A)\Big) + E_\phi\Big(\sum_{j=T_1}^{n+T_1-1} \mathbf{1}(M_j \in A)\Big) \\[2mm]
&= E_\phi\Big(\sum_{j=n}^{T_1-1} \mathbf{1}(M_j \in A)\Big) + E_\phi\Big(\sum_{j=0}^{n} \mathbf{1}(M_j \in A)\Big) \\[2mm]
&= E_\phi\Big(\sum_{j=0}^{T_1-1} \mathbf{1}(M_j \in A)\Big) = \xi(A) \quad \text{für alle } A \in \mathcal{S} \text{ und } n \geq 1,
\end{aligned}
$$

wobei in der vorletzten Zeile Lemma 8.2.2(e) verwendet worden ist. $\quad\Diamond$

Im folgenden sei ξ stets gemäß (8.3.1) definiert und $\xi^* = (E_\phi T_1)^{-1}\xi$, wobei dieses Maß als 0 interpretiert werde, falls $E_\phi T_1 = \infty$. Für $d \in I\!N$ und $k \in \{0, ..., d-1\}$ setzen wir außerdem

$$(8.3.3) \qquad \xi_{k,d}^*(A) = d(E_\phi T_1)^{-1} E_\phi\Big(\sum_{j:\, 0 \leq jd+k < T_1} \mathbf{1}(M_{jd+k} \in A)\Big), \quad A \in \mathcal{S},$$

mit derselben Interpretation wie ξ^*, falls $E_\phi T_1 = \infty$. Es folgen die beiden Hauptergodensätze für HK.

8.3.2 Satz *$(M_n)_{n \geq 0}$ sei eine HK mit Übergangskern $I\!P$. Dann gilt für jede Startverteilung λ, jedes $x \in S$ sowie für alle $A \in \mathcal{S}$ mit $\xi(A) < \infty$*
(a) im aperiodischen Fall:

$$(8.3.4) \qquad \lim_{n \to \infty} P_\lambda(M_n \in A) = \lim_{n \to \infty} I\!P_n(x,A) = \xi^*(A).$$

(b) im d-periodischen Fall:

$$(8.3.5) \quad \lim_{n \to \infty} P_\lambda(M_{nd+k} \in A) = \lim_{n \to \infty} I\!P_{nd+k}(x,A) = \xi_{k,d}^*(A) \quad \textit{für alle } 0 \leq k < d,$$

$$(8.3.6) \quad C\text{-}\lim_{n \to \infty} P_\lambda(M_n \in A) = C\text{-}\lim_{n \to \infty} I\!P_n(x,A) = \xi^*(A).$$

$(M_n)_{n \geq 0}$ besitzt genau dann eine stationäre Verteilung, nämlich ξ^*, wenn $E_\phi T_1 < \infty$.

Mit Blick auf diesen Ergodensatz bezeichnen wir eine HK $(M_n)_{n \geq 0}$ ebenso wie ihren Übergangskern $I\!P$ als *ergodisch* oder *positiv rekurrent*, falls $E_\phi T_1 < \infty$, und andernfalls als *null-rekurrent*. Für aperiodische und ergodische HK gilt folgende Verschärfung von (8.3.4).

8.3.3 Satz $(M_n)_{n\geq 0}$ *sei eine aperiodische und ergodische HK mit stationärer Verteilung* ξ^*. *Dann gilt für jede Startverteilung* λ *und jedes* $x \in S$

$$(8.3.7) \qquad \lim_{n\to\infty} \|P_\lambda(M_n \in \cdot) - \xi^*\| = \lim_{n\to\infty} \|I\!\!P_n(x,\cdot) - \xi^*\| = 0.$$

Die in (8.3.4) konstatierte Konvergenz gilt also für aperiodische und ergodische HK gleichmäßig in $A \in \mathcal{S}$.

Beweis von Satz 8.3.2.: Natürlich können wir $(M_n)_{n\geq 0}$ wieder als die in Lemma 8.2.2 konstruierte Kette voraussetzen. Die Folge $(T_n)_{n\geq 0}$ der Regenerationszeiten bildet unter P_ϕ einen SEP, wie in Bemerkung 8.2.3(b) angegeben, und es sei U das zugehörige Erneuerungsmaß, d.h. $U = \sum_{n\geq 0} P_\phi(T_n \in \cdot)$. Für $A \in \mathcal{S}$ definieren wir $g_A : \mathbb{Z} \to [0,\infty)$ durch

$$g_A(n) = P_\phi(T_1 > n, M_n \in A)\, 1(I\!\!N_0)(n).$$

Es folgt

$$\int_{\mathbb{Z}} g_A(x)\, l_1(dx) = \sum_{n\geq 0} P_\phi(T_1 > n, M_n \in A) = \xi(A),$$

d.h. g_A ist genau dann l_1-integrierbar, wenn $\xi(A) < \infty$. Wir erhalten mit dem Regenerationslemma 8.2.2 für alle $A \in \mathcal{S}$ und $n \geq 0$

$$(8.3.8) \qquad \begin{aligned} P_\phi(M_n \in A) &= \sum_{k\geq 0} P_\phi(T_k \leq n < T_{k+1}, M_n \in A) \\ &= \sum_{k\geq 0} \sum_{j=0}^{n} P_\phi(T_k = j)\, P_\phi(T_1 > n-j, M_{n-j} \in A) = g_A * U(n). \end{aligned}$$

Sofern $\xi(A) < \infty$, impliziert nun das 2. Erneuerungstheorem im aperiodischen Fall, d.h. für aperiodisches T_1

$$\lim_{n\to\infty} P_\phi(M_n \in A) = (E_\phi T_1)^{-1} \sum_{j\geq 0} g_A(j) = \xi^*(A),$$

und im d-periodischen Fall für alle $0 \leq k < d$

$$\lim_{n\to\infty} P_\phi(M_{nd+k} \in A) = d(E_\phi T_1)^{-1} \sum_{j\geq 0} g_A(jd+k).$$

Eine einfache Rechnung zeigt, daß der letzte Ausdruck mit $\xi^*_{k,d}$ übereinstimmt.

Für beliebige Startverteilung λ ergibt sich unter Beachtung von $T_1 < \infty$ P_λ-f.s. für alle $A \in \mathcal{S}$

$$(8.3.9) \qquad \begin{aligned} P_\lambda(M_n \in A) &= P_\lambda(T_1 > n, M_n \in A) + P_\lambda(T_1 \leq n, M_n \in A) \\ &= o(1) + \sum_{j=0}^{n} P_\lambda(T_1 = j)\, P_\phi(M_{n-j} \in A) \quad (n \to \infty). \end{aligned}$$

Dabei wurde erneut das Regenerationslemma 8.2.2 verwendet. Mit dem zuvor Gezeigten und aufgrund majorisierter Konvergenz folgen nun sowohl (8.3.4) als auch (8.3.5). Wir verzichten auf Angabe der Details. Die Aussagen für $I\!\!P_n(x, A)$ bilden wegen $I\!\!P_n(x, A) = P_{\delta_x}(M_n \in A)$ lediglich einen Spezialfall.

(8.3.6) ist eine einfache Konsequenz von (8.3.5), wenn man beachtet, daß

$$\xi^* = \frac{\xi^*_{0,d} + \cdots + \xi^*_{d-1,d}}{d}.$$

Sei schließlich $\hat{\xi}$ eine stationäre Verteilung für $(M_n)_{n \geq 0}$. Dann gilt gemäß (8.3.4) bzw. (8.3.6)

$$\hat{\xi}(A) = \underset{n \to \infty}{C\text{-lim}}\, P_{\hat{\xi}}(M_n \in A) = \xi^*(A) \quad \text{für alle } A \in \mathcal{S}.$$

Folglich stimmen $\hat{\xi}$ und ξ^* überein und $E_\phi T_1$ muß endlich sein. Damit ist Satz 8.3.2 vollständig bewiesen. $\diamond$

Beweis von Satz 8.3.3: Sei $(M_n)_{n \geq 0}$ aperiodisch und ergodisch. Offensichtlich gilt dann

$$0 \leq g_A \leq \mathbf{1}(T_1 > \cdot) \overset{\text{def}}{=} f \quad \text{für alle } A \in \mathcal{S},$$

und f ist l_1-integrierbar. Es folgt mit (8.3.8)

$$\|P_\phi(M_n \in \cdot) - \xi^*\| \leq \sup_{|g| \leq f} |g * U(n) - (E_\phi T_1)^{-1} \int_{\mathbf{Z}} g(x)\, l_1(dx)|,$$

und der rechte Ausdruck konvergiert für $n \to \infty$ gemäß Satz 2.6.5 gegen 0. Für beliebige Startverteilung λ liefert dann (8.3.9) für alle $n \geq 1$

$$\|P_\lambda(M_n \in \cdot) - \xi^*\| \leq P_\lambda(T_1 > n) + \sum_{j=0}^{n} P_\lambda(T_1 = j)\, \|P_\phi(M_{n-j} \in \cdot) - \xi^*\|,$$

und es folgt die Behauptung aufgrund majorisierter Konvergenz. $\diamond$

Bezeichnet $h : (S, \mathcal{S}) \to (I\!\!R, \mathcal{B})$ eine beschränkte ($h \in bS$) und ξ-integrierbare Funktion, und ersetzt man im obigen Beweis g_A durch

$$g_h(n) \overset{\text{def}}{=} \int_{\{T_1 > n\}} h(M_n)\, dP_\phi,$$

so erhält man die folgende Verallgemeinerung der beiden Ergodensätze 8.3.2 und 8.3.3.

8.3.4 Korollar *In der Situation von Satz 8.3.2 gilt für jedes ξ-integrierbare $h \in bS$ und jede Startverteilung λ*
(a) im aperiodischen Fall:

$$(8.3.10) \qquad \lim_{n \to \infty} E_\lambda h(M_n) = \int_S h(x)\, \xi^*(dx).$$

Die Konvergenz ist gleichmäßig für alle h mit $\|h\|_\infty \le c < \infty$, falls $(M_n)_{n\ge0}$ ergodisch ist.
(b) im d-periodischen Fall:

$$(8.3.11) \qquad \lim_{n\to\infty} E_\lambda h(M_{nd+k}) = \int_S h(x)\, \xi^*_{k,d}(dx) \quad \text{für alle } 0 \le k < d,$$

$$(8.3.12) \qquad C\text{-}\lim_{n\to\infty} E_\lambda h(M_n) = \int_S h(x)\, \xi^*(dx).$$

Ebenso wie für DMK (siehe Satz 6.3.2) läßt sich für eine HK $(M_n)_{n\ge0}$ im d-periodischen Fall der Zustandsraum in zyklische Klassen zerlegen, die bis auf ξ-Nullmengen und zyklische Vertauschung eindeutig bestimmt sind. Wir verzichten hier auf eine Formulierung des Ergebnisses und verweisen auf Asmussen(1987, Proposition VI.3.10. auf S.155f).

Als weiteren Ergodensatz zeigen wir im Anschluß ein Pendant zu Satz 6.2.6.

8.3.5 Satz *$(M_n)_{n\ge0}$ sei eine ergodische HK mit stationärer Verteilung ξ^*. Für $A \in \mathcal{S}$ und $n \ge 1$ sei ferner $N_A(n) = \sum_{j=0}^{n-1} 1(M_j \in A)$. Dann gilt für jede Startverteilung λ*

$$(8.3.13) \qquad \lim_{n\to\infty} n^{-1} N_A(n) \overset{P_\lambda\text{-}f.s.}{=} \xi^*(A) = \lim_{n\to\infty} n^{-1} E_\lambda N_A(n).$$

Beweis: Sei $A \in \mathcal{S}$ beliebig vorgegeben und $(M_n)_{n\ge0}$ gemäß Lemma 8.2.2 definiert. Die zweite Gleichheit in (8.3.13) folgt direkt aus (8.3.4) bzw. (8.3.6), weil

$$\lim_{n\to\infty} n^{-1} E_\lambda N_A(n) = C\text{-}\lim_{n\to\infty} \mathbb{P}_\lambda(M_n \in A).$$

Zum Beweis der ersten notieren wir zuerst

$$P_\lambda\Big(\frac{N_A(n)}{n} \to \xi^*(A)\Big) = P_\lambda\Big(\frac{1}{n-T_1}\sum_{j=T_1}^{n-1} 1(M_j \in A) \to \xi^*(A)\Big) = P_\phi\Big(\frac{N_A(n)}{n} \to \xi^*(A)\Big),$$

so daß es im folgenden ausreicht als Startverteilung $\lambda = \phi$ zu betrachten. Wir setzen

$$\rho(n) = \inf\{k \ge 0 : T_k \ge n\}, \quad n \ge 0 \quad \text{und}$$

$$X_n = \sum_{j=T_{n-1}}^{T_n-1} 1(M_j \in A), \quad S_n = X_1 + \ldots + X_n, \quad n \ge 1.$$

Gemäß Lemma 8.2.2(e) sind $X_1, X_2, \ldots$ unter P_ϕ u.i.v. mit $E_\phi X_1 = \xi(A)$. Beachte außerdem, daß $\rho(n)$ die in §4 eingehend behandelte Erstaustrittszeit für den SEP (bzgl. P_ϕ) $(T_n)_{n\ge0}$ bildet. Die anschließenden Konvergenzen gelten P_ϕ-f.s. und folgen aus dem starken Gesetz der großen Zahlen sowie Satz 0.3.2:

$$\frac{S_n}{n} \to \xi(A), \quad \frac{\rho(n)}{n} \to (E_\phi T_1)^{-1},$$

$$\frac{S_{\rho(n)}}{n} = \frac{\rho(n)}{n} \cdot \frac{S_{\rho(n)}}{\rho(n)} \to \xi^*(A) \quad \text{und} \quad \frac{S_{\rho(n)-1}}{n} \to \xi^*(A),$$

falls $n \to \infty$. Da außerdem

$$\frac{S_{\rho(n)-1}}{n} \;\leq\; \frac{N_A(n)}{n} \;\leq\; \frac{S_{\rho(n)}}{n},$$

folgt schließlich das Gewünschte. $\Diamond$

Der anschließende Satz gibt zwei Charakterisierungen für Rekurrenzmengen einer HK.

8.3.6 Satz *Für eine HK $(M_n)_{n\geq 0}$ mit Übergangskern $\mathbb{P}$ und stationärem Maß ξ gemäß (8.3.1) sind folgende Aussagen äquivalent:*
(a) $A \in \mathcal{S}$ ist eine Rekurrenzmenge für $(M_n)_{n\geq 0}$ und $\mathbb{P}$.
(b) $\xi(A) > 0$.
(c) $P_\phi(M_n \in A) > 0$ für ein $n \geq 0$.

Beweis: *(a)$\Leftrightarrow$(b)*: Ist A eine Rekurrenzmenge, so gilt für alle $x \in S$

$$1 \;=\; P_x(M_n \in A \text{ u.o.}) \;=\; P_x(M_{T_1+n} \in A \text{ u.o.}) \;=\; P_\phi(M_n \in A \text{ u.o.})$$

und deshalb mit $S_1, S_2, \ldots$ wie im Beweis des vorigen Satzes

$$n\xi(A) \;=\; E_\phi S_n \;\uparrow\; \infty, \quad \text{also } \xi(A) > 0.$$

Umgekehrt impliziert $\xi(A) > 0$

$$P_\phi(M_n \in A \text{ u.o.}) \;=\; P_\phi(S_n \to \infty) \;=\; 1.$$

(b)$\Leftrightarrow$(c): Hier schließen wir wegen $T_n \to \infty$

$$\xi(A) > 0 \quad\Leftrightarrow\quad n\xi(A) \;=\; \sum_{k\geq 0} P_\phi(T_n > k, M_k \in A) \;>\; 0 \quad \text{für alle } n \geq 1,$$

und letzteres kann nur dann vorliegen, wenn $P_\phi(M_k \in A) > 0$ für mindestens ein $k \geq 0$. $\Diamond$.

Zum Abschluß des Beweises von Satz 8.3.1 müssen wir nun noch zeigen, daß das für eine HK $(M_n)_{n\geq 0}$ in (8.3.1) definierte stationäre Maß ξ bis auf ein skalares Vielfaches eindeutig bestimmt ist. Aus Satz 8.3.2 folgt, daß jede ergodische HK genau eine stationäre Verteilung und damit ein bis auf skalares Vielfaches eindeutig bestimmtes *endliches* stationäres Maß besitzt. Zum Nachweis, daß dies auch in der Klasse aller σ-endlichen Maße richtig bleibt, benötigen wir den folgenden

8.3.7 Satz *$(M_n)_{n\geq 0}$ sei eine HK mit Übergangskern $\mathbb{P}$ und stationärem Maß ξ gemäß (8.3.1). Seien $A \in \mathcal{S}$ mit $0 < \xi(A) < \infty$, $\tau_n(A), n \geq 0$ die sukzessiven Eintrittszeiten von $(M_n)_{n\geq 0}$ in die Menge A und $M_n^A = M_{\tau_n(A)}$ für $n \geq 0$. Dann bildet $(M_n^A)_{n\geq 0}$ eine ergodische HK mit stationärer Verteilung $\xi_A^* = \xi(\cdot \cap A)/\xi(A)$.*

Beweis: O.B.d.A. sei $\xi(A) = 1$, d.h. $\xi_A^* = \xi(\cdot \cap A)$. Wir zeigen zunächst, daß ξ_A^* eine stationäre Verteilung für $(M_n^A)_{n\geq 0}$ bildet. Da ξ stationär für $(M_n)_{n\geq 0}$ ist, folgt leicht

$$
(8.3.14) \qquad
\begin{aligned}
P_\xi((M_j,...,M_{j+n}) \in \cdot\,) &= P_\xi((M_0,...,M_n) \in \cdot\,) \\
&= \int_S P_x((M_0,...,M_n) \in \cdot\,)\, \xi(dx)
\end{aligned}
$$

für alle $j, n \geq 0$. Wegen $\xi(A) > 0$ sind gemäß vorigem Satz alle $\tau_n(A)$ P_x-f.s. endlich für alle $x \in S$. Setzen wir für $x \in A$ und $n \geq 1$

$$
p_n(x, \cdot) = P_x(M_j \notin A, 1 \leq j < n, M_n \in \cdot \cap A),
$$

so hat $(M_n^A)_{n\geq 0}$ offensichtlich den Übergangskern

$$
I\!\!P^A(x, \cdot) = \sum_{n\geq 1} p_n(x, \cdot).
$$

Zum Nachweis der Invarianzbeziehung $\xi_A^* I\!\!P^A = \xi_A^*$ erhalten wir nun für alle $B \in \mathcal{S}$ mit $B \subset A$

$$
\begin{aligned}
\xi_A^* I\!\!P^A(B) &= \int_A I\!\!P^A(x, B)\, \xi_A^*(dx) = \sum_{n\geq 1} \int_A p_n(x, B)\, \xi(dx) \\
&= \sum_{n\geq 1} \int_S P_x(M_0 \in A, M_j \notin A, 1 \leq i < n, M_n \in B)\, \xi(dx) \\
&= \sum_{n\geq 1} P_\xi(M_j \notin A, 1 \leq j < n, M_n \in B) - P_\xi(M_j \notin A, 0 \leq j < n, M_n \in B) \\
&= \sum_{n\geq 1} P_\xi(M_j \notin A, 0 \leq j < n-1, M_{n-1} \in B) - P_\xi(M_j \notin A, 0 \leq j < n, M_n \in B) \\
&= P_\xi(M_0 \in B) = \xi(B) = \xi_A^*(B),
\end{aligned}
$$

wobei für die vorletzten Zeile (8.3.14) ausgenutzt wurde.

Zu zeigen bleibt noch die Harris-Rekurrenz von $(M_n^A)_{n\geq 0}$ und $I\!\!P^A$, d.h. die Existenz einer zugehörigen Regenerationsmenge $\Re_A$. Wie man leicht einsieht, bildet

$$
A - \bigcup_{m\geq 0} \bigcup_{k\geq 1} \bigcup_{l\geq 1} \left\{ y \in A : P_y(T_1 = m + r,\ \sum_{j=0}^{m+r-1} \mathbf{1}(M_j \in A) = k) \geq \frac{1}{l} \right\}
$$

für jedes $x \in S$ eine P_x-Nullmenge und damit auch eine ξ-Nullmenge. Folglich existieren m, k, l, so daß

$$
\Re_A \stackrel{\text{def}}{=} \left\{ y \in A : P_y(T_1 = m + r,\ \sum_{j=0}^{m+r-1} \mathbf{1}(M_j \in A) = k) \geq \frac{1}{l} \right\}
$$

positives Maß bezüglich ξ besitzt. Gemäß Satz 8.3.6(b) ist $\Re_A$ dann Rekurrenzmenge für $(M_n)_{n\geq 0}$ und damit selbstverständlich auch für $(M_n^A)_{n\geq 0}$. Außerdem erhalten wir unter Benutzung des Regenerationslemmas 8.2.2 für alle $x \in \Re_A$ und $\mathcal{S}$-meßbaren $B \subset A$

$$\mathbb{P}_k^A(x, B) = P_x(M_k^A \in B) \geq P_x(T_1 = m + r, \sum_{j=0}^{m+r-1} \mathbf{1}(M_j \in A) = k, M_k^A \in B)$$

$$= P_x(T_1 = m + r, \sum_{j=0}^{m+r-1} \mathbf{1}(M_j \in A) = k, \tau_k(A) \geq T_1, M_{\tau_k(A)} \in B)$$

$$= P_x(T_1 = m + r, \sum_{j=0}^{m+r-1} \mathbf{1}(M_j \in A) = k) P_\phi(M_0^A \in B)$$

$$\geq \frac{1}{l} P_\phi(M_0^A \in B),$$

d.h. $\Re_A$ ist tatsächlich eine Regenerationsmenge für $(M_n^A)_{n \geq 0}$ und $\mathbb{P}^A$. $\Diamond$

Beweis von Satz 8.3.1 (Abschluß): Sei neben ξ gemäß (8.3.1) ein weiteres stationäres Maß ζ für $(M_n)_{n \geq 0}$ gegeben. Da ξ, ζ beide σ-endlich sind, existieren $\mathcal{S}$-meßbare $A_1, A_2, \ldots$ mit $A_n \uparrow \mathcal{S}$ und $0 < \xi(A_n), \zeta(A_n) < \infty$. Gemäß Satz 8.3.7. definiert $\xi_{A_n}^* = \xi(\cdot \cap A_n)/\xi(A_n)$ die stationäre Verteilung von $(M_k^{A_n})_{k \geq 0}$. Aus demselben Grund gilt dies aber auch für $\zeta_{A_n}^* = \zeta(\cdot \cap A_n)/\zeta(A_n)$, so daß $\xi_{A_n}^* = \zeta_{A_n}^*$ für alle $n \geq 1$, also

$$\xi(\cdot \cap A_n) = \xi(A_n)^{-1} \zeta(A_n) \zeta(\cdot \cap A_n) \quad \text{für alle } n \geq 1.$$

Dies impliziert, daß $\xi(A_n)^{-1}\zeta(A_n)$ konstant in n sein muß, was den Beweis vollendet. $\Diamond$

Anmerkungen zur Literatur: Weitere Ergebnisse einschließlich relevanter Literatur findet der Leser in den schon früher zitierten Beiträgen von Athreya und Ney(1978a), Nummelin(1978a) sowie den Monographien von Orey(1971), Revuz(1975) und Nummelin(1984). Die Einführung von Harris-Rekurrenz für Markov-Prozesse in stetiger Zeit und einige kanonische Folgerungen finden sich in Asmussen(1987, VI.3).

8.4 Ein Beispiel aus der Genetik

Das folgende genetische Modell haben wir dem Lehrbuch von Karlin und Taylor(1975, S.212ff) entnommen und bildet ein interessantes Beispiel für eine Harris-Kette.

Beschreibung des Modells: Gegeben sei eine Population der Größe N, deren Mitglieder von 1 bis N durchnumeriert seien. Wir verstehen diese Population als Gründungs- (0-te) Generation in einem Evolutionsprozeß, in dem sich Fortpflanzung auf der Basis noch zu definierender Selektions- und Mutationseffekte vollzieht. Jedem Individuum der Population ordnen wir eine numerische Charakteristik $\in (0, \infty)$ zu, die als *Fitness* bezeichnet wird. Sie bildet, grob gesprochen, ein Maß für die Fortpflanzungsfähigkeit des betreffenden Individuums. Sei w_k^0 die Fitness des k-ten Mitglieds der 0-ten Generation sowie

$$(8.4.1) \qquad\qquad z_k^0 \stackrel{\text{def}}{=} \frac{w_k^0}{\sum_{j=1}^N w_j^0}$$

dessen sogenannte *relative Fitness*, $1 \le k \le N$. Der Einfachheit halber nehmen wir an, daß die w_k^0 paarweise verschieden sind. Die nächste Generation entsteht dann - formal gesprochen - durch multinomiale Auswahl N neuer Individuen mit Fitness-Werten $v_1^1, ..., v_N^1 \in \{w_1^0, ..., w_N^0\}$. Dies soll bedeuten, daß die Wahrscheinlichkeit dafür, daß w_k^0 r_k-mal in $(v_1^1, ..., v_N^1)$ auftritt, $1 \le k \le N, r_1 + ... + r_N = N$, durch

$$\frac{N!}{r_1! \cdot ... \cdot r_N!} (z_1^0)^{r_1} \cdot ... \cdot (z_N^0)^{r_N}$$

gegeben ist. $(r_1, ..., r_N)$ ergibt sich somit als Realisierung einer Multinomialverteilung mit Parametern $N, z_1^0, ..., z_N^0$, und der Übergang $(w_1^0, ..., w_N^0) \to (v_1^1, ..., v_N^1)$ vollzieht sich mit Wahrscheinlichkeit

$$(z_1^0)^{r_1} \cdot ... \cdot (z_N^0)^{r_n}.$$

Die Definition der z_k^0 zeigt, daß bei diesem Mechanismus Individuen mit hoher relativer Fitness auch entsprechend hohe Chancen haben, ihren Typ an die Nachfolgegeneration weiterzugeben. Den Vektor $v^1 = (v_1^1, ..., v_N^1)$ bezeichnen wir als *Fitness-Vektor der 1. Generation im Frühstadium*, und es sei $y^1 = (y_1^1, ..., y_N^1)$ der zugehörige relative Fitness-Vektor. Im folgenden berücksichtigen wir *Reife- und Mutatationseffekte*. Seien dazu $x_i^j, 1 \le i \le N, j \ge 1$ Realisierungen u.i.v., positiver Zufallsgrößen X_i^j mit stetiger Verteilung und dann

$$(8.4.2) \qquad w_k^1 = v_k^1 x_k^1 \quad \text{für } 1 \le k \le N.$$

Wir nennen $w^1 = (w_1^1, ..., w_N^1)$ *Fitness-Vektor der 1. Generation im Reifestadium*, und es sei $z^1 = (z_1^1, ..., z_N^1)$ der zugehörige relative Fitness-Vektor.

Das soeben beschriebene zweistufige Evolutionsschema setzt sich nun zeitlich unbeschränkt fort. Ist folglich w^n der Fitness-Vektor der n-ten Generation im Reifestadium und z^n der zugehörige relative Fitness-Vektor, so erfolgt der Übergang zum Fitness-Vektor v^{n+1} der $(n+1)$-ten Generation im Frühstadium in der oben beschriebenen Weise durch mutinomiale Selektion. Reife- und Mutationseffekte bewirken anschließend eine Veränderung von v^{n+1} zu w^{n+1} gemäß

$$w_k^{n+1} = v_k^{n+1} x_k^{n+1}, \quad 1 \le k \le N,$$

und der zugehörige relative Fitness-Vektor ist folglich durch z^{n+1} mit

$$z_k^{n+1} = \frac{w_k^{n+1}}{\sum_{j=1}^N w_j^{n+1}} \quad \text{für } 1 \le k \le N$$

gegeben. Aufgrund der stetigen Verteilung der X_i^j sind die Komponenten jedes w^n mit Wahrscheinlichkeit 1 paarweise verschieden, was die Beschreibung der multinomialen Selektion vereinfacht. Für die v^n trifft dies offenkundig i.a. nicht zu.

Geometrisch läßt sich dieser Evolutionsprozeß als Pfad im $I\!\!R^N$ der Punkte $w^0, w^1, ...$ darstellen. Die relative Fitness z^n bildet die Projektion des Punktes w^n auf den Simplex

$$\Sigma_N = \{(x_1, ..., x_N) : x_i \ge 0, 1 \le i \le N, x_1 + ... + x_N = 1\},$$

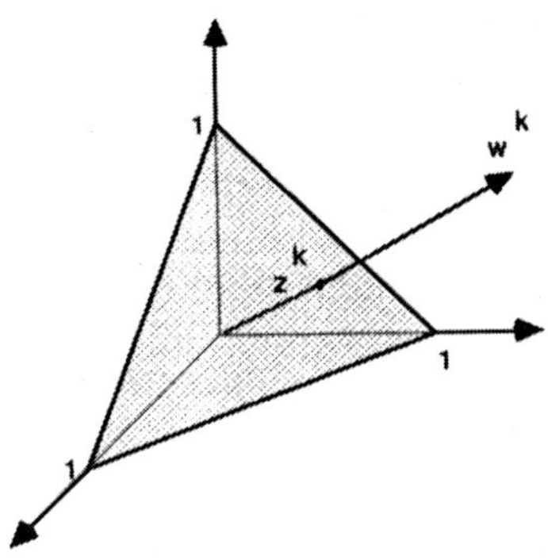

Bild 6

wie das Schaubild im Fall "$N = 3$" verdeutlicht. Die Folge der relativen Fitness-Vektoren wandert also auf dem Simplex Σ_N, und es stellt sich die interessante Frage nach deren asymptotischem Verhalten für $n \to \infty$. Sei $(W^n, V^{n+1}, Z^n, Y^{n+1})_{n \geq 0}$ der stochastische Prozeß, dessen Realisierung $(w^n, v^{n+1}, z^n, y^{n+1})$ wir gerade beschrieben haben. Man sieht sofort, daß $(W^n, V^{n+1})_{n \geq 0}$ und $(Z^n, Y^{n+1})_{n \geq 0}$ jeweils MK mit Zustandsräumen $(0, \infty)^{2N}$ bzw. $\Sigma_N \times \Sigma_N$ bilden. Mehr noch, (W^n, V^{n+1}) und (Z^n, Y^{n+1}) hängen von der Vergangenheit nur über V^n bzw. Y^n ab. Der folgende Satz zeigt, daß $(Z^n, Y^{n+1})_{n \geq 0}$ eine HK bildet.

8.4.1 Satz *Der zuvor eingeführte Prozeß $(Z^n, Y^{n+1})_{n \geq 0}$ ist eine streng aperiodische und ergodische HK mit Regenerationsmenge $\Re = \Sigma_N \times \{e_N\}$, wobei $e_N = (\frac{1}{N}, ..., \frac{1}{N})$.*

Beweis: Es sei $I\!P$ der Übergangskern von $(Z^n, Y^{n+1})_{n \geq 0}$. O.B.d.A. können wir annehmen, daß ein zu $I\!P$ gehörendes kanonisches Modell $(\Omega, \mathcal{A}, (P_{z,y})_{z,y \in \Sigma_N}, (Z^n, Y^{n+1})_{n \geq 0})$ zugrundeliegt. Aufgrund der obigen Modellbeschreibung ist klar, daß die X_i^j dann unter jedem $P_{z,y}$ u.i.v. sind mit stets derselben Verteilung. Als nächstes definieren wir

$$T = \inf\{n \geq 1 : Y^{n+1} = e_N\}.$$

Wir zeigen zuerst, daß $\Re$ eine Rekurrenzmenge ist, d.h.

$$P_{z,y}(T < \infty) = 1 \quad \text{für alle } (z, y) \in \Sigma_N^2.$$

$Z^0, Y^1, Z^1, Y^2, ...$ bildet offensichtlich eine zeitlich inhomogene MK mit alternierendem Übergangskern. Unter Benutzung der Markov-Eigenschaft für diese Folge erhalten wir für alle $n \geq 1$

$$P(Y^{n+1} = e_N | Z^n, Y^n, ..., Y^1, Z^0) = P(Y^{n+1} = e_N | Z^n)$$
$$= (Z_1^n)^N + ... + (Z_N^n)^N \geq N^{-N} \overset{\text{def}}{=} \gamma,$$

da wegen $Z_1^n + ... + Z_N^n = 1$ mindestens ein $Z_i^n \geq \frac{1}{N}$ sein muß. Eine einfache Induktion über n liefert deshalb für beliebiges $P = P_{z,y}$

$$P(T > 1) = P(Y^2 \neq e_N) \leq 1 - \gamma \quad \text{(Induktionsanfang)}$$

und wegen $\{T > n - 1\} \in \mathcal{F}_n \overset{\text{def}}{=} \sigma(Z^0, Y^1, ..., Z^{n-1}, Y^n)$

$$P(T > n) = \int_{\{T > n-1\}} P(T > n | \mathcal{F}_n) \, dP = \int_{\{T > n-1\}} P_{Z^{n-1}, Y^n}(T > 1) \, dP$$
$$\leq (1 - \gamma)^{n-1}(1 - \gamma) = (1 - \gamma)^n. \quad \text{(Induktionsschritt)}$$

Um nachzuweisen, daß $\Re$ auch eine Regenerationsmenge ist, setzen wir $S = X_1^1 + ... + X_N^1$. Dann folgt

$$P_{z,e_N}(Z^1 = (\frac{X_1^1}{S}, ..., \frac{X_N^1}{S})) = 1$$

für alle $z \in \Sigma_N$ und anschließend für jedes meßbare $A \subset \Sigma_N$

$$\mathbb{P}((z, e_N), A \times \{e_N\}) = P_{z,e_N}(Z^1 \in A, Y^2 = e_N)$$
$$= \int_{\{Z^1 \in A\}} P(Y^2 = e_N | Z^1) \, dP_{z,e_N}$$
$$= \int_{\{X^1/S \in A\}} \sum_{j=1}^{N} (\frac{X_j^1}{S})^N \, dP_{z,e_N} \overset{\text{def}}{=} \phi(A \times \{e_N\}).$$

Beachte bei der Definition von ϕ, daß keine Abhängigkeit von $z \in \Sigma_N$ auftritt, da die X_i^j unter jedem $P_{z,y}$ dieselbe Verteilung besitzen. Dies zeigt, daß $\mathbb{P}$ einen streng aperiodischen Harris-Kern bildet, und zwar in der besonders angenehmen Weise, daß das minorisierende Maß ϕ hier bereits mit $\mathbb{P}(u, \cdot)$ übereinstimmt für alle $u \in \Re$. Insbesondere bildet T deshalb die erste Regenerationszeit, und auf die Einführung einer Randomisierungsfolge $(\eta_n)_{n \geq 0}$, wie in 8.2 beschrieben, kann hier verzichtet werden. Sei P_ϕ wieder durch $\int P_u \, \phi(du)$ gegeben. Aus dem weiter oben Gezeigten folgt dann sofort

$$P_\phi(T > n) \leq (1 - \gamma)^N \quad \text{für alle } n \geq 1,$$

insbesondere $E_\phi T_1 < \infty$. $\mathbb{P}$ ist also ergodisch. $\qquad\qquad \Diamond$

Mit Hilfe dieses Satzes und den im vorigen Abschnitt erzielten Ergebnissen erhalten wir nun:

8.4.2 Korollar $(Z^n, Y^{n+1})_{n \geq 0}$ *besitzt die stationäre Verteilung* ξ^*, *definiert durch*

$$(8.4.3) \qquad \xi^*(A \times B) = (ET)^{-1} E_\phi\Big(\sum_{j=0}^{T-1} 1(Z^j \in A, Y^{j+1} \in B)\Big)$$

für alle meßbaren $A, B \subset \Sigma_N$, *und es gilt*

$$\lim_{n \to \infty} \|P_\lambda((Z^n, Y^{n+1}) \in \cdot) - \xi^*\| = 0$$

für jede Startverteilung λ.

§9 Markov-Erneuerungstheorie

Wir hatten in 7.1 gesehen, daß ein MSP $(M_t)_{t\geq 0}$ vollständig durch seine eingebettete DMK $(\hat{M}_n)_{n\geq 0}$ der sukzessiv angenommen Zustände sowie die zugeordnete Folge $S_0 = 0, S_1, \ldots$ von Eintrittszeitpunkten beschrieben wird. Die Zuwächse $X_1, X_2, \ldots$ von $(S_n)_{n\geq 0}$ geben die Verweildauern in $\hat{M}_0, \hat{M}_1, \ldots$ an und sind bedingt unter letzterer Folge stochastisch unbhängig und jedes X_j exponentialverteilt mit Parameter $q_{\hat{M}_j}$, wobei der Vektor $(q_j)_{j\in S}$ durch die Q-Matrix von $(M_t)_{t\geq 0}$ gegeben ist. Ausgehend von diesem Modell, ergeben sich eine Reihe naheliegender und interessanter Verallgemeinerungen: Gibt man etwa die Forderung auf, daß die X_j exponentialverteilt sind, und erlaubt stattdessen unter Beibehaltung der bedingten Unabhängigkeit gegeben $(\hat{M}_n)_{n\geq 0}$, daß X_j eine beliebige von $\hat{M}_{j-1}$ und $\hat{M}_j$ abhängige Verteilung auf $(0, \infty)$ besitzt, so ist $(M_t)_{t\geq 0}$ zwar kein Markov-Prozeß mehr, besitzt aber immer noch eine sehr ähnliche Struktur. Man bezeichnet $(M_t)_{t\geq 0}$ in diesem Fall als *Semi-Markov-Prozeß (SMP)*. Eine weitere naheliegende Verallgemeinerung ergibt sich nach Einnahme einer veränderten Perspektive. Interpretiert man nämlich $(S_n)_{n\geq 0}$ nicht mehr als Eintrittszeitpunkte sondern als einen RW, dessen Zuwächse durch die DMK $(\hat{M}_n)_{n\geq 0}$ *gesteuert* werden, so erscheint es natürlich, beliebige reellwertige $X_1, X_2, \ldots$ zu betrachten, die bedingt unter $(\hat{M}_n)_{n\geq 0}$ stochastisch unabhängig sind, wobei die bedingte Verteilung von X_j weiterhin nur von $\hat{M}_{j-1}$ und $\hat{M}_j$ abhängt. Nichts spricht dann außerdem dagegen, daß $(\hat{M}_n)_{n\geq 0}$ eine MK mit beliebigem Zustandsraum bildet. $(S_n)_{n\geq 0}$ ist dann ein *kontrollierter RW mit Markovschem Steuerprozeß*. Erneuerungstheoretische Eigenschaften ebenso wie das asymptotische Verhalten derartiger RW ebenso wie von SMP bilden Inhalt der *Markov-Erneuerungstheorie*. Das zentrale Resultat dieser Theorie ist das *Markov-Erneuerungstheorem*, das sich durch Kombination der zuletzt entwickelten Theorie über HK mit dem Blackwellschen Erneuerungstheorem ergibt und zugleich dessen Verallgemeinerung bildet. Wir werden es im übernächsten Abschnitt nach Vorstellung und Diskussion des grundlegenden Modells sowie Angabe eines weiteren Regenerationslemmas in 9.1 formulieren und beweisen.

9.1 Markov-Random-Walks und ein Regenerationslemma

$(S, \mathcal{S})$ sei wie im vorigen Paragraphen ein beliebiger meßbarer Raum. Ausgangspunkt unserer Betrachtungen bildet die anschließende Definition.

9.1.1 Definition $(M_n, X_n)_{n\geq 0}$ sei eine MK mit Zustandsraum $S \times \mathbb{R}$ und Übergangskern $\mathbb{P} : S \times (\mathcal{S} \otimes \mathcal{B}) \to [0, 1]$, d.h. für alle $n \geq 0, A \in \mathcal{S}$ und $B \in \mathcal{B}$ gilt

$$(9.1.1) \qquad P(M_{n+1} \in A, X_{n+1} \in B | M_n, X_n) = \mathbb{P}(M_n, A \times B) \quad P\text{-}f.s.$$

Sei $S_n = X_0 + \ldots + X_n$ für $n \geq 0$. Dann bezeichnen wir $(M_n, S_n)_{n\geq 0}$ als *Markov-Random-Walk (MRW)*. Gilt zusätzlich

$$\mathbb{P}(x, S \times (-\infty, 0]) = 0 \quad \text{für alle } x \in S,$$

so heißt $(M_n, S_n)_{n\geq 0}$ auch *Markov-Erneuerungsprozeß (MEP)*.

Die anschließenden Folgerungen sind direkte Konsequenzen der Definition.

9.1.2 Folgerungen   *Für einen MRW $(M_n, S_n)_{n\geq 0}$ mit $I\!\!P$ gemäß (9.1.1) gelten:*
(a) $(M_n, S_n)_{n\geq 0}$ ist eine MK mit Übergangskern $I\!\!P^\star$, definiert durch

$$I\!\!P^\star((x,s), A \times B) \;=\; I\!\!P(x, A \times (B - s))$$

für alle $(x,s) \in S \times I\!\!R, A \in \mathcal{S}$ und $B \in \mathcal{B}$.
(b) $(M_n)_{n\geq 0}$ ist eine MK mit Übergangskern $I\!\!P'$, definiert durch

$$I\!\!P'(x, A) \;=\; I\!\!P(x, A \times I\!\!R)$$

für alle $x \in S$ und $A \in \mathcal{S}$.
(c) Bedingt unter $(M_n)_{n\geq 0}$, sind $X_0, X_1, \ldots$ stochastisch unabhängig, und es gilt

$$(9.1.2) \qquad P(X_n \in B | (M_j, X_j)_{j \neq n}, M_n) \;=\; Q(M_{n-1}, M_n, B) \quad P\text{-}f.s.$$

für alle $n \geq 1, B \in \mathcal{B}$ und einen Übergangskern $Q : S^2 \times \mathcal{B} \to [0, 1]$.

Im folgenden sei ein Modell der Form $(\Omega, \mathcal{A}, (P_{x,y})_{x \in S, y \in I\!\!R}, (M_n, X_n)_{n\geq 0})$ für $I\!\!P$ gegeben, d.h. insbesondere

$$P_{x,y}(M_0 = x, X_0 = y) \;=\; 1 \quad \text{für alle } x \in S, y \in I\!\!R.$$

Für $P_{x,0}$ schreiben wir kürzer P_x, und zu beliebiger Startverteilung λ auf $S \times I\!\!R$ sei $P_\lambda = \int P_{x,y}\, \lambda(dx, dy)$. $E_{x,y}, E_x$ und E_λ bezeichnen wie bisher die zugehörigen Erwartungswertoperatoren. Das Maß U_λ, definiert durch

$$(9.1.3) \qquad U_\lambda \;=\; E_\lambda\Big(\sum_{n\geq 0} \mathbf{1}((M_n, S_n) \in \,\cdot\,)\Big) \;=\; \sum_{n\geq 0} P_\lambda((M_n, S_n) \in \,\cdot\,)$$

nennen wir das *Erneuerungsmaß von $(M_n, S_n)_{n\geq 0}$ bei Startverteilung λ.* $U_\lambda(S \times B)$ gibt dann wieder die erwartete Anzahl von Aufenthalten des RW $(S_n)_{n\geq 0}$ in der Menge B an. Ziel der anschließenden Untersuchungen und Inhalt des bereits angekündigten Markov-Erneuerungstheorems ist die Berechnung von

$$\lim_{t \to \infty} U_\lambda(A \times (t + I))$$

für beliebige $A \in \mathcal{S}$ und beschränkte Intervalle I unter geeigneten Annahmen, die es zunächst zu entwickeln gilt. Als entscheidender Ansatzpunkt erweist sich auch hier die Existenz eines Regenerationsschemas für $(M_n, X_n)_{n\geq 0}$, das aufgrund der vorliegenden Abhängigkeitsstruktur eng an das Regenerationsverhalten von $(M_n)_{n\geq 0}$ gekoppelt ist und formal erneut auf der Gültigkeit einer geeigneten Minorisierungsbedingung für den hier betrachteten Übergangskern $I\!\!P$ basiert. Verschiedene solcher Bedingungen sind in der Literatur betrachtet worden, wobei die folgende von Ney und Nummelin(1984) stammt.

Sei $\Re$ eine Rekurrenzmenge für $(M_n)_{n\geq 0}$. Es gelte dann

$$(9.1.4) \qquad I\!P(x, A \times B) \;\geq\; \alpha\,\psi(A \times \cdot) * \phi(x, \cdot)(B) \;=\; \alpha \int_{S \times I\!R} \phi(x, B - s)\, \psi(A \times ds)$$

für ein $\alpha > 0$, einen stochastischen Kern $\phi : S \times \mathcal{B} \to [0,1]$, ein Wahrscheinlichkeitsmaß ψ auf $S \times I\!R$ sowie für alle $A \in \mathcal{S}, B \in \mathcal{B}$ und $x \in \Re$.

9.1.3 Bemerkungen zur Minorisierungsbedingung (9.1.4)

(a) Durch Einsetzen von $B = I\!R$ in (9.1.4) erhält man für den Übergangskern $I\!P'(x, \cdot) = I\!P(x, \cdot \times I\!R)$ von $(M_n)_{n\geq 0}$

$$I\!P'(x, \cdot) \;\geq\; \alpha\,\psi(\cdot \times I\!R) \quad \text{für alle } x \in \Re.$$

Unter Hinweis auf Bemerkung 8.1.2(d) folgt damit, daß $(M_n)_{n\geq 0}$ eine HK mit Regenerationsmenge $\Re$ bildet.

(b) Gilt $\phi(x, \cdot) = \delta_0$ für alle $x \in \Re$, so vereinfacht sich (9.1.4) zu

$$(9.1.4a) \qquad\qquad I\!P(x, A \times B) \;\geq\; \alpha\,\psi(A \times B)$$

für alle $A \in \mathcal{S}, B \in \mathcal{B}$ und $x \in \Re$. Dies bedeutet, daß $(M_n, X_n)_{n\geq 0}$ eine HK mit Regenerationsmenge $\Re \times I\!R$ bildet und folglich gemäß Lemma 8.2.2 ein Regenerationsschema besitzt.

(c) Ein weiterer Spezialfall ergibt sich unter der Annahme von $\psi = \varphi \otimes \delta_0$ für ein Wahrscheinlichkeitsmaß auf S. (9.1.4) vereinfacht sich dann zu

$$(9.1.4b) \qquad\qquad I\!P(x, A \times B) \;\geq\; \alpha\,\varphi(A)\phi(x, B)$$

für alle $A \in \mathcal{S}, B \in \mathcal{B}$ und $x \in \Re$. Diese Situation liegt insbesondere vor, wenn $(M_n)_{n\geq 0}$ eine HK bildet und X_k für jedes $k \geq 1$ von $(M_n)_{n\geq 0}$ nur über M_{k-1} abhängt. Letzteres ist gleichbedeutend mit

$$I\!P(x, A \times B) \;=\; I\!P(x, A \times I\!R)\, I\!P(x, S \times B)$$

für alle $A \in \mathcal{S}, B \in \mathcal{B}$ und $x \in S$, wie man leicht nachweist. Im Fall dieser einfacheren Abhängigkeitsstruktur läßt sich ferner zeigen, daß ein gemäß Lemma 8.2.2 für $(M_n)_{n\geq 0}$ konstruiertes Regenerationsschema auch eines für $(M_n, X_n)_{n\geq 0}$ bildet. Dieser Spezialfall wurde im Hinblick auf erneuerungstheoretische Resultate von Athreya, McDonald und Ney(1978a) behandelt.

(d) Als einfachster Spezialfall sei schließlich die Situation betrachtet, daß $(M_n)_{n\geq 0}$ abzählbaren Zustandsraum S besitzt, gemäß obiger Bemerkung (a) also bei Vorliegen von (9.1.4) eine diskrete HK bildet. Man sieht dann sofort, daß sogar (9.1.4a) erfüllt ist: Seien nämlich $i \in S$ ein rekurrenter Zustand und dazu ein $j \in S$ mit $p_{ij} \stackrel{\text{def}}{=} I\!P(i, \{j\} \times I\!R) > 0$ gewählt ($\Rightarrow j$ rekurrent). Es folgt

$$I\!P(i, A \times B) \;\geq\; p_{ij}\,\delta_j(A)\,Q(i,j,B),$$

wobei Q gemäß (9.1.2) gegeben ist, und damit die Gültigkeit von (9.1.4a) mit $\alpha = p_{ij}, \psi = \delta_j \otimes Q(i,j,\cdot)$ sowie $\Re = \{i\}$.

Alle weiteren Untersuchungen basieren auf dem nachfolgenden Regenerationslemma für MRW, das im wesentlichen eine Erweiterung von Lemma 8.2.1 bildet und von Nummelin und Ney(1984) stammt.

9.1.4 Ein Regenerationslemma für MRW   *Seien* $I\!\!P : S \times (\mathcal{S} \otimes \mathcal{B}) \to [0,1]$ *ein Übergangskern, der die Minorisierungsbedingung (9.1.4) erfüllt, und für* $x \in S, A \in \mathcal{S}, B \in \mathcal{B}$

$$\hat{I\!\!P}(x, A \times B) \overset{\text{def}}{=} (1-\alpha)^{-1} \big(I\!\!P(x, A \times B) - \alpha\, \psi(A \times \cdot) * \phi(x, \cdot)(B) \big).$$

Sei dann der Übergangskern $I\!\!P^* : S \times \{0,1\} \times (\mathcal{S} \otimes \mathcal{P}(\{0,1\}) \otimes \mathcal{B}^2) \to [0,1]$ *wie folgt definiert:*

$$I\!\!P^*((x,0), A \times \{\theta\} \times B \times C) = \begin{cases} [\alpha\theta + (1-\alpha)(1-\theta)]\, I\!\!P(x, A \times B)\delta_0(C), & \text{falls } x \notin \Re \\[2mm] [\alpha\theta + (1-\alpha)(1-\theta)]\, \hat{I\!\!P}(x, A \times B)\delta_0(C), & \text{falls } x \in \Re \end{cases}$$

$$I\!\!P^*((x,1), A \times \{\theta\} \times B \times C) = \begin{cases} [\alpha\theta + (1-\alpha)(1-\theta)]\, I\!\!P(x, A \times B)\delta_0(C), & \text{falls } x \notin \Re \\[2mm] [\alpha\theta + (1-\alpha)(1-\theta)]\, \psi(A \times B)\phi(x, C), & \text{falls } x \in \Re \end{cases}$$

für alle $\theta \in \{0,1\}, A \in \mathcal{S}$ *und* $B, C \in \mathcal{B}$. *Schließlich seien* $(M_n, \eta_n, X'_n, X''_n)_{n \geq 0}$ *eine zu* $I\!\!P^*$ *gehörende in einem kanonischen Modell definierte MK mit kanonischer Filtration* $(\mathcal{F}_n)_{n \geq 0}$, $X_n = X'_n + X''_n$, $Y_n = X'_{T_n} + X_{T_n+1} + \ldots + X_{T_{n+1}-1} + X''_{T_{n+1}}$, $\mathbf{Z}_{n+1} = (T_{n+1} - T_n, (M_j, X'_j, X''_{j+1})_{T_n \leq j < T_{n+1}})$ *für alle* $n \geq 0$, $P_{x,y}$ *durch*

$$P_{x,y}((M_0, \eta_0, X'_0, X''_0) \in \cdot) = \delta_x \otimes B(1, \alpha) \otimes \delta_y \otimes \delta_0$$

für alle $(x,y) \in S \times I\!\!R$ *definiert,* $P_\lambda = \int_{S \times I\!\!R} P_{x,y}\, \lambda(dx, dy)$ *für jedes Maß* λ *auf* $S \times I\!\!R$ *sowie*

$$(9.1.5) \qquad T_0 = 0 \quad und \quad T_n = \inf\{k \geq 1 : M_{k-1} \in \Re, \eta_{k-1} = 1\} \quad für \ n \geq 1.$$

Dann gelten die folgenden Aussagen:

(a) $(M_n, X_n)_{n \geq 0}$ *ist eine MK bzgl.* $(\mathcal{F}_n)_{n \geq 0}$ *mit Übergangskern* $I\!\!P$ *und Startpunkt* (x, y) *unter* $P_{x,y}$.

(b) η_n *und* $(M_j, \eta_j, X'_j, X''_j)_{0 \leq j < n}, M_n, X'_n, X''_n$ *sind unter jedem* $P_{x,y}$ *stochastisch unabhängig, und es gilt* $P_{x,y}(\eta_n \in \cdot) = B(1, \alpha)$ *für alle* $n \geq 0$ *und* $(x, y) \in S \times I\!\!R$.

(c) $T_0, T_1, \ldots$ *bilden* $P_{x,y}$-*f.s. endliche Stopzeiten bzgl.* $(\mathcal{F}_n)_{n \geq 0}$ *für alle* $(x, y) \in S \times I\!\!R$.

(d) $\mathbf{Z}_n, n \geq 0$ *sind unter jedem* $P_{x,y}$ *stochastisch unabhängig und für* $n \geq 1$ *identisch verteilt mit* $P_{x,y}(\mathbf{Z}_n \in \cdot) = P_\psi(\mathbf{Z}_0 \in \cdot)$.

(e) $P_{x,y}((M_j, X'_j, X''_{j+1})_{0 \leq j < T_k} \in \cdot, (M_n, X'_n, X''_{n+1})_{n \geq T_k} \in \cdot) = P_{x,y}((M_j, X'_j, X''_{j+1})_{0 \leq j < T_k} \in \cdot)\, P_\psi((M_n, X'_n, X''_{n+1})_{n \geq 0} \in \cdot)$ *für alle* $k \geq 1$.

(f) $Y_n, n \geq 0$ *sind unter jedem* $P_{x,y}$ *stochastisch unabhängig und für* $n \geq 1$ *identisch verteilt mit* $P_{x,y}(Y_n \in \cdot) = P_\psi(Y_0 \in \cdot)$ *für alle* $n \geq 1$.

Beweis: Ebenso wie für die Regenerationslemmata im letzten Paragraphen verzichten wir auf den formalen Nachweis der Aussagen, der schreibtechnisch noch erheblich aufwendiger als dort wäre, und beschränken uns wieder auf eine Beschreibung des zugrundeliegenden Zufallsmechanismus': Zu beliebig vorgegebenem $P_{x,y}$ sei $(M_j, \eta_j, X_j', X_j'')_{0 \leq j < n}$ bereits wie gefordert generiert. Erzeuge dann (M_n, X_n') gemäß $I\!\!P(M_{n-1}, \cdot)$ und setze $X_n'' = 0$, sofern $M_{n-1}' \notin \mathfrak{R}$. Andernfalls erzeuge (M_n, X_n', X_n'') gemäß $\psi \otimes \phi(M_{n-1}, \cdot)$, sofern $\eta_{n-1} = 1$, und gemäß $\hat{I\!\!P}(M_{n-1}, \cdot) \otimes \delta_0$ (d.h. $X_n'' = 0$), sofern $\eta_{n-1} = 0$. Abschließend erzeuge eine vom bisherigen Geschehen unabhängige $B(1, \alpha)$-verteilte Zufallszahl η_n. Dieses Vorgehen liefert bei zeitlich unbeschränkter Fortsetzung eine Realisierung der oben definierten MK $(M_n, \eta_n, X_n', X_n'')_{n \geq 0}$. $\diamond$

9.1.5 Bemerkungen (a) Bei Vorliegen der stärkeren Minorisierungsbedingungen (9.1.4a) bzw. (9.1.4b) ergeben sich im obigen Lemma gerade $X_n'' = 0$ bzw. $X_{T_n}' = 0$ für alle $n \geq 0$. Im ersten Fall, d.h. im Fall eines Harris-Kerns $I\!\!P$ entfällt die Folge $(X_n'')_{n \geq 0}$ also vollständig, und es gilt demnach $X_n = X_n'$ für alle $n \geq 0$. Lemma 9.1.4 entspricht dann, sofern $I\!\!P$ streng aperiodisch ist, genau dem Regenerationslemma 8.2.1 angewendet auf $I\!\!P$.

(b) Eine weitere Verbindung zu Lemma 8.2.1 offenbart sich durch die Beobachtung, daß die weiterhin als *Regenerationszeiten* bezeichneten Stopzeiten $T_1, T_2, \ldots$ genauso wie dort definiert sind und $(M_n)_{n \geq 0}$ in unabhängige Zyklen zerlegt. Entscheidend ist hier natürlich, daß dies auch für die zusätzlich auftretende Folge $(X_n)_{n \geq 0}$ zutrifft, allerdings unter Aufspaltung von jedem X_{T_n} in einen nur von M_{T_n-1} abhängigen Anteil X_{T_n}'' und einen nur von M_{T_n} abhängigen Anteil X_{T_n}' (siehe Bild 7).

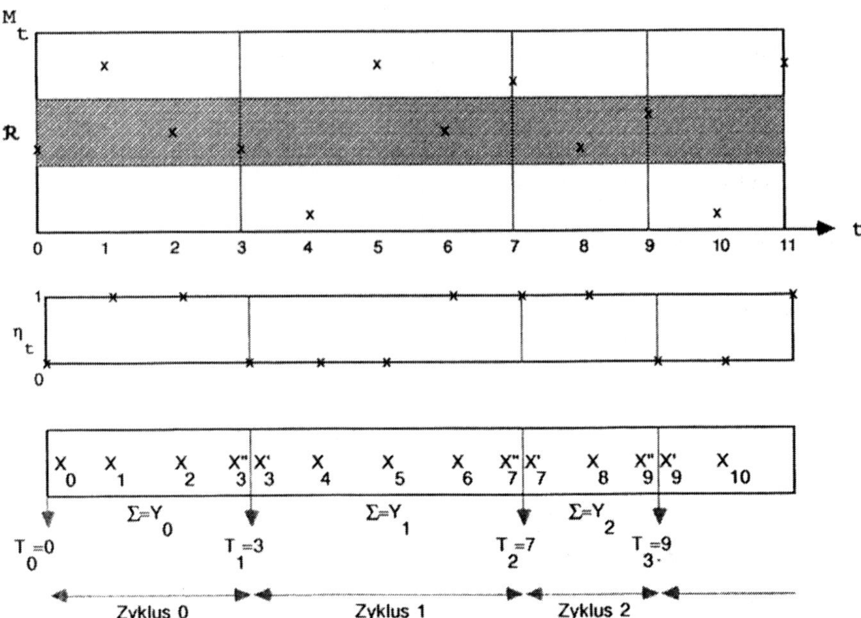

Bild 7: Graphische Darstellung eines in Lemma 9.1.4 definierten Regenerationsschemas

(c) Ist S im obigen Lemma abzählbar, also $(M_n)_{n\geq 0}$ eine diskrete HK, so gilt, wie in 9.1.3(d) bemerkt, die einfachere Minorisierungsbedingung (9.1.4a) mit $\psi = \delta_j \otimes Q(i,j,\cdot)$ und $\Re = \{i\}$, wobei i,j zwei beliebige rekurrente Zustände für $(M_n)_{n\geq 0}$ mit $I\!\!P(i,\{j\} \times I\!\!R) > 0$ bezeichnen. Verwendet man diese Minorisierungsbedingung im obigen Regenerationslemma, so folgt aufgrund der speziellen Gestalt von ψ, daß die Ereignisse $\{M_{n-1} = i, \eta_{n-1} = 1\}$ und $\{M_{n-1} = i, M_n = j\}$ für jedes $n \geq 1$ übereinstimmen. Die Regenerationszeiten $T_1, T_2, \ldots$ lassen sich dann also auch durch

$$T_0 \;=\; 0 \quad \text{und} \quad T_n \;=\; \inf\{k > T_{n-1} : M_{k-1} = i, M_k = j\} \quad \text{für } n \geq 1$$

definieren, und auf die Einführung der Randomisierungsvariablen $\eta_0, \eta_1, \ldots$ kann verzichtet werden.

(d) Sei $I\!\!P^{(r)}$ der zur MK $(M_{nr}, S_{nr} - S_{(n-1)r})_{n\geq 0}$ gehörende Übergangskern. Erfüllt $I\!\!P^{(r)}$ für ein $r \geq 2$ die Minorisierungsbedingung (9.1.4b), so läßt sich ebenfalls ein für die nachfolgende Analyse geeignetes Regenerationslemma formulieren, wie von Athreya und Ney(1978b) gezeigt worden ist. Wir gehen darauf jedoch nicht weiter ein.

(e) Da die $T_n, n \geq 1$ auch Regenerationszeiten für die HK $(M_n)_{n\geq 0}$ bilden, wie gerade bemerkt, definiert

$$(9.1.6) \qquad\qquad \xi \;=\; E_\psi \Big(\sum_{j=0}^{T_1-1} \mathbf{1}(M_j \in \cdot\,) \Big)$$

das gemäß Satz 8.3.1 bis auf skalares Vielfaches eindeutig bestimmte stationäre Maß für $(M_n)_{n\geq 0}$.

Das anschließende Korollar ist eine einfache Folgerung aus dem vorhergehenden Regenerationslemma und wird im nächsten Abschnitt benötigt.

9.1.6 Korollar *Gegeben sei die Situation von Lemma 9.1.4. Ferner sei* $W_n = Y_0 + \ldots + Y_{n-1}$ *für* $n \geq 1$. *Dann gilt für jede meßbare Funktion* $h : S^{I\!N_0} \times I\!\!R^{I\!N_0} \to [0,\infty)$, *jede Verteilung* λ *auf* $S \times I\!\!R$ *und alle* $n \geq 1$

$$(9.1.7) \qquad E_\lambda h((M_{T_n+j}, S_{T_n+j})_{j\geq 0}) \;=\; \int_{I\!\!R} E_\psi h((M_j, S_j + w)_{j\geq 0})\, P_\lambda(W_n \in dw).$$

Beweis: Da $W_n = X_0' + X_1 + \ldots + X_{T_n-1} + X_{T_n}''$ offensichtlich $\sigma((M_j, X_j', X_{j+1}'')_{0\leq j < T_n})$-meßbar ist und

$$h((M_{T_n+j}, S_{T_n+j})_{j\geq 0}) \;=\; \tilde{h}(W_n, (M_j, X_j', X_{j+1}'')_{j\geq T_n})$$

für eine geeignete Funktion $\tilde{h}$, folgt die Behauptung aus Lemma 9.1.4(e), wenn man den Integranden $h((M_{T_n+j}, S_{T_n+j})_{j\geq 0})$ in (9.1.7) unter W_n bedingt. $\qquad\Diamond$

Literaturhinweise: Zu den bereits erwähnten Arbeiten von Athreya, Ney und Nummelin(1978a), Athreya und Ney(1978b) sowie Ney und Nummelin(1984) ergänzen wir an dieser Stelle die von Nummelin(1978b), Iscoe, Ney und Nummelin(1985) sowie Niemi und Nummelin(1986), in denen verschiedene geeignete Minorisierungsbedingungen an $I\!P$ und deren Auswirkungen für das Regenerationsverhalten eines zugehörigen MRW diskutiert werden.

9.2 Das Markov-Erneuerungstheorem

Durch Kombination des im vorigen Abschnitt bewiesenen Regenerationslemmas mit dem Blackwellschen Erneuerungstheorem und seiner Integralversion, dem 2. Erneuerungstheorem, können wir nun das Hauptresultat der Markov-Erneuerungstheorie beweisen, das sogenannte Markov-Erneuerungstheorem. Zu diesem Zweck machen wir im Anschluß folgende

Generalvoraussetzungen: Zu gegebenem Übergangskern $I\!P : S \times I\!R \to [0,1]$, der (9.1.4) erfüllt, seien $(M_n, \eta_n, X_n', X_n'')_{n \geq 0}$ und $(T_n)_{n \geq 0}$ gemäß Lemma 9.1.4 definiert, und es gelten die dortigen Bezeichnungen. Ferner seien die Bedingungen

$$(9.2.1) \qquad E_x|X_1| \; = \; \int_{I\!R} |y| \; I\!P(x, S \times dy) \; < \; \infty \quad \text{für alle } x \in S,$$

$$(9.2.2) \qquad E_\psi|X_{T_1}'| \; = \; \int_{I\!R} |y| \; \psi(S \times dy) \; < \; \infty \quad \text{und}$$

$$(9.2.3) \qquad E(|X_{T_1}''| | M_{T_1-1} = x) \; = \; \int_{I\!R} |y| \; \phi(x, dy) \; < \; \infty \quad \text{für alle } x \in \Re$$

erfüllt. Wir erinnern daran, daß $P_x = P_{x,0}$ für alle $x \in S$. Sei $\mu : S \to I\!R$ durch

$$(9.2.4) \qquad\qquad\qquad \mu(x) \; = \; E_x X_1$$

definiert. Für die in Lemma 9.1.4(f) eingeführte Zufallsgröße

$$Y_0 \; = \; X_0' + X_1 + ... + X_{T_1-1} + X_{T_1}''$$

setzen wir abschließend

$$Y_0^{(+)} = X_0'^+ + X_1^+ + ... + X_{T_1-1}^+ + X_{T_1}''^+ \quad \text{und} \quad Y_0^{(-)} = X_0'^- + X_1^- + ... + X_{T_1-1}^- + X_{T_1}''^-.$$

Bevor wir das Markov-Erneuerungstheorem formulieren, geben wir folgendes

9.2.1 Lemma *Ist $E_\psi Y_0^{(+)}$ oder $E_\psi Y_0^{(-)}$ endlich und ξ gemäß (9.1.6) definiert, so gilt*

$$(9.2.5) \qquad\qquad\qquad E_\psi Y_0 \; = \; \int_S \mu(x) \; \xi(dx),$$

Beweis: O.B.d.A. können wir $Y_0 = Y_0^{(+)}$ annehmen. Aus Lemma 9.1.4(e) folgt dann

$$E_\psi X_{T_n}' \; = \; E_\psi X_0' \; = \; \int_{I\!R} z \; \psi(S \times dz) \quad \text{für alle } n \geq 1$$

und damit weiter

$$E_\psi Y_0 \;=\; E_\psi\big(\sum_{j=1}^{T_1-1} X_j\big) \;+\; E_\psi(X_0' + X_{T_1}'') \;=\; E_\psi\big(\sum_{j=1}^{T_1} X_j\big)$$

$$=\; E_\psi\big(\sum_{j\geq 1} \mathbf{1}(T_1 \geq j)X_j\big) \;=\; E_\psi\big(\sum_{j\geq 1} \mathbf{1}(T_1 \geq j)\mu(M_{j-1})\big)$$

$$=\; E_\psi\big(\sum_{j=1}^{T_1} \mu(M_{j-1})\big) \;=\; E_\psi\big(\sum_{j=0}^{T_1-1} \mu(M_j)\big) \;=\; \int_S \mu(x)\,\xi(dx).$$

Dabei wurde in der vorletzten Zeile benutzt, daß $\{T_1 \geq j\} \in \mathcal{F}_{j-1}$ und $E(X_j|\mathcal{F}_{j-1}) = \mu(M_{j-1})$ für alle $j \geq 1$ gelten. $\diamond$

Für jedes Maß λ auf $S \times I\!R$ sei im folgenden der Operator Γ_λ durch

$$(9.2.6) \qquad\qquad \Gamma_\lambda g(t) \;=\; E_\lambda\big(\sum_{j=0}^{T_1-1} g(M_j, t - S_j)\big)$$

definiert, wobei dessen Definitionsbereich aus allen meßbaren Funktionen $g : S \times I\!R \to I\!R$ bestehe, für die der rechte Erwartungswert für alle $t \in I\!R$ existiert. Wir definieren außerdem

$$(9.2.7) \qquad\qquad g * U_\lambda(t) \;=\; E_\lambda\big(\sum_{n\geq 0} g(M_n, t - S_n)\big)$$

für meßbare Funktionen g, für die die rechte Seite für alle $t \in I\!R$ existiert.

9.2.2 Das Markov-Erneuerungstheorem (allgemeine Version) *Neben den zuvor gemachten Annahmen und Bezeichnungen seien außerdem*

$$(9.2.8) \qquad\qquad E_\psi Y_0 \;=\; \int_S \mu(x)\,\xi(dx) \;>\; 0,$$

$g : S \times I\!R \to I\!R$ eine meßbare Funktion sowie λ ein Wahrscheinlichkeitsmaß auf $S \times I\!R$, so daß $\Gamma_\psi g$ d.R.i. ist und $\lim_{t\to\infty} \Gamma_\lambda g(t) = 0$. Bezeichnet dann d die Spanne von $P_\psi(Y_0 \in \cdot\,)$, und ist $P_\lambda(Y_0 \in d\mathbb{Z}) = 1$, falls $d > 0$, so folgt

$$(9.2.9) \qquad\qquad \underset{t\to\infty}{d\text{-}\lim}\; g * U_\lambda(t) \;=\; (E_\psi Y_0)^{-1} \int_S \int_{I\!R} g(x, t)\, l_d(dt)\, \xi(dx).$$

Beweis: Seien $W_0 = 0$ und $W_n = Y_0 + ... + Y_{n-1}$ für $n \geq 1$. Gemäß Lemma 9.1.4(f) und (9.2.8) bildet $(W_n)_{n\geq 0}$ unter P_ψ einen SRW mit positiver Drift $E_\psi Y_0$. Seien $\hat{U}_\psi$ dessen Erneuerungsmaß und ferner g, λ wie im Satz gefordert. Statt g^+ und g^- getrennt zu untersuchen, können wir o.B.d.A. $g \geq 0$ annehmen. Dann gilt unter Benutzung von Korollar 9.1.6

und Lemma 9.1.4(d)

$$g * U_\lambda(t) = \Gamma_\lambda g(t) + E_\lambda\Big(\sum_{j \geq T_1} g(M_j, t - S_j)\Big)$$

$$= \Gamma_\lambda g(t) + \int_{I\!R} E_\psi\Big(\sum_{j \geq 0} g(M_j, t - y - S_j)\Big)$$

$$= \Gamma_\lambda g(t) + \int_{I\!R} \sum_{n \geq 0} E_\psi\Big(\sum_{j=T_n}^{T_{n+1}-1} g(M_j, t - y - S_j)\Big) P_\lambda(Y_0 \in dy)$$

$$= \Gamma_\lambda g(t) + \int_{I\!R} g * U_\psi(t - y) \, P_\lambda(Y_0 \in dy).$$

Da $\Gamma_\lambda g(t) \to 0$, falls $t \to \infty$, und $P_\lambda(Y_0 \in d\mathbb{Z}) = 1$, falls $d > 0$, reicht es zum Nachweis von (9.2.9) offenkundig zu zeigen, daß $g * U_\psi$ beschränkt ist und (9.2.9) mit $\lambda = \psi$ erfüllt. Unter erneuter Benutzung von Korollar 9.1.6 gilt aber

$$g * U_\psi(t) = \sum_{n \geq 0} \int_{I\!R} \Gamma_\psi g(t - w) \, P_\psi(W_n \in dw) = (\Gamma_\psi g) * \hat{U}_\psi(t),$$

was zum einen die Beschränktheit von $g * U_\psi$ impliziert, weil $\Gamma_\psi g$ d.R.i. und $\hat{U}_\psi$ auf Intervallen konstanter Länge gleichmäßig beschränkt ist, zum anderen (9.2.9) für $g * U_\psi$ gemäß dem 2. Erneuerungstheorem. $\diamond$

Das soeben bewiesene Theorem läßt offen, unter welchen Bedingungen an g und λ die dortigen Voraussetzungen an $\Gamma_\psi g$ und $\Gamma_\lambda g$ erfüllt sind. Zu diesem Zweck geben wir zwei weitere Lemmata.

9.2.3 Lemma *Sei* $g : S \times I\!R \to [0, \infty)$ *eine meßbare Funktion, derart daß* $g(x, \cdot)$ *für jedes* $x \in S$ l_0-*f.ü. stetig ist. Ferner gelte für ein* $\varepsilon > 0$

$$(9.2.10) \qquad \int_S \sum_{n \in \mathbb{Z}} \sup_{n\varepsilon \leq t < (n+1)\varepsilon} g(x, t) \, \xi(dx) < \infty.$$

Dann ist $\Gamma_\psi g$ *d.R.i.*

Beweis: Als erstes bemerken wir, daß (9.2.10) die Beschränktheit von $g(x, \cdot)$ für jedes $x \in S$ impliziert. In Anlehnung an Definition 2.5.1 setzen wir für eine beliebige Funktion $f : I\!R \to [0, \infty)$ sowie für $\delta > 0, n \in \mathbb{Z}$

$$M_n^\delta(f) = \sup_{n\delta \leq t < (n+1)\delta} f(t), \quad \overline{\sigma}(f, \delta) = \sum_{n \in \mathbb{Z}} M_n^\delta(f) \mathbf{1}([n\delta, (n+1)\delta)).$$

$\overline{\sigma}(f, \delta)$ ist also eine obere Treppenfunktion für f. Eine einfache Abschätzung liefert für alle $r \in I\!R$ und $\delta > 0$

$$\sum_{n \in \mathbb{Z}} M_n^\delta(f(\cdot - r)) \leq 2 \sum_{n \in \mathbb{Z}} M_n^\delta(f).$$

Es folgt für alle $0 < \delta < \varepsilon$ unter Benutzung von (9.2.10)

$$
\begin{aligned}
\text{(9.2.11)} \quad \delta^{-1} \int_{-\infty}^{\infty} \overline{\sigma}(\Gamma_\psi g, \delta) &= \sum_{n \in \mathbb{Z}} M_n^\delta(\Gamma_\psi g) \leq E_\psi\Big(\sum_{j=0}^{T_1-1} \sum_{n \in \mathbb{Z}} M_n^\delta(g(M_j, \cdot - S_j))\Big) \\
&\leq E_\psi\Big(\sum_{j=0}^{T_1-1} \sum_{n \in \mathbb{Z}} 2 M_n^\delta(g(M_j, \cdot))\Big) = 2 \int_S \sum_{n \in \mathbb{Z}} M_n^\delta(g(x, \cdot))\, \xi(dx) < \infty.
\end{aligned}
$$

Unter Benutzung von Satz 2.5.2(c) reicht es deshalb zu zeigen, daß $\Gamma_\psi g$ l_0-f.ü. stetig ist, wozu es wiederum genügt, dessen Riemann-Integrierbarkeit auf jedem kompakten Intervall $[a, b]$ nachzuweisen. Wir beschränken uns zu diesem Zweck auf den Nachweis von

$$
\lim_{\delta \downarrow 0} \int_a^b \overline{\sigma}(\Gamma_\psi g, \delta)(t)\, dt = \int_a^b \Gamma_\psi g(t)\, dt,
$$

d.h. der Konvergenz der Obersummen. Für die Untersummen geht man völlig analog vor. Es gilt mit $c_n^\delta \overset{\text{def}}{=} l_0([a, b] \cap [n\delta, (n+1)\delta))$ für $n \in \mathbb{Z}$ und $\delta > 0$

$$
\begin{aligned}
\int_a^b \Gamma_\psi g(t)\, dt &\leq \int_a^b \overline{\sigma}(\Gamma_\psi g, \delta)(t)\, dt = \sum_{n \in \mathbb{Z}} c_n^\delta M_n^\delta(\Gamma_\psi g) \\
&\leq E_\psi\Big(\sum_{j=0}^{T_1-1} \sum_{n \in \mathbb{Z}} c_n^\delta M_n^\delta(g(M_j, \cdot - S_j))\Big) = E_\psi\Big(\sum_{j=0}^{T_1-1} \int_a^b \overline{\sigma}(g(M_j, \cdot - S_j), \delta)(t)\, dt\Big) \\
&\overset{\delta \downarrow 0}{\to} E_\psi\Big(\sum_{j=0}^{T_1-1} \int_a^b g(M_j, t - S_j)\, dt\Big) = \int_a^b E_\psi\Big(\sum_{j=0}^{T_1-1} g(M_j, t - S_j)\Big) = \int_a^b \Gamma_\psi g(t)\, dt.
\end{aligned}
$$

Dabei folgt die letzte Zeile aufgrund majorisierter Konvergenz, denn $g(M_j, t - S_j)$ ist für jedes $j \geq 0$ nach Voraussetzung l_0-f.ü. stetig und beschränkt, also Riemann-integrierbar auf $[a, b]$. Ferner liefert (9.2.11)

$$
\sum_{j=0}^{T_1-1} \int_a^b \overline{\sigma}(g(M_j, \cdot - S_j), \delta)(t)\, dt \leq 2\delta \sum_{j=0}^{T_1-1} \sum_{n \in \mathbb{Z}} M_n^\delta(g(M_j, \cdot)),
$$

und die rechte Seite ist gemäß (9.2.10) P_ψ-integrierbar für alle $\delta \leq \varepsilon$ (siehe letzte Zeile in (9.2.11)). $\hfill \Diamond$

9.2.4 Lemma *Seien $g : S \times \mathbb{R} \to [0, \infty)$ und $\hat{g}(x) \overset{\text{def}}{=} \sup_{t \in \mathbb{R}} g(x, t)$ meßbare Funktionen mit*

$$
\text{(9.2.12)} \qquad \lim_{t \to \infty} g(x, t) = 0 \quad \text{für } \xi\text{-fast alle } x \in S,
$$

$$
\text{(9.2.13)} \qquad \int_S \hat{g}(x)\, \xi(dx) < \infty.
$$

Dann folgt $\Gamma_x g(t) \to 0$, falls $t \to \infty$, für ξ-fast alle $x \in S$, wobei $\Gamma_x \overset{\text{def}}{=} \Gamma_{\delta_{(x,0)}}$.

Beweis: Sei $\hat{G}(x) = E_x\left(\sum_{0 \le j < T_1} \hat{g}(M_j)\right)$ für $x \in S$. Aus (9.2.13) folgt dann für alle $r \ge 1$

$$\infty > \int_S \hat{g}(x)\,\xi(dx) = E_\psi\left(\sum_{j=0}^{T_1-1} \hat{g}(M_j)\right) \ge \int_{\{T_1 > r\}} \sum_{j=r}^{T_1-1} \hat{g}(M_j)\,dP_\psi$$

$$= \int_S \hat{G}(x)\,P_\psi(M_r \in dx, T_1 > r) = \int_S \hat{G}(x)\,\xi_r(dx),$$

wobei $\xi_r = P_\psi(M_r \in \cdot, T_1 > r)$. Damit ist $\hat{G}(x) < \infty$ ξ_r-f.ü. für alle $r \ge 1$ und wegen $\xi = \sum_{r \ge 1} \xi_r$ auch ξ-f.ü. Da ξ für $I\!\!P' = I\!\!P(\cdot, \cdot \times I\!\!R)$ stationär ist, also $\xi I\!\!P'_k = \xi$ für alle $k \ge 1$ gilt, impliziert $\xi(A) = 0$

$$0 = \xi(A) = \xi I\!\!P'_k(A) = \int_{I\!\!R} P_x(M_k \in A)\,\xi(dx) \quad \text{für alle } k \ge 1,$$

also $P_x(M_k \in A) = 0$ für ξ-fast alle x und alle $k \ge 1$. Dies liefert weiter

$$\xi(\{x : P_x(M_k \in A \text{ für ein } k \ge 1) > 0\}) \le \sum_{k \ge 1} \xi(\{x : P_x(M_k \in A) > 0\}) = 0.$$

Wählen wir $A = \{x : \hat{G}(x) = \infty \text{ oder } g(x,t) \not\to 0\}$, so folgt $\xi(A) = 0$ nach Voraussetzung und dem oben Bewiesenen, und wir erhalten deshalb für alle $x \in A^c$

$$\sum_{j=0}^{T_1-1} g(M_j, t - S_j) \to 0 \quad P_x\text{-f.s.} \quad (t \to \infty).$$

Außerdem gilt offensichtlich

$$\left| \sum_{j=0}^{T_1-1} g(M_j, t - S_j) \right| \le \sum_{j=0}^{T_1-1} \hat{g}(M_j),$$

und die rechte Seite ist P_x-integrierbar für alle $x \in A^c$. Es folgt $\Gamma_x g(t) \to 0$, falls $t \to \infty$, für alle $x \in A^c$ aufgrund majorisierter Konvergenz, was wegen $\xi(A) = 0$ den Beweis abschließt. $\Diamond$

Ein Blick auf den Beweis des vorigen Lemmas zeigt sofort, daß unter dessen Annahmen auch $\Gamma_{\delta_x \otimes \zeta} g(t) \to 0$, falls $t \to \infty$, für jedes Wahrscheinlichkeitsmaß ζ auf $I\!\!R$ folgt.

Ist $P_\psi(Y_0 \in \cdot)$ in Theorem 9.2.2 d-arithmetisch, so sind für die Gültigkeit von (9.2.9) lediglich die Werte $g(x, nd), n \in Z\!\!\!Z$ relevant. Ersetzen wir dort g durch die Modifikation $g^*(x, t) = \sum_{n \in Z\!\!\!Z} g(x, nd)\mathbf{1}([nd, (n+1)d))(t)$ (siehe auch Bemerkung 2.5.4(a)), so gilt deshalb

$$g * U_\lambda(nd) = g^* * U_\lambda(nd).$$

Für die Funktion g^* vereinfachen sich die beiden vorigen Lemmata in folgender Weise.

9.2.5 Korollar *Sei $g : S \times I\!\!R \to [0, \infty)$ eine meßbare Funktion und dazu g^* wie oben angegeben. Falls*

$$(9.2.14) \qquad \int_S \sum_{n \in Z\!\!\!Z} g(x, nd)\,\xi(dx) < \infty,$$

so ist $\Gamma_\psi g^*$ d.R.i., und es gilt $\lim_{t\to\infty} \Gamma_x g^*(t) = 0$ für ξ-fast alle $x \in S$.

Beweis: Es genügt der Hinweis, daß $g^*(x,\cdot)$ als Treppenfunktion l_0-f.ü. stetig ist für alle $x \in S$ und daß (9.2.12) und (9.2.13) für g^* bereits aus (9.2.14) folgen. $\diamond$

Da Lemma 9.2.3 und 9.2.4 insbesondere für $g(x,t) = \mathbf{1}(A)(x)\mathbf{1}(I)(t)$ gelten, sofern $A \in \mathcal{S}$ mit $\xi(A) < \infty$ und I ein beliebiges beschränktes Intervall ist, folgt nun leicht

9.2.6 Das Markov-Erneuerungstheorem (spezielle Version) *In der Situation von Theorem 9.2.2 gilt für jedes $A \in \mathcal{S}$ mit $\xi(A) < \infty$, jedes beschränkte Intervall I, für ξ-fast alle $x \in S$ sowie jedes Wahrscheinlichkeitsmaß ζ auf $\mathbb{R}$*

$$(9.2.15) \qquad d\text{-}\lim_{t\to\infty} U_{\delta_x\otimes\zeta}(A \times (t+I)) \;=\; (E_\psi Y_0)^{-1}\,\xi(A)\,l_d(I),$$

vorausgesetzt, daß $P_{\delta_x\otimes\zeta}(Y_0 \in d\mathbb{Z}) = 1$, falls $d > 0$.

Die soeben formulierte spezielle Version des Markov-Erneuerungstheorems bildet die kanonische Verallgemeinerung des Blackwellschen Erneuerungstheorems, das in der Tat als Spezialfall folgt, wenn man zu einem gegebenen RW $(S_n)_{n\geq 0}$ die triviale MK $M_0 = M_1 = \ldots = 0$ mit stationärer Verteilung $\xi = \delta_0$ ergänzt und dann Theorem 9.2.6 auf $(M_n, S_n)_{n\geq 0}$ anwendet. Die entsprechende Verallgemeinerung des 2. Erneuerungstheorems bildet gerade Theorem 9.2.2.

Aus der Beobachtung

$$\frac{\xi(A)}{E_\psi Y_0} \;=\; \frac{\xi(A)}{\int_S \mu(x)\,\xi(dx)},$$

ergibt sich, daß ξ durch jedes andere stationäre Maß auf der rechten Seite ersetzt werden darf, insbesondere durch die stationäre Verteilung ξ^* im Fall einer ergodischen HK $(M_n)_{n\geq 0}$. (9.2.14) hat dann die Form

$$(9.2.16) \qquad d\text{-}\lim_{t\to\infty} U_{\delta_x\otimes\zeta}(A \times (t+I)) \;=\; \frac{\xi^*(A)\,l_d(I)}{\int_S \mu(x)\,\xi^*(dx)}.$$

Zum Abschluß dieses Abschnitts wollen wir noch kurz auf das Markov-Erneuerungstheorem im diskreten Fall eingehen. Sei also angenommen, daß der Zustandsraum S von $(M_n)_{n\geq 0}$ abzählbar ist, wobei natürlich weiterhin die Minorisierungsbedingung (9.1.4) gelte. Wir hatten in 9.1.3(d) und 9.1.5(d) bemerkt, daß $(M_n)_{n\geq 0}$ in diesem Fall eine diskrete HK bildet und daß die speziellere Minorisierungsbedingung (9.1.4a) gilt mit $\psi = \delta_i\otimes Q(i,j,\cdot)$ und $\Re = \{i\}$ für zwei beliebige rekurrente Zustände $i, j \in S$ mit $p_{ij} = \mathbb{P}(i, \{j\}\times\mathbb{R}) > 0$. Als erste Regenerationszeit T_1 ergibt sich dann

$$T_1 \;=\; \inf\{n \geq 1 : M_{n-1} = i, M_n = j\},$$

und wegen $X_n'' = 0$ für alle $n \geq 0$ (siehe Bemerkung 9.1.5(a)) folgt $Y_0 = S_{T_1-1}$. Schreiben wir ξ_k, μ_k für $\xi(\{k\}), \mu(k)$ für alle $k \in S$, so erhalten wir

9.2.7 Das Markov-Erneuerungstheorem im diskreten Fall   *Gegeben sei die Situation von Theorem 9.2.2 mit abzählbarem S sowie i, j, ψ, T_1 wie gerade eingeführt. Sei d die Spanne von $P_\psi(S_{T_1-1} \in \cdot\,)$. Sofern $P_{\delta_k \otimes \zeta}(S_{T_1-1} \in d\mathbb{Z}) = 1$, falls $d > 0$, gilt dann für jedes $m \in S$, jedes beschränkte Intervall I, jedes rekurrente $k \in S$ und jedes Wahrscheinlichkeitsmaß ζ auf $\mathbb{R}$*

$$(9.2.17) \qquad d\text{-}\lim_{t \to \infty} U_{\delta_k \otimes \zeta}(\{m\} \times (t + I)) \;=\; \frac{\xi_m\, l_d(I)}{\sum_{p \in S} \mu_p \xi_p}.$$

Literaturhinweise: Versionen des Markov-Erneuerungstheorems sind in der Literatur mit zum Teil erheblich variierenden Methoden bewiesen worden, wobei sich unser Beweis an dem von Athreya, McDonald und Ney(1978a) orientiert hat. Als weitere Referenzen seien hier Smith(1955a), Jacod(1971), Kesten(1974), Berbee(1978) sowie Athreya und Ney(1978b) erwähnt. Eine bedingte Version des Markov-Erneuerungstheorems stammt von Lalley(1984) und beinhaltet eine a priori kaum zu erwartende Verallgemeinerung. Die naheliegende Vermutung, daß anstelle von (9.1.4) schon die Harris-Rekurrenz von $(M_n)_{n \geq 0}$ für die Gültigkeit des Markov-Erneuerungstheorems hinreichend ist, bildet anscheinend ein noch offenes Problem. Für weitere Literaturangaben zum Komplex "Markov-Erneuerungstheorie" siehe auch am Ende des nächsten Abschnitts.

9.3 Semi-Markov-Prozesse

Wie zu Beginn dieses Paragraphen bereits erläutert, bilden die anschließend formal definierten Semi-Markov-Prozesse die kanonische Verallgemeinerung der in §7 behandelten MSP.

9.3.1 Definition $(M_n, S_n)_{n \geq 0}$ sei ein MEP mit Zustandsraum $S \times (0, \infty)$ und $\nu(t) = \sup\{n \geq 0 : S_n \leq t\}$ $(\sup \emptyset \stackrel{\text{def}}{=} 0)$ für $t \geq 0$. Erweitere S um einen Zustand Δ und setze $(M_\infty, S_\infty) = (\Delta, \lim_{n \to \infty} S_n)$. Sei dann $(W_t)_{t \geq 0} = (N_t, R_t)_{t \geq 0}$ durch

$$(9.3.1) \qquad (N_t, R_t) \;=\; (M_{\nu(t)}, t - S_{\nu(t)}) \;=\; \sum_{n \geq 0} (M_n, t - S_n)\, \mathbf{1}(S_n \leq t < S_{n+1})$$

definiert. Dann heißen $(N_t)_{t \geq 0}$ *Semi-Markov-Prozeß (SMP)* mit eingebetteter MK $(M_n)_{n \geq 0}$ und Sprungzeiten $(S_n)_{n \geq 0}$ und $(R_t)_{t \geq 0}$ der zu $(M_n, S_n)_{n \geq 0}$ gehörende *Altersprozeß*. $(N_t)_{t \geq 0}$ wird ferner als *nicht-explodierend* bezeichnet, falls $S_\infty = \infty$ $P_{x,y}$-f.s. für alle $(x, y) \in S \times [0, \infty)$.

Zur Bezeichnung "Altersprozeß" für $(R_t)_{t \geq 0}$ interpretiere man $S_0, S_1, \ldots$ wieder als sukzessive Zeitpunkte, zu denen beispielsweise eine Komponente eines technischen Systems wegen Ausfalls durch eine neue ersetzt wird, so daß R_t das Alter der zum Zeitpunkt t arbeitenden Komponente angibt.

Das anschließende Lemma gibt eine hinreichende Bedingung dafür, daß $(N_t)_{t \geq 0}$ nicht-explodierend ist.

9.3.2 Lemma   *Seien $(M_n, S_n)_{n \geq 0}$ ein MEP und $(M_n, X_n)_{n \geq 0}$ die zugehörige MK mit Übergangskern $I\!\!P$, der (9.1.4) erfülle. Dann ist $(N_t)_{t \geq 0}$ nicht-explodierend.*

Beweis: Da $I\!\!P$ (9.1.4) erfüllt, können wir das im Regenerationslemma 9.1.4 definierte Modell einschließlich der dortigen Bezeichnungen zugrundelegen. Da alle $X_n, n \geq 0$ nach Voraussetzung $P_{x,y}$-f.s. positiv sind für alle $(x,y) \in S$, reicht es zu zeigen, daß $S_{T_n} \to \infty$ $P_{x,y}$-f.s., falls $n \to \infty$. Es gilt aber für alle $n \geq 2$

$$S_{T_n} \; \geq \; S_{T_n} - Y_0 \; \geq \; Y_1 + ... + Y_n,$$

und $Y_1, Y_2, ...$ sind gemäß Lemma 9.1.4(f) unter jedem $P_{x,y}$ u.i.v. sowie in der hier vorliegenden Situation natürlich f.s. positiv. Die Behauptung folgt daher aus dem starken Gesetz der großen Zahlen. $\diamond$

Bei Gültigkeit der Minorisierungsbedingung (9.1.4) läßt sich nun leicht mit Hilfe des Markov-Erneuerungstheorems ein Ergodensatz für den Prozeß $(W_t)_{t \geq 0}$ beweisen.

9.3.3 Satz   *Seien $(M_n, S_n)_{n \geq 0}$ ein MEP und $(M_n, X_n)_{n \geq 0}$ die zugehörige MK mit Übergangskern $I\!\!P$, der (9.1.4) erfülle. Sei ferner $g : S \times [0, \infty) \to [0, \infty)$ eine beschränkte, meßbare Funktion, derart daß $g(x, \cdot)$ l_0-f.ü. stetig ist für alle $x \in S$ und $f(x,t) \stackrel{\text{def}}{=} g(x,t) P_x(X_1 > t)$ $1([0,\infty))(t)$ die Bedingung (9.2.10) in Lemma 9.2.3 erfüllt. Bezeichnet d die Spanne von $P_\psi(Y_0 \in \cdot)$, so gilt für jede Startverteilung λ auf $S \times [0, \infty)$ mit $P_\lambda(Y_0 \in d\mathbb{Z}) = 1$, falls $d > 0$,*

$$(9.3.2) \qquad d\text{-}\lim_{t \to \infty} E_\lambda g(W_t) \; = \; (E_\psi Y_0)^{-1} \int_S \int_{[0,\infty)} f(x,t) \, l_d(dt) \, \xi(dx).$$

Insbesondere folgt für jede ξ-integrierbare Funktion $h : S \to [0, \infty)$, für die auch $h(x)\mu(x)$ ξ-integrierbar ist,

$$(9.3.3) \qquad \lim_{t \to \infty} E_\lambda h(N_t) \; = \; (E_\psi Y_0)^{-1} \int_S h(x) \int_{[0,\infty)} P_x(X_1 > t) \, l_d(dt) \, \xi(dx).$$

Beweis: Unter Benutzung der Annahmen des Satzes sowie des Regenerationslemmas 9.1.4 erhalten wir

$$E_\lambda g(W_t) \; = \; E_\lambda g(W_t) 1(Y_0 > t) + E_\lambda \Big(\sum_{n \geq T_1} g(M_n, t - S_n) 1(Y_0 \leq S_n \leq t < S_{n+1}) \Big)$$

$$= \; o(1) + \int_{[0,t]} E_\psi g(W_{t-y}) \, P_\lambda(Y_0 \in dy) \quad (t \to \infty).$$

Aufgrund majorisierter Konvergenz und wegen $P_\lambda(Y_0 \in \cdot) = 1$, falls $d > 0$, reicht es deshalb, (9.3.2) für $\lambda = \psi$ zu zeigen. Die obige Gleichung ist dann offensichtlich eine gewöhnliche Erneuerungsgleichung, was wir allerdings nicht verwenden wollen. Stattdessen schreiben wir

$$E_\psi g(W_t) \; = \; \sum_{n \geq 0} E_\psi g(M_n, t - S_n) 1(S_n \leq t < S_{n+1})$$

$$= \; \sum_{n \geq 0} E_\psi \big(g(M_n, t - S_n) 1([0,\infty))(t - S_n) I\!\!P(M_n, S \times (t - S_n, \infty)) \big)$$

$$= \; f * U_\psi(t),$$

wobei f wie oben im Satz definert ist. Offensichtlich ist mit $g(x, \cdot)$ auch $f(x, \cdot)$ l_0-f.ü. stetig, und f erfüllt nach Voraussetzung (9.2.10). Aus Lemma 9.2.3 folgt daher die direkte Riemann-Integrierbarkeit von $\Gamma_\psi f$, und es gilt insbesondere $\lim_{t\to\infty} \Gamma_\psi f(t) = 0$. Es folgt schließlich (9.3.2) bei Anwendung des Markov-Erneuerungstheorems 9.2.2.

Zum Nachweis von (9.3.3) setzen wir $g(x,t) = h(x)$ in (9.3.2). Dann ist $g(x, \cdot)$ trivialerweise stetig für alle $x \in S$, und wir müssen nur noch (9.2.10) für die zugehörige Funktion $f(x,t) = h(x)\mathbf{1}([0,\infty))(t)P_x(X_1 > t)$ nachweisen, d.h. (in den Bezeichnungen von Lemma 9.2.3)

$$\int_S \sum_{n\geq 0} M_n^\varepsilon(f(x, \cdot))\, \xi(dx) \ < \ \infty \quad \text{für ein } \varepsilon > 0.$$

Es gilt aber für beliebiges $\varepsilon > 0$ und alle $n \geq 0$

$$M_n^\varepsilon(f(x, \cdot)) \ = \ h(x)\, P_x(X_1 > n\varepsilon)$$

und deshalb unter Benutzung von (A.1.12) im Anhang

$$\int_S \sum_{n\geq 0} M_n^\varepsilon(f(x, \cdot)) \ \leq \ \int_S h(x) \sum_{n\geq 0} P_x(X_1 > n\varepsilon)\, \xi(dx)$$

$$\leq \ \int_S h(x)\bigl(1 + \varepsilon^{-1}\mu(x)\bigr)\, \xi(dx) \ < \ \infty.$$

Damit ist der Satz vollständig bewiesen. $\diamond$

Literaturhinweise: Die am Ende des vorigen Abschnitts zitierten Arbeiten bilden auch Referenzen für den zuletzt bewiesenen Ergodensatz 9.3.3. Eine umfassende Darstellung der Markov-Erneuerungstheorie - eine Bezeichnung, die auf Pyke(1961a,b) zurückgeht - würde zweifellos eine eigene Monographie beanspruchen, und wir haben uns deshalb auf die Herleitung einiger zentraler Resultate beschränkt. Nicht behandelt worden ist beispielsweise die *Markov-Erneuerungsgleichung*, eine natürliche Verallgemeinerung der in §3 behandelten gewöhnlichen Erneuerungsgleichung. Wir verweisen den interessierten Leser auf Çinlar(1969) und Asmussen(1987, Kap.X), wo sich auch Anwendungsbeispiele finden. Eine Standard-Referenz zur Markov-Erneuerungstheorie im diskreten Fall (S abzählbar) bildet der Übersichtsartikel von Çinlar(1975), der außerdem eine umfassende Liste weiterer bis dahin erschienener Arbeiten in diesem Feld enthält.

§10 Regenerative Prozesse

Hatten wir für die bisher behandelten Prozesse immer erst die Immanenz eines Regenerations-schemas unter Benutzung der dortigen Annahmen nachweisen müssen, so ist dies für die im Anschluß eingeführten regenerativen Prozesse gerade die definierende Eigenschaft. Die Relevanz dieser Klasse von Prozessen dokumentiert sich in einer großen Zahl von Beispielen, etwa in der Warteschlangentheorie (siehe dazu §11), in denen keine Markov-Eigenschaft vorliegt und Information über die Verteilung des Prozesses weitestgehend auf das Vorliegen eines Regenerationsschemas beschränkt ist.

10.1 Definition und grundlegende Eigenschaften

Die anschließende Definition eines regenerativen Prozesses umfaßt sowohl den Fall stetiger Zeit, d.h. $T = [0, \infty)$, als auch diskreter Zeit, d.h. $T = I\!N_0$.

10.1.1 Definition Ein stochastischer Prozeß $(R_t)_{t \in T}$ mit beliebigem Zustandsraum $(S, \mathcal{S})$ heißt *regenerativer Prozeß*, falls ein EP $(\sigma_n)_{n \geq 0}$ mit Zuwächsen $\tau_1, \tau_2, \ldots$ existiert, so daß gilt:
(a) $((R_{\sigma_n+t})_{t \in T}, (\tau_k)_{k>n})$ und $(\sigma_0, \ldots, \sigma_n)$ sind stochastisch unabhhängig für alle $n \geq 0$.
(b) $((R_{\sigma_n+t})_{t \in T}, (\tau_k)_{k>n})$, $n \geq 0$ sind identisch verteilt.
$(\sigma_n)_{n \geq 0}$ heißt *eingebetteter Erneuerungsprozeß*, die σ_n *Regenerationszeiten* von $(R_t)_{t \in T}$.

10.1.2 Bemerkungen (a) Die Definition regenerativer Prozesse ist in der Literatur nicht einheitlich. Anstelle von (a) in 10.1.1 findet man häufig die stärkere Voraussetzung
(a') $((R_{\sigma_n+t})_{t \in T}, (\tau_k)_{k>n})$ und $((R_t)_{t \in T \cap [0, \sigma_n)}, \sigma_0, \ldots, \sigma_n)$ sind stochastisch unabhängig für alle
    $n \geq 0$.
Diese impliziert offensichtlich, daß die *Zyklen* $(R_t)_{t \in T \cap [\sigma_n, \sigma_{n+1})}$, $n \geq 0$ nicht nur identisch verteilt sondern auch stochastisch unabhängig sind. Die obige Definition läßt dagegen selbst den Extremfall zu, daß

$$(R_{\sigma_n+t})_{t \in T} \; = \; (R_t)_{t \geq 0} \quad \text{für alle } n \geq 0.$$

(b) Die Regenerationszeiten sind natürlich keineswegs eindeutig – wähle etwa $(\sigma_{2n})_{n \geq 0}$ statt $(\sigma_n)_{n \geq 0}$ – und können randomisierte Stopzeiten für $(R_t)_{t \in T}$ sein, wie beispielsweise für HK gesehen.

(c) Definition 10.1.1 schließt durchaus die Möglichkeit ein, daß $(\sigma_n)_{n \geq 0}$ einen VEP bildet. Für die Untersuchungen im nächsten Abschnitt ist es daher aus rein schreibtechnischen Gründen sinnvoll, auf dem zugrundeliegenden Wahrscheinlichkeitsraum $(\Omega, \mathcal{A}, P)$ die Existenz eines weiteren Wahrscheinlichkeitsmaßes P_0 anzunehmen, so daß

$$(10.1.1) \qquad P_0(((R_t)_{t \in T}, (\sigma_n)_{n \geq 0}) \in \cdot \,) \; = \; P(((R_{\sigma_0+t})_{t \in T}, (\sigma_n - \sigma_0)_{n \geq 0}) \in \cdot \,).$$

Den zugehörigen Erwartungswertoperator bezeichnen wir wieder mit E_0.

Das folgende Lemma gibt eine einfache Konsistenzeigenschaft regenerativer Prozesse. Beachtet werde, daß eine solche Konsistenz für Markov-Prozesse i.a. nicht erfüllt ist.

10.1.3 Lemma   *Seien $(R_t)_{t \in T}$ ein regenerativer Prozeß mit Zustandsraum $(S, \mathcal{S})$ und g : $(S, \mathcal{S}) \to (S', \mathcal{S}')$ eine meßbare Abbildung. Dann ist auch $(g(R_t))_{t \in T}$ ein regenerativer Prozeß mit demselben eingebetteten Erneuerungsprozeß.*

10.2 Ergodensätze

Regenerative Prozesse besitzen im Fall endlicher mittlerer Zykluslänge eine asymptotische Verteilung, wie die folgenden Ergebnisse, die wir wieder als Ergodensätze bezeichnen, zeigen. Wir beginnen mit dem Fall stetiger Zeit.

10.2.1 Satz   *$(R_t)_{t \geq 0}$ sei ein regenerativer Prozeß mit polnischem Zustandsraum $(S, \mathcal{S})$, rechtsseitig stetigen Pfaden und endlicher mittlerer Zykluslänge $\mu \stackrel{\text{def}}{=} E_0 \sigma_1 < \infty$. Sei ferner*

$$
\begin{aligned}
\xi^*(A) \;&=\; \mu^{-1}\, E_0 \Big(\int_{[0,\sigma_1)} \mathbf{1}(A)(R_t)\, l_0(dt) \Big) \\
&=\; \mu^{-1} \int_{[0,\infty)} P_0(\sigma_1 > t,\, R_t \in A)\, l_0(dt) \quad \text{für } A \in \mathcal{S}.
\end{aligned}
\tag{10.2.1}
$$

Dann gilt, falls $P_0(\sigma_1 \in \cdot)$ nichtarithmetisch ist,

$$
\lim_{t \to \infty} E g(R_t) \;=\; \lim_{t \to \infty} E_0 g(R_t) \;=\; \int_S g(s)\, \xi^*(ds)
\tag{10.2.2}
$$

für jede beschränkte und stetige Funktion $g : S \to \mathbb{R}$.

Die topologische Bedingung an den Zustandsraum benötigen wir, um von rechtsseitig stetigen Pfaden sprechen zu können, und dies wiederum sichert, daß die in (10.2.1) auftretenden Ausdrücke auch wirklich wohldefiniert sind. Die Abbildung

$$
(\omega, t) \;\mapsto\; \mathbf{1}((t,\infty))(\sigma_1(\omega))\, \mathbf{1}(A)(R_t(\omega)), \quad (\omega, t) \in \Omega \times [0, \infty),
$$

ist dann nämlich $\mathcal{A} \otimes \mathcal{B}$-meßbar, siehe Chung(1982, Thm.1.5.1 auf S.38).

Falls σ_1 unter P_0 d-arithmetisch ist, so beachte, daß in diesem Fall $(R_{nd+a})_{n \geq 0}$ unter P_0 für jedes $a \in [0, d)$ einen regenerativen Prozeß in diskreter Zeit mit demselben eingebetteten EP $(\sigma_n)_{n \geq 0}$ bildet. Dasselbe gilt unter P, sofern $P(\sigma_0 \in d\mathbb{Z}) = 1$. Für die Frage nach dem Verhalten von $\lim_{n \to \infty} E_0 g(R_{nd+a})$ und $\lim_{n \to \infty} E g(R_{nd+a})$ können wir deshalb auf die diskrete Version 10.2.3 des obigen Ergodensatzes verweisen.

Beweis von Satz 10.2.1: O.B.d.A. sei $0 \leq g \leq 1$. Setzen wir

$$
Z(t) \;=\; E_0 g(R_t) \quad \text{und} \quad z(t) \;=\; E_0 g(R_t)\mathbf{1}(\sigma_1 > t), \quad t \geq 0,
$$

so folgt durch Bedingen unter σ_1 und unter Beachtung von (10.1.1)

$$
E g(R_t) \;=\; E g(R_t)\mathbf{1}(\sigma_1 > t) + \int_{[0,t]} Z(t-s)\, P(\sigma_1 \in ds)
\tag{10.2.3}
$$

und bei Ersetzen von P durch P_0 die Erneuerungsgleichung

$$(10.2.4) \qquad Z(t) \;=\; z(t) \;+\; Z*Q_0(t), \quad Q_0 \stackrel{\text{def}}{=} P_0(\sigma_1 \in \cdot\,).$$

Da $(R_t)_{t\geq 0}$ rechtsseitig stetige Pfade besitzt und g stetig ist, folgt die rechtsseitige Stetigkeit von $z(t)$. Diese wiederum impliziert, daß $z(t)$ höchstens abzählbar viele Unstetigkeitsstellen besitzt, siehe z.B. Asmussen(1987, Prop.A.3.1 auf S.304). Ferner gilt

$$z(t) \;\leq\; \hat{z}(t) \stackrel{\text{def}}{=} P_0(\sigma_1 > t),$$

und $\hat{z}(t)$ ist als monotone Funktion und wegen $\mu < \infty$ d.R.i. Aus Satz 2.5.2(e) folgt damit die direkte Riemann-Integrierbarkeit von $z(t)$ und dann aus Satz 3.1.5

$$(10.2.5) \qquad \lim_{t\to\infty} Z(t) \;=\; \mu^{-1} \int_{[0,\infty)} z(t)\, l_0(dt) \;=\; \int_S g(s)\, \xi^*(ds).$$

Kombiniert dies in (10.2.3) zusammen mit dem Satz von der majorisierten Konvergenz, so folgt schließlich auch die noch unbewiesene Behauptung in (10.2.2). $\qquad\qquad\Diamond$

Ist $Q_0 = P_0(\sigma_1 \in \cdot\,)$ sogar quasi l_0-stetig, so reicht gemäß Satz 3.1.5 für die Gültigkeit von (10.2.5) bereits aus, daß $z(t)$ beschränkt ist und für $t \to \infty$ gegen 0 strebt. Diese Forderungen sind erfüllt, wenn g beschränkt ist, wie man sofort einsieht, und wir erhalten deshalb folgendes

10.2.2 Korollar *Gilt in der Situation von Satz 10.2.1 zusätzlich, daß $P_0(\sigma_1 \in \cdot\,)$ quasi l_0-stetig ist, so folgen die Gültigkeit von (10.2.2) für alle beschränkten und meßbaren Funktionen $g : S \to \mathbb{R}$ $(g \in bS)$ sowie*

$$(10.2.6) \qquad \lim_{t\to\infty} \|P(R_t \in \cdot\,) - \xi^*\| \;=\; \lim_{t\to\infty} \|P_0(R_t \in \cdot\,) - \xi^*\| \;=\; 0.$$

Beweis: Zu zeigen ist nur noch (10.2.6). Betrachten wir dazu als erstes wieder $P_0(R_t \in \cdot\,)$. Für jedes $A \in S$ seien Z_A, z_A durch Z, z im Beweis des vorigen Satzes mit $g = 1(A)$ definiert, also

$$Z_A(t) \;=\; P_0(R_t \in A) \quad \text{und} \quad z_A(t) \;=\; P_0(R_t \in A, \sigma_1 > t).$$

Sei ferner U das zu $Q_0 = P_0(\sigma_1 \in \cdot\,)$ gehörende Erneuerungsmaß. Aufgrund der Erneuerungsgleichung $Z_A = z_A + Z_A * Q_0$ folgt $Z_A = z_A * U$ für alle $A \in S$ gemäß Satz 3.1.2. Da außerdem alle z_A durch 1 beschränkt sind, impliziert nun Satz 2.6.4(a) die Behauptung für $P_0(R_t \in \cdot\,)$. Aus (10.2.3) erhalten wir zum Abschluß

$$|P(R_t \in A) - P_0(R_t \in A)| \;\leq\; 2\,P(\sigma_1 > t) \;+\; \int_{[0,t]} |Z_A(t-s) - Z_A(t)|\, P(\sigma_1 \in ds)$$

und man sieht leicht, daß die rechte Seite der Ungleichung gleichmäßig in $A \in S$ gegen 0 konvergiert, falls $t \to \infty$. $\qquad\qquad\Diamond$

Völlig analog zu Satz 10.2.1 und Korollar 10.2.2 beweist man deren Gegenstück in diskreter Zeit, das wir aus diesem Grund nur angeben. Zum Nachweis der Totalvariationskonvergenz in (10.2.9) verwende man Satz 2.6.5(a) anstelle von Satz 2.6.4(a).

10.2.3 Satz *$(R_n)_{n \geq 0}$ sei ein regenerativer Prozeß in diskreter Zeit mit beliebigem Zustandsraum $(S, \mathcal{S})$ und $\mu = E_0 \sigma_1 < \infty$. Bezeichnet d die Spanne von σ_1 unter P_0, so sei ferner für $a \in \{0, ..., d-1\}$ und $A \in \mathcal{S}$*

$$(10.2.7) \qquad \xi_{d,a}^*(A) \; = \; \frac{d}{\mu} E_0 \big(\sum_{j=0}^{\hat{\sigma}_1 - 1} \mathbf{1}(A)(R_{jd+a}) \big) \; = \; \frac{d}{\mu} \sum_{j \geq 0} P_0(\sigma_1 > jd, R_{jd+a} \in A),$$

wobei $\hat{\sigma}_1 = \sigma_1 / d$. Dann gilt für jede beschränkte, meßbare Funktion $g : S \to \mathbb{R}$ und jedes $a \in \{0, ..., d-1\}$

$$(10.2.8) \qquad \lim_{n \to \infty} Eg(R_{nd+a}) \; = \; \int_S g(s) \, \xi_{d,a}^*(ds)$$

Ferner folgt

$$(10.2.9) \qquad \lim_{n \to \infty} \|P(R_{nd+a} \in \cdot) - \xi_{d,a}^*\| \; = \; \lim_{t \to \infty} \|P_0(R_t \in \cdot) - \xi_{d,a}^*\| \; = \; 0.$$

Eine Anwendung der hier erzielten Resultate findet der Leser bereits im nächsten Paragraphen.

Literaturhinweise: Mehr Material über regenerative Prozesse findet man in Asmussen(1987, Kap.V). Darüberhinaus erwähnen wir die Arbeiten von Smith(1955a) sowie Miller(1972,1974). Eine Variante bewerteter Erneuerungsprozesse, die wir in 4.7 kurz vorgestellt haben, auf der Basis regenerativer Prozesse bilden die sogenannten *kumulativen Prozesse*. Eine Untersuchung ihrer asymptotischen Eigenschaften geben Brown und Ross(1972).

§11 Das G/G/1-Bedienungssystem

Anwendungsbeispiele aus der Warteschlangentheorie sind uns bereits an verschiedenen Stellen dieses Textes begegnet. Im vorliegenden Parapraphen werden wir uns eingehender mit dem G/G/1-Bedienungssystem befassen, das eine Verallgemeinerung des bereits in 0.5 vorgestellten M/G/1-Bedienungssystems bildet, indem es statt exponentialverteilter Zwischenankunftszeiten solche mit einer beliebigen Verteilung erlaubt. Zur Erinnerung wiederholen wir kurz die ansonsten für das M/G/1-System identischen Modellannahmen: Das betrachtete System besteht aus einem Schalter, an dem Kunden in der Reihenfolge ihres Erscheinens ("first come, first served") bedient werden. Trifft ein Kunde ein, während der Schalter besetzt ist, reiht er sich in eine Schlange ein, deren Länge keiner Beschränkung unterliegt (Warteraum unendlicher Kapazität). Seien $T_0 = 0$ der Beobachtungsstartpunkt, $T_1, T_2, \ldots$ die Ankunftszeiten der sukzessiv eintreffenden Kunden 1,2,... mit zugehörigen Zwischenankunftszeiten $A_1 = T_1, A_2 = T_2 - T_1, \ldots$ sowie $B_1, B_2, \ldots$ die zugehörigen Bedienungszeiten. Ferner bezeichne V_0 die sogenannte *anstehende Arbeit* zum Zeitpunkt 0, gegeben durch die kumulierte Bedienungszeit aller zum Zeitpunkt 0 wartenden einschließlich des gerade bedienten Kunden. Es werden folgende Annahmen gemacht:

(C.1) $A_1, A_2, \ldots$ sind u.i.v., positiv mit $\mu = EA_1 < \infty$.

(C.2) $B_1, B_2, \ldots$ sind u.i.v., positiv mit $\nu = EB_1 < \infty$.

(C.3) $Var\, A_1 + Var\, B_1 > 0$.

(C.4) $(A_n)_{n \geq 1}, (B_n)_{n \geq 1}$ und V_0 sind stochastisch unabhängig.

Bedingung (C.3) garantiert, daß wir es nicht mit einem rein deterministischen System zu tun haben. Für die nachfolgenden Untersuchungen führen wir folgende weitere Bezeichnungen ein, wobei $n \in I\!N_0$ und $t \in [0, \infty)$:

W_n - *Wartezeit des n-ten Kunden bis er zum Schalter vorgelassen wird.*

Q_t - *Schlangenlänge zum Zeitpunkt t = Zahl der wartenden einschließlich des gerade bedienten Kunden zum Zeitpunkt t.*

V_t - *anstehende Arbeit zum Zeitpunkt t (auch virtuelle Wartezeit genannt, da sie im Fall eines unmittelbar nach t eintreffenden Kunden dessen Wartezeit angibt).*

Z_n^B - *Länge der n-ten Beschäftigungperiode (busy period), in der ein Schalter fortlaufend besetzt ist.*

Z_n^L - *Länge der n-ten Leerzeit (idle period), in der sich kein Kunde im System befindet.*

Z_n - *Länge des n-ten Arbeitszyklus', gegeben durch $Z_n^B + Z_n^L$.*

η_n^B, η_n^L - *Beginn der n-ten Beschäftigungsperiode bzw. n-ten Leerzeit, gegeben durch $Z_1 + \ldots + Z_{n-1}$ bzw. $Z_1 + \ldots + Z_{n-1} + Z_n^B$.*

ρ - *Verkehrsintensität, gegeben durch $\frac{\nu}{\mu}$.*

Der Einfachheit halber nehmen wir an, daß zum Zeitpunkt $T_0 = 0$ ein Kunde, dem wir die Nummer 0 geben, das System betritt und einen leeren Schalter vorfindet, d.h. $W_0 = 0, Q_{0-} = 0, Q_0 = 1, \eta_1^B = 0$ und $Z_1^B = \eta_1^L$. Die im folgenden formulierten Grenzwertsätze gelten zwar auch ohne diese Annahme, aber wir ersparen uns auf damit eine sonst häufig notwendige

Fallunterscheidung und gelangen zu einer klareren Darstellung. Sinnvollerweise bezeichne B_0 die Bedienungszeit des 0-ten Kunden, und B_0 sei unabhängig von $(A_n, B_n)_{n \geq 1}$ mit derselben Verteilung wie $B_1, B_2, \ldots$. Dann gilt $V_0 = B_0$. Als weitere Notation benötigen wir

$$U_n = B_0 + \ldots + B_{n-1} \quad \text{für } n \geq 0, \quad U_{-1} = 0,$$

$$S_n = U_{n-1} - T_n = X_1 + \ldots + X_n \quad \text{für } n \geq 0, \quad \text{d.h.}$$

$$X_n = B_{n-1} - A_n \quad \text{mit } EX_n = \nu - \mu = \mu(\rho - 1),$$

$$M_n^> = \max\{S_0, \ldots, S_n\} \quad \text{für } n \geq 0, \quad M^> = \sup_{n \geq 0} S_n.$$

Die Zufallsgrößen $A, B, W, Q, V, Z^B, Z^L, Z$ und $M^>$ seien jeweils stochastisch unabhängig von *allen* übrigen hier eingeführten Zufallsvariablen mit $A_n \sim A, B_n \sim B, W_n \to_D W, V_t \to_D V, \ldots$, sofern Verteilungskonvergenz der betreffenden Prozesse vorliegt.

In den folgenden Abschnitten werden wir das asymptotische Verhalten einiger wichtiger Kenngrößen des Systems untersuchen, und wir beginnen mit der Wartezeit W_n des n-ten Kunden.

11.1 Die Wartezeit des n-ten Kunden

Der Schlüssel zur Untersuchung der Folge $(W_n)_{n \geq 0}$ besteht in einer geeigneten Rekursionsbeziehung, die wir mit dem nächsten Lemma bereitstellen.

11.1.1 Lemma *Es gilt für alle $n \geq 1$*

$$(11.1.1) \qquad W_n = (W_{n-1} + X_n)^+ = \max\{S_n - S_j : 0 \leq j \leq n\}$$

und damit $W_n \sim M_n^>$ für alle $n \geq 0$.

Beweis: Offensichtlich ist $W_n = 0$ genau dann, wenn der n-te Kunde erst bei oder nach Verlassen des $(n-1)$-ten Kunden das System betritt, d.h. wenn $T_{n-1} + W_{n-1} + B_{n-1} \leq T_n$. Letztere Ungleichung ist offensichtlich äquivalent zu $W_{n-1} \leq A_n - B_{n-1} = X_n$. Andernfalls ergibt sich seine Wartezeit durch die des vor ihm stehenden Kunden plus dessen Bedienungszeit und abzüglich der Zeit, die zwischen dessen und seiner Ankunftszeit verstreicht, also durch $W_n = W_{n-1} + B_{n-1} - A_n$ (siehe Bild 8 auf der nächsten Seite). Insgesamt folgen $W_n = (W_{n-1} + B_{n-1} - A_n)^+ = (W_{n-1} + X_n)^+$ und dann die zweite Gleichheit in (11.1.1) durch eine einfache vollständige Induktion über n. Da $(S_n)_{n \geq 0}$ einen SRW bildet, erhalten wir daraus $W_n \sim M_n^>$ für alle $n \geq 0$. $\qquad \Diamond$

Allgemein bezeichnet man einen Prozeß $(W_n)_{n \geq 0}$, der zu gegebenem SRW $(S_n)_{n \geq 0}$ vermöge (11.1.1) definiert ist, als den *von $(S_n)_{n \geq 0}$ erzeugten Lindley-Prozeß*. Sein asymptotisches Verhalten im Kontext des hier vorliegenden Modells beschreibt Satz 11.1.3. Zuvor notieren wir

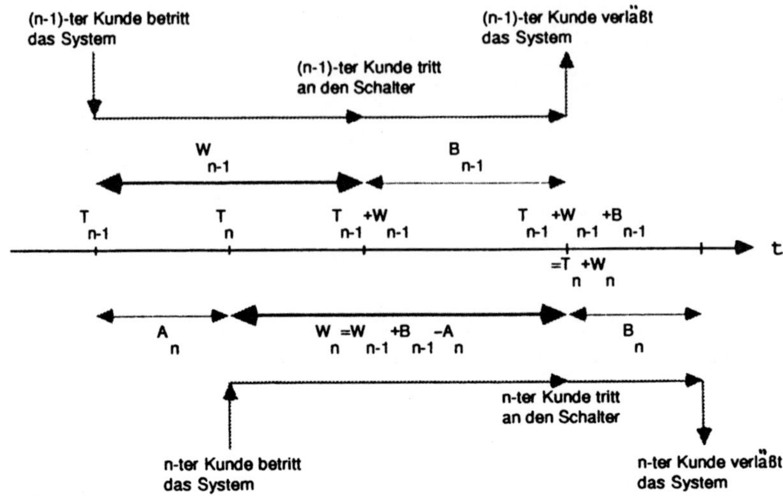

Bild 8: Graphische Darstellung der Wartezeiten zweier sukzessiv erscheinender Kunden

11.1.2 Korollar *Bezeichnet $(\sigma_n^\leq)_{n\geq 0}$ die Folge der schwach absteigenden LI von $(S_n)_{n\geq 0}$, so ist $(W_n)_{n\geq 0}$ ein regenerativer Prozeß mit Regenerationszeiten $\sigma_n^\leq, n \geq 1$. Ferner gilt*

$$(11.1.2) \qquad \sigma_n^\leq \; = \; \inf\{k > \sigma_{n-1}^\leq : W_k = 0\} \quad \textit{für alle } n \geq 1.$$

Beweis: Die Behauptungen ergeben sich leicht unter Benutzung von (11.1.1) im vorigen Lemma. Wir verzichten deshalb auf Angabe der Details. $\qquad\qquad\Diamond$

11.1.3 Satz *Für den Prozeß $(W_n)_{n\geq 0}$ der Wartezeiten gelten die folgenden Implikationen:*
(a) $\rho < 1 \;\; \Rightarrow \;\; W_n \to_D M^>$, falls $n \to \infty$, d.h. $W \sim M^>$.
(b) $\rho = 1$ und $\alpha^2 \overset{\text{def}}{=} Var\, X_1 < \infty \;\; \Rightarrow \;\; W_n/\alpha n^{1/2} \to_V |\zeta|$, falls $n \to \infty$, wobei $\zeta \sim N(0,1)$.
(c) $\rho > 1 \;\; \Rightarrow \;\; W_n/n \to_V \mu(\rho-1) = \nu - \mu$ P-f.s., falls $n \to \infty$.

Beweis: Offensichtlich gilt $\rho >,=,< 1 \Leftrightarrow EX_1 >,=,< 0$. Im Fall "$EX_1 < 0$" gilt $M_n^> \to M^> < \infty$ P-f.s., und Aussage (a) folgt mit Lemma 11.1.1.

Falls $EX_1 = 0$ und $\alpha^2 = Var\, X_1 < \infty$, so folgt $M_n/\alpha n^{1/2} \to_V |\zeta|$ und deshalb Aussage (b) aufgrund eines zentralen Grenzwertsatzes für Maxima zentrierter RW, den wir hier nicht beweisen wollen. Wir verweisen stattdessen auf ein Standardwerk von Billingsley(1968, Kap.2).

Ist schließlich $EX_1 > 0$, so folgt

$$L \overset{\text{def}}{=} \sup\{n \geq 0 : W_n = 0\} \; \leq \; \sup\{n \geq 0 : S_n \leq 0\} \; < \; \infty \quad P\text{-}f.s.$$

und daher $W_{L+n} = S_{L+n} - S_L$ gemäß (11.1.1), was offenkundig Aussage (c) unter Benutzung des starken Gesetzes der großen Zahlen beweist. $\qquad\qquad\Diamond$

Der Satz bestätigt also die intuitive Vorstellung, daß im Fall $"\rho < 1"$, d.h. wenn im Mittel weniger Kunden pro Zeiteinheit eintreffen als vom System abgefertigt werden können, die Wartezeitverteilung langfristig stabil ist, wohingegen im Fall $"\rho \geq 1"$ Überlastung eintritt (heavy traffic). Während jedoch $W_n \to \infty$ P-f.s., falls $\rho > 1$, gilt im Grenzfall $"\rho = 1"$:

11.1.4 Korollar *Falls $\rho = 1$, so folgt*

$$(11.1.3) \qquad \liminf_{n \to \infty} W_n = 0 \quad und \quad \limsup_{n \to \infty} W_n = \infty \quad P\text{-}f.s.$$

Beweis: Die zweite Behauptung in (11.1.3) folgt sofort aus Satz 2.2.7 von Chung, Fuchs und Ornstein, da $W_n \geq S_n$ für alle $n \geq 0$. Zum Nachweis der ersten Aussage sei wieder $L = \sup\{n \geq 0 : W_n = 0\}$. Dann gilt wegen $W_{L+n} = S_{L+n} - S_L > 0$ für alle $n \geq 1$ auf $\{L < \infty\}$

$$\{\liminf_{n \to \infty} W_n > 0\} \subset \{W_n = 0 \text{ u.o.}\}^c = \{L < \infty\} \subset \{\liminf_{n \to \infty} S_n > -\infty\},$$

und das letzte Ereignis in dieser Kette hat erneut gemäß Satz 2.2.7 Wahrscheinlichkeit 0. $\Diamond$

Da $W_n \sim M_n^{\geq} \uparrow M^{>}$, erhalten wir abschließend unter Benutzung von Satz 4.1.7 und monotoner Konvergenz:

11.1.5 Korollar *Falls $\rho < 1$, so gilt für alle $p > 0$*

$$(11.1.4) \qquad EB^{p+1} < \infty \quad \Leftrightarrow \quad E(X_1^+)^{p+1} < \infty \quad \Leftrightarrow \quad \lim_{n \to \infty} EW_n^p = EM^{>p} < \infty.$$

11.2 Beschäftigungsperiode, Leerzeit und Arbeitszyklus

Wir haben soeben gesehen, daß im Fall $"\rho \leq 1"$ die Wartezeiten der sukzessiv eintreffenden Kunden in zyklischen Abständen auf den Wert 0 abfallen, was nichts anderes bedeutet als, daß sich das System in zyklischen Abständen entleert, also alle vorhandenen Kunden bedient werden bevor ein neuer Kunde eintrifft. Es liegt somit ein alternierender Wechsel von Beschäftigungsperioden und Leerzeiten vor. Bevor wir diese genauer untersuchen, noch ein Wort zum Verständnis einer Leerzeit: Üblicherweise versteht man darunter jedes Zeitintervall zwischen zwei Beschäftigungsperioden, in dem das System fortlaufend unbeschäftigt und folglich die anstehende Arbeit durchgehend 0 ist. Diese Formulierung birgt allerdings eine Ungenauigkeit für den Fall, daß ein bedienter Kunde ohne Warteschlange hinter sich im selben Moment das System verläßt, zu dem ein neuer dieses betritt. Möglich wäre dann, von einer Fortsetzung der gerade laufenden Beschäftigungsperiode zu sprechen, was jedoch für die nachfolgende Analyse nicht zweckmäßig ist. Stattdessen faßt man diesen Zeitpunkt als Übergang von einer Beschäftigungsperiode zur nächsten auf und ordnet der dazwischenliegenden Leerzeit den Wert 0 zu. Auf diese Weise sichert man, daß weiterhin Beschäftigungsperioden und Leerzeiten sich stets abwechseln. Der Beginn η_n^L der n-ten Leerzeit ergibt sich dann formal als

$$\eta_n^L \;=\; \inf\{t > \eta_n^B : V_{t-} = 0\}$$

für alle $n \geq 1$ (anstelle von $\eta_n^L = \inf\{t > \eta_n^B : V_{t-} = V_t = 0\}$).

Es seien $(\sigma_n^{\leq})_{n\geq0}$ und $(S_n^{\leq})_{n\geq0}$ die zu $(S_n)_{n\geq0}$ gehörenden Folgen der schwach absteigenden LI bzw. LH. Für $\sigma_1^{\leq}$ schreiben wir kürzer σ. Aus Korollar 1.4.6 und Lemma 4.3.2 folgt

$$(11.2.1) \qquad \rho \;\begin{array}{c} < \\ = 1 \\ > \end{array} \;1 \quad\Leftrightarrow\quad \begin{array}{l} E\sigma < \infty \\ \sigma < \infty \; P\text{-}f.s. \text{ und } E\sigma = \infty \\ P(\sigma = \infty) > 0 \end{array}.$$

Da die $\sigma_n^{\leq}$ auch Stopzeiten für den 2-dimensionalen SRW $(T_n, U_{n-1})_{n\geq0}$ bilden, folgt aus Satz 1.4.4(f), daß auch $(T_n^{\leq}, U_{n-1}^{\leq})_{n\geq0}$, gegeben durch

$$T_0^{\leq} = U_{-1}^{\leq} = 0 \quad\text{und}\quad (T_n^{\leq}, U_{n-1}^{\leq}) = (T_{\sigma_n^{\leq}}, U_{\sigma_n^{\leq}-1}) \quad\text{für } n \geq 1,$$

einen 2-dimensionalen SRW bildet, sofern $\sigma < \infty$ P-f.s., d.h. sofern $\rho \leq 1$. Dessen Zuwächse bezeichnen wir mit $(A_n^{\leq}, B_{n-1}^{\leq}), n \geq 1$, d.h. $(A_1^{\leq}, B_0^{\leq}) = (T_\sigma, U_{\sigma-1})$. Im Fall "$\rho < 1$" gilt sogar $E\sigma < \infty$, wie oben festgehalten, und wir erhalten mit der 1. Waldschen Gleichung

$$(11.2.2) \qquad EA_1^{\leq} \;=\; \mu E\sigma \quad\text{und}\quad EB_0^{\leq} \;=\; \nu E\sigma.$$

Dabei beachte man, daß aufgrund von (C.4) σ eine randomisierte Stopzeit sowohl für $(T_n)_{n\geq0}$ als auch für $(U_{n-1})_{n\geq0}$ bildet.

11.2.1. Satz *Sei $\rho \leq 1$. Dann gelten die folgenden Beziehungen:*

$$(11.2.3) \qquad \begin{aligned} \eta_n^B \;&=\; T_{n-1}^{\leq}, \quad \eta_n^L \;=\; T_{n-1}^{\leq} + B_{n-1}^{\leq}, \\ Z_n^B \;&=\; \eta_n^L - \eta_n^B \;=\; B_{n-1}^{\leq}, \quad Z_n^L \;=\; \eta_{n+1}^B - \eta_n^L \;=\; A_n^{\leq} - B_{n-1}^{\leq} \quad und \\ Z_n \;&=\; Z_n^B + Z_n^L \;=\; A_n^{\leq} \quad \text{für alle } n \geq 1. \end{aligned}$$

$(Z_n^B)_{n\geq1}, (Z_n^L)_{n\geq1}$ und $(Z_n)_{n\geq1}$ bilden Folgen u.i.v. Zufallsgrößen mit $Z_1^B = \eta_1^L = U_{\sigma-1}, Z_1^L = -S_\sigma = -S_1^{\leq}$ und $Z_1 = T_\sigma$.

Beweis: Von den Beziehungen in (11.2.3) reicht es offensichtlich, die für η_n^B, η_n^L, $n \geq 1$ nachzuweisen. Wir verwenden dazu vollständige Induktion über n: Aufgrund unserer eingangs gemachten Annahmen gilt $\eta_1^B = 0 = T_0^{\leq}$. Ferner erhalten wir wegen

$$\eta_1^L \;=\; \inf\{U_{n-1} : U_{n-1} \leq T_n\} \;=\; \inf\{U_{n-1} : S_n \leq 0\} \;=\; U_{\sigma-1}$$

auch für η_1^L die Behauptung. Zur Durchführung des Induktionsschritts "$n \to n+1$" seien $\eta_n^B = T_{n-1}^{\leq}$ und $\eta_n^L = T_{n-1}^{\leq} + B_{n-1}^{\leq}$ vorausgesetzt. Dies bedeutet, daß in der n-ten Beschäftigungsperiode die Kunden mit Nummern $\sigma_{n-1}^{\leq}, ..., \sigma_n^{\leq} - 1$ abgefertigt worden sind und daß unmittelbar vor Verlassen des Systems des $(\sigma_n^{\leq} - 1)$-ten Kunden der $\sigma_n^{\leq}$-te dieses noch nicht betreten hat. Die $(n+1)$-te Beschäftigungsperiode beginnt folglich gerade bei dessen Erscheinen, d.h. $\eta_{n+1}^B = T_{\sigma_n^{\leq}} = T_n^{\leq}$. Anschließend folgt

$$
\begin{aligned}
\eta_{n+1}^L &= \inf\{T_{\sigma_n^{\leq}} + \sum_{j=0}^{k-1} B_{\sigma_n^{\leq}+j} : T_{\sigma_n^{\leq}} + \sum_{j=0}^{k-1} B_{\sigma_n^{\leq}+j} \leq T_{\sigma_n^{\leq}+k}\} \\
&= \inf\{T_{\sigma_n^{\leq}} + (U_{\sigma_n^{\leq}+k-1} - U_{\sigma_n^{\leq}-1}) : S_{\sigma_n^{\leq}+k-1} \leq S_{\sigma_n^{\leq}}\} \\
&= T_{\sigma_n^{\leq}} + (U_{\sigma_{n+1}^{\leq}-1} - U_{\sigma_n^{\leq}-1}) = T_n^{\leq} + B_n^{\leq}.
\end{aligned}
$$

Die verbleibenden Behauptungen ergeben sich nun direkt aus (11.2.3) und der Tatsache, daß $(A_n^{\leq}, B_{n-1}^{\leq}), n \geq 1$ u.i.v. sind. $\Diamond$

Als einfache Konsequenz des vorhergehenden Satzes erhalten wir

11.2.2 Korollar *Sei $\rho \leq 1$. Dann sind die mittlere Länge eines Arbeitszyklus', einer Beschäftigungsperiode bzw. einer Leerzeit durch $EZ = \mu E\sigma$, $EZ^B = \nu E\sigma$ bzw. $EZ^L = -ES_1^{\leq}$ ($= (\mu - \nu)E\sigma$, falls $\rho < 1$) gegeben. Im Fall "$\rho = 1$" gilt $EZ^L < \infty$ genau dann, wenn $Var A + Var B < \infty$.*

Beweis: Die Behauptungen folgen, falls $\rho < 1$, aus Satz 11.2.1 und der 1. Waldschen Gleichung, da in diesem Fall $E\sigma < \infty$. Falls $\rho = 1$, so erhalten wir aufgrund monotoner Konvergenz

$$
EZ = \lim_{n \to \infty} ET_{\sigma \wedge n} = \lim_{n \to \infty} \mu E(\sigma \wedge n) = \infty = \mu E\sigma,
$$

und dieselbe Argumentation liefert auch für EZ^B das Gewünschte. Die verbleibende Äquivalenz können wir an dieser Stelle nicht beweisen. Wir verweisen auf Satz 14.4.1. $\Diamond$

Die zuvor gewonnenen Erkenntnisse sind auch im nächsten Abschnitt bei der Untersuchung der anstehenden Arbeit von großer Bedeutung.

11.3 Die anstehende Arbeit

Wie bereits zu Beginn des Paragraphen erklärt, versteht man unter der *anstehenden Arbeit* V_t zum Zeitpunkt t die Summe aller Bedienungszeiten der zu diesem Zeitpunkt wartenden Kunden einschließlich der noch verbleibenden Bedienungszeit des gerade am Schalter stehenden Kunden. Würde also in diesem Moment ein neuer Kunde das System betreten, so entspräche V_t gerade seiner Wartezeit bis zum Erreichen des Schalters. Aus diesem Grund nennt man V_t auch *virtuelle Wartezeit*. Eine einfache formale Definition mit Hilfe der bereits kennengelernten Zufallsgrößen ist gegeben durch

$$
(11.3.1) \qquad V_t = \sum_{n \geq 0} (T_n + W_n + B_n - t)^+ \, \mathbf{1}([T_n, T_{n+1}))(t)
$$

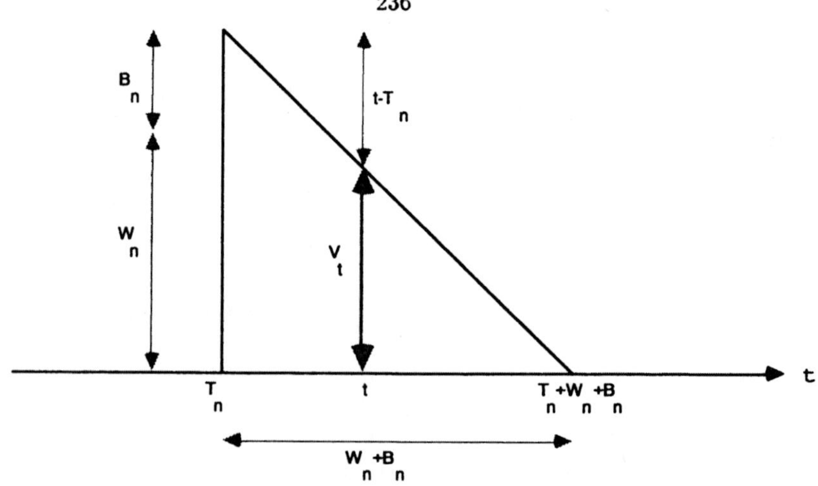

Bild 9: Graphische Darstellung der anstehenden Arbeit V_t

für alle $t \geq 0$ (siehe Bild 9). Mit ihrer Hilfe können wir im Anschluß die regenerative Struktur des Prozesses nachweisen, sofern $\rho \leq 1$.

11.3.1 Satz *Sei $\rho \leq 1$. Dann bildet $(V_t)_{t\geq 0}$ einen regenerativen Prozeß mit rechtsseitig stetigen Pfaden sowie Regenerationszeiten $\eta_n^B, n \geq 1$ oder auch $\eta_n^L, n \geq 1$. Ferner gelten*

(11.3.2)
$$\eta_{n+1}^B = \inf\{t > \eta_n^B : V_{t-} = 0, V_t > 0\},$$
$$\eta_n^L = \inf\{t > \eta_n^B : V_{t-} = 0\}$$

für alle $n \geq 1$.

Beweis: Daß $(V_t)_{t\geq 0}$ rechtsseitig stetige Pfade besitzt, ergibt sich sofort aus (11.3.1). Wir zeigen im folgenden, daß $(V_t)_{t\geq 0}$ einen regenerativen Prozeß mit Regenerationszeiten $\eta_n^B, n \geq 1$ bildet. Dazu seien $\tau_n^\leq, n \geq 1$ die Zuwächse des SEP $(\sigma_n^\leq)_{n\geq 0}$ und $T_{n,k} = T_{n+k} - T_n$ für alle $n, k \geq 0$. Entsprechende Bedeutung haben auch $U_{n,k}$ und $S_{n,k}$. Für $n \geq 0$ und $0 \leq k < \tau_{n+1}^\leq$ gilt dann gemäß Lemma 11.1.1 $W_{\sigma_n^\leq +k} = S_{\sigma_n^\leq,k}$. Zusammen mit (11.3.1) und Satz 11.2.1 liefert dies für alle $n \geq 1$ und $0 \leq t < \eta_{n+1}^B - \eta_n^B$

(11.3.3)
$$\begin{aligned}
V_{\eta_n^B + t} &= \sum_{j=\sigma_{n-1}^\leq}^{\sigma_n^\leq -1} (T_j + W_j + B_j - T_{\sigma_{n-1}^\leq} - t)^+ \, \mathbf{1}([T_j, T_{j+1}))(T_{\sigma_{n-1}^\leq} + t) \\
&= \sum_{j=0}^{\tau_n^\leq -1} (T_{\sigma_{n-1}^\leq,j} + S_{\sigma_{n-1}^\leq,j} + B_{\sigma_{n-1}^\leq +j} - t)^+ \, \mathbf{1}([T_{\sigma_{n-1}^\leq,j}, T_{\sigma_{n-1}^\leq,j+1}))(t) \\
&= \sum_{j=0}^{\tau_n^\leq -1} (U_{\sigma_{n-1}^\leq -1,j+1} - t)^+ \, \mathbf{1}([T_{\sigma_{n-1}^\leq,j}, T_{\sigma_{n-1}^\leq,j+1}))(t) \\
&\in \sigma((A_{\sigma_{n-1}^\leq +j}, B_{\sigma_{n-1}^\leq +j-1})_{j\geq 1}) \overset{\text{def}}{=} \mathcal{F}_n.
\end{aligned}$$

Wegen $\mathcal{F}_n \supset \mathcal{F}_{n+1} \supset \ldots$ folgt deshalb die $\mathcal{F}_n$-Meßbarkeit von $V_n \overset{\text{def}}{=} (V_t)_{t \geq \eta_n^B}$ für alle $n \geq 1$, und da $(A_{\sigma_{n-1}^{\leq}+j}, B_{\sigma_{n-1}^{\leq}+j-1})_{j \geq 1}$ dieselbe Verteilung wie $(A_j, B_{j-1})_{j \geq 1}$ besitzt, folgt aus (11.3.3) auch

$$V_n \sim V_1 = (V_t)_{t \geq 0} \quad \text{für alle } n \geq 1.$$

Schließlich müssen wir noch erwähnen, daß $T_j^{\leq}, 0 \leq j < n$, d.h. $\eta_j^B, 1 \leq j \leq n$ stochastisch unabhängig von $\mathcal{F}_n$ sind, denn $(T_n, U_{n-1})_{n \geq 0}$ bildet einen 2-dimensionalen SRW (siehe Satz 1.4.4). Daß auch die $\eta_n^L, n \geq 1$ Regenerationszeiten für $(V_t)_{t \geq 0}$ definieren, kann man entweder auf dieselbe Weise zeigen oder unter Benutzung des eben Gezeigten zusammen mit der Tatsache, daß $V_t = 0$ für $t \in (\eta_n^L, \eta_{n+1}^B]$ und alle $n \geq 1$. Wir verzichten auf weitere Details. Für (11.3.2) ist nichts zu zeigen. $\diamond$

Ausgehend von dem zuvor bewiesenen Satz, wollen wir im Anschluß die asymptotische Verteilung von V_t im Fall "$\rho < 1$" untersuchen. Zu diesem Zweck nehmen wir an, daß $\eta_1^B = 0, \eta_2^B = Z_1, \eta_3^B, \ldots$ einen nichtarithmetischen SEP bildet. Es sei aber betont, daß die nachfolgenden Untersuchungen auch für den arithmetischen Fall durchgeführt werden können. Wie man leicht nachweist, ist Z_1 genau dann nichtarithmetisch, wenn dies für A der Fall ist, siehe Asmussen(1987, Prop.VIII.3.1 und VIII.3.2 auf S.187). Aus $\rho < 1$ folgt $EZ_1 = \mu E\sigma < \infty$ gemäß Korollar 11.2.2 und anschließend aus Satz 10.2.1

$$(11.3.4) \qquad \lim_{t \to \infty} Eg(V_t) = (EZ_1)^{-1} E\left(\int_0^{Z_1} g(V_s)\, ds\right)$$

für jede beschränkte, stetige Funktion $g : I\!R \to I\!R$, d.h. $g \in \mathcal{C}_b$. Dies ist bekanntlich äquivalent zu $V_t \to_D V$, falls $t \to \infty$, wobei

$$(11.3.5) \qquad P(V \leq t) = (EZ_1)^{-1} E\left(\int_0^{Z_1} \mathbf{1}(V_s \leq t)\, ds\right) \quad \text{für alle } t \geq 0.$$

Genauere Auskunft über die Verteilung von V gibt der folgende Satz. Zu diesem Zweck seien A^*, B^* nichtnegative Zufallsgrößen mit Verteilungsfunktionen

$$P(A^* \leq t) = \mu^{-1} \int_0^t P(A > s)\, ds \quad \text{und} \quad P(B^* \leq t) = \nu^{-1} \int_0^t P(B > s)\, ds, \quad t \geq 0$$

und wie alle Zufallsgrößen ohne Index unabhängig von den sonst eingeführten Prozessen und Zufallsgrößen. Dasselbe gelte für ζ mit $\zeta \sim B(1, \rho)$.

11.3.2 Satz *Seien $\rho < 1$ und A nichtarithmetisch. Dann gilt für die asymptotisch anstehende Arbeit V*

$$(11.3.6) \qquad V \sim (1 - \zeta) + \zeta(W + B^*) \sim (W + B - A^*)^+ \sim (M^> + B - A^*)^+.$$

Falls außerdem $\nu_{p+1} \overset{\text{def}}{=} EB^{p+1} < \infty, p > 0$, so sind $V_t^p, t \geq 0$ g.i. und

$$(11.3.7) \qquad \lim_{t \to \infty} EV_t^p = \rho E(M^> + B^*)^p \quad \left(= \rho EM^> + \frac{\nu_2}{2\mu} \text{ für } p = 1\right).$$

Beweis: Zum Beweis der ersten Verteilungsidentität in (11.3.6) reicht es zeigen, daß

$$P(V > t) \; = \; \rho\, P(W + B^* > t) \quad \text{für alle } t \geq 0.$$

Unter Benutzung von (11.3.1), (11.3.5) sowie $Z_1 = T_\sigma$ folgt

$$
\begin{aligned}
P(V > t) \; &= \; (EZ_1)^{-1}\, E\Big(\sum_{j=0}^{\sigma-1} \int_{T_j}^{T_{j+1}} \mathbf{1}(W_j + B_j + T_j - s > t)\, ds\Big) \\
&= \; (EZ_1)^{-1}\, E\Big(\sum_{j=0}^{\sigma-1} \int_0^{A_{j+1}} \mathbf{1}(W_j + B_j - t > s)\, ds\Big) \\
&= \; (EZ_1)^{-1}\, E\Big(\sum_{j=0}^{\sigma-1} \int_0^\infty [\,\mathbf{1}(W_j + B_j - t > s) - \mathbf{1}(W_j + B_j - A_{j+1} - t > s)\,]\, ds\Big) \\
&= \; (EZ_1)^{-1}\, E\Big(\sum_{j=0}^{\sigma-1} (W_j + B_j - t)^+ - (W_{j+1} - t)^+\Big),
\end{aligned}
$$

(11.3.8)

denn $W_{j+1} = W_j + B_j - A_{j+1} = W_j + X_{j+1}$ für $0 \leq j < \sigma$. Wegen $W_\sigma = W_0 = 0$ können wir im letzten Ausdruck in (11.3.8) $(W_{j+1} - t)^+$ durch $(W_j - t)^+$ ersetzen. Dies liefert zusammen mit einer Standard-Umformung, der Unabhängigkeit von $W_j \mathbf{1}(\sigma > j)$ und B_j für alle $j \geq 0$ sowie $EZ_1 = \mu E\sigma$

$$
\begin{aligned}
P(V > t) \; &= \; (\mu E\sigma)^{-1} \sum_{j\geq 0} \int_{\{\sigma > j\}} \big((W_j + B - t)^+ - (W_j - t)^+\big)\, dP \\
&= \; (\mu E\sigma)^{-1} \sum_{j\geq 0} \int_0^\infty \big(P(W_j + B - t > s, \sigma > j) - P(W_j - t > s, \sigma > j)\big)\, ds \\
&= \; (\mu E\sigma)^{-1} \sum_{j\geq 0} E\Big(\int_0^B \mathbf{1}(W_j - t > -s, \sigma > j)\, ds\Big) \\
&= \; \rho\,(E\sigma)^{-1} \sum_{j\geq 0} \int_0^\infty P(W_j - t > -s, \sigma > j)\, \nu^{-1} P(B > s)\, ds \\
&= \; \rho \int_0^\infty P(W - t > -s)\, \nu^{-1} P(B > s)\, ds \; = \; \rho\, P(W + B^* > t).
\end{aligned}
$$

Für die vorletzte Gleichheit vertausche Integration und Summation und beachte, daß gemäß Satz 10.2.3, angewandt auf den regenerativen Prozeß $(W_n)_{n\geq 0}$ mit Regenerationszeit σ,

$$P(W > t) \; = \; (E\sigma)^{-1} \sum_{j\geq 0} P(W_j > t, \sigma > j) \; = \; (E\sigma)^{-1}\, E\Big(\sum_{j=0}^{\sigma-1} \mathbf{1}(W_j > t)\Big)$$

für alle $t \geq 0$ (σ ist 1-arithmetisch, weil $P(\sigma = 1) = P(X_1 \leq 0) > 0$). Zum Nachweis der zweiten Identität in (11.3.6) benutzen wir, daß sich die zweite Zeile in (11.3.8) auch alternativ wie folgt ausrechnen läßt:

$$\begin{aligned}
P(V > t) &= (\mu E\sigma)^{-1} E\Big(\sum_{j=0}^{\sigma-1} \int_0^\infty \mathbf{1}((W_j + B_j - t)^+ \wedge A_{j+1} > s)\, ds\Big) \\
&= (\mu E\sigma)^{-1} \sum_{j\geq 0} \int_{\{\sigma > j\}} (W_j + B_j - t)^+ \wedge A\, dP \\
&= (E\sigma)^{-1} \sum_{j\geq 0} \int_0^\infty P(W_j + B - t > s)\,\mu^{-1} P(A > s)\, ds \\
&= \int_0^\infty P(W + B - t > s)\,\mu^{-1} P(A > s)\, ds \;=\; P(W + B - A^* > t).
\end{aligned}$$

Die letzte Identität in (11.3.6) gilt wegen $W \sim M^>$. Zu zeigen bleiben noch die gleichgradige Integrierbarkeit der $V_t^p, t \geq 0$, falls $\nu_{p+1} < \infty$, sowie (11.3.7). Seien $n \geq 0$ und $t \in [T_n, T_{n+1})$ beliebig. Dann folgt

$$V_t \;\leq\; V_{T_n} \;=\; W_n + B_n \;\sim\; M_n^> + B \;\leq\; M^> + B,$$

d.h. $P(V_t > s) \leq P(M^> + B > s)$ für alle $s, t \geq 0$. Aus $\nu_{p+1} < \infty$ folgt weiter $E(M^> + B)^p < \infty$ unter Benutzung von Satz 4.1.7 (siehe auch Korollar 11.1.5). Die behauptete gleichgradige Integrierbarkeit ergibt sich deshalb gemäß Korollar A.2.3(d). (11.3.6) liefert anschließend

$$\lim_{t\to\infty} EV_t^p \;=\; EV^p \;=\; E\zeta^p(W + B^*)^p \;=\; \rho E(M^> + B^*)^p \quad (t \to \infty),$$

was den Beweis des Satzes abschließt. $\diamond$

11.4 Die Warteschlangenlänge

Den Prozeß $(Q_t)_{t\geq 0}$ der Warteschlangenlänge hatten wir bereits in 0.5 und 6.4.4 für das M/G/1-Bedienungssystem sowie in 7.5.4 für die Klasse der M/M/k-Bedienungssysteme, $k \in I\!N \cup \{\infty\}$, unter Betrachtung eines geeigneten Markov-Prozesses analysiert. In der hier vorliegenden, allgemeineren Situation benutzen wir stattdessen

11.4.1 Satz $(Q_t)_{t\geq 0}$ *bildet einen regenerativen Prozeß mit rechtsseitig stetigen Pfaden und Regenerationszeiten* $\eta_n^B, n \geq 1$ *oder auch* $\eta_n^L, n \geq 1$. *Ferner gilt*

$$(11.4.1) \qquad \eta_{n+1}^B \;=\; \inf\{t > \eta_n^B : Q_{t-} = 0, Q_t = 1\} \quad \textit{für alle } n \geq 1.$$

Beweis: Die Behauptungen ergeben sich leicht unter Benutzung von

$$(11.4.2) \qquad Q_t \;=\; \sum_{n\geq 0} \mathbf{1}(T_n \leq t, T_n + W_n + B_n > t)$$

für alle $t \geq 0$ und ähnlicher Argumentation wie in Satz 11.3.1. Wir verzichten auf die nochmalige Ausführung. $\diamond$

Ein Vergleich mit Satz 11.3.1. wirft vielleicht die Frage auf, warum wir keine Definition der $\eta_n^L, n \geq 1$ mit Hilfe von $(Q_t)_{t \geq 0}$ angegeben haben. Sofern das zu Beginn von 11.2. diskutierte Phänomen einer Leerzeit der Länge 0 nicht auftritt, gilt in der Tat

$$(11.4.3) \qquad \eta_n^L = \inf\{t > \eta_n^B : Q_{t-} = 1, Q_t = 0\}$$

für alle $n \geq 1$, andernfalls jedoch nicht, weil dann mit positiver Wahrscheinlichkeit ein neuer Arbeitszyklus beginnt, ohne daß dabei die Schlangenlänge auf 0 zurückgeht.

Mit Hilfe des vorigen Lemmas können wir nun das asymptotische Verhalten von Q_t für $t \to \infty$ im Fall "$\rho < 1$" ermitteln. Dazu setzen wir wie im vorigen Abschnitt voraus, daß A und damit Z_1 nichtarithmetisch ist. Es folgt dann aus Satz 10.2.1 in derselben Weise wie (11.3.5)

$$(11.4.4) \qquad P(Q = n) = \lim_{t \to \infty} P(Q_t = n) = (EZ_1)^{-1} E\left(\int_0^{Z_1} \mathbf{1}(Q_s = n)\, ds\right)$$

für alle $n \in \mathbb{N}_0$, also $Q_t \to_D Q$. Zur Formulierung des anschließenden Satzes sei $(T^{(n)})_{n \geq 0}$ eine von allen bisher eingeführten Zufallsvariablen unabhängige Kopie von $(T_n)_{n \geq 0}$.

11.4.2 Satz *Seien $\rho < 1$ und A nichtarithmetisch. Dann gilt für die asymptotische Schlangenlänge Q*

$$
\begin{aligned}
P(Q = 0) &= 1 - \rho \quad und \\
(11.4.5) \qquad P(Q \geq n) &= \rho\, P(W + B^* > T^{(n-1)}) \\
&= P(W + B > A^* + T^{(n-1)}) = P(V > T^{(n-1)})
\end{aligned}
$$

für alle $n \geq 1$. Außerdem gilt

$$(11.4.6) \qquad EQ = \mu^{-1} E(W + B) = \mu^{-1} EW + \rho \quad \text{(Formel von Little)}.$$

Die Formel von Little hat die folgende anschauliche Interpretation: Befindet sich das System im Gleichgewicht, so gibt $E(W + B)$ gerade die mittlere Zeitspanne an, die sich jeder Kunde im System aufhält, folglich $\mu^{-1} E(W + B)$ die mittlere Anzahl eintreffender Kunden während dieser Zeit. Damit entspricht $\mu^{-1} E(W + B)$ aber auch der mittleren Anzahl wartender Kunden, wenn ein gerade bedienter Kunde das System verläßt.

Beweis von Satz 11.4.2: Da $\{Q_t = 0\} = \{V_t = 0\}$ für alle $t \geq 0$, folgt sofort $P(Q = 0) = P(V = 0) = 1 - \rho$ gemäß Satz 11.3.2. Seien $0 \leq k < \sigma$ und $t \in [T_k, T_{k+1})$. Es gilt gemäß (11.4.1)

$$Q_t = \sum_{j=0}^{k} \mathbf{1}(T_j + W_j + B_j > t) = \sum_{j=0}^{k} \mathbf{1}(U_j > t),$$

wobei auf $W_j = S_j = U_{j-1} - T_j$ hingewiesen sei. Es folgt wegen $U_0 < U_1 < ...$

$$\{Q_t \geq n\} = \{U_{k-n+1} > t\} \quad \text{für alle } n \geq 1,$$

wobei $U_i \stackrel{\text{def}}{=} 0$ für $i < 0$. Wir setzen im folgenden wieder $T_{n,k} = T_{n+k} - T_n$ für $n, k \geq 0$. Eine ähnliche Rechnung wie in (11.3.8) liefert nun

$$
\begin{aligned}
P(Q \geq n) &= (EZ_1)^{-1} E\Big(\sum_{k=0}^{\sigma-1} \int_{T_k}^{T_{k+1}} \mathbf{1}(U_{k-n+1} > t)\, dt\Big) \\
&= (\mu E\sigma)^{-1} E\Big(\sum_{k=0}^{\sigma-1} (U_{k-n+1} - T_k)^+ - (U_{k-n+1} - T_{k+1})^+\Big) \\
&= (\mu E\sigma)^{-1} E\Big(\sum_{k=n-1}^{\sigma+n-2} (U_{k-n+1} - T_k)^+ - (U_{k-n+1} - T_{k+1})^+\Big) \\
&\quad (\text{denn } (U_{k-n+1} - T_k)^+ = (U_{k-n+1} - T_{k+1})^+ = 0 \\
&\qquad \text{für } k \in \{0, ..., n-2, \sigma, ... \sigma + n - 2\}) \\
&= (\mu E\sigma)^{-1} E\Big(\sum_{k=0}^{\sigma-1} (U_k - T_{k+n-1})^+ - (U_k - T_{k+n})^+\Big) \\
&= (\mu E\sigma)^{-1} E\Big(\sum_{k=0}^{\sigma-1} (W_k + B_k - T_{k,k+n-1})^+ - (W_{k+1} - T_{k+1,k+n})^+\Big) \\
&= (\mu E\sigma)^{-1} E\Big(\sum_{k=0}^{\sigma-1} (W_k + B_k - T_{k,k+n-1})^+ - (W_k - T_{k,k+n-1})^+\Big) \\
&= (\mu E\sigma)^{-1} \sum_{k \geq 0} \int_{\{\sigma > k\}} \big((W_k + B - T^{(n-1)})^+ - (W_k - T^{(n-1)})^+\big)\, dP.
\end{aligned}
$$

Dabei wurde sowohl für die viert- als auch die vorletzte Zeile ausgenutzt, daß σ eine Regenerationszeit für die auftretenden Prozesse bildet. Dieselbe Rechnung wie für $P(V > t)$ im Anschluß an (11.3.8) ergibt schließlich

$$
P(Q \geq n) = \rho\, P(W + B^* > T^{(n-1)}) = P(V > T^{(n-1)}) = P(W + B - A^* > T^{(n-1)})
$$

unter Benutzung von (11.3.6) für die beiden letzten Identitäten. Zur Berechnung von EQ beachte, daß der VEP $(A^* + T^{(n)})_{n \geq 0}$ gemäß Satz 2.4.5(b) das Erneuerungsmaß $\mu^{-1} l_0^+$ besitzt so daß

$$
\begin{aligned}
EQ &= \sum_{n \geq 1} P(Q \geq n) = \sum_{n \geq 1} P(W + B > A^* + T^{(n-1)}) \\
&= \mu^{-1} \int_0^\infty P(W + B > t)\, dt = \mu^{-1} E(W + B)
\end{aligned}
$$

folgt und den Beweis abschließt. $\Diamond$

Anmerkungen zur Literatur: Lehrbücher über Warteschlangentheorie, insbesondere das hier behandelte G/G/1-Bedienungssystem existieren in einer großen Anzahl. Erwähnt seien hier Schassberger(1973), Allen(1982), Gross und Harris(1983), Asmussen(1987) und Wolff(1989). Der Leser wird beim Studieren dieser Lektüre feststellen, daß neben der hier vorgenommenen erneuerungstheoretischen Behandlung eine Fülle anderer Methoden von Bedeutung sind.

§12 Einführung in die Fourier-Analyse

Eines der fundamentalen analytischen Hilfsmittel in der Stochastik bildet die *Fourier-Analyse*, mit deren Hilfe eine große Zahl tiefliegender Resultate bewiesen worden sind. Auch in der Erneuerungstheorie sowie allgemeiner der Theorie der Random Walks nimmt sie einen gewichtigen Platz ein. Dies aufzuzeigen, indem wir einen fourieranalytischen Beweis des Blackwellschen Erneuerungstheorems vorstellen, darüberhinaus ein weitergehendes Resultat über Konvergenzraten sowie abschließend eine Reihe ebenso schöner wie tiefliegender Identitäten für RW mittels Fourier-Analyse beweisen, bildet das Restprogramm dieses Textes (§13,14). Der vorliegende Paragraph dient der kurzen Einführung in die für uns wichtigsten fourieranalytischen Ergebnisse sowie ihrer Bedeutung im Zusammenhang mit der vagen und schwachen Konvergenz lokal endlicher Maße. An manchen Stellen werden wir auf Beweise verzichten und stattdessen auf geeignete Literatur beweisen.

12.1 Grundlagen

Im folgenden bezeichne $i \in \mathbb{C}$ die eindeutig bestimmte komplexe Einheitswurzel mit $i^2 = -1$. Für $z = a + ib \in \mathbb{C}$ sei ferner $\bar{z} = a - ib$ die konjugiert komplexe Zahl. Wir beginnen mit der Definition der Fourier-Transformierten eines endlichen Maßes auf $\mathbb{R}$.

12.1.1 Definition   Sei Q ein endliches Maß auf $\mathbb{R}$. Dann heißt $\varphi = \varphi_Q : \mathbb{R} \to \mathbb{C}$ mit

$$(12.1.1) \qquad \varphi(t) \; = \; \int_{\mathbb{R}} e^{itx} \, Q(dx) \; = \; \int_{\mathbb{R}} \cos tx \; Q(dx) \; + \; i \int_{\mathbb{R}} \sin tx \; Q(dx)$$

die *Fourier-Transformierte (F.T.)* von Q. Für ein Wahrscheinlichkeitsmaß Q bezeichnet man φ auch als dessen *charakteristische Funktion (ch.F.)*, und ist X eine Zufallsgröße mit Verteilung Q, auch als ch.F. von X. In letzterem Fall gilt

$$(12.1.2) \qquad \varphi(t) \; = \; E e^{itX} \; = \; E \cos tX \; + \; i \, E \sin tX.$$

Sei Q ein endliches Maß auf $\mathbb{R}$ und $P = Q/\|Q\|$ das daraus durch Normierung entstehende Wahrscheinlichkeitsmaß. Dann folgt

$$\varphi_Q(t) \; = \; \int_{\mathbb{R}} e^{itx} \, Q(dx) \; = \; \|Q\| \int_{\mathbb{R}} e^{itx} \, P(dx) \; = \; \|Q\| \varphi_P(t)$$

für alle $t \in \mathbb{R}$, d.h. φ_Q und φ_P unterscheiden sich nur um einen skalaren Faktor. Bei der anschließenden Untersuchung der wichtigsten Eigenschaften von F.T. können wir uns deshalb auf auf die Klasse von Wahrscheinlichkeitsmaßen auf $\mathbb{R}$ beschränken.

12.1.2. Lemma *Sei X eine Zufallsgröße mit Verteilung Q und ch.F. X. Dann gelten die folgenden Aussagen:*
(a) φ ist gleichmäßig stetig auf $\mathbb{R}$.
(b) $|\varphi(t)| \le \varphi(0) = 1$ für alle $t \in \mathbb{R}$.

(c) $\varphi(-t) = \bar{\varphi}(t)$ *für alle* $t \in I\!R$.

(d) $aX + b$ *hat die ch.F.* $\varphi_{aX+b}(t) = e^{ibt}\varphi(at)$ *für alle* $a, b \in I\!R$.

(e) φ *ist positiv semidefinit, d.h.* $\sum_{j,k=1}^{n} \varphi(t_j - t_k)s_j\bar{s}_k \geq 0$ *für alle* $n \in I\!N, (t_1, ..., t_n) \in I\!R^n$ *und* $((s_1, ..., s_n) \in \mathbb{C}^n$.

Beweis: Aussage (a) ergibt sich sofort aus der Ungleichung

$$
\begin{aligned}
|\varphi(s) - \varphi(t)| &\leq |E(e^{isX} - e^{itX})| \leq E|1 - e^{i(t-s)X}| \\
&\leq \int_{\{|X|\leq x\}} |1 - e^{i(t-s)X}| \, dP \; + \; 2\, P(|X| > x)
\end{aligned}
$$

für alle $s, t \in I\!R$ und $x > 0$. (b),(c) und (d) sind trivial. Zum Nachweis von (e) seien $n \in I\!N, (t_1, ..., t_n) \in I\!R^n$ und $(s_1, ..., s_n) \in \mathbb{C}^n$ beliebig. Es folgt

$$
\begin{aligned}
\sum_{j,k=1}^{n} \varphi(t_j - t_k)s_j\bar{s}_k &= \sum_{j,k=1}^{n} s_j\bar{s}_k \int_{I\!R} e^{i(t_j - t_k)x}\, Q(dx) \\
&= \sum_{j,k=1}^{n} \int_{I\!R} s_j e^{it_j x}\, \overline{s_k e^{it_k x}}\, Q(dx) = \int_{I\!R} \sum_{j,k=1}^{n} s_j e^{it_j x}\, \overline{s_k e^{it_k x}}\, Q(dx) \\
&= \int_{I\!R} \Big(\sum_{j=1}^{k} s_j e^{it_j x}\Big)\Big(\sum_{k=1}^{n} s_k e^{it_k x}\Big)\, Q(dx) = \int_{I\!R} \Big|\sum_{j=1}^{n} s_j e^{it_j x}\Big|^2\, Q(dx) \geq 0. \qquad \Diamond
\end{aligned}
$$

Obgleich für unsere Belange nicht von Bedeutung, zitieren wir an dieser Stelle den Satz von Bochner, der eine Charakterisierung ch.F. gibt (siehe Kawata(1972, Thm.10.3.1 auf S.377)).

12.1.3 Satz von Bochner   *Eine Funktion* $\varphi : I\!R \to \mathbb{C}$ *bildet genau dann ch.F. eines Wahrscheinlichkeitsmaßes* Q *auf* $I\!R$*, wenn sie in 0 stetig mit* $\varphi(0) = 1$ *und positiv semidefinit ist.*

Wir kommen nun zu der wichtigen Frage, ob die Zuordnung $Q \to \varphi_Q$ injektiv ist. Die positive Antwort ergibt sich als einfache Folgerung aus der im Anschluß formulierten berühmten Umkehrformel von Paul Levy.

12.1.4 Satz (Umkehrformel von P. Levy)   *Sei* X *eine Zufallsgröße mit Verteilung* Q *und ch.F.* φ*. Dann gilt für alle* $-\infty < a < b < \infty$

$$
(12.1.3) \qquad \lim_{c \to \infty} \int_{-c}^{c} \frac{e^{-iat} - e^{-ibt}}{2\pi it}\, \varphi(t)\, dt \; = \; P(a < X < b) \; + \; \frac{P(X = a) + P(X = b)}{2}.
$$

Beweis: Es gilt

$$(12.1.4) \qquad \begin{aligned}
I(c) &\stackrel{\text{def}}{=} \int_{-c}^{c} \frac{e^{-iat} - e^{-ibt}}{2\pi it} \, \varphi(t) \, dt \;=\; \int_{-c}^{c} \int_{\mathbb{R}} \frac{e^{it(x-a)} - e^{it(x-b)}}{2\pi it} \, Q(dx) \, dt \\[2mm]
&= \int_{\mathbb{R}} \int_{-c}^{c} \frac{e^{it(x-a)} - e^{it(x-b)}}{2\pi it} \, dt \, Q(dx) \\[2mm]
&= \int_{\mathbb{R}} \int_{0}^{c} \frac{e^{it(x-a)} - e^{-it(x-a)} - e^{it(x-b)} + e^{-it(x-b)}}{2\pi it} \, dt \, Q(dx) \\[2mm]
&= E\Big(\int_{0}^{c} \frac{\sin t(X-a) - \sin t(X-b)}{\pi t} \, dt \Big) \\[2mm]
&= E\Big(\int_{0}^{c(X-a)} \frac{\sin t}{\pi t} \, dt \;-\; \int_{0}^{c(X-b)} \frac{\sin t}{\pi t} \, dt \Big) \;=\; E f_c(X),
\end{aligned}$$

wobei

$$(12.1.5) \qquad f_c(x) \stackrel{\text{def}}{=} \int_{c(X-b)}^{c(X-a)} \frac{\sin t}{\pi t} \, dt \quad \xrightarrow{c \to \infty} \quad \begin{cases} 0 & , \text{ falls } x \notin [a,b] \\[2mm] \displaystyle\int_{0}^{\infty} \frac{\sin t}{\pi t} \, dt = \frac{1}{2}, & \text{ falls } x \in \{a,b\} \\[2mm] \displaystyle\int_{-\infty}^{\infty} \frac{\sin t}{\pi t} \, dt = 1, & \text{ falls } x \in (a,b) \end{cases}$$

unter Verwendung von $\int_{0}^{\infty} \frac{\sin t}{t} \, dt = \frac{\pi}{2}$. Die $f_c, c > 0$ sind gleichmäßig beschränkt, denn

$$\sup\{|f_c(x)| : c > 0, x \in \mathbb{R}\} \;\leq\; \sup\Big\{\Big| \int_{x}^{y} \frac{\sin t}{t} \, dt \Big| : x,y \in \mathbb{R}\Big\} \;\leq\; \int_{-\pi}^{\pi} \frac{\sin t}{t} \, dt \;\leq\; 2\pi,$$

wie man leicht einsieht. Es folgt deshalb in (12.1.4) aufgrund majorisierter Konvergenz

$$\begin{aligned}
\lim_{c \to \infty} I(c) &= E\big(\lim_{c \to \infty} f_c(X) \big) = E\big(\mathbf{1}(a < X < b) + \tfrac{1}{2}\mathbf{1}(X=a) + \tfrac{1}{2}\mathbf{1}(X=b) \big) \\[2mm]
&= P(a < X < b) \;+\; \frac{P(X=a) + P(X=b)}{2},
\end{aligned}$$

was zu beweisen war. $\diamondsuit$

12.1.5 Eindeutigkeitssatz *Zwei ch.F. stimmen genau dann überein, wenn ihre Verteilungen übereinstimmen.*

Beweis: Seien X und Y mit gemeinsamer ch.F. φ und Verteilungsfunktionen F bzw. G. Bekanntlich sind die Mengen $\mathbf{C}(F)^c$ und $\mathbf{C}(G)^c$ der Unstetigkeitsstellen von F bzw. G abzählbar, so daß eine Folge $a_1, a_2, \ldots \in \mathbf{C}(F) \cap \mathbf{C}(G)$ mit $a_n \to -\infty$ existiert. Es folgt mit (12.1.3) für alle $b \in \mathbf{C}(F) \cap \mathbf{C}(G)$

$$\begin{aligned}
F(b) &= \lim_{n \to \infty} P(a_n < X < b) = \lim_{n \to \infty} \lim_{c \to \infty} \int_{-c}^{c} \frac{e^{-ia_n t} - e^{-ibt}}{2\pi it} \, \varphi(t) \, dt \\[2mm]
&= \lim_{n \to \infty} P(a_n < Y < b) = G(b),
\end{aligned}$$

d.h. $F = G$ auf $\mathbf{C}(F) \cap \mathbf{C}(G)$. Dies impliziert aber schon $F = G$ auf ganz $I\!R$, da $\mathbf{C}(F)^c \cup \mathbf{C}(G)^c$ abzählbar sowie F, G beide rechtsseitig stetig sind. $\Diamond$

Für eine l_0-integrierbare ch.F. gilt eine stärkere Aussage als in Levys Umkehrformel.

12.1.6 Korollar *Sei X eine Zufallsgröße mit l_0-integrierbarer ch.F. φ. Dann gilt für die Verteilungsfunktion F von X*

$$(12.1.6) \qquad F(b) - F(a) = \int_{-\infty}^{\infty} \frac{e^{-iat} - e^{-ibt}}{2\pi it} \varphi(t) \, dt$$

für alle $a, b \in I\!R$ mit $a < b$. Ferner besitzt X dann eine l_0-Dichte f, gegeben durch

$$(12.1.7) \qquad f(x) = \frac{1}{2\pi} \int_{-\infty}^{\infty} e^{-ixt} \varphi(t) \, dt \quad \text{für alle } x \in I\!R,$$

und f ist stetig und beschränkt, d.h. $f \in C_b$. Umgekehrt gilt außerdem

$$(12.1.8) \qquad \varphi(t) = \int_{-\infty}^{\infty} e^{ixt} f(x) \, dx \quad \text{für alle } t \in I\!R.$$

Beweis: Da

$$\left| \frac{e^{-iat} - e^{-ibt}}{it(b - a)} \varphi(t) \right| \leq M \, |\varphi(t)|$$

für ein geeignetes $M > 0$ und $|b - a| \leq 1$, erhalten wir aufgrund majorisierter Konvergenz (φ l_0-integrierbar) und unter Benutzung der Umkehrformel (12.1.3)

$$P(X = a) \leq \lim_{b \to a} \lim_{c \to \infty} \int_{-c}^{c} \left| \frac{e^{-iat} - e^{-ibt}}{\pi it} \varphi(t) \right| \, dt = 0$$

für alle $a \in I\!R$, was (12.1.6) impliziert. Auf dieselbe Weise folgt

$$\lim_{b \to a} \int_{-\infty}^{\infty} \frac{e^{-iat} - e^{-ibt}}{2\pi it(b - a)} \varphi(t) \, dt = \frac{1}{2\pi} \int_{-\infty}^{\infty} e^{-iat} \varphi(t) \, dt \overset{\text{def}}{=} f(a)$$

für alle $a \in I\!R$. Zusammen mit (12.1.6) liefert dies die Differenzierbarkeit von F mit $F' = f$. f ist folglich eine l_0-Dichte von X. Stetigkeit und Beschränktheit von f ergeben sich aus (12.1.7), und (12.1.8) folgt wegen

$$\varphi(t) = Ee^{itX} = \int_{I\!R} e^{itx} \, P(X \in dx) = \int_{-\infty}^{\infty} e^{itx} f(x) \, dx$$

für alle $t \in I\!R$. $\Diamond$

12.1.7 Beispiele (a) *Binomialverteilungen:* Es gelte $X \sim B(n, p)$ für ein $n \in I\!N$ und $p \in (0, 1)$. Dann folgt für die ch.F. φ von X

$$\varphi(t) = \sum_{k=0}^{n} e^{itk} \binom{n}{k} p^k (1 - p)^{n-k} = \sum_{k=0}^{n} \binom{n}{k} (pe^{it})^k (1 - p)^{n-k}$$
$$= \left(pe^{it} + (1 - p) \right)^n \quad \text{für alle } t \in I\!R.$$

(b) *Poissonverteilungen:* Falls $X \sim Poisson(\lambda)$ für ein $\lambda > 0$, so folgt für die ch.F. φ

$$\varphi(t) \;=\; e^{-\lambda} \sum_{k \geq 0} e^{itk} \frac{\lambda^k}{k!} \;=\; e^{-\lambda} e^{\lambda e^{it}} \;=\; e^{\lambda(e^{it}-1)} \quad \text{für alle } t \in I\!R.$$

(c) *Negative Binomialverteilungen:* Falls $X \sim NB(n,p)$ für ein $n \in I\!N$ und $p \in (0,1)$, so folgt für die ch.F. φ

$$\begin{aligned}
\varphi(t) \;&=\; \sum_{k \geq 0} \binom{n+k-1}{k} p^n e^{itk}(1-p)^k \\
&=\; \frac{p^n}{(n-1)!} \sum_{k \geq 0} (n+k-1)\cdot\ldots\cdot(k+1)((1-p)e^{it})^k \\
&=\; \frac{p^n}{(n-1)!} \sum_{k \geq n} k(k-1)\cdot\ldots\cdot(k-n+1)((1-p)e^{it})^{k-n} \\
&=\; \frac{p^n}{(n-1)!} f^{(n-1)}((1-p)e^{it}),
\end{aligned}$$

wobei $f(t) = \frac{1}{1-t}$ und $f^{(j)}$ die j-te Ableitung von f bezeichnet. Da $f^{(j)}(t) = j!\,(1-t)^{-(j+1)}$ für alle $j \geq 0$, folgt

$$\varphi(t) \;=\; p^n\big(1-(1-p)e^{it}\big)^{-n} \quad \text{für alle } t \in I\!R.$$

(d) *Rechteckverteilungen:* Es gelte $X \sim R(a,b)$ für $a,b \in I\!R$ mit $a < b$, d.h. X hat die l_0-Dichte $f(x) = (b-a)^{-1} \mathbf{1}((a,b))(x)$. Wir erhalten für die ch.F. φ

$$\varphi(t) \;=\; \frac{1}{b-a} \int_a^b e^{itx}\,dx \;=\; \frac{e^{ibt}-e^{iat}}{it(b-a)} \;=\; e^{it\frac{a+b}{2}} \frac{\sin\big(\frac{(b-a)t}{2}\big)}{\frac{(b-a)t}{2}} \quad \text{für alle } t \in I\!R.$$

Insbesondere folgt, falls $X \sim R(-a,a)$,

$$\varphi(t) \;=\; \frac{\sin at}{at} \quad \text{für alle } t \in I\!R.$$

(e) *Gammaverteilungen:* Es gelte $X \sim \Gamma(\alpha,\beta)$ für $\alpha,\beta \in (0,\infty)$, d.h. X hat die l_0-Dichte $f(x) = \Gamma(\alpha)^{-1}\beta^\alpha x^{\alpha-1} e^{-\beta x}\mathbf{1}((0,\infty))(x)$. Dies impliziert

$$\int_0^\infty x^{\alpha-1} e^{-\beta x}\,dx \;=\; \Gamma(\alpha)\beta^{-\alpha} \quad \text{für alle } \alpha,\beta \in (0,\infty).$$

Wegen $\Gamma(z) = \int_0^\infty t^{z-1}e^{-z}\,dt$, falls $Re(z) > 0$, sieht man leicht mit einer Substitution, daß obige Beziehung für $\beta \in \mathbb{C}$ mit $Re(\beta) > 0$ gültig bleibt, was für die ch.F. φ von X

$$\begin{aligned}
\varphi(t) \;&=\; \int_0^\infty e^{itx} f(x)\,dx \;=\; \frac{\beta^\alpha}{\Gamma(\alpha)} \int_0^\infty x^{\alpha-1} e^{-(\beta-it)x}\,dx \\
&=\; \beta^\alpha(\beta-it)^{-\alpha} \;=\; \big(1-\frac{it}{\beta}\big)^{-\alpha} \quad \text{für alle } t \in I\!R
\end{aligned}$$

impliziert. Insbesondere gilt, falls $X \sim Exp(\beta) = \Gamma(1, \beta)$,

$$\varphi(t) = (1 - \frac{it}{\beta})^{-1} \quad \text{für alle } t \in I\!\!R.$$

(f) *Normalverteilungen:* Es gelte $X \sim N(\mu, \sigma^2)$ für ein $(\mu, \sigma) \in I\!\!R \times (0, \infty)$. Mit Hilfe des Cauchyschen Integralsatzes kann man zeigen, daß

$$\int_{-\infty}^{\infty} e^{-(x-it)^2/2} \, dx = (2\pi)^{1/2} \quad \text{für alle } t \in I\!\!R.$$

Falls $Y = \frac{X - \mu}{\sigma}$, so folgt daher neben $Y \sim N(0, 1)$ für dessen ch.F. ψ

$$\psi(t) = (2\pi)^{-1/2} \int_{-\infty}^{\infty} e^{itx - x^2/2} \, dx = e^{-t^2/2}(2\pi)^{-1/2} \int_{-\infty}^{\infty} e^{-(x-it)^2/2} \, dx = e^{-t^2/2}$$

für alle $t \in I\!\!R$. Dies liefert unter Verwendung von Lemma 12.1.2(d) für die ch.F. φ von $X = \sigma Y + \mu$

$$\varphi(t) = e^{i\mu t}\psi(\sigma t) = e^{i\mu t - \sigma^2 t^2/2} \quad \text{für alle } t \in I\!\!R. \qquad \Diamond$$

Wir kommen nun zu einer wichtigen Eigenschaft ch.F. im Zusammenhang mit der Faltung von Wahrscheinlichkeitsmaßen.

12.1.8 Multiplikationssatz Q_1 *und* Q_2 *seien zwei Wahrscheinlichkeitsmaße auf $I\!\!R$ mit ch.F. φ_1 bzw. φ_2. Dann besitzt $Q = Q_1 * Q_2$ die ch.F. $\varphi = \varphi_1\varphi_2$. Sind folglich X und Y stochastisch unabhängige Zufallsgrößen mit ch.F. φ_1 bzw. φ_2, so besitzt $X + Y$ die ch.F. $\varphi_1\varphi_2$.*

Erwähnt sei an dieser Stelle, daß der Multiplikationssatz auch für beliebige endliche Maße Q_1, Q_2 gilt. Zum Beweis wende man einfach Satz 12.1.8 auf die Wahrscheinlichkeitsmaße $Q_1/\|Q_1\|$ und $Q_2/\|Q_2\|$ an und beachte $\|Q_1 * Q_2\| = \|Q_1\| \, \|Q_2\|$. Für eine weitere Verallgemeinerung auf die Klasse endlicher signierter Maße sei auf Bemerkung 12.1.10 am Ende dieses Abschnitts hingewiesen.

Beweis: Seien X und Y stochastisch unabhängig mit $X \sim Q_1$ und $Y \sim Q_2$. Dann folgt $X + Y \sim Q_1 * Q_2$ und wegen der Unabhängigkeit von e^{itX} und e^{itY}

$$\varphi(t) = Ee^{it(X+Y)} = E(e^{itX}e^{itY}) = Ee^{itX}\, Ee^{itY} = \varphi_1(t)\varphi_2(t)$$

für alle $t \in I\!\!R$. $\qquad \Diamond$

Sind also $X_1, X_2, \ldots$ stochastisch unabhängige Zufallsgrößen mit ch.F. $\varphi_1, \varphi_2, \ldots$, so hat $S_n = X_1 + \ldots + X_n$ die ch.F. $\varphi_1 \cdot \ldots \cdot \varphi_n$ für alle $n \geq 1$, wie sich leicht per Induktion über n ergibt. Insbesondere folgt im Fall identisch verteilter $X_n, n \geq 1$, d.h. wenn $\varphi_1 = \varphi_2 = \ldots \overset{\text{def}}{=} \varphi$, daß φ^n die ch.F. von S_n bildet für alle $n \geq 1$.

Mit Hilfe des Multiplikationssatzes lassen sich in einer Anzahl von Fällen Faltungen bekannter Verteilungen auf sehr einfache Weise bestimmen. Der Leser mag dies für die Beispiele 12.1.7(a)-(c),(e) und (f) verifizieren, nämlich

$$B(m,p) * B(n,p) = B(m+n,p) \text{ für alle } m,n \in I\!N \text{ und } p \in (0,1) \text{ in (a)},$$

$$Poisson(\lambda) * Poisson(\mu) = Poisson(\lambda + \mu) \text{ für alle } \lambda,\mu \in (0,\infty) \text{ in (b)},$$

$$NB(m,p) * NB(n,p) = NB(m+n,p) \text{ für alle } m,n \in I\!N \text{ und } p \in (0,1) \text{ in (c)},$$

$$\Gamma(\alpha,\gamma) * \Gamma(\beta,\gamma) = \Gamma(\alpha + \beta,\gamma) \text{ für alle } \alpha,\beta,\gamma \in (0,\infty) \text{ in (e)},$$

$$N(\mu,\sigma^2) * N(\nu,\tau^2) = N(\mu + \nu,\sigma^2 + \tau^2) \text{ für alle } \mu,\nu \in I\!R \text{ und } \sigma,\tau \in (0,\infty) \text{ in (f)}.$$

Der folgende Satz stellt den Zusammenhang zwischen der Existenz von Momenten eines Wahrscheinlichkeitsmaßes und der Glattheit seiner ch.F. her. Einen Beweis findet der Leser im Lehrbuch von Chow und Teicher(1988,S.277ff).

12.1.9 Satz *Sei X eine Zufallsgröße mit Verteilung Q und ch.F. φ. Falls $E|X|^{n+\delta} < \infty$ für ein $n \in I\!N_0$ und ein $\delta \in [0,1]$, so ist φ n-mal stetig differenzierbar, und es gilt*

$$(12.1.9) \qquad \varphi^{(k)}(t) = i^k EX^k e^{itX}, \quad d.h. \quad \varphi^{(k)}(0) = i^k EX^k$$

für alle $0 \le k \le n$, wobei $\varphi^{(0)} \overset{\text{def}}{=} \varphi$. Außerdem folgen

$$(12.1.10) \qquad \varphi(t) = \sum_{j=0}^{n} \frac{(it)^j EX^j}{j!} + R(t) \quad mit \quad |R(t)| \le \frac{2^{1-\delta}|t|^{n+\delta} E|X|^{n+\delta}}{(1+\delta)\cdot\ldots\cdot(n+\delta)}$$

sowie insbesondere

$$(12.1.11) \qquad \varphi(t) = \sum_{j=0}^{n} \frac{(it)^j EX^j}{j!} + o(|t|^n), \quad falls \ t \to 0.$$

Existiert umgekehrt $\varphi^{(2k)}(0)$ für ein $k \in I\!N$, so folgt $EX^{2k} < \infty$.

Es sei darauf hingewiesen, daß die letzte Schlußfolgerung des Satzes für Ableitungen ungerader Ordnung nicht zu gelten braucht.

12.1.10 Bemerkung An drei Stellen dieses Textes, nämlich in 12.5, Lemma 13.1.1 und in 14.1, wird von F.T. endlicher *signierter* oder sogar *komplexwertiger* Maße die Rede sein. Es bedarf keiner zusätzlichen Erläuterung, daß die Definition einer F.T.

$$\varphi_Q(t) = \int_R e^{itx} \, Q(dx)$$

auch für endliche $\mathbb{C}$-wertige und damit insbesondere endliche signierte Maße Q sinnvoll ist. Vermöge der für jedes derartige Q gültigen Zerlegung

$$Q = Q_1^+ - Q_1^- + i(Q_2^+ - Q_2^-)$$

mit lauter gewöhnlichen endlichen Maßen $Q_j^{\pm}$, $j = 1,2$ (siehe A.3 im Anhang), gilt dann außerdem

$$\varphi_Q = \varphi_{Q_1^+} - \varphi_{Q_1^-} + i(\varphi_{Q_2^+} - \varphi_{Q_2^-}).$$

Die meisten der zuvor für F.T. gewöhlicher endlicher Maße erzielten Resultate lassen sich deshalb mühelos auf die erweiterte Klasse von F.T. $\mathbb{C}$-wertiger Maße übertragen. Herausheben wollen wir die unveränderte Gültigkeit von Levys Umkehrformel, des Eindeutigkeitssatzes sowie des Multiplikationssatzes.

12.2 Verteilungstypen und ihre fourieranalytische Charakterisierung

Die innerhalb der Erneuerungstheorie laufend notwendige Unterscheidung zwischen nichtarithmetischen und arithmetischen Verteilungen wirft bei Verwendung fourieranalytischer Methoden die Frage auf, inwieweit diese Verteilungstypen mit Hilfe ch.F. charakterisiert werden können. Eine Antwort gibt Satz 12.2.3. Wir beginnen mit zwei vorbereitenden Lemmata.

12.2.1 Lemma *Für eine ch.F. φ gilt stets: Falls $\varphi(\theta) = 1$ für ein $\theta \neq 0$, so ist φ θ-periodisch, d.h. $\varphi(t + k\theta) = \varphi(t)$ für alle $t \in \mathbb{R}$ und $k \in \mathbb{Z}$. Insbesondere folgt $\varphi(k\theta) = 1$ für alle $k \in \mathbb{Z}$, und das zugehörige Wahrscheinlichkeitsmaß ist arithmetisch mit Spanne $d \in \frac{2\pi\mathbb{N}}{\theta}$ oder $d = \infty$.*

Beweis: Sei X eine Zufallsgröße mit ch.F. φ. Dann gilt:

$$\varphi(\theta) = 1 \quad \Leftrightarrow \quad 1 = Re\varphi(\theta) = Ecos\theta X \quad \Leftrightarrow \quad cos\theta X = 1 \quad P\text{-}f.s.,$$

denn der Kosinus ist durch 1 beschränkt. Folglich ist $X \in \frac{2\pi\mathbb{Z}}{\theta}$ P-f.s. und damit $\frac{2\pi n}{\theta}$-arithmetisch für ein $n \in \mathbb{N} \cup \{\infty\}$. Setzen wir $p_n = P(X = \frac{2\pi n}{n})$ für $n \in \mathbb{Z}$, ergibt sich nun weiter

$$\varphi(t + k\theta) = \sum_{n \in \mathbb{Z}} e^{i(t+k\theta)2\pi n/\theta} p_n = \sum_{n \in \mathbb{Z}} e^{2\pi nt/\theta} p_n = \varphi(t)$$

für alle $t \in \mathbb{R}$ und $k \in \mathbb{Z}$, da die Exponentialfunktion $2\pi i$-periodisch ist. $\quad\Diamond$

12.2.2 Lemma *Sei X eine Zufallsgröße mit ch.F. φ und Spanne $d(X)$. Dann gelten*

$$(12.2.1) \qquad \textit{für alle } d \in (0,\infty): \quad P(X \in d\mathbb{Z}) = 1 \quad \Leftrightarrow \quad \varphi(\frac{2\pi}{d}) = 1,$$

$$(12.2.2) \qquad d(X) = \frac{2\pi}{c} \quad \textit{mit} \quad c = \inf\{t > 0 : \varphi(t) = 1\},$$

wobei wie üblich $\inf \emptyset = \infty$.

Beweis: Die Rückrichtung in (12.2.1) folgt direkt aus Lemma 12.2.1. Umgekehrt ergibt sich aus $P(X \in d\mathbb{Z}) = 1$

$$\varphi(\frac{2\pi}{d}) = \sum_{k \in \mathbb{Z}} e^{2\pi ik} P(X = kd) = 1.$$

Wenden wir uns nun dem Nachweis von (12.2.2) zu. Falls $c = 0$, so existiert eine Folge $t_n \downarrow 0$ mit $\varphi(t_n) = 1$ für alle $n \geq 1$. Es folgt gemäß Lemma 12.2.1

$$X \in \bigcap_{n \geq 1} \frac{2\pi \mathbb{Z}}{t_n} = \{0\} \quad P\text{-}f.s.,$$

also $d(X) = \infty$. Falls $c \in (0, \infty)$, so folgt die Behauptung direkt aus (12.2.1). Ist schließlich $c = \infty$, also $\varphi(t) \neq 1$ für alle $t \neq 0$, so kann X nur noch nichtarithmetisch sein, d.h. es gilt $d(X) = 0$. $\quad\diamond$

12.2.3 Satz *Sei X eine Zufallsgröße mit ch.F. φ. Dann gelten die folgenden Aussagen:*
(a) X nichtarithmetisch $\Leftrightarrow \{t \in \mathbb{R} : \varphi(t) = 1\} = \{0\}$.
(b) X vollständig nichtarithmetisch $\Leftrightarrow \{t \in \mathbb{R} : |\varphi(t)| = 1\} = \{0\}$.
(c) X d-arithmetisch $\Leftrightarrow \{t \in \mathbb{R} : \varphi(t) = 1\} = \frac{2\pi \mathbb{Z}}{d} \ (\overset{\mathrm{def}}{=} \mathbb{R},$ falls $d = \infty)$.
(d) X vollständig d-arithmetisch $\Leftrightarrow \{t \in \mathbb{R} : |\varphi(t)| = 1\} = \frac{2\pi \mathbb{Z}}{d}$.

Beweis: (a) und (c) ergeben sich als direkte Folgerungen aus den beiden vorigen Lemmata. Zum Nachweis von (b) erinnern wir daran, daß gemäß Lemma 12.1.2(d) $X + a$ die ch.F. $\varphi_a(t) = e^{iat}\varphi(t)$ besitzt für alle $a \in \mathbb{R}$. Unter Benutzung von Teil (a) erhalten wir deshalb

$$X \text{ vollständig nichtarithmetisch} \quad \Leftrightarrow \quad d(X + a) = 0 \quad \text{für alle } a \in \mathbb{R}$$

$$\Leftrightarrow \quad \{t \in \mathbb{R} : \varphi_a(t) = 1\} = \{0\} \quad \text{für alle } a \in \mathbb{R}$$

$$\Leftrightarrow \quad \{t \in \mathbb{R} : |\varphi(t)| = 1\} = \bigcup_{a \in \mathbb{R}} \{t \in \mathbb{R} : e^{iat}\varphi(t) = 1\} = \{0\}.$$

Auf dieselbe Weise zeigt man Aussage (d) unter Verwendung von (c). $\quad\diamond$

12.2.4 Korollar *Eine ch.F. φ mit zugehörigem Wahrscheinlichkeitsmaß Q erfüllt stets genau eine der drei folgenden Bedingungen:*
(a) $|\varphi(t)| < 1$ für alle $t \neq 0$.
(b) $|\varphi| \equiv 1$ (in diesem Fall ist $Q = \delta_a$ für ein $a \in \mathbb{R}$).
(c) $|\varphi(t)| = 1$ für abzählbar unendlich viele, isolierte Werte t.

Beweis: Seien X und Y stochastisch unabhängige Zufallsgrößen mit gemeinsamer Verteilung Q und $Z = X - Y$. Dann hat Z die ch.F.

$$\psi(t) = E e^{it(X-Y)} = E e^{itX} E e^{-itY} = \varphi(t)\varphi(-t) = |\varphi(t)|^2$$

unter Benutzung von Lemma 12.1.2(c). Aus Satz 12.2.3 folgt, daß

$$\{t : |\varphi(t)| = 1\} = \{t : \psi(t) = 1\}$$

entweder $= \{0\}$ oder $= \frac{2\pi \mathbb{Z}}{d}$ für ein $d \in (0, \infty)$ oder $= \mathbb{R}$, was offenkundig je einem der drei obigen Fälle (a)-(c) entspricht. $\quad\diamond$

Der soeben gegebene Beweis basiert auf der Tatsache, daß die reellwertige Funktion $|\varphi|^2$ wieder eine ch.F. bildet, nämlich die der sogenannten *Symmetrisierten* von Q, gegeben durch die Verteilung der oben eingeführten Zufallsgröße Z. Das folgende Lemma beantwortet die Frage, wann eine ch.F. reellwertig ist.

12.2.5 Lemma *Eine ch.F. φ ist genau dann reellwertig, wenn das zugehörige Wahrscheinlichkeitsmaß Q symmetrisch ist, d.h. wenn $Q(B) = Q(-B)$ für alle $B \in \mathcal{B}$.*

Beweis: Sei X eine Zufallsgröße mit ch.F. φ. Aus der Reellwertigkeit von φ folgt mit Lemma 12.1.2(c)

$$Ee^{itX} \;=\; \varphi(t) \;=\; \varphi(-t) \;=\; Ee^{-itX} \quad \text{für alle } t \in I\!R,$$

d.h. X und $-X$ haben dieselbe ch.F. und sind folglich identisch verteilt, was äquivalent zur Symmetrie von X ist. Umgekehrt liefert erneut Lemma 12.1.2(c) für symmetrisch verteiltes X

$$\varphi(t) \;=\; \varphi(-t) \;=\; \bar{\varphi}(t) \quad \text{für alle } t \in I\!R,$$

also die Reellwertigkeit von φ. $\diamond$

Mit Hilfe der zuvor erzielten Ergebnisse können wir im Anschluß die Frage untersuchen, inwieweit der Verteilungstyp von Summen und Differenzen u.i.v. Zufallsgrößen bereits durch den der Summanden bestimmt wird.

12.2.6 Satz *$X_1, X_2, \ldots$ seien u.i.v. Zufallsgrößen mit zugehörigem SRW $(S_n)_{n \geq 0}$. Dann gelten die folgenden Aussagen:*

(a) $d(S_n) \geq d(X_1)$ für alle $n \geq 0$.

(b) $d(X_1) = 0 \;\Leftrightarrow\; d(S_n) = 0$ für alle $n \geq 1$, d.h. X_1 ist genau dann nichtarithmetisch, wenn dies für alle $S_n, n \geq 1$ der Fall ist.

(c) $\max\{d(S_n + a) : a \in I\!R\} = \max\{d(X_1 + a) : a \in I\!R\}$ für alle $n \geq 1$, d.h. X_1 ist genau dann vollständig nichtarithmetisch (vollständig d-arithmetisch), wenn dies für alle $S_n, n \geq 1$ der Fall ist.

(d) $d(X_1 - X_2) = \max\{d(X_1 + a) : a \in I\!R\}$, d.h. X_1 ist genau dann vollständig nicht- bzw. d-arithmetisch, wenn $X_1 - X_2$ nicht- bzw. d-arithmetisch ist (vgl. Lemma 2.1.2).

Beweis: Sei φ die ch.F. von $X_1, X_2, \ldots$ Dann hat S_n die ch.F. φ^n für alle $n \geq 0$, und es gilt offensichtlich für alle $n \geq 1$

$$(12.2.3) \qquad \{\varphi^n = 1\} \;\supset\; \{\varphi = 1\} \quad \text{und} \quad \{|\varphi|^n = 1\} \;=\; \{|\varphi| = 1\}.$$

Dies impliziert zusammen mit (12.2.2) in Lemma 12.2.2 sofort Teil (a). In Teil (b) müssen wir nur "$\Rightarrow$" nachweisen, was durch Kontraposition geschieht. Sei also $d = d(S_n) > 0$ für ein

$n \geq 1$. Dann gilt mit (12.2.2)

$$\varphi^n(\frac{2\pi}{d}) = 1 \quad \Rightarrow \quad E \exp(\frac{2\pi i}{d}(X_1 - \frac{kd}{n})) = e^{-\frac{2\pi i k}{n}}\varphi(\frac{2\pi}{d}) = 1 \quad \text{für ein } k \in \{0,...,n-1\}$$

$$\Rightarrow \quad P(X_1 - \frac{kd}{n} \in d\mathbb{Z}) = 1 \quad \text{für ein } k \in \{0,...,n-1\} \quad \text{(Lemma 12.2.1)}$$

$$\Rightarrow \quad P(X_1 \in \frac{d\mathbb{Z}}{n}) = 1 \quad \Rightarrow \quad d(X_1) > 0.$$

Wir kommen nun zum Nachweis von Aussage (c): Sei dazu $d = \sup\{d(X_1 + a) : a \in \mathbb{R}\}$ und o.B.d.A. $d < \infty$. Unter erneuter Benutzung von (12.2.2) folgt

$$d(X_1 + a) = 2\pi/\inf\{t > 0 : e^{iat}\varphi(t) = 1\} \quad \text{für alle } a \in \mathbb{R}$$

und daraus

$$(12.2.4) \qquad\qquad d = 2\pi/\inf\{t > 0 : |\varphi(t)| = 1\}.$$

Aufgrund der Stetigkeit von φ ist d deshalb tatsächlich ein Maximum, und die in (c) behauptete Identität ergibt sich sofort aus (12.2.3). Für die daraus gefolgerte Äquivalenz beachte, daß gilt

X vollständig nicht- bzw. d-arithmetisch $\Leftrightarrow \max\{d(X + a) : a \in \mathbb{R}\} = d(X) = 0$ bzw. $= d$.

Zum Beweis von (d) reicht es zu erwähnen, daß $X_1 - X_2$ die ch.F. $|\varphi|^2$ besitzt. Die Behauptung folgt wiederum aus (12.2.3) und (12.2.4). $\qquad\qquad\qquad\qquad\qquad \Diamond$

12.3 Vage und schwache Konvergenz lokal endlicher Maße

In diesem Abschnitt wollen wir zwei wichtige Konvergenzarten aus der Maßtheorie sowie ihre Charakterisierung mit Hilfe von F.T. diskutieren. Bedingt durch den erneuerungstheoretischen Hintergrund, betrachten wir dazu die Klasse lokal endlicher, d.h. auf Kompakta endlicher Maße auf $(\mathbb{R}, \mathcal{B})$ und erinnern ferner an die folgenden bereits früher benutzten Bezeichnungen: $\mathcal{C}_b$ und $\mathcal{C}_0$ seien die Vektorräume aller stetigen Funktionen $f : \mathbb{R} \to \mathbb{C}$ mit $\|f\|_\infty \overset{\text{def}}{=} \sup\{|f(x)| : x \in \mathbb{R}\} < \infty$ bzw. mit kompaktem Träger $\overline{\{x : f(x) \neq 0\}}$. Für eine beliebige Funktion $f : \mathbb{R} \to \mathbb{C}$ bezeichne $\mathbf{C}(f)$ die Menge ihrer Stetigkeitsstellen. Statt $\int f \, dQ$ schreiben wir im folgenden oft auch $Q(f)$, d.h. wir fassen das Maß Q als lineares Funktional in f mit Werten in $\mathbb{C}$ auf. Wir identifizieren außerdem wieder ein endliches Maß Q mit seiner "Verteilungsfunktion" und schreiben auch $Q(t)$ statt $Q((-\infty, t])$ für alle $t \in \mathbb{R}$. $\mathbf{C}(Q)$ bezeichnet dann natürlich die Menge der Stetigkeitsstellen der Funktion $Q(t)$.

12.3.1 Definition $Q, Q_1, Q_2, ...$ seien lokal endliche Maße auf $\mathbb{R}$. Dann konvergiert Q_n für $n \to \infty$ *vag* gegen Q, kurz "$Q_n \to_V Q$", falls $\lim_{n\to\infty} Q_n(f) = Q(f)$ für alle $f \in \mathcal{C}_0$. Gilt dies sogar für alle $f \in \mathcal{C}_b$, und ist $\|Q\| < \infty$, so konvergiert Q_n *schwach* gegen Q, kurz "$Q_n \to_W Q$".

Beachte, daß $Q(f)$ für lokal endliches Q und $f \in \mathcal{C}_0$ stets endlich ist. Dies gilt natürlich für $f \in \mathcal{C}_b$ i.a. nicht mehr. Aus diesem Grund kann von einer sinnvollen Definition schwacher

Konvergenz nur dann gesprochen werden, wenn der Limes Q ein endliches Maß bildet, wie in 12.3.1 gefordert. Da $f = \mathbf{1} \in \mathcal{C}_b$, impliziert $Q_n \to_W Q$

$$Q_n(\mathbb{R}) = Q_n(\mathbf{1}) \to Q(\mathbf{1}) = Q(\mathbb{R}) < \infty \quad (n \to \infty).$$

Eine schwach konvergente Folge lokal endlicher Maße besteht also aus bis auf höchstens endlich vielen Ausnahmen lauter endlichen Maßen. Der anschließende Satz verdeutlicht den Zusammenhang zwischen vager und schwacher Konvergenz.

12.3.2 Satz $Q, Q_1, Q_2, \ldots$ *seien lokal endliche Maße auf* $\mathbb{R}$ *mit* $Q_n \to_V Q$, *falls* $n \to \infty$. *Dann sind äquivalent:*

(a) $Q_n \to_W Q$, *falls* $n \to \infty$.
(b) $\lim_{n\to\infty} \|Q_n\| = \|Q\| < \infty$.
(c) $(Q_n)_{n\geq 1}$ *ist straff, d.h.* $\lim_{N\to\infty} \sup_{n\geq 1} Q_n([-N, N]^c) = 0$.

Beweis: Für "(a)$\Rightarrow$(b)" ist wegen $\mathbf{1} \in \mathcal{C}_b$ nichts zu zeigen.

Zum Nachweis von "(b)$\Rightarrow$(c)" seien $\varepsilon, N > 0$ beliebig. Wir definieren $g_N \in \mathcal{C}_0$ durch

$$g_N(x) = \begin{cases} 1 & , \; |x| \leq N \\ N + 1 - |x|, & |x| \in (N, N+1) \\ 0 & , \; |x| \geq N + 1 \end{cases}$$

Dann folgt unter Benutzung von $\mathbf{1}([-N, N]) \leq g_N \leq \mathbf{1}([-N-1, N+1])$ und den gegebenen Voraussetzungen für hinreichend großes N

$$\limsup_{n\to\infty} Q_n([-N-1, N+1]^c) \leq \limsup_{n\to\infty} Q_n(\mathbf{1} - g_N) = \lim_{n\to\infty} \|Q_n\| - \lim_{n\to\infty} Q_n(g_N)$$

$$= \|Q\| - Q(g_N) = Q(\mathbf{1} - g_N) \leq Q([-N, N]^c) < \varepsilon.$$

Dies impliziert (c), da $\varepsilon > 0$ beliebig gewählt war.

Abschließend zeigen wir "(c)$\Rightarrow$(a)": Für beliebiges $f \in \mathcal{C}_b$, wobei wir o.B.d.A. $0 \leq f \leq 1$ annehmen dürfen, seien nun $f_N = f \wedge g_N \in \mathcal{C}_0$ und $h_N = f - f_N$. Unter Beachtung von $f_N \leq f \leq f_N + h_N$ sowie $h_N \leq \mathbf{1}([-N, N]^c)$ für alle N folgt wiederum für hinreichend großes N

$$Q(f) - \varepsilon \leq Q(f) - Q(h_{N+1}) = Q(f_{N+1}) = \lim_{n\to\infty} Q_n(f_{N+1}) \leq \liminf_{n\to\infty} Q_n(f)$$

$$\leq \limsup_{n\to\infty} Q_n(f) \leq \lim_{n\to\infty} Q_n(f_{N+1}) + \limsup_{n\to\infty} Q_n(h_{N+1}) \leq Q(f) + \varepsilon,$$

was $Q_n(f) \to Q(f)$ und folglich (a) liefert. $\diamond$

12.3.3. Bemerkungen (a) Ein Blick auf Teil (b) des vorigen Satzes zeigt sofort, daß vage und schwache Konvergenz übereinstimmen, wenn alle Elemente der konvergenten Folge ebenso wie deren Limes Wahrscheinlichkeitsmaße bilden. Als einfaches Beispiel einer vag, aber *nicht*

schwach konvergenten Folge endlicher Maße kann man $Q_n = \delta_n, n \geq 1$ wählen. Dann gilt nämlich $Q_n(f) \to 0$ für alle $f \in \mathcal{C}_0$, d.h. $Q_n \to_V 0$, aber $\|Q_n\| = 1 \not\to 0$.
(b) Gilt im vorigen Satz anstelle von (b) die schwächere Bedingung "$\limsup_{n\to\infty} \|Q_n\| < \infty$", so folgt zwar i.a. nicht mehr die schwache Konvergenz von Q_n gegen Q, aber immerhin noch

$$\lim_{n\to\infty} Q_n(f) = Q(f) \quad \text{für alle } f \in \mathcal{C}_b \text{ mit } \lim_{|x|\to\infty} f(x) = 0.$$

Diese Tatsache benötigen wir zum Beweis des Stetigkeitssatzes 12.4.2 von Levy im nächsten Abschnitt, und sie ergibt sich leicht durch Zerlegung von f in $fg_N \in \mathcal{C}_0$ und $f(1 - g_N)$, wobei g_N wie im Beweis des vorigen Satzes definiert ist und $\|f(1 - g_N)\|_\infty \leq \sup\{|f(x)| : |x| \geq N\}$ beachtet werde.

Vier weitere Kriterien für schwache Konvergenz gibt der im Anschluß zitierte Satz, dessen Aussagen (a)-(c) das sogenannte Portmanteau-Theorem bilden. Für einen Beweis verweisen wir auf Gänssler und Stute(1977, Satz 1.12.5 und Satz 8.4.9).

12.3.4 Satz (Portmanteau-Theorem) $Q, Q_1, Q_2, \ldots$ *seien endliche Maße auf* $\mathbb{R}$. *Dann ist jede der vier folgenden Aussagen äquivalent zu* $Q_n \to_W Q$:
(a) $\limsup_{n\to\infty} Q_n(A) \leq Q(A)$ *für alle abgeschlossenen* $A \subset \mathbb{R}$.
(b) $\liminf_{n\to\infty} Q_n(B) \geq Q(B)$ *für alle offenen* $B \subset \mathbb{R}$.
(c) $\lim_{n\to\infty} Q_n(C) = Q(C)$ *für alle* $C \in \mathcal{B}$ *mit* $Q(\partial C) = 0$.
(d) $\lim_{t\to\infty} Q_n(t) = Q(t)$ *für alle* $t \in \mathbf{C}(Q) \cup \{\infty\}$.

Für Zufallsgrößen $X, X_1, X_2, \ldots$ gilt bekanntlich $X_n \to_D X$ für $n \to \infty$, falls

$$\lim_{t\to\infty} P(X_n \leq t) = P(X \leq t) \quad \text{für alle } t \in \mathbf{C}(P(X \leq \cdot)).$$

Aussage (d) des vorigen Satzes liefert deshalb als triviale Folgerung

12.3.5 Korollar *Für Zufallsgrößen* $X, X_1, X_2, \ldots$ *mit Verteilungen* $Q, Q_1, Q_2, \ldots$ *gilt:*

$$X_n \to_D X \quad \Leftrightarrow \quad Q_n \to_W Q \quad (n \to \infty).$$

Zum Abschluß geben wir noch eine Verallgemeinerung des Portmanteau-Theorems für vag konvergente Folgen. Der Beweis ergibt sich leicht unter Benutzung der Definition vager Konvergenz sowie Satz 12.3.4 und bleibt dem Leser überlassen.

12.3.6 Korollar $Q, Q_1, Q_2, \ldots$ *seien lokal endliche Maße auf* $\mathbb{R}$. *Dann ist jede der vier folgenden Aussagen äquivalent zu* $Q_n \to_V Q$:
(a) $Q_n(\cdot \cap I) \to_W Q(\cdot \cap I)$, *falls* $n \to \infty$, *für alle beschränkten Intervalle* I *mit* $Q(\partial I) = 0$.
(b) $\limsup_{n\to\infty} Q_n(A) \leq Q(A)$ *für alle beschränkten, abgeschlossenen (=kompakten)* $A \subset \mathbb{R}$.
(c) $\liminf_{n\to\infty} Q_n(B) \geq Q(B)$ *für alle beschränkten, offenen* $B \subset \mathbb{R}$.
(d) $\lim_{n\to\infty} Q_n(C) = Q(C)$ *für alle beschränkten* $C \in \mathcal{B}$ *mit* $Q(\partial C) = 0$.

12.4 Zwei Sätze von Helly und Levy

Hauptziel dieses Abschnitts ist die fourieranalytische Charakterisierung vager und schwacher Konvergenz, und als Vorbereitung benötigen wir einen wichtigen Auswahlsatz von Helly, den wir deshalb als erstes formulieren und beweisen werden. Wir bezeichnen eine Familie $\mathcal{M} = \{Q_i : i \in I\}$ lokal endlicher Maße auf $I\!R$ als *beschränkt,* wenn

$$(12.4.1) \qquad \sup_{i \in I} Q_i(K) < \infty \quad \text{für jedes Kompaktum } K \subset I\!R,$$

und als *straff,* wenn

$$(12.4.2) \qquad \lim_{N \to \infty} \sup_{i \in I} Q_i([-N, N]^c) = 0$$

(vgl. Satz 12.3.2(c)). Eine straffe Familie besteht damit stets aus lauter endlichen Maßen.

12.4.1 Auswahlsatz von Helly   *Jede beschränkte (und straffe) Familie $\mathcal{M} = \{Q_i : i \in I\}$ lokal endlicher Maße auf $I\!R$ ist vag (schwach) folgenkompakt, d.h. jede Folge aus $\mathcal{M}$ enthält eine vag (schwach) konvergente Teilfolge.*

Beweis: O.B.d.A. sei $I = I\!N$. Wir nehmen zunächst an, daß

$$\mathcal{M}(x) \stackrel{\text{def}}{=} \sup_{n \geq 1} Q_n(x) < \infty \quad \text{für alle } x \in I\!R.$$

Sei $T = \{x_1, x_2, ...\}$ eine dichte Teilmenge von $I\!R$, etwa $T = Q\!\!\!/$. Da $\{Q_n(x_1) : n \geq 1\}$ durch $\mathcal{M}(x_1)$ beschränkt ist, existiert eine unendliche, geordnete Teilmenge I_1 von $I\!N$, so daß

$$Q_n(x_1) \to z_1 \stackrel{\text{def}}{=} Q(x_1), \quad \text{falls } n \to \infty, n \in I_1.$$

Sei $n_1 = \min I_1$. Mit derselben Begründung wie zuvor existiert eine unendliche, geordnete Teilmenge I_2 von $I_1 - \{n_1\}$, so daß

$$Q_n(x_2) \to z_2 \stackrel{\text{def}}{=} Q(x_2), \quad \text{falls } n \to \infty, n \in I_2.$$

Fährt man in dieser Weise fort, so erhält man eine streng antitone Folge $I_1, I_2, ...$ unendlicher, geordneter Teilmengen von $I\!N$,

$$n_1 = \min I_1 \; < \; n_2 = \min I_2 \; < ...,$$

und eine Folge $z_n \stackrel{\text{def}}{=} Q(x_n), n \geq 1$, so daß für alle $k \geq 1$

$$Q_n(x_k) \to Q(x_k), \quad \text{falls } n \to \infty, n \in I_k.$$

Darüberhinaus liefert diese Konstruktion

$$\lim_{k \to \infty} Q_{n_k}(x_j) = Q(x_j) \quad \text{für alle } j \geq 1.$$

Da die $Q_n(x)$ monoton wachsend und beschränkt durch $\mathcal{M}(x)$ sind, gilt dies auf T auch für $Q(x)$. Durch

$$Q(x) \;=\; \inf\{Q(t) : t \in T \cap [x, \infty)\}, \quad x \in T^c$$

wird $Q(x)$ zu einer auf ganz $I\!\!R$ definierten, monoton wachsenden, rechtsseitig stetigen und durch $\mathcal{M}(x)$ beschränkten Funktion, und man überlegt sich leicht, daß $Q_{n_k}(x) \to Q(x)$ für alle $x \in \mathbf{C}(Q)$. Durch Q ist also in der üblichen Weise ein lokal endliches Maß auf $I\!\!R$ gegeben. Für alle $b \in \mathbf{C}(Q)$ folgt unter Beachtung von $\overline{\mathbf{C}(Q)} = I\!\!R$

$$\limsup_{n \to \infty} Q_n(\{b\}) \;\leq\; \inf_{a \in \mathbf{C}(Q), a < b} \lim_{n \to \infty} Q_n(b) - Q_n(a) \;=\; \inf_{a \in \mathbf{C}(Q), a < b} Q(b) - Q(a) \;=\; 0,$$

d.h. $Q_n(\{b\}) \to 0$. Seien nun I ein beliebiges beschränktes Intervall mit Randpunkten a, b, $a < b$, $Q(\{a, b\}) = 0$ sowie Q_n^I, Q^I die Einschränkungen von Q_n, Q auf I. Wir erhalten für beliebiges $t \in [a, b] \cap \mathbf{C}(Q)$

$$Q_n^I(t) \;=\; Q_n(t) - Q_n(a) + Q_n(\{a\})\, 1(I)(a) \;\to\; Q(t) - Q(a) \;=\; Q^I(t) \quad (n \to \infty),$$

so daß gemäß Satz 12.3.4(d) $Q_n^I \to_W Q^I$. Da I beliebig vorgegeben war, impliziert dies wiederum $Q_n \to_V Q$ unter Hinweis auf Korollar 12.3.6(a).

Falls $\mathcal{M}(x) = \infty$ für ein (und damit wegen (12.4.2) für alle) $x \in I\!\!R$, so betrachte zunächst die Familie $\mathcal{M}_+ = \{Q_n^{[0,\infty)} : n \geq 1\}$, für die wegen der Beschränktheit von $\mathcal{M}$ der erste Teil des Beweises angewendet werden kann. Es folgt die Existenz eines lokal endlichen Maßes Q_+ auf $[0, \infty)$ und einer Teilfolge $(n_k)_{k \geq 1}$ von $I\!\!N$, so daß $Q_{n_k}^{[0,\infty)} \to_V Q_+$, falls $k \to \infty$. Anschließend wende den ersten Teil auf die Familie $\{Q_{n_k}^{(-\infty,0)}(- \cdot) : k \geq 1\}$, die offenkundig ebenfalls die dortige Voraussetzung erfüllt. Es folgt die Existenz eines lokal endlichen Maßes Q_- auf $(-\infty, 0)$ und einer Teilfolge $(n_k')_{k \geq 1}$ von $(n_k)_{k \geq 1}$, so daß $Q_{n_k'}^{(-\infty,0)} \to_V Q_-$. Da Q_+ und Q_- disjunkten Träger besitzen, ergibt sich insgesamt $Q_{n_k'} \to_V Q = Q_+ + Q_-$.

Ist $\mathcal{M}$ außerdem straff, so folgt gemäß Satz 12.3.2(c) aus der vagen Konvergenz der zuvor konstruierten Teilfolge bereits deren schwache Konvergenz gegen denselben Limes, was den Beweis des Satzes abschließt. $\Diamond$

Mit Hilfe des Auswahlsatzes von Helly können wir nun die folgende fourieranalytische Charakterisierung schwacher Konvergenz zeigen.

12.4.2 Stetigkeitssatz von Levy *$Q_1, Q_2, \ldots$ seien endliche Maße auf $I\!\!R$ mit F.T. $\varphi_1, \varphi_2, \ldots$. Dann gelten die folgenden Aussagen:*

(a) Aus $Q_n \to_W Q$ für ein endliches Maß mit F.T. φ folgt $\lim_{n \to \infty} \varphi_n = \varphi$.

(b) Gilt umgekehrt $\lim_{n \to \infty} \varphi_n = g$ für eine in 0 stetige Funktion g, so existiert ein endliches Maß Q mit F.T. g und $Q_n \to_W Q$.

Beweis: *(a)* Da $x \mapsto e^{itx}$ für jedes $t \in I\!\!R$ eine beschränkte stetige Funktion bildet, impliziert $Q_n \to_W Q$

$$\varphi_n(t) \;=\; \int_{I\!\!R} e^{itx}\, Q_n(dx) \;\to\; \int_{I\!\!R} e^{itx}\, Q(dx) \;=\; \varphi(t) \quad (n \to \infty)$$

für alle $t \in I\!\!R$ und somit die Behauptung.

(b) Als erstes notieren wir, daß aufgrund von $\varphi_n \to g$

$$\sup_{n \geq 1} \|Q_n\| = \sup_{n \geq 1} \varphi_n(0) < \infty.$$

Der Auswahlsatz von Helly liefert deshalb die Existenz einer Teilfolge $(Q_{n_k})_{k \geq 1}$ mit $Q_{n_k} \to_V Q$ für ein endliches Maß Q. Darüberhinaus impliziert Satz 12.3.4(b)

$$Q((-N,N)) \leq \liminf_{n \to \infty} \|Q_{n_k}\| = \liminf_{n \to \infty} \varphi_{n_k}(0) = g(0)$$

für alle $N > 0$ und daher auch $\|Q\| \leq g(0)$. Unter Benutzung der Stetigkeit von g in 0 zeigen wir weiter unten, daß Q_{n_k} sogar schwach gegen Q konvergiert, so daß gemäß Teil (a) und nach Voraussetzung

$$g(t) = \lim_{k \to \infty} \varphi_{n_k}(t) = \int_{I\!\!R} e^{itx} Q(dx) \quad \text{für alle } t \in I\!\!R.$$

g ist also die F.T. von Q, und dies impliziert bereits $Q_n \to_W Q$, weil andernfalls eine weitere Teilfolge $(Q_{n'_k})_{k \geq 1}$ mit $Q_{n'_k} \to_W Q' \neq Q$ existierte und Q' ebenfalls die F.T. g besäße. Dies ist aufgrund der Eindeutigkeit von F.T. ausgeschlossen.

Es bleibt also nur noch zu zeigen, daß obige vag konvergente Teilfolge $(Q_{n_k})_{k \geq 1}$ bereits schwach konvergiert, und gemäß Satz 12.3.2(b) reicht es dazu, $\|Q_{n_k}\| \to \|Q\|$ für $k \to \infty$ nachzuweisen. Da $\frac{\sin \delta x}{\delta x} \in \mathcal{C}_b$ für alle $\delta > 0$ mit Wert 1 in 0 und Limes 0 für $|x| \to \infty$, folgt aufgrund majosisierter Konvergenz und 12.3.3(b)

$$\begin{aligned}
\|Q\| &= \lim_{\delta \downarrow 0} \int_{I\!\!R} \frac{\sin \delta x}{\delta x} Q(dx) = \lim_{\delta \downarrow 0} \lim_{k \to \infty} \int_{I\!\!R} \frac{\sin \delta x}{\delta x} Q_{n_k}(dx) \\
&= \lim_{\delta \downarrow 0} \lim_{k \to \infty} \frac{1}{2\delta} \int_{I\!\!R} \int_{-\delta}^{\delta} e^{itx} \, dt \, Q_{n_k}(dx) \\
&= \lim_{\delta \downarrow 0} \lim_{k \to \infty} \frac{1}{2\delta} \int_{-\delta}^{\delta} \varphi_{n_k}(t) \, dt \qquad \text{(Satz von Fubini)} \\
&= \lim_{\delta \downarrow 0} \frac{1}{2\delta} \int_{-\delta}^{\delta} g(t) \, dt = g(0) = \lim_{k \to \infty} \|Q_{n_k}\|,
\end{aligned}$$

wobei in der letzten Zeile die Stetigkeit von g in 0 verwendet worden ist. $\diamond$

12.4.3 Bemerkung   Für vag aber nicht schwach konvergente Folgen $(Q_n)_{n \geq 1}$ endlicher Maße läßt sich über die zugehörigen F.T. $\varphi_n, n \geq 1$ keine einheitliche Aussage treffen. Betrachten wir dazu zwei Beispiele: Für die Folge $Q_n = R(-n,n), n \geq 1$, die wegen

$$\lim_{n \to \infty} Q_n(f) = \lim_{n \to \infty} \frac{1}{n} \int_{-n}^{n} f(x) \, dx = 0 \quad \text{für alle } f \in \mathcal{C}_0$$

und $\|Q_n\| \not\to 0$ vag aber nicht schwach gegen $Q = 0$ konvergiert, streben die zugehörigen F.T. $\varphi_n(t) = \frac{\sin nt}{nt}$ (siehe 12.1.7(d)) gegen die in 0 unstetige Funktion $\mathbf{1}_{\{0\}}(t)$. Dagegen gilt für die

Folge $Q_n = \delta_n, n \geq 1$, die, wie schon in 12.3.3(a) bemerkt, ebenfalls vag aber nicht schwach gegen 0 konvergiert, daß deren F.T. $\varphi_n(t) = e^{int}, n \geq 1$ für t außerhalb des Gitters $2\pi\mathbb{Z}$ überhaupt keinen Limes besitzen.

Nach dieser Bemerkung stellt sich die Frage, ob Fourier-Analyse überhaupt ein geeignetes Hilfsmittel zum Nachweis vager Konvergenz bildet und, wenn ja, ob dabei auch lokal endliche Maße mit unendlicher Gesamtmasse zugelassen werden können. Die folgende Verallgemeinerung des Stetigkeitssatzes 12.4.2 gibt eine positive Antwort und ist zugleich die Basis für den fourieranalytischen Beweis des Blackwellschen Erneuerungstheorems im nächsten Paragraphen.

12.4.4 Korollar $Q_1, Q_2, \ldots$ *seien lokal endliche Maße auf* $\mathbb{R}$. *Falls für eine in* 0 *stetige Funktion* g *und eine strikt positive Funktion* $h \in C_b$

$$(12.4.3) \qquad \lim_{n \to \infty} \int_{\mathbb{R}} e^{itx} h(x)\, Q_n(dx) = g(t) \quad \text{für alle } t \in \mathbb{R},$$

so existiert ein lokal endliches Maß Q *mit* $Q_n \to_V Q$, *falls* $n \to \infty$, *und es gilt*

$$(12.4.4) \qquad g(t) = \int_{\mathbb{R}} e^{itx} h(x)\, Q(dx).$$

Beweis: O.B.d.A. können wir annehmen, daß das in (12.4.3) links vom Gleichheitszeichen stehende Integral für alle $n \geq 1$ endlich sind. Setzen wir dann

$$\hat{Q}_n(dx) = h(x)\, Q_n(dx), \quad n \geq 1,$$

so bilden diese eine Folge endlicher Maße mit $\sup_{n \geq 1} \|\hat{Q}_n\| < \infty$, denn $\lim_{n \to \infty} \|\hat{Q}_n\| = g(0)$. Ihre F.T. konvergieren gemäß (12.4.3) gegen eine in 0 stetige Funktion. Nach Satz 12.4.2(b) existiert deshalb ein endliches Maß $\hat{Q}$ mit F.T. g, so daß $\hat{Q}_n \to_W \hat{Q}$. Sei nun $Q(dx) = \frac{1}{h(x)}\hat{Q}(dx)$. Da h strikt positiv und stetig ist, folgt

$$Q(I) \leq \left(\inf_{x \in I} h(x)\right)^{-1} \hat{Q}(I) < \infty$$

für alle beschränkten Intervalle I, d.h. Q ist lokal endlich. Ferner gilt $g/h \in C_0$ für alle $g \in C_0$ und damit

$$\lim_{n \to \infty} Q_n(g) = \lim_{n \to \infty} \hat{Q}_n(\frac{g}{h}) = \hat{Q}(\frac{g}{h}) = Q(g),$$

was $Q_n \to_V Q$ beweist. Die Gültigkeit von (12.4.4) ist klar aufgrund der Definition von Q. $\diamond$

12.5 Fourier-Transformierte von Funktionen und Folgen

Ist $f : \mathbb{R} \to \mathbb{C}$ eine l_0-integrierbare Funktion, d.h. $f \in L_1$, und

$$Q_f(dx) \stackrel{\text{def}}{=} f(x)\, l_0(dx)$$

das zugehörige $\mathbb{C}$-wertige Maß (siehe A.3 im Anhang), so wird durch die Zuordnung

$$(12.5.1) \qquad f \;\mapsto\; \hat{f}(t) \stackrel{\text{def}}{=} \varphi_{Q_f}(t) = \int_{\mathbb{R}} e^{itx} f(x)\, l_0(dx), \quad t \in \mathbb{R},$$

ein linearer Operator $\hat{}\,: L_1 \to \mathcal{C}_b$ definiert, den man als *Fourier-Transformation* bezeichnet. $\hat{f}$ heißt *Fourier-Transformierte von f*. Vermöge der kanonischen Zerlegung

$$(12.5.2) \qquad f \;=\; Re(f)^+ \;-\; Re(f)^- \;+\; i\,Im(f)^+ \;-\; i\,Im(f)^-$$

erhält man eine solche von Q_f in lauter gewöhnliche endliche Maße, nämlich

$$(12.5.3) \qquad Q_f \;=\; Q_{Re(f)^+} \;-\; Q_{Re(f)^-} \;+\; i\,Q_{Im(f)^+} \;-\; i\,Q_{Im(f)^-}.$$

Aufgrund der Linearität von $\hat{}$ kann man deshalb viele Eigenschaften von F.T. für Funktionen unter Rückgriff auf die bereits bekannten für F.T. endlicher Maße zeigen. Mit Lemma 12.1.2(a) erhält man etwa, daß $\hat{f}$ tatsächlich beschränkt (durch $\|f\|_1$) und gleichmäßig stetig ist. Ferner ergibt sich aufgrund der Eindeutigkeit von F.T. $\mathbb{C}$-wertiger Maße (siehe Bemerkung 12.1.10), daß zwei Funktionen genau dann dieselbe F.T. besitzen, wenn sie l_0-f.ü. übereinstimmen. Der Operator $\hat{}$ ist also injektiv. Setzen wir $f_a = f(\cdot - a)$ für $a \in \mathbb{R}$, so folgt weiter aufgrund der Translationsinvarianz von l_0

$$(12.5.4) \qquad \hat{f}_a(t) \;=\; \int_{\mathbb{R}} e^{itx} f(x - a)\, l_0(dx) \;=\; e^{iat}\, \hat{f}(t).$$

Schließlich erhalten wir für $h = f * g$, $f, g \in L_1$ wegen $Q_h = Q_f * Q_g$, der obigen Zerlegung (12.5.3) und unter Benutzung des Multiplikationssatzes 12.1.8.

$$(12.5.5) \qquad \hat{h} \;=\; \hat{f}\,\hat{g}.$$

Das anschließende Lemma zeigt, daß der Wertebereich $\mathfrak{R}$ des Operators $\hat{}$ eine echte Teilmenge von $\mathcal{C}_b$ bildet.

12.5.1 Das Riemann-Lebesgue-Lemma *Ist $f \in L_1$ mit F.T. $\hat{f}$, so folgt $\lim\limits_{|t|\to\infty} \hat{f}(t) = 0$.*

Beweis: Für $f = 1([a,b])$, $a, b \in \mathbb{R}$ erhalten wir durch einfaches Ausrechnen $\hat{f}(t) = (e^{ibt} - e^{iat})/it$, und diese Funktion erfüllt offensichtlich die Behauptung. Für beliebiges $f \in L_1$ existieren aber paarweise disjunkte Intervalle $I_1, ..., I_n$ und $c_1, ..., c_n \in \mathbb{C}$, so daß $\|f - \sum_j c_j 1(I_j)\|_1 < \varepsilon$. Die Behauptung ergibt sich dann leicht unter Benutzung der Ungleichung $\|\hat{f} - \hat{g}\|_\infty \leq \|f - g\|_1$. $\qquad\qquad \diamond$

Wie bereits angemerkt, ist die Zuordnung $f \mapsto \hat{f}$ injektiv, und es stellt sich daher die Frage nach der Gestalt des Umkehroperators mit Definitionsbereich $\mathfrak{R}$. Der anschließende Satz zeigt, daß dieser bei Einschränkung auf $\mathfrak{R} \cap L_1$ im wesentlichen dem Operator $\hat{}$ selbst entspricht.

12.5.2 Satz *Ist $f \in L_1$ und auch $\hat{f} \in L_1$, so folgt*

$$(12.5.6) \qquad f(x) \;=\; \frac{1}{2\pi} \int_{I\!\!R} e^{-itx}\, \hat{f}(t)\, l_0(dt) \;=\; \frac{\hat{\hat{f}}(-x)}{2\pi} \quad l_0\text{-}f.\ddot{u}.$$

Insbesondere stimmt f l_0-f.ü. mit einer Funktion $g \in C_b$ mit $\lim_{|x|\to\infty} g(x) = 0$ überein.

Beweis: Eine speziellere Form dieses Resultats haben wir bereits in Korollar 12.1.6 bewiesen, dort für l_0-Dichten f unter Benutzung der Umkehrformel von Levy. Für beliebige $f \in L_1$ mit integrierbarer F.T. reicht daher erneut der Hinweis auf die Zerlegung (12.5.3) von f sowie auf die Linearität der Zuordnung $f \mapsto \hat{f}$. $\qquad\qquad\diamond$

Im Hinblick auf den fourieranalytischen Beweis des Blackwellschen Erneuerungstheorems im arithmetischen Fall wollen wir nun dieselben Überlegungen wie zuvor für l_1-integrierbare Funktionen (= absolut summierbare Folgen) $f : \mathbb{Z} \to \mathbb{C}$, d.h. $f \in \ell_1$ durchführen. Sinnvollerweise setzen wir dazu

$$Q_f(dx) \;=\; f(x)\, l_1(dx)$$

und definieren die F.T. $\hat{f}$ durch

$$(12.5.7) \qquad \hat{f}(t) \;=\; \varphi_{Q_f}(t) \;=\; \int_{\mathbb{Z}} e^{itx}\, f(x)\, l_1(dx) \;=\; \sum_{n\in\mathbb{Z}} e^{int}\, f(n), \quad t \in I\!\!R.$$

$\hat{f}$ ist offenkundig wiederum stetig und beschränkt sowie außerdem 2π-periodisch. Wir können $\hat{f}$ folglich als Element von $\mathcal{C}([-\pi,\pi])$, dem Raum aller komplexwertigen, stetigen Funktionen auf $[-\pi,\pi]$ auffassen. Die Zuordnung $f \mapsto \hat{f}$ definiert damit einen linearen Operator von ℓ_1 nach $\mathcal{C}([-\pi,\pi])$ und ist injektiv, wie sich unter erneuter Benutzung der weiterhin gültigen Zerlegung (12.5.3) und Levys Umkehrformel für $\mathbb{C}$-wertige Maße ergibt. Umgekehrt sei für eine Funktion $f \in \mathcal{C}([-\pi,\pi])$

$$(12.5.8) \qquad \tilde{f}(n) \;\stackrel{\text{def}}{=}\; \frac{1}{2\pi} \int_{-\pi}^{\pi} e^{-inx}\, f(x)\, dx, \quad n \in \mathbb{Z},$$

die Folge ihrer sogenannten *Fourier-Koeffizienten*, die offensichtlich durch $\|f\|_\infty$ beschränkt sind ($\tilde{f} \in \ell_\infty$). Den Grund für die Bezeichnung gibt der folgende

12.5.3 Satz *Sei $f \in \mathcal{C}([-\pi,\pi])$ mit $\tilde{f} \in \ell_1$. Dann gilt für alle $x \in [-\pi,\pi]$*

$$(12.5.9) \qquad f(x) = \sum_{n\in\mathbb{Z}} e^{inx}\, \tilde{f}(n) \;=\; \hat{\tilde{f}}(x).$$

Die $\tilde{f}(n), n \in \mathbb{Z}$, sind durch (12.5.9) eindeutig bestimmt.

Die in (12.5.9) auftretende Summe bezeichnet man als *Fourier-Reihe von f* und ist offensichtlich 2π-periodisch. Es folgt $f(\pi) = f(-\pi)$, d.h. f läßt sich zu einer 2π-periodischen Funktion $\in C_b$ fortsetzen.

Beweis: Bekanntlich gilt $\frac{1}{2\pi} \int_{-\pi}^{\pi} e^{ijx} e^{-ikx}\, dx = \mathbf{1}_{jk}$ für alle $j, k \in \mathbb{Z}$. Ohne Beweis benutzen wir im Anschluß, daß gilt:

$$f \in \mathcal{C}([-\pi, \pi]) \text{ mit } \tilde{f}(n) = 0 \text{ für alle } n \in \mathbb{Z} \quad \Rightarrow \quad f = 0.$$

Kawata(1972, Thm.2.10.1) gibt einen elementaren Beweis dieser Aussage. Kommen wir nun zum Nachweis von (12.5.9): Da $\tilde{f} \in \ell_1$, definiert

$$g(x) \overset{\text{def}}{=} \sum_{n \in \mathbb{Z}} e^{inx}\, \tilde{f}(n), \quad x \in \mathbb{R},$$

eine stetige, 2π-periodische und durch $\sum_n |\tilde{f}(n)|$ beschränkte Funktion auf $[-\pi, \pi]$. Es folgt $h \overset{\text{def}}{=} f - g \in \mathcal{C}([-\pi, \pi])$ und weiter für die Fourier-Koeffzienten von h:

$$\begin{aligned}
\tilde{h}(k) &= \tilde{f}(k) - \frac{1}{2\pi} \int_{-\pi}^{\pi} e^{-ikx} \left(\sum_{n \in \mathbb{Z}} e^{inx}\, \tilde{f}(n) \right) dx \\
&= \tilde{f}(k) - \sum_{n \in \mathbb{Z}} \left(\tilde{f}(n) \int_{-\pi}^{\pi} e^{-ikx} e^{inx}\, dx \right) = 0 \quad \text{für alle } k \in \mathbb{Z}.
\end{aligned}$$

Damit ist $h = 0$, d.h. $f = g$.

Zum Nachweis der Eindeutigkeit der $\tilde{f}(n), n \in \mathbb{Z}$, reicht es offenkundig,

$$\sum_{n \in \mathbb{Z}} e^{inx}\, \tilde{f}(n) = 0 \quad \Rightarrow \quad \tilde{f} = 0$$

zu zeigen. Sei also $\sum_n e^{inx} \tilde{f}(n) = 0$ angenommen. Es folgt

$$\begin{aligned}
0 &= \frac{1}{2\pi} \int_{-\pi}^{\pi} \left| \sum_{n \in \mathbb{Z}} e^{inx}\, \tilde{f}(n) \right|^2 dx = \lim_{N \to \infty} \frac{1}{2\pi} \int_{-\pi}^{\pi} \left(\sum_{j=-N}^{N} e^{ijx}\, \tilde{f}(j) \right) \overline{\left(\sum_{k=-N}^{N} e^{ikx}\, \tilde{f}(k) \right)} dx \\
&= \lim_{N \to \infty} \sum_{j,k=-N}^{N} \tilde{f}(j) \overline{\tilde{f}(k)} \left(\frac{1}{2\pi} \int_{-\pi}^{\pi} e^{ijx} e^{-ikx}\, dx \right) = \lim_{N \to \infty} \sum_{j,k=-N}^{N} \tilde{f}(j) \overline{\tilde{f}(k)} \mathbf{1}(\{j\})(k) \\
&= \lim_{N \to \infty} \sum_{n=-N}^{N} |\tilde{f}(n)|^2 = \sum_{n \in \mathbb{Z}} |\tilde{f}(n)|^2
\end{aligned}$$

und daraus weiter $\tilde{f} = 0$, was zu beweisen war. $\qquad\qquad \diamond$

Als triviale Folgerung aus dem obigen Satz erhalten wir eine Umkehrformel für arithmetische Wahrscheinlichkeitsmaße, die wir später noch benötigen werden.

12.5.4 Korollar *Sei Q ein 1-arithmetisches Wahrscheinlichkeitsmaß mit l_1-Dichte q, d.h. $q(n) = Q(\{n\})$ für $n \in \mathbb{Z}$, endlichem Erwartungswert, d.h. $q \in \ell_1$, und ch.F. φ. Dann gelten $\varphi = \hat{q}$ und $q = \tilde{\varphi}$, d.h.*

$$(12.5.10) \qquad\qquad q(n) = \frac{1}{2\pi} \int_{-\pi}^{\pi} e^{-int}\, \varphi(t)\, dt \quad \textit{für alle } n \in \mathbb{Z}.$$

Wir beschließen diesen Abschnitt mit der *Parsevalschen Gleichung*, die wir hier allerdings nur in einer von uns benötigten speziellen Form angeben. Ihre Bedeutung innerhalb der Theorie der Hilbert-Räume soll dagegen nicht diskutiert werden, weil auch auf die Bedeutung der Fourier-Transformation innerhalb dieser Theorie ganz bewußt nicht eingegangen worden ist.

12.5.5 Die Parsevalsche Gleichung Q_1, Q_2 *seien endliche Maße auf* $I\!R$ *mit F.T.* φ_1, φ_2. *Dann gilt*

$$(12.5.11) \qquad Q_1(\varphi_2) \; = \; \int \varphi_2 \, dQ_1 \; = \; \int \varphi_1 \, dQ_2 \; = \; Q_2(\varphi_1).$$

Beweis: Die Behauptung ergibt sich leicht unter Benutzung des Satzes von Fubini. $\Diamond$

Literaturhinweise: Gute Einführungen in die Fourier-Analyse im Rahmen der Wahrscheinlichkeitstheorie geben Breiman(1968), Chung(1974) oder Chow und Teicher(1988). Umfangreichere Darstellungen einschließlich Anwendungen bieten die Monographien von Lukacs(1970), Kawata(1972) und Körner(1988). Die Bedeutung der Fourier-Transformation innerhalb der Funktionalanalysis und dort insbesondere innerhalb der Theorie der Hilbert-Räume läßt sich z.B. in Hewitt und Stromberg(1965) nachlesen.

§13   Fourier-Analyse in der Erneuerungstheorie

Nachdem wir im vorigen Paragraphen die wichtigsten Fakten über Fourier-Transformierte endlicher Maße und l_0-integrierbarer Funktionen sowie über vage und schwache Konvergenz zusammengestellt haben, wollen wir uns nun ihrer Verwendung innerhalb der Erneuerungstheorie zuwenden. Im folgenden Abschnitt geben wir einen fourieranalytischen Beweis des (Blackwellschen) Erneuerungstheorems, der in seinen Grundzügen auf Feller und Orey(1961) zurückgeht. Inhalt des zweiten Abschnitts bildet das schwierigere Problem der Ermittlung von Konvergenzraten im Erneuerungstheorem unter geeigneten Regularitätsvoraussetzungen an den zugrundeliegenden Random Walk. Hier werden wir eine Reihe von Ergebnissen zitieren und eines auch beweisen, was im letzten Abschnitt geschieht.

13.1 Ein analytischer Beweis des Erneuerungstheorems

Sei $(S_n)_{n \geq 0}$ ein SRW mit Spanne d, Zuwächsen $X_1, X_2, ...$, Drift $\mu \in (0, \infty)$ und Erneuerungsmaß U. Für $B \in \mathcal{B}$ setzen wir wieder $N(B) = \sum_{n \geq 0} 1(S_n \in B)$, so daß $U(B) = EN(B)$. Für den im Anschluß entwickelten analytischen Beweis des Blackwellschen Erneuerungstheorems setzen wir neben der Äquivalenz zum 2. Erneuerungstheorem von den in §2 hergeleiteten Resultaten nur die gleichgradige Integrierbarkeit der $N(t + I), t \in I\!\!R$ für jedes beschränkte Intervall I voraus, die in Lemma 2.3.1 gezeigt wurde. Damit folgt sofort $U(I) < \infty$ für alle beschränkten Intervalle I, d.h. die lokale Endlichkeit von U, und $\lim_{t \to \infty} U(-t + I) = 0$. Nachzuweisen bleibt der nicht-triviale Teil des Erneuerungstheorems, nämlich

$$d\text{-}\lim_{t \to \infty} U(t + I) \; = \; \mu^{-1} l_d(I) \quad \text{für alle beschränkten Intervalle } I.$$

Wie sich sofort aus dem 2. Erneuerungstheorem ergibt und schon in 2.4.3(a) bemerkt wurde, ist dies äquivalent zu

$$U(t + \cdot) \; \to_V \; \mu^{-1} l_d, \quad \text{falls } t \to \infty \; (\in d\mathbb{Z}, \text{ falls } d > 0),$$

und diese Aussage ist es, die wir im Anschluß mit Hilfe von Fourier-Analyse zeigen wollen.

Sei φ die ch.F. von X_1 und

$$(13.1.1) \qquad U_s \; = \; \sum_{n \geq 0} s^n P(S_n \in \cdot) \quad \text{für } s \in (0, 1],$$

insbesondere $U = U_1$. Für $s < 1$ bilden die U_s endliche Maße mit $\|U_s\| = \frac{1}{1-s}$ und F.T.

$$(13.1.2) \qquad \psi_s \; = \; \sum_{n \geq 0} s^n \varphi^n \; = \; \frac{1}{1 - s\varphi}$$

unter Beachtung der Tatsache, daß S_n die ch.F. φ^n für alle $n \geq 0$ besitzt. Zuweilen bezeichnet man U_s auch als *diskontiertes Erneuerungsmaß*. Offensichtlich gilt gemäß Korollar 12.3.6

$U_s \to_V U$, falls $s \uparrow 1$, denn $U_s(B) \uparrow U(B)$ für alle $B \in \mathcal{B}$. Auch die zugehörigen F.T. ψ_s konvergieren punktweise, falls $s \uparrow 1$, und zwar gilt

$$(13.1.3) \qquad \lim_{s \uparrow 1} \psi_s \;=\; \psi \;\overset{\text{def}}{=}\; \frac{1}{1-\varphi},$$

wobei $\frac{1}{1-\varphi(t)} \overset{\text{def}}{=} \infty$, falls $\varphi(t) = 1$. ψ besitzt also eine isolierte Singularität in $t = 0$, falls $d = 0$ (nichtarithmetischer Fall), und in jedem $t \in \frac{2\pi \mathbb{Z}}{d}$, falls $d > 0$ (d-arithmetischer Fall). In allen übrigen t ist ψ stetig. Natürlich besitzt U als unendliches Maß keine F.T., wenngleich man aufgrund der zuvor gemachten Aussagen geneigt ist, ψ als solche aufzufassen.

Aus rein beweistechnischen Gründen erweist es sich im folgenden als günstiger, anstelle der U_s deren symmetrische Modifikationen

$$(13.1.4) \qquad V_s \;\overset{\text{def}}{=}\; U_s(-\cdot) \;+\; U_s, \quad s \in (0,1], \quad V \;\overset{\text{def}}{=}\; V_1$$

zu betrachten, die für $s \in (0,1)$ die *reellwertigen* F.T.

$$\psi_s(-t) + \psi_s(t) \;=\; \overline{\psi_s(t)} + \psi_s(t) \;=\; 2\,Re(\psi_s)(t)$$

besitzen. Da offensichtlich für alle beschränkten Intervalle I

$$\lim_{t \to \infty} \big(U(t+I) - V(t+I) \big) \;=\; \lim_{t \to \infty} U(-t-I) \;=\; 0,$$

genügt es, $V(t + \cdot) \to_V \mu^{-1} l_d$, falls $t \to \infty$ ($\in d\mathbb{Z}$ im d-arithmetischen Fall), nachzuweisen. Den Schlüssel hierzu bildet das anschließende Lemma, das für $f \in \mathcal{C}_0$ und $s \uparrow 1$ das Verhalten von $\int f(t)\, Re(\psi_s)(t)\, dt$ beschreibt.

13.1.1 Lemma *Sei $b > 0$, so daß $\varphi(t) \neq 1$ für alle $t \in [-b,b] - \{0\}$. Dann ist $Re(\psi)$ l_0-integrierbar auf $[-b,b]$, und es gilt für alle $f \in \mathcal{C}_0$*

$$(13.1.5) \qquad \lim_{s \uparrow 1} \int_{-b}^{b} f(t)\, Re(\psi_s)(t)\, dt \;=\; \frac{\pi f(0)}{\mu} \;+\; \int_{-b}^{b} f(t)\, Re(\psi)(t)\, dt,$$

d.h. mit $\phi_s \overset{\text{def}}{=} 1([-b,b])\, Re(\psi_s)$, $s \in (0,1]$, und $\psi_1 \overset{\text{def}}{=} \psi$

$$\phi_s(t)\, l_0(dt) \;\to_V\; \frac{\pi}{\mu}\, \delta_0(dt) \;+\; \phi_1(t)\, l_0(dt) \quad (s \uparrow 1).$$

Beweis: Wir beginnen mit dem Nachweis der l_0-Integrierbarkeit von $Re(\psi)$ auf $[-b,b]$. Es gilt

$$Re(\psi) \;=\; Re\big(\frac{1}{1-\varphi}\big) \;=\; \frac{Re(1-\overline{\varphi})}{|1-\varphi|^2} \;\geq\; 0.$$

Da $\varphi(t) \neq 1$ für alle $t \in [-b,b] - \{0\}$ und somit $Re(\psi)$ auf $[-b,b] - \{0\}$ stetig ist, reicht es, die l_0-Integrierbarkeit von $Re(\psi)$ auf einem beliebig kleinen Intervall $[-\varepsilon,\varepsilon]$ um die Polstelle 0 zu zeigen. Da $\mu = EX_1 < \infty$, ist φ gemäß Satz 12.1.9 stetig differenzierbar mit $\varphi'(0) = i\mu$. Wir können deshalb $\varepsilon > 0$ so klein wählen, daß $|1 - \varphi(t)| \geq \mu|t|/2$ für alle $t \in [-\varepsilon, \varepsilon]$. Nach diesen Vorüberlegungen bleibt

$$\int_{-\varepsilon}^{\varepsilon} \frac{Re(1 - \overline{\varphi})(t)}{t^2} \, dt \;=\; 2 \int_0^{\varepsilon} \frac{E(1 - \cos(tX_1))}{t^2} \, dt \;<\; \infty$$

nachzuweisen. Unter Benutzung des Satzes von Fubini erhalten wir

$$\int_0^{\varepsilon} \frac{E(1 - \cos(tX_1))}{t^2} \, dt \;=\; E\Big(\int_0^{\varepsilon} \frac{1 - \cos(tX_1)}{t^2} \, dt\Big)$$

$$= \; E\Big(|X_1| \int_0^{\varepsilon|X_1|} \frac{\cos t}{t^2} \, dt\Big) \;\leq\; E|X_1| \int_0^{\infty} \frac{1 - \cos t}{t^2} \, dt \;<\; \infty.$$

Zum Beweis von (13.1.5) schreiben wir zuerst für beliebiges $f \in \mathcal{C}_0$

$$\int_{-b}^{b} f(t) \, Re(\psi_s - \psi)(t) \, dt \;=\; \int_{-b}^{b} f(t) \, Re\Big(\frac{1}{1 - s\varphi} - \frac{1}{1 - \varphi}\Big)(t) \, dt$$

$$= \; \int_{-b}^{b} f(t) \, \frac{(s - 1)\varphi(t)}{|1 - s\varphi(t)|^2} \, Re\Big(\frac{\varphi(1 - s\overline{\varphi})}{1 - \varphi}\Big)(t) \, dt \;\overset{\text{def}}{=}\; I(s, b).$$

Auf $[-b, b] - [-\varepsilon, \varepsilon]$ konvergiert der Integrand von $I(s, b)$ gegen 0, falls $s \uparrow 1$, und ist beschränkt. Folglich reicht es, $I(s, \varepsilon)$ für beliebig kleines $\varepsilon > 0$ zu untersuchen. Eine einfache Umformung ergibt

$$(13.1.6) \qquad \begin{aligned} I(s, \varepsilon) \;=\;& \int_{-\varepsilon}^{\varepsilon} f(t) \, \frac{(s - 1)\varphi(t)}{|1 - s\varphi(t)|^2} \, Re\Big(\frac{\varphi(1 - \overline{\varphi})}{1 - \varphi}\Big)(t) \, dt \\[2mm] & - \int_{-\varepsilon}^{\varepsilon} f(t) \, \frac{(s - 1)^2 \varphi(t)}{|1 - s\varphi(t)|^2} \, |\varphi(t)|^2 \, Re(\psi)(t) \, dt \;\overset{\text{def}}{=}\; I_1(s, \varepsilon) \;+\; I_2(s, \varepsilon). \end{aligned}$$

Da $|1 - s\varphi| \geq 1 - s$, sieht man sofort, daß der Integrand von $I_2(s, \varepsilon)$ beschränkt ist durch ein Vielfaches von $Re(\psi)$, so daß aufgrund majorisierter Konvergenz

$$\lim_{s \uparrow 1} I_2(s, \varepsilon) \;=\; 0 \quad \text{für alle } 0 < \varepsilon \leq b.$$

Für den verbleibenden kritischen Term $I_1(s, \varepsilon)$ seien $\eta \in (0, 1)$ und $\varepsilon \in (0, b)$ so klein, daß für $\varphi(t) = 1 + \varphi'(t^*)t$, $t^* \in [-t, t]$, gilt

$$(1 - \eta)\big((1 - s)^2 + \mu^2 t^2\big) \;\leq\; |1 - s\varphi(t)|^2 \;\leq\; (1 + \eta)\big((1 - s)^2 + \mu^2 t^2\big),$$

wobei für obige Taylor-Entwicklung wiederum auf Satz 12.1.9 verwiesen wird. Setzen wir nun

$$g(s, t) \;=\; \frac{|1 - s\varphi(t)|^2}{(1 - s)^2 + \mu^2 t^2},$$

so definiert dies eine stetige Funktion auf $(0, 1) \times [-\varepsilon, \varepsilon]$ mit der Eigenschaft

$$1 - \eta \;\leq\; g(s, t) \;\leq\; 1 + \eta \quad \text{für alle } (s, t) \in [1 - \varepsilon, 1) \times [-\varepsilon, \varepsilon].$$

Darüberhinaus folgt

$$g(t) \stackrel{\text{def}}{=} \lim_{s\uparrow 1} g(s,t) = \frac{|1 - \varphi(t)|^2}{\mu^2 t^2} \quad \text{für alle } t \neq 0,$$

und wir können $g(t)$ in 0 stetig fortsetzen durch

$$\lim_{t\to 0} \frac{|1 - \varphi(t)|^2}{\mu^2 t^2} = \frac{|\varphi'(0)|^2}{\mu^2} = 1.$$

Schließlich definieren wir noch die Funktion

$$h(t) = -f(t)\, Re\left(\frac{\varphi(1 - \overline{\varphi})}{1 - \varphi}\right)(t), \quad t \neq 0,$$

die ebenfalls stetig ist auf $[-\varepsilon, \varepsilon]$ nach Fortsetzung in 0 durch $h(0) = f(0)$. Beachte dazu, daß

$$\lim_{t\to 0} \frac{1 - \overline{\varphi(t)}}{1 - \varphi(t)} = \frac{\overline{\varphi'(0)}}{\varphi'(0)} = -1.$$

Verkleinern wir gegebenenfalls $\varepsilon > 0$ nochmals, so daß

$$\frac{1 - \eta}{1 + \eta}\, h(0) \leq \frac{h(t)}{g(s,t)} \leq \frac{1 + \eta}{1 - \eta}\, h(0) \quad \text{für alle } (s,t) \in [1 - \varepsilon, 1) \times [-\varepsilon, \varepsilon],$$

so erhalten wir schließlich

$$
\begin{aligned}
\lim_{s\uparrow 1} I_1(s,\varepsilon) &= \lim_{s\uparrow 1} \int_{-\varepsilon}^{\varepsilon} \frac{h(t)}{g(s,t)} \frac{1 - s}{(1 - s)^2 + \mu^2 t^2}\, dt \\
&= \lim_{s\uparrow 1} \int_{\frac{-\varepsilon}{1-s}}^{\frac{\varepsilon}{1-s}} \frac{h(t(1 - s))}{g(s, t(1 - s))} \frac{1}{1 + \mu^2 t^2}\, dt \\
&\leq (\geq) \frac{1 + (-)\eta}{1 - (+)\eta}\, h(0) \int_{-\infty}^{\infty} \frac{dt}{1 + \mu^2 t^2}\, dt = \frac{1 + (-)\eta}{1 - (+)\eta} \frac{\pi h(0)}{\mu},
\end{aligned}
$$

(13.1.7)

was die Behauptung (13.1.5) beweist, da $\eta > 0$ beliebig vorgegeben war und $h(0) = f(0)$. $\quad \Diamond$

Um im folgenden $V(a + \cdot) \to_V \mu^{-1} l_d$ für $a \to \infty$ ($\in d\mathbb{Z}$) zu zeigen, genügt es gemäß Korollar 12.4.4

$$(13.1.8) \qquad d\text{-}\lim_{a\to\infty} \int_{\mathbb{R}} e^{itx}\, \hat{h}(x)\, V(a + dx) = \mu^{-1} \int_{\mathbb{R}} e^{itx}\, \hat{h}(x)\, l_d(dx)$$

für alle $t \in \mathbb{R}$ und eine strikt positive, l_d-integrierbare Funktion $\hat{h}$ nachzuweisen. Wie wir noch sehen werden, erweist es sich dazu als günstig, $\hat{h}$ als F.T. einer Funktion $h \in C_0$ zu wählen, wobei das anschließende Lemma garantiert, daß dies tatsächlich möglich ist.

13.1.2 Lemma *Sei $h_\alpha(x) = (2\alpha - |x|)1((-2\alpha, 2\alpha))(x)$ für $\alpha > 0$. Dann gilt $h_\alpha \in C_0$ und*

$$\hat{h}_\alpha(t) = \frac{\sin^2 \alpha t}{\alpha^2 t^2}.$$

Außerdem folgt $(h_\alpha + h_\beta)\hat{\ } = \hat{h}_\alpha + \hat{h}_\beta > 0$ für alle α, β mit irrationalem Quotienten.

Beweis: Wie man leicht nachrechnet, ist h_α die l_0-Dichte von $R(-\alpha, \alpha) * R(-\alpha, \alpha) \stackrel{\text{def}}{=} Q$, d.h. $h_\alpha = \mathbf{1}((-\alpha, \alpha)) * \mathbf{1}((-\alpha, \alpha))$. Q heißt gewöhnlich Dreiecksverteilung und besitzt gemäß 12.1.7(d) sowie dem Multiplikationssatz 12.1.8 die behauptete F.T. $\hat{h}_\alpha$. Deren Nullstellenmenge ist aber $\frac{\pi \mathbb{Z}}{\alpha}$, die von $\hat{h}_\alpha + \hat{h}_\beta$ folglich $\frac{\pi \mathbb{Z}}{\alpha} \cap \frac{\pi \mathbb{Z}}{\beta}$, also leer für $\alpha, \beta > 0$ mit irrationalem Quotienten.
$\Diamond$

Beweis des Erneuerungstheorems: *(a) Der nichtarithmetische Fall ($d = 0$):* Im folgenden zeigen wir (13.1.8) mit $h = h_\alpha + h_\beta$ gemäß vorigem Lemma, $\frac{\alpha}{\beta}$ irrational. Zur Abkürzung schreiben wir V_s^a für $V_s(a + \cdot)$ und V^a für $V(a + \cdot)$. Unter Beachtung von

$$V_s^a = \sum_{n \geq 0} s^n \left(P(S_n - a \in \cdot) + P(-S_n - a \in \cdot) \right)$$

erhält man leicht unter Verwendung von Lemma 12.1.2(d), daß V_s^a für alle $a \in \mathbb{R}$ und $s \in (0, 1)$ die F.T. $2e^{-iat} Re(\psi_s)(t)$ besitzt. Da $\hat{h}$ offenkundig d.R.i. ist und V^a gleichmäßig beschränkt auf Intervallen konstanter Länge, folgt

$$\int \hat{h} \, dV_s^a \leq \int \hat{h} \, dV^a < \infty \quad \text{für alle } a \in \mathbb{R} \quad \text{und} \quad s \in (0, 1).$$

Ferner sieht man leicht ein, daß

$$(13.1.9) \qquad \lim_{s \uparrow 1} \int_{\mathbb{R}} e^{itx} \, \hat{h}(x) \, V_s^a(dx) = \int_{\mathbb{R}} e^{itx} \, \hat{h}(x) \, V^a(dx) \quad \text{für alle } a, t \in \mathbb{R}.$$

Unter Verwendung der Parsevalschen Gleichung 12.5.5 – setze dort $Q_1 = V_s^a$ und $Q_2 = h(\cdot - t) \, l_0$ – folgt nun

$$(13.1.10) \qquad \begin{aligned} \int_{\mathbb{R}} e^{itx} \, \hat{h}(x) \, V_s^a(dx) &= \int_{\mathbb{R}} h(\cdot - t)\hat{\ }(x) \, V_s^a(dx) \\ &= \int_{-\infty}^{\infty} 2e^{-iay} \, Re(\psi_s)(y) \, h(y - t) \, dy, \end{aligned}$$

und diese Identität bildet den Schlüssel zum Beweis, indem sie Lemma 13.1.1 ins Spiel bringt. Wegen $h \in C_0$ liefert dieses Lemma nämlich für die rechte Seite in (13.1.10)

$$(13.1.11) \qquad \begin{aligned} \lim_{s \uparrow 1} \int_{-\infty}^{\infty} 2e^{-iay} \, Re(\psi_s)(y) \, h(y - t) \, dy &= \lim_{s \uparrow 1} \int_{-b}^{b} 2e^{-iay} \, Re(\psi_s)(y) \, h(y - t) \, dy \\ &= \frac{2\pi}{\mu} \, h(-t) + \int_{-b}^{b} 2e^{-iay} \, Re(\psi)(y) \, h(y - t) \, dy, \end{aligned}$$

wobei $b > 0$ so groß sei, daß der Träger von $h(\cdot - t) \subset [-b, b]$. Beachte außerdem, daß im vorliegenden nichtarithmetischen Fall $\varphi(t) \neq 1$ für alle $t \neq 0$. Das letzte Integral in (13.1.11) strebt nach dem Riemann-Lebesgue-Lemma 12.5.1 für $a \to \infty$ gegen 0. Ferner liefert Satz 12.4.2

$$h(-t) \;=\; \frac{1}{2\pi} \int_{-\infty}^{\infty} e^{itx}\, \hat{h}(x)\, dx,$$

so daß mit (13.1.9)-(13.1.11) das Gewünschte, nämlich (13.1.8), bei Grenzübergang $a \to \infty$ folgt.

(b) Der arithmetische Fall $(d > 0)$: O.B.d.A. sei $d = 1$, so daß φ gemäß Lemma 12.2.1 2π-periodisch ist mit $\varphi(t) \neq 1$ für alle $t \in [-\pi, \pi] - \{0\}$. Mit h wie in Teil (a) ist hier für (13.1.8)

$$\lim_{k \to \infty} \int_{I\!\!R} e^{itx}\, \hat{h}(x)\, V^k(dx) \;=\; \frac{1}{\mu} \sum_{n \in Z\!\!\!Z} e^{itn}\, \hat{h}(n) \quad \text{für alle } t \in I\!\!R$$

zu zeigen. Offenkundig bleiben (13.1.9) und (13.1.10) auch weiterhin gültig. Anstelle von (13.1.11) erhalten wir jedoch unter Benutzung der 2π-Periodizität von $e^{-itk} Re(\psi_s)(t)$, die direkt aus der von φ folgt, sowie erneut Lemma 13.1.1

$$\lim_{s \uparrow 1} \int_{-\infty}^{\infty} 2e^{-iky}\, Re(\psi_s)(y)\, h(y-t)\, dy \;=\; \lim_{s \uparrow 1} \int_{-\pi}^{\pi} 2e^{-iky}\, Re(\psi_s)(y)\, g(y-t)\, dy$$

$$(13.1.11) \qquad = \frac{2\pi}{\mu}\, g(-t) \;+\; \int_{-\pi}^{\pi} 2e^{-iky}\, Re(\psi)(y)\, g(y-t)\, dy,$$

$$\text{wobei } g(y) \;\overset{\text{def}}{=}\; \sum_{n \in Z\!\!\!Z} h(y + 2\pi n).$$

Dabei beachte man bei der Definition von g, daß sich wegen $h \in C_0$ die dortige Summation stets nur über endlich viele n erstreckt und daß g offenkundig stetig ist, d.h. $g \in C([-\pi, \pi])$. Unter Benutzung des Riemann-Lebesgue-Lemmas erhalten wir nun mit (13.1.9), (13.1.10) und (13.1.11)

$$\lim_{k \to \infty} \int_{I\!\!R} e^{itx}\, \hat{h}(x)\, V^k(dx) \;=\; \frac{2\pi}{\mu}\, g(-t),$$

so daß nur noch

$$g(-t) \;=\; \frac{1}{2\pi} \sum_{n \in Z\!\!\!Z} e^{itn}\, \hat{h}(n)$$

zu zeigen bleibt. Dies folgt aber aus Satz 12.5.3, denn g besitzt die Fourier-Koeffzienten (siehe (12.5.8))

$$\tilde{g}(k) \;=\; \int_{-\pi}^{\pi} e^{ikx} \sum_{n \in Z\!\!\!Z} h(x + 2\pi n)\, dx \;=\; \int_{-\infty}^{\infty} e^{ikx}\, h(x)\, dx \;=\; \hat{h}(k),$$

und diese sind absolut summierbar $(\in \ell_1)$. $\qquad \Diamond$

Literaturhinweise: Der zuvor gegebene Beweis geht, wie schon eingangs erwähnt, zurück auf Feller und Orey(1961), wobei wir hier weitestgehend der exzellenten Darstellung im Lehrbuch von Breiman(1968) gefolgt sind.

13.2 Konvergenzraten im Erneuerungstheorem

Wir betrachten weiterhin die im vorigen Abschnitt gegebene Situation. $(S_n)_{n \geq 0}$ ist also ein SRW mit Zuwächsen $X_1, X_2, ...$, Spanne $d = d(X_1)$, Drift $\mu \in (0, \infty)$ und Erneuerungsmaß U. Es sei $u(t)$ die l_0-Dichte von U im nichtarithmetischen Fall, sofern diese existiert, und $u(kd) = U(\{kd\})$ für alle $k \in \mathbb{Z}$ im d-arithmetischen Fall. Wesentlich schwerer als die Konvergenzaussage des (Blackwellschen) Erneuerungstheorems lassen sich weitergehende Resultate über die Konvergenzgeschwindigkeit etwa von

$$U(t+a) - U(t) - \frac{a}{\mu} \; \to \; 0$$

für festes $a > 0$ und $t \to \infty$ gewinnen. Hierzu bildet Fourier-Analyse ein geeignetes Hilfsmittel, wie wir beim Beweis des im Anschluß formulierten Satzes 13.2.1 noch sehen werden. Eine Übersicht der wichtigsten Literatur zu diesem Komplex geben wir wie immer am Ende des Abschnitts. Im folgenden seien

$$\mu_p = E|X_1|^p \quad \text{für } p > 0, \quad \Delta_d = \frac{\mu_2 + d\mu}{2\mu^2} \quad \text{und}$$

$$R(x) = \begin{cases} \displaystyle\int_x^\infty P(X_1 > y) \, dy, & x \geq 0 \\[2ex] \displaystyle\int_{-\infty}^x P(X_1 \leq y) \, dy, & x \leq 0 \end{cases} .$$

Im d-arithmetischen Fall gilt dann offensichtlich

$$R(kd) = \begin{cases} \displaystyle\sum_{j > k} P(X_1 > jd), & k \in \mathbb{N}_0 \\[2ex] \displaystyle\sum_{j < k} P(X_1 \leq jd), & k \in -\mathbb{N} \end{cases} .$$

13.2.1 Satz *Ist X_1 d-arithmetisch und $\mu_m < \infty$ für ein ganzzahliges $m \geq 2$, so folgen für $k \to \infty$:*

$$(13.2.1) \qquad U(kd) = \frac{kd}{\mu} + \Delta_d + o(k^{2-m}), \quad U(-kd) = o(k^{2-m}),$$

$$u(kd) = \frac{d}{\mu} + \frac{R(kd)}{\mu^2} + o(k^{-m}) = \frac{d}{\mu} + o(k^{1-m}),$$

$$(13.2.2)$$

$$u(-kd) = \frac{R(-kd)}{\mu^2} + o(k^{-m}) = o(k^{1-m}).$$

Als nächstes wollen wir ein entsprechendes Resultat für den Fall nichtarithmetischer Zuwächse angeben, wozu es allerdings der Einschränkung auf eine geeignete Teilklasse nichtarithmetischer Verteilungen bedarf: Wir bezeichnen ein Wahrscheinlichkeitsmaß Q (eine Zufallsgröße X mit Verteilung Q) als *streng nichtarithmetisch*, falls deren ch.F. φ die *Cramérsche Bedingung*

$$(13.2.3) \qquad \limsup_{|t| \to \infty} |\varphi(t)| \; < \; 1$$

erfüllt. Ist Q quasi l_0-stetig, existiert also ein $n \in I\!N$, so daß $Q^{*(n)} = q_n l_0 + \tilde{Q}$ für ein $q_n \geq 0$ und ein Maß $\tilde{Q}$ mit $\|\tilde{Q}\| < 1$ gilt, so folgt aus dem Riemann-Lebesgue-Lemma

$$\limsup_{|t|\to\infty} |\varphi^n(t)| \leq \|\tilde{Q}\| + \lim_{|t|\to\infty} \left| \int_{I\!R} e^{itx} q_n(x)\, l_0(dx) \right| = \|\tilde{Q}\| < 1.$$

Jede quasi l_0-stetige Verteilung ist somit streng nichtarithmetisch. Die Umkehrung gilt jedoch nicht, wie von Makarov(1968) durch ein Gegenbeispiel gezeigt wurde.

13.2.2 Satz *(a) Ist X_1 streng nichtarithmetisch und $\mu_m < \infty$ für ein ganzzahliges $m \geq 2$, so folgen für alle $a > 0$ und $t \to \infty$*

$$(13.2.4) \quad U(t) = \frac{t}{\mu} + \Delta_0 + o(t^{2-m}), \quad H(-t) = o(t^{2-m}),$$

$$(13.2.5) \quad \begin{aligned} U(t+\tfrac{a}{2}) - U(t-\tfrac{a}{2}) &= \frac{a}{\mu} + \frac{aR(t)}{\mu^2} + o(t^{-m}\log t) = \frac{a}{\mu} + o(t^{1-m}), \\ U(-t+\tfrac{a}{2}) - U(-t-\tfrac{a}{2}) &= \frac{aR(-t)}{\mu^2} + o(t^{-m}\log t) = o(t^{1-m}). \end{aligned}$$

(b) Besitzt X_1 eine l_0-Dichte f, deren k-te Faltung $f^{*(k)}$ absolutstetig ist für ein $k \in I\!N$, und gelten ferner

$$(13.2.6) \quad \int_{\boldsymbol{R}} |t^{m-1}(f^{*(k)})'(t)|\, l_0(dt) < \infty$$

sowie $\mu_m < \infty$ für ein ganzzahliges $m \geq 2$, so folgen für $t \to \infty$

$$(13.2.7) \quad \begin{aligned} u(t) - \sum_{j=1}^{k-1} f^{*(j)}(t) &= \frac{1}{\mu} + o(t^{1-m}), \\ u(-t) - \sum_{j=1}^{k-1} f^{*(j)}(t) &= o(t^{1-m}). \end{aligned}$$

Vollständige Beweise der beiden zuvor formulierten Sätze würden zweifellos den Rahmen des vorliegenden Textes sprengen, und wir beschränken uns deshalb auf den etwas einfacheren Beweis von Satz 13.2.1, der einen Einblick in das notwendige Vorgehen unter Benutzung von Fourier-Analyse geben soll und Inhalt des nächsten Abschnitts bildet. Für einen Beweis von Satz 13.2.2 verweisen wir auf Stone(1965) und Grübel(1982a). Weitere Angaben zur Literatur machen wir, wie schon bemerkt, am Ende dieses Abschnitts.

Die in Satz 13.2.2 vorgenommene Einschränkung innerhalb der Klasse nichtarithmetischer Zuwachsverteilungen wirft natürlich die Frage auf, welche Konvergenzraten dort gelten, wenn X_1 weder arithmetisch noch streng nichtarithmetisch ist. Betrachten wir dazu beispielhaft die Erneuerungsfunktion $U(t)$. Sofern $\mu_2 < \infty$, konvergiert $U(t) - \frac{t}{\mu} - \Delta_0$ gemäß Satz 3.4.1 für $t \to \infty$ gegen 0. Die Konvergenzgeschwindigkeit kann jedoch beliebig schlecht sein, selbst wenn X_1 beschränkt ist, insbesondere also Momente beliebiger Ordnung besitzt. Dies wurde von Carlsson(1983) gezeigt:

13.2.3 Satz   *Zu jeder Funktion* $r : (0, \infty) \to (0, \infty)$ *mit* $\lim_{t \to \infty} r(t) = \infty$ *existiert eine nichtarithmetische Verteilung* Q *auf einem Kompaktum* $K \subset (0, \infty)$, *so daß*

$$\limsup_{t \to \infty} r(t) \left(U(t) - \frac{t}{\mu} - \Delta_0 \right) > 0$$

für die zugehörige Erneuerungsfunktion $U(t)$ *gilt.*

Einen Beweis dieses Satzes findet der interessierte Leser in der oben genannten Arbeit von Carlsson(1983, Abschnitt 5, Bsp.1). Wir dagegen beschränken uns auf die Angabe einer Klasse nichtarithmetischer Zuwachsverteilungen, die lediglich zeigt, daß (13.2.4) in Satz 13.2.2 tatsächlich nicht mehr zu gelten braucht, wenn die Cramérsche Bedingung verletzt ist.

13.2.4 Beispiel (siehe Carlsson(1983, S.153 unten)   Seien $q_1, ..., q_n > 0$, $n \geq 2$, und $\frac{q_i}{q_n}$ für mindestens ein i irrational. Sei ferner X_1 laplaceverteilt auf $\{q_1, ..., q_n\}$, d.h.

$$P(X_1 = q_j) = \frac{1}{n} \quad \text{für alle } 1 \leq j \leq n.$$

Unter Benutzung der Stirlingschen Formel

$$n! \simeq \sqrt{2\pi}\, n^{n + \frac{1}{2}} e^{-n} \quad (n \to \infty)$$

und mit $q = q_1 + ... + q_n$ folgt dann für alle $k \in I\!N$

$$P(S_{kn} = kq) \geq \sum_{(A_1, ..., A_n), |A_j| = k, \Sigma_j A_j = \{1, ..., kn\}} \prod_{j=1}^{n} \prod_{m \in A_j} P(X_m = q_j)$$
$$= \frac{(kn)!}{n^{kn}(k!)^n} \simeq \sqrt{\frac{n}{(2\pi k)^{n-1}}} \quad (k \to \infty).$$

Folglich hat die Verteilungsfunktion von S_{kn} und damit auch $U(t)$ für große k bei kq eine Sprungstelle der Ordnung $\geq k^{(1-n)/2}$. Der Approximand $\frac{t}{\mu} + \Delta_0$ für $U(t)$ ist dagegen stetig auf $(0, \infty)$, so daß

$$\limsup_{t \to \infty} t^{\frac{n-1}{2}} \left(U(t) - \frac{t}{\mu} - \Delta_0 \right) > 0$$

gelten muß. Insbesondere ergibt sich für $n = 2$, d.h. im Fall einer Laplaceschen, nichtarithmetischen Zweipunktverteilung auf $(0, \infty)$

$$\limsup_{t \to \infty} t^{\frac{1}{2}} \left(U(t) - \frac{t}{\mu} - \Delta_0 \right) > 0.$$

Literaturhinweise: Die Untersuchung von Konvergenzraten im Erneuerungstheorem und damit verbundenen Grenzwertsätzen bildet Inhalt einer beträchtlichen Zahl von Arbeiten. Die Sätze 13.2.1 und 13.2.2(a) stammen von Stone(1965), wenngleich im arithmetischen Fall z.T. bereits von Feller(1949), Karlin(1955) und Gelfond(1964) vorweggenommen. Satz 13.2.2(b) ist eine spezielle Formulierung eines Resultats von Grübel(1982a). Die hier angegebenen Resultate sind zwar nicht die besten existierenden, bilden aber einen guten Kompromiß, will man den Bezeichnungsaufwand in Grenzen halten. Als weitere Quellen von Bedeutung seien die Arbeiten von Stone und Wainger(1967), Carlsson(1983) und Grübel(1982b,1983,1987) genannt, die alle analytische Methoden (Fourier-Analyse, Distributionen, Gelfand-Theorie) benutzen, sowie eine weitere von Lindvall(1979), die sich der Koppelungsmethode bedient.

Nicht eingegangen sind wir hier auf die Frage nach Konvergenzraten im Erneuerungstheorem für RW mit unendlicher Drift. Wir verweisen den interessierten Leser auf Teugels(1968), Erickson(1970), Mohan(1976,1977,1981) sowie Anderson und Athreya(1987).

13.3 Beweis von Satz 13.2.1

Im folgenden sei o.B.d.A. stets $d = 1$ angenommen.

Beweis von (13.2.1): Seien $\mu_m < \infty$ für ein ganzzahliges $m \geq 2$ und (13.2.2) bereits gezeigt. Wir erinnern an die in 3.4 erhaltenen Beziehungen

$$(13.3.1) \qquad U(t) \; - \; \mu^{-1}t^{+} \; = \; \frac{R * U(t)}{\mu}, \quad t \in I\!R \quad \text{und}$$

$$(13.3.2) \qquad \frac{1}{\mu^2} \int_{I\!R} R(x) \, l_1(dx) \; = \; \frac{1}{\mu^2} \sum_{j \in Z\!\!\!Z} R(j) \; = \; \Delta_1.$$

Im folgenden bezeichne $C > 0$ stets eine geeignete, jedoch nicht näher spezifizierte Konstante, die sich von Ausdruck zu Ausdruck verändern kann. Aufgrund der Monotonie von R auf $(-\infty, 0]$ folgt bei Benutzung des Satzes von Fubini

$$\int_{(-\infty,0]} |x|^{m-2} R(x) \, l_1(dx) \; \leq \; C \int_{-\infty}^{0} |x|^{m-2} R(x) \, dx$$

$$= \; C \int_{-\infty}^{0} P(X_1 \leq y) \int_{y}^{0} |x|^{m-2} \, dx \, dy \; = \; C \, E(X_1^{-})^m \; < \; \infty,$$

und ganz entsprechend erhält man

$$\int_{[0,\infty)} |x|^{m-2} R(x) \, l_1(dx) \; \leq \; C \int_{0}^{\infty} |x|^{m-2} R(x) \, dx \; = \; C \, E(X_1^{+})^m \; < \; \infty.$$

Beide Ergebnisse zusammen implizieren für $t \to \infty$

$$(13.3.3) \qquad t^{m-2} \int_{\{|x| \geq t\}} R(x) \, l_1(dx) \; \leq \; \int_{\{|x| \geq t\}} |x|^{m-2} R(x) \, l_1(dx) \; = \; o(1).$$

Wir erhalten nun unter Benutzung von (13.2.2) und (13.3.3) für $k \geq 0$

$$
\begin{aligned}
|U(k) - \frac{k}{\mu} - \Delta_1| &= \frac{1}{\mu}|R * U(k) - \frac{1}{\mu}\int_{\mathbb{R}} R(x)\, l_1(dx)| \\
&= \frac{1}{\mu}|\sum_{j\in\mathbb{Z}} R(k-j)(u(j) - \frac{1}{\mu})| \leq \frac{1}{\mu}\sum_{j\in\mathbb{Z}} R(k-j)|u(j) - \frac{1}{\mu}| \\
&\leq \frac{\|u(\cdot) - \frac{1}{\mu}\|_\infty}{\mu}\sum_{j\leq k/2} R(k-j) + \frac{\|R\|_\infty}{\mu}\sum_{j\geq k/2} |u(j) - \frac{1}{\mu}| \\
&\leq C\left(\int_{\{|x|\geq k/2\}} R(x)\, l_1(dx) + \sum_{j\geq k/2} j^{-m}\right) \\
&= o(k^{2-m}) + O(k^{1-m}) = o(k^{2-m}) \quad (k\to\infty).
\end{aligned}
$$

Für $k \leq 0$ ergibt eine ähnliche, aber etwas einfachere Abschätzung

$$
\begin{aligned}
U(k) &= \frac{1}{\mu} R * U(k) \leq \frac{\|u\|_\infty}{\mu}\sum_{j\geq k/2} R(k-j) + \frac{\|R\|_\infty}{\mu}\sum_{j\leq k/2} u(j) \\
&\leq C\left(\int_{\{|x|\geq \frac{|k|}{2}\}} R(x)\, l_1(dx) + \sum_{j\leq k/2} |j|^{-m}\right) = o(k^{2-m}) \quad (k\to\infty).
\end{aligned}
$$

Damit ist (13.2.1) vollständig bewiesen. $\Diamond$

Wenden wir uns nun dem angekündigten, weitaus schwierigeren Nachweis von (13.2.2) zu, für den Fourier-Analyse das wesentliche Hilfsmittel bildet. Zur besseren Gliederung der einzelnen Beweisschritte geben wir die wichtigsten Zwischen- und Hilfsresultate in Form von Lemmata. Es bezeichne φ wieder die ch.F. von X_1, und auch sonst gelten die Bezeichnungen des vorigen Abschnitts.

13.3.1 Lemma *Seien $\mu_2 < \infty$ und $v = u - \mu^{-1}1(\mathbb{N}_0)$. Dann gilt*

(13.3.4)
$$
v(k) = \frac{1}{2\pi}\int_{-\pi}^{\pi} e^{-ikt}\hat{v}(t)\, dt \quad \text{für alle } k \in \mathbb{Z}, \text{ wobei}
$$
$$
\hat{v}(t) \stackrel{\text{def}}{=} \frac{(\varphi(t) - 1 - i\mu t) - \mu(e^{it} - 1 - it)}{\mu(1 - \varphi(t))(1 - e^{it})}
$$

Beweis: Gemäß Korollar 12.5.4 gilt

$$
P(S_n = k) = \frac{1}{2\pi}\int_{-\pi}^{\pi} e^{-ikt}\varphi^n(t)\, dt \quad \text{für alle } k \in \mathbb{Z} \text{ und } n \in \mathbb{N}_0
$$

und folglich

$$
\begin{aligned}
u(k) &= \frac{1}{2\pi}\lim_{s\uparrow 1}\sum_{n\geq 0} s^n \int_{-\pi}^{\pi} e^{-ikt}\varphi^n(t)\, dt \\
&= \frac{1}{2\pi}\lim_{s\uparrow 1}\sum_{n\geq 0} s^n \int_{-\pi}^{\pi} Re(e^{-ikt}\varphi^n(t))\, dt = \frac{1}{2\pi}\lim_{s\uparrow 1}\int_{-\pi}^{\pi} Re(e^{-ikt}\psi_s(t))\, dt \\
&= \frac{1}{2\pi}\lim_{s\uparrow 1}\int_{-\pi}^{\pi} \cos kt\, Re(\psi_s)(t)\, dt - \frac{1}{2\pi}\lim_{s\uparrow 1}\int_{-\pi}^{\pi} \sin kt\, Im(\psi_s)(t)\, dt \\
&\stackrel{\text{def}}{=} u_1(k) - u_2(k).
\end{aligned}
$$

Für $u_1(k)$ gilt gemäß Lemma 13.1.1

$$u_1(k) \;=\; \frac{1}{2\mu} \;+\; \int_{-\pi}^{\pi} \cos kt \; Re(\psi)(t) \, dt.$$

Geht man noch einmal zurück in dessen Beweis, genauer zu (13.1.6), und betrachtet dort $I(s,\pi)$ mit $f(t) = \sin kt$ sowie $Re(\cdot)$ ersetzt durch $Im(\cdot)$ in beiden auftretenden Integralen $I_1(s,\pi)$ und $I_2(s,\pi)$, so erhält man wiederum leicht $I_2(s,\pi) \to 0$ für $s \uparrow 1$. Dasselbe gilt aber auch für $I_1(s,\pi)$, wie ein Blick auf (13.1.7) verdeutlicht. Das dort auftretende h hat nämlich die Form $\hat{R}(t) = \sin kt \; Im\big(\frac{\varphi(1-\overline{\varphi})}{1-\varphi}\big)$ und folglich den Wert 0 in 0 bei stetiger Fortsetzung. Aufgrund dieser Überlegung ergibt sich

$$u_2(k) \;=\; \lim_{s \uparrow 1} \frac{1}{2\pi} \int_{-\pi}^{\pi} \sin kt \; Im(\psi_s)(t) \, dt \;=\; \frac{1}{2\pi} \int_{-\pi}^{\pi} \sin kt \; Im(\psi)(t) \, dt \quad \text{für alle } k \in \mathbb{Z},$$

und schließlich insgesamt

$$(13.3.5) \qquad u(k) \;=\; \frac{1}{2\mu} \;+\; \frac{1}{2\pi} \int_{-\pi}^{\pi} Re\big(e^{-ikt}\psi(t)\big) \, dt \quad \text{für alle } k \in \mathbb{Z}.$$

Insbesondere folgt im deterministischen Fall "$X_1 = X_2 = \ldots = 1$", d.h. falls $\varphi(t) = e^{it}$ und $u = \mathbf{1}(\mathbb{N}_0)$,

$$\mathbf{1}(\mathbb{N}_0)(k) \;=\; \frac{1}{2} \;+\; \frac{1}{2\pi} \int_{-\pi}^{\pi} Re\big(\frac{e^{-ikt}}{1-e^{it}}\big) \, dt \quad \text{für alle } k \in \mathbb{Z}.$$

Eine Kombination dieses Resultats mit (13.3.5) liefert nach einfacher Umformung

$$v(k) \;=\; \frac{1}{2\pi} \int_{-\pi}^{\pi} Re\big(e^{-ikt}\hat{v}(t)\big) \, dt \quad \text{für alle } k \in \mathbb{Z}.$$

Beachtet man abschließend, daß $Im(e^{-ikt}\hat{v}(t))$ eine ungerade Funktion bildet, so ist der Beweis des Lemmas vollständig. $\Diamond$

13.3.2. Lemma *Es seien $\mu_2 < \infty$ und v wie im vorigen Lemma definiert. Dann gilt*

$$(13.3.6) \qquad \begin{aligned} R(k) &= \frac{1}{2\pi} \int_{-\pi}^{\pi} e^{-ikt}\hat{R}(t) \, dt \quad \text{für alle } k \in \mathbb{Z}, \text{ wobei} \\[2mm] \hat{R}(t) &\stackrel{\text{def}}{=} \frac{(\varphi(t) - 1 - i\mu t) - \mu(e^{it} - 1 - it)}{(1 - e^{it})^2} \;=\; \mu \frac{1 - \varphi(t)}{1 - e^{it}} \, \hat{v}(t). \end{aligned}$$

Beweis: Gemäß Korollar 12.5.4 und wegen $\frac{1}{2\pi} \int_{-\pi}^{\pi} e^{ijt} e^{-ikt} \, dt = \mathbf{1}_{jk}$ gilt

$$P(X_1 = k) \;=\; \frac{1}{2\pi} \int_{-\pi}^{\pi} e^{-ikt}\varphi(t) \, dt \;=\; \frac{1}{2\pi} \int_{-\pi}^{\pi} e^{-ikt}\big((\varphi(t) - 1) - \mu(e^{it} - 1)\big) \, dt$$

$$= \frac{1}{2\pi} \int_{-\pi}^{\pi} e^{-ikt}\big((\varphi(t) - 1 - i\mu t) - \mu(e^{it} - 1 - it)\big) \, dt \quad \text{für alle } k \in \mathbb{Z} - \{0, 1\}.$$

Setzt man dies ein in

$$R(k) \;=\; \begin{cases} \displaystyle\sum_{j>k}\sum_{n>j} P(X_1 = n), & k \in \mathbb{N}_0 \\[2ex] \displaystyle\sum_{j<k}\sum_{n\le j} P(X_1 = n), & k \in -\mathbb{N} \end{cases},$$

so folgt (13.3.6) nach einer einfachen Rechnung, die wir dem Leser überlassen. $\diamond$

Durch Kombination von (13.3.4) und (13.3.6) erhalten wir nun für den zu untersuchenden Ausdruck $w(k) \stackrel{\mathrm{def}}{=} u(k) - \frac{1}{\mu}\mathbf{1}(\mathbb{N}_0)(k) - \frac{R(k)}{\mu^2}$

$$w(k) \;=\; \frac{1}{2\pi}\int_{-\pi}^{\pi} e^{-ikt}\hat{w}(t)\, dt \quad \text{für alle } k \in \mathbb{Z}, \text{ wobei}$$

$$(13.3.7)\qquad \hat{w}(t) \stackrel{\mathrm{def}}{=} \hat{v}(t)\left(1 - \frac{1-\varphi(t)}{\mu(1-e^{it})}\right) \;=\; \frac{\big((\varphi(t)-1-i\mu t) - \mu(e^{it}-1-it)\big)^2}{\mu^2((1-\varphi(t))(1-e^{it})^2}$$

$$\;=\; \frac{t}{\mu^2}\,\frac{\left(\frac{\varphi(t)-1-i\mu t}{t^2} - \frac{\mu(e^{it}-1-it)}{t^2}\right)^2}{\left(\frac{1-\varphi(t)}{t}\right)\left(\frac{1-e^{it}}{t}\right)^2}$$

Unser Ziel ist es, $v(k) = o(|k|^{1-m})$ und $w(k) = o(|k|^{-m})$ für $|k| \to \infty$ nachzuweisen, sofern $\mu_m < \infty$, was im folgenden stets angenommen werde. Da dann offensichtlich $R(k) = o(|k|^{1-m})$ für $|k| \to \infty$ gilt, reicht es, $w(k) = o(|k|^{-m})$ für $|k| \to \infty$ zu zeigen. Für den ersten Schritt in diese Richtung notieren wir das folgende

13.3.3. Lemma *$f : [-\pi,\pi] \to \mathbb{C}$ sei k-mal differenzierbare Funktion ($k \ge 1$) mit $f^{(k)} \in L_1([-\pi,\pi])$ und $f^{(j)}(-\pi) = f^{(j)}(\pi)$ für $0 \le j \le k-1$, wobei $f^{(0)} \stackrel{\mathrm{def}}{=} f$. Dann gilt*

$$(13.3.8)\qquad \int_{-\pi}^{\pi} e^{itx} f(x)\, dx \;=\; (it)^{-k}\int_{-\pi}^{\pi} e^{itx} f^{(k)}(x)\, dx \;=\; o(|t|^{-k}) \quad (|t| \to \infty).$$

Beweis: Die Behauptung ergibt sich leicht nach k-maliger partieller Integration und anschließender Anwendung des Riemann-Lebesgue-Lemmas. Wir verzichten auf die Angabe von Details. $\diamond$

Wir werden dieses Lemma auf $\hat{w}$ mit $k = m-1$ anzuwenden und zeigen dafür, daß $\hat{w}$ auf $[-\pi,\pi]$ $(m-1)$-mal stetig differenzierbar ist. Für die im Lemma geforderten Randbedingungen ist dann nichts nachzuweisen, da $\hat{w}$ und damit auch alle $m-1$ Ableitungen 2π-periodisch sind.

Für eine zweimal stetig differenzierbare Funktion h definieren wir die Operatoren D_1, D_2 und D_2^0 durch

$$D_1 h(t) = \begin{cases} \dfrac{h(t)-h(0)}{t}, & t \ne 0 \\[2ex] h'(0), & t = 0 \end{cases} \quad\text{und}\quad D_2 h(t) = \begin{cases} \dfrac{h(t)-h(0)-h'(0)t}{t^2}, & t \ne 0 \\[2ex] \dfrac{h''(0)}{2}, & t = 0 \end{cases}$$

$$\text{sowie}\quad D_2^0 h(t) = D_2 h(t) - D_2 h(0)$$

Wir setzen außerdem $\phi(t) = e^{it}$. $\boldsymbol{D}_1 h$, $\boldsymbol{D}_2 h$ und $\boldsymbol{D}_2^0$ bilden dann auf ganz $\mathbb{R}$ stetige Funktionen, und es gilt

$$(13.3.9) \qquad \hat{w}(t) \;=\; \frac{t\,\boldsymbol{D}_2(\varphi - \mu\phi)(t)^2}{\mu^2\,\boldsymbol{D}_1\varphi(t)\,\boldsymbol{D}_1\phi(t)^2} \;=\; \frac{t\left(\boldsymbol{D}_2^0(\varphi - \mu\phi)(t) - \frac{\nu^2}{2}\right)^2}{\mu^2\,\boldsymbol{D}_1\varphi(t)\,\boldsymbol{D}_1\phi(t)^2},$$

wobei $\nu^2 = \mu_2 - \mu^2$ die Varianz von X_1 bezeichnet. Gemäß Satz 12.1.9 ist $h \in \{\varphi, \phi\}$ auf ganz $\mathbb{R}$ m-mal stetig differenzierbar und folglich auch $\boldsymbol{D}_1 h, \boldsymbol{D}_2 h$ auf $[-\pi, \pi] - \{0\}$. Ferner gilt $\boldsymbol{D}_1 h(t) \neq 0$ für alle $t \in [-\pi, \pi]$, denn h ist ch.F. einer 1-arithmetischen Verteilung mit positivem Erwartungswert. Aus diesen Gründen ergibt sich sofort, daß auch $\hat{w}$ auf $[-\pi, \pi] - \{0\}$ m-mal stetig differenzierbar ist. Zur weiteren Untersuchung verbleibt also nur noch das Verhalten von $\hat{w}^{(j)}(t), 0 \leq j \leq m$, für $t \to 0$. Erweist sich dabei $\hat{w}^{(j)}$ in 0 als stetig fortsetzbar, liefert die sukzessive Anwendung des anschließenden einfachen Lemmas die j-malige stetige Differenzierbarkeit von $\hat{w}$ auf ganz $[-\pi, \pi]$.

13.3.4 Lemma *Seien $I \subset \mathbb{R}$ ein offenes Intervall, $a \in I$ und $f : I \to \mathbb{C}$ eine stetige, auf $I - \{a\}$ sogar stetig differenzierbare Funktion. Ist f' in a stetig fortsetzbar durch ein $b \in \mathbb{R}$, so folgt die stetige Differenzierbarkeit von f auf ganz I mit $b = f'(a)$.*

Auf den Beweis unter Benutzung des Hauptsatzes der Differential- und Integralrechnung kann verzichtet werden.

Wenden wir uns nun der Untersuchung von $\hat{w}^{(j)}, 1 \leq j \leq m$ in einer Umgebung des Nullpunkts zu. Auskunft gibt das nächste

13.3.5 Lemma *Sei X eine Zufallsgröße mit endlichem $\nu_m = EX^m$ für ein ganzzahliges $m \geq 2$ und mit ch.F. ψ. Dann gelten die folgenden Aussagen:*

$$(13.3.10) \qquad \lim_{t \to 0} (\boldsymbol{D}_1\psi)^{(j)}(t) \;=\; \frac{i^{j+1}\nu_{j+1}}{j+1} \quad \textit{für } 0 \leq j \leq m - 1.$$

$$(13.3.11) \qquad \lim_{t \to 0} t\,(\boldsymbol{D}_1\psi)^{(m)}(t) \;=\; 0.$$

$$(13.3.12) \qquad \lim_{t \to 0} (\boldsymbol{D}_2\psi)^{(j)}(t) \;=\; \frac{i^{j+2}\nu_{j+2}}{(j+1)(j+2)} \quad \textit{für } 0 \leq j \leq m - 2.$$

$$(13.3.13) \qquad \lim_{t \to 0} t\,(\boldsymbol{D}_2\psi)^{(m-1)}(t) \;=\; 0.$$

$$(13.3.14) \qquad \lim_{t \to 0} t^2\,(\boldsymbol{D}_2\psi)^{(m)}(t) \;=\; 0.$$

Beweis: Für $n \in \mathbb{N}_0$ sei

$$(13.3.15) \qquad \phi_n(t) \;=\; e^{it} - \sum_{j=0}^{n} \frac{(it)^j}{j!} \;=\; \frac{(it)^{n+1}}{n!} \int_0^1 e^{itu}(1 - u)^n \, du.$$

Dabei folgt die letzte Gleichheit leicht mittels Induktion über n, da

$$\frac{(it)^{n+1}}{n!} \int_0^1 e^{itu}(1 - u)^n \, du \;=\; \frac{(it)^n}{n!} + \frac{(it)^n}{(n-1)!} \int_0^1 e^{itu}(1 - u)^{n-1} \, du$$

für alle $n \in I\!N_0$, wobei $k! \overset{\text{def}}{=} 1$ für $k < 0$. Wir erhalten dann die Abschätzung

$$(13.3.16) \qquad |\phi_n(t)| \;\le\; \min\{\frac{2|t|^n}{(n-1)!}, \frac{|t|^{n+1}}{n!}\} \quad \text{für alle } n \in I\!N_0 \text{ und } t \in I\!R.$$

Weiter gilt für $k = 1, 2$ mit $R_k(t) \overset{\text{def}}{=} \sum_{j=k}^{m} i^j \nu_j t^{j-k}/j!$

$$(13.3.17) \qquad D_k\psi(t) \;=\; t^{-k}E\phi_{k-1}(tX) \;=\; t^{-k}E\phi_m(tX) \;+\; R_k(t).$$

Da R_k als Polynom beliebig oft differenzierbar ist mit

$$R_k^{(l)}(0) \;=\; \frac{i^{k+l}\nu_{k+l}}{\prod_{j=1}^{k} k+j} \quad \text{für } 0 \le l \le m-k$$

und $R_k^{(l)}(0) = 0$ für $l > m-k$, bleiben zum Nachweis der Behauptungen des Lemmas lediglich $f_k(t) \overset{\text{def}}{=} t^{-k}E\phi_m(tX)$ und deren Ableitungen für $t \to 0$ zu untersuchen. Wie man leicht nachweist, folgt aufgrund majorisierter Konvergenz $(E|X|^m < \infty)$

$$\frac{d^l}{dt^l}E\phi_m(tX) \;=\; E\phi_m^{(l)}(tX) \quad \text{für alle } 0 \le l \le m.$$

Zusammen mit $\phi_m^{(l)} = i^{m-l}\phi_{m-l}$ für $0 \le l \le m$ und der Leibniz-Regel liefert dies für alle $1 \le l \le m$ und $t \ne 0$

$$(13.3.18) \qquad f_k^{(l)}(t) \;=\; \sum_{j=0}^{l} \binom{l}{j} \frac{(-1)^j(j+k-1)!}{t^{j+k}} E(iX)^{l-j}\phi_{m+j-l}(tX).$$

Als nächstes notieren wir die aus (13.3.16) folgende Abschätzung

$$\left| \frac{(iX)^{l-j}\phi_{m+j-l}(tX)}{t^{j+k}} \right| \;\le\; \frac{2|t|^{m-k-l}|X|^m}{(m+j-l-1)!} \quad \text{für alle } 0 \le j \le l \le m \quad \text{und} \quad t \ne 0$$

und erhalten dann unter Hinweis auf (13.3.15) sowie aufgrund majorisierter Konvergenz

$$\lim_{t \to 0} \frac{E(iX)^{l-j}\phi_{m+j-l}(tX)}{t^{j+k}} \;=\; E\left(\lim_{t \to 0} \frac{t^{m-k-l+1}(iX)^{m+1}}{(m+j-l)!} \int_0^1 e^{itXu}(1-u)^{m+j-l}\,du \right) \;=\; 0$$

für $0 \le j \le l \le m-k$. Aus denselben Gründen folgen (setze $l = m-k+1$ bzw. $l = m, k = 2$ in voriger Gleichung)

$$\lim_{t \to 0} t\,\frac{E(iX)^{m-k+1-j}\phi_{k+j-1}(tX)}{t^{j+k}} \;=\; 0$$

für $0 \le j \le m-k+1$ sowie

$$\lim_{t \to 0} t^2\,\frac{E(iX)^{m-j}\phi_j(tX)}{t^{j+2}} \;=\; 0$$

für $0 \leq j \leq m$. Der Übergang zum Limes ergibt nun in (13.3.18)

$$\lim_{t \to 0} f_k^{(l)}(t) \;=\; \lim_{t \to 0} t\, f_k^{(m-k+1)}(t) \;=\; \lim_{t \to 0} t^2 f_2^{(m)} \;=\; 0$$

für $0 \leq l \leq m - k$, was zusammen mit (13.3.17) die Behauptungen des Lemmas beweist. $\Diamond$

Wie bereits vor Lemma 13.3.4 bemerkt, ist die im Nenner von $\hat{w}(t)$ auftretende Funktion $\mu^2 \boldsymbol{D}_1\varphi(t)\boldsymbol{D}_1\phi(t)^2$ auf ganz $[-\pi, \pi]$ von 0 verschieden. Eine einfache Überlegung liefert deshalb bei Verwendung des vorigen Lemmas, daß $w^{(j)}$ für $1 \leq j \leq m - 1$ in 0 stetig fortsetzbar, $\hat{w}$ selbst also gemäß Lemma 13.3.4 $(m-1)$-mal stetig differenzierbar ist auf $[-\pi, \pi]$. Dies schließt den ersten Beweisschritt ab.

Gemäß Lemma 13.3.3 gilt nun

$$(13.3.19) \qquad w(k) \;=\; \frac{1}{2\pi(-ik)^{m-1}} \int_{-\pi}^{\pi} e^{-ikt} \hat{w}^{(m-1)}(t)\, dt \quad \text{für alle } k \in \mathbb{Z},$$

Zum Nachweis von $w(k) = o(|k|^{-m})$ für $|k| \to \infty$ würden wir den rechten Ausdruck in (13.3.19) gern nochmals partiell integrieren, um so

$$(13.3.20) \qquad w(k) \;=\; \frac{1}{2\pi(-ik)^{m}} \int_{-\pi}^{\pi} e^{-ikt} \hat{w}^{(m)}(t)\, dt \quad \text{für alle } k \in \mathbb{Z}.$$

zu erhalten. Leider besitzt der dann auftretende Integrand $e^{-ikt}\hat{w}^{(m)}$ in 0 eine Singularität und ist nicht mehr l_0-integrierbar. Wir zeigen jedoch im Anschluß, daß $e^{-ikt}\hat{w}^{(m)}$ für jedes $k \in \mathbb{Z}$ auf $[-\pi, \pi]$ uneigentlich Riemann-integrierbar ist, und zwar gilt

$$\oint_{-\pi}^{\pi} e^{-ikt}\hat{w}^{(m)}(t)\, dt \;\overset{\text{def}}{=}\; \lim_{\varepsilon \downarrow 0} \left(\int_{-\pi}^{-\varepsilon} + \int_{\varepsilon}^{\pi} \right) e^{-ikt}\hat{w}^{(m)}(t)\, dt \;<\; \infty \quad \text{für alle } k \in \mathbb{Z}.$$

Insbesondere gilt damit (13.3.20), sofern man das auftretende Integral als uneigentliches Riemann-Integral ($\oint$) auffaßt. Da aber das Riemann-Lebesgue-Lemma nicht mehr anwendbar ist, müssen wir außerdem nachweisen, daß dieses Integral für $|k| \to \infty$ gegen 0 strebt.

Um das Problem transparenter zu machen, zerlegen wir $\hat{w}^{(m)}$ in einen in 0 singulären Anteil, der anschließend weiter analysiert wird, und einen auf ganz $[-\pi, \pi]$ stetigen Anteil, der selbstverständlich l_0-integrierbar ist und daher nicht weiter untersucht zu werden braucht. Differenziert man den in (13.3.9) ganz rechts stehenden Bruch m-mal in $t \neq 0$ und benutzt neben Lemma 13.3.5, daß

(1) $\boldsymbol{D}_1\phi$ und $\boldsymbol{D}_2\phi$ unendlich of differenzierbar sind,

(2) $\boldsymbol{D}_1\varphi(t)^{-1}\boldsymbol{D}_2\phi(t)^{-2}$ m-mal stetig differenzierbar ist und in 0 den Wert $-i\mu$ besitzt,

(3) $\boldsymbol{D}_2\varphi$ und $\boldsymbol{D}_2^0\varphi$ dieselben Ableitungen besitzen,

(4)

$$(f_1 \cdot \ldots \cdot f_n)^{(k)} \;=\; \sum_{j_1+\ldots+j_n=k} \frac{k!}{j_1! \cdot \ldots \cdot j_n!}\, f_1^{(j_1)} \cdot \ldots \cdot f_n^{(j_n)}$$

für k-mal differenzierbare Funktionen $f_1, ..., f_n$ gilt (verallgemeinerte Leibniz-Regel), so ergibt sich

$$
(13.3.21) \quad
\begin{aligned}
\hat{w}^{(m)}(t) \;=\;& \frac{2it}{\mu^3}\,(\boldsymbol{D}_2\varphi)^{(m)}(t)\,\Big(\boldsymbol{D}_2^0(\varphi-\mu\phi)(t)-\frac{\nu^2}{2}\Big) \\[2mm]
&+\;\frac{2im}{\mu^3}\,(\boldsymbol{D}_2\varphi)^{(m-1)}(t)\,\Big(\boldsymbol{D}_2^0(\varphi-\mu\phi)(t)-\frac{\nu^2}{2}\Big)\;+\;r(t)
\end{aligned}
$$

für eine geeignete auf $[-\pi,\pi]$ stetige Funktion r. Mit Hilfe dieser Zerlegung und dem folgenden Lemma werden wir den Beweis von (13.2.2) abschließen.

13.3.6 Lemma *Gegeben sei die Situation von Lemma 13.3.5. Dann gelten:*
(a) $(\boldsymbol{D}_2\psi)^{(m-1)} \in L_1([-\pi,\pi])$.

(b) $\displaystyle\lim_{|k|\to\infty} \oint_{-\pi}^{\pi} e^{-ikt}t\,(\boldsymbol{D}_2\psi)^{(m)}(t)\,\boldsymbol{D}_2^0\psi(t)\,dt \;=\; 0.$

(c) $\displaystyle\lim_{|k|\to\infty} \oint_{-\pi}^{\pi} e^{-ikt}t\,(\boldsymbol{D}_2\psi)^{(m)}(t)\,dt \;=\; 0$

Vor dem Beweis dieses Lemma wollen wir zeigen, daß damit tatsächlich (13.2.2) folgt. Unter Benutzung der Aussagen (b) und (c) sowie von (13.3.21) reicht es zu zeigen, daß

$$
(13.3.22) \quad
\begin{aligned}
&\hat{w}^{(m)}(t)\;-\;r(t)\;+\;\frac{i\nu^2}{\mu^3}\,t\,(\boldsymbol{D}_2\varphi)^{(m)}(t)\;-\;\frac{2it}{\mu^3}\,(\boldsymbol{D}_2\varphi)^{(m)}(t)\boldsymbol{D}_2^0\varphi(t) \\[2mm]
&=\;-\frac{2it}{\mu^2}\,(\boldsymbol{D}_2\varphi)^{(m)}(t)\boldsymbol{D}_2^0\phi(t)\;+\;\frac{2im}{\mu^3}\,(\boldsymbol{D}_2\varphi)^{(m-1)}(t)\,\Big(\boldsymbol{D}_2^0(\varphi-\mu\phi)(t)-\frac{\nu^2}{2}\Big)
\end{aligned}
$$

auf $[-\pi,\pi]$ l_0-integrierbar ist. Für den letzten Ausdruck in (13.3.22) folgt dies aus Teil (a) des obigen Lemmas, denn $\boldsymbol{D}_2^0(\varphi-\mu\phi)(t)-\frac{\nu^2}{2}$ ist auf $[-\pi,\pi]$ beschränkt. Ferner implizieren (13.3.14) und die gemäß (13.3.16) für alle $t\in[-\pi,\pi]$ gültige Abschätzung

$$
\Big|\frac{\mu}{t}\,\boldsymbol{D}_2^0\phi(t)\Big| \;=\; \frac{\mu|\phi_2(t)|}{|t|^3} \;\leq\; \frac{\mu}{2},
$$

daß auch der erste Ausdruck der rechten Seite in (13.3.22) auf $[-\pi,\pi]$ beschränkt bleibt und damit insbesondere l_0-intergrierbar ist. Dies beschließt den Beweis von (13.2.2).

Beweis von Lemma 13.3.6: Wir übernehmen die Bezeichnungen des Beweises von Lemma 13.3.5. Mit Blick auf (13.3.17) und die im Anschluß gemachten Bemerkungen reicht es, für die l_0-Integrierbarkeit von $(\boldsymbol{D}_2\psi)^{(m-1)}$ die von $f_2^{(m-1)}$ nachzuweisen, wobei letztere Funktion durch (13.3.18) gegeben ist. Wir erhalten unter Benutzung von (13.3.15) und dem binomischen Lehrsatz

$$
(13.3.23) \quad
\begin{aligned}
f_2^{(m-1)}(t) \;=\;& E\Big(\sum_{j=0}^{m-1}\binom{m-1}{j}\frac{(-1)^j(j+1)!}{t^{j+2}}(iX)^{m-1-j}\phi_{j+1}(tX)\Big) \\[2mm]
=\;& E\Big((iX)^{m+1}\int_0^1 e^{itXu}\sum_{j=0}^{m-1}(-1)^j(1-u)^{j+1}\,du\Big) \\[2mm]
=\;& E\Big((iX)^{m+1}\int_0^1 e^{itXu}u^{m-1}(1-u)\,du\Big)\;=\;E(iX)^{m+1}I(tX),
\end{aligned}
$$

ferner mittels zweimaliger partieller Integration

$$I(t) \stackrel{\text{def}}{=} \int_0^1 e^{itu} u^{m-1}(1-u)\, du$$

$$= \frac{1}{it} \int_0^1 e^{itu} \left(u^{m-1}(1-u)\right)'\, du = \frac{1}{(it)^2} \int_0^1 e^{itu} \left(u^{m-1}(1-u)\right)''\, du,$$

und schließlich aus beiden Beziehungen die Abschätzung

$$|f_2^{(m-1)}(t)| \leq C \Big(\int_{\{|tX| \leq 1\}} |X|^{m+1}\, dP + t^{-2} \int_{\{|tX|>1\}} |X|^{m-1}\, dP \Big)$$

für alle $t \neq 0$ und eine geeignete Konstante $C > 0$. Da $E|X|^m < \infty$, bildet die rechte Seite dieser Ungleichung eine auf $[-\pi, \pi]$ l_0-integrierbare Funktion, wie man sofort mit Hilfe des Satzes von Fubini nachprüft.

Wir kommen nun zum Nachweis von (b) und (c). Wiederum wegen (13.3.17) und der im Anschluß gemachten Bemerkungen genügt es hier, die Integrale

$$\oint_{-\pi}^{\pi} e^{-ikt} t f_2^{(m)}(t)\, dt \quad \text{und} \quad \oint_{-\pi}^{\pi} e^{-ikt} t f_2^{(m)}(t) \boldsymbol{D}_2^0 \psi(t)\, dt$$

für $|k| \to \infty$ zu untersuchen. Unter Benutzung von (13.3.15), dem binomischen Lehrsatz sowie partieller Integration (oder bei Differentiation beider Seiten von (13.3.23) nach t und anschließender partieller Integration) folgt

$$t f_2^{(m)}(t) = E\Big((iX)^{m+1} \int_0^1 e^{itXu} \left(u^m(u-1)\right)'\, du\Big) = E(iX)^{m+1} J(tX),$$

$$\text{wobei} \quad J(t) \stackrel{\text{def}}{=} \int_0^1 e^{itu} \left(u^m(u-1)\right)'\, du = \frac{e^{it}}{it} + \frac{\tilde{J}(t)}{(it)^2}$$

für eine geeignete beschränkte Funktion $\tilde{J}$. Dies impliziert weiter

$$\begin{aligned}
(13.3.24) \qquad t f_2^{(m)}(t) = {}& \int_{\{|tX| \leq 1\}} (iX)^{m+1} \Big(\int_0^1 e^{itXu} \left(u^m(u-1)\right)'\, du \Big)\, dP \\
& + \frac{1}{t^2} \int_{\{|tX|>1\}} (iX)^{m-1} \tilde{J}(tX)\, dP + \frac{1}{t} \int_{\{|tX|>1\}} (iX)^m e^{itX}\, dP
\end{aligned}$$

Eine ähnliche Rechnung ergibt

$$\begin{aligned}
(13.3.25) \qquad \boldsymbol{D}_2^0 \phi(t) = {}& \frac{1}{t^2} E\phi_2(tX) = \frac{t}{3!} E\Big((iX)^3 \int_0^1 e^{itXu}(1-u)^2\, du\Big) \\
= {}& \frac{t}{3!} \int_{\{|tX| \leq 1\}} (iX)^3 \Big(\int_0^1 e^{itXu}(1-u)^2\, du \Big)\, dP \\
& + \frac{1}{t} \int_{\{|tX|>1\}} X\, G(tX)\, dP - \frac{1}{3!} \int_{\{|tX|>1\}} (iX)^2\, dP
\end{aligned}$$

für eine geeignete beschränkte Funktion G. Unter Beachtung der l_0-Integrierbarkeit von

$$\int_{\{|tX|\leq 1\}} |X|^{l+1}\, dP \quad \text{und} \quad \int_{\{|tX|>1\}} |X|^{l-1} \quad \text{für alle } 1 \leq l \leq m$$

sieht man jetzt leicht ein, daß sich der Nachweis von (b) und (c) weiter reduziert auf den der Konvergenz gegen 0 der Integrale

$$I_1(k) \overset{\text{def}}{=} \oint_{-\pi}^{\pi} \frac{e^{-ikt}}{t} \int_{\{|tX|>1\}} (iX)^m e^{itX}\, dP\, dt$$

$$\text{und} \quad I_2(k) \overset{\text{def}}{=} \oint_{-\pi}^{\pi} \frac{e^{-ikt}}{t} \left(\int_{\{|tX|>1\}} (iX)^m e^{itX}\, dP \right) \left(\int_{\{|tX|>1\}} (iX)^2\, dP \right) dt,$$

falls $|k| \to \infty$. Für $a \geq 0$ setzen wir

$$F(a) = F(-a) \overset{\text{def}}{=} \sup_{c \geq b \geq a} \left| \int_b^c \frac{\sin x}{x}\, dx \right|.$$

Da $\frac{\sin x}{x}$ auf $I\!R$ uneigentlich Riemann-integrierbar ist, definiert F eine beschränkte, für $a \to \infty$ gegen 0 konvergierende Funktion. Wir erhalten nun für alle $k \in Z\!\!\!Z$

$$|I_1(k)| = \left| \oint_0^{\pi} \int_{\{|tX|>1\}} (iX)^m \frac{2\sin((X-k)t)}{t}\, dP\, dt \right|$$

$$= \left| \int_{\{|\pi X|>1\}} (iX)^m \int_{1/|X|}^{\pi} \frac{2\sin((X-k)t)}{t}\, dt\, dP \right|$$

$$= \left| \int_{\{|\pi X|>1\}} (iX)^m \int_{(X-k)/|X|}^{\pi(X-k)} \frac{2\sin t}{t}\, dt\, dP \right| \leq 2\, E|X|^m F\!\left(\frac{X-k}{|X|}\right)$$

und der letzte Ausdruck konvergiert für $|k| \to \infty$ aufgrund majorisierter Konvergenz gegen 0. Sei Y eine unabhängige Kopie von X. Dann erhalten wir durch eine ähnliche Rechnung wie zuvor

$$|I_2(k)| = \left| \int_{\{|\pi X|>1,\,|\pi Y|>1\}} (iX)^m (iY)^2 \int_{\max(1/|X|,1/|Y|)}^{\pi} \frac{2\sin((X-k)t)}{t}\, dt\, dP \right|$$

$$= \left| \int_{\{|\pi X|>1,\,|\pi Y|>1\}} (iX)^m (iY)^2 \int_{(X-k)\max(1/|X|,1/|Y|)}^{\pi(X-k)} \frac{2\sin t}{t}\, dt\, dP \right|$$

$$\leq \mu_2\, E|X|^m F\!\left(\frac{X-k}{|X|}\right)$$

und folglich erneut Konvergenz gegen 0 für $|k| \to \infty$, was den Beweis vollendet. $\qquad \Diamond$

§14 Die Feinstruktur von Random Walks

Der letzte Paragraph dieses Textes dient der Darstellung einiger tiefliegender Resultate über die Feinstruktur von Random Walks, die in Verbindung mit Erneuerungstheorie von Interesse sind. Den Schlüssel zur Herleitung dieser Resultate bildet eine ebenso elegante wie wirkungsvolle analytische Methode, die als *Wiener-Hopf-Technik* bezeichnet wird. Mit ihrer Hilfe werden wir im folgenden Abschnitt zunächst die berühmten *Spitzer-Baxter-Formeln* und die damit eng verbundene *Wiener-Hopf-Faktorisierung* herleiten. Diese stellen einen auf andere Weise kaum erkennbaren Zusammenhang zwischen Random Walks und ihren Leiterindizes sowie Leiterhöhen her und haben zudem eine große Zahl interessanter Konsequenzen, von denen eine Auswahl in den nachfolgenden Abschnitten vorgestellt werden.

14.1 Spitzer-Baxter-Formeln und Wiener-Hopf-Faktorisierung

Wir beginnen mit der Festlegung einiger notwendiger Notation. $X_1, X_2, \ldots$ seien u.i.v. Zufallsgrößen mit gemeinsamer Verteilung Q, ch.F. φ sowie $\mu = EX_1$ und $\nu^2 = \operatorname{Var} X_1$, sofern wir die Existenz dieser Größen voraussetzen. Sei ferner $(S_n)_{n \geq 0}$ der zugehörige SRW, dessen LI und LH wir wie schon in den vorangegangenen Paragraphen mit σ_n^α bzw. S_n^α, $n \in I\!N_0$ und $\alpha \in \{>, \geq, <, \leq\}$, bezeichnen. Für den ersten LI σ_1^α schreiben wir auch kürzer σ^α. Sei Q^α die (möglicherweise defekte) Verteilung von S_1^α eingeschränkt auf $\{\sigma^\alpha < \infty\}$, d.h.

$$Q^\alpha = P(\sigma^\alpha < \infty, S_1^\alpha \in \cdot),$$

und φ^α deren F.T., also

$$\varphi^\alpha(t) = \int_{I\!R} e^{itx} \, Q^\alpha(dx) = \int_{\{\sigma^\alpha < \infty\}} e^{itS_1^\alpha} \, dP.$$

Mit U und U^α bezeichnen wir wieder die zu Q bzw. Q^α gehörenden Erneuerungsmaße, gegeben durch

$$U = \sum_{n \geq 0} Q^{*(n)} = \sum_{n \geq 0} P(S_n \in \cdot)$$

$$\text{und} \quad U^\alpha = \sum_{n \geq 0} (Q^\alpha)^{*(n)} = \sum_{n \geq 0} P(\sigma_n^\alpha < \infty, S_n^\alpha \in \cdot).$$

Für eine Stopzeit $\sigma = \inf\{n \geq 1 : S_n \in I\}$, $I \subset I\!R$ ein Intervall, setzen wir $\sigma^* = \inf\{n \geq 1 : S_n \in I^c\}$ und nennen diese die zu σ *duale Stopzeit*. Offensichtlich sind dann $\sigma^>$ und $\sigma^\leq$ sowie $\sigma^\geq$ und $\sigma^\leq$ jeweils zueinander dual. Schließlich seien noch

$$\Gamma_+ = \{(\sigma^>, (0, \infty)), (\sigma^\geq, [0, \infty))\},$$

$$\Gamma_- = \{(\sigma^<, (-\infty, 0)), (\sigma^\leq, (-\infty, 0])\} \quad \text{und} \quad \Gamma = \Gamma_+ + \Gamma_-.$$

Ausgangspunkt unser anschließenden Überlegungen bilden die F.T.

$$\psi_s(t) = \sum_{n \geq 0} s^n \varphi^n(t) = \frac{1}{1 - s\varphi(t)}, \quad -1 < s < 1$$

der in 13.1 kennengelernten diskontierten Erneuerungsmaße

$$U_s \;=\; \sum_{n\geq 0} s^n Q^{*(n)} \;=\; \sum_{n\geq 0} s^n P(S_n \in \cdot\,).$$

14.1.1 Lemma *Es gilt für jede (nicht notwendig fast sicher endliche) Stopzeit σ für $(S_n)_{n\geq 0}$ und alle $(s,t) \in (-1,1) \times \mathbb{R}$*

$$(14.1.1) \qquad\qquad \psi_s(t)\,\big(1 - E(s^\sigma e^{itS_\sigma})\big) \;=\; E\Big(\sum_{n=0}^{\sigma-1} s^n e^{itS_n}\Big),$$

wobei auf $\{\sigma = \infty\}$

$$s^\sigma e^{itS_\sigma} \;=\; \sum_{n\geq\sigma} s^n e^{itS_n} \stackrel{\text{def}}{=} 0 \quad und \quad \sum_{n=0}^{\sigma-1} s^n e^{itS_n} \stackrel{\text{def}}{=} \sum_{n\geq 0} s^n e^{itS_n}.$$

Beweis: Die Behauptung ergibt sich leicht, da offensichtlich

$$\psi_s(t) \;=\; E\Big(\sum_{n=0}^{\sigma-1} s^n e^{itS_n}\Big) \;+\; E\Big(\sum_{n\geq\sigma} s^n e^{itS_n}\Big)$$

und für den zweiten Ausdruck der rechten Seite weiter

$$E\Big(\sum_{n\geq\sigma} s^n e^{itS_n}\Big) \;=\; \int_{\{\sigma<\infty\}} s^\sigma e^{itS_\sigma} \Big(\sum_{n\geq 0} s^n e^{it(S_{\sigma+n}-S_\sigma)}\Big)\, dP \;=\; E(s^\sigma e^{itS_\sigma})\,\psi_s(t)$$

gilt, wobei für die letzte Gleichheit Satz 1.4.1 verwendet wurde. $\qquad\qquad \Diamond$

Setzen wir nun

$$p_0(t) \;=\; 1, \quad p_n(t) \;=\; -\int_{\{\sigma=n\}} e^{itS_n}\, dP \quad \text{für } n \geq 1,$$

$$q_0(t) \;=\; 1, \quad q_n(t) \;=\; \int_{\{\sigma>n\}} e^{itS_n}\, dP \quad \text{für } n \geq 1,$$

$$f(s,t) \;=\; \sum_{n\geq 0} s^n p_n(t) \quad \text{und} \quad g(s,t) \;=\; \sum_{n\geq 0} s^n q_n(t)$$

für $(s,t) \in (-1,1) \times \mathbb{R}$, so folgt

$$1 - E\big(s^\sigma e^{itS_\sigma}\big) \;=\; f(s,t) \quad \text{und}$$

$$E\Big(\sum_{n=0}^{\sigma-1} s^n e^{itS_n}\Big) \;=\; \sum_{k\geq 1}\sum_{n=0}^{k-1} \int_{\{\sigma=k\}} s^n e^{itS_n}\, dP \;=\; g(s,t),$$

wie man leicht einsieht, und daraus zusammen mit (14.1.1)

$$(14.1.2) \qquad\qquad \psi_s(t)f(s,t) \;=\; g(s,t) \quad \text{für alle } (s,t) \in (-1,1) \times \mathbb{R}.$$

Wähle nun $\sigma = \sigma^>$. Für jedes $n \geq 1$ ist dann $p_n(t)$ die F.T. des auf $(0, \infty)$ konzentrierten Maßes $P(\sigma^> = n, S_n \in \cdot)$, während $q_n(t)$ die F.T. des auf das Komplement $(-\infty, 0]$ konzentrierten Maßes $P(\sigma^> > n, S_n \in \cdot)$ bildet.

Mit Hilfe der Beziehung $\frac{1}{1-z} = exp(\sum_{n \geq 1} \frac{z^n}{n})$ für $|z| < 1$ erhalten wir als nächstes

$$\psi_s(t) = \frac{1}{1 - s\varphi(t)} = exp(\sum_{n \geq 1} \frac{s^n}{n} \varphi^n(t))$$

$$(14.1.3) \qquad = exp(\sum_{n \geq 1} \frac{s^n}{n} \int_{\{S_n > 0\}} e^{itS_n} \, dP) \, exp(\sum_{n \geq 1} \frac{s^n}{n} \int_{\{S_n \leq 0\}} e^{itS_n} \, dP)$$

$$= \frac{h^-(s,t)}{h^+(s,t)},$$

wobei

$$h^+(s,t) \stackrel{\text{def}}{=} exp(- \sum_{n \geq 1} \frac{s^n}{n} \int_{(0,\infty)} e^{itx} \, P(S_n \in dx)) \quad \text{und}$$

$$h^-(s,t) \stackrel{\text{def}}{=} exp(\sum_{n \geq 1} \frac{s^n}{n} \int_{(-\infty,0]} e^{itx} \, P(S_n \in dx)).$$

Eine Taylor-Entwicklung der Exponentialfunktion liefert nach Umordnungen

$$h^\pm(s,t) = 1 + \sum_{n \geq 1} s^n h_n^\pm(t)$$

mit geeigneten $h_n^+(t)$ und $h_n^-(t)$, die F.T. von endlichen, möglicherweise signierten Maßen auf $(0, \infty)$ bzw. $(-\infty, 0]$ bilden. Dabei ist zu beachten, daß Faltungen von signierten Maßen auf $(0, \infty)$ bzw. $(-\infty, 0]$ wieder auf $(0, \infty)$ bzw. $(-\infty, 0]$ konzentriert sind. (14.1.2) und (14.1.3) ergeben nun zusammen die entscheidende Identität

$$(14.1.4) \qquad f(s,t)h^-(s,t) = g(s,t)h^+(s,t),$$

auf die wir den folgenden Satz anwenden werden.

14.1.2 Satz *Für $0 \leq |s| < s_0$ und alle $t \in \mathbb{R}$ seien*

$$f(s,t) = \sum_{n \geq 0} f_n(t)s^n, \quad f^*(s,t) = \sum_{n \geq 0} f_n^*(t)s^n,$$

$$g(s,t) = \sum_{n \geq 0} g_n(t)s^n, \quad g^*(s,t) = \sum_{n \geq 0} g_n^*(t)s^n,$$

konvergente Potenzreihen, wobei $f_0(t) = f_0^*(t) = g_0(t) = g_0^*(t) = 1$ und, für $n \geq 1$, $f_n(t), f_n^*(t)$ bzw. $g_n(t), g_n^*(t)$ F.T. von endlichen, möglicherweise signierten Maßen auf $(0, \infty)$ bzw. $(-\infty, 0]$ (oder $[0, \infty)$ bzw. $(-\infty, 0)$) bilden. Außerdem gelte

$$f(s,t)g^*(s,t) = f^*(s,t)g(s,t) \quad \text{für alle } (s,t) \in (-s_0, s_0) \times \mathbb{R}.$$

Dann folgen $f = f^*$ und $g = g^*$.

Beweis: Mit Hilfe der Cauchy-Formel und dem Identitätssatz für Potenzreihen erhalten wir aus $fg^* = f^*g$

$$(14.1.5) \qquad \sum_{j=0}^{n} f_j(t)g_{n-j}^*(t) \;=\; \sum_{j=0}^{n} f_j^*(t)g_{n-j}(t) \quad \text{für alle } n \geq 0 \text{ und } t \in \mathbb{R}.$$

Wir zeigen nun mit einer Induktion über n, daß $f_n = f_n^*$ und $g_n = g_n^*$ für alle $n \geq 0$. Für $n = 0$ gelten diese Identitäten nach Voraussetzung, so daß wir gleich zum Induktionsschritt übergehen können. Dazu nehmen wir an, daß $f_j = f_j^*$ und $g_j = g_j^*$ für alle $0 \leq j \leq n$ und ein beliebiges $n \in \mathbb{N}_0$. Es folgt dann aus (14.1.5)

$$f_{n+1}(t) - f_{n+1}^*(t) \;=\; g_{n+1}(t) - g_{n+1}^*(t) \quad \text{für alle } t \in \mathbb{R}.$$

Die linke Seite ist F.T. eines auf $I = (0, \infty)$ (oder $I = [0, \infty)$) konzentrierten signierten Maßes Q_1, die rechte Seite dagegen die F.T. eines auf I^c konzentrierten signierten Maßes Q_2. Wegen des Eindeutigkeitssatzes für F.T. signierter Maße gilt (siehe Bemerkung 12.1.10) kann folglich Gleichheit nur dann vorliegen, wenn $Q_1 = Q_2 = 0$, also $f_{n+1} = f_{n+1}^*$ und $g_{n+1} = g_{n+1}^*$ gelten.
$\Diamond$

Die Spitzer-Baxter-Formeln ergeben sich nun wie angekündigt aus dem vorigen Satz.

14.1.3 Satz (Spitzer-Baxter-Formeln) *Für $(\sigma, I) \in \Gamma$ und alle $(s,t) \in (-1,1) \times \mathbb{R}$ gelten*

$$(14.1.6) \qquad 1 - E(s^\sigma e^{itS_\sigma}) \;=\; exp\Big(-\sum_{n \geq 1} \frac{s^n}{n} \int_I e^{itx}\, P(S_n \in dx)\Big) \quad und$$

$$(14.1.7) \qquad E\Big(\sum_{n=0}^{\sigma-1} s^n e^{itS_n}\Big) \;=\; exp\Big(\sum_{n \geq 1} \frac{s^n}{n} \int_{I^c} e^{itx}\, P(S_n \in dx)\Big).$$

Beweis: Es genügt der Hinweis, daß die in (14.1.4) auftretenden Funktionen die Voraussetzungen von Satz 14.1.2 erfüllen und daß (14.1.4) für jedes $(\sigma, I) \in \Gamma$ gilt, sofern man in den Definitionen von h^+ und h^- die Integrationsbereiche $(0, \infty)$ bzw. $(-\infty, 0]$ durch I bzw. I^c ersetzt.
$\Diamond$

Die Bedeutung der Spitzer-Baxter-Formeln dokumentiert sich im weiteren Verlauf durch einige interessante Folgerungen, die sich durch Differentiation nach s und/oder t sowie anschließenden Grenzübergang $s \uparrow 1$ und/oder Einsetzen von $t = 0$ ergeben. Hilfsmittel beim Grenzübergang $s \uparrow 1$ bilden eine Reihe Abelscher und Tauberscher Sätze über das Verhalten von Potenzreihen auf dem Rand ihres Konvergenzkreises, die wir deshalb in A.4 des Anhangs zusammengestellt haben.

Als erste Folgerung notieren wir eine nützliche Beziehung zwischen den Verteilungen Q^α, $\alpha \in \{>, \geq, <, \leq\}$, der LH S_1^α von $(S_n)_{n \geq 0}$ und der Verteilung Q von S_1.

14.1.4 Korollar (Die Wiener-Hopf-Faktorisierung) *Es gelten*

$$(14.1.8) \qquad 1 - \varphi \;=\; (1 - \varphi^>)(1 - \varphi^\leq) \;=\; (1 - \varphi^\geq)(1 - \varphi^<) \quad \text{*und damit*}$$

$$(14.1.9) \qquad Q \;=\; Q^> + Q^\leq - Q^> * Q^\leq \;=\; Q^\geq + Q^< - Q^\geq * Q^< .$$

Beweis: Unter Benutzung von (14.1.6) für (σ, I) und (σ^*, I^c) folgt

$$(14.1.10) \qquad \big(1 - E(s^\sigma e^{itS_\sigma})\big)\big(E(s^{\sigma^*} e^{itS_{\sigma^*}})\big) \;=\; exp\big(-\sum_{n \geq 1} \frac{s^n}{n}\, \varphi^n(t)\big) \;=\; 1 - s\varphi(t)$$

für alle $(s, t) \in (-1, 1) \times I\!\!R$. Daraus ergibt sich (14.1.8) bei Grenzübergang $s \uparrow 1$ und Beachtung von $s^\sigma \uparrow 1(\sigma < \infty)$. Löst man in (14.1.8) nach φ auf, so folgt weiter

$$\varphi \;=\; \varphi^> + \varphi^\leq - \varphi^> \varphi^\leq \;=\; \varphi^\geq + \varphi^< - \varphi^\geq \varphi^<$$

und damit (14.1.9) gemäß dem Eindeutigkeitssatz für F.T. signierter Maße. $\qquad\qquad \Diamond$

Literaturhinweise: Die einfache, für Satz 14.1.3 jedoch entscheidende Faktorisierungstechnik, die F.T. des diskontierten Erneuerungsmaßes als Produkt der F.T. zweier signierter Maße zu schreiben, von denen das eine auf $(0, \infty)$ (oder $[0, \infty)$), das andere dadgegen auf das Komplement dieses Intervalls konzentriert ist, geht in seinen Grundzügen auf Wiener und Hopf(1931) zurück und wird deshalb oft auch als *Wiener-Hopf-Technik* bezeichnet. Wiener und Hopf erhielten eine ähnliche Faktorisierung für Funktionen, die in einem Streifen $\{z \in \mathbb{C} : |Im(z)| < a\}$ holomorph sind, und damit den Schlüssel zur Lösung in g bei gegebenen $f, k \in L_1$ der heute ebenfalls nach ihnen benannten *Wiener-Hopf-Integralgleichung*

$$g(t) \;=\; f(t) \;+\; \int_{[0,\infty)} k(t - x)g(x)\, l_0(dx)$$

deren Ähnlichkeit mit der in §3 behandelten Erneuerungsgleichung offenkundig ist. Eine gute Übersicht gibt Krein(1958). Die Anwendung der Wiener-Hopf-Technik innerhalb der Fluktuationstheorie von Random Walks nahm ihren Anfang Ende der fünfziger Jahre und führte sowohl zur Vereinfachung als auch zur Erweiterung früherer Resultate vor allem von Sparre Andersen(1953a,b, 1954), dessen Vorgehen auf kombinatorischen Überlegungen beruhte. Die Sätze 14.1.2 und 14.1.3 verdanken wir Baxter(1958,1961) und Spitzer(1960b). Darüberhinaus erwähnen wir die Publikationen von Pollaczek(1957), Ray(1958) sowie erneut Spitzer(1957,1960a). Weitere Literaturhinweise bis 1960 gibt Kemperman(1961). Für die Herleitung von Spitzer-Baxter-Formeln im Fall mehrdimensionaler Random Walks siehe Greenwood und Shaked(1977). Schließlich sei noch auf Spitzer(1976, §§17,18), allerdings nur für arithmetische Random Walks, sowie Prabhu(1965, §6) und Chung(1974, §8.4) für Darstellungen der Thematik in Lehrbuchform hingewiesen.

14.2 Klassifikation von Random Walks mittels ihrer Leiterindizes

In diesem Abschnitt werden wir Random Walks auf der Grundlage der Spitzer-Baxter-Formeln mittels ihrer Leiterindizes klassifizieren. Die Bezeichnungen des vorigen Abschnitts behalten wir bei.

14.2.1 Satz   *Sei $(\sigma, I) \in \Gamma$. Dann gilt für $|s| < 1$*

$$(14.2.1) \qquad 1 - E(s^\sigma) \;=\; exp(-\sum_{n \geq 1} \frac{s^n}{n} P(S_n \in I)) \;=\; (1-s)\, exp(\sum_{n \geq 1} \frac{s^n}{n} P(S_n \in I^c)).$$

Ferner folgt

$$(14.2.2) \qquad P(\sigma < \infty) = 1 \quad \Leftrightarrow \quad \sum_{n \geq 1} \frac{1}{n} P(S_n \in I) \;=\; \infty,$$

wobei in diesem Fall

$$(14.2.3) \qquad E\sigma \;=\; exp(\sum_{n \geq 1} \frac{1}{n} P(S_n \in I^c)) \;=\; \frac{1}{P(\sigma^* = \infty)}.$$

Wir erinnern daran, daß die Gleichheit des ersten und letzten Terms in (14.2.3) bereits auf direkte Weise in Lemma 4.3.2 gezeigt wurde.

Beweis: Für die erste Gleichheit in (14.2.1) braucht man in (14.1.6) lediglich $t = 0$ einzusetzen. Ersetzt man anschließend $P(S_n \in I)$ durch $1 - P(S_n \in I^c)$ und beachtet $\frac{1}{1-s} = exp(\sum_{n \geq 1} \frac{s^n}{n})$, so folgt auch die zweite Beziehung. Da $E(s^\sigma) \uparrow P(\sigma < \infty)$ für $s \uparrow 1$ und

$$\lim_{s \uparrow 1} \sum_{n \geq 1} \frac{s^n}{n} P(S_n \in I) \;=\; \sum_{n \geq 1} \frac{1}{n} P(S_n \in I)$$

aufgrund monotoner Konvergenz gelten, erhalten wir unter Hinweis auf die Stetigkeit der Exponentialfunktion auf $\mathbb{R} \cup \{-\infty, \infty\}$

$$(14.2.4) \qquad P(\sigma < \infty) \;=\; 1 \;-\; exp(-\sum_{n \geq 1} \frac{1}{n} P(S_n \in I)),$$

was offensichtlich (14.2.2) beweist. Setzen wir schließlich $t = 0$ in (14.1.7), so folgt

$$E(\sum_{n=0}^{\sigma-1} s^n) \;=\; exp(\sum_{n \geq 1} \frac{s^n}{n} P(S_n \in I^c))$$

und daraus weiter die erste Beziehung in (14.2.3) bei Grenzübergang $s \uparrow 1$ aufgrund monotoner Konvergenz. Die zweite Beziehung ergibt sich mit (14.2.4), wenn man dort (σ, I) durch das duale Paar (σ^*, I^c) ersetzt. $\Diamond$

Die angekündigte Klassifikation von Random Walks erfolgt nun in Form einer Trichotomie.

14.2.2 Satz   *Für einen SRW $(S_n)_{n \geq 0}$ mit $P(S_1 \neq 0) > 0$ gilt stets genau einer der drei folgenden Fälle:*
(a) $E\sigma < \infty$ und $P(\sigma^* < \infty) < 1$ für alle $(\sigma, I) \in \Gamma_+$.
(b) $E\sigma < \infty$ und $P(\sigma^* < \infty) < 1$ für alle $(\sigma, I) \in \Gamma_-$.

(c) $P(\sigma < \infty) = 1$ *und* $E\sigma = \infty$ *für alle* $(\sigma, I) \in \Gamma$.

Beweis: Gemäß (14.2.3) des vorigen Satzes gilt $E\sigma < \infty$ genau dann, wenn $P(\sigma^* = \infty) > 0$. Liegen also weder (a) noch (b) vor, so muß $E\sigma = 1/P(\sigma^* = \infty) = \infty$ für jedes $(\sigma, I) \in \Gamma$ gelten, was offenkundig mit (c) gleichbedeutend ist. $\diamond$

14.2.3 Korollar *In der Situation von Satz 14.2.2 gelten weiter*
(a) $\Leftrightarrow$ $\lim_{n\to\infty} S_n = \infty$ *P-f.s.*
(b) $\Leftrightarrow$ $\lim_{n\to\infty} S_n = -\infty$ *P-f.s.*
(c) $\Leftrightarrow$ $\liminf_{n\to\infty} S_n = -\infty$ *und* $\limsup_{n\to\infty} S_n = \infty$ *P-f.s.*
Existiert $\mu = ES_1$, *gilt also* $ES_1^+ < \infty$ *oder* $ES_1^- < \infty$, *so folgen insbesondere*
(a) $\Leftrightarrow$ $\mu > 0$, *(b)* $\Leftrightarrow$ $\mu < 0$ *und* *(c)* $\Leftrightarrow$ $\mu = 0$.

Beweis: Betrachten wir die erste behauptete Äquivalenz: Falls (a) vorliegt, so folgt aus dem starken Gesetz der großen Zahlen angewandt auf $(S_n^>)_{n\geq 0}$

$$(14.2.5) \qquad \limsup_{n\to\infty} S_n \;=\; \lim_{n\to\infty} S_n^> \;=\; \infty \qquad P\text{-}f.s.$$

Zu zeigen bleibt demnach, daß auch $\liminf_n S_n = \infty$ P-f.s. Wegen $P(\sigma^> < \infty) < 1$ und dem Kolmogorovschen 0-1-Gesetz (siehe Chow und Teicher(1988, S.64)) muß

$$P(\liminf_{n\to\infty} S_n = -\infty) \;=\; 0$$

gelten. Betrachte nun die Erstaustrittszeit $\tau = \tau(2b) = \inf\{n \geq 1 : S_n > 2b\}$ für $b > 0$, die gemäß (14.2.5) P-f.s. endlich ist. Aus diesem Grund und wegen $(S_n)_{n\geq 0} \sim (S_n - S_m)_{n\geq m}$ erhalten wir

$$P(\tau = m, \liminf_{n\to\infty} S_n \leq b) \;\leq\; P(\tau = m, \liminf_{n\to\infty} S_n \leq -b) \;=\; P(\tau = m)\,P(\liminf_{n\to\infty} S_n \leq -b)$$

für alle $m \geq 1$, also bei Summation über m

$$P(\liminf_{n\to\infty} S_n \leq b) \;\leq\; P(\liminf_{n\to\infty} S_n \leq -b).$$

Ein Grenzübergang $b \to \infty$ liefert schließlich

$$P(\liminf_{n\to\infty} S_n < \infty) \;\leq\; P(\liminf_{n\to\infty} S_n = -\infty) \;=\; 0,$$

was den Beweis der ersten Äquivalenz abschließt. Die zweite ergibt sich nun sofort aus Dualitätsgründen, so daß wir nur noch die letzte der drei behaupteten Äquivalenzen zeigen müssen. Unter Annahme von (c) gilt aber offensichtlich analog zu (14.2.5)

$$\limsup_{n\to\infty} S_n \;=\; \lim_{n\to\infty} S_n^> \;=\; \infty \quad \text{und} \quad \liminf_{n\to\infty} S_n \;=\; \lim_{n\to\infty} S_n^< \;=\; -\infty \quad P\text{-}f.s.$$

und somit das Gewünschte.

Existiert $\mu = ES_1$, so ist unter Hinweis auf das starke Gesetz der großen Zahlen ($\mu \neq 0$) und Satz 2.2.7 von Chung, Fuchs und Ornstein ($\mu = 0$) nichts mehr zu zeigen. $\Diamond$

14.2.4 Korollar *Für einen SRW $(S_n)_{n \geq 0}$ gilt genau dann $n^{-1}S_n \to \gamma$ P-f.s. für ein $\gamma \in \mathbb{R}$, wenn*

$$(14.2.6) \qquad \sum_{n \geq 1} \frac{1}{n} P(|S_n - n\gamma| > \varepsilon) \; < \; \infty \quad \text{für alle } \varepsilon > 0.$$

In diesem Fall ist $\gamma = ES_1$.

Beweis: Es gelte $n^{-1}S_n \to \gamma$ P-f.s., wobei wir o.B.d.A. $\gamma = 0$ annehmen dürfen. Nach dem starken Gesetz der großen Zahlen muß dann schon $\mu = ES_1 = 0$ sein, siehe Gänssler und Stute(1977, Satz 2.3.11). Für beliebiges $\varepsilon > 0$ und alle $n \geq 0$ seien $S_n' = S_n - n\varepsilon$ und $S_n'' = S_n + n\varepsilon$. Da $ES_1' = -\varepsilon < 0$, folgt für $\sigma' = \inf\{n \geq 1 : S_n' > 0\}$ gemäß Korollar 14.2.3, daß $P(\sigma' < \infty) < 1$, und dann gemäß (14.2.2) in Satz 14.2.1, daß

$$\sum_{n \geq 1} \frac{1}{n} P(S_n - n\varepsilon > 0) \; < \; \infty.$$

Auf analoge Weise erhalten wir bei Betrachtung von $(S_n'')_{n \geq 0}$

$$\sum_{n \geq 1} \frac{1}{n} P(S_n + n\varepsilon < 0) \; < \; \infty,$$

so daß insgesamt (14.2.6) folgt.

Gilt umgekehrt (14.2.7) mit $\gamma = 0$, so muß $P(\sigma' < \infty) < 1$ sein, wiederum wegen (14.2.2) in Satz 14.2.1. Korollar 14.2.3 liefert weiter $\limsup_{n \to \infty} S_n < \infty$ P-f.s., insbesondere

$$P(S_n' > n\varepsilon \text{ u.o.}) \; = \; P(S_n > 2n\varepsilon \text{ u.o.}) \; = \; 0.$$

Analog erhält man

$$P(S_n'' < -n\varepsilon \text{ u.o.}) \; = \; P(S_n < -2n\varepsilon \text{ u.o.}) \; = \; 0,$$

so daß insgesamt $n^{-1}S_n \to 0$ P-f.s. folgt, da $\varepsilon > 0$ beliebig gewählt war. $\Diamond$

Literaturhinweise: Weiteres Material im Zusammenhang mit der hier vorgenomme-nen Klassifikation von Random Walks mittels ihrer Leiterindizes findet der inter-essierte Leser in Chow und Teicher(1988, §5.4).

14.3 Spitzer-Formeln für Maxima und Minima von Random Walks

In diesem Abschnitt werden wir sehen, daß auch für Maxima und Minima eines SRW $(S_n)_{n\geq 0}$, d.h. für

$$M_n^> = \max_{0\leq j\leq n} S_j, \quad M_n^< = \min_{0\leq j\leq n} S_j \quad (n\geq 0)$$

$$M^> = \sup_{j\geq 0} S_j, \quad M^< = \inf_{j\geq 0} S_j,$$

interessante Identitäten mit Hilfe der Spitzer-Baxter-Formeln gezeigt werden können. Der anschließende Satz liefert (im Prinzip) die ch.F. der Zufallsvektoren $(M_n^>, S_n - M_n^>)$ und $(S_n - M_n^<, M_n^<)$ sowie sich daraus direkt ergebende Konsequenzen. Dazu erwähnen wir, daß für einen n-dimensionalen Zufallsvektor $\mathbf{Z} = (Z_1, ..., Z_n)$ dessen ch.F. $\varphi_{\mathbf{Z}}$ durch

$$\varphi_{\mathbf{Z}}(t) \stackrel{\text{def}}{=} E(e^{i\langle t, \mathbf{Z}\rangle}) = E(e^{it_1 Z_1 + ... + it_n Z_n}), \quad t = (t_1, ..., t_n) \in I\!\!R^n,$$

definiert wird und daß $\varphi_{\mathbf{Z}}$ wie im eindimensionalen Fall die Verteilung von $\mathbf{Z}$ eindeutig festlegt.

14.3.1 Satz *In den bisherigen Bezeichnungen gilt für alle* $|s| < 1$ *und* $t, u \in I\!\!R$

$$\sum_{n\geq 0} s^n E(e^{itM_n^> + iu(S_n - M_n^>)}) = \sum_{n\geq 0} s^n E(e^{it(S_n - M_n^<) + iuM_n^<})$$

$$(14.3.1) \qquad = exp\left\{\sum_{n\geq 1} \frac{s^n}{n}\left(\int_{\{S_n > 0\}} e^{itS_n}\, dP + \int_{\{S_n \leq 0\}} e^{iuS_n}\, dP\right)\right\}$$

$$= exp\left(\sum_{n\geq 1} \frac{s^n}{n} E(e^{itS_n^+} + e^{-iuS_n^-} - 1)\right).$$

Insbesondere folgen

$$(14.3.2) \qquad (M_n^>, S_n - M_n^>) \sim (S_n - M_n^<, M_n^<) \quad \text{für alle } n \geq 0,$$

$$(14.3.3) \qquad \sum_{n\geq 0} s^n E(e^{itM_n^>}) = exp\left(\sum_{n\geq 1} \frac{s^n}{n} E(e^{itS_n^+})\right),$$

$$(14.3.4) \qquad \sum_{n\geq 0} s^n E(e^{iuM_n^<}) = exp\left(\sum_{n\geq 1} \frac{s^n}{n} E(e^{-iuS_n^-})\right).$$

Beweis: Für $n \geq 0$ und $\alpha \in \{>, <\}$ setzen wir

$$L_n^\alpha = \min\{0 \leq k \leq n : S_k = M_k^\alpha\}.$$

Wegen $(X_1, ..., X_k) \sim (X_k, ..., X_1)$ und der Unabhängigkeit von $(S_k, S_k - S_1, ..., S_k - S_{k-1})$ und $(S_{k+1} - S_k, ..., S_n - S_k)$ für alle $0 \leq k \leq n$ folgt dann

$$E(e^{itM_n^> + iu(S_n - M_n^>)}) = \sum_{k=0}^n \int_{\{L_n^> = k\}} e^{itS_k + iu(S_n - S_k)}\, dP$$

$$= \sum_{k=0}^n \int_{\{S_k - S_j > 0, 0\leq j < k, S_m - S_k \leq 0, k < m \leq n\}} e^{itS_k + iu(S_n - S_k)}\, dP$$

$$= \sum_{k=0}^n \left(\int_{\{S_k - S_j > 0, 0\leq j < k\}} e^{itS_k}\, dP\right)\left(\int_{\{S_m - S_k \leq 0, k < m \leq n\}} e^{iu(S_n - S_k)}\, dP\right)$$

$$= \sum_{k=0}^n \left(\int_{\{\sigma^\leq > k\}} e^{itS_k}\, dP\right)\left(\int_{\{\sigma^> > n-k\}} e^{iuS_{n-k}}\, dP\right) \quad \text{für alle } n \geq 0.$$

Unter Verwendung der Cauchy-Formel liefert dies weiter

$$\sum_{n\geq 0} s^n E(e^{itM_n^{>}+iu(S_n-M_n^{>})}) = \sum_{n\geq 0}\sum_{k=0}^{n}\left(\int_{\{\sigma^{\leq}>k\}} e^{itS_k}\,dP\right)\left(\int_{\{\sigma^{>}>n-k\}} e^{iuS_{n-k}}\,dP\right)$$

$$= \left(\sum_{n\geq 0} s^n \int_{\{\sigma^{\leq}>n\}} e^{itS_k}\,dP\right)\left(\sum_{n\geq 0} s^n \int_{\{\sigma^{>}>n\}} e^{iuS_n}\,dP\right)$$

$$= E\left(\sum_{n=0}^{\sigma^{\leq}-1} s^n e^{itS_n}\right) E\left(\sum_{n=0}^{\sigma^{>}-1} s^n e^{iuS_n}\right) \qquad \text{(siehe vor (14.1.2))}$$

$$= exp\left(\sum_{n\geq 1}\frac{s^n}{n}\int_{\{S_n>0\}} e^{itS_n}\,dP\right) exp\left(\sum_{n\geq 1}\frac{s^n}{n}\int_{\{S_n\leq 0\}} e^{iuS_n}\,dP\right),$$

wobei in der letzten Zeile offensichtlich die Spitzer-Baxter-Formeln (14.1.7) eingesetzt worden sind. Völlig entsprechend zeigt man unter Benutzung von $L_n^{<}, n\geq 0$

$$\sum_{n\geq 0} s^n E(e^{it(S_n-M_n^{<})+iuM_n^{<}}) = exp\left(\sum_{n\geq 1}\frac{s^n}{n}\int_{\{S_n\geq 0\}} e^{itS_n}\,dP\right) exp\left(\sum_{n\geq 1}\frac{s^n}{n}\int_{\{S_n<0\}} e^{iuS_n}\,dP\right).$$

Die jeweils am Ende stehenden Produkte von Exponentialtermen stimmen jedoch überein, da beide gleich

$$exp\left\{\sum_{n\geq 1}\frac{s^n}{n}\left(\int_{\{S_n>0\}} e^{itS_n}\,dP + \int_{\{S_n<0\}} e^{iuS_n}\,dP + P(S_n=0)\right)\right\}$$

$$= exp\left(\sum_{n\geq 1}\frac{s^n}{n} E(e^{itS_n^{+}}+e^{-iuS_n^{-}}-1)\right).$$

Damit ist (14.3.1) gezeigt. (14.3.2) folgt dann daraus zusammen mit dem Identitätssatz für Potenzreihen und der (unbewiesenen) Eindeutigkeit von F.T. von Zufallsvektoren. Einsetzen von $u=0$ bzw. $t=0$ ergibt schließlich (14.3.3) bzw. (14.3.4). $\qquad\Diamond$

Als nächstes wollen wir die ch.F. von $M^{>}$ und $M^{<}$ angeben, wobei aus Korollar 14.2.3 sofort folgt, daß immer höchstens eine der beiden Zufallsgrößen P-f.s. endlich sein kann, die jeweils andere dagegen schon P-f.s. $+\infty$ oder $-\infty$ ist. Aus Dualitätsgründen genügt es, $M^{>}$ im Fall "$M^{>}<\infty$ P-f.s." zu betrachten. Unter erneutem Hinweis auf Korollar 14.2.3 gilt

$$(14.3.5)\qquad M^{>}<\infty \quad P\text{-}f.s. \quad \Leftrightarrow \quad E\sigma^{>} = \frac{1}{P(\sigma^{\leq}=\infty)} < \infty.$$

14.3.2. Satz $(S_n)_{n\geq 0}$ *sei ein SRW. Dann gilt*

$$(14.3.6)\qquad M^{>}<\infty \quad P\text{-}f.s. \quad \Leftrightarrow \quad \sum_{n\geq 1}\frac{1}{n}P(S_n\geq 0) < \infty,$$

wobei in diesem Fall weiter

$$(14.3.7)\qquad E(e^{itM^{>}}) = exp\left(\sum_{n\geq 1}\frac{1}{n}E(e^{itS_n^{+}}-1)\right) \quad \text{für alle } t\in\mathbb{R}.$$

Beweis: (14.3.6) ist eine direkte Konsequenz von (14.3.5) und (14.2.3) in Satz 14.2.1. Kommen wir deshalb gleich zum Nachweis von (14.3.7). Da $M_n^> \uparrow M^>$ für $n \to \infty$, gilt nach Satz 12.4.2

$$\lim_{n \to \infty} E(e^{itM_n^>}) = E(e^{itM^>}) \quad \text{für alle } t \in \mathbb{R}.$$

Unter Verwendung von (14.3.3) sowie Satz A.4.5 im Anhang erhalten wir deshalb

$$E(e^{itM^>}) = \lim_{s \uparrow 1}(1-s) \sum_{n \geq 0} s^n E(e^{itM_n^>})$$

$$= \lim_{s \uparrow 1} exp(-\sum_{n \geq 1} \frac{s^n}{n}) \, exp(\sum_{n \geq 1} \frac{s^n}{n} E(e^{itS_n^+}))$$

$$= \lim_{s \uparrow 1} exp(\sum_{n \geq 1} \frac{s^n}{n} E(e^{itS_n^+} - 1)).$$

Beachtet man nun noch, daß gemäß (14.3.6)

$$\sum_{n \geq 1} \frac{1}{n} \left| E(e^{itS_n^+} - 1) \right| \leq \sum_{n \geq 1} \frac{1}{n} P(S_n > 0) < \infty,$$

so folgt (14.3.7) mit dem Abelschen Grenzwertsatz A.4.2 und der Stetigkeit der Exponential-funktion. $\Diamond$

14.3.3 Bemerkung Sei Q_n^+ die Verteilung von S_n^+ für $n \geq 0$. Schreibt man in (14.3.3) die rechts stehende Exponentialfunktion als Taylorreihe, also

$$\sum_{n \geq 0} s^n E(e^{itM_n^>}) = 1 + \sum_{k \geq 1} \frac{1}{k!} (\sum_{n \geq 1} \frac{s^n}{n} E(e^{itS_n^+}))^k,$$

berechnet die auftretenden Potenzen der Potenzreihe $\sum_n \frac{s^n}{n} E(e^{itS_n^+})$ mittels der allgemeinen Cauchyschen Produktformel und führt anschließend einen Koeffizientenvergleich durch, so ergibt sich aufgrund des Eindeutigkeitssatzes für F.T.

$$(14.3.8) \qquad M_n^> \sim \sum_{k=1}^{n} \frac{1}{k!} \sum_{j_1 + \dots + j_k = n} \frac{Q_{j_1}^+ * \dots * Q_{j_k}^+}{j_1 \cdot \dots \cdot j_k} \quad \text{für alle } n \geq 1,$$

wobei sich die letzte Summation nur über $j_1, \dots, j_k \geq 1$ erstreckt. Leider liefert (14.3.8) über die Tatsache hinaus, daß die Verteilung von $M_n^>$ durch die von $S_1^+, \dots, S_n^+$ determiniert ist, wenig brauchbare Information, etwa einfache geschlossene Ausdrücke für die Momente von $M_n^>$. Schon für $EM_n^>$ differenziert man besser in (14.3.3) nach t und betrachtet die herauskommenden Ableitungen an der Stelle $t = 0$. Dabei kann man $ES_1^+ < \infty$ voraussetzen, da sonst wegen $M_n^> \geq S_1^+$ nichts zu zeigen ist. Es folgt erneut mittels Koeffizientenvergleich

$$(14.3.9) \qquad EM_n^> = \sum_{j=1}^{n} \frac{1}{j} ES_j^+ \quad \text{für alle } n \geq 1.$$

Dies hatten wir bereits auf direkte Weise in Lemma 4.4.4 nachgewiesen (dort für $M_n^<$). Prinzipiell kann man durch das Ausrechnen weiterer Ableitungen in (14.3.3) auch die Momente höherer ganzzahliger Ordnung von $M_n^>$ bestimmen, aber schon für $E(M_n^>)^2$ ist das Ergebnis im Vergleich zu (14.3.9) deutlich komplizierter. Wir verzichten deshalb darauf. $\Diamond$

Literaturhinweise: Die Sätze 14.3.1 und 14.3.2 stammen beide von Spitzer(1956), dessen Beweis jedoch auf kombinatorischen Überlegungen beruht.

14.4 Erstaustrittszeiten, Exzeß und Leiterhöhen im zentrierten Fall

Kehren wir zum Abschluß noch einmal zu den in §4 ausführlich behandelten Erstaustrittszeiten

$$\tau(b) \ = \ \inf\{n \geq 1 : S_n > b\}, \quad b \geq 0,$$

zurück, wobei dieses Mal $(S_n)_{n \geq 0}$ ein nicht-trivialer, *zentrierter* SRW sei, d.h. $P(S_1 = 0) < 1$ und $\mu = ES_1 = 0$ gelte. Die Notation der vorigen Abschnitte behalten wir bei. Wegen $\sup_{n \geq 0} S_n = \infty$ P-f.s. und $E\sigma^> = E\tau(0) = \infty$, siehe Satz 14.2.2 und Korollar 14.2.3, folgen sofort

$$(14.4.1) \qquad \tau(b) < \infty \quad P\text{-}f.s. \quad \text{und} \quad E\tau(b) = \infty \quad \text{für alle } b \geq 0.$$

Völlig offen ist dagegen die Frage nach der Endlichkeit von $ES_{\tau(b)}$, insbesondere $ES_1^> = ES_{\tau(0)}$, und Momenten höherer Ordnung dieser Zufallsgrößen. Anders als im Fall "$\mu > 0$", siehe Satz 4.1.2, erweist sich die Antwort hier als nicht ganz so einfach, wie Satz 14.4.3 weiter unten zeigt. Beginnen wollen wir jedoch mit einer erstaunlichen Spitzer-Formel für ES_1^α, $\alpha \in \{>, \geq, <, \leq\}$.

14.4.1 Satz *$(S_n)_{n \geq 0}$ sei ein nicht-trivialer, zentrierter SRW. Dann gilt*

$$\nu^2 = Var\,S_1 < \infty \quad \Leftrightarrow \quad E|S_\sigma| < \infty \text{ für alle } (\sigma, I) \in \Gamma.$$

Ferner folgt in diesem Fall

$$(14.4.2) \qquad E|S_\sigma| \ = \ \frac{\nu}{\sqrt{2}}\, exp\Big\{\sum_{n \geq 1} \frac{1}{n}\,\big(\frac{1}{2} - P(S_n \in I)\big)\Big\}.$$

Beweis: Wir beweisen zuerst die einfachere Rückrichtung der behaupteten Äquivalenz. Aufgrund der Wiener-Hopf-Faktorisierung 14.1.4 gilt für alle $(\sigma, I) \in \Gamma$

$$1 - \varphi(t) \ = \ (1 - E(e^{itS_\sigma}))(1 - E(e^{itS_{\sigma^*}})).$$

Falls $E|S_\sigma| < \infty$ und $E|S_{\sigma^*}| < \infty$, so ergibt sich deshalb

$$\lim_{t \to 0} \frac{1 - \varphi(t)}{t^2} \ = \ \lim_{t \to 0} \big(\frac{1 - E(e^{itS_\sigma})}{it}\big)\big(\frac{1 - E(e^{itS_{\sigma^*}})}{-it}\big) \ = \ -ES_\sigma\,ES_{\sigma^*} \ \in \ (0, \infty).$$

Wegen $1 - \cos t \geq t^2/4$ für alle $|t| \leq \varepsilon$ hinreichend klein liefert dies weiter

$$\frac{\nu^2}{4} \leq \lim_{t \to 0} \int_{\{|tS_1| \leq \varepsilon\}} \frac{|1 - \cos tS_1|}{t^2} \, dP \leq \lim_{t \to 0} \frac{|1 - E\cos tS_1|}{t^2} < \infty,$$

also das Gewünschte. Da nun aufgrund majorisierter Konvergenz

$$\lim_{t \to 0} \frac{1 - \varphi(t)}{t^2} = \lim_{t \to 0} \frac{1 - E\cos tS_1}{t^2} = \frac{\nu^2}{2},$$

erhalten wir als Nebenprodukt die Identität

$$(14.4.3) \qquad \frac{\nu^2}{2} = -ES_\sigma \, ES_{\sigma^*}.$$

Wir kommen nun zum Nachweis der Hinrichtung unter Einschluß der Beziehung (14.4.2). Sei also $\nu^2 < \infty$ vorausgesetzt und o.B.d.A. $(\sigma, I) \in \Gamma_+$ gewählt. Differenziert man auf beiden Seiten der Spitzer-Baxter-Formel (14.1.6) nach t und dividiert anschließend durch $-i$, so folgt

$$E(s^\sigma S_\sigma e^{itS_\sigma}) = \Big(\sum_{n \geq 1} \frac{s^n}{n} \int_{\{S_n \in I\}} S_n e^{itS_n} \, dP\Big) \exp\Big(-\sum_{n \geq 1} \frac{s^n}{n} \int_{\{S_n \in I\}} e^{itS_n} \, dP\Big)$$

für alle $(s,t) \in (-1,1) \times \mathbb{R}$. Insbesondere gilt für $t = 0$ und alle $|s| < 1$

$$(14.4.4) \qquad E(s^\sigma S_\sigma) = \Big(\sum_{n \geq 1} \frac{s^n}{n} ES_n^+\Big) \exp\Big(-\sum_{n \geq 1} \frac{s^n}{n} P(S_n \in I)\Big).$$

Da $S_n^* \stackrel{\text{def}}{=} S_n/\nu\sqrt{n} \to_D N(0,1)$ für $n \to \infty$ und $ES_n^{*2} = 1$ für alle $n \geq 1$, sind $S_n^+/\sqrt{n}, n \geq 1$ gemäß Korollar A.2.3(e) im Anhang g.i., und es folgt

$$\lim_{n \to \infty} \frac{ES_n^+}{\nu\sqrt{n}} = \frac{1}{\sqrt{2\pi}} \int_0^\infty x e^{-x^2/2} \, dx = \frac{1}{\sqrt{2\pi}},$$

d.h. $ES_n^+ \simeq \nu(\frac{n}{2\pi})^{1/2}$, falls $n \to \infty$. Da außerdem

$$2^{2n} \binom{2n}{n} \simeq \frac{1}{\sqrt{\pi n}} \quad (n \to \infty),$$

wie man leicht mit der Stirlingschen Formel nachweist, liefert Satz A.4.4

$$(14.4.5) \qquad \sum_{n \geq 1} \frac{s^n}{n} ES_n^+ \simeq \frac{\nu}{\sqrt{2}} \sum_{n \geq 0} 2^{2n} \binom{2n}{n} s^n \quad (s \uparrow 1).$$

Schließlich erhalten wir in (14.4.5) aufgrund der bereits in Beispiel 6.1.3 kennengelernten Beziehung $\sum_{n \geq 0} 2^{-2n} \binom{2n}{n} s^n = \frac{1}{\sqrt{1-s}}$

$$\sum_{n \geq 1} \frac{s^n}{n} ES_n^+ \simeq \frac{\nu}{\sqrt{2(1-s)}} = \frac{\nu}{\sqrt{2}} \exp\Big(\sum_{n \geq 1} \frac{s^n}{2n}\Big) \quad (s \uparrow 1)$$

und damit in (14.4.4)

$$(14.4.6) \qquad E(s^\sigma S_\sigma) \simeq \frac{\nu}{\sqrt{2}} \, exp\left\{ \sum_{n\geq 1} \frac{s^n}{n} \left(\frac{1}{2} - P(S_n \in I)\right) \right\} \qquad (s \uparrow 1).$$

Da die linke Seite für $s \uparrow 1$ offensichtlich monoton gegen $ES_\sigma \geq ES_1^+ > 0$ konvergiert, gilt also

$$(14.4.7) \qquad ES_\sigma = \lim_{s\uparrow 1} \frac{\nu}{\sqrt{2}} \, exp\left\{ \sum_{n\geq 1} \frac{s^n}{n} \left(\frac{1}{2} - P(S_n \in I)\right) \right\}.$$

Dasselbe Vorgehen liefert für die duale Stopzeit σ^*

$$(14.4.8) \qquad ES_{\sigma^*} = \lim_{s\uparrow 1} \frac{-\nu}{\sqrt{2}} \, exp\left\{ \sum_{n\geq 1} \frac{s^n}{n} \left(\frac{1}{2} - P(S_n \in I^c)\right) \right\},$$

so daß sich erneut (14.4.3) ergibt, wenn man beide Seiten in (14.4.7) und (14.4.8) jeweils miteinander multipliziert. Wäre nun der Limes in (14.4.7) unendlich, so müßte gemäß (14.4.3) der in (14.4.8) gerade 0 sein, d.h. $ES_{\sigma^*} = 0$, was wegen $ES_{\sigma^*} \leq ES_1^- < 0$ nicht möglich ist. Die Limiten in (14.4.7) und (14.4.8) sind folglich beide endlich, und wir erhalten (14.4.2) aufgrund der Stetigkeit der Exponentialfunktion sowie Satz A.4.3, der

$$\lim_{s\uparrow 1} \sum_{n\geq 1} \frac{s^n}{n} \left(\frac{1}{2} - P(S_n \in I)\right) = \sum_{n\geq 1} \frac{1}{n} \left(\frac{1}{2} - P(S_n \in I)\right)$$

garantiert. $\qquad\qquad\qquad\qquad\qquad\qquad\qquad\qquad\qquad\qquad\qquad\qquad\qquad\qquad$ $\Diamond$

Nimmt man im vorigen Satz zusätzlich an, daß S_1 symmetrisch verteilt ist, und beachtet in diesem Fall

$$\frac{1}{2} - P(S_n > 0) = \frac{1}{2} - P(S_n < 0) = \frac{1}{2} P(S_n = 0),$$

so ergibt sich sofort das folgende

14.4.2 Korollar *In der Situation des vorigen Satzes sei S_1 außerdem symmetrisch verteilt. Dann gelten*

$$(14.4.9) \qquad \begin{aligned} ES_1^{\geq} &= -ES_1^{\leq} = \frac{\nu}{\sqrt{2}} \, exp\left(-\sum_{n\geq 1} \frac{1}{2n} P(S_n = 0)\right) \quad und \\[2mm] ES_1^{>} &= -ES_1^{<} = \frac{\nu}{\sqrt{2}} \, exp\left(\sum_{n\geq 1} \frac{1}{2n} P(S_n = 0)\right). \end{aligned}$$

Ist S_1 auch stetig verteilt, folgt weiter

$$(14.4.10) \qquad ES_1^{\geq} = ES_1^{>} = -ES_1^{\leq} = -ES_1^{<} = \frac{\nu}{\sqrt{2}}.$$

Wir kommen nun zu der Frage nach der Existenz von Momenten beliebiger Ordnung von S_1^α, $\alpha \in \{>, \geq, <, \leq\}$.

14.4.3 Satz $(S_n)_{n\geq 0}$ *sei ein nicht-trivialer, zentrierter SRW. Dann gilt für alle $p > 0$:*
(a) $E(S_1^+)^{p+1} < \infty \;\Rightarrow\; ES_\sigma^p < \infty$ für alle $(\sigma, I) \in \Gamma_+$.
(b) $E|S_{\sigma^\bullet}| < \infty$ und $ES_\sigma^p < \infty$ für ein $(\sigma, I) \in \Gamma_+ \;\Rightarrow\; E(S_1^+)^{p+1} < \infty$.

Zum Beweis benötigen wir das folgende

14.4.4 Lemma *In der Situation von Satz 14.4.3 gilt für $(\sigma, I) \in \Gamma_+$ und alle $t > 0$*

$$(14.4.11) \qquad \int_t^\infty P(S_1^+ > x)\, dx \;=\; \int_0^\infty P(|S_{\sigma^\bullet}| > x)\, P(S_\sigma > t + x)\, dx.$$

Beweis: Y und Z seien voneinander unabhängige Kopien von S_σ bzw. $-S_{\sigma^\bullet}$. Aus der Wiener-Hopf-Faktorisierung (14.1.9) folgt dann

$$P(S_1^+ > x) \;=\; P(Y > x) \;+\; P(Y - Z > x) \quad \text{für alle } x > 0$$

und daher unter Verwendung von Variablensubstitution und dem Satz von Fubini

$$\int_t^\infty P(S_1^+ > x)\, dx \;=\; \int_t^\infty \int_{(x,\infty)} (1 - P(Y - Z > x | Y = y))\, P(Y \in dy)\, dx$$

$$= \int_t^\infty \int_{(x,\infty)} P(Z \geq y - x)\, P(Y \in dy)\, dx \;=\; \int_{(t,\infty)} \int_0^{y-t} P(Z \geq x)\, dx\, P(Y \in dy)$$

$$= \int_0^\infty P(Z \geq x) \int_{(t+x,\infty)} P(Y \in dy)\, dx \;=\; \int_0^\infty P(Z \geq x) P(Y > t + x)\, dx,$$

was die Behauptung liefert, da $P(Z \geq x)$ und $P(Z > x)$ l_0-f.ü. übereinstimmen. $\qquad\Diamond$

Beweis von Satz 14.4.3: Wegen

$$\int_0^\infty p t^{p-1} \int_t^\infty P(S_1^+ > x)\, dx\, dt \;=\; \frac{E(S_1^+)^{p+1}}{p+1},$$

wie man leicht mit dem Satz von Fubini nachweist, liefert das vorige Lemma zusammen mit (A.1.5) im Anhang

$$(14.4.12) \qquad \begin{aligned} \frac{E(S_1^+)^{p+1}}{p+1} &= \int_0^\infty P(|S_{\sigma^\bullet}| > x) \int_0^\infty p t^{p-1} P(S_\sigma > t + x)\, dt\, dx \\ &= \int_0^\infty P(|S_{\sigma^\bullet}| > x)\, E\big((S_\sigma - x)^+\big)^p\, dx. \end{aligned}$$

Gilt nun $E(S_1^+)^{p+1} < \infty$, so muß auch $E\big((S_\sigma - x)^+\big)^p$ für l_0-fast alle $x > 0$ endlich sein, was natürlich $ES_\sigma^p < \infty$ impliziert. Damit gilt (a). Wegen der trivialen Ungleichung

$$E\big((S_\sigma - x)^+\big)^p \;\leq\; ES_\sigma^p \quad \text{für alle } x > 0$$

können wir den letzten Ausdruck in (14.4.12) nach oben durch $E|S_{\sigma^\bullet}|\, ES_\sigma^p$ abschätzen, und erhalten daraus sofort (b). $\qquad\Diamond$

Wenden wir uns nun wie angekündigt nochmals den Erstaustrittszeiten $\tau(b), b \geq 0$ zu, und es bezeichne $R_b = S_{\tau(b)} - b$ wie in §4 den Exzeß. Mit Hilfe der bereits dort benutzten Einbettung $R_b = S_{\tau^{\geq}(b)} - b$, wobei

$$\tau^{\geq}(b) \;=\; \inf\{n \geq 1 : S_n^{\geq} > b\}, \quad b \geq 0$$

und unter Kombination der Sätze 14.4.3, 4.1.2, 4.1.4 und 4.2.2 ergibt sich

14.4.5 Satz $(S_n)_{n \geq 0}$ *sei ein nicht-trivialer, zentrierter SRW mit Spanne d.*
(a) Aus $E(S_1^+)^2 < \infty$ folgen $ES_{\tau(b)} < \infty$ für alle $b \geq 0$ und

$$(14.4.13) \qquad d\text{-}\lim_{b \to \infty} P(R_b \leq t) \;=\; \frac{1}{ES_1^{\geq}} \int_{(0,t]} P(S_1^{\geq} + d > x) \, l_d(dx) \quad \text{für alle } t \geq 0.$$

(b) Aus $E(S_1^+)^{p+2} < \infty$ für ein $p \geq 0$ folgen $ES_{\tau(b)}^{p+1} < \infty$ für alle $b \geq 0$,

$$(14.4.14) \qquad \int_0^\infty t^{p-1} \sup_{b \geq 0} P(R_b > t) \, dt \;<\; \infty,$$

sowie insbesondere die gleichgradige Integrierbarkeit von $R_b^p, b \geq 0$ und

$$(14.4.15) \qquad d\text{-}\lim_{b \to \infty} ER_b^p \;=\; \Delta_{p,d},$$

wobei $\Delta_{p,d}$ wie in Lemma 4.2.4 definiert ist.

Den einfachen Beweis unter Beachtung der zuvor gegebenen Hinweise überlassen wir dem interessierten Leser.

Literaturhinweise: Satz 14.4.1 verdanken wir erneut Spitzer(1960b). Rosén(1962) hat mit Hilfe fourieranalytischer Methoden gezeigt, daß die dort in (14.4.2) auftretende Reihe $\sum_n \frac{1}{n}(\frac{1}{2} - P(S_n \in I))$ unter den gemachten Annahmen bereits absolut konvergiert. Eine Herleitung entsprechender Formeln für Momente höherer ganzzahliger Ordnung von S_σ, indem man die Spitzer-Baxter-Formel (14.1.6) genügend oft nach t differenziert und dann für $t = 0$ und $s \uparrow 1$ auswertet, gibt in Lai(1976). Die notwendigen Rechnungen ebenso wie die herauskommenden Formeln sind jedoch sehr kompliziert und deshalb nicht so interessant wie (14.4.2). Satz 14.4.3 wurde von Doney(1980) gezeigt, wobei das dazu benutzte einfache Lemma 14.4.4 von Veraverbeke(1977) stammt. Einen alternativen Beweis für Teil (a) des Satzes findet man in Chow und Lai(1979), und für ganzzahliges $p \geq 1$ bereits in der schon erwähnten Arbeit von Lai(1976). Die Frage nach einer äquivalenten Momentenbedingung an S_1 für die Existenz von ES_σ^p, $(\sigma, I) \in \Gamma_+$, wurde von Doney(1982) weiter untersucht, allerdings erst von Chow(1986) vollständig beantwortet. Diese Bedingung lautet

$$\int_0^\infty \frac{x^{p+1}}{\int_0^\infty y(y \wedge x)\, P(S_1^- \in dy)} \, P(S_1^+ \in dx) \;<\; \infty,$$

hängt also im Gegensatz zum Fall "$ES_1 > 0$" auch vom Verhalten der Verteilung von S_1^- ab. Der Beweis ist ziemlich lang und beruht anstelle von Lemma 14.4.4 – für $\sigma = \sigma^{>}$ – auf der Identität

$$P(S_1^{\geq} > t) \;=\; U^{\leq} * Q((t, \infty)) \;=\; \int_{(t,\infty)} U^{\leq}((t - x, 0])\, P(S_1^+ \in dx)$$

für alle $t > 0$, die man leicht aus der Wiener-Hopf-Faktorisierung gewinnt. Satz 14.4.5 stammt im wesentlichen von Lai(1976).

Anhang

Die im Anschluß zusammengestellten Ergebnisse und Definitionen dienen zum einen Teil der leichteren Verfügbarkeit bei Verweisen innerhalb des Textes und zum anderen Teil zu dessen Ergänzung. Dabei geht es ausschließlich um eine komprimierte Darstellung der relevanten Informationen und keinesfalls um eine Entwicklung der dahinter stehenden Theorie. Für Beweise verweisen wir folglich fast ausschließlich an geeignete Literatur.

A.1 Einige Integrationsformeln

Die folgende Integrationsformel erweist sich in vielen Berechnungen als sehr hilfreich.

A.1.1 Satz *Seien X eine nichtnegative Zufallsgröße auf einem Wahrscheinlichkeitsraum $(\Omega, \mathcal{A}, P)$ und $\varphi : [0, \infty) \to [0, \infty)$ eine monoton wachsende, stetig differenzierbare Funktion mit $\varphi(0) = 0$. Dann gilt für alle $A \in \mathcal{A}$*

$$(A.1.1) \qquad \int_A \varphi(X)\, dP \;=\; \int_0^\infty P(A \cap \{X > t\})\, \varphi'(t)\, dt.$$

Beachte, daß das Integral auf der rechten Seite als (uneigentliches) Riemann-Integral berechnet werden kann, wobei möglicherweise der Wert ∞ herauskommt. Da $P(A \cap \{X > t\})$ und $P(A \cap \{X \geq t\})$ für l_0-fast alle t identisch sind, dürfen wir beide Ausdrücke in obiger Formel wahlweise verwenden. Der Satz bleibt ferner richtig, wenn φ nur stückweise stetig differenzierbar ist, und selbst diese Annahme läßt sich noch weiter abschwächen. Da dies für unsere Belange ohne Bedeutung ist, verzichten wir auf eine weitere Diskussion.

Beweis von Satz A.1.1: Wegen $\varphi(0) = 0$ gilt $\varphi(t) = \int_0^t \varphi(s)\, ds$, und wir erhalten mit dem Satz von Fubini

$$\begin{aligned}
\int_A \varphi(X)\, dP &= \int_A \int_0^{X(\omega)} \varphi'(t)\, dt\, P(d\omega) = \int_A \int_0^\infty \mathbf{1}([0, X(\omega))) (t)\, \varphi'(t)\, dt\, P(d\omega) \\
&= \int_A \int_0^\infty \mathbf{1}((t, \infty)) (X(\omega))\, \varphi'(t)\, dt\, P(d\omega) \\
&= \int_0^\infty \int_A \mathbf{1}(\{X > t\})(\omega)\, P(d\omega)\, \varphi'(t)\, dt = \int_0^\infty P(A \cap \{X > t\})\, dt
\end{aligned}$$

für alle $A \in \mathcal{A}$. $\qquad\qquad\diamond$

Eine Zusammenstellung der wichtigsten Spezialfälle des vorhergehenden Satzes gibt das anschließende Korollar.

A.1.2 Korollar *Für eine nichtnegative Zufallsgröße X gelten*

$$(A.1.2) \quad EX \;=\; \int_0^\infty P(X > t)\, dt,$$

$$(A.1.3) \qquad EX^p = \int_0^\infty pt^{p-1}\, P(X > t)\, dt \quad (p > 0),$$

$$(A.1.4) \qquad \int_{\{X>a\}} X^p\, dP = \int_0^\infty pt^{p-1}\, P(X > t \wedge a)\, dt$$
$$= a^p P(X > a) + \int_a^\infty pt^{p-1}\, P(X > t)\, dt \qquad (a, p > 0),$$

$$(A.1.5) \qquad E((X - a)^+)^p = \int_a^\infty pt^{p-1}\, P(X > t)\, dt \quad (a, p > 0),$$

$$(A.1.6) \qquad E(X \wedge a)^p = \int_0^a pt^{p-1}\, P(X > t)\, dt \quad (a, p > 0),$$

$$(A.1.7) \qquad E(e^{aX} - 1) = \int_0^\infty ae^{at}\, P(X > t)\, dt \quad (a > 0),$$

$$(A.1.8) \qquad E(1 - e^{-aX}) = \int_0^\infty ae^{-at}\, P(X > t)\, dt \quad (a > 0).$$

Nimmt X P-f.s. nur Werte in $\mathbb{N}_0$ an, so gelten weiter

$$(A.1.9) \qquad EX = \sum_{n \geq 0} P(X > n),$$

$$(A.1.10) \qquad EX^2 = \sum_{n \geq 0} (2n + 1)\, P(X > n),$$

$$(A.1.11) \qquad E(e^{aX} - 1) = (e^a - 1) \sum_{n \geq 0} e^{an}\, P(X > n) \quad (a \in \mathbb{R}).$$

Als Ergänzung notieren wir noch die direkt aus (A.1.3) folgende Ungleichung

$$(A.1.12) \qquad \sum_{n \geq 1} p(n-1)^{p-1} P(X > n) \leq EX^p \leq \sum_{n \geq 0} p(n+1)^{p-1} P(X > n) \quad (p \geq 1).$$

Es ist offensichtlich, das eine derartige Ungleichung auch im Fall "$p \in (0,1)$" und für jede der übrigen Integrationsformeln (A.1.4)–(A.1.8) angegeben werden kann.

A.2   Gleichgradige Integrierbarkeit

Wir beginnen mit der Einführung einiger im Text verwendeten Bezeichnungen und betrachten dazu einen beliebigen Maßraum $(\Omega, \mathcal{A}, \nu)$. Für $1 \le p < \infty$ sei dann $L_p(\Omega, \mathcal{A}, \nu)$ der Vektorraum aller meßbaren Abbildungen $Y : (\Omega, \mathcal{A}) \to (\mathbb{R}, \mathcal{B})$ mit

$$\|Y\|_p \overset{\text{def}}{=} \left(\int_\Omega |Y|^p \, d\nu \right)^{1/p} < \infty.$$

Identifiziert man Abbildungen, die sich nur auf ν-Nullmengen unterscheiden, so definiert $\| \cdot \|_p$ bekanntlich eine Norm auf $L_p(\Omega, \mathcal{A}, \nu)$ und macht diesen zu einem vollständigen, normierten Raum (Banachraum). Für $p = \infty$ sei $L_\infty(\Omega, \mathcal{A}, \nu)$ der Raum aller Q-f.ü. beschränkten Abbildungen $Y : (\Omega, \mathcal{A}) \to (\mathbb{R}, \mathcal{B})$ mit Norm

$$\|Y\|_\infty \overset{\text{def}}{=} \inf_{N \in \mathcal{A}, \nu(N)=0} \; \sup_{\omega \in N^c} |Y(\omega)|,$$

der dann ebenfalls einen Banachraum bildet. Falls $(\Omega, \mathcal{A}, \nu) = (\mathbb{R}, \mathcal{B}, l_0)$, so schreiben wir statt $L_p(\mathbb{R}, \mathcal{B}, l_0)$ kurz L_p. Wir sagen, daß eine Folge $Y_1, Y_2, \ldots$ *im p-ten Mittel* oder auch *in L_p* gegen ein Y konvergiert und schreiben "$Y_n \to_{L_p} Y$", falls $\|Y_n - Y\|_p \to 0$ für $n \to \infty$.

Seien nun $X, X_1, X_2, \ldots$ integrierbare Zufallsgrößen auf einem Wahrscheinlichkeitsraum $(\Omega, \mathcal{A}, P)$, d.h. Elemente von $L_1(\Omega, \mathcal{A}, P)$, und X_n konvergiere in Verteilung gegen X, falls $n \to \infty$, d.h. $X_n \to_D X$. Dies gilt insbesondere im Fall P-f.s. Konvergenz und bei Konvergenz in Wahrscheinlichkeit ($\to_P$). Die naheliegende Frage, unter welcher Zusatzvoraussetzung dann auch $EX_n \to EX$ oder gar $\|X_n - X\|_1 \to 0$, d.h. $X_n \to_{L_1} X$ gilt, führt zum Begriff der gleichgradigen Integrierbarkeit.

A.2.1 Definition   Eine Familie $X_t, t \in T$ von Zufallsgrößen heißt *gleichgradig integrierbar (g.i.)*, falls

$$(A.2.1) \qquad\qquad \lim_{a \to \infty} \, \sup_{t \in T} E|X_t| \mathbf{1}(|X_t| > a) \; = \; 0.$$

Insbesondere gilt dann $\sup_{t \in T} E|X_t| < \infty$.

Der anschließende Satz gibt eine Reihe äquivalenter Charakterisierungen gleichgradiger Integrierbarkeit. Für einen Beweis verweisen wir auf Gänssler und Stute (1977, 1.14.4 und 1.14.7).

A.2.2 Satz   *Für eine Familie $X_t, t \in T$ sind folgende Aussagen äquivalent:*
(a) $X_t, t \in T$ sind g.i.
(b) Für $A_n \in \mathcal{A}$, $n \ge 1$, mit $A_n \downarrow \emptyset$ folgt $\lim_{n \to \infty} \sup_{t \in T} \int_{A_n} |X_t| \, dP = 0$, und es gilt außerdem
   $\sup_{t \in T} E|X_t| < \infty$.
(c) Für alle $\varepsilon > 0$ existiert ein $\delta > 0$, so daß $\sup_{t \in T} \int_A |X_t| \, dP < \varepsilon$ für alle $A \in \mathcal{A}$ mit
   $P(A) < \delta$.

(d) $\lim_{a\to\infty} \sup_{t\in T} E(|X_t| - a)^+ = 0.$

(e) Für eine meßbare Funktion $\varphi \geq 0$ mit $\lim_{x\to\infty} \frac{\varphi(x)}{x} = \infty$ gilt $\sup_{t\in T} E\varphi(|X_t|) < \infty.$

Mit Hilfe dieses Satzes lassen sich einige nützliche hinreichende Kriterien für gleichgradige Integrierbarkeit nachweisen, die in speziellen Situationen oft leicht überprüfbar sind.

A.2.3 Korollar *Jede der folgenden Bedingungen ist hinreichend für die gleichgradige Integrierbarkeit der Familie $X_t, t \in T$.*

(a) T ist endlich und X_t für jedes $t \in T$ integrierbar.

(b) $|X_t| \leq X$ P-f.s. für alle $t \in T$ und eine integrierbare Zufallsgröße X.

(c) $|X_t| \leq Y_t$ P-f.s. für alle $t \in T$ und eine g.i. Familie $Y_t, t \in T$.

(d) Für eine l_0^+-integrierbare Funktion G und alle $a > 0$ gilt $\sup_{t\in T} P(|X_t| > a) \leq G(a).$

(e) Für ein $p > 1$ gilt $\sup_{t\in T} E|X_t| < \infty.$

Beweis: Die ersten drei Kriterien ergeben sich leicht unter Verwendung einer der Charakterisierungen (b)-(d) in Satz A.2.2. Für (d) beachte, daß gemäß (A.1.5) in Korollar A.1.2 folgt

$$\sup_{t\in T} E(|X_t| - a)^+ \leq \int_{(a,\infty)} G(x)\, l_0(dx) \quad \text{für alle } a > 0.$$

Kriterium (e) ist ein Spezialfall von Satz A.2.2(e), wenn man dort $\varphi(x) = x^p$ setzt. $\Diamond$

Die Bedeutung gleichgradiger Integrierbarkeit in Verbindung mit den in der Wahrscheinlichkeitstheorie interessierenden Konvergenzarten verdeutlichen die anschließenden beiden Sätze und ein Korollar, für deren Beweise wir auf Chow und Teicher(1978, Korollar 8.1.8) sowie erneut auf Gänssler und Stute(1977, 1.14.9 und 1.6.11) verweisen.

A.2.4 Satz *Sei $g : \mathbb{R} \to \mathbb{R}$ stetig, und gelte $X_n \to_D X$ für $n \to \infty$. Dann sind äquivalent:*

(a) $g(X_n), n \geq 1$ sind g.i.

(b) $E|g(X)| < \infty$ und $\lim_{n\to\infty} E|g(X_n)| = E|g(X)|.$

(a) und (b) implizieren außerdem $\lim_{n\to\infty} Eg(X_n) = Eg(X).$

A.2.5 Satz *Für $p \geq 1$ sind folgende Aussagen äquivalent:*

(a) $|X_n|^p, n \geq 1$ sind g.i. und $X_n \to_P X$, falls $n \to \infty$.

(b) $E|X|^p < \infty$ und $X_n \to_{L_p} X$, d.h. $\|X_n - X\|_p \to 0$, falls $n \to \infty$.

Das abschließende Korollar bildet eine Verallgemeinerung von Scheffés Lemma.

A.2.6 Korollar *$X, X_1, X_2, \ldots$ seien nichtnegative, integrierbare Zufallsgrößen mit $X_n \to_P X$ und $EX_n \to EX$, falls $n \to \infty$. Dann folgt $X_n \to_{L_1} X$ für $n \to \infty$ und $X_n, n \geq 1$ sind g.i.*

Beweis: Gemäß Satz A.2.4 mit $g(x) = x$ sind $X_n, n \geq 1$ g.i., und dies zusammen mit $X_n \to_P X$ liefert gemäß Satz A.2.5 die Behauptung. $\Diamond$

A.3 Signierte und komplexwertige Maße

Sei $(\Omega, \mathcal{A})$ ein beliebiger, meßbarer Raum. Eine σ-additive Mengenfunktion Q auf $\mathcal{A}$ mit Werten in $\mathbb{R} \cup \{-\infty, \infty\}$ bzw. $\mathbb{C}$ und $Q(\emptyset) = 0$ heißt *signiertes* bzw. *komplexwertiges ($\mathbb{C}$-wertiges) Maß* und bildet jeweils eine natürliche Verallgemeinerung eines gewöhnlichen Maßes, dessen Wertebereich bekanntlich $[0, \infty]$ ist. Wie man mit Hilfe der σ-Additivität nachweist, kann ein signiertes Maß höchstens einen der Werte $-\infty$ und ∞ annehmen. Zerlegt man ferner ein $\mathbb{C}$-wertiges Maß Q in Real- und Imaginärteil, also

$$(A.3.1) \qquad Q \;=\; Re(Q) \;+\; i\,Im(Q),$$

so bilden $Re(Q)$ und $Im(Q)$ endliche signierte Maße.

Als naheliegende Klasse signierter Maße denkt man natürlich sofort an Differenzen gewöhnlicher Maße, wobei mindestens eines der beiden zwecks Wohldefiniertheit endlich sein muß. Daß diese Klasse bereits alle signierten Maße umfaßt, folgt aus dem folgenden Zerlegungssatz von Hahn, zu dessen Beweis wir auf Hewitt und Stromberg(1965, (19.6)) verweisen.

A.3.1 Zerlegungssatz von Hahn *Sei Q ein signiertes Maß auf einem meßbaren Raum $(\Omega, \mathcal{A})$. Dann existiert ein $B \in \mathcal{A}$, so daß*

$$(A.3.2) \qquad Q^{+}(A) \stackrel{\text{def}}{=} Q(A \cap B) \geq 0 \quad und \quad Q^{-}(A) \stackrel{\text{def}}{=} -Q(A \cap B^{c}) \geq 0 \quad \text{für alle } A \in \mathcal{A}.$$

Q^{+} und Q^{-} bilden also gewöhnliche Maße mit $Q = Q^{+} - Q^{-}$. Die Menge B ist ferner in folgendem Sinne eindeutig: Bezeichnet $C \in \mathcal{A}$ eine weitere Menge mit $Q(A \cap C) \geq 0$ und $Q(A \cap C^{c}) \leq 0$ für alle $C \in \mathcal{A}$, so folgen $Q(\cdot \cap C) = Q^{+}$ und $-Q(\cdot \cap C^{c}) = Q^{-}$.

Das Paar (B, B^{c}) im obigen Satz bezeichnet man als eine *Hahn-Zerlegung von Ω für Q* und (Q^{+}, Q^{-}) als *Jordan-Zerlegung von Q*. Definiert man weiter

$$(A.3.3) \qquad |Q|(A) \;=\; Q^{+}(A) \;+\; Q^{-}(A) \quad \text{für } A \in \mathcal{A},$$

so gelangt man zum sogenannten *Totalvariationsmaß von Q*, das offensichtlich die Ungleichung $-|Q| \leq Q \leq |Q|$ erfüllt. Die Rechtfertigung für die Namensgebung liefert der anschließende Satz, siehe Hewitt und Stromberg(1965, (19.10)). Zuvor sei noch erwähnt, daß Q genau dann endlich ist, wenn dies für $|Q|$ der Fall ist.

A.3.2 Satz *Q sei ein signiertes Maß auf einem meßbaren Raum $(\Omega, \mathcal{A})$. Dann gilt*

$$(A.3.4) \qquad |Q|(A) \;=\; \sup\Big\{\sum_{k=1}^{n} |Q(A_k)| : (A_1, ..., A_n) \text{ meßbare, disjunkte Zerlegung von } A\Big\}$$

für alle $A \in \mathcal{A}$.

Sei $(\Omega, \mathcal{A}, \nu)$ ein Maßraum und $f : (\Omega, \mathcal{A}) \to (\mathbb{R}, \mathcal{B})$ eine Funktion, für die $\nu(f) \overset{\text{def}}{=} \int_\Omega f\, d\nu$ existiert, d.h. es gilt $\nu(f^+) < \infty$ oder $\nu(f^-) < \infty$. Dann wird durch

$$(A.3.5) \qquad Q(A) \overset{\text{def}}{=} \int_A f\, d\nu, \quad A \in \mathcal{A},$$

ein signiertes Maß mit

$$(A.3.6) \qquad Q^+(A) = \int_A f^+\, d\nu, \quad Q^-(A) = \int_A f^-\, d\nu \quad \text{und} \quad |Q|(A) = \int_A |f|\, d\nu$$

definiert. Für signierte Maße mit einer Dichte bezüglich eines gewöhnlichen Maßes ergibt sich die Jordan-Zerlegung also auf sehr einfache Weise durch Zerlegung der Dichte in ihren Positiv- und Negativteil.

Die soeben für signierte Maße vorgestellte Jordan-Zerlegung läßt sich vermöge (A.3.1) in kanonischer Weise auch für $\mathbb{C}$-wertige Maße Q angeben, und zwar gilt

$$(A.3.7) \qquad Q = Re(Q)^+ - Re(Q)^- + i\,(Im(Q)^+ - Im(Q)^-).$$

Hat Q die spezielle Form (A.3.5) mit einer meßbaren, $\mathbb{C}$-wertigen Funktion f, so gilt ferner

$$(A.3.8) \qquad Re(Q)^\pm(A) = \int_A Re(f)^\pm\, d\nu, \quad \text{und} \quad Im(Q)^\pm(A) = \int_A Im(f)^\pm\, d\nu.$$

Zum Abschluß wollen wir die *Totalvariation* eines signierten oder $\mathbb{C}$-wertigen Maßes Q auf einem meßbaren Raum $(\Omega, \mathcal{A})$ einführen. Sie ist durch

$$(A.3.9) \qquad \|Q\| = \sup\{|Q(A)| : A \in \mathcal{A}\}$$

definiert und bildet eine Norm auf dem Raum aller $\mathbb{C}$-wertigen Maße auf $(\Omega, \mathcal{A})$, wie man leicht nachweist. Ist Q ein signiertes Maß und bezeichnet (B, B^c) dessen Hahn-Zerlegung von Ω, so folgt

$$(A.3.10) \qquad \|Q\| = \max\{Q^+(B), -Q^-(B^c)\}.$$

Für ein gewöhnliches Maß gilt offensichtlich $\|Q\| = Q(\Omega)$, d.h. $\|Q\|$ ist nichts anderes als die Gesamtmasse von Q. Eine Folge $Q_n, n \geq 1$ $\mathbb{C}$-wertiger Maße konvergiert in Totalvariation gegen ein $\mathbb{C}$-wertiges Maß Q, kurz $Q_n \to_{TV} Q$, wenn $\|Q_n - Q\| \to 0$, falls $n \to \infty$. Eine Charakterisierung dieser Konvergenzart gibt der folgende Satz. Dazu bezeichne $b\mathcal{A}$ den Raum aller beschränkten, meßbaren Funktionen auf $(\Omega, \mathcal{A})$ mit Werten in $\mathbb{C}$ und $\|\cdot\|_\infty$ darauf die Supremumsnorm.

A.3.3 Satz *Für eine Folge $Q, Q_1, Q_2, \ldots$ $\mathbb{C}$-wertiger Maße sind äquivalent:*
(a) $Q_n \to_{TV} Q$, falls $n \to \infty$.
(b) $Re(Q_n) \to_{TV} Re(Q)$ und $Im(Q_n) \to_{TV} Im(Q)$, falls $n \to \infty$.

(c) $Q_n(A) \to Q(A)$, falls $n \to \infty$, gleichmäßig für alle $A \in \mathcal{A}$.

(d) $Q_n(f) \to Q(f)$, falls $n \to \infty$, gleichmäßig für alle $f \in b\mathcal{A}$ mit $\|f\|_\infty \leq 1$.

Darüberhinaus implizieren (a)-(d)

(e) $Q_n(f) \to Q(f)$, falls $n \to \infty$, für alle $f \in b\mathcal{A}$.

Beweis: Die Behauptungen ergeben sich leicht unter Benutzung der Ungleichung

$$|Re(Q_n)(f) - Re(Q)(f)| \leq Re(Q_n - Q)^+(|f|) + Re(Q_n - Q)^-(|f|)$$

$$\leq 2\|f\|_\infty \|Re(Q_n - Q)\| \leq 2\|f\|_\infty \|Q_n - Q\|$$

für alle $f \in b\mathcal{A}$ und $n \geq 1$ sowie ihres Pendants für $Im(Q_n)$ und $Im(Q)$. $\Diamond$

Für $\mathbb{C}$-wertige Maße $Q, Q_1, Q_2, \ldots$ auf $(\mathbb{R}, \mathcal{B})$ können wir die Konvergenz in Totalvariation mit der in Abschnitt 12.3 behandelten schwachen ($\to_W$) sowie vagen ($\to_V$) Konvergenz vergleichen. Es gilt

- $Q_n \to_W Q$, falls $\lim_{n \to \infty} Q_n(f) = Q(f)$ für alle $f \in \mathcal{C}_b$,
- $Q_n \to_V Q$, falls $\lim_{n \to \infty} Q_n(f) = Q(f)$ für alle $f \in \mathcal{C}_0$.

Dabei bezeichnen $\mathcal{C}_b$ und $\mathcal{C}_0$ die Vektorräume aller beschränkten stetigen Funktionen $f : \mathbb{R} \to \mathbb{C}$ bzw. stetigen Funktionen mit kompaktem Träger. Mit Satz A.3.3(d) sieht man nun sofort, daß gilt

$$Q_n \to_{TV} Q \quad \Rightarrow \quad Q_n \to_W Q \quad \Rightarrow \quad Q_n \to_V Q.$$

A.4 Einige Abelsche und Taubersche Sätze für Potenzreihen

Die folgende Zusammenstellung von Abelschen und Tauberschen Sätzen haben wir dem Buch von Chung(1974, §8.4) entnommen. Beweise findet der interessierte Leser z.B. in Titchmarsh (1939). Weitere Hinweise geben wir am Ende dieses Abschnitts.

A.4.1 Satz *Falls $a_n \geq 0$ für alle $n \geq 0$ und $\sum_n a_n s^n$ für $|s| < 1$ konvergent ist, so folgt*

$$(A.4.1) \qquad \lim_{s \uparrow 1} \sum_{n \geq 0} a_n s^n = \sum_{n \geq 0} a_n.$$

A.4.2 Abelscher Grenzwertsatz *Falls $a_n \in \mathbb{C}$ für alle $n \geq 0$ und $\sum_n a_n$ konvergent ist, so gilt (A.4.1).*

A.4.3 Satz *Falls $a_n \in \mathbb{C}$ für alle $n \geq 0$ mit $a_n = O(\frac{1}{n})$ für $n \to \infty$ und falls $\lim_{s \uparrow 1} \sum_n a_n s^n$ existiert und endlich ist, so gilt (A.4.1).*

A.4.4 Satz *Sei $a_n^{(i)} \geq 0$ für $i \in \{1,2\}$ und alle $n \geq 0$. Ferner gelte $\sum_n a_n^{(i)} s^n < \infty$ für $0 \leq s < 1$ und $\sum_n a_n^{(i)} = \infty$, $i \in \{1,2\}$. Falls außerdem für ein $K \in [0,\infty]$ und $N \to \infty$*

$$\sum_{n=0}^{N} a_n^{(1)} \simeq K \sum_{n=0}^{N} a_n^{(2)} \quad [\, oder\ sogar\ a_N^{(1)} \simeq K a_n^{(2)}\,],$$

so folgt

$$\sum_{n \geq 0} a_n^{(1)} s^n \simeq K \sum_{n \geq 0} a_n^{(2)} s^n \quad (s \uparrow 1).$$

A.4.5 Satz *Falls $a_n \in \mathbb{C}$ für alle $n \geq 0$ mit $\lim_{n \to \infty} a_n = a \in \mathbb{C}$, so folgt*

$$\sum_{n \geq 0} a_n s^n \simeq \frac{a}{1-s} \quad (s \uparrow 1).$$

A.4.6 Satz *Falls $a_n \geq 0$ für alle $n \geq 0$ mit $\sum_n a_n s^n \simeq \frac{1}{1-s}$ für $s \uparrow 1$, so folgt*

$$\sum_{j=0}^{n} a_j \simeq n \quad (n \to \infty).$$

Zurückgehend auf die Mathematiker Abel und Tauber bezeichnet man heute Sätze, die von gewissen Annahmen an die Koeffizienten a_n auf das Verhalten der Potenzreihe $\sum_n a_n s^n$ für $s \uparrow 1$ schließen, als Abelsch, und solche mit umgekehrter Schlußrichtung als Taubersch. In diesem Sinne sind die Sätze 1,2,4 und 5 vom Abelschen Typ, wobei Satz 1 sofort aufgrund monotoner Konvergenz folgt sowie Satz 5 mit der Abschätzung

$$(1-s)\Big| \sum_{n \geq m} (a_n - a)s^n \Big| \leq \sup_{n \geq m} |a_n - a| \quad \text{für alle } 0 \leq s < 1,$$

die Sätze 3 und 6 dagegen vom Tauberschen Typ. Satz 3 unter der stärkeren Annahme $a_n = o(\frac{1}{n})$ für $n \to \infty$ stammt von Tauber selbst und in der hier formulierten Version von Littlewood. Satz 6 wird manchmal auch als Satz von Hardy, Littlewood und Karamata bezeichnet.

Literaturverzeichnis

Allen, A.O.
— *Probability, Statistics and Queueing Theory with Computer Applications*. Academic Press, New York, San Francisco, London (1978).

Alsmeyer, G.
— Second-order approximations for certain stopped sums in extended renewal theory. *Adv. Appl. Probab.*, **20**, 391-410 (1988).

Andersen, E.S.
— On sums of symmetrically dependent random variables. *Skand. Aktuarietidsskrift*, **36**, 123-138 (1953a).
— On the fluctuations of sums of random variables. *Math. Skand.*, **1**, 263-285 (1953b).
— On the fluctuations of sums of random variables II. *Math. Skand.*, **2**, 195-223 (1954).

Anderson, K.K. und Athreya, K.B.
— A renewal theorem in the infinite mean case. *Ann. Probab.*, **15**, 388-393 (1987).

Arjas, E., Nummelin, E. und Tweedie, R.
— Uniform limit theorems for non-singular renewal and Markov renewal processes. *J. Appl. Probab.*, **15**, 112-125 (1978).

Asmussen, S.
— Conjugate processes and the simulation of ruin problems. *Stoch. Proc. Appl.*, **20**, 213-229 (1985).
— *Applied Probability and Queues*. Wiley, New York (1987).

Asmussen, S. und Hering, H.
— *Branching Processes*. Birkhäuser, Basel, Boston, Stuttgart (1977).

Athreya, K.B. und Ney, P.
— *Branching Processes*. Springer-Verlag, Berlin, New York (1972).
— A new approach to the limit theory of recurrent Markov chains. *Trans. Amer. Math. Soc.*, **245**, 493-501 (1978a).
— Limit theorems for semi-Markov processes. *Bull. Austral. Math. Soc.*, **19**, 283-294 (1978b).

Athreya, K.B., McDonald, D. und Ney, P.
— Limit theorems for semi-Markov processes and renewal theory for Markov chains. *Ann. Probab.*, **6**, 788-797 (1978a).
— Coupling and the renewal theorem. *Amer. Math. Monthly*, **85**, 809-814 (1978b).

von Bahr, B.
— Ruin probabilities expressed in terms of ladder height distributions. *Scand. Actuarial J.*, **57**, 190-204 (1974).

Bauer, H.
— *Wahrscheinlichkeitstheorie und Grundzüge der Maßtheorie*. 3. Auflage. De Gruyter, Berlin, New York (1978).

Baxter, G.
— An operator identity. *Pacific J. Math.*, **8**, 649-663 (1958).
— An analytical approach to finite fluctuation problems in probability. *J. d'Analyse Math.*, **9**, 31-70 (1961).

Beard, R.E., Pentikäinen, T. und Pesonen, E.
— *Risk Theory*. 3. Auflage. Chapman and Hall, London, New York (1984).

Berbee, H.
— *Random Walks with Stationary Increments and Renewal Theory*. Math. Centrum Tract, **112**, Amsterdam (1979).

Billingsley, P.
— *Convergence of Probability Measures.* Wiley, New York (1968).
Blackwell, D.
— A renewal theorem. *Duke Math. J.*, **15**, 145-150 (1948).
— Extension of a renewal theorem. *Pacific J. Math.*, **3**, 315-320 (1953).
Breiman, L.
— *Probability.* Addison-Wesley, Reading, Massachussets (1968).
Brown, M. und Solomon, H.
— A second order approximation for the variance of a renewal reward process. *Stoch. Proc. Appl.*, **3**, 301-314 (1975).
Brown, M. und Ross, S.M.
— Asymptotic properties of cumulative processes. *SIAM J. Appl. Math.*, **22**, 93-105 (1972).
Bühlmann, H.
— *Mathematical Methods in Risk Theory.* Springer-Verlag, Berlin, New York (1970).
Carlsson, H.
— Remainder term estimates of the renewal function. *Ann. Probab.*, **11**, 143-157 (1983).
Chan, Y.K.
— A constructive renewal theorem. *Ann. Probab.*, **4**, 644-655 (1976).
Choquet, G. und Deny, J.
— Sur l'équation de convolution $\mu = \mu * \sigma$. *C. R. Acad. Sci. Paris*, **250**, 799-801 (1960).
Chover, J. und Ney, P.
— The non-linear renewal equation. *J. d'Analyse Math.*, **21**, 381-413 (1968).
Chow, Y.S.
— On moments of ladder height variables. *Adv. Appl. Math.*, **7**, 46-54 (1986).
Chow, Y.S. und Lai, T.L.
— Moments of ladder variables for driftless random walks. *Z. Wahrsch. verw. Gebiete*, **48**, 253-257 (1979).
Chow, Y.S. und Teicher, H.
— *Probability Theory.* 2. Auflage. Springer-Verlag, Berlin, New York (1988).
Chung, K.L.
— *Markov Chains with Stationary Transition Probabilities.* 2. Auflage. Springer-Verlag, Berlin, New York (1967).
— *Lectures on Boundary Theory for Markov Chains.* Annals of Mathematics Studies, **65**, Princeton University Press (1970).
— *Elementary Probability Theory with Stochastic Processes.* Springer-Verlag, Berlin, New York (1974a).
— *A Course in Probability Theory.* 2. Auflage. Academic Press, New York (1974b).
— *Lectures from Markov Processes to Brownian Motion.* Springer-Verlag, Berlin, New York (1982).
Chung, K.L. und Fuchs, W.H.J.
— On the distribution of values of sums of random variables. *Mem. Amer. Math. Soc.*, **6** (1951).
Chung, K.L. und Ornstein, D.
— On the recurrence of sums of random variables. *Bull. Amer. Math. Soc.*, **68**, 30-32 (1962).
Chung, K.L. und Pollard, H.
— An extension of renewal theory. *Proc. Amer. Math. Soc.*, **3**, 303-309 (1952).
Chung, K.L. und Wolfowitz, J.
— On a limit theorem in renewal theory. *Ann. Math.*, **55**, 1-6 (1952).

Çinlar, E.
— Markov renewal theory. *Adv. Appl. Probab.*, **1**, 123-187 (1969).
— Markov renewal theory: A survey. *Management Science*, **21**, 727-752 (1975).
Cox, D.R.
— *Renewal Theory*. Methuen, London (1962).
Cramér, H.
— On the mathematical theory of risk. *Skandia Jubilee Volume*, Stockholm (1930).
— Collective risk theory, a survey of the theory from the point of view of the theory of stochastic processes. *Skandia Jubilee Volume*, Stockholm (1955).
Daley, D.J.
— Upper bounds for the renewal function via Fourier methods. *Ann. Probab.*, **6**, 876-884 (1978).
— Tight bounds for the renewal function of a random walk. *Ann. Probab.*, **8**, 615-621 (1980).
Doeblin, W.
— Exposé de la théorie des chaînes simples constantes de Markov à un nombre fini d'états. *Rev. Math. de l'Union Interbalkanique*, **2**, 77-105 (1937).
— Éléments d'une théorie générale des chaînes simples constantes de Markoff. *Ann. Sci. Ecole Norm. Sup.*, **57**, 61-111 (1940).
Doney, R.A.
— Moments of ladder heights in random random walks. *J. Appl. Probab.*, **17**, 248-252 (1980).
— On the existence of the mean ladder height for random walk. *Z. Wahrsch. verw. Gebiete*, **59**, 373-382 (1982).
Doob, J.L.
— Renewal theory from the point of view of the theory of probability. *Trans. Amer. Math. Soc.*, **63**, 422-438 (1948).
van Doorn, E.
— *Stochastic Monotonicity and Queueing Applications of Birth-Death Processes.* Lecture Notes in Statistics, **4**. Springer-Verlag, Berlin, New York.
Erdös, P., Feller, W. und Pollard, H.
— A theorem on power series. *Bull. Amer. Math. Soc.*, **55**, 201-204 (1949).
Erickson, K.B.
— Strong renewal theorems with infinite mean. *Trans. Amer. Math. Soc.*, **151**, 263-291 (1970).
Feller, W.
— On the integral equation of renewal theory. *Ann. Math. Statist.*, **12**, 243-267 (1941).
— Fluctuation theory of recurrent events. *Trans. Amer. Math. Soc.*, **67**, 98-119 (1949).
— *An Introduction to Probability Theory and Its Applications.* Vol.1, 3. Auflage. Wiley, New York (1968).
— *An Introduction to Probability Theory and Its Applications.* Vol.2, 2. Auflage. Wiley, New York (1971).
Feller, W. und Orey, S.
— A renewal theorem. *J. Math. Mech.*, **10**, 619-624 (1961).
Freedman, D.
— *Markov Chains.* Holden-Day, San Francisco, Cambridge (1971). [Nachdruck: Springer-Verlag, Berlin, New York (1983)].
— *Approximating Countable Markov Chains.* Holden-Day, San Francisco, Cambridge (1972). [Nachdruck: Springer-Verlag, Berlin, New York (1983)].
Gänssler, P. und Stute, W.
— *Wahrscheinlichkeitstheorie.* Springer-Verlag, Berlin, New York (1977).

Gelfond, A.O.
— An estimate of the remainder term in a limit theorem for recurrent events (in Russian). *Theor. Probab. Appl.*, **9**, 327-331 (1964).

Gerber, H.U.
— *An Introduction to the Mathematical Risk Theory.* S.S. Huebner Foundation Monographs, Univ. of Pennsylvania (1979).

Gradstein, I.S. und Ryshik, I.M.
— *(Summen-, Produkt- und Integral-) Tafeln.* Verlag Harri Deutsch, Thun, Frankfurt/Main (1981).

Greenwood, P. und Shaked, M.
— Fluctuations of random walks in R^d and storage systems. *Adv. Appl. Probab.*, **9**, 566-587 (1977).

Griffeath, D.
— A maximal coupling for Markov chains. *Z. Wahrsch. verw. Gebiete*, **31**, 95-106 (1975).

Gross, D. und Harris, C.M.
— *Fundamentals of Queueing Theory.* 2. Auflage. Wiley, New York (1983).

Grübel, R.
— Über das asymptotische Verhalten von Erneuerungsdichten. *Math. Nachr.*, **108**, 39-48 (1982a).
— Eine Restgliedabschätzung in der Erneuerungstheorie. *Arch. Math.*, **39**, 187-192 (1982b).
— Functions of probability measures: Rates of convergence in the renewal theorem. *Z. Wahrsch. verw. Gebiete*, **64**, 341-357 (1983).
— On subordinated distributions and generalized renewal measures. *Ann. Probab.*, **15**, 394-415 (1987).

Gut, A.
— On the moments and limit distributions of some first passage times. *Ann. Probab.*, **2**, 277-308 (1974).
— *Stopped Random Walks. Limit Theorems and Applications.* Springer-Verlag, Berlin, New York (1988).

Gut, A. und Janson, S.
— The limiting behaviour of certain stopped sums and some applications. *Scand. J. Statist.*, **10**, 281-292 (1983).

Harris, T.E.
— The existence of stationary measures for certain Markov processes. *Proc. 3rd Berkeley Sympos. Math. Statist. Probab.*, **2**, 113-124. Univ. Calif. Press (1956).
— *The Theory of Branching Processes.* Springer-Verlag, Berlin, New York (1963).

Heilmann, W.
— *Grundbegriffe der Risikotheorie.* Verlag Versicherungswirtschaft e.V., Karlsruhe (1987).

Herbelot, L.
— Application d'un Théorème d'analyse à létude de la repartition par âge. *Bull. Trimestriel de l'Inst. des Actuaires Français*, **19**, 293 (1909).

Hewitt, E. und Stromberg, K.
— *Real and Abstract Analysis.* Springer-Verlag, Berlin, New York (1965).

Heyde, C.C.
— Two probability theorems and their applications to some first passage problems. *J. Austral. Math. Soc.*, **4**, 214-222 (1964).
— Some renewal theorems with application to a first passage problem. *Ann. Math. Statist.*, **37**, 699-710 (1966).

— Asymptotic renewal results for a natural generalization of classical renewal theory. *J. Roy. Statist. Soc.*, **B 29**, 141-150 (1967).

Hogan, M.
— Moments of the minimum of a random walk and complete convergence. *Technical Report*. Stanford University (1983).

Hou, Z.T. und Guo, Q.F.
— *Homogeneous Denumerable Markov Processes.* Springer Verlag, Berlin, New York (1988).

Iscoe, I., Ney, P. und Nummelin, E.
— Large deviations of uniformly recurrent Markov additive processes. *Adv. Appl. Math.*, **6**, 373-412 (1985).

Jacod, J.
— Théorème de renouvellement et classification pour les chaînes semi-Markoviennes. *Ann. Inst. H. Poincaré*, **B 7**, 355-387 (1971).

Jagers, P.
— *Branching Processes with Biological Applications.* Wiley, New York (1975).

Janson, S.
— Renewal theory for m-dependent variables. *Ann. Probab.*, **11**, 558-568 (1983).
— Moments for first passage and last exit times, the minimum and related quantities for random walks with positive drift. *Adv. Appl. Probab.*, **18**, 865-879 (1986).

Jensen, U.
— Some remarks on the renwal function of the uniform distribution. *Adv. Appl. Probab.*, **16**, 214-215 (1984).

Jewell, W.S.
— Fluctuations of a renewal reward process. *J. Math. Anal. Appl.*, **19**, 309-329 (1967).

Karlin, S.
— On the renewal equation. *Pacific J. Math.*, **5**, 229-257 (1955).

Karlin, S. und Taylor, H.M.
— *A First Course in Stochastic Processes.* 2.Auflage. Academic Press, New York, London (1975).

Kawata, T.
— *Fourier Analysis in Probability Theory.* Academic Press, New York, London (1972).

Keener, R.
— A note on the variance of a stopping time. *Ann. Statist.*, **15**, 1709-1712 (1987).

Kemeny, J.G. und Snell, J.L.
— *Finite Markov Chains.* Van Nostrand, New York (1960). [Nachdruck: Springer-Verlag, Berlin, New York (1976)].

Kemperman, J.H.B.
— *The First Passage Problem for a Stationary Markov Chain.* University of Chicago Press, Chicago (1961).
— An analytical approach to the differential equations of the birth-and-death process. *Michigan Math. J.*, **9**, 321-361 (1962).

Kesten, H.
— Renewal theory for functionals of a Markov chain with general state space. *Ann. Probab.*, **2**, 355-386 (1974).

Krein, M.G.
— Integral equations on a half line with kernel depending on the difference of the arguments. *Uspekhi Mat. Nauk*, **13**, 3-120 [*Amer. Math. Soc. Translation Series 2*, **22**, 163-288.] (1958).

Körner, T.W.
— *Fourier Analysis*. Cambridge Univ. Press, Cambridge, New York (1988).
Kolmogorov, A.
— Anfangsgründe der Theorie der Markoffschen Ketten mit unendlich vielen möglichen Zuständen. *Rec. Math. (Mat. Sbornik) N.S.*, **1**, 607-610 (1936).
Lai, T.L.
— Asymptotic moments of random walks with applications to ladder variables and renewal theory. *Ann. Probab.*, **4**, 51-66 (1976).
Lai, T.L. und Siegmund, D.
— A nonlinear renewal theory with applications to sequential analysis I. *Ann. Statist.*, **5**, 946-954 (1977).
— A nonlinear renewal theory with applications to sequential analysis II. *Ann. Statist.*, **7**, 60-76 (1979).
Lalley, S.
— Conditional Markov renewal theory I. Finite and denumerable state space. *Ann. Probab.*, **12**, 1113-1148 (1984).
Leadbetter, M.R. und Smith, W.L.
— On the renewal function for the Weibull distribution. *Technometrics*, **5**, 393-396 (1963).
Lindvall, T.
— A probabilistic proof of Blackwell's renewal theorem. *Ann. Probab.*, **5**, 482-485 (1977).
— On coupling of discrete renewal processes. *Z. Wahrsch. verw. Gebiete*, **48**, 57-70 (1979).
— On coupling of continuous-time renewal processes. *J. Appl. Probab.*, **19**, 82-89 (1982).
— On coupling of renewal processes with use of failure rates. *Stoch. Proc. Appl.*, **22**, 1-15 (1986).
Lorden, G.
— On excess over the boundary. *Ann. Math. Statist.*, **41**, 520-527 (1970).
Lotka, A.
— A contribution to the theory of self-renewing aggregates, with special reference to industrial replacement. *Ann. Math. Statist.*, **10**, 1-25 (1939).
Lukacs, E.
— *Characteristic Functions*. 2. Auflage. Griffin, London (1970).
Lundberg, F.
— *Approximerad framställning av sannolikhetsfunktionen. Återförsäkring av kollektivrisker*. Akad. Afhandling, Uppsala, Almqvist o. Wiksell (1903).
Makarov, B.M.
— An example of a continuous measure equivalent to its convolution square (In Russian). *Vestnik Leningrad Univ.*, **7**, 51-54 (1968).
McDonald, D.
— Renewal theorem and Markov chains. *Ann. Inst. H. Poincaré*, **B 11**, 187-197 (1975).
Miller, D.R.
— Existence of limits in regenerative processes. *Ann. Math. Statist.*, **43**, 1275-1282 (1972).
— Limit theorems for path-functionals of regenerative processes. *Stoch. Proc. Appl.*, **2**, 141-161 (1974).
Mohan, N.R.
— Teugel's renewal theorem and stable laws. *Ann. Prob.*, **4**, 863-868 (1976).
— A note on a strong renewal theorem. *Canad. J. Statist.*, **5**, 213-218 (1977).
— A strong renewal theorem. *J. Indian Statist. Assoc.*, **19**, 99-102 (1981).

Ney, P.
— A refinement of the coupling method in renewal theory. *Stoch. Proc. Appl.*, **11**, 11-26 (1981).

Ney, P. und Nummelin, E.
— Markov additive processes I. Eigenvalue properties and limit theorems. *Ann. Probab.*, **15**, 561-592 (1987).

Niemi, S. und Nummelin, E.
— On non-singular renewal kernels with an application to a semigroup of transition kernels. *Stoch. Proc. Appl.*, **22**, 177-202 (1986).

Nummelin, E.
— A splitting technique for Harris recurrent Markov chains. *Z. Wahrsch. verw. Gebiete*, **43**, 309-318 (1978a).
— Uniform and ratio limit theorems for Markov renewal and semi-regenerative processes on a general state space. *Ann. Inst. H. Poincaré*, **B 14**, 119-143 (1978b).
— *General Irreducible Markov Chains and Non-negative Operators.* Cambridge Tracts in Mathematics, **83**, Cambridge Univ. Press (1984).

Orey, S.
— *Limit Theorems for Markov Chain Transition Probabilities.* Van Nostrand, New York (1971).

Pitman, J.
— Uniform rates of convergence for Markov chain transition probabilities. *Z. Wahrsch. verw. Gebiete*, **29**, 193-227 (1974).

Pitman, J. und Speed, T.
— A note on random times.*Stoch. Proc. Appl.*, **1**, 369-374 (1973).

Pollaczek, F.
— *Problèmes stochastiques posés par le phénomène de formation d'une queue d'attente.* Mém. Sc. Math., No. 136, Gauthier Villars, Paris (1957).

Prabhu, N.U.
— *Stochastic Processes.* Macmillan Company, New York (1965).

Pyke, R.
— Markov renewal processes: definitions and preliminary properties. *Ann. Math. Statist.*, **32**, 1231-1242 (1961a).
— Markov renewal processes with finitely many states. *Ann. Math. Statist.*, **32**, 1243-1252 (1961b).

Ray, D.
— Stable processes with an absorbing barrier. *Trans. Amer. Math. Soc.*, **89**, 16-24 (1958).

Revuz, D.
— *Markov Chains.* North-Holland, Amsterdam (1975).

Rosén, H.
— On the asymptotic distribution of sums of independent identically distributed random variables. *Ark. Mat.*, **4**, 323-332 (1962).

Seal, H.L.
— *Stochastic Theory of a Risk Business.* Wiley, New York (1969).
— *Survival Probabilities.* Wiley, New York (1978).

Schassberger, R.
— *Warteschlangen.* Springer-Verlag, Wien, New York (1973).

Sharpe, M.
— *General Theory of Markov Processes.* Academic Press, New York, London (1988).

Siegmund, D.
— On the time until ruin in collective risk theory. *Mitt. Verein. Schweiz. Versicherungsmathematiker*, **75**, 157-166 (1975).
— *Sequential Analysis. Tests and Confidence Intervals.* Springer-Verlag, Berlin, New York (1986).

Smith, W.L.
— Asymptotic renewal theorems. *Proc. Roy. Soc. Edinb.*, **A 64**, 9-48 (1954).
— Regenerative stochastic processes. *Proc. Roy. Soc. London*, **A 232**, 6-31 (1955a).
— Extensions of a renewal theorem. *Proc. Camb. Phil. Soc.*, **51**, 629-638 (1955b).
— Renewal theory and its ramifications. *J. Roy. Statist. Soc.*, **B 20**, 243-302 (1958).
— Cumulants of renewal processes. *Biometrika*, **46**, 1-29 (1959).
— Remarks on the paper 'Regenerative stochastic processes'. *Proc. Roy. Soc. London*, **A 256**, 296-301 (1960a).
— Infinitesimal renewal processes. *Contributions to Probability and Statistics.* Essays in honor of Harold Hotelling (Eds. Ingram Olkin et al.), 396-413. Stanford University Press, Stanford, CA (1960b)

Spitzer, F.
— A combinatorial lemma and its application to probability theory. *Trans. Amer. Math. Soc.*, **82**, 323-339 (1956).
— The Wiener-Hopf equation whose kernel is a probability density. *Duke Math. J.*, **24**, 327-344 (1957).
— The Wiener-Hopf equation whose kernel is a probability density II. *Duke Math. J.*, **27**, 363-372 (1960a).
— A Tauberian theorem and its probability interpretation. *Trans. Amer. Math. Soc.*, **94**, 150-160 (1960b).
— *Principles of Random Walks.* 2. Auflage. Springer-Verlag, Berlin, New York (1976).

Stone, C.
— On characteristic functions and renewal theory. *Trans. Amer. Math. Soc.*, **120**, 327-342 (1965).
— On absolutely continuous distributions and renewal theory. *Ann. Math. Statist.*, **37**, 271-275 (1966).
— An upper bound for the renewal function. *Ann. Math. Statist.*, **43**, 2050-2052 (1972).

Stone, C. und Wainger, S.
— One-sided error estimates in renewal theory. *J. Analyse Math.*, **20**, 325-352 (1967).

Täcklind, S.
— Elementare Behandlung vom Erneuerungsproblem für den stationären Fall. *Skand. Aktuarietidskrift*, **27**, 1-15 (1944).
— Fourieranalytische Behandlung vom Erneuerungsproblem. *Skand. Aktuarietidskrift*, **28**, 68-105 (1945).

Teugels, J.
— Renewal theorems when the first or the second moment is infinite. *Ann. Math. Statist.*, **39**, 1210-1219 (1968).

Thorisson, H.
— A complete proof of Blackwell's renewal theorem. *Stoch. Proc. Appl.*, **26**, 87-97 (1987).

Titchmarsh, E.C.
— *The Theory of Functions.* 2. Auflage. Oxford Univ. Press (1939).

Veraverbeke, N.
— Asymptotic behaviour of Wiener-Hopf factors of a random walk. *Stoch. Proc. Appl.*, **5**, 27-37 (1977).

Weiß, P.

— *Stochastische Modelle für Anwender.* Teubner-Verlag, Stuttgart (1987).

Wiener, N. und Hopf, E.

— Über eine Klasse singulärer Integralgleichungen. *Sitzungsberichte der Berliner Akademie der Wissenschaften*, 696 (1931).

Wolff, R.W.

— *Stochastic Modeling and the Theory of Queues.* Prentice Hall, Englewood Cliffs, New Jersey (1989).

Woodroofe, M.

— A renewal theorem for curved boundaries and moments of first passage times. *Ann. Probab.*, **4**, 67-80 (1976).

— *Nonlinear Renewal Theory in Sequential Analysis.* CBMS-NSF Regional Conf. Series in Appl. Math., **39**, SIAM, Philadelphia (1982).

Stichwortverzeichnis